普通高等教育"十二五"规划教材

城市规划中的工程规划

INFRASTRUCTURE PROGRAMMING FOR THE URBAN PLANNING

王炳坤　主编

U0217967

天津大学出版社
TIANJIN UNIVERSITY PRESS

内 容 摘 要

本书阐述了城市规划中涉及的工程规划问题,在城市规划的不同阶段,相应的工程规划应考虑的范围,包括城市给水、城市排水、城市供电、城市供热、城市燃气、城市电信、城市竖向规划、城市防洪、城市消防、城市人防、城市环境卫生等;介绍了各项工程规划系统的基本知识、规划原理、常用方法、设施布局、管网布置等,以新技术、新规范、新理念预测各项工程规划对城市社会经济发展所需能源的可承载力,并确保城市生命线系统安全和综合的抵御能力等内容,为科学合理地确定城市发展建设的规模和产业结构,起到决策性的作用。书中规划案例供读者参考。

本书可作高等院校城市规划专业教材,也可供从事城市规划设计的相关工程技术人员、城市规划、建设部门的管理人员参考。

图书在版编目(CIP)数据

城市规划中的工程规划/王炳坤主编. —天津:天津大学
出版社,2011.8(2018.1 重印)
ISBN 978-7-5618-4076-4

Ⅰ.①城… Ⅱ.①王… Ⅲ.①城市规划－研究 Ⅳ.
①TU984

中国版本图书馆 CIP 数据核字(2011)第 160688 号

出版发行	天津大学出版社
地　　址	天津市卫津路 92 号天津大学内(邮编:300072)
电　　话	发行部:022-27403647
网　　址	publish.tju.edu.cn
印　　刷	天津泰宇印务有限公司
经　　销	全国各地新华书店
开　　本	185mm×260mm
印　　张	28.5
字　　数	730 千
版　　次	2011 年 8 月第 1 版
印　　次	2018 年 1 月第 3 次
印　　数	5 001-6 500
定　　价	79.00 元

前　言

　　《城市规划中的工程规划》于1994年首版,由王炳坤编写,作为城市规划专业本科生的教材,被国内部分院校使用,也为相关专业技术人员和管理人员提供了一定的技术参考。

　　随着我国国民经济的快速发展,城市规划的国家和行业技术标准、技术导则也不断地更新。为适应教学内容的时效性,在2001年作了针对新标准的订正,即《城市规划中的工程规划》(修订版)。

　　近年来,我国城市化水平迅速提高,城乡一体化和城乡社会快速发展,我国"十二五"规划战略目标中提出了深入贯彻节约资源和保护环境的基本国策,节约能源,降低温室气体排放强度,发展循环经济,推广低碳技术,积极应对气候变化,加快转变经济发展方式,走可持续发展之路。城市规划中的工程规划有着构建资源节约、环境友好和社会安全的引导作用,并为增强城市规划的科学性提供技术支撑。

　　本次出版就是在2003年修订版的基础上,关注相关学科的发展趋势,增加了反映当代城市规划领域发展的新理念、新标准、新技术,结合工程实践经验进行的。与过去最大的不同在于,编写人员是由相关专业多学科拥有丰富教学经验和实践经历的教学第一线教师共同组成,在内容上删掉没有实效性或没有普遍意义的部分,增添了《城乡规划法》中提出的、城市规划中涵盖的基础设施的相关要求和新内容。如:城市水资源节约利用,水资源平衡与水资源保护;排水中污水的再利用,雨水的排蓄应用;电网结构的优化;电信的三网融合;能源的多元发展与供热和燃气的需求,提供了环保低碳节能减排的能源选择空间;加强与提高城市生命线的防灾能力、综合防灾等,并适时地增添了工程规划的案例。新内容提升了对我国经济社会可持续发展的刚性支撑,进一步增强了教材的科学性、创新性、前瞻性和可操作性。

　　本书由张戈组织编写第1～7章、14章的一部分,苗展堂组织编写第8～14章,全书由王炳坤统稿。具体分工如下:

　　第1章"城市给水工程规划",穆　荣;

　　第2章"城市排水工程规划",穆　荣;

　　第3章"城市电力工程规划",黄民德;

　　第4章"城市电信工程规划",黄民德;

　　第5章"城市燃气工程规划",李　军;

　　第6章"城市供热工程规划",吕　建;

　　第7章"城市用地竖向规划",张　戈;

　　第8章"城市工程管线综合规划",苗展堂;

　　第9章"城市防灾系统工程规划",苗展堂;

　　第10章"城市防洪工程规划",苗展堂;

　　第11章"城市消防规划",苗展堂;

　　第12章"城市抗震防灾规划",苗展堂、崔　轶;

　　第13章"城市人防工程规划",苗展堂;

　　第14章"城市环境卫生设施工程规划",赵建海、苗展堂。

　　城乡规划是一个动态持续的过程,城市规划中的工程规划内容将不断有所变化,随着科学技术的发展,更多的新思想、新技术、新方法、新设备也将应时而生,因此,本书难以在有限的篇幅内全部体现,同时,由于编写人员水平和经验有限,不足之处在所难免,敬请读者批评指正。

本书在编写过程中,得到天津大学出版社等有关单位的大力支持,在此表示感谢!

编　者

2011 年 5 月

目　　录

第1章　城市给水工程规划

1.1　概述

水是生命之源,人类生存之根本。作为人类聚集地的城市,更是离不开水。给水工程的任务是人们为了满足生活和生产的需要,由天然水体取水,供人们生活和生产使用。给水工程在城市建设中起着重要的作用,是城市重要的市政公用设施,是支撑和承载城市规模和发展的根本。因此,城市给水工程规划是城市规划各阶段中的有机组成。

1.1.1　城市给水工程规划的基本任务

城市给水工程规划的基本任务是根据城市居民对水量、水质和水压的要求,为其提供用水,并保证安全可靠和经济合理。

城市给水工程的供水对象是城市的居住区、公共建筑和工业企业等。各供水对象对水的用途不同,概括起来可分成4种主要类型。

(1)生活用水包括居住区居民日常生活用水、工业企业的职工生活用水、淋浴用水以及公共设施用水等。生活用水水质应符合生活饮用水水质标准(GB5749)。

生活用水管网的水压与最小服务水头有关。最小服务水头是指城市配水管网与居住小区或用户接管点处为满足用水要求所应维持的最小水压。最小服务水头通常按需要满足直接供水的建筑物层数确定,一层为10 m,二层为12 m,三层及以上每增加一层增加4 m。

(2)生产用水是指工业生产过程中为满足生产工艺和产品质量要求的用水。如高炉和炼钢炉、发电设备的冷却用水,生产蒸汽和用于冷凝的用水,纺织厂和造纸厂的洗涤、净化、印染等生产过程用水;生产食品及药品等的原料用水,交通运输用水等。

由于生产工艺过程的多样性和复杂性,生产用水对水质和水量的要求不同。在确定生产用水的各项指标时,应深入了解用水情况,熟悉用户的生产工艺过程,以确定其对水量、水质和水压的要求。

(3)市政用水是指城镇或工业企业区域内的道路清洗、绿化浇灌、公共清洁卫生等用水。

(4)消防用水只是在发生火灾时使用,从设置在街道上、小区及建筑内的消防设备取水,扑灭火灾,保障人民生命和财产的安全。由于消防给水设备不是经常工作,所以可与城市生活给水系统合并考虑。根据扑灭火灾时消防用水量和所需水压校核生活给水系统。消防用水对水质无特殊要求。

除上述各项用水外,给水系统本身也耗用一定的水量,如水厂自身用水量、管网漏失水量及未预见水量等。

1.1.2　城市给水工程规划的内容

在我国国土规划、区域规划、城市总体规划、城镇体系规划、城市分区规划、城市详细规划的规划体系中,城市给水工程规划相应地也分为总体规划、分区规划和详细规划等。城市给水系统规划的内容一般包括以下几个方面。

(1)确定用水定额,估算城市总用水量和给水系统中各单项工程设计水量。

(2)进行水资源与城市用水量之间供需平衡分析,合理地选择水源,并确定城市取水位置和取水方式。

(3)根据城市的特点,提出给水系统布局框架。

(4)选择水厂位置,并考虑给水处理方法及用地。

(5)布置城市输水管道及配水管网,估算管径及泵站提升能力。

(6)提出水资源保护以及开源节流的要求和措施。

(7)论证各方案的优缺点,估算工程造价和年经营费,进行给水系统方案比较,选定规划方案。

1.1.3　城市给水工程规划与城市总体规划的关系

城市给水工程规划是根据城市总体规划所确定的原则,如城市用地范围和发展方向,居住区、工业区、各种功能分区的用地布置,城市人口规模,规划年限,建筑标准和层数等规划原则来进行。因此,城市总体规划是给水工程规划布局的基础和技术经济的依据。同时,城市给水工程规划对总体规划也有影响。

(1)给水工程规划的年限通常与城市总体规划所确定的年限一致,近期规划为5年,远期规划为20年。也有按10年规划的。

(2)城市给水工程的规模,直接取决于城市的性质和规模。根据城市人口发展的数量、工业发展规模、居住建筑层数和设备标准等,确定城市供水规模。

(3)根据城市用地布局和发展方向等确定给水系统的布置,并满足城市功能分区规划的要求。

(4)根据城市用水要求、功能分区和当地水源情况选择水源,确定水源数目及取水构筑物的位置和形式。

(5)根据用户对水量、水质、水压的要求和城市功能分区、建筑分区以及城市自然条件等,选择水厂、加压泵站、调节构筑物位置及输水干管的走向。

(6)根据所选定的水源水质和城市用水性质确定给水处理的方案。

在进行区域规划和城市总体规划时,应考虑给水水源选择。如果城市周围水源调查研究资料表明,水资源不能满足城市供水要求时,则对城市或工业区位置或发展规模的确定应十分慎重,以免由于水源不当或水量不足给城市建设和发展带来严重后果。

城市规划中,与给水工程规划有关的其他单项工程规划有水利、农业灌溉、航运、道路、环境保护、管线工程综合以及人防等。给水工程规划与这些规划应互相配合、相互协调,使整个城市各组成部分的规划做到有机联系。例如,在选择城市给水水源时,应考虑到农业、航运、水利等部门对水源规划的要求,相互配合,统筹安排,合理地综合利用各种水源。城市输水管渠和配水管网,一般沿道路敷设,因此与道路系统规划、竖向设计十分密切,在规划中应互相创造有利条件,密切配合。给水工程规划还与管线工程综合规划有密切联系,应合理地解决各种管线间的矛盾。

1.1.4　城市给水工程规划的一般原则

城市给水工程规划应符合国家的建设方针和政策,在城市总体规划的基础上,提出安全可靠、技术先进、经济合理、管理方便的方案。

城市给水工程规划的一般原则如下。

(1)城市给水工程规划应能保证供应所需水量,并符合对水质、水压的要求,当消防或紧急事故发生时,能及时供应必要的用水。

(2)给水工程规划应从全局出发,考虑水资源的节约、水生态环境保护和水资源的可持续利用,正确处理各种用水的关系,符合建设节水型城镇的要求。

(3)城市给水工程规划应重视近期建设规划,且应适应城市远景发展的需要。

(4)给水系统总体布局的选择应根据水源、地形、城市和工业企业用水要求及原有给水工程等条件综合考虑后确定,必要时提出不同方案进行技术经济比较。

(5)在规划水源地、地表水水厂或地下水水厂、加压泵站等工程设施用地时,应节约用地,保护耕地。

(6)工业企业生产用水系统的规划设计应充分考虑复用率(生产用水量与生产用水重复使用量之百分比)的提高,不仅要从经济效益上研究,还要顾及社会效益和环境效益。

(7)输配水管道工程往往是城市给水工程投资的主要部分,应进行多方案比较。

(8)给水工程规划,应积极采用为科学试验和生产实践所证明的经济而先进的新技术、新工艺、新材料和新设备。

(9)城市给水工程规划应与城市排水工程规划相协调。

(10)给水工程规划应执行现行的《城市给水工程规划规范》(GB50282)和《室外给水设计规范》(GB50013),并且符合国家、地方及有关部门现行的规范和规定。在地震、湿陷性黄土、多年冻土以及其他特殊地区还应执行相关规范和规定。

1.1.5　城市给水工程规划的步骤和方法

城市给水工程关系到城市的发展和建设,因此,它的规划是城市规划的重要组成部分。一般按下列步骤和方法进行。

(1)进行给水系统规划时,首先要明确规划设计项目的性质;规划任务的内容、范围;有关部门对给水系统规划的指示、文件;与其他部门分工协议等。

(2)收集必要的基础资料和现场踏勘。基础资料主要有:城市分区规划和地形资料,其中包括远近期发展规划、城市人口分布、建筑层数和卫生设备标准;附近区域总地形图资料等;现有给水设备概况资料,用水人数、用水量、现有设备、供水状况等;气象、水文及水文地质、工程地质等的自然资料;城市和工业区对水量、水质、水压要求资料等。在规划设计时,为了收集资料和了解实际情况,一般都必须进行现场踏勘,增加感性认识。

(3)在收集资料和现场踏勘基础上,着手制定给水工程规划设计方案。通常拟订几个方案,进行计算,绘制给水系统规划方案图,估算工程造价,对方案进行技术经济比较,从中选出最佳方案。

(4)绘制城市给水系统规划图及文字说明。规划图纸的比例采用1/10 000 ~ 1/5 000,图中应包括给水水源和取水位置、水厂厂址、泵站位置以及输水管(渠)和管网的布置等。文字说明应包括规划项目的性质、建设规模、方案构思的优缺点、设计依据、工程造价、所需主要设备材料及能源消耗等。

1.2　城市给水工程的系统规划

1.2.1　城市给水系统组成

为满足城市和工业企业的各类用水需求,城市给水系统需要具备充足的水资源、取水设施、水处理设施和输水及配水管网系统。因此,城市给水工程按工作过程,可分为水源取水系统、给水处理系统和给水管网系统3个子系统。给水系统各部分间的功能关系如图1－1所示。

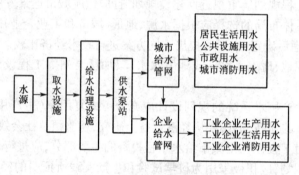

图1－1　给水系统功能关系示意

1. 水源取水系统

水源取水系统包括选择水源及水源地、取水构筑物、抽升设备和输水管渠等,其主要任务是保证城市用水量。

2. 给水处理系统

给水处理系统包括各种采用物理、化学、生物等方法的水质净化处理设备和构筑物。城市水厂一般采用传统的给水处理工艺,包括混凝、沉淀、过滤和消毒处理工艺和设施,工业用水的处理一般有冷却、软化、淡化、除盐等工艺和设施。

图1－2　给水泵站

3. 给水管网系统

给水管网系统包括输水管道、配水管网、水压调节设施(泵站、减压阀)及水量调节设施(清水池、水塔等)等,又称输配水系统。给水泵站和水塔如图1－2和图1－3所示。在输配水工程中,输水管道及配水管网较长,它的投资占很大比重,一般占给水工程总投资的50%~80%。

图1－4为一个典型的城市给水系统组成示意图。取水构筑物1从江河取水,经一级泵站送往水处理设施2,处理后的清水由水厂内的二级泵站加压,经输水管道3至配水管网4,供应用户。为了调节水量,系统中设置了水塔5。加压泵站6和减压阀7为局部区域调节水压而设置。

图 1-3　水塔

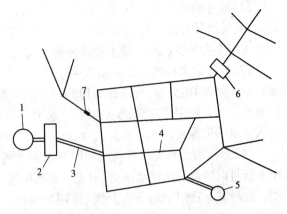

图 1-4　城市给水系统组成示意

1—取水口;2—水厂;3—输水管道;4—城市配水管网;
5—水塔;6—加压泵站;7—减压阀

1.2.2　城市给水系统的类型

1. 按水源的数量分类

(1)单水源给水系统,即系统中只有一个水厂。清水经过泵站后进入输配水管网,所有用户的用水来源于一个水厂的清水池(库)。较小的给水管网系统,如企事业单位或小城镇给水管网系统,多为单水源给水管网系统,如图 1-5 所示。

(2)多水源给水系统,即有多个水厂的城市给水系统。清水从不同的水厂经输水管道进入配水管网,用户用的水可能来源于不同的水厂。较大的给水管网系统,如大中城市甚至跨城镇的给水管网系统,一般是多水源给水系统,如图 1-6 所示。

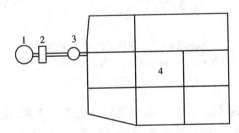

图 1-5　单水源给水管网系统

1—地下水集水池;2—泵站;3—水塔;4—管网

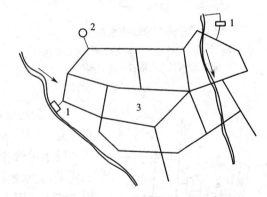

图 1-6　多水源给水管网系统

1—水厂;2—水塔;3—管网

这种系统便于分期发展,供水比较可靠,管网内水压比较均匀。对于一定的总供水量,城市给水系统的水源数目增多时,各水源供水量与平均输水距离减小,管道输水流量也比较分散,因而可以降低系统造价与供水能耗。但多水源给水系统的管理复杂程度有所提高。

2. 按系统构成方式分类

根据城市规划、自然条件及用水要求等主要因素进行综合考虑,给水系统有多种形式,可结合具体情况分别采用,确保安全可靠和经济合理。

（1）统一给水系统，即系统中只有一套管网，统一供应城市的生产、生活和消防等各类用水，其供水具有统一的水压和水质。该系统工作构造简单、管理方便，广泛地应用于水质、水压差别不大的中小城市或工业区的给水系统。

（2）分区给水系统。在大城市中地势地形或功能上有明显的划分或自然环境（如山河、密集的铁路等）的分隔，可考虑采用分区的给水系统，按划分的区域分别设置给水系统。各区域的给水系统完全独立，互不影响。这种方式可以避免艰巨工程过多，投资过大，还可以增大供水的可靠性。

（3）分压给水系统。各区域管网具有独立的供水泵站，供水具有不同的水压。分压给水系统可以降低平均供水压力，避免局部水压过高的现象，减少爆管的概率和泵站能量的浪费。这种方式适用于地形高差大、管网延伸距离长或各区用水压力要求高低相差较大的城市。

分压给水系统的子系统之间有两种形式。一种是采用串联方式，设多级泵站加压；另一种是并联方式，不同压力要求的区域由不同泵站直接供水或同一泵站中的不同水泵直接供水。大型管网系统可能既有串联方式又有并联方式，以便更加节约能量。图1-7和图1-8分别为并联分压给水系统和串联分压给水系统。

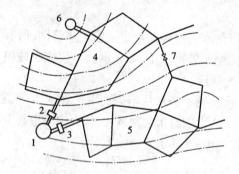

图1-7　并联分压给水系统

1—清水池；2—高压泵站；3—低压泵站；4—高压管网；
5—低压管网；6—水塔；7—连通阀门

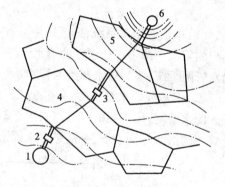

图1-8　串联分压给水系统

1—清水池；2—供水泵站；3—加压泵站；4—低压管网；
5—高压管网；6—水塔

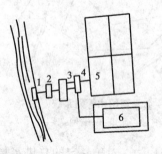

图1-9　同水源分质给水系统

1—取水构筑物；2—一级泵站；3—净水厂；
4—二级泵站；5—生活区；6—工厂区

（4）分质给水系统。分质给水系统可以是同一水源，也可以是不同的水源，经过不同的水处理过程和管网，将不同水质的水供给各类用户。城市各部分用水水质有高低不同的要求，且水量较大时，如果城市中有用水水质较低的工业用水和生活用水，可考虑采用分质给水系统。一个系统供生活用水，另一个系统供工业用水。这种方式可以减小水厂的供水规模和节省运行管理费用。图1-9和图1-10分别为同水源分质给水系统和不同水源分质给水系统。

3.按输水方式分类

（1）重力输水系统，即水源处地势较高，清水池（库）中的水依靠自身重力，经重力输水管进入配水管网并供用户使用。重力输水系统无动力消耗，是一种运行经济的输水系统。图1-11所示为重力输水系统。

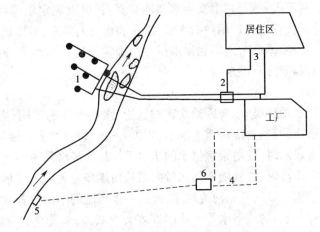

图1-10 不同水源分质给水系统

1—管井;2—泵站;3—生活供水管网;4—生产供水管网;

5—取水构筑物;6—工业用水处理构筑物

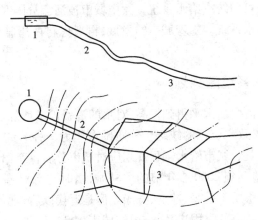

图1-11 重力输水系统

1—清水池;2—输水管;3—配水管网

(2)压力输水系统,即清水池(库)的水由泵站加压送出,经输水管进入管网供用户使用,甚至要通过多级加压将水送至更远或更高处用户使用。压力输水系统需要消耗动力。图1-7和图1-8所示均为压力输水系统。

1.2.3 给水工程系统规划的影响因素

在做给水工程的系统规划时,要根据地形条件,水源情况,城市和工业企业的规划,水量、水质和水压的要求,并考虑原有给水工程设施条件,从全局出发,通过技术经济比较决定。这里仅就城市规划、水源和地形3个因素加以分析。

1. 城市规划

给水系统的规划应密切配合城市建设规划,做到统盘考虑、分期建设,既能及时供应生产、生活和消防用水,又能适应今后发展的需要。

根据城市的规划人口数,居住区房屋层数和建筑标准,城市现状资料和气候等自然条件,可得出整个给水工程的设计规模;从工业布局可知生产用水量分布及其要求;根据当地农业灌溉、航运和水利等规划资料,水文和水文地质资料,可以确定水源和取水构筑物的位置;根据城市功能分区,街道位置,用户对水量、水压和水质的要求,可以选定水厂、调节构筑物、泵站和管网的位置;根据城市地形和供水压力可确定管网是否需要分区给水;根据用户对水质要求确定是否需要分质供水等。

2. 水源情况

任何城市都会因水源种类、水源距给水区的远近、水质条件的不同,影响到给水系统的规划。如水源处于适当的高程,能借重力输水,则可省去一级泵站或二级泵站或二者同时省去。城市附近山上有泉水时,建造泉室供水的给水系统最为经济简单。

城市附近的水源丰富时,往往随着用水量的增长而逐步发展成为多水源给水系统,从不同部位向管网供水。它可以从几条河流取水,或从一条河流的不同位置取水,或同时取地表水和地下水,或取不同地层的地下水等。我国许多大中城市,如北京、上海、天津等,都是多水源的给水系统。

3. 地形条件

地形条件对给水系统的规划有很大影响。中小城市如地形比较平坦,而工业用水量小,对水压又无特殊要求时,可用统一给水系统。大中城市被河流分隔时,两岸工业和居民用水一般先分别供给,自成给水系统。随着城市的发展,再考虑将两岸管网相互沟通,成为多水源的给水系统。

1.2.4　城市分质供水系统的规划

随着社会的发展,人民生活水平得到提高,对水的消费需求增加。同时排放的污染物也大大增加,水污染加剧,导致水资源的缺乏。分质供水作为一种节约资源、降低成本的供水方式,变得日益重要和普及。城市给水工程规划应对城市分质供水给予广泛关注。

分质供水系统可以追溯到2000多年前的罗马城,当时建有双管道的分质供水系统,饮用水供居民饮用,非饮用水用于灌溉、冲洗、洗澡。但是近代以后,现代化的净水厂把经过统一处理的水,一并供应给城市各类用户,统一用作城市生活、工业用水甚至作为农业灌溉用水。除少数地区或个别部门外,几乎所有的城市都是这种单质供水。统一的单质供水为用户提供了很大的方便和灵活性,主管部门也易于统一建设管理。

在城市中,与饮用(含烹饪)直接有关的用水只占城市总用水量的很少一部分,不超过2%,而其他的非饮用水的水质基本上都可低于饮用水的水质。所以有限的优质水用于大量的非饮用途径,无疑造成了水资源的浪费。水污染的加剧使得水的净化处理费用增高,非饮用水的深度处理自然提高了制水成本,对本来就不足的给水设施的建设和运行产生了制约。水资源的短缺使得许多城市考虑开发利用非常规水源。沿海城市广泛利用海水作工业和生活杂用。污水回用技术的开发不仅减少了污染,又为城市补充了水源。受到一定程度污染的天然河湖中的水,可以作为城市低质需要用水。

随着社会和经济的发展,人民生活水平的日益提高,人们越来越希望身体健康,也更加关注饮用水的质量,因为饮水而产生的疾病占各种疾病的2/3以上。大部分城市的饮用水源受到了不同程度的污染,常规处理工艺只能去除悬浮物、胶体和细菌等。而对于有机污染物,特别是致突变物质,很难去除,导致自来水中存在有机化合物和其他有毒物质。所以深度处理饮用水并将饮用水和非饮用水分质供水变得越来越迫切。

从国内外城市分质供水的实践看,主要是"生活用"和"工业用"的分质,以及"饮用"和

"非饮用"的分质,管道根数有二元或多元之分。日本的许多城市建有分质供水系统,主要由上水道、工业水道、中水道组成,分别供应生活用水、工业用水和杂用水(再生水)。如东京都地区的水厂有的以河水为水源,经过不同的处理流程,供应工业和生活用水;有的以污水厂二级处理水为原水作水源,供应工业或生活杂用。中水道以城市污水为水源,在建筑物或地区内建立系统,供生活杂用。在日本,工业用水的成本仅为生活用水的1/5,大大节约净水处理费用。美国也有 20 多个城市建有分质供水系统,多为饮用水和非饮用水二元供水系统。非饮用水多来源于未经处理或稍经处理的地面水及水质较差的地下水,也有经过处理后的再生水。主要用于工业冷却、浇灌绿地、冲厕、洗车、水景用水等。有的城市建有淡水和咸水两套系统,咸水以海水作水源用于消防和清洁冲洗。

我国有一些城市实行分质供水,多用于城市中工业较集中的区域,对工业用水和生活用水实行分质供水。如上海金山工业区,由不同水厂、几种管道多元分质供水:工业水厂根据各分厂的不同要求,分成生产用水系统、低胶硅系统、原水系统;海水厂供应海水给电厂和化工厂;生活水厂供生活区和工业区的生活用水。兰州的西固水厂也采用分质供水系统,把原水经过一次沉淀后供应电厂,二次沉淀后供应兰州化工厂、炼油厂,过滤水供生活饮用。秦山核电站也采用多元分质供水系统,海水作为冷却水,取自杭州湾;河水水源根据不同来源和处理流程,分为生产用水、化学用水和生活用水 3 种分质系统。

在城市中实行分质供水可以合理利用水资源,节省大量饮用水,保证优质优用;能节省净水处理费用,降低制水成本;还可开发新的水源(如海水、再生水、微咸水、雨水等),克服城市水资源的短缺。此外,分质供水通过"优质优价",可以强化节水意识,减少市民对饮用水的浪费。当然,分质供水因增加了管道系统使造价升高,管理上也较复杂,但从长远看,其优势是很明显的,近年来分质供水成为很多城市的给水部门考虑的内容。

城市分质供水在城市未来发展中将占越来越大的比重,它对保证城市供水的安全可靠性具有重要的意义。城市分质供水规划时,应考虑如下问题。

(1)城市分质供水规划应符合城市给水排水工程规划通常的原则和方法。规划时,应充分了解城市现状、发展方向和水资源情况,考虑分质供水的意向,对城市水量的预测、水资源选择、管道系统布置等都应一并分析研究。如当地水源不能满足规划用水量要求时,首先考虑开发其他非常规水源的可能性,考察分质供水的实施;其次研究采用长距离或跨流域引水。如我国南方地区有很多受到污染的低质水,难以作为饮用水源,可以考虑用作低质用途,与生活饮用水分质。

(2)一个城市不一定全部实施分质供水,分质供水大部分用于局部区域和特定的功能区。规划时应明确用水区界或单位,管网系统应与城市总体管道系统相协调,不能出现不同水质管道误接的情况。管线综合时,应认真进行这些地方的管道布置,避免施工、检修和管理上的麻烦。在用地规划时,应考虑分质供水系统的用地要求。

(3)分质供水尤其要注意不同规划期的安排,考虑建设分期。新建城区很可能出现不同水处理设施和不同管道不同期建设的情况,出现不同水质水交叉使用。规划时,应考虑合理过渡。旧城改造时,应随道路改建同时改造供水系统。如在工业区,可仍用旧输水管道输送工业用水,另铺设小口径管道输送饮用水到公共设施和生活集中区。要求公建和生活设施相对集中,以减少管网费用。

(4)城市供水分质与否及如何分质,要根据城市具体条件,经过技术经济比较,从长远利益和近期建设入手,综合考虑,不能盲目照搬,造成建设的失误。

1.3　城市用水量估算

城市水资源和城市用水量之间应保持平衡,以确保城市可持续发展。在几个城市共享同一水源或水源在城市规划区以外时,应进行市域或区域、流域范围的水资源供需平衡分析。因此,合理地确定城市用水量是给水工程规划的首要任务。

城市总用水量是由城市给水工程统一供给的水量和由城市给水工程统一供给以外的所有用水水量的总和两部分组成。由城市给水工程统一供给的水量包括居民生活用水、工业用水、公共设施用水及其他用水水量(交通设施、仓储、市政设施、浇洒道路、绿化、消防、特殊用水等)的总和;由城市给水工程统一供给以外的所有用水水量的总和包括工业和公共设施自备水源供给的用水、河湖环境用水和航道用水、农业灌溉和养殖及畜牧业用水、农村居民和乡镇企业用水等,这部分用水量应根据有关部门的相应规划计算,并纳入城市用水量统一规划。

1.3.1　城市用水量指标

1.综合用水量指标

在《城市给水工程规划规范》(GB50282)中,城市给水工程统一供给的用水量预测宜采用表1-1和表1-2中的指标。综合指标是预测城市给水工程统一供给的用水量和确定给水工程规模的依据。

表1-1　城市单位人口综合用水量指标　　　　　　　　　万 m^3/(万人·d)

区　域	城市规模			
	特大城市	大城市	中等城市	小城市
一区	0.8~1.2	0.7~1.1	0.6~1.0	0.4~0.8
二区	0.6~1.0	0.5~0.8	0.35~0.7	0.3~0.6
三区	0.5~0.8	0.4~0.7	0.3~0.6	0.25~0.5

注:1.特大城市指市区和近郊区非农业人口100万及以上的城市;大城市指市区和近郊区非农业人口50万及以上不满100万的城市;中等城市指市区和近郊区非农业人口20万及以上不满50万的城市;小城市指市区和近郊区非农业人口不满20万的城市。

2.一区包括贵州、四川、湖北、湖南、江西、浙江、福建、广东、广西、海南、上海、云南、江苏、安徽、重庆;二区包括黑龙江、吉林、辽宁、北京、天津、河北、山西、河南、山东、宁夏、陕西、内蒙古河套以东和甘肃黄河以东的地区;三区包括新疆、青海、西藏、内蒙古河套以西和甘肃黄河以西的地区。

3.经济特区及其他有特殊情况的城市,应根据用水实际情况,用水指标可酌情增减(下同)。

4.用水人口为城市总体规划确定的规划人口数(下同)。

5.本表指标为规划期最高日用水量指标(下同)。

6.本表指标已包括管网漏失水量。

表1-2　城市单位建设用地综合用水量指标　　　　　　万 m^3/(km^2·d)

区　域	城市规模			
	特大城市	大城市	中等城市	小城市
一区	1.0~1.6	0.8~1.4	0.6~1.0	0.4~0.8
二区	0.8~1.2	0.6~1.0	0.4~0.7	0.3~0.6
三区	0.6~1.0	0.5~0.8	0.3~0.6	0.25~0.5

注:本表指标已包括管网漏失水量。

2. 综合生活用水量指标

城市给水工程统一供给的综合生活用水量的预测,应根据城市特点、居民生活水平、居住水平等因素确定。人均综合生活用水量宜采用表1-3中的指标。

表1-3　人均综合生活用水量指标　　L/(人·d)

区　域	城市规模			
	特大城市	大城市	中等城市	小城市
一区	300 ~ 540	290 ~ 530	280 ~ 520	240 ~ 450
二区	230 ~ 400	210 ~ 380	190 ~ 360	190 ~ 350
三区	190 ~ 330	180 ~ 320	170 ~ 310	170 ~ 300

注:综合生活用水为城市居民日常生活用水和公共建筑用水之和,不包括浇洒道路、绿地、市政用水和管网漏失水量。

3. 不同性质用地的用水量指标

(1)城市居住用地用水量应根据城市特点、居民生活水平等因素确定。单位居住用地用水量可采用表1-4中的指标。

表1-4　单位居住用地用水量指标　　万 m³/(km²·d)

用地代号	区　域	城　市　规　模			
		特大城市	大城市	中等城市	小城市
R	一区	1.70 ~ 2.50	1.50 ~ 2.30	1.30 ~ 2.10	1.10 ~ 1.90
	二区	1.40 ~ 2.10	1.25 ~ 1.90	1.10 ~ 1.70	0.95 ~ 1.50
	三区	1.25 ~ 1.80	1.10 ~ 1.60	0.95 ~ 1.40	0.80 ~ 1.30

注:1. 本表指标已包括管网漏失水量。
2. 用地代号引用现行国家标准《城市用地分类与规划建设用地标准》(GBJ137)(下同)。

(2)城市公共设施用地用水量应根据城市规模、经济发展状况和商贸繁荣程度以及公共设施的类别、规模等因素确定。单位公共设施用地用水量可采用表1-5中的指标。

表1-5　单位公共设施用地用水量指标　　万 m³/(km²·d)

用　地　代　号	用　地　名　称	用水量指标
C	行政办公用地	0.50 ~ 1.00
	商贸金融用地	0.50 ~ 1.00
	体育、文化娱乐用地	0.50 ~ 1.00
	旅馆、服务业用地	1.00 ~ 1.50
	教育用地	1.00 ~ 1.50
	医疗、修疗养用地	1.00 ~ 1.50
	其他公共设施用地	1.00 ~ 1.50

注:本表指标已包括管网漏失水量。

(3)城市工业用地用水量应根据产业结构、主体产业、生产规模及技术先进程度等因素确定。单位工业用地用水量见表1-6。

表1-6　单位工业用地用水量指标　　　　　万 m³/(km²·d)

用地代号	工业用地类型	用水量指标
M1	一类工业用地	1.20～2.00
M2	二类工业用地	2.00～3.50
M3	三类工业用地	3.00～5.00

注:本表指标包括了工业用地中职工生活用水及管网漏失水量。

（4）城市其他用地用水量指标可采用表1-7中的指标。

表1-7　城市其他用地用水量指标　　　　　万 m³/(km²·d)

用地代号	工业用地类型	用水量指标
W	仓储用地	0.20～0.50
T	对外交通用地	0.30～0.60
S	道路广场用地	0.20～0.30
U	市政公用设施用地	0.25～0.50
G	绿地	0.10～0.30
D	特殊用地	0.50～0.90

注:本表指标已包括管网漏失水量。

4. 工业企业用水标准

1）生活用水标准

工业企业管理人员的生活用水定额可取30～50 L/(人·班)，车间工人的生活用水定额应根据车间性质确定，宜采用30～50 L/(人·班)；用水时间宜取8 h，小时变化系数宜取2.5～1.5。

2）淋浴用水定额

工业企业淋浴用水定额应根据现行国家标准《工业企业设计卫生标准》GBZ 1 中车间的卫生特征分级确定，可采用40～60 L/(人·次)，延续供水时间宜取1 h。

3）生产用水量标准

各种工业生产用水量差异很大，即使同一种工业，由于工艺不同，用水量标准也不一样，用水量标准应由工艺提供，并参考有关资料确定。

5. 消防用水量标准

消防用水量、水压及火灾延续时间等应按国家现行标准《建筑设计防火规范》GB50016及《高层民用建筑设计防火规范》GB50045等设计防火规范执行。城镇、居住区室外消防用水量见表1-8；工厂、仓库和民用建筑在同一时间内的火灾次数见表1-9；低层建筑室外消火栓用水量见表1-10。

表 1-8　城镇、居住区室外消防用水量

人数/万人	同一时间内的 火灾次数/次	一次灭火用 水量/L·s⁻¹	人数/万人	同一时间内的 火灾次数/次	一次灭火用 水量/L·s⁻¹
≤1.0	1	10	≤40.0	2	65
≤2.5	1	15	≤50.0	3	75
≤5.0	2	25	≤60.0	3	85
≤10.0	2	35	≤70.0	3	90
≤20.0	2	45	≤80.0	3	95
≤30.0	2	55	≤100.0	3	100

注:城镇的室外消防用水量应包括居住区、工厂、仓库(含堆场、贮罐)和民用建筑的室外消火栓用水量。

表 1-9　工厂、仓库和民用建筑在同一时间内的火灾次数

名　称	基地面积/hm²	附有居住区 人数/万人	同一时间内 火灾次数	备　注
工　厂	≤100	≤1.5	1	按需水量最大的一座建筑物(或堆场、储罐)计算
		>1.5	2	工厂、住宅区各1次
	>100	不限	2	按需水量最大的两座建筑物(或堆场、储罐)计算
仓库、民用建筑	不限	不限	1	按需水量最大的一座建筑物(或堆场、储罐)计算

注:采矿、选矿等工业企业,如各分散基地有单独的消防给水系统时,可分别计算。

表 1-10　低层建筑室外消火栓用水量　　　　　　L·s⁻¹

耐火等级	建筑物名称及类别		建筑物体积/m³ <1 500	1 501~ 3 000	3 001~ 5 000	5 001~ 20 000	20 001~ 50 000	>50 000
一、二级	厂房	甲、乙	10	15	20	25	30	35
		丙	10	15	20	25	30	40
		丁、戊	10	10	10	15	15	20
	库房	甲、乙	15	15	25	25	—	—
		丙	15	15	25	25	35	45
		丁、戊	10	10	10	15	15	20
	民用建筑		10	15	15	20	25	30
三级	厂房或库房	乙、丙	15	20	30	40	45	—
		丁、戊	10	10	15	20	25	35
	民用建筑		10	15	20	25	30	
四级	丁、戊类厂房或库房		10	15	20	25	—	—
	民用建筑		10	15	20	25	—	—

注:1. 室外消火栓用水量应按消防用水量最大的一座建筑物或一个防火分区计算。成组布置的建筑物应按消防需水量较大的相邻两座计算。
　　2. 火车站、码头和机场的中转库房,其室外消火栓用水量应按相应耐火等级的丙类物品库房确定。
　　3. 国家级文物保护单位的重点砖木、木结构建筑物的室外消防用水量,按三级耐火等级民用建筑物消防用水量确定。

6. 其他用水标准

浇洒道路和绿化用水量标准应根据路面种类、气候和土壤等条件确定。浇洒道路用水

量一般为 $1 \sim 1.5$ L/$(m^2 \cdot$ 次$)$,大面积绿化用水量可采用 $1.5 \sim 2.0$ L/$(m^2 \cdot d)$。

1.3.2 用水量变化

估算城市用水量时,除了解各种用水量指标外,还要了解用水量逐日、逐时的变化,用以确定城市给水系统设计用水量和各单项工程的设计用水量。

生活用水量随生活习惯、气候和人们生活节奏等而变化,如夏季日用水量比冬季多,节假日用水量较平日多,白天用水较夜晚多等。工业企业生产用水量的变化一般比生活用水量的变化小,但也是有变化的,而且在少数情况下变化还很大。

城市用水量的变化规律用日变化系数、时变化系数或时变化曲线来表示。

1. 日变化系数

在一年中,每天用水量的变化可以用日变化系数表示,即最高日用水量与平均日用水量的比值,用公式表示为:

$$K_d = \frac{Q_d}{Q_{ad}} \tag{1-1}$$

式中　K_d——日变化系数;

　　　Q_d——最高日用水量,m^3/d;

　　　Q_{ad}——平均日用水量,m^3/d。

我国各类城市的日变化系数可采用表 1-11 中的数值。

表 1-11　日变化系数

特大城市	大城市	中等城市	小城市
$1.1 \sim 1.3$	$1.2 \sim 1.4$	$1.3 \sim 1.5$	$1.4 \sim 1.8$

在给水排水工程规划时,一般先计算最高日用水量,然后确定日变化系数,由式(1-1)可求得平均日用水量:

$$Q_{ad} = \frac{Q_d}{K_d} \quad (m^3/d) \tag{1-2}$$

也可求得全年用水量:

$$Q_y = 365 \frac{Q_d}{K_d} \quad (m^3/a) \tag{1-3}$$

2. 时变化系数

在一天内,每小时用水量的变化可以用时变化系数表示,即最高时用水量与平均时用水量的比值,用公式表示为:

$$K_h = \frac{Q_h}{Q_{ah}} \tag{1-4}$$

式中　K_h——时变化系数;

　　　Q_h——最高时用水量,m^3/h;

　　　Q_{ah}——平均时用水量,m^3/h。

通常时变化系数为 $1.3 \sim 2.5$。

由式(1-3)可求得最高时用水量:

$$Q_{\mathrm{h}} = K_{\mathrm{h}} \cdot Q_{\mathrm{ah}} = K_{\mathrm{h}} \cdot \frac{Q_{\mathrm{d}}}{24} \quad (\mathrm{m}^3/\mathrm{h}) \tag{1-5}$$

3. 用水量时变化曲线

当设计城市给水管网、选择水厂二级泵站水泵工作级数以及确定水塔或清水池容积时,需按城市各种用水量求出城市最高日、最高时用水量和逐时用水量变化,以便使设计的给水系统能较合理地适应城市用水量变化的需要。用水量变化系数只能表示一段时间内的用水量变化情况,而要表示更详细的用水量变化情况,就需要用到用水量时变化曲线。

用水量时变化曲线中,纵坐标表示逐时用水量,按全日用水量的百分数计,横坐标表示全日小时数。这种相对表示法便于相近城镇或系统相互参考。图 1-12 为某城市的用水量变化曲线。

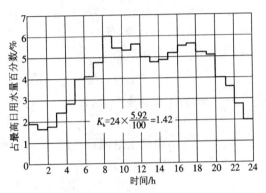

图 1-12　用水量变化曲线

1.3.3　用水量计算

城市给水工程规划中主要涉及用水量概念的包括最高日用水量、年用水量和最高时用水量。最高日用水量是给水工程中取水和水处理工程规划的依据,也是计算另两个用水量的基础;年用水量是城市水资源供需平衡分析的依据;最高时用水量一般则作为给水管网系统规划的依据。

城市用水量预测有多种方法,在给水工程规划时,需根据具体情况,选择合理可行的方法。必要时,可以采用多种方法计算,然后比较确定。常用预测方法有人均综合指标法、单位面积法、分类估算法、年递增率法、线性回归法及生长曲线法。

1. 人均综合指标法

城市总用水量与城市人口具有密切的关系,城市人口平均总用水量称为综合用水量指标。《城市给水工程规划规范》推荐了我国城市单位人口综合用水量指标,见表 1-1。城市给水工程统一供给的最高日用水量可按下式预测:

$$Q_{\mathrm{d}} = 城市单位人口综合用水量指标 \times 规划人口数 \quad (\mathrm{m}^3/\mathrm{d}) \tag{1-6}$$

2. 单位面积法

单位面积法根据城市用水区域面积估算用水量。《城市给水工程规划规范》给出了城市单位建设用地综合用水量指标,见表 1-2。根据该指标可计算出城市最高日用水量,即

$$Q_{\mathrm{d}} = 城市单位建设用地综合用水指标 \times 建设用地面积(\mathrm{km}^2) \quad (万\,\mathrm{m}^3/\mathrm{d}) \tag{1-7}$$

在城市总体规划阶段,估算城市给水工程统一供水的给水干管管径或预测分区的用水量时,也可按不同性质用地的单位面积用水量指标确定。《城市给水工程规划规范》给出了不同性质用地的单位面积用水量指标,见表 1-4、1-5、1-6、1-7。

$$Q_{\mathrm{d}} = \sum 某一性质用地用水量指标 \times 相应的建设用地面积(\mathrm{km}^2) \quad (万\,\mathrm{m}^3/\mathrm{d}) \tag{1-8}$$

3. 分类估算法

分类估算法先按照用水的性质对用水进行分类,然后分析各类用水的特点,确定它们的

用水量标准并按用水量标准计算各类用水量,最后累计出总用水量。该方法比较细致,因而可以求得比较准确的用水量,但也因此增加了分析计算工作量。

城市最高日设计用水量计算时,包括设计年限内该给水系统所供应的全部用水:居住区综合生活用水、工业企业生产用水和职工生活用水、消防用水、浇洒道路和绿地用水以及管网漏失水量和未预见水量,但不包括工业自备水源所供应的水量。

1)城市最高日综合生活用水量(包括公共设施生活用水量)

$$Q_1 = \frac{qNf}{1\ 000} \quad (\text{m}^3/\text{d}) \tag{1-9}$$

式中　N——设计期限内城市各用水分区的规划用水人口数,人;

q——城市人均综合生活用水量标准,L/(人·d),见表1-3;

f——自来水普及率,%。

2)工业企业生产用水量

$$Q_2 = \sum q_{2i} N_{2i} (1 - f_i) \quad (\text{m}^3/\text{d}) \tag{1-10}$$

式中　N_{2i}——各工业企业产值,万元/d(或产量,产品单位/d,或生产设备数量,生产设备单位);

q_{2i}——各工业企业最高日生产用水量标准,m³/万元(或m³/产量单位、m³/(生产设备单位·d));

f_i——各工业企业生产用水重复利用率。

3)工业企业职工日生活用水和淋浴用水量

$$Q_3 = \sum \frac{q_{3ai} N_{3ai} + q_{3bi} N_{3bi}}{1\ 000} \quad (\text{m}^3/\text{d}) \tag{1-11}$$

式中　q_{3ai}——各工业企业车间职工生活用水量标准,L/(人·班);

q_{3bi}——各工业企业车间职工淋浴用水量标准,L/(人·班);

N_{3ai}——各工业企业车间最高日职工生活用水总人数,人;

N_{3bi}——各工业企业车间最高日职工淋浴用水总人数,人。

4)浇洒道路和大面积绿化用水量

$$Q_4 = \frac{q_{4a} N_{4a} f_4 + q_{4b} N_{4b}}{1\ 000} \quad (\text{m}^3/\text{d}) \tag{1-12}$$

式中　q_{4a}——城市浇洒道路用水量标准,L/(m²·次);

q_{4b}——城市大面积绿化用水量标准,L/(m²·d);

N_{4a}——城市最高日浇洒道路面积,m²;

N_{4b}——城市最高日大面积绿化用水面积,m²;

f_4——城市最高日浇洒道路次数。

5)管网漏失水量和未预见水量

管网漏失水量宜按综合生活用水、工业企业用水以及浇洒道路和绿地用水水量之和的10%~12%计算。

$$Q_5 = (0.10 \sim 0.12)(Q_1 + Q_2 + Q_3 + Q_4) \quad (\text{m}^3/\text{d}) \tag{1-13}$$

城市的未预见水量应根据水量预测时难以预见因素(如规划的变化及流动人口的用水等)的程度确定,宜采用综合生活用水、工业企业用水、浇洒道路和绿地用水及管网漏失水量之和的8%~12%计算。

$$Q_6 = (0.08 \sim 0.12)(Q_1 + Q_2 + Q_3 + Q_4 + Q_5) \quad (\text{m}^3/\text{d}) \qquad (1-14)$$

6）最高日设计用水量

$$Q_d = Q_1 + Q_2 + Q_3 + Q_4 + Q_5 + Q_6 \quad (\text{m}^3/\text{d}) \qquad (1-15)$$

7）消防用水量

$$Q_7 = q_7 f_7 \quad (\text{L/s}) \qquad (1-16)$$

式中　q_7——消防用水量标准，L/s；

　　　f_7——同时火灾次数。

4. 年递增率法

城市发展进程中，供水量一般呈现逐年递增的趋势，每年用水量可能保持相近的递增比率，可以用下式表示：

$$Q_{ad} = Q_0(1 + \delta)^t \quad (\text{m}^3/\text{d}) \qquad (1-17)$$

式中　Q_{ad}——起始年份后第 t 年的平均日用水量，m^3/d；

　　　Q_0——起始年份平均日用水量，m^3/d；

　　　δ——用水量年平均增长率，%；

　　　t——年数，a。

此式实际上是一种指数曲线的外推模型，可用来预测计算未来年份的规划总用水量。在具有规律性的发展过程中，运用该式预测计算城市总用水量是可行的。

5. 线性回归法

用一元线性回归模型对城市的平均日用水量进行预测计算，公式可写为：

$$Q_{ad} = Q_0 + \Delta Q \cdot t \quad (\text{m}^3/\text{d}) \qquad (1-18)$$

式中　ΔQ——平均日用水量的年平均增量，$(\text{m}^3/\text{d})/\text{a}$，根据历史数据回归计算求得；

　　　其余符号意义同式（1-17）。

6. 生长曲线法

城市用水量受到多种因素的影响，诸如人口增长、生活条件、用水习惯、资源价值观念、科学用水和节约用水、水价及水资源丰富和紧缺程度等。用水量的变化随城市发展规律，初始阶段呈快速递增趋势，而增长到一定程度后将会达到一个稳定水平，甚至出现负增长趋势。生长曲线可用下式表达：

$$Q = \frac{L}{1 + ae^{-bt}} \quad (\text{m}^3/\text{d}) \qquad (1-19)$$

式中　a、b——待定参数；

　　　Q——预测用水量，m^3/d；

　　　L——预测用水量的上限值，m^3/d。

【例 1-1】　某市地处华北地区，城市人口 30 万，是一座中等城市。供水普及率为 100%。城市内有两家用水量较大的工厂。浇洒道路面积为 160 000 m^2，浇洒绿地总面积为 259 600 m^2。工厂规划情况如表 1-12 所示。

表 1-12　工厂规划情况

工厂名称	生产用水量/ $\text{m}^3 \cdot \text{d}^{-1}$	工人总数/人	第一班		第二班		第三班	
			总人数	淋浴	总人数	淋浴	总人数	淋浴
发电厂	24 000	1 500	500	300	500	300	500	200
机械厂	400	300	100	50	100	50	100	50

【解】采用分类估算法计算该城市用水量。

1）综合生活用水量

由表1-3知,最高日综合生活用水量定额采用260 L/（人·d）。

$$Q_1 = \frac{qNf}{1\,000} = \frac{260 \times 30 \times 10^4 \times 100\%}{1\,000} = 78\,000 \quad (m^3/d)$$

2）工业企业用水量

生产用水量　　　　　$Q_2 = 24\,000 + 400 = 24\,400 \quad (m^3/d)$

职工生活用水量:职工生活用水量定额采用35L/（人·班）,淋浴用水量定额采用50 L/（人·班）。

$$Q_3 = \frac{35 \times (1\,500 + 300) + 50 \times (300 + 300 + 200 + 50 + 50 + 50)}{1\,000} = 110.5 \quad (m^3/d)$$

3）浇洒道路和绿地用水量

浇洒道路用水量定额采用1.5L/（m²·次）,每天浇洒1次;大面积绿化用水量定额采用 2.0L/（m²·d）。

$$Q_4 = \frac{1.5 \times 160\,000 \times 1 + 2.0 \times 259\,600}{1\,000} = 759.2 \quad (m^3/d)$$

4）管网漏失水量

$$Q_5 = 0.10(Q_1 + Q_2 + Q_3 + Q_4)$$
$$= 0.10 \times (78\,000 + 24\,400 + 110.5 + 759.2) = 10\,327 \quad (m^3/d)$$

5）未预见水量

$$Q_6 = 0.10(Q_1 + Q_2 + Q_3 + Q_4 + Q_5)$$
$$= 0.10 \times (78\,000 + 24\,400 + 110.5 + 759.2 + 10\,327) = 11\,360 \quad (m^3/d)$$

6）消防用水量

由表1-8知,城市人口≤30万,消防用水量标准为55 L/s,同一时间内火灾次数为2, 则消防用水量为:

$$Q_7 = q_7 f_7 = 55 \times 2 = 110 \quad (L/s)$$

7）最高日设计用水量

$$Q_d = Q_1 + Q_2 + Q_3 + Q_4 + Q_5 + Q_6$$
$$= 78\,000 + 24\,400 + 110.5 + 759.2 + 10\,327 + 11\,360 = 124\,957 \quad (m^3/d)$$

1.4　城市水源规划及水资源平衡

城市水源规划是城市给水排水工程规划的一项重要内容,它影响到给水排水工程系统的布置、城市的总体发展布局、城市重大工程项目选址、城市的可持续性发展等战略性问题。鉴于世界上许多地区淡水资源普遍稀缺而且逐渐被破坏,污染日益严重,加之人口的增长和城市化的发展,对水资源进行统筹规划和管理已成为共识。面对中国当前的形势,在给水排水工程规划过程中,扎实做好城市水源规划,确保城市未来用水的需要,已显得尤为必要。城市水源规划是对寻找与选择城市水源,合理开发利用、科学管理和有效保护城市水资源,做出全面妥善的安排,并保证城市用水能满足城市发展的需要。城市水源规划作为城市给水排水工程规划的重要组成部分,不仅要与城市总体规划相适应,还要与流域或区域水资源保护规划、水污染控制规划、城市节水用水规划等相配合。

1.4.1　城市水源的种类

城市给水水源有广义和狭义的概念之分。狭义的水源一般指清洁淡水,即传统意义的地表水和地下水,是城市给水水源的主要选择;广义的水源除了上面提到的清洁淡水外,还包括海水和低质水(微咸水、再生污水和暴雨洪水)等。由于水资源短缺日益严重,对海水和低质水的开发利用成为解决城市用水矛盾的发展方向,因此城市给水工程规划应对此有充分考虑。

1. 地下水

地下水具有水质清洁、水温稳定、分布面广等特点。但地下水径流量较小,矿化度和硬度较高,有些地区可能出现矿化度很高或其他物质(如铁、锰、氯化物、氮化物、硫酸盐等)的含量较高的情况。地下水是城市主要水源,若水质符合要求,一般都优先考虑。一般情况下,开发地下水源具有以下优点。

(1)取水条件好,取水构筑物构造简单,便于施工和运行管理。

(2)水处理过程简单,简化了给水系统,节省投资和运行费用。

(3)便于分期修造,减少初期投资。

(4)便于靠近用户建立水源,降低输配管网的造价,提高给水系统的安全可靠性。

(5)自然、人为因素干扰较少,便于卫生防护和采取人防措施。

(6)水温变幅小,冬暖夏凉,适用于冷却和恒温空调用水,利于节能。

开发地下水需要认真地进行水文地质勘察,所需工作量较大,但这是保证合理开发地下水的前提。

2. 地表水

地表水主要指江河、湖泊、水库等。地表水源由于受地面各种因素的影响,具有浑浊度较高、水温变幅大、易受工农业污染、季节性变化明显等特点,但地表水径流量大、矿化度和硬度低、含铁锰量低。采用地表水源时,在地形、地质、水文、人防、卫生防护等方面较复杂,并且水处理工艺要完备,所以投资和运行费用较大。地表水源水量充沛,常能满足大量用水的需要,是城市给水水源的主要选择。但多年的环境污染,使不少地表水丰富的地区,不能利用城市周围的地表水源,造成"水质型"缺水。

3. 海水

海水含盐量很高,淡化较困难,尽管技术方面有了较大进步,但耗资巨大。由于水资源缺乏,世界上许多沿海国家开始开发利用海水。海水作为水源一般用在工业用水和生活杂用水方面,如工业冷却、除尘、冲灰、洗涤、消防、冲厕等。也有对海水进行淡化处理,作为生活饮用水。但在海水的开发利用中,海水腐蚀和海生物附着会对管道和设备造成危害。

海水的开发利用在国内外很多城市有了较大发展,尤其是一些缺水的沿海城市。澳大利亚为解决水资源短缺,预计到 2012 年在悉尼、墨尔本等城市建成 5 个海水淡化厂,可以为城市提供 1/3 的用水量。新加坡为了摆脱没有自主水源、长期依赖马来西亚供水的困境,已经着手规划利用海水淡化技术。

天津是中国最饥渴的城市之一,人均占有水资源量只有 $160\ m^3$,主要靠外调的滦河水和黄河水,但外调水的供应能力已经达到了极限,即使今后有南水北调的水可以补充,其供应能力和价格也是一个问题。天津正在实施工业东移,预计滨海新区今后每天将需要数以百万吨计的工业和生活用水。在这种背景下,海水淡化和综合利用,就成了毗邻渤海、有着153 km 海岸线的天津解决水危机的一个重要方向。

4. 低质水

传统意义的给水水源外的可利用的低质水源,主要指微咸水、生活污水、暴雨洪水。它们不是通常资源范畴的水源,而被认为是污水、弃水,但在水资源缺乏地区,这些水经过处理后可以用于工农业生产和生活杂用水,或直接用于工业冷却水、农业用水以及市政用水等。

1) 微咸水

微咸水主要埋藏在较深层的含水层中,多分布在沿海地区,相对海水,微咸水的含氮量只有海水的十分之一。微咸水的水量充沛,比较稳定。水质因地而异,有一定变化。微咸水可用于农用灌溉、渔业、工业用水等。入海口附近的赶潮河段也可看做微咸水。

2) 再生水

在这里把经过处理后回用的工业废水和生活污水称做再生水。城市污水水量大且稳定可靠,所含杂质仅为 0.1% ,与海水所含杂质 3% ~4% 相比,有更广泛的利用价值。城市污水具有就近可取、水量受季节影响小、基建投资和处理成本比远距离引水低等优点。再生水的利用应充分考虑对人体健康和环境质量的影响,按照一定的水质标准处理和使用。

城市污水处理后,可以用在许多方面,如农业灌溉、工业回用、城市生活杂用、回灌地下、水景用水、消防用水、渔业养殖等。不少国家在利用再生水方面积累了大量经验,也取得了很好的经济、社会和环境效益。我国的再生水利用正处于起步阶段,但随着节水措施的推行、人们观念的改变及水资源的日益紧张,再生水利用将大有发展。天津市的纪庄子再生水厂以污水处理厂二级出水为水源,处理后出水主要供应工业用水、市政用水及其附近梅江居住区的中水。

3) 暴雨洪水

暴雨洪水出现时间集中,不能为农田和城市充分利用,且短时间的大量积水,危害城市安全。暴雨洪水一般被城市管道收集后,经河道排入大海,成为弃水。在缺水地区修建一定的水利工程,形成雨水贮留系统,一方面可以减少水淹之害,另一方面可以作为城市水源。但暴雨洪水稳定性差,其集水工程的保证率高,投资巨大。

暴雨洪水的利用在一些国家已有成功实践。美国的雨水利用常以提高天然入渗能力为目的。在芝加哥市兴建了地下隧道蓄水系统,以解决城市防洪和雨水利用问题。其他很多城市还建立了屋顶蓄水和由入渗池、井、草地、透水地面组成的地表回灌系统。丹麦居民生活用水的 22% 靠天降,雨水通过屋顶收集贮存后主要用于冲厕和洗衣等。而德国制定了法律法规作为雨水利用的保障,向无雨水收集利用设施的业主征收雨水排放设施费和雨水排放费。

我国在 2008 年奥运会场馆建设中采纳了雨水利用技术,北京市的城市雨水利用已进入示范与实践阶段,可望成为我国城市雨水利用技术的龙头。在此背景下,天津、青岛、上海、大连等许多城市相继开展研究与应用,显示出良好的发展势头。西北地区为解决缺水所开展的"母亲水窖"工程也是雨水利用的实例。

1.4.2　水资源开发利用

世界城市水资源开发利用的过程,具有一定的规律性,了解这个过程,吸取经验教训,对于我国城市水资源的开发利用有一定的借鉴和指导作用。

　　城市在发展过程中,习惯了就近开发成本低廉、水质良好、较安全可靠的地下水或地表水。随着城市用水的急剧增加,开始超量开采地下水,产生了地下水位下降、水量锐减、水质恶化以及地面沉降、机井报废、海水倒灌等问题,这在世界和我国的一些城市都出现过。我国华北地区尤其突出,现已形成北京、保定、石家庄、邢台、安阳、邯郸等总面积 1.5 万 km^2 的地下水超采区。由于开发利用地下水日益受到制约以及城市周围水污染的日益严重,城市开始筑坝蓄水和引水,甚至进行远距离跨流域调水。尽管建坝蓄水和远距离引水起了很大作用,但投资越来越高,困难也越来越大。我国近年建造了一大批蓄水和远距离调水工程,不少在上百公里之外,一定程度上缓解了城市用水紧张状况,但也投入了大量资金。现在还有许多城市计划远距离引水。但不少人士已提出疑问,认为单纯靠远距离引水不仅耗资巨大,而且不能真正解决水资源竞争日益加剧的现状,只能一定程度上缓解用水短缺;另外许多“水质型”缺水城市过于依赖外区域的引水,而忽视对本地水资源的保护和水环境的治理。于是人们开始把注意力转向采用科学技术手段,提高合理用水水平,减少用水量,逐步使水资源的开发利用从一次消耗型转向重复利用型。国内外的事实证明,采用节约用水的战略是一种卓有成效的方法,不仅充分利用了已开发的水资源,还减少了污水的排放。

　　在一定的技术经济条件下,每个城市都存在着一种极限水资源量,在一定时期保持相对稳定。尽管城市的水资源条件和经济发展情况不同,开发历程也不同,但大体上每个城市的水资源开发利用都可划为 3 个阶段:第一阶段为自由开发阶段,第二阶段是水资源基本平衡到制约开发阶段,第三阶段是综合开发利用水资源、重复用水开发阶段。

　　1. 自由开发阶段

　　自由开发阶段的主要特征是城市用水总量还远远低于城市极限水资源容量。人们认为,水是取之不尽、用之不竭的;解决城市用水量增长问题的主要手段是就近开发新水源;对水资源的开发管理很松弛;水资源的开发有相当盲目性,甚至破坏性;供水成本和水价低廉;大部分水经一次使用后即排放,普遍存在着不合理用水系统和用水浪费现象。我国在 20 世纪 60 年代以前,大多数城市水资源开发处于这一阶段。

　　2. 水资源基本平衡到制约开发阶段

　　随着城市人口聚集,工业迅速发展,城市用水量急骤增加,开始加紧建设新的供水设施,新水源的开发受到越来越多因素的制约,城市水资源开发进入制约开发阶段,出现了一系列带有规律性的特征:为满足用水迅速增长需求大量抽取地下水,使地下水位开始大幅度下降;新水源的开发受到邻近地区水资源开发的制约,受到农业用水的制约和资金、能源、材料甚至技术上的制约;往往采用工程浩大和耗费巨资的蓄水、输水甚至跨流域调水的办法来增加供水量;用水量的增长加大了废水排放量,由于废水处理设施建设跟不上,水体污染加剧,反过来更加剧了城市供水紧张的矛盾;逐渐认识到水是有限的经济资源,要节约用水,减少废水排放量;开始加强水资源调配和开发利用的管理,各种管理法规和管理机构不断完善;重复用水设施和重复用水技术不断发展;由于新水源开发往往赶不上用水需求的增长,城市在夏季高峰用水时期经常出现供水不足的矛盾,影响了工业生产和城市人民生活的安定。在这阶段,城市供水总量开始向城市极限水资源容量靠近。我国目前很多缺水城市都处于这个阶段。

　　3. 综合开发利用水资源、重复用水开发阶段

　　当城市供水总量已接近城市极限水资源容量,城市用水量的增长将主要依靠重复用水量的增加时,城市水资源开发进入第三个阶段,即合理用水和重复用水开发阶段,这阶段的

主要特征是:由于新水源开发成本越来越高,开发重复用水与开发新水源相比,逐渐显示出越来越明显的优势。各种直接的和间接的重复用水系统迅速发展;各种有关管理法规和管理体系配套发展;各种重复用水的新技术和新设备开发十分活跃;人们已把用过的废水看成是可再生的二次水资源;城市供水总量增长向城市极限水源容量逼近,城市重复用水和城市用水总量近于平行增长,即新增用水量主要靠直接或间接重复用水来解决。目前一些水资源严重短缺的城市已进入这一阶段,并且将有越来越多的城市进入这个阶段。

从总体上看,我国北方水资源短缺城市可能会较早向下一个阶段过渡,南方丰水地区城市可能会在前两个阶段停留较长时期;但从宏观上看,城市水资源的开发最终要受到有限水资源量的制约。

1.4.3　水资源供需平衡

据有关专家预测,我国用水高峰将在 2030 年前后出现,用水总量为 $7\,000 \times 10^8 \sim 8\,000 \times 10^8\ m^3$。经分析,全国实际可利用的水资源量为 $8\,000 \times 10^8 \sim 9\,500 \times 10^8\ m^3$,可见需水量已接近可能利用水量的极限。我国未来水资源的形势是十分严峻的。因此,必须有这方面的忧患意识,重视节水工作,科学地开展水资源供需平衡战略研究,实现水资源的可持续利用。

1. 水资源供需平衡计算方法

1)水资源平衡计算区域划分

采用分流域、分地区进行平衡计算。在流域和省级行政区范围内以计算分区进行。在分区时要对城镇和农村单独划分,并对建制市城市单独进行计算。流域与行政区的方案和成果应相互协调,提出统一的供需分析结果和推荐方案。

2)平衡计算时段的划分

计算时段可以采用月或者旬。一般采用长系列月调节计算方法,能够正确反映流域或区域的水资源供需的特点和规律。主要水利工程、控制节点、计算分区的月流量系列应根据水资源调查评价和供水量预测部分的结果进行分析计算。无资料或资料缺乏的区域,可采用不同来水频率的典型年法分析计算。

3)平衡计算方法

进行平衡计算时采用:可供水量－需水量－损失的水量＝余(缺)水量,来进行水资源供需平衡计算。

在供需平衡计算时出现余水时,即可供水量大于需水量时,如果蓄水工程尚未蓄满,余水可以在蓄水工程中滞留,把余水作为调蓄水量参加下一时段的供需平衡;如果蓄水工程已经蓄满水,则余水可以作为下游计算分区的入境水量,参加下游分区的供需平衡计算;可以通过减少供水(增加需水)来实现平衡。

在供需平衡计算出现缺水时,即可供水量小于需水量时,要根据需水方反馈信息要求的供水增加量与需水调整的可能性与合理性,进行综合分析及合理调整。在条件允许的前提下,可以通过减少用水方的用水量(通过增加节水工艺、节水器具等措施来实现)或者通过从外流域调水进行供需水的平衡。

总的原则是不留供需缺口,即出现不平衡的情况可以按照以上的意见进行二次、三次水资源供需平衡以达到平衡的目的。

(1)一次平衡时。考虑需水要考虑到人口的自然增长速度、经济的发展、城市化程度和人民生活水平的提高程度等方面;考虑供水要考虑到流域水资源开发利用现状和格局以及要充分发挥现有供水工程潜力。

(2)二次平衡时。要强化节水意识、加大治污力度与污水处理再利用程度、注意挖潜配套相结合;合理提高水价、调整产业结构来合理抑制用水方的需求,同时要注重生态环境的改善。

(3)三次平衡时。加大产业结构和布局的调整力度,进一步强化群众的节水意识;在条件允许的情况下具有跨流域调水可能时,通过外流域调水来解决水资源供需平衡问题。

2. 水资源供需平衡分析的目的与意义

水资源供需分析就是综合考虑社会、经济、外境和水资源的相互关系,分析不同发展时期、各种规划方案的水资源供需状况。供需平衡分析就是采取各种措施使水资源供水量和需求量处于平衡状态。

水资源供需平衡的基本思想是"开源节流"。开源就是增加水源,包括开辟新的水源。海水利用、非常规水资源的开发利用、虚拟水等;节流就是通过各种手段抑制需求、包括通过技术手段提高水资源利用率和利用效率,如通过挖潜减少水资源的需求、调整产业结构、改革管理机制等。

水资源供需平衡分析,是指在一定范围内(行政、经济区域或流域)不同时期的可供水量和需水量的供求关系分析。它的目的是以国民经济和社会发展计划与国土整治规划为依据,在江河湖库流域综合规划和水资源评价的基础上,按供需原理和综合平衡原则来测算今后不同时期的可供水量和用水量,制订水资源长期供求计划和水资源开源节流的总体规划,以实现或满足一个地区可持续发展对淡水资源的需求。其目的是:①通过可供水量和需水量的分析,弄清楚水资源总量的供需现状和存在的问题;②通过不同时期不同部门的供需平衡分析,预测未来,了解水资源余缺的时空分布;③针对水资源供需矛盾,进行开源节流的总体规划,明确水资源综合开发利用保护的主要目标和方向,以期实现水资源的长期供求计划。因此,水资源供需平衡分析是国家和地方政府制订社会经济发展计划和保护生态环境必须进行的行动,也是进行水源工程和节水工程建设,加强水资源、水质和水生态系统保护的重要依据。所以,开展此项工作,对水资源的开发利用获得最大的经济、社会和环境效益,满足社会经济发展对水量和水质的日益增长的需求,同时在维护水资源的自然功能,维护和改善生态环境的前提下合理充分地利用水资源,使得经济建设和水资源保护同步发展,都具有重要意义。

3. 水资源供需平衡分析的原则

水资源供需平衡分析涉及社会、经济、环境生态等方面,不管是从可供水量还是需水量方面分析,牵涉面广且关系复杂。因此,供需平衡应遵循以下原则。

1) 近期和远期相结合

水资源供需关系不仅与自然条件密切相关,而且受人类活动的影响,即和社会经济发展阶段有关。同是一个地区,在经济不发达阶段,水资源往往供大于求,随着经济的不断发展,特别是城市的经济发展,水资源的供需矛盾逐渐突出,有的城市在供水不足时,不得不采取应急措施和修建应急工程。水资源的供需必须有中长期的规划,要做到未雨绸缪,不能临渴掘井。供需平衡分析一般分为现状、中期和远期几个阶段,既把现阶段的供需情况弄清楚,又要充分分析未来的供需变化,把近期和远期结合起来。

2）流域和区域相结合

水资源具有按流域分布的规律,然而用水部门有明显的地区分布特点,经济或行政区域和河流流域往往是不一致的,因此,在进行水资源供需平衡分析时,要认真考虑这些因素,划好分区,把小区和大区、区域和流域结合起来。20 世纪 80 年代以来,我国在全国范围内按流域和行政区域都做过水资源评价。在进行具体的水资源供需分析时,要和水资源评价合理衔接。在牵涉到上、下游分水和跨地区跨流域调水时,更要注意大、小区域的结合。

3）综合利用和保护相结合

水资源是具有多种用途的资源,其开发利用应做到综合考虑,尽量做到一水多用。水资源又是一种易污染的流动资源,在供需分析后,对有条件的地方供水系统应多种水源联合调度,用水系统考虑各部门交叉或重复使用,排水系统注意各用水部门的排水特点和排污、排洪要求。更值得注意的是,在发挥最大经济效益而开发利用水资源的同时,应十分重视水资源的保护。例如地下水的开采要做到采补平衡,不应盲目超采;作为生活用水的水源地,则不宜开发水上旅游点和航运;在布置工业区时,对其排放的有毒有害物质,应作妥善处理,以免污染水源。

4. 水资源供需平衡分析的方法

在供需分析中,应先进行现状年已有工程不同保证率供水量和各水平年的预测需水量比较,论证目前规划工程的合理性和紧迫性;再进行各规划水平年不同方案的供水量与该年预测需水量的比较,论证新增水源工程作用和调整国民经济结构的必要性。各规划水平年的供水方案必须在经济、技术上是可实现的。

对各水平年供需预测方案进行综合平衡分析评价,制定规划区和主要城市及地区相应的对策和措施。要充分研究节水、水源保护和管理方面的对策和措施。

当拟定的供水不能满足需水预测时,应根据优先保证生活用水、统筹考虑工业和农业用水的原则,针对各种可能发生的情况,提出有利于当地国民经济与社会持续发展的对策和措施,并作为反馈信息供进一步制定和修改国民经济发展规划参考。

在供需平衡分析中,当分区缺水量过大时,应调整供需方案或调整国民经济发展指标,使供需基本协调。在社会经济发展指标经调整后仍无法平衡的地区,允许留有缺口并提出有关的措施,同时分析计算因缺水可能造成的经济损失,供有关部门参考。

农村生活用水中,未用供水工程供水部分,在计算中单独作为今后供水工程发展需解决的问题之一,不参与供需平衡分析。

对基准年和水平年应对各分区进行 50%、70%、95% 3 种保证率的水资源供需平衡分析,其中城市和重点地区应单独进行平衡分析,并求出各分区的余缺水量。

在供需平衡分析中,对深层地下水、地下水超采和污水利用水量,应作专门说明。这部分水量只能作为临时应急措施,不能当作今后可靠的供水水源。

不同水平年供水工程需要的投资计算中,对跨省、跨地区和综合利用工程应进行投资分摊。其中综合利用投资分析方法可参照《水利建设项目经济评价规范》进行。

供水综合分析,除考虑水量平衡以外,还应充分分析和评价各方案的社会、经济及环境效果。对上述各方面影响较大的方案,要提出相应的对策和改善措施,以保证所制订的方案切实可行。

供需平衡是一个反复的过程,由于供水与需水预测的多方案性,所以供需平衡也存在众多的方案,要对这些方案进行合理性分析,根据经济、技术、环境可行的方案,进行优化是十分必要的。

　　水资源供需分析是为了掌握未来一段时期城市需水能够满足的程度。水资源供需平衡分析必须根据一定的雨情、水情来进行分析计算，主要有二种分析方法。一种为系列法，一种为典型年法（或称代表年法）。系列法按雨情、水情的历史系列资料进行逐年的供需平衡分析计算；而典型年法仅根据雨情、水情具有代表性的几个不同年份进行分析计算，而不必逐年计算。按历史长系列逐年进行分析计算，往往分析计算工作量大，而且在系列资料缺乏时，这种分析计算还难以进行。所以，在进行一般的区域水资源供需分析时，采用典型年法。

　　一般来说，需要研究 3 个阶段的供需情况，即现状情况、近期情况、远期情况，也即 3 个水平年情况。现状水平年又称基准年，是指现状供需情况以已过去的某一年为代表来分析，近期水平年为从基准年以后的 5 ～ 10 年，远期水平年一般为从基准年以后的 15 ～ 20 年。供水的目的是为了促进区域社会经济的持续发展，因此供需分析的水平年应尽可能与区域国民经济和社会发展规划的水平年相一致。

　　现状情况是未来发展的基础，因此要作多方面的调查和分析研究，力求反映实际情况。近期供需情况将可能直接为有关单位编制年度计划、五年计划提供依据，因此要求一定的精度，例如要求对需水作合理性论证，增加的供水量要有工程规划的依据，还要作必要的投入产出分析等。远期供需情况将对未来发展态势作出展望，要求的精度可低一些。

　　典型年的选择还应考虑水文资料统计分析中的不同频率。一般地，在进行区域水资源供需平衡分析时，北方干旱和半干旱地区对保证率 $P = 50\%$ 和 $P = 75\%$ 两种代表年的水供需进行分析，而在南方湿润地区，对 $P = 50\%$、$P = 75\%$ 和 $P = 90\%$（95%）三种代表年的水供需进行分析。实际选哪几种代表年，还应根据水供需的目的来确定。

　　可供水量是指不同水平年、不同保证率或不同频率条件下，通过工程设施可提供的符合一定标准的水量，包括区域内的地表水、地下水、外流域的调水、污水处理回用和海水利用等，如图 1 - 13 所示。可供水量与来水条件、用水条件、工程条件和水质条件等因素有关。它不同于天然水资源量，也不等于可利用水资源量。一般情况下，可供水量小于天然水资源量，也小于可利用水资源量。城市的需水量如图 1 - 14 所示。

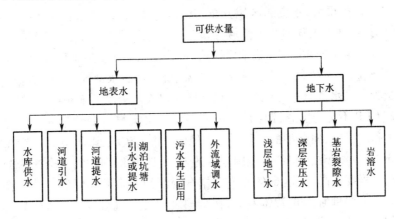

图 1 - 13　可供水量计算项目汇总示意

　　在供水规划中，按照供水对象的不同，应规定不同的供水保证率。供水保证率是指多年供水过程中，供水得到保证的年数占总年数的百分数。对于居民生活供水保证率 $P \leqslant 95\%$，工业用水 $P \leqslant 90\%$ 或 95%，农业用水 $P \leqslant 50\%$ 或 75%。通常按用户性质，能满足其需水量的

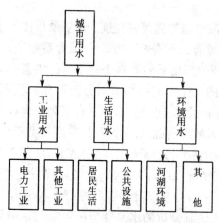

图 1-14　需水量计算项目汇总示意

90%～98%,即视作满足程度或正常供水。

从供需分析的深度,供需平衡分析可分为一次供需分析和二次供需分析。水资源一次供需分析,就是在现状供水能力与外延式增长的用水需求间所进行的供需分析。在水资源需求方面,考虑不同水平年人口的自然增长、经济结构不因水的因素而变化、城市化程度和人民生活水平外延式提高,预测不同水平年各分区,各部门需水量。在水资源供给方面,在不考虑新增供水投资来增加供水量的前提下,考虑生态环境要求进行可供水量调节计算。一次供需分析的主要任务是确定在无新的供水工程投资条件下,未来不同阶段的供水能力和可供水量;确定在无直接节水工程投资条件下,未来不同阶段的水资源需求自然增长量;确定现状开发状态下,未来不同阶段的水资源供需缺口,为确定节水、治污和挖潜等措施提供依据。二次供需分析主要是在一次供需分析的基础上,在水资源需求方面通过节流等各项措施控制用水需求的增长态势,预测不同水平年需水量;在水资源供给方面通过当地水资源开源等措施充分挖掘供水潜力,给出不同水平年供水工程的安排;通过调节计算,分析不同水平年供需态势。通过供给与需求两方面的调控,如果二次供需分析不存在缺口,则实现了水资源的供需平衡。如果还存在缺口,在抑制需求和增加供给共同作用下,一次供需分析的缺口将有较大幅度的下降,即得到二次供需分析的缺口。

总之,一次供需分析是初步地进行供需分析,不一定要进行供需平衡和提出供需平衡分析的规划方案。而二次供需分析则是要求供需平衡分析和提出供需平衡分析的规划方案。特别是当供需不平衡时,对解决缺水的途径,要进一步分析论证并作出规划方案。

5. 解决水资源供需矛盾的原则

我国水资源供需矛盾比较突出。我国水资源的时间、空间分布极不均匀,汛期洪水集中,年内、年际变化都很大;水资源区域分布与土地资源、人口分布及经济发展格局极不协调。北方黄淮海、松辽及内陆河 5 个流域片多年平均水资源量仅占全国水资源量的 19%,而该地区人口则占全国的 46.5%,耕地面积约占全国的 65%,该区域 GDP 约占全国总量的 45% 以上,是水资源量与社会经济发展极不适应的资源型缺水地区。西南诸河流域片,多年平均水资源量为全国水资源量的 20.8%,该地区人口仅占全国的 1.5% 左右,耕地面积仅占全国的 1.8%,GDP 不足全国总量的 1%,该地区可供水量与水资源量的比值为 1.15%,水资源开发利用程度极低,属典型的工程型缺水地区。淮河流域,多年平均水资源量约占全国水资源量的 3.4%,该地区人口约占全国人口的 16.2%,耕地面积约占全国的 15.2%,淮河水资源开发利用程度较高,已达 60% 左右。据全国江河水资源质量综合评价指标分析,淮河流域污染河长占评价河长的 72% 左右,在全国属污染严重流域。在水资源供需平衡中,规划水平年(2001 年)中等干旱水平的可供水量中,未严格按水质标准控制时的缺水率为 6.6%。若按水质标准严格控制,缺水率将大幅度提高,该流域是资源性和水质性并存的缺水地区。

在我国存在严重的水资源紧缺、供需矛盾突出的同时,一些地区虽然水量丰沛却因缺乏调蓄工程而无水可用,一些地区因水质达不到规定的标准有水却不能用,还有一些水资源紧缺地区仍存在大水漫灌或用水设备落后、跑冒滴漏现象严重等问题。对此仅从水资源量或人均占有量、经济发展水平的角度分析很难得到合理的解释,应从更深层次分析其产生的原因,即在水行业管理、水政策方面是否存在不利于水资源合理开发、利用、配置的因素。

6. 解决水资源供需矛盾的措施

解决水资源供需不平衡问题,应从供和需两方面入手——增加供水量,减少需水量。建设供水调蓄工程、引水调水工程及源水水质保护工程,可以有效增加供水量;提高工业用水重复利用率及农业用水的水分利用效率、推广节水技术、改进工艺流程、开发节水器具并推广,使之发挥节水作用可以减少需水量。以下从几个方面简述解决水资源供需矛盾的主要措施。

1)合理配置水资源,解决水资源的供需矛盾

确保水资源的可持续利用,成为21世纪中国经济社会发展首要的资源环境问题,而要解决目前水资源的供需矛盾,实现水资源的可持续利用,必须进行水资源的合理配置,采用循环的、生态的可持续发展模式。建立节约型经济发展模式,以最小的资源消耗,取得最大的经济、社会和生态效益,把水资源看作是由宏观经济系统、生态环境系统和水资源组成的复合系统,以社会经济与环境协调发展为目标,运用多学科理论和技术方法,妥善处理各目标在水资源开发利用上的竞争关系,从决策科学、系统科学和多目标规划理论方面,研究水资源的最优调配方案。通过水资源的合理配置,增强区域水资源承载力,在水环境承载力之内,发展社会经济,促进社会经济的可持续发展。

2)搞好节水管理工作,构建节水型社会,实现水资源的永续利用

建设节水型社会是实现人与自然和谐发展的重大举措。一要突出抓好关于节水法规的制定;二要全面启动节水型社会建设试点工作;三要以水权水市场理论为指导,充分发挥市场配置水资源的基础作用,积极探索运用市场机制建立用水户自主自愿节水机制的途径。

由于农业用水占总用水量的比重较大,因此搞好农业节水至关重要。可以通过推广高效农业灌溉节水技术、农艺节水措施,推进农业结构调整,发展旱作农业等措施,全面提高农业节水水平。在工业节水中,要加快对现有经济和产业结构的调整步伐,加快对现有大中型企业技术改造的力度,"调整改造存量,控制优化增量",转变落后的用水方式,健全、完善企业节水管理体系、指标考核体系,大力提高水的循环利用率,提高企业内部污水处理回用水平,促进企业向节水型方向转变。在城镇生活用水中,在大力宣传全社会节约用水的同时,推广、使用节水设施,提高节水器具普及率;加快城镇供水系统的改造,降低管网漏损率;在市政公共事业用水中,优先使用再生水。

3)加强水资源的权属管理

水资源的权属管理包括两方面内容:一是对水资源的所有权管理,二是对水资源的使用权管理。《水法》中明确规定了水资源属于国家所有。长期以来,由于各种因素的影响,低价使用水资源不但造成水资源的大量浪费,还使得水资源的使用处于一种无序状态。随着水资源供需矛盾的日益加剧,对水资源的权属进行更加科学的管理势在必行,如现行的取水许可制度。

4)采取经济杠杆调控水资源供需矛盾

水价是调节用水的经济杠杆,是最有效的节水措施之一。水价关系到每一个家庭、每一个企业、每个单位的经费支出,是他们的经济核算指标之一。如果水价能够按市场经济的模式运作,水价按水资源费、供水成本、利润和污水处理等因素来核算,水价必定要提高,节约

用水一定可以达到预期的效果。科学的水资源价值体系能够使各方面的利益得到协调,使水资源配置处于最佳状态。

5)加快海水利用步伐,缓解淡水资源供需矛盾

充分利用丰富的海水资源,是解决这些地区淡水不足的有效途径。海水利用包括海水直接利用、海水淡化和海水化学资源综合利用。

1.4.4 水源选择

水源选择是给水工程规划的一项首要任务,应该切实调查研究,综合比较,以满足水量、水质的要求。水源的位置有时会影响到城市其他组成要素的用地位置选择,从而影响总体布局。水源选择的一般原则如下。

(1)水源的水量必须充沛,保证在一般枯水季节不致供水不足。首先考虑地下水,然后是泉水、河水或湖水。一般情况下地下水不易遭受污染,水质较好,净化处理较为简便。深层地下水的水温变化幅度不大,适于用做工业冷却水。采用地下水水源还可以实行分区供水、分期实施。但地下水过量抽用,易导致地面沉陷,必须根据技术经济的综合评定认真选择水源。同时还应考虑到工业用水和农业用水之间可能发生的矛盾,全面研究,合理分配用水。

(2)应尽量取用具有良好水质的水源。城市可选择一个水源,也可以根据不同情况设立几个水源。

(3)布局要紧凑。地形较好的城市,可选择一个或几个水源,集中供水,便于统一管理。如果城市的地形复杂,布局分散,宜采取分区供水或分区供水与集中供水相结合的形式。分区供水便于分期建设。

(4)注意在解决当前和近期供水问题的同时,还应考虑如何满足远期对水量、水质的要求。

(5)必须考虑到取水、输水设施的设置方便及其施工、运转、管理和维护的安全经济。

城市统一供给的或自备水源供给的生活饮用水水质应符合现行国家标准《生活饮用水卫生标准》(GB5749)的规定。

最高日供水量超过 $100 \times 10^4 \ m^3$,同时又是直辖市、对外开放城市、重点旅游城市,由城市统一供给的生活饮用水供水水质,宜符合生活饮用水水质指标一级指标的规定。最高日供水量超过 $50 \times 10^4 \ m^3$ 不到 $100 \times 10^4 \ m^3$ 的其他城市,由城市统一供给的生活饮用水供水水质,应符合生活饮用水水质指标二级指标的规定。

1.4.5 水源的卫生防护

按照《生活饮用水卫生标准》的有关规定,集中式给水水源完善防护地带的范围和防护措施,应符合下列要求。

1. 地表水

(1)取水点周围半径小于 100 m 的水域内,不得停靠船只、游泳、捕捞和从事一切可能污染水源的活动,并应设有明显的范围标志。

(2)河流取水点上游 1 000 m 至下游 100 m 的水域内,不得排入工业废水和生活污水;其沿岸防护范围内,不得堆放废渣,设置有害化学物品的仓库或堆栈,设立装卸垃圾、粪便和有毒物品的码头;沿岸农田不得使用工业废水或生活污水灌溉及施用有持久性或剧毒的农

药,并不得从事放牧。

(3)在水厂生产区或单独设立的泵站、沉淀池和清水池外围不小于 10 m 范围内,不得设立生活居住区和修建禽畜饲养场、渗水厕所、渗水坑;不得堆放垃圾、粪便、废渣或铺设污水渠道;应保持良好的卫生状况,并充分绿化。

2.地下水

(1)取水构筑物的防护范围,应根据水文地质条件、取水构筑物的形式和附近地区的卫生状况确定。其防护措施应按地面水水厂生产区要求执行。

(2)在单井或井群的影响半径(表 1-13)范围内,不得使用工业废水或生活污水灌溉及施用有持久性或剧毒的农药,不得修建渗水厕所、渗水坑、堆放废渣或铺设污水渠道;并不得从事破坏深层土层的活动。如果取水层在水井影响半径内不露出地面或取水层没有相互补充关系时,可根据具体情况设置较小的防护范围。根据经验,多井时的最小间距如表 1-14 所示。

表 1-13 各种岩层的影响半径 R 值

岩层种类	岩层颗粒		影响半径 R/m
	粒径/mm	所占重量/%	
粉沙	0.05~0.1	70 以下	25~50
细沙	0.1~0.25	>70	50~100
中沙	0.25~0.5	>50	100~300
粗沙	0.5~1.0	>50	300~400
极粗沙	1~2	>50	400~500
小砾石	2~3	—	
中砾石	3~5	—	
粗砾石	5~10	—	

表 1-14 多井时的最小间距 m

岩层种类	单井出水量/m³·h⁻¹		
	100~300	20~100	20 以下
裂缝岩层	200~300	100~150	50
松散岩层	150~200	50~100	50

(3)在水厂生产区的范围内,应按地下水水厂生产区的要求执行。

一般在水源周围建立的卫生防护地带分为两个区域:警戒区和限制区,如图 1-15 所示。图中 L 为从净水构筑物到下游的距离,根据风向、潮水和航行可能带来的污染决定。确定水源的防护地带应征得主管卫生部门的同意。

1.4.6 水源地的选择

1.地下水

地下水水源地的位置选择与水文地质条件、用水需求、规划期限、城市布局等都有关系。在选择时应考虑以下情况。

(1)取水点与城市或工业区总体规划以及水资源开发利用规划相适应。

(2)取水点要求水量充沛、水质良好,应设于补给条件好、渗透性强、卫生环境良好的

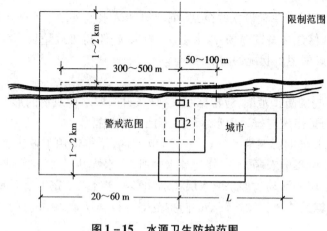

图1－15　水源卫生防护范围
1—取水构筑物；2—净水构筑物

地段。

(3)取水点的布置与给水系统的总体布局相统一,力求降低取、输水电耗和取水井及输水管的造价。

(4)取水点有良好的水文、工程地质、卫生防护条件,以便于开发、施工和管理。

(5)取水点应设在城镇和工矿企业的地下径流上游,取水井尽可能垂直于地下水流向布置。

(6)尽可能靠近主要的用水地区。

2.地表水

地表水水源地位置的选择对取水的水质、水量、取水的安全可靠性、投资、施工、运行管理及河流的综合利用都有影响。所以应根据地表水源的水文、地质、地形、卫生、水力等条件综合考虑,进行技术经济比较。选择地表水取水构筑物位置时,应考虑以下基本要求。

(1)设在水量充沛、水质较好的地点,宜位于城镇和工厂的上游清洁河段。取水点应避开河流中回流区和死水区,潮汐河道取水口应避免海水倒灌的影响;水库的取水口应在水库淤积范围以外,靠近大坝;湖泊取水口应选在近湖泊出口处,离开支流汇入口,且须避开藻类集中滋生区;海水取水口应设在海湾内风浪较小的地区,注意防止风浪和泥沙淤积。

(2)具有稳定的河床和河岸,靠近主流,有足够的水源,一般不小于2.5～3.0 m的弯曲河段上,宜设在河流的凹岸,但应避开凹岸主流的顶冲点;顺直的河段上,宜设在河床稳定、水深流急、主流靠岸的窄河段处。取水口不宜放在入海的河口地段和支流向主流的汇入口处。

(3)尽可能减少泥砂、漂浮物、冰凌、冰絮、水草、支流和咸潮的影响。

(4)具有良好的地质、地形及施工条件。取水构筑物应建造在地质条件好、承载力大的地基上。应避开断层、滑坡、流砂、风化严重和岩溶发育地段。应考虑施工时的交通运输和施工场地,管道少穿铁路、公路和堤岸。

(5)取水构筑物位置选择应与城市规划和工业布局相适应,全面考虑整个给水系统的合理布置。应尽可能靠近主要用水地区,以减少投资。输水管的铺设应尽量减少穿过天然(河流、谷地等)或人工(铁路、公路等)障碍物。

(6)应考虑天然障碍物和桥梁、码头、丁坝、拦河坝等人工障碍物对河流条件引起变化的影响。

（7）应与河流的综合利用相适应。取水构筑物不应妨碍航运和排洪，并且符合灌溉、水力发电、航运、排洪、河湖整治等部门的要求。

（8）取水构筑物的设计最高水位应按100年一遇频率确定。城市供水水源的设计枯水流量的保证率，一般采用90%~97%。

（9）江河取水构筑物的防洪标准不应低于城市防洪标准，其设计洪水重现期不得低于10年。

1.5　城市给水工程设施的规划

1.5.1　取水工程设施规划

1. 取水构筑物的形式

取水构筑物的作用是从水源经过取水口取到所需要的水量。在城市给水排水工程规划中，要根据水源条件确定取水构筑物的基本位置、取水量并考虑取水构筑物可能采用的形式等。取水构筑物位置的选择，关系到整个给水系统的组成、布局、投资、运行管理、安全可靠性及使用寿命等。取水构筑物的类型，对提高出水量、改善水质和降低工程造价的影响也较大。

由于地下水类型、埋藏深度、含水层性质不同，开采和取集地下水的方法和取水构筑物形式也不相同，主要有管井、大口井、辐射井、渗渠及复合井、引泉构筑物等，其中管井和大口井最为常见。

1）管井

用于开采深层地下水，其井壁和含水层中进水部分均为管状，通常用凿井机械开凿，俗称机井。按其过滤器是否贯穿整个含水层，可分为完整井和非完整井。管井施工方便，适应性强，是应用最为广泛的一种地下取水构筑物，如图1-16所示。

2）大口井

用于取集浅层地下水，是垂直建造的取水井，井径较大，也分完整式和非完整式。大口井构造简单，取材容易，使用年限长，容积大，能兼起调节水量作用，在中小城镇、铁路、农村供水采用较多；但深度浅，对水位变化适应性差。与泵房合建的大口井如图1-17所示。

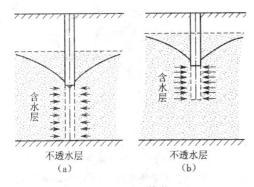

图1-16　管井

（a）完整井；（b）非完整井

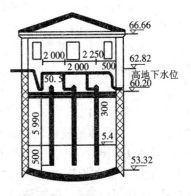

图1-17　与泵房合建的大口井

3)渗渠

水平铺设在含水层中的集水管(渠)用来集取浅层地下水,也可铺设在河流、水库等地表水体之下或旁边,集取河床地下水或地表渗透水。渗渠也有完整和非完整式之分。渗渠集取经地层渗滤的地表水,兼有地下水质的优点,但常由于泥砂淤积使出水量衰减或使之报废;另外,渗渠的造价也较高。渗渠如图 1 – 18 所示。

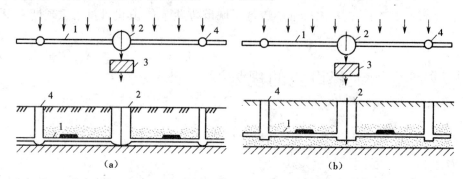

图 1 – 18　渗渠

(a)完整渗渠;(b)非完整渗渠

1—集水管;2—集水井;3—泵站;4—检查井

4)辐射井

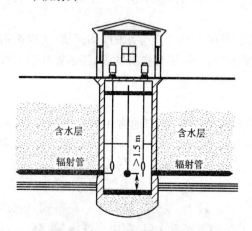

图 1 – 19　单层辐射管的辐射井

辐射井由集水井与若干辐射状铺设的水平或倾斜的集水管(辐射管)组合而成。辐射井的适应性较强,一般不能用大口井开采的、厚度较薄的含水层及不能用渗渠开采的厚度薄、埋深大的含水层时,可用辐射井。辐射井取水效能高,管理集中,占地省,卫生防护方便,但施工难度大。单层辐射管的辐射井如图 1 – 19 所示。

地表水取水构筑物有多种形式,按水源可分为江河、湖泊和水库、海水取水构筑物。

5)江河取水构筑物

江河取水构筑物按结构形式分为:①固定式,可用于不同取水量,全国各地都有使用,它又可分为岸边式(图 1 – 20)、河床式(图 1 – 21)、斗槽式,其中前两者应用较普遍,后者使用较少;②活动式,它又可分为浮船式(图 1 – 22)和缆车式,适用于中、小取水量,在建造固定式有困难时使用,多在长江中、上游和南方地区,流量和水位变幅较大,取水深度不够的河流采用。选择取水构筑物时,在保证取水安全可靠的前提下,应根据取水量和水质要求,结合河床地形、水流情况、施工条件等,通过一定的技术经济比较确定。

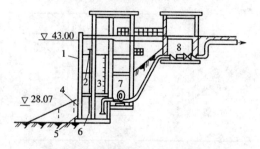

图 1 – 20　合建式岸边取水构筑物

1—进水井;2—进水间;3—吸水井;4—进水孔;
5—格栅;6—格网;7—泵房;8—阀门井

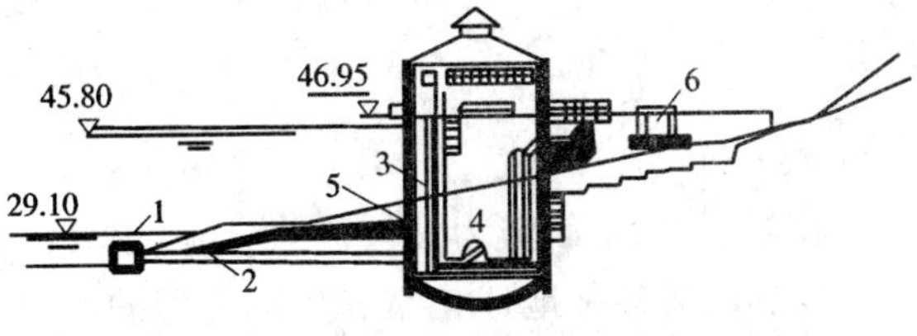

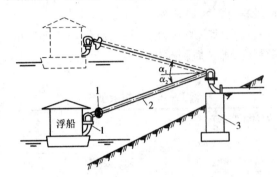

图 1 - 21　河床式取水构筑物(合建自流管)

1—取水头部;2—自流管;3—集水井;4—泵房;5—进水孔;6—阀门井

图 1 - 22　浮船式取水构筑物(摇臂连接)

1—套筒接头;2—摇臂联络管;3—岸边支墩

6)其他类型取水构筑物

湖泊通常具有水面广阔、流速缓慢、水中有机物丰富、水生植物和水生动物较多、风浪影响明显等特点。湖泊的水质特征是低浊多藻。水库实际上是人工湖泊,可分为湖泊式水库和河床式水库。湖泊式水库是指被淹没的河谷,具有湖泊的形态特征,即水面宽阔、水深较小,库中水流和泥沙运动都与湖泊相似,具有湖泊的水文特征。河床式水库是指淹没的河谷较狭窄,库身较狭长弯曲,水深较深,库内水流和泥沙运动与天然河流相似,具有与河流类似的水文特征。取水构筑物按形式可分为自流管或虹吸管式取水构筑物和库坝式取水构筑物。

根据山溪河流取水的特点,取水构筑物常用低坝式(活动坝和固定坝)或底栏栅式。当河床为透水性良好的沙、砾层,豁水层较厚,水量较丰富时,亦可采用大口井或渗渠取水。

海水取水构筑物主要有岸边式取水、引水管渠取水和潮汐式取水 3 种。

2. 取水构筑物用地指标

取水构筑物用地指标按《室外给水排水工程技术经济指标》确定,见表 1 - 15。

表 1 - 15　取水构筑物用地指标

设计规模	每 m³/d 水量取水构筑物用地指标/m²			
	地表水水源		地下水水源	
	简单取水工程	复杂取水工程	深层取水工程	浅层取水工程
Ⅰ类(水量 10 万 m³/d 以上)	0.02 ~ 0.04	0.03 ~ 0.05	0.10 ~ 0.12	0.35 ~ 0.40
Ⅱ类(水量 2 万 ~10 万 m³/d)	0.04 ~ 0.06	0.05 ~ 0.07	0.11 ~ 0.14	0.40 ~ 0.45
Ⅲ类(水量 1 万 ~2 万 m³/d)	0.06 ~ 0.09	0.06 ~ 0.10	0.13 ~ 0.15	0.42 ~ 0.55
(水量 1 万 m³/d 以下)	0.09 ~ 0.12	0.10 ~ 0.14	0.14 ~ 0.17	0.71 ~ 1.95

1.5.2　给水处理规划

1. 水源水质

水是一种极易与各种物质混杂、溶解能力又较强的溶剂。因此,水在自然界循环过程中会混入各种各样的杂质,其中包括各种地球化学和生物过程的产物,如岩石风化而形成的沙、黏土及易溶于水的盐类,动植物残骸及微生物等有机体腐败分解而形成的腐植质,也包括人类生活生产所形成的各种废弃物,如生活污水中所含的大量废弃有机物和微生物,工业废水中所含的各种生产废料、残渣、原料等。

水中的各种杂质按其存在状态通常为悬浮物、胶体物质和溶解物 3 类。它们之间的区别主要在于杂质的分散程度,即杂质颗粒的大小,见表 1-16。

表 1-16　水中杂质分类

分散颗粒	溶解物(低分子、离子)		胶体颗粒		悬浮物			
颗粒尺寸	0.1 nm	1 nm	10 nm	100 nm	1 μm	10 μm	100 μm	1 mm
分辨工具	质子显微镜可见		超显微镜可见		显微镜可见		肉眼可见	
分散系外观	透明		光照下浑浊		浑浊			

2. 给水处理方法概述

给水处理的目的是通过必要的处理方法去除水中杂质,使之符合生活饮用或工业使用所要求的水质。水处理方法应根据水源水质和用水对象对水质的要求确定。下面对几种主要的水处理方法作简要介绍。

1) 常规给水处理工艺

这是以地表水为水源的生活饮用水的常用处理工艺,如图 1-23 所示。但工业用水也常需澄清工艺。澄清工艺通常包括混凝、沉淀和过滤。处理对象主要是水中悬浮物和胶体杂质。原水加药后,经混凝使水中悬浮物和胶体形成大颗粒絮凝体,而后通过沉淀池进行重力分离。澄清池是絮凝和沉淀综合于一体的构筑物。过滤是利用粒状掳料截留水中杂质的构筑物,常置于混凝和沉淀构筑物之后,用以进一步降低水的浑浊度。完善而有效地混凝、沉淀和过滤,不仅能有效降低水的浊度,对水中某些有机物、细菌及病毒等的去除也是有一定效果的。根据原水水质不同,在上述澄清工艺系统中还可适当增加或减少某些处理构筑物。例如,处理高浊度原水时,往往需设置泥沙预沉池或沉沙池;原水浊度很低时,可省去沉淀构筑物而进行原水加药后的直接过滤。但在生活饮用水处理中,过滤是必不可少的。大多数工业用水也往往采用澄清工艺作为预处理过程。如果工业用水对澄清要求不高,可省去过滤而仅需混凝、沉淀即可。

消毒是灭活水中致病微生物,通常在过滤以后进行。主要消毒方法是在水中投加消毒剂以杀灭致病微生物。当前我国普遍采用的消毒剂是氯,也有采用漂白粉、二氧化氯及次氯酸钠等。臭氧和紫外线也会作为消毒剂在消毒中使用。

"混澄—沉淀—过滤—消毒"可称之为生活饮用水的常规处理工艺。我国以地表水为水源的水厂主要采用这种工艺流程。根据水源水质不同,尚可增加或减少某些处理构筑物。饮用水处理除了采用上述工艺流程外,在沙滤后还增加活性炭过滤,有的工艺系统还更加复杂。

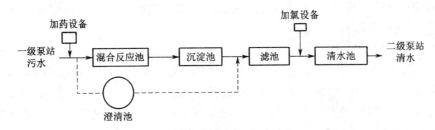

图 1 - 23　地表水水源处理工艺流程

2）除臭、除味

这是饮用水净化中所需的特殊处理方法。当原水中臭和味严重而采用常规处理工艺不能达到水质要求时方才采用。除臭、除味的方法取决于水中臭和味的来源。例如,对于水中有机物所产生的臭和味,可用活性炭吸附或氧化剂氧化法去除;对于溶解性气体或挥发性有机物所产生的臭和味,可采用曝气法去除;因藻类繁殖而产生的臭和味,可采用微滤机或气浮法去除藻类,也可在水中投加硫酸铜除藻;因溶解盐类所产生的臭和味,可采用适当的除盐措施等等。地下水由微污染而引起的臭和味,可采用活性炭吸附或向水中投加氧化剂,如高锰酸钾等。

3）除铁、除锰和除氟

当溶解于地下水中的铁、锰的含量超过生活饮用水卫生标准时,需采用除铁、锰措施。常用的除铁、锰方法是:氧化法和接触氧化法。前者通常设置曝气装置、氧化反应油和沙滤池;后者通常设置曝气装置和接触氧化滤池。工艺系统的选择应根据是否单纯除铁还是同时除铁、除锰,原水铁、锰含量及其他有关水质特点确定。还可采用药剂氧化、生物氧化法及离子交换法等。通过上述处理方法（离子交换法除外）,使溶解性二价铁和锰分别转变成三价铁和四价锰并产生沉淀物而去除。

当水中含氟量超过 1.0 mg/L 时,需采用除氟措施。除氟方法基本上分成 3 类:一是投入硫酸铝、氯化铝或碱式氯化铝等使氟化物产生沉淀;二是利用活性氧化铝或磷酸三钙等进行吸附交换;三是采用电化学法（如电渗析和电凝聚）。

4）软化

处理对象主要是水中钙、镁离子。软化方法主要有离子交换法和药剂软化法。前者在于使水中钙、镁离子与阳离子交换剂上的离子互相交换以达到去除目的;后者系在水中投入药剂石灰、苏打等以使钙、镁离子转变为沉淀物而从水中分离。

5）淡化和除盐

这种处理的对象是水中各种溶解盐类,包括阴、阳离子。将高含盐量的水如海水及"苦咸水"处理到符合生活饮用或某些工业用水要求时的处理过程,一般称为咸水"淡化";制取纯水及高纯水的处理过程称为水的"除盐"。淡化和除盐主要方法有蒸馏法、离子交换法、电渗析法及反渗透法等。离子交换法需经过阳离子交换剂和阴离子交换剂两种交换过程;电渗析法是利用阴、阳离子交换膜能够分别透过阴、阳离子的特性,在外加直流电场作用下使水中阴、阳离子被分离出去;反渗透法系利用渗透压的压力施于含盐水,以使水通过半渗透膜而盐类被阻留下来。电渗析法和反渗透法属于膜分离法,通常用于高含盐量水的淡化或作为离子交换法除盐的前处理过程。

6）水的冷却

冷却水占工业用水的 70% 以上,现在大多利用冷却塔和冷却池等敞开式循环冷却系统降低水温,循环再用。循环水水质含盐浓度较高,腐蚀性加强,易结垢,因此应对循环冷却水进行处理,控制沉淀物和腐蚀。

7)预处理和深度处理

对于不受污染的天然地表水源而言,饮用水的处理对象主要是去除水中悬浮物、胶体和致病微生物,对此,常规处理工艺"混凝—沉淀—过滤—消毒"是十分有效的。但对于污染水源而言,水中溶解性的有毒有害物质,特别是具有致病、致畸、致突变的有机污染物(即"三致物质")或"三致"前体物(如腐植酸等)是常规处理方法无法解决的。由于饮用水水质标准逐步提高,另一方面水源水质受到污染日益恶化,于是在常规处理基础上发展了预处理和深度处理。前者置于常规处理前,后者置于常规处理后,即"预处理 + 常规处理"或"常规处理 + 深度处理"。预处理和深度处理的主要对象均是水中有机污染物,且主要用于饮用水处理厂。预处理的基本方法有:预沉淀、曝气、粉末活性炭吸附法、臭氧或高锰酸钾氧化法,生物滤池、生物接触氧化池及生物转盘等生物氧化法等。深度处理的基本方法有:活性炭吸附法、臭氧氧化或臭氧 – 活性炭联用法、合成树脂吸附法、光化学氧化法、超滤法及反渗透法,等等。上面几种方法的基本原理主要是:吸附,即利用吸附剂的吸附能力去除水中有机物;氧化,即利用氧化剂及光化学氧化法的强氧化能力分解有机物;生物降解,即利用生物氧化法降解有机物;膜滤,即以膜滤法滤除大分子有机物。我国有些水厂已成功地采用了臭氧与活性炭联用的深度处理工艺。

1.5.3　水厂规划

1. 水厂的用地选择

水厂的位置一般应尽可能地接近用水区,特别是最大量用水区。当取水点距离用水区较远时,更应如此。有时,也可将水厂设在取水构筑物附近,在靠近用水地区另设配水厂,进行消毒、加压。当取水地点距用水区较近时,亦可设在取水构筑物的附近。

水厂应位于城市河道主流的上游,取水口尤其应设于居住区和工业区排水出口的上游。取用地下水的水厂,可设在井群附近,尽量靠近最大用水区,亦可分散布置。井群应按地下水流向布置在城市的上游。根据出水量和岩层的含水情况,井管之间要保持一定的间距。

厂址选址要考虑近、远期发展的需要,为新增附加工艺和未来规模扩大发展留有余地。厂址应选择在工程地质条件较好的地方。一般选在地下水位低、承载力较大、湿陷性等级不高、岩石较少的地层,以降低工程造价和便于施工。水厂应尽可能选择在不受洪水威胁的地方;否则应考虑防洪措施,水厂的防洪标准不应低于城市防洪标准。应允分考虑周围环境的卫生和安全防护条件。水厂应尽量设置在交通方便、靠近电源的地方,以利于施工管理和降低输电线路的造价。

当取水地点距离用水区较近时,水厂一般设置在取水构筑物附近,通常与取水构筑物建在一起。这样便于集中管理,工程造价也较低。当取水地点距离用水区较近时,厂址有两种选择:一是将水厂设在取水构筑物近旁,二是将水厂设在离用水区较近的地方。第一种选择优点是:水厂和取水构筑物可集中管理,节省水厂自用水(如滤池、冲洗和沉淀池排泥)的输水费用并便于沉淀池排泥和滤池冲洗水排除,特别对浊度较高的水源而言。但从水厂至主要用水区的输水管道口径要增大,管道承压较高,从而增加了输水管道的造价、给水系统的设施和管理工作。后一种方案的优缺点与前者正好相反。对高浊废水源,也可将预沉构筑物与取水构筑物建在一起,水厂其余部分设置在主要用水区附近。不同方案应综合考虑各种因素并结合具体情况,通过技术经济比较确定。

2. 水厂的用地指标

水厂用地应按规划期给水规模确定,用地控制指标应按表1-17采用。水厂厂区周围应设置宽度不小于10 m的绿化地带。

表1-17 水厂用地控制指标

建设规模/万 $m^3 \cdot d^{-1}$	地表水水厂/$m^2 \cdot d \cdot m^{-3}$	地下水水厂/$m^2 \cdot d \cdot m^{-3}$
5~10	0.7~0.50	0.40~0.30
10~30	0.50~0.30	0.30~0.20
30~50	0.30~0.10	0.20~0.08

注:1.建设规模大的取下限,建设规模小的取上限。

2.地表水水厂建设用地按常规处理工艺进行,厂内设置预处理或深度处理构筑物以及污泥处理设施时,可根据需要增加用地。

3.地下水水厂建设用地按消毒工艺进行,厂内设置特殊水质处理工艺时,可根据需要增加用地。

4.本表指标未包括厂区周围绿化地带用地。

1.5.4 泵站规划

当配水系统中需设置加压泵站时,其位置宜靠近用水集中地区。泵站用地应按规划期给水规模确定,其用地控制指标应按表1-18采用。泵站周围应设置宽度不小于10 m的绿化地带并宜与城市绿化用地相结合。

表1-18 泵站用地控制指标

建设规模/万 $m^3 \cdot d^{-1}$	用地指标/$m^2 \cdot d \cdot m^{-3}$
5~10	0.25~0.20
10~30	0.20~0.10
30~50	0.10~0.03

注:1.建设规模大的取下限,建设规模小的取上限。

2.加压泵站设有大容量的调节水池时,可根据需要增加用地。

3.本指标未包括站区周围绿化带用地。

1.6 城市给水管网的规划

给水管网的作用是将水从净水厂或取水构筑物输送到用户。它是给水系统的重要组成部分并与其他构筑物(如泵站、水池或水塔等)有着密切的联系。城市给水管网是由大大小小的给水管道组成的,遍布整个城市的地下。根据给水管网在整个给水系统中的作用,可将它分为输水管和配水管网两部分。

1.6.1 给水管网布置的原则

给水管网布置应遵循以下原则。

(1)应符合城市总体规划的要求,并考虑供水的分期发展,留有充分的余地。

（2）管网应布置在整个给水区域内，在技术上要使用户有足够的水量和水压。

（3）无论在正常工作或在局部管网发生故障时，应保证不中断供水。

（4）在经济上要使给水管道修建费最少，定线时应选用短捷的线路并要使施工方便。

给水管网一般由输水管（由水源到水厂及由水厂到配水管的管道，一般不装接用户水管）和配水管（把水送至各用户的管道）组成。输水管不宜少于两条。配水管网又分为干管和支管，前者主要向市区输水，而后者主要将水分配到用户。

1.6.2　输水管渠的布置

从水源到水厂或从水厂到配水管网的管线，因沿线一般不接用户管，主要起转输水量的作用，所以叫做输水管。有时，从配水管网接到个别大用水户去的管线，因沿线一般也不接用水管，所以，此管线也叫做输水管。

对输水管线选择与布置的要求如下。

（1）应能保证供水不间断，尽量做到线路最短，土石方工程量最小，工程造价低，施工维护方便，少占或不占农田。

（2）管线走向，有条件时最好沿现有道路或规划道路敷设。

（3）输水管应尽量避免穿越河谷、重要铁路、沼泽、工程地质不良的地段，以及洪水淹没的地区。

（4）选择线路时，应充分利用地形，优先考虑重力流输水或部分重力流输水。

（5）输水管线的条数（即单线或双线），应根据给水系统的重要性、输水量大小、分期建设的安排等因素，全面考虑确定。当允许间断供水或水源不只一个时，一般可以设一条输水管线；当不允许间断供水时，一般应设两条，或者设一条输水管，同时修建有相当容量的安全贮水池，以备输水管线发生故障时供水。

给水系统中，输水管的费用占很大比例，尤其是长距离输送大量水时，为此，输水管的根数、输水方式和构筑物形式对输水管的费用影响很大，选择时应慎重考虑并有充分的技术经济依据。

输水管的基本任务是保证不间断输水，多数用户特别是重要的工业企业不允许断水，甚至不允许减少水量。因此，平行敷设的输水管应不少于两根，或敷设一根输水管同时建造相当容量的蓄水池，以备输水管发生故障时不致中断供水。当输水量小、输水距离长、地形复杂、交通不便时，应首先考虑单管输水另加水池的方案。只有在允许中断供水的情况下，才可敷设一根输水管。

若采用两根输水管时，尽可能用相同的管径和管材，以便施工和维修，并在适当位置设置连接管，将输水管分成多段。当管线损坏时，只需关闭损坏的一段而不是将整根输水管线关闭，从而可使供水量不致降低得过多。输水管分段数可根据事故流量计算确定。

输水方式可归纳成水泵加压输水和重力输水两类。输水方式的选择，往往受到当地自然条件，特别是天然水源条件的制约。图1-24为重力管和压力管相结合输水。

1.6.3　配水管网的布置形式

给水管网的布置形式，根据城市规划、用户分布及对用水要求等，可分为树枝状管网和环状管网。也可根据不同情况混合布置。

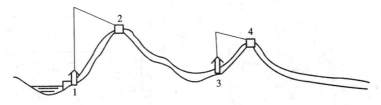

图 1-24 重力管和压力管相结合输水
1、3—泵站;2、4—高位水池

1. 树枝状管网

干管与支管的布置有如树干与树枝的关系。其主要优点是管材省、投资少、构造简单;缺点是供水可靠性较差,一处损坏则下游各段全部断水,同时各支管末端易造成"死水",会恶化水质。

这种管网布置形式适用于地形狭长、用水量不大、用户分散的地区,或在建设初期先用树枝状管网,再按发展规划形成环状。

一般情况下,居住区详细规划是不单独选择水源的,而是由邻近道路下面的城市给水管道供水,街坊只考虑其最经济的入口。街坊内部的管网布置,通常根据建筑群的布置组成树枝状,如图 1-25 所示。

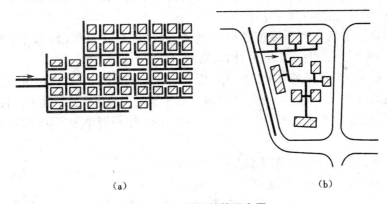

(a)   (b)

图 1-25 树枝状管网布置
(a)小城镇树枝状管网;(b)街坊树枝状管网

2. 环状管网

环状管网指供水干管间都用联络管互相连通起来,形成许多闭合的环,如图 2-26(a)所示。这样,每条管都可以由两个方向来水,因此供水安全可靠。一般在大中城市给水系统或供水要求较高、不能停水的管网均应用环状管网。环状管网还可降低管网中的水头损失,节省动力,管径可稍小。另外,环状管网还能减轻管内水锤的威胁,有利管网的安全。总之,环状的管线较长,投资较大,但供水安全可靠。

图 1-26(b)所示为街坊规划中的环状管网。在实际工作中为了发挥给水管网的输配能力,达到既工作安全可靠,又经济适用,常采用树枝状与环状相结合的管网。如在主要供水区采用环状,在边远区或要求不高而距离水源又较远的地点,可采用树枝状管网,这样比较经济合理。

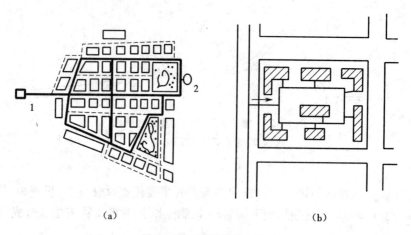

（a）　　　　　　　　　　　　　　（b）

图 1－26　环状管网布置

（a）城市环状管网；（b）街坊环状配水管网

1—水厂；2—水塔

1.6.4　配水管网的布置要求

在给水管网中，由于各管线所起的作用不同，其管径也不相等。城市给水管网按管线作用的不同可分为干管、配水管和接户管等。

干管的主要作用是输水至城市各用水地区，直径一般在 100 mm 以上，在大城市为 200 mm以上。城市给水管网的布置和计算，通常只限于干管。

配水管是把干管输送来的水量送到接户管和消火栓的管道，它敷设在每条道路下。配水管的管径由消防流量来决定，一般不予计算。为了满足安装消火栓所要求的管径，不致在消防时水压下降过大。通常配水管管径不小于 100 mm，中等城市为 100～150 mm，大城市采用 150～200 mm。

接户管又称进水管，是连接配水管与用户的管。

干管的布置通常按下列原则进行。

（1）干管布置的主要方向应按供水主要流向延伸，而供水流向取决于最大用水户或水塔等调节构筑物的位置。

（2）通常为了保证供水可靠，按照主要流向布置几条平行的干管，其间用连通管连接，这些管线以最短的距离到达用水量大的主要用户。干管间距视供水区的大小和供水情况而不同，一般为 500～800 m。

（3）一般按规划道路布置，尽量避免在重要道路下敷设。管线在道路下的平面位置和高程，应符合管网综合设计的要求。

（4）应尽可能布置在高地，以保证用户附近配水管中有足够的压力。

（5）干管的布置应考虑发展和分期建设的要求，留有余地。

按以上原则，干管通常由一系列临街的环网组成，并且较均匀地分布在城市整个供水区域。

1.6.5　给水管网水力计算

新建和扩建城市给水管网的水力计算是按最高时用水量计算，求出所有管段的管径、水头损失、水泵扬程和水塔高度(当设置水塔时),并在此管径基础上,按其他用水情况,如消防时、事故时、对置水塔系统在最高转输时,对各管段的流量和水头损失进行校核。

1.水力计算步骤

水力计算步骤如下。

(1)在平面图上进行干管布置,即定线。

(2)按照输水路线最短的原则,定出各管段的水流方向。

(3)定出干管的总计算长度(或供水总面积)及各管段的计算长度(或供水面积)。

(4)求沿线流量和节点流量。

(5)对整个管网进行流量分配,根据节点流量平衡及供水的安全可靠性和经济合理性的要求,求管段计算流量。

(6)根据经济流速,确定各管段的管径和水头损失(压降)。

(7)若环状管网初步流量分配不当,为消除闭合差,须进行管网平差计算,将原有流量分配逐一修正。

(8)根据各管段的水头损失和各点地形标高,确定水塔高度和水泵扬程。

(9)考虑其他用水情况,对给水管网进行校核,如不能满足要求,可以对水泵的选择和管段的管径加以调整。

2.沿线流量和节点流量

1)用水量的分配

给水管网最高日最大时用水流量 Q_h 是一个总流量,为进行给水管网的设计计算,必须将这一流量分配到系统中去,即要将该流量分配到管网中的每条管段和各个节点上去。分配原则如下。

(1)将用户分为两类:一类称为集中用水户,另一类称为分散用水户。所谓集中用水户是从管网中一个点取得用水,且用水流量较大的用户,其用水流量称为集中流量,如工业企业、事业单位、大型公共建筑等用水均可以作为集中流量;分散用水户则是从管段沿线取得用水且流量较小的用户,其用水流量称为沿线流量,如居民生活用水、浇路或绿化用水等。集中流量的取水点一般就是管网的节点,即集中流量的地方必须作为节点;沿线流量则是从管网的沿线供应。

(2)集中流量一般根据集中用水户在最高日的用水量及其时变化系数计算,应逐项计算,即

$$q_{ni} = \frac{K_{hi} Q_{di}}{86.4} \quad (\text{L/s}) \tag{1-20}$$

式中　q_{ni}——各集中用水户的集中流量,L/s;

　　　Q_{di}——各集中用水户最高日用水量,m^3/d;

　　　K_{hi}——时变化系数。

(3)城市用水情况比较复杂,管网沿线既有工厂、机关、旅馆等大量用水单位,也有用水点多但用水量较少的居民用水。因此在城市给水管网的干管和分配管上接出许多用户,沿管线配水。沿线流量是指供给这些管段两侧用户所需流量,图 1-27 所示为干管沿线配水情况。

沿线流量一般按管段配水长度分配计算,或按配水管段的供水面积分配计算,即

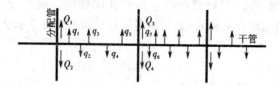

图 1 – 27　干管沿线配水情况

$$q_{mi} = q_l l_{mi} = \frac{Q_h - \sum q_{ni}}{\sum l_{mi}} l_{mi} \quad (\text{L/s}) \qquad (1-21)$$

或

$$q_{mi} = q_A A_i = \frac{Q_h - \sum q_{ni}}{\sum A_i} A_i \quad (\text{L/s}) \qquad (1-22)$$

式中　q_{mi}——各管段沿线流量，L/s；

$\quad\quad l_{mi}$——各管段沿线配水长度，m；

$\quad\quad q_l$——按管段配水长度分配沿线流量的比流量，$q_l = \dfrac{Q_h - \sum q_{ni}}{\sum l_{mi}}$，L/(s·m²)；

$\quad\quad A_i$——各管段供水面积，m²；

$\quad\quad q_A$——按管段供水面积分配沿线流量的比流量，$q_A = \dfrac{Q_h - \sum q_{ni}}{\sum A_i}$，L/(s·m²)。

按管段配水长度分配计算时，两侧无用水的管段，配水长度为零；单侧用水管段的配水长度取其实际长度的 50%；部分管长配水的管段按实际比例确定配水长度；当管段两侧全部配水时管段的配水长度等于其实际长度。

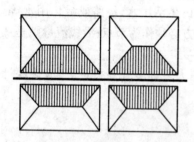

图 1 – 28　按供水面积法求比流量示意

按配水管段的供水面积分配计算时，应合理确定管段供水面积，见图 1 – 28。当管段供水区域内用水密度较大时，其供水面积值可以适当调大；反之，当管段供水区域内用水密度较小时，其供水面积值可以适当调小。

（4）核算流量平衡，即

$$Q_h = \sum q_{ni} + \sum q_{mi} \quad (\text{L/s}) \qquad (1-23)$$

如果有较大误差，则应检查计算过程中的错误。如果误差较小，可能是计算精度误差，可以直接调整某些集中流量和沿线流量项，使流量达到平衡。

2）节点设计流量计算

节点流量计算图如图 1 – 29 所示。

给水管网水力计算的主要任务是确定给水管网和输水管渠的管径和渠道规格，必须首先确定它们的设计流量，设计流量则要根据最高日用水量进行计算。为了便于分析计算，假设所有流量只允许从节点处流出或流入，管段沿线不允许有流量进出。

集中流量可以直接加到所处节点上。沿线流量可以按水力等效原则，将其转移到管段两端的节点上,即将沿线流量一分为二,分别加到两端节点上。供水泵站或水塔的供水流量也应从节点进入管网系统,其方向与用水流量方向不同,应作为负流量。节点设计流量是最高时用水集中流量、沿线流量(转移后)和供水设计流量之和。假定流出节点为正向,则用下式计算:

$$Q_j = q_{mj} - q_{sj} + \frac{1}{2}\sum_{i \in S_j} q_{mi} \qquad j = 1,2,3,\cdots,N \quad (\text{L/s}) \qquad (1-24)$$

式中　Q_j——节点 j 的设计流量,L/s;

　　　q_{mj}——位于节点 j 的最高时集中流量,L/s;

　　　q_{sj}——位于节点 j 的(泵站或水塔)供水设计流量,L/s;

　　　q_{mi}——管段 l 的最高时沿线流量,L/s;

　　　S_j——节点 j 的关联集,即与节点 j 关联的所有管段编号的集合;

　　　N——管网图的节点总数。

如图 1-29 所示管网,给水区的范围如虚线所示,比流量为 q_s,确定各节点的流量如下:

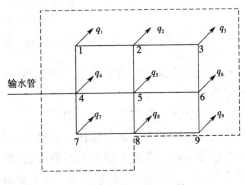

图 1-29　节点流量计算

$$q_3 = \frac{1}{2}q_s(l_{2-3} + l_{3-6})$$

$$q_5 = \frac{1}{2}q_s(l_{4-5} + l_{2-5} + l_{5-6} + l_{5-8})$$

$$q_8 = \frac{1}{2}q_s\left(l_{7-8} + l_{5-8} + \frac{1}{2}l_{8-9}\right)$$

$$q_9 = \frac{1}{2}q_s\left(l_{6-9} + \frac{1}{2}l_{8-9}\right)$$

因管段 8—9 为单侧供水,求节点流量时,也可将管段配水长度按一半计算。

在计算节点设计流量后,因为供水设计流量等于用水设计流量,且两流量均只能从节点进出,故应验证流量平衡,即

$$\sum Q_j = 0 \quad (\text{L/s}) \qquad (1-25)$$

3. 管段计算流量

任一管段的流量计算实际上包括该管段两侧的沿线流量和通过该管段输送到以后管段的转输流量。为了初步确定管段计算流量,必须按最大时用水量进行分配,得出各管段流量后,才能据此流量确定管径和进行水力计算,所以流量分配在管网计算中是一个重要环节。

根据节点流量连续性方程进行管网的流量分配,确定各管段设计流量,分配到各管段的流量已经包括了沿线流量和转输流量。

1) 树状管网管段流量分配计算

在节点设计流量全部确定后,树状管网管段设计流量可以利用节点流量连续性方程组解出,也可以采用逆树推法(又称摘树叶法)计算。从水源(二级泵站、高地水池等)供水到各节点只有一个流向,如果任一管段发生事故时,该管段以后的地区就会断水,因此任一管段的流量等于该管段以后(顺水流方向)所有节点流量的总和,例如图 1-30 中管段 3—4 的流量为

$$q_{3-4} = q_4 + q_5 + q_8 + q_9 + q_{10}$$

管段 4—8 的流量为

$$q_{4-8} = q_8 + q_9 + q_{10}$$

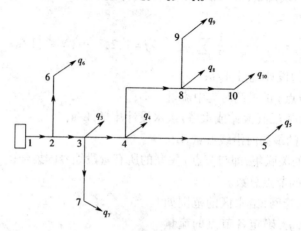

图 1 – 30　树状网流量分配

树状管网管段设计流量分配比较简单,各管段的流量易于确定,并且每一管段只有唯一的流量值。

2)环状管网管段流量分配计算

环状管网的管段流量分配比较复杂。因为一个节点上连接几条管段,节点流量包括该节点流量和流向以及流出该节点的管段流量,故各管段的流量与以后各节点流量没有直接的联系,且每一管段不可能得到唯一的流量值。分配流量时,必须保持每一节点的水流连续性,即流向任一节点的流量必须等于流出该节点的流量,以满足节点流量平衡的条件。假定流出节点的管段流量为正,流向节点的流量为负,可表示为

$$q_i + \sum q_{ij} = 0 \qquad (1-26)$$

式中　　q_i——节点 i 的节点流量,L/s;

　　　　q_{ij}——从节点 i 到节点 j 的管段流量,L/s。

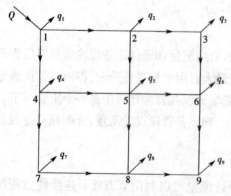

图 1 – 31　环状网流量分配

以图 1 – 31 的节点 5 为例,流出节点的流量为 q_5、q_{5-6}、q_{5-8},流向节点的流量为 q_{2-5}、q_{4-5},因此根据上式得

$$q_5 + q_{5-6} + q_{5-8} - q_{2-5} - q_{4-5} = 0$$

同理,节点 1 为

$$-Q + q_1 + q_{1-2} + q_{1-4} = 0$$

或

$$Q - q_1 = q_{1-2} + q_{1-4}$$

由上例可知,环状网可以有许多不同的流量分配方案,但在确定管段计算流量时,应同时考虑可靠性和经济性。

环状管网流量分配的步骤如下。

(1)水流应循最短的路径流向用户。

（2）几条主要的平行干管应尽可能均匀地分配流量，以便当其中一条主要干管发生事故时，仍能供应有关用户一定的流量。

（3）和干管垂直的连接管中可分配较少的流量。

多水源的管网，应由每一水源的供水量定出其大致供水范围，初步确定各水源的供水分界线。从各水源开始，循供水主流方向按每一节点符合节点流量平衡的条件以及安全和经济供水考虑，进行流量分配。位于分界线上各节点的流量，往往由几个水源同时供给。各水源供水范围内的全部节点流量加上分界线上由该水源供水的节点流量之和，应等于该水源的供水量。

4. 管径和水头损失计算

1）水流阻力和水头损失

水头是指单位质量的液体所具有的机械能，一般用 h 或 H 表示，常用单位为 mH_2O，简写为 m。水流中单位质量克服流动阻力所消耗的机械能称为水头损失。

实际流体存在黏性，在流动中，流体受固定边界的影响（包括摩擦与限制作用），导致断面流速分布不均匀，相邻流层间产生切应力。流体克服流动阻力所消耗的机械能，称为水头损失。

当流体受固定边界限制做均匀流动时，流动阻力中只有沿程不变的切应力，称为沿程阻力。由沿程阻力引起的水头损失称为沿程水头损失。一般在渐变流中，沿程阻力占主要部分，它的大小随长度的增加而增加。

当流体的固定边界发生突然变化，引起流速分布或方向发生变化，从而集中发生在较短范围的阻力称为局部阻力。由局部阻力引起的水头损失称为局部水头损失。一般在急变流中，局部阻力占主要部分，例如管道上的三通、弯头、突然扩大或缩小以及阀门等地方，它的大小与长度无关。

在给水管网中，由于管道较长，沿程水头损失一般远大于局部水头损失，所以在计算时一般忽略局部水头损失。

2）管径计算

由水力学公式知，流量、流速和过水断面之间的关系是

$$Q = Av \quad (m^3/s) \tag{1-27}$$

式中 Q——流量，m^3/s；

v——流速，m/s；

A——过水断面积，m^2。

又知，给水管网中管道的过水断面均为圆形，则

$$A = \frac{\pi}{4}D^2 \quad (m^2) \tag{1-28}$$

式中 D——管段的直径，即管径，m。

将式(1-28)代入式(1-27)得

$$D = \sqrt{\frac{4Q}{\pi v}} \quad (m) \tag{1-29}$$

由上式可知，管径不仅与通过的流量有关，而且还与设计流速有关。因此在管网计算中，设计流速的控制是一个先决条件。为了防止管网因水锤现象出现事故，最大设计流速不应超过 2.5~3.0 m/s；在输送浑浊的原水时，为了避免水中悬浮物质在水管内沉积，最低设

计流速通常不得小于 0.6 m/s。可见,技术上允许的设计流速幅度是较大的。因此,需在上述流速范围内,根据当地的经济条件,考虑管网的造价和经营费用等,来选定合适的设计流速。

由式(1-29)可知,设计流量已定时,管径和设计流速的平方根成反比。设计流量相同时,如果设计流速取得小些,管径相应增大,此时管网造价增加,但管段中的水头损失却相应减小,因此水泵所需扬程可以降低,经常的输水电费可以节约。相反,如果设计流速取得大些,管径虽然减小,管网造价有所下降,但因水头损失增大,经常的电费势必增加。

经济流速是指在一定年限 T 年(称为投资偿还期)内管网造价和管理费用之和为最小的流速,以此来确定的管径称为经济管径。

经济流速和经济管径与当地的管材价格、管线施工费用、电价等有关,所以不能直接套用其他城市的数据。另一方面,管网中各管段的经济流速也不一样,需随管网布置情况、该管段在管网中的位置、该管段流量和管网总流量的比例等决定。用我国现行经济指标的平均情况计算,可得输水管的经济流速,如表1-19。

表 1-19　输水管经济流速　　　　　　　　　　　　　　　　　　m/s

| 管材 | 电价/元·kWh⁻¹ | 设计流量/L·s⁻¹ | | | | | | | | | | | |
		10	25	50	100	200	300	400	500	750	1 000	1 500	2 000
球墨铸铁管	0.4	0.99	1.09	1.18	1.27	1.37	1.43	1.48	1.51	1.58	1.63	1.71	1.76
	0.6	0.87	0.97	1.04	1.13	1.22	1.27	1.31	1.36	1.41	1.45	1.52	1.57
	0.8	0.80	0.89	0.96	1.04	1.12	1.17	1.21	1.24	1.29	1.33	1.40	1.44
	1.0	0.75	0.83	0.90	0.97	1.05	1.09	1.13	1.16	1.21	1.25	1.31	1.35
铸铁管	0.4	0.95	1.05	1.14	1.23	1.33	1.40	1.45	1.48	1.55	1.61	1.68	1.74
	0.6	0.84	0.93	1.01	1.10	1.19	1.24	1.28	1.32	1.38	1.43	1.50	1.55
	0.8	0.77	0.86	0.93	1.01	1.09	1.14	1.18	1.21	1.27	1.31	1.38	1.42
	1.0	0.72	0.80	0.87	0.94	1.02	1.07	1.11	1.14	1.19	1.23	1.29	1.33
钢筋混凝土管	0.4	1.23	1.29	1.33	1.38	1.43	1.46	1.48	1.50	1.53	1.55	1.58	1.60
	0.6	1.08	1.13	1.17	1.21	1.26	1.28	1.30	1.32	1.34	1.36	1.39	1.41
	0.8	0.99	1.03	1.07	1.11	1.15	1.17	1.19	1.20	1.23	1.24	1.27	1.29
	1.0	0.92	0.96	1.00	1.03	1.07	1.09	1.11	1.12	1.14	1.16	1.18	1.20

由于实际管网的复杂性,加之情况在不断变化,例如用水量在不断增长,管网逐步扩展,许多经济指标如管材价格、电费等也随时变化,要计算管网造价和年管理费用相当复杂,且有一定的难度。在条件不具备时,设计中也可采用由各地统计资料计算出的平均经济流速来确定管径,得出的是近似经济管径,见表1-20。

表 1-20　平均经济流速

管径/mm	平均经济流速/m·s⁻¹
100~400	0.6~0.9
≥400	0.9~1.4

在规划设计中,为了简化计算和符合管径标准化的要求,可根据优化计算所得管径,参照表 1 – 21 选用标准管径。有时也可根据人口数和用水定额,直接从表 1 – 22 中求得所需的管径。

表 1 – 21　标准管径选用界限

标准管径/mm	界限管径/mm	标准管径/mm	界限管径/mm	标准管径/mm	界限管径/mm
100	~ 120	350	328 ~ 373	700	646 ~ 746
150	120 ~ 171	400	373 ~ 423	800	746 ~ 847
200	171 ~ 222	450	423 ~ 474	900	847 ~ 947
250	222 ~ 272	500	474 ~ 545	1 000	947 ~ 1 090
300	272 ~ 328	600	545 ~ 646	1 200	1 090 ~

表 1 – 22　给水管道管径估算

管径/ mm	设计流量/ $L \cdot s^{-1}$	使用人口数/万人				
		用水定额/80 L · (人 · d)$^{-1}$ ($k = 1.7$)	用水定额/100L · (人 · d)$^{-1}$ ($k = 1.6$)	用水定额/120 L · (人 · d)$^{-1}$ ($k = 1.5$)	用水定额/150 L · (人 · d)$^{-1}$ ($k = 1.4$)	用水定额/200 L · (人 · d)$^{-1}$ ($k = 1.3$)
50	1.3	0.083	0.07	0.062	0.053	0.043
75	1.3 ~ 3.0	0.083 ~ 0.19	0.07 ~ 0.16	0.062 ~ 0.14	0.053 ~ 0.12	0.043 ~ 0.1
100	3.0 ~ 5.8	0.19 ~ 0.37	0.16 ~ 0.31	0.14 ~ 0.28	0.12 ~ 0.24	0.1 ~ 0.19
125	5.8 ~ 10.25	0.37 ~ 0.65	0.31 ~ 0.55	0.28 ~ 0.49	0.24 ~ 0.42	0.19 ~ 0.34
150	10.25 ~ 17.5	0.65 ~ 1.1	0.55 ~ 0.95	0.49 ~ 0.84	0.42 ~ 0.72	0.34 ~ 0.58
200	17.5 ~ 31.0	1.1 ~ 2	0.95 ~ 1.7	0.84 ~ 1.5	0.72 ~ 1.27	0.58 ~ 1.03
250	31.0 ~ 48.5	2 ~ 3	1.7 ~ 2.6	1.5 ~ 2.3	1.27 ~ 2	1.03 ~ 1.6
300	48.5 ~ 71.0	3 ~ 4.5	2.6 ~ 2.8	2.3 ~ 3.4	2 ~ 2.9	1.6 ~ 2.4
350	71.0 ~ 111	4.5 ~ 7	2.8 ~ 6	3.4 ~ 5.8	2.9 ~ 4.5	2.4 ~ 3.7
400	111 ~ 159	7 ~ 10.7	6 ~ 9.1	5.8 ~ 8.1	4.5 ~ 7	3.7 ~ 5.6
450	159 ~ 196	10.7 ~ 12.5	9.1 ~ 10.6	8.1 ~ 9.4	7 ~ 8.1	5.6 ~ 6.5
500	196 ~ 284	12.5 ~ 18.1	10.6 ~ 15.4	9.4 ~ 13.7	8.1 ~ 11.7	6.5 ~ 9.5
600	284 ~ 384	18.1 ~ 24.4	15.4 ~ 20.7	13.7 ~ 18.5	11.7 ~ 15.8	9.5 ~ 12.8
700	384 ~ 505	24.4 ~ 32.8	20.7 ~ 27.9	18.5 ~ 24.7	15.8 ~ 21.2	12.8 ~ 17.1
800	505 ~ 635	32.8 ~ 40.4	27.9 ~ 3.3	24.7 ~ 30.4	21.2 ~ 26.1	17.1 ~ 21.1
900	635 ~ 785	40.4 ~ 50.6	34.3 ~ 42.5	30.4 ~ 37.7	26.1 ~ 32.3	21.1 ~ 26.1
1 000	785 ~ 1 100	50.6 ~ 78	42.5 ~ 59.5	37.7 ~ 52.9	32.3 ~ 45.3	26.1 ~ 36.6

注:1. 流速控制为:当 $d \geq 400$ mm 时,$v \geq 1.0$ m/s;当 $d \leq 350$ mm 时,$v \leq 1.0$ m/s。

2. 本表根据用水人口数及用水量标准查得管径;也可根据已知的管径、用水量标准查得该管可供使用的人数。

3)沿程水头损失计算

将沿程水头损失计算公式写成指数形式,有利于进行各种给水管网的理论分析,也便于计算机程序设计。沿程水头损失计算公式的指数形式为

$$h_f = \frac{kq^n}{d^m} l \qquad (1-30)$$

或

$$h_f = aq^n l \qquad (1-31)$$

或

$$h_f = s_f q^n \qquad (1-32)$$

式中　q——管段设计流量，m^3/s；

　　　d——管径，m；

　　　a——比阻，即单位管长的摩擦系数，$a = \dfrac{k}{d^m}$；

　　　s_f——摩擦系数，$s_f = al = \dfrac{kl}{d^m}$；

　　　k、n、m——参数，见表 1 – 23。

表 1 – 23　沿程水头损失指数公式参数

参数	海曾-威廉公式	巴甫洛夫斯基公式	舍维列夫公式
k	$10.67/C^{1.852}$	$10.29n_M^2$	0.001 798
n	1.852	2.0	1.911
m	4.87	5.33	5.123

　　巴甫洛夫斯基公式适用于较粗糙的管道，最佳适用范围为管道的当量粗糙度（e）在 0.5～4.0 mm之间；海曾-威廉公式则适用于较光滑的管道，特别是当 $e \leqslant 0.25$ mm 时，该公式较其他公式有较高的计算精度；舍维列夫公式在 1.0 mm $\leqslant e \leqslant 1.5$ mm 范围时，能给出令人满意的结果，对通常条件下的旧金属管道，具有较好的实用效果，但对于管壁光滑或特别粗糙的管道是不适用的。

　　正确选用沿程水头损失计算公式，具有重要经济价值和工程意义。不同的计算公式所产生的计算结果具有较大的差别。如果公式选用不当，可能导致设计者选用不合理的管径和水泵扬程等，造成不应有的经济损失，甚至降低工程效益。

　　局部水头损失公式也可以写成指数形式：

$$h_m = s_m q^n \qquad (1-33)$$

式中　s_m——局部阻力系数。

　　沿程水头损失与局部水头损失之和为

$$h_g = h_f + h_m = (s_f + s_m) q^n = s_g q^n \qquad (1-34)$$

式中　s_g——管道阻力系数，$s_g = s_f + s_m$。

　　5. 环状管网平差计算

　　不同于树状网，已知环状网的节点流量，利用节点流量平衡关系并不能直接求出每一管段的计算流量。环状网还需借助另一个水力学要素——水头损失作为约束条件，建立方程组求解。即

$$\sum h = 0 \qquad (1-35)$$

上式中以顺时针方向产生的水头损失为正，逆时针方向产生的水头损失为负，水头损失

的代数和 Σh 称为该环的闭合差。这种消除水头损失闭合差所进行的流量调整计算,称为管网平差。

对于任何数目的环网,都存在着下列的一般关系:

$$管段数 P = 节点数 m - 1 + 环数 n \qquad (1-36)$$

式中节点数 $m-1$ 表示连续方程($\Sigma Q = 0$)数,环数 n 表示环方程($\Sigma h = 0$,又称为能量方程)数。运用连续方程和能量方程求解管网各管段的未知流量,称为解管段方程法。

对于大中城市的给水管网、管段数多达百余条甚至数百条,这样的计算工作量往往很大,需用计算机程序才能快速求解这些方程。实际上在环网计算中常用一种简化的渐近试算法来求得各管段的设计流量,此法称为解环方程法,也是一般所称的管网平差法。

1)管网的平差计算

管网计算时,先假定各管段的流量分配,并使满足流量连续方程 $\Sigma Q = 0$,可是初步分配的流量不可能同时满足 n 环的能量方程 $\Sigma h = 0$ 的条件,为此,管段流量必须校正,使之在环内 Σh 渐近于零或等于零。但管段中增减校正流量不应破坏流量的平衡条件。

用解环方程法进行管网平差计算的步骤如下。

(1)按最短路线输水的原则,对每一个管段先假定它的流向,并估计一个流量,但要求每一个节点的流量都要满足 $\Sigma Q = 0$ 这个平衡条件。

(2)根据第一步所给的流量定出每段管道的管径。

(3)由每条管道的管径、长度和流量,计算每段管长的水头损失 h。

(4)按水流方向定正负号,计算每一个环的闭合差 Σh。

(5)当某个环的闭合差 Σh 不等于零时,即满足不了水头损失平衡的条件,说明原来假定的管段流量有误差,必须进行修正。这种修正是根据 Σh 的大小和正负号对各管段定出流量修正值,它就起了平差的作用。另外,对于 $\Sigma h = 0$ 的环的流量不必进行修正(但当受邻环公共边影响时,也需随之修正)。

(6)重新计算出每条管段修正后的流量。

(7)重新计算第(4)步到第(6)步。当每个环的闭合差 $|\Sigma h| < 0.5\ \mathrm{m}$ 时,就可以停止计算。

2)管网平差的流量修正

美国自 1936 年起用哈代-克罗斯算法计算环网平差流量修正值,一直沿用,流传其广。这种方法计算简易,不须解线性方程,便于人工计算。哈代-克罗斯算法解环方程组的步骤如下。

(1)绘制管网平差计算图,标出各计算管段的长度和各节点的地面标高。

(2)计算比流量、管段流量和节点总流量。

(3)根据城镇供水情况,拟定环状网各管段的水流方向,按每一节点满足 $Q_i + q_{ij} = 0$ 的条件,并考虑供水可靠性要求分配流量,得出分配的管段流量 $q_{ij}^{(1)}$。

(4)根据经济流速或查界限流量表选用各管段的管径。

(5)计算各管段水头损失 h_{ij}。

(6)假定各环内水流顺时针方向管段中的水头损失为正,逆时针方向管段水头损失为负,计算该环内各管段的水头损失代数和 Σh_{ij},如 $\Sigma h_{ij} \neq 0$,其差值为第一次闭合差 $\Delta h^{(1)}$。

如果 $\Delta h^{(1)} > 0$,说明顺时针方向各管段中初步分配的流量多了些;反之,如 $\Delta h^{(1)} < 0$,说明逆时针方向管段中的流量多些。

(7)计算各环内各管段的 $S_{ij}q_{ij}$，其总和 $\sum S_{ij}q_{ij}$ 按下式求出校正流量：

$$\Delta q^{(1)} = -\frac{\Delta h^{(1)}}{2\sum |S_{ij}q_{ij}^{(1)}|} \qquad (1-37)$$

如闭合差为正，校正流量为负，反之则校正流量为正。

(8)设校正流量符号以顺时针方向为正，逆时针方向为负，凡流向与校正流量方向相同的管段，加上校正流量，否则减去校正流量。据此得第一次校正的管段流量

$$q_{ij}^{(2)} = q_{ij}^{(1)} + \Delta q_s + \Delta q_n \qquad (1-38)$$

式中　Δq_s——本环的校正流量；

　　　Δq_n——邻环的校正流量。

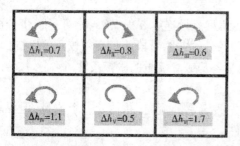

图 1-32　某环状管网平差计算

(9)按此流量再行计算，如闭合差尚未达到允许的精度，再从第二步起按每次调整后的流量反复计算，直到每环的闭合差达到要求为止。手工计算，每环闭合差要求小于 0.5 m，大环闭合差小于 1.0 m，如图 1-32 所示。

由于哈代-克罗斯算法忽视了相邻环之间的影响，而收敛速度较慢。之后的改进方法主要体现在改进各环同时平差为每次只平差一个环；优先平差闭合差较大的环；改环平差为回路（大环）平差。在管网平差过程中，任一环的校正流量都会对相邻环产生影响。一般说来，闭合差越大校正流量越大，对邻环的影响也就越大。对闭合差方向相同的邻环会加大其闭合差，对闭合差方向相反的相邻环则会缩小闭合差。最大闭合差校正法就是在每次平差时选择闭合差最大的环进行平差。最大闭合差不一定是基环的闭合差。

6. 泵站扬程与水塔高度设计

1)设计工况下水力分析的前提条件

给水管网中有两类基本水力要素：流量与水头，包括管段流量、管段压降、节点流量、节点水头等。它们之间的关系反映了给水管网的水力特性。水力分析的数学含义是解恒定流方程，工程意义是已知给水管网部分水力参数，求其余水力参数。给水管网的设计工况即最高日最高时用水工况。在此工况下，管段流量和节点水头最大，由此确定泵站扬程和水塔高度通常是最安全的。但在泵站扬程和水塔高度未确定前，对管网作水力分析时，需要考虑两个前提条件。

(1)泵站所在的管段暂时删除。参与水力分析的管段，水力特性必须已知。根据管网模型理论的假设，泵站位于管段上，在泵站设计之前，泵站的水力特性是未知的，泵站水力特性是其所在管段水力特性的一部分，所以其管段的水力特性也是未知的。为了进行水力分析，必须暂时将该管段从管网中删除，与之相关的管段能量方程也暂时不考虑。但是，此管段的流量（也就是泵站的设计流量）已经确定，必须将该流量合并到与之相关联的节点中，以保持管网的水力等效。

以图 1-33 某给水管网模型为例，图中节点(7)为水厂清水池，管段[1]上设有泵站。经过假设处理，将管段[1]从管网中删除，其管段流量合并到节点(7)和(1)，如图 1-34 所示。

(2)假设控制点。管网水力分析的前提是管网中必须有一个定压节点，才能保证恒定

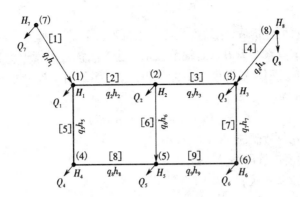

图 1-33 某给水管网模型

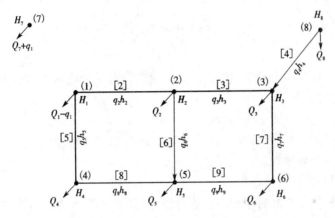

图 1-34 给水管网中泵站所在管段暂时删除

流方程组可解。但对于设计工况水力分析而言,由于泵站所在管段的暂时删除,使清水池所在的节点与管网分离,加之水塔的高度还未确定,所以管网中没有一个已知节点水头的节点,即没有一个定压节点。

为解决管网中无定压节点的问题,必须引入管网供水压力条件,即在水力分析前随意假定一个节点为控制点,令其节点水头等于服务水头,则该节点成为定压节点。待水力分析完成后,再通过节点自由水压比较,找出用水压力最难满足的节点——真正的控制点,并根据控制的服务水头调整所有节点水头。

所谓控制点,即给水管网用水压力最难满足的节点。一般离泵站最远,地势最高的节点为控制点。节点服务水头即节点地面高程与节点处用户的最低供水压力之和。对于城镇给水管网,最低供水压力指标的估算方法是:一层建筑用户为 10 m;二层建筑用户为 12 m;之后每增加一层,用水压力增加 4 m,如表 1-24 所示。如有消防的需要,最低供水压力可以适当提高。对于工业给水管网或其他给水管网,参照相关标准确定最低供水压力。

表 1-24 城镇居民生活用水压力标准

建筑楼层	1	2	3	4	5	6	…
最低供水压力/m	10	12	16	20	24	28	…

2）泵站扬程设计

完成设计工况水力分析后，泵站扬程可以根据所在管段的水力特性确定。设泵站位于管道 i，该管段起端节点水头为 H_{Fi}，终端节点水头为 H_{Ti}，该管段管道沿程水头损失为 h_{fi}，管道局部水头损失为 h_{mi}，则泵站扬程由两部分组成，一部分用于提升水头，即 $H_{Ti} - H_{Fi}$，另一部分用于克服管道水头损失，即 $h_{fi} + h_{mi}$。泵站扬程计算公式为

$$h_{pi} = (H_{Ti} - H_{Fi}) + (h_{fi} + h_{mi}) \quad (\text{m}) \qquad (1-39)$$

式中　　H_{Fi}——泵站所在管段起端节点水头；

H_{Ti}——泵站所在管段终端节点水头；

h_{fi}——沿程水头损失；

h_{mi}——局部水头损失。

若将沿程水头损失计算公式代入上式，局部损失可忽略不计，则上式也可写为

$$h_{pi} = (H_{Ti} - H_{Fi}) + \frac{kq_i^n}{D_i^m}l_i \quad (\text{m}) \qquad (1-40)$$

3）水塔高度设计

在完成设计工况水力分析后，水塔高度也随之确定了。设水塔所在节点水头为 H_j，地面高程为 Z_j，则水塔高度

$$H_{Tj} = H_j - Z_j \quad (\text{m}) \qquad (1-41)$$

式中 H_{Tj} 为水塔水柜的最低水位离地面的高度。在考虑水塔转输（进水）条件时，水塔高度还应加上水柜设计有效水深。

7. 管网设计校核

给水管网按最高日最高时用水流量进行设计，管道管径、水泵扬程和水塔高度等一般都能满足供水的要求，但有一些特殊的情况，如管网出现事故造成部分管段损坏，管网提供消防灭火流量，管网向水塔转输流量等情况，就不一定能保证供水。因此，必须对管网在相应工况下进行水力分析，校核管网在这些工况条件下能否满足供水流量和水压要求。

校核指标包括供水流量和压力要求两个方面。校核方法有两种：一是水头校核法，即假定供水流量要求可以满足，通过水力分析求出供水压力，校核其是否可以满足要求；二是流量校核法，即假定供水压力要求可以满足，通过水力分析求出供水流量，校核其是否可以满足要求。由于流量和压力的关联关系，只要其中一个不能满足要求，实际上两者都不能满足要求。通过校核，有时需要修改管网中个别管段的管径，也有可能另选合适的水泵或改变水塔的高度等。

1）消防工况校核

消防工况校核时，给水管网设计流量按最高时流量加上消防流量计算。节点服务水头只要求满足火灾处节点的灭火服务水头，即 10 m 的自由水压（按低压消防考虑），不必满足正常用水的服务水头。

根据城镇和各类建筑的规模，确定同一时间发生的火灾次数以及一次灭火用水量。当只考虑一处火灾时，消防流量一般加在控制点上；当考虑两处或两处以上同时火灾时，另外几处分别放在离供水泵站较远、靠近大用户、居民密集区或重要的工业企业附近的节点上。管网中未发生火灾的节点，其节点流量与最高时设计工况相同。

消防工况校核一般采用水头校核法。经过校核，若按最高时设计工况确定的水泵扬程不能满足消防需要时，须放大个别管段的管径，减小管网水头损失；若二者相差较大（多见

于中小型管网),应增设专用消防泵供消防时使用。

2) 水塔转输工况校核

在用水高峰时,由泵站和水塔同时向管网供水,但一天中大部分时间泵站供水量大于用水量,多余的水经过管网送入水塔内贮存,这种工况称为水塔转输工况,水塔进水流量最大的情况称为最大转输工况。

水塔转输工况校核通常只是对设置对置水塔或靠近供水末端的网中水塔的给水管网,进行最大转输工况校核。最大转输工况时各节点流量可按下式计算:

$$最大转输工况各节点流量 = \frac{最大转输工况管网总用水量}{最高时工况管网总用水量} \times 最高时工况各节点流量$$

转输工况校核一般采用流量校核法,将水塔所在节点作为定压节点。若转输工况校核不满足要求时,应适当加大从泵站到水塔最短供水路线上管段的管径。

3) 事故工况校核

城市给水管网在事故工况下,设计流量必须保证 70% 以上的用水量,工业企业给水管网也应按有关规定确定事故时的供水比例。事故工况校核采用下面公式:

$$事故工况各节点流量 = 事故工况供水比例 \times 最高时工况各节点流量$$

一般按最不利事故工况进行校核,即考虑靠近供水泵站的主干管在最高时损坏的情况。节点压力仍按设计工况时的服务水头要求计算,当事故抢修时间短,且断水造成损失小时,节点压力要求可以适当降低。

事故工况校核一般采用水头校核法,即先从管网中删除事故管段,调低节点流量,通过水力分析,求出各节点水头,将它们与节点服务水头比较,全部高于服务水头为满足要求。经过核算,若不能满足要求,可以增加平行主干管数量或埋设双管。也可从技术上采取措施,如加强当地给水管理部门的检修力量,缩短损坏管道的修复时间;重要的和不允许断水的用户,采取贮备用水的保障措施等。

第2章　城市排水工程规划

2.1　概述

在人们生产和生活中产生的大量污废水,如不加以控制,任意直接排入水体或土壤,使水体或土壤受到污染,将破坏原有的自然环境,以致引起环境问题,甚至造成公害。城市雨水和冰雪融水也需要及时排除,否则将积水为害,妨碍交通,甚至危及人们的生产和日常生活。城市排水工程的任务是将城市污水有组织地按一定的系统汇集起来,并处理到符合排放标准后再排泄至水体。

2.1.1　城市排水工程规划的对象

污水按其来源分为3类,即生活污水、工业废水和降水。

1. 生活污水

生活污水是指人们日常生活活动中所产生的污水。其来源为住宅、公共场所及工厂生活间等的厕所、厨房、浴室、洗衣房等处排出的水。生活污水含有较多的有机物,如蛋白质、动植物脂肪、碳水化合物、尿素和氨氮等,还含有肥皂和合成洗涤剂等以及常在粪便中出现的病原微生物,如寄生虫卵和肠系传染病菌等。这类污水需要经过处理后才能排入水体、灌溉农田或再利用。

2. 工业废水

工业废水是指工业生产过程中产生的废水,来自车间或矿场等地。由于各种工厂的生产类别、工艺过程、使用的原材料以及用水成分不同,使工业废水的水质变化很大。根据污染程度不同,又分为生产废水和生产污水。

生产废水是指生产过程中水质只受到轻微污染或只是水温升高,不经处理可直接排放的工业废水,如一些机械设备的冷却水等。

生产污水是指在生产过程中水质受到较严重的污染,需经处理后方可排放的工业废水。其污染物质,有的主要是无机物,如发电厂的水力冲灰水;有的主要是有机物,如食品工业废水;有的含无机物、有机物并有毒性,如石油工业废水、化学工业废水、炼焦工业废水等。

3. 降水

降水包括地面上径流的雨水和冰雪融化水,雨水排除时间集中、量大。雨水一般是比较清洁的,不需处理,可直接就近排入水体。

但初降雨水会挟带着大气、地面和屋面上的各种污染物,使其受到污染,所以形成初雨径流的雨水是雨水污染最严重的部分,应予以控制。由于大气污染的日益严重,在某些地区和城市出现酸雨,严重时 pH 达到3.4,因而初降雨水是酸性水。虽然雨水的径流量大,处理较困难,但对其进行适当处理后再排放水体是必要的。

以上3种水,均需及时、妥善地处理与排放。如处置不当,将会妨碍环境卫生,污染水体,影响工农业生产及人民生活,并对人民身体健康带来严重危害。

2.1.2　城市排水工程规划的内容

城市排水工程规划是根据城市总体规划,制订全市性排水方案,使城市有合理的排水条件。其具体规划内容有下列几方面。

1. 估算城市各种排水量

估算城市各种排水量时要分别估算生活污水量、工业废水量和雨水量。一般将生活污水量和工业废水量之和称为城市总污水量,而雨水量单独估算。

2. 拟订城市污水、雨水的排除方案

在拟订的城市污水、雨水排除方案中,包括确定排水区界和排水方向,研究生活污水、工业废水和雨水的排除方式,旧城区原有排水设施的利用与改造以及确定在规划期限内排水系统建设的远近期结合、分期建设等问题。

3. 研究城市污水处理与利用的方法及选择污水处理厂位置

城市污水是指排入城镇污水管道的生活污水和生产污水。根据国家环境保护规定及城市的具体条件,确定其排放程度、处理方式以及污水、污泥综合利用的途径。

4. 布置排水管渠

布置排水管道,包括污水管道、雨水管渠、防洪沟等的布置,要求决定大干管、干管的平面位置、高程,估算管径、泵站设置等。

5. 估算城市排水工程的造价及年经营费用

这里一般按扩大经济指标计算。

2.1.3　城市排水工程规划的方法

进行城市排水工程规划时,要掌握正确的方法,一般按下列步骤进行。

1. 搜集必要的基础资料

进行排水工程规划,首先要明确任务,掌握情况,进行充分的调查研究,现场踏勘,搜集必要的基础资料。以必要的基础资料作为依据,使规划方案建立在可靠的基础上。排水工程规划中所需资料如下。

(1)有关明确任务的资料:包括城市总体规划及城市其他单项工程规划的方案,上级部门对城市排水系统规划的有关指示、文件,城市范围内各种排水量、水质资料,环保、卫生、航运等部门对水利利用和卫生防护方面的要求等。

(2)有关工程现状方面资料:包括城市道路、建筑物、地下管线分布情况及现有排水设施情况,绘制排水系统现状图(比例为 1/10 000—1/5 000),调查分析现有排水设施存在的问题。

(3)自然条件方面的资料:包括气象、水文、地形、水文地质、工程地质等原始资料。

由于资料多、涉及面广,往往不易短时间搜集齐全。搜集时应有目的,分主次,对有些资料可在今后逐步补充,不一定等待全部资料都搜集齐全后才开始规划设计。

2. 考虑排水系统规划设计方案及分析比较

在基本掌握资料基础上,着手考虑方案,绘制排水方案图,进行工程造价估算。规划中一般要做几个方案,进行技术经济比较,选择最佳方案。

3. 绘制城市排水系统规划图及作出文字说明

绘制城市排水系统规划图,图纸比例可采用 1/10 000 ~ 1/5 000,图上表明城市排水设施现状及规划的排水管网位置、管径、污水处理厂及出水口的位置、泵站位置等。图纸上未能表达的应采用文字说明,如关于规划项目的性质、建设规模、采用的定额指标、估算的造价及年经营费、方案的优缺点以及尚存在的问题等,并附整理好的规划原始资料。

2.2 城市排水工程的系统规划

2.2.1 城市排水系统的组成

1. 城市污水排除系统

收集城市生活污水和部分工业生产污水的排水系统,由以下主要部分组成。

(1)室内(车间内)污水管道系统及设备,主要用于收集房屋卫生设备及车间用水设备所排出的污水。房屋卫生设备,如面盆、浴盆、大便器和小便器等,是生活污水排除系统的起端设备。

(2)室外污水管道系统,包括街坊或庭院(厂区)内管道系统和街道污水管道系统,后者分支管(图2-1)、干管(图2-2)、主干管及管道系统上的附属构筑物。污水由建筑物内部排出后通过各级排水管道汇集送向污水处理厂。

图2-1 排水支管施工现场

(3)污水泵站及压力管道。污水在转输过程中,由于地形等条件限制需将低处污水向高处提升时,应设置泵站。设在管渠系统中途的泵站称中途泵站,设在系统终点的称终点泵站。污水需用压力输送时,应设置压力管道。

(4)污水处理厂。

(5)污水出口设施,包括出水口(渠)、事故出水口及灌溉渠等,如图2-3所示。出水口或灌溉渠设在污水厂之后,以排放处理后的污水。事故出水口设在系统中某些容易发生故障的部位,如设在污水泵站之前,当泵站检修时污水可从事故出水口排出。

通常污水排除系统由上述5部分组成,但有时也不必全部具备,如地形有利,可不设中途泵站和压力管道。图2-4为某城市污水排除系统总平面示意图。

图 2 - 2 排水干管施工现场

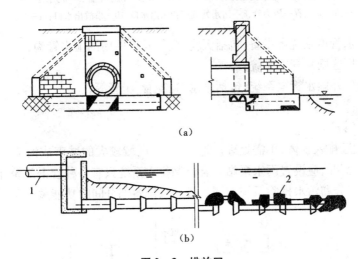

（a）

（b）

图 2 - 3 排放口

（a）岸边式排放口；（b）分散式排放口

1—排水管；2—水下扩散排水口

2. 工业废水排除系统

有些工厂可单独形成工业废水排除系统，它由如下部分组成：

（1）车间内部管道系统；

（2）厂区管道系统及设备；

（3）污水泵站和压力管道；

（4）污水处理站；

（5）出水口。

3. 城市雨水排除系统

雨水一部分来自屋面，一部分来自地面。屋面上的雨水透过天沟和竖管流至地面，然后随地面雨水一起排除。地面上雨水通过雨水口流入街坊（或庭院）雨水道或街道上管渠。雨水排除系统主要包括如下部分：

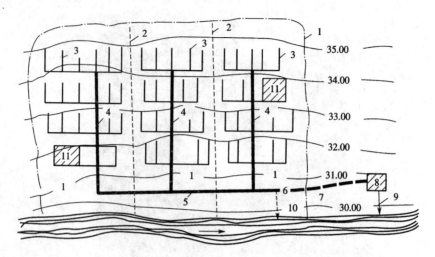

图2-4　污水排除系统组成示意

1—城市边界;2—排水流域分界线;3—污水支管;4—污水干管;5—污水主干管;
6—污水泵站;7—压力管;8—污水处理厂;9—出水口;10—事故出水口;11—工厂

(1)房屋雨水管道系统和设备,包括天沟、竖管及房屋周围雨水管沟;

(2)街坊或厂区雨水管渠系统;

(3)街道或厂外雨水管渠系统,包括雨水口、支管、干管等;

(4)排洪沟;

(5)出水口(渠)。

雨水一般就近排入水体,不需处理。地势平坦、区域较大的城市或河流水位高,雨水自流排放有困难的情况,应设置雨水泵站。合流制排水系统只有一种管渠系统,除具有雨水口外,其主要组成部分和污水排除系统相同。排水系统各部分间的功能关系见图2-5。

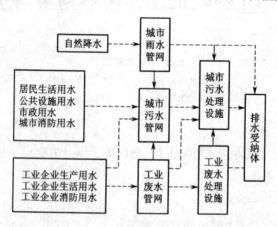

图2-5　排水系统功能关系示意

2.2.2　排水系统的体制与选择

对生活污水、工业废水和雨水,可采用同一个排水管网系统排除,也可采用各自独立的分质排水管网系统排除。不同排除方式所形成的排水系统,称为排水体制。

排水体制可分为分流制和合流制两种类型。

1. 分流制排水系统

当生活污水、工业废水、降水用两个或两个以上的排水管渠系统来汇集和输送时,称为分流制排水系统。其中汇集生活污水和工业废水的系统称为污水排除系统,汇集和排泄降水的系统称为雨水排除系统,只排除工业废水的称工业废水排除系统。分流制排水系统又分为下列两种。

(1)完全分流制。分别设置污水和雨水两个管渠系统,前者用于汇集生活污水和部分工业生产污水,并输送到污水处理厂,经处理后再排放;后者汇集雨水和部分工业生产废水,就近直接排入水体,如图 2-6 所示。

(2)不完全分流制。城市中只有污水管道系统而没有雨水管渠系统,雨水沿着地面,于道路边沟和明渠泄入天然水体,如图 2-7 所示。这种体制只有在地形条件有利时采用。对于地势平坦、多雨易造成积水地区,不宜采用不完全分流制。

对于新建城市或地区,有时为了急于解决污水出路问题,初期采用不完全分流制,先只埋设污水管道,以少量经费解决近期迫切的污水排除问题。

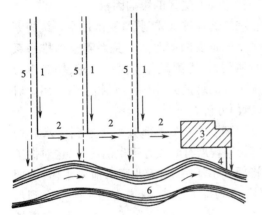

图 2-6 完全分流制排水系统
1—污水干管;2—污水主干管;3—污水厂;
4—排水口;5—雨水干管;6—河流

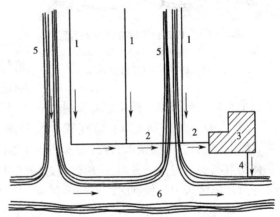

图 2-7 不完全分流制排水系统
1—污水干管;2—污水主干管;3—污水厂;4—排水口;
5—明渠或河流的支流;6—河流

2. 合流制排水系统

将生活污水、工业废水和降水用一个管渠系统汇集输送的称为合流制排水系统。根据污水、废水、雨水混合汇集后的处置方式不同,可分为下列 3 种情况。

(1)直排式合流制。管渠系统布置就近坡向水体,分若干排出口,混合的污水不经处理直接泄入水体,如图 2-8 所示。我国许多城市旧城区的排水方式大多是这种系统,这是因为在以往工业尚不发达,城市人口不多,生活污水和工业废水量不大,对环境卫生及水体污染问题还不很严重。但是,随着现代工业与城市的发展,污水量不断增加,水质日趋复杂,所造成的污染危害很大。因此,这种直排式合流制排水系统目前不宜再用。

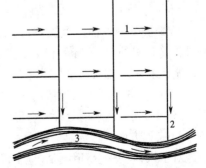

图 2-8 直排式合流制排水系统
1—合流支管;2—合流干管;3—河流

（2）全处理合流制。污水、废水、雨水混合汇集后全部输送到污水厂处理后再排放。这对防止水体污染、保障环境卫生当然是最理想的，但需要主干管的尺寸很大，污水处理厂的容量也增加很多，基建费用相应提高，很不经济。同时由于晴天和雨天时污水量相差很大，晴天时管道中流量过小，水力条件不好。污水厂在晴天及雨天时的水量、水质负荷很不均衡，造成运转管理上的困难。因此，这种方式在实际情况下很少采用。

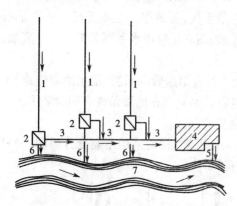

图 2 - 9　截流式合流制排水系统示意
1—合流干管；2—溢流井；3—截流干管；4—污水厂；
5—排水口；6—溢流干管；7—河流

（3）截流式合流制。这种体制是在街道管渠中合流的生活污水、工业废水和雨水，一起排向沿河的截流干管，晴天时全部输送到污水处理厂；雨天时当雨量增大，雨水和生活污水、工业废水的混合水量超过一定数量时，其超出部分通过溢流井排入水体，如图 2 - 9 所示。这种体制目前采用较广。

3. 排水体制的选择

1）排水体制选择的影响因素

合理地选择排水体制，是城市排水系统规划中一个十分重要的问题。它关系到整个排水系统是否实用，能否满足环境保护要求，同时也影响排水工程的总投资、初期投资和经营费用。对于目前常用的分流制和截流式合流制可从下列几方面分析。

（1）环境保护方面要求。截流式合流制排水系统同时汇集了部分雨水送到污水厂处理，特别是较脏的初期雨水，带有较多的悬浮物，其污染程度有时接近于生活污水，这对保护水体是有利的。但另一方面，暴雨时通过溢流井将部分生活污水、工业废水泄入水体，周期性地给水体带来一定程度的污染是不利的。对于分流制排水系统，将城市污水全部送到污水厂处理，但初期雨水径流未加处理直接排入水体，是其不足之处。在一般情况下，在保护环境卫生及防止水体污染方面截流式合流制排水系统不如分流制排水系统。分流制排水系统比较灵活，较易适应发展需要，也能符合城市卫生要求，因此，目前得到广泛的采用。

（2）基建投资方面。合流制排水系统只需一套管渠系统，大大减少了管渠的总长度。据国内外经验，合流制管渠长度比完全分流制管渠减少 30% ~ 40%，而断面尺寸和分流制雨水管渠断面基本相同，因此合流制排水管渠造价一般要比分流制低 20% ~ 40%。虽然合流制泵站和污水厂的造价比分流制高，但由于管渠造价在排水系统总造价中占 70% ~ 80%，影响大，所以完全分流制的总造价一般比合流制高。

（3）维护管理方面。合流制排水管渠可利用雨天时剧增的流量来冲刷管渠中的沉积物，维护管理较简单，可降低管渠的经营费用。但对于泵站与污水处理厂来说，由于设备容量大，晴天和雨天流入污水厂的水量、水质变化大，从而使泵站与污水厂的运转管理复杂，增加经营费用。分流制可以保持污水管渠内的自净流速，同时流入污水厂的水量和水质比合流制变化小，利于污水的处理、利用和运转管理。

（4）施工方面。合流制管线单一，减少与其他地下管线、构筑物的交叉，管渠施工较简单，这对于人口稠密、街道狭窄、地下设施较多的市区，更为突出。但在建筑物有地下室的情况下，遇暴雨时，合流制排水管渠内的污水可能倒流入地下室内，所以安全性不及分流制。

总之，排水体制的选择应根据城市总体规划、环境保护要求、当地自然条件和水体条件、城市污水量和水质情况、城市原有排水设施情况等综合考虑,通过技术经济比较决定。一般新建城市或地区的排水系统,多采用分流制;旧城区排水系统改造多采用截流式合流制。在大城市中,因各区域的自然条件以及城市发展可能相差较大,可因地制宜地在各区域采用不同的排水体制,即混合排水体制,既有分流制也有合流制的排水系统。

2)合流制管渠的适用条件

在考虑采用合流制排水系统时,首先应满足环境保护的要求,充分考虑水体的环境容量限制。目前,我国不少城市的旧排水系统大多是直排式合流制,污水就近排入水体,对环境影响很大。如将其改为分流制,则受到各种条件限制,难以实现,在不少情况下,可仍采用合流制排水系统,沿河设截流干管,把城市污水送往下游进行处理、排放或利用。

通常在下列情况下可考虑采用合流制排水系统。

(1)雨水稀少的地区。

(2)排水区域内有一处或多处水源充沛的水体,能使合流的排水得以充分稀释,一定量的混合污水排入水体后对水体造成的危害程度在允许范围以内。

(3)街坊和街道的建设比较完善,必须采用暗管渠排除雨水,而街道横断面比较窄,地下管线多、施工复杂、管渠的设置位置受到限制时。

(4)地面有一定坡度倾向水体,当水体高水位时,岸边不受淹没。污水在中途不需泵站提升。

(5)水体卫生要求特别高的地区,污水和雨水均需要处理者。

2.2.3　城市排水系统的布置

1. 城市排水系统平面布置的内容及原则

平面布置是确定城市排水系统各组成部分在平面上的位置。它是在估算出各种排水量、确定排水体制以及基本确定污水处理与利用的原则基础上进行的。

根据城市所采用的排水体制不同,平面布置的内容亦略有差别。例如:对于合流制只需布置一套管渠系统,而分流制则要分别进行污水、雨水和工业废水排除系统的布置。

污水排除系统布置要确定污水厂、出水口、泵站及主要管道的位置;当利用污水灌溉农田时,还需确定灌溉田的位置、范围、灌溉干渠的布置。雨水排除系统布置要确定雨水管渠、排洪沟和出水口的位置。工业废水排除系统布置要根据工业类别,按具体情况决定。一般厂内管渠系统由各工厂自行布置厂内排水,仅需确定厂内污水出流管的位置。各厂之间管渠系统及出水口位置由城市管网统一考虑。最后绘出城市排水系统总平面图。

平面布置对整个排水系统起决定性作用。为了使城市排水系统达到技术上先进,经济上合理,既能很好发挥其功能,满足实用要求,又能处理好排水系统与城市其他部分的相互关系。平面布置中应遵循下列原则:

(1)符合城市总体规划的要求,并和其他单项工程密切配合,相互协调;

(2)满足环境保护方面的要求;

(3)合理使用土地,不占或少占农田;

(4)充分发挥城市原有排水设施的作用;

(5)远近期结合,安排好分期建设。

2. 城市排水系统平面布置的要点

影响城市排水系统平面布置的因素很多,如地形、地物、城市用地功能分区布局、排水系统各组成部分的特点与要求、原有排水设施的现状、分期建设安排等。布置中应分清主次、因地制宜,一般考虑下列因素。

(1)排水系统分散布置还是集中布置。根据城市的地形和区划,按分水线和建筑边界线,天然的和人为的障碍物划分排水区域。如果每个区域的排水系统自成体系,单独设置污水厂和出水口时,称为分散布置;如果各区域组合为一个排水系统,所有污水汇集到一个污水厂处理排放时,则称为集中布置。通常集中布置,干管比较长,污水厂及出水口少;分散布置,干管较短,但需建几个污水厂。采用分散布置还是集中布置取决于当地地形变化情况、城市规模及布局等。一般对于大城市、用地布局分散、地形变化大时,宜于分散布置。对于中小城市,在布局集中及地形起伏不大情况下,宜采用集中布置。

(2)污水处理厂及出水口布置。出水口应位于城市河流下游,特别应在城市给水系统取水构筑物和河滨浴场下游,且需保持一定距离(通常至少100米),并避免设于回水区,防止污染城市水源。一般污水处理厂位置应尽可能与出水口靠近,以减少排放渠道长度。由于出水口要求位于河流下游,所以污水厂一般也位于河流下游,并应位于城市夏季最小频率风向的上风侧,与居住区或公共建筑物之间有一定的卫生防护距离。污水处理厂与出水口具体位置的确定,应取得当地卫生主管部门的同意。

(3)污水主干管的位置。应考虑使全区的干管便于接入,主干管不能埋置太浅,避免干管接入困难;但也不能太深,给施工带来困难,相应增加造价也是不适宜的。原则上在保证干管能接入情况下尽量使整个地区管道埋深最浅。主干管通常布置在集水线上或地势较低的街道上。如地形向河道倾斜,则主干管常设在沿河的道路上。从结合道路交通要求考虑,主干管不宜放在交通频繁的道路上,最好设置在次要街道上,以便于施工及维护检修。主干管的走向取决于城市布局及污水厂的位置。主干管最好以排泄大量工业废水的工厂为起端,这样在建成后可立即得到充分利用,有较好的水力条件。在决定主干管的具体位置时,应尽量避免或减少主干管与河流、铁路等的交叉,同时避免穿越劣质土壤地区。

(4)泵站的数量与位置。要与主干管布置综合考虑,布置中力求减少中途泵站的数量。

(5)雨水管渠布置。根据分散和直接的原则,密切结合地形,就近将雨水排入水体。布置中可根据地形条件,划分排水区域,各区域的雨水管渠一般采取与河湖正交布置,以便采用较小的管径,以较短距离将雨水迅速排除。

(6)分期建设。在决定主干管及污水厂位置方案时,往往会遇到这样问题:是初期便修建一条较大干管排泄近期污水;还是先修建一条较小干管,待以后流量增大输送能力不符时,再修建另一条平行的干管,哪一种方案较经济合理?对于污水处理厂,是初期修建一临时污水厂,缩短近期修建的主干管长度;还是修建永久性污水厂,近期即敷设较长的主干管,将污水送到离建成区较远的地点,哪一种适宜?因此远近期如何结合,怎样安排近期建设,是平面布置中需着重考虑和分析的问题。

总之,平面布置是排水系统规划中十分重要的内容,它体现整个系统规划的轮廓。确定了排水系统的骨架,一些主要的、控制性的问题在平面布置中便基本确定,它关系到整个排水系统是否经济、实用、安全及是否便于施工。

2.2.4　工业企业排水系统和城市排水系统的关系

在规划工业企业排水系统时,对于工业废水的治理,应首先从改革生产工艺和技术革新入手,力求把有害物质消除在生产过程之中,做到不排或少排废水。对于必须排出的废水,还应采取措施：①采用循环利用和重复利用系统，尽量减少废水排放量；②按不同水质分别回收利用废水中的有用物质，创造财富；③利用本厂和厂际的废水、废气、废渣，以废治废。而无废水无害生产工艺、闭合循环重复利用以及不排或少排废水，是控制污染的有效途径。

在规划工业企业排水系统时，会遇到经过回收利用后的工业废水，能否直接排入城市排水系统与城市生活污水一并排除和处理的问题。

当工业企业位于城市内，应尽量考虑将工业废水直接排入城市排水系统，利用城市排水系统统一排除和处理，这是比较经济的。但并不是所有工业废水都能直接排入城市排水系统，因为有些工业废水往往含有害和有毒物质，可能破坏排水管道、影响生活污水的处理，以及使运行管理发生困难等。所以，当解决工业废水能否直接排入城市排水系统，或者解决工业废水能否与生活污水合并排除的问题时，应考虑两者合并处理的可能性以及对管道系统和运行管理产生的影响等问题。

总的来说，工业废水排入城市排水系统的水质，应不影响城市排水管渠和污水厂等的正常运行，不对养护管理人员造成危害，不影响污水处理厂出水以及污泥的排放和利用为原则。建设部颁布的《污水排入城市下水道水质标准》(CJ3082)中的一般规定有：严禁排入腐蚀下水道设施的污水；严禁向城市下水道倾倒垃圾、积雪、粪便、工业废渣和排放易于凝集的会堵塞下水道的物质；严禁向下水道排放剧毒物质(氰化钠、氰化钾等)、易燃、易爆物质(汽油、煤油、重油、润滑油、煤焦油、苯系物、醚类及其他有机溶剂等)和有害物质；医疗卫生、生物制品、科学研究、肉类加工等含有病原体的污水必须经过严格消毒；放射性污水向城市下水道排放，除遵守本标准外，还必须按放射防护规定执行；水质超过本标准的污水，不得用稀释法降低其浓度排入城市下水道。排入城市下水道的水质，其最高容许浓度必须符合《污水排入城市下水道水质标准》(CJ3082)。《室外排水设计规范》(GB50014)中规定，当城市污水厂采用生物处理时，对抑制生物处理的有害物质浓度，不能超过规范中规定的"生物处理构筑物进水中有害物质容许浓度"的规定。

当污废水不能满足上述要求时，应设置污废水的局部处理设施，然后再排入城市排水管道。一般食品厂及肉类加工厂等废水，水质与生活污水相似，当工厂位于市区内或距市区较近时，可考虑将这类废水直接排入城市排水管道。当工业企业位于城市远郊区或距离较远时，符合排入城市排水管道的工业废水，是直接排入城市排水管道或是单独设置排水系统，应根据技术经济比较确定。符合排入城市排水管道的工业废水，单独地进行无害化处理后直接排放，一般并不经济合理。这种情况只有在工业废水对环境污染严重，而城市污水厂又由于各种原因尚未建造时，可能具有一定的必要性。目前，我国某些地区存在这种情况。

在规划工业企业排水系统时，当工业废水需要排入水体时，应符合《污水综合排放标准》(GB8978)、《工业企业卫生设计标准》(GBZ1)及其他有关标准。

2.2.5　废水的综合治理和区域排水系统

城市污水和工业废水是造成水体污染的一个重要污染源。实践证明，对废水进行综合治理并纳入水体污染防治体系，是解决水污染的重要途径。

废水综合治理应当对废水进行全面规划和综合治理。做好这一工作是与很多因素有关的，如：要求有合理的生产布局和城市区域功能规划，要合理利用水体、土壤等自然环境的自净能力，严格控制废水和污染物的排放量，做好区域性综合治理及建立区域排水系统等。

合理的工业布局，有利于合理开发和利用自然资源，达到既保证自然资源的充分利用，并获得最佳的经济效果,又能使自然资源和自然环境免受破坏,减少废水及污染物的排放量,合理的生产布局也有利于区域污染的综合防治,合理地规划居住区、商业区、工业区等,使产生废水和污染物的单位尽量布置在水源的下游,同时应搞好水源保护和污水处理工程规划等。

各地区的水体、土壤等自然环境都不同程度地对污染物具有稀释、转化、扩散、净化等能力,而污水最终出路是要排放到外部水体或灌溉农田及绿地,所以应当充分发挥和合理利用自然环境的自净能力。例如,由生物氧化塘、贮存湖和污水灌溉田等组成的土地处理系统便是一种节省能源和合理利用水资源的经济有效方法,它又是生态系统物质循环和能量交换的一种经济高效的技术手段。

严格控制废水及污染物的排放量。防治废水污染,不是消极处理已产生的废水,而是控制和消除产生废水的源头。如尽量做到节约用水、废水重复使用及采用闭路循环系统、发展不用水或少用水或采用无污染或少污染生产工艺等,以减少废水及污染物的排放量。

发展区域性废水及水污染综合整治系统。区域是按照地理位置、自然资源和社会经济发展情况划定的,可以在更大范围内统筹安排经济、社会和环境的发展关系。区域规划有利于对废水的所有污染源进行全面规划和综合整治。

将两个以上城镇地区的污水统一排出和处理的系统,称作区域(或流域)排水系统。这种系统是以一个大型区域污水厂代替许多分散的小型污水厂,可以降低污水厂的基本建设和运行管理费用,而且能有效地防止工业和人口稠密地区的地面水污染,改善和保护环境。实践证明,生活污水和工业废水的混合处理效果以及控制的可靠性,大型区域污水厂比分散的小型污水厂高。所以,区域排水系统是由局部单项治理发展至区域综合治理,是控制水污染、改善和保护环境的新发展。要解决好区域综合治理应运用系统工程学的理论和方法以及现代计算技术,对复杂的各种因素进行系统分析,建立各种模拟试验和数学模拟方法,寻找污染控制的设计和管理的最优化方案。

图 2-10 为某地区的区域排水系统的平面示意图。区域内有 6 座已建和新建的城镇,在已建的城镇中均分别建了污水厂。按区域排水系统的规划,废除了原建的各城镇污水厂,用一个区域污水厂处理全区域排出的污水,并根据需要设置了泵站。区域排水系统的干管、主干管、泵站、污水厂等,分别称为区域干管、区域主干管、区域泵站、区域污水厂等。

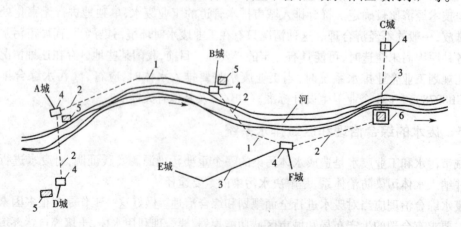

图 2-10　区域排水系统示意
1—区域主干管;2—压力管道;3—新建城市污水干管;4—泵站;5—废除的城镇污水厂;6—区域污水厂

区域排水系统在欧美、日本等一些国家正在推广使用。它具有若干优点：污水厂数量少，处理设施大型化集中化，每单位水量的基建和运行管理费用低，因而比较经济；污水厂占地面积小，节省土地；水质、水量变化小，有利于运行管理；河流等水资源利用与污水排放的体系合理化，而且可能形成统一的水资源管理体系等。区域排水系统的缺点有：当排入大量工业废水时，有可能使污水处理发生困难；工程设施规模大，组织与管理要求高，而且一旦污水厂运行管理不当，对整个河流影响较大。

在选择排水系统方案时，是否选择区域排水系统，应根据环境保护的要求，通过技术经济比较确定。

2.3　城市污水量及雨水量估算

2.3.1　污水量估算

城市污水主要来源于城市用水。城市污水量由城市给水工程统一供水的用户和自备水源供水的用户排出的城市综合生活污水量和工业废水量组成。城市中少量的其他污水，如市政、公用设施及其他用水产生的污水等，因其数量少且排除方式的特殊性无法统计，可以忽略不计。因此，污水量定额与城市用水定额之间有一定的比例关系，该比例关系称为排放系数。

1. 污水排放系数

由于水在使用过程中的蒸发、形成工业产品、分流到其他水体或以其他方式排除等原因，部分生活污水或工业废水不再被收集到排水管道，在一般情况下，生活污水和工业废水的污水量为用水量的 60% ~ 80%，在天热干旱季节有时可低于 50%。但是，由于地下水和地面雨水可以通过管道接口、裂缝等处进入排水管，雨水也可能从检查井口和错误接入的管道进入污水管，还有一些未包括在城市给水系统中的自备水源的企业或其他用户的排水也可能进入排水系统，使实际污水量增大。

污水排放系数即表示城市污水量与用水量之间的比例关系。污水排放系数是在一定的计量时间（年）内的污水排放量与用水量（平均日）的比值。当规划城市供水量、排水量统计分析资料缺乏时，城市分类污水排放系数可根据城市居住、公共设施和工业用地的布局等因素，按表 2 - 1 的规定确定。

表 2 - 1　城市分类污水排放系数

城市污水分类	污水排放系数
城市污水	0.70 ~ 0.80
城市综合生活污水	0.80 ~ 0.90
城市工业废水	0.70 ~ 0.90

注：工业废水排放系数不含石油、天然气开采业和煤炭与其他矿采选业以及电力蒸汽热水产供业废水排放系数，其数据应按厂、矿区的气候、水文地质条件和废水利用、排放方式确定。

城市综合生活污水排放系数选择时还应考虑城市规划的居住水平、给水排水设施完善程度与城市排水设施规划普及率，以及第三产业产值在国内生产总值中的比重后综合确定。

城市工业废水排放系数则需考虑城市的工业结构和生产设备、工艺先进程度及城市排水设施普及率等综合确定。在地下水位较高的地区,在计算管道和污水处理设施的流量时,应适当考虑地下水渗入管道的水量。

在计算设计污水量时还应明确,污水管网是按最高日最高时污水排放流量进行设计的,在选用污水量定额和确定变化系数时,应能计算出最高日最高时污水流量。根据我国设计规范规定,污水设计流量计算与给水用水量计算方法是有差别的,即在计算居民生活用水量或综合生活用水量时,采用最高日用水量定额和相应的时变化系数,而在计算居民生活污水量或综合生活污水量时,采用平均日污水量定额和相应的总变化系数。

2. 综合生活污水量总变化系数

与给水系统用水量一样,污水的排放量也是时刻在发生变化的,同样有逐日变化和逐时变化的规律。在城市污水管道规划设计中,通常都假定在 1 小时内污水流量是均匀的。这样假定与实际情况比较接近,不致影响设计和运转。污水量的变化同样可以用变化系数和变化曲线来描述。

污水量日变化系数 K_d 指设计年限内,最高日污水量与平均日污水量的比值。

$$K_d = \frac{最高日污水量}{平均日污水量} \qquad (2-1)$$

污水量时变化系数 K_h 指设计年限内,最高日最高时污水量与该日平均时污水量的比值。

$$K_h = \frac{最高日最高时污水量}{最高日平均时污水量} \qquad (2-2)$$

污水量总变化系数 K_z 指设计年限内,最高日最高时污水量与平均日平均时污水量的比值。

$$K_z = K_d \cdot K_h \qquad (2-3)$$

污水管网在计算设计污水量时,应按最高日最高时污水排放流量进行设计。而根据用水量标准及污水排放系数推算出的污水量标准为平均日污水量,因此,在计算污水量时,采用的是平均日污水量标准和相应的总变化系数估算出最高日最高时污水量。

城市综合生活污水量的总变化系数按《室外排水设计规范》(GB50014)确定,见表 2 - 2。工业废水量总变化系数应根据规划城市的具体情况,按行业工业废水排放规律分析确定,或参照条件相似城市的分析成果确定。

表 2 - 2　城市综合生活污水量总变化系数

平均日流量/L·s⁻¹	5	15	40	70	100	200	500	≥1 000
总变化系数	2.3	12.0	1.8	1.7	1.6	1.5	1.4	1.3

注:当污水平均日流量为中间数值时,总变化系数可用内插法求得。

3. 城市污水量估算

1)居民生活污水设计流量

影响居民生活污水设计流量的主要因素有生活设施条件、设计人口和污水流量变化等。在计算生活污水设计流量时,设计人口指的是排水系统在设计使用年限终期所服务的人口数量。如果排水工程系统是分期实施的,则还应明确各个分期时段内的服务人口数,用于计算各个分期时段内的污水量。

同一城市中可能存在多个排水服务区域,其污水量标准不同,计算时要对每个区分别按照其规划目标,取用适当的污水量定额,按各区实际服务人口计算该区的生活污水设计流量。

居民生活污水设计流量 Q_1 用下式计算:

$$Q_1 = K_{z1}Q_d = K_{z1}\sum \frac{q_{1i}N_{1i}}{24 \times 3\ 600} \quad (\text{L/s}) \tag{2-4}$$

式中　K_{z1}——生活污水量的总变化系数,可由表 2-2 查得;

　　　Q_d——平均日污水流量,L/s;

　　　q_{1i}——各排水区域平均日居民生活污水量定额,L/s,可用综合生活用水量指标乘以排放系数求得,综合生活用水量指标(含公共建筑)查表 1-3,排放系数参考表 2-1 确定;

　　　N_{1i}——各排水区域在设计使用年限终期所服务的人口数,人。

2)工业废水设计流量

工业废水设计流量 Q_2 可用下式计算:

$$Q_2 = \sum \frac{K_{2i}q_{2i}N_{2i}(1-f_{2i})}{3.6T_{2i}} \quad (\text{L/s}) \tag{2-5}$$

式中　K_{2i}——各工矿企业废水量的时变化系数;

　　　q_{2i}——各工矿企业废水量定额,m³/单位产值、m³/单位产品或 m³/单位生产设备;

　　　N_{2i}——各工矿企业最高日生产产值(如万元)、产品数量(如件、台、吨等)或生产设备数量(如台、套等);

　　　f_{2i}——各工矿企业生产用水重复利用率;

　　　T_{2i}——各工矿企业最高日生产小时数,h。

3)工业企业生活污水量和淋浴污水设计流量

工业企业生活污水量和淋浴污水设计流量 Q_3 可用下式计算:

$$Q_3 = \sum \left(\frac{q_{3ai}N_{3ai}K_{h3ai}}{3\ 600T_{3ai}} + \frac{q_{3bi}N_{3bi}}{3\ 600} \right) \quad (\text{L/s}) \tag{2-6}$$

式中　q_{3ai}——各工矿企业车间职工生活用水量定额,L/(人·班);

　　　q_{3bi}——各工矿企业车间职工淋浴用水量定额,L/(人·班);

　　　N_{3ai}——各工矿企业车间最高日职工生活用水总人数,人;

　　　N_{3bi}——各工矿企业车间最高日职工淋浴用水总人数,人;

　　　K_{h3ai}——各工矿企业车间最高日职工生活用弯化系数,人;

　　　T_{3ai}——各工矿企业最高日每班工作小时数,h。

4)公共建筑污水设计流量

公共建筑的污水量可与居民生活污水量合并计算,此时应选用综合生活污水量定额,也可单独计算。公共建筑排放的污水量比较集中,若有条件获得充分的调查资料,则可以分别计算这些公共建筑各自排出的生活污水量。

公共建筑污水设计流量 Q_4 可用下式计算:

$$Q_4 = \sum \frac{q_{4i}N_{4i}K_{h4i}}{3\ 600T_{4i}} \quad (\text{L/s}) \tag{2-7}$$

式中 q_{4i}——各公共建筑最高日污水量标准,L/(用水单位·d);

          N_{4i}——各公共建筑在设计使用年限终期所服务的用水单位数,人;

          K_{h4i}——各公共建筑污水量时变化系数;

          T_{4i}——各公共建筑最高日排水小时数,h。

5)城市污水设计总流量

城市污水设计总流量可用下式计算:

$$Q_h = Q_1 + Q_2 + Q_3 + Q_4 \quad (\text{L/s}) \qquad (2-8)$$

在城市总体规划阶段城市不同性质用地污水量可按照《城市给水工程规划规范》(GB50282)中不同性质用地用水量乘以相应的分类污水排放系数确定。城市居住用地和公共设施用地污水量可按相应的用水量乘以城市综合生活污水排放系数。城市工业用地工业废水量可按相应用水量乘以工业废水排放系数。其他用地污、废水量可根据用水性质、水量和产生污、废水的数量及其出路分别确定。

【例2-1】 某城镇居住小区街坊总面积50.20 hm^2,人口密度为350 人/hm^2,居民生活污水量定额为120 L/(人·d);有两座公共建筑,火车站和公共浴室的污水设计流量分别为3.00 L/s 和4.00 L/s;有两个工厂,甲工厂的生活、淋浴污水与工业废水总设计流量为25.00 L/s,乙工厂的生活、淋浴污水与工业废水总设计流量为6.00 L/s。全部污水统一送至污水厂处理。试计算该小区污水设计总流量。

【解】由街坊总面积50.20 hm^2,居住人口密度为350 人/hm^2,则服务总人口为

$$50.20 \times 350 = 17\,570 \quad (\text{人})$$

由居民生活污水量定额为120 L/(人·d),则居民平均日生活污水量为

$$Q_d = \frac{120 \times 17\,570}{24 \times 3\,600} = 24.40 \quad (\text{L/s})$$

由表2-2总变化系数可采用

$$K_z = 1.9$$

居民生活污水设计流量

$$Q_1 = K_z Q_d = 1.9 \times 24.40 = 46.36 \quad (\text{L/s})$$

工业企业生活、淋浴污水与工业废水设计流量已直接给出:

$$Q_2 + Q_3 = 25.00 + 6.00 = 31.00 \quad (\text{L/s})$$

公共建筑生活污水设计流量也已直接给出:

$$Q_4 = 3.00 + 4.00 = 7.00 \quad (\text{L/s})$$

将各项污水设计流量直接求和,得该小区污水设计总流量

$$Q = Q_1 + Q_2 + Q_3 + Q_4 = 46.36 + 31.00 + 7.00 = 84.36 \quad (\text{L/s})$$

2.3.2 雨水量估算

降雨是一种自然过程,降雨的时间和降雨量大小具有一定的随机性,同时又服从一定的统计规律。一般,越大的暴雨出现的几率越少。我国地域宽广,气候差异很大,南方多雨,北方少雨干旱。不同地区的城市排水管网的设计规模和投资具有很大差别。降雨量的计算必须根据不同地区的降雨特点和规律,对正确规划城市雨水管网特别重要。雨水管网应具有合理的和最佳的排水能力,最大限度地及时排除雨水,避免洪涝灾害,同时规模还不应超过实际需求,避免投资浪费,提高工程投资效益。

1. 雨水量的计算

雨水量应按下式计算确定：

$$Q = q \cdot \varphi \cdot F \quad (\text{L/s}) \tag{2-9}$$

式中　Q——雨水量，L/s；

$\quad\quad q$——暴雨强度，$\text{L/(s·hm}^2)$；

$\quad\quad \varphi$——径流系数；

$\quad\quad F$——汇水面积，hm^2。

2. 暴雨强度的确定

根据数理统计理论，暴雨强度 q 与降雨历时 t 和重现期 p 之间的关系，可用一个经验函数表示，称为暴雨强度公式。其函数形式有多种。根据不同地区的适用情况，可采用不同的公式。

城市暴雨强度计算应采用当地的城市暴雨强度公式。确定暴雨强度 q 的数值可在《给水排水工程设计手册》和其他有关设计手册（如《建筑工程设计资料手册》）中找到，全国许多城市的降雨强度公式，见表 2-3。

表 2-3　主要大城市的暴雨强度公式

城市名称	降雨强度公式/L·(s·hm²)⁻¹	城市名称	降雨强度公式/L/(s·hm²)
北 京	$q = \dfrac{2\,111(1+0.85\lg p)}{(t+B)^{0.70}}$	重 庆	$q = \dfrac{2\,822(1+0.775\lg p)}{(r+12.8p^{0.078})^{0.77}}$
上 海	$q = \dfrac{5\,544(p^{0.3}-0.42)}{(t+10+7\lg p)^{0.82+0.07\lg p}}$	汉 口	$q = \dfrac{784(1+0.83\lg p)}{r^{0.507}}$
天 津	$q = \dfrac{2\,334p^{0.50}}{(t+2+4.5p^{0.63})^{0.5}}$	昆 明	$q = \dfrac{700(1+0.775\lg p)}{t^{0.486}}$
广 州	$q = \dfrac{1\,195(1+0.662\lg p)}{t^{0.553}}$	哈尔滨	$q = \dfrac{6\,500(1+0.34\lg p)}{(t+15)^{1.85}}$
成 都	$q = \dfrac{2\,806(1+0.803\lg p)}{(t+12.8p^{0.831})^{0.708}}$	银 川	$q = \dfrac{242(1+0.83\lg p)}{t^{0.477}}$

在降雨量累积曲线上取某一时间段，称为降雨历时 t。若该降雨历时覆盖了降雨的雨峰时间，则单位时间内的累积降雨量即为该降雨历时的暴雨强度，降雨历时区间取得越宽，计算得出的暴雨强度就越小。对雨水管网规划而言，应找出降雨量最大的那个时段内的降雨量。因此，暴雨强度的数值与所取的连续时间段 t 的跨度和位置有关。在城市暴雨强度公式推求中，经常采用的降雨历时为 5 min、10 min、15 min、20 min、30 min、45 min、60 min、90 min、120 min 等 9 个历时数值，特大城市可以用到 180 min。

重现期是指在多次观测中，事件数据值大于等于某个设定值重复出现的平均间隔年数，单位为年。

重现期是从统计平均的概念引出的。某一暴雨强度的重现期等于 p，并不是说大于等于暴雨强度的降雨每隔 p 年就会发生一次。p 年重现期是指在相当长的一个时间序列（远远大于 p 年）中，大于等于该指标的数据平均出现的可能性为 $1/p$，而且这种可能性对于这个时间序列中的每一年都是一样的，发生大于等于该暴雨强度的事件在时间序列中的分布也并不是均匀的。对于某一个具体的 p 年时间段而言，大于等于该强度的暴雨可能出现一次，也可能出现数次或根本不出现。重现期越大，降雨强度越大，如图 2-11 所示。

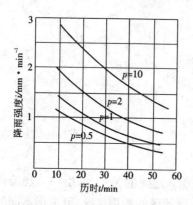

图 2-11　降雨强度、降雨历时
和重现期的关系

若在雨水排水管网的设计中使用较高的设计重现期,则计算的设计排水量就较大,排水管网系统设计规模相应增大,排水顺畅,但该排水系统的建设投资就比较高;反之,投资较小,但安全性差。城市雨水系统规划时,确定设计重现期的影响因素主要有城市性质、排水区域的重要性、功能、淹没后果严重性、地形特点和汇水面积的大小等。在同一排水系统中可采用同一重现期或不同重现期。在一般情况下,低洼地段采用的设计重现期大于高地,干管采用的设计重现期大于支管,工业区采用的设计重现期大于居住区,市区采用的设计重现期大于郊区。重要干道、重要地区或短期积水能引起严重后果的地区,重现期宜采用 3~5 年,其他地区重现期宜采用 1~3 年。特别重要地区和次要地区或排水条件好的地区规划重现期可酌情增减。

3. 径流系数

降落在地面上的雨水在沿地面流行的过程中,一部分雨水被地面上的植物、洼地、土壤或地面缝隙截留,剩余的雨水在地面上沿地面坡度流动,称为地面径流。地面径流的流量称为雨水地面径流量。雨水管渠系统的功能就是排除雨水地面径流量。地面径流量与总降雨量的比值称为径流系数 φ,径流系数小于 1。

降雨刚发生时,有部分雨水会被植物截留,而且地面比较干燥,雨水渗入地面的渗水量比较大,开始时的降雨量小于地面的渗水量,雨水被地面全部吸收。随着降雨时间的增长和雨量的加大,当降雨量大于地面渗水量后,降雨量与地面渗水量的差值称为余水,在地面开始积水并产生地面径流。单位时间内的地面渗水量和余水量分别称为入渗率和余水率。在降雨强度增至最大时,相应产生的地面径流量也最大。此后,地面径流量随着降雨强度的逐渐减小而减小,当降雨强度降至与入渗率相等时,余水率为 0。但这时由于有地面积水存在,故仍有地面径流,直到地面积水消失径流才终止。

地面径流系数的值与汇水面积上的地面材料性质、地形地貌、植被分布、建筑密度、降雨历时、暴雨强度及暴雨雨型有关。当地面材料透水率较小、植被较少、地形坡度大、雨水流动快的时候,径流系数较大;降雨历时较长会使地面渗透损失减少而增加径流系数;暴雨强度较大时,会使流入雨水管渠的相对水量增加而增加径流系数;对于最大强度发生在降雨前期的雨型,前期雨量大的径流系数值也大。

在城市总体规划阶段的雨水量估算中,宜采用城市综合径流系数,即按规划建筑密度将城市用地分为城市中心区、一般规划区和不同绿地等,按不同的区域,分别确定不同的径流系数。径流系数可按表 2-4 确定。

表 2-4　径流系数

区域情况	径流系数 ψ
城市建筑密集区(城市中心区)	0.60~0.85
城市建筑较密集区(一般规划区)	0.45~0.60
城市建筑稀疏区(公园、绿地等)	0.20~0.45

4. 汇水面积

汇水面积 F 是指雨水管渠汇集和排除雨水的地面面积,常用单位为 hm^2 或 km^2。一般的大雷雨能覆盖 $1\sim 5\ km^2$ 的地区,有时可高达数千平方公里。一场暴雨在其整个降雨的面积上雨量分布并不均匀。但是,对于城市雨水系统,汇水面积一般较小,可以假定是均匀分布的,其最远点的集水时间往往不超过 $3\sim 5\ h$,大多数情况下,集水时间不超过 $60\sim 120\ min$。

2.4　城市污水管网规划

2.4.1　污水管道布置

规划设计城市污水管道,首先要在城市总平面图上进行污水管道的平面布置(或称为污水管道的定线),是污水管道设计的重要环节。正确合理的平面布置方能使污水管道的设计经济合理。

城市污水管道按其功能与位置关系,可分为主干管、干管、支管等。汇集住宅、工业企业排出的污水的管道称为污水支管,承接污水支管来水的称为污水干管,承接污水干管来水的称为主干管。由污水处理厂排至水体的管道称为出水管道。污水管道的平面布置,一般按先确定主干管,再定干管,最后定支管的顺序进行。在城市排水总体规划中,只决定污水主干管、干管的走向与平面位置。在详细规划中,再决定污水支管位置。

在污水管道的平面布置中,尽量用较短的管线,较小的埋深,把最大排水面积上的污水送到污水处理厂或水体。

影响污水管道平面布置的主要因素有:城市地形、水文地质条件,城市的远景规划、竖向规划和修建顺序,城市排水体制、污水处理厂、出水口的位置,排水量大的工业企业和大型公共建筑的分布情况,街道宽度及交通情况,地下管线、其他地下建筑及障碍物等。

污水管道平面布置,要充分利用有利条件,综合考虑各主要影响因素,并按下述原则进行。

(1)根据城市地形特点和污水处理厂、出水口的位置,利用有利地形,合理布置主干管和干管。城市污水主干管和干管是污水管道系统的主体,它们布置的恰当与否,将影响整个系统的合理性。污水主干管一般布置在排水区域内地势较低的地带,沿集水线或沿河岸低处敷设,以便支管、干管的污水能自流入主干管。按照城市的地形,污水管道常布置成平行式和正交式。

平行式布置的特点是污水干管与地形等高线平行,而主干管与地形等高线正交,如图 2 -12 所示。这样,在地形坡度较大的城市布置管道时,可以减少管道的埋深,改善管道的水力条件,避免采用过多的跌水井。

正交式布置形式适用于地形比较平坦,略向一边倾斜的城市或排水区域。污水干管与地形等高线正交,而主干管布置在城市较低的一边,与地形等高线平行,如图 2-13 所示。

此外,污水管道的布置还有分散、截流式、环绕式及分区式等管网布置方案,见图 2-14。

(2)污水干管一般沿城市道路布置。通常设置在污水量较大、地下管线较少一侧的人行道、绿化带或慢车道下。当道路宽度大于 40 m 时,可以考虑在道路两侧各设一条污水干

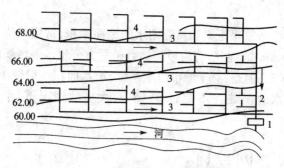

图 2 – 12 污水干管平行式布置
1—污水处理厂;2—主干管;3—干管;4—支管

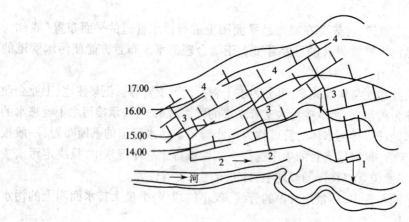

图 2 – 13 污水干管正交式布置
1—污水处理厂;2—主干管;3—干管;4—支管

管,这样,可以减少过街管道,便于施工、检修和维护管理。

(3)污水管道应尽可能避免穿越河道、铁路、地下建筑或其他障碍物,也要注意减少与其他地下管线交叉。

(4)尽可能使污水管道的坡降与地面坡度一致,以减少管道的埋深。为节省工程造价及经营管理费,要尽可能不设或少设中途泵站。

(5)管线布置应简洁,要特别注意节约大管道的长度。要避免在平坦地段布置流量小而长度大的管道。因为流量小,为保证自净流速所需要的坡度较大,而使埋深增加。

(6)污水支管布置形式主要决定于城市地形和建筑规划,一般布置成低边式、穿坊式和围坊式。

低边式污水支管布置在街坊地形较低的一边,如图 2 – 15(a)所示。这种布置管线较短,在城市规划中采用较多。

围坊式污水支管沿街坊四周布置,如图 2 – 15(b)所示。这种布置形式多用于地势平坦的大型街坊。

穿坊式污水支管如图 2 – 15(c)所示。这种布置管线短、工程造价低,但管道维护管理不便,故一般较少采用。

(7)城市污水管道与其他地下管线或建筑设施之间的相互位置,应满足:①保证在敷设和检修管道时互不影响;②污水管道损坏时,不致影响附近建筑物及基础,不致污染生活饮

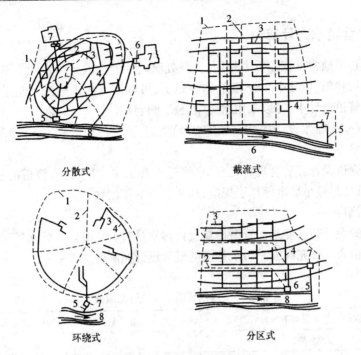

图 2 − 14　排水管网布置方案

1—城市边界;2—排水流域分界线;3—支管;4—干管、主干管;5—出水口;

6—泵站;7—处理厂、灌溉田;8—河流

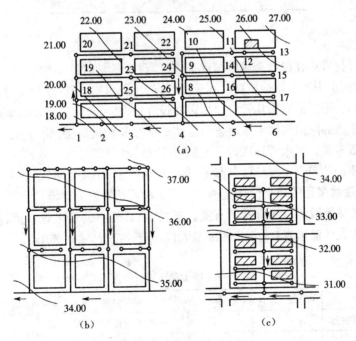

图 2 − 15　污水支管的布置

(a)低边式;(b)围坊式;(c)穿坊式

用水;③污水管道一般与道路中心线平行敷设,并应尽量布置在慢车道下或人行道下,在城市地下管线多、地面情况复杂的区域,可以把城市污水管道和其他地下管线集中设置在隧道内。

2.4.2　污水管道水力计算

污水在管道中通常是依靠重力作用,从高处流向低处。虽然污水中常含有一定数量的有机物质和无机物质,但其中水分都在 99% 以上,可以假定污水的流动是遵循一般流体规律的。在污水管道设计中,可以采用水力学公式进行计算。

我国现行《室外排水设计规范》(GB50014)规定,城市污水管道按非满流设计计算。

1. 设计数据

为使排水管道设计经济合理,保证排水管道正常工作,对于污水管道的设计充满度、设计流速、最小管径与最小坡度等作了规定,作为设计的控制数据。

1)设计充满度

污水管道的设计充满度是指管道排泄设计污水量时的充满度。污水管道的设计充满度应小于或等于最大设计充满度。污水管道的最大设计充满度见表 2-5。

表2-5　污水管道最大设计充满度

管径 D 或暗渠高 H/mm	最大设计充满度(h/D 或 h/H)
200～300	0.55
350～450	0.65
500～900	0.70
>1 000	0.75

2)设计流速

设计流速是指管渠在设计充满度情况下,排泄设计流量时的平均流速。当城市排水管渠中流速太小时,水中的固体杂质则沉积于管底,产生淤积物;当流速较大时,水流能冲走淤积物;若流速过大,则会冲刷损坏管壁。所以在设计中,必须合理确定设计流速。

最小设计流速的限值与污水中所含悬浮物的成分和粒度有关,也与管道的水力半径和管壁的粗糙系数有关。污水管道在设计充满度下最小设计流速为 0.6 m/s,含有金属、矿物固体或重油杂质的生产污水管道,其最小设计流速宜适当加大;明渠的最小设计流速为 0.4 m/s。工业废水采用的最小设计流速应根据试验或调查研究确定。

最大设计流速的限值与管道材料有关。通常,金属管道的最大设计流速为 10 m/s,非金属管道的最大设计流速为 5 m/s。明渠最大设计流速按表 2-6 选用。

表2-6　明渠最大设计流速

明渠类别	最大设计流速/m/s	明渠类别	最大设计流速/m/s
粗砂或低塑性粉质黏土	0.8	草皮护面	1.6
粉质黏土	1.0	干砌块石	2.0
黏土	1.2	浆砌块石或浆砌砖	3.0
石灰岩或中砂岩	4.0	混凝土	4.0

注:1. 表中数适用于明渠水深为 $h=0.4～1.0$ m 范围内。

2. 如 h 在 0.4～1.0 m 范围以外时,表中管道的最大速度应乘以下系数:

$h<0.4$ m,系数 0.85;$h>1.0$ m,系数 1.25;$h\geqslant2.0$ m,系数 1.40。

3) 最小设计坡度

在污水管网设计时,通常使管道敷设坡度与设计区域的地面坡度基本一致,在地势平坦或管道走向与地面坡度相反时,尽可能减小管道敷设坡度和埋深对于降低管道造价显得尤为重要。但由该管道敷设坡度形成的流速应等于或大于最小设计流速,以防止管道内发生沉淀。因此,将相应于最小设计流速的管道坡度称为最小设计坡度。

一般地,管径 200 mm 的最小设计坡度为 0.004;管径 300 mm 的最小设计坡度为 0.003;较大管径的最小设计坡度由最小设计流速保证。

4) 最小管径

为减小堵塞几率,使养护工作更方便,同时也可以降低养护费用,常规定一个允许的最小管径。在街区和厂区内最小管径为 200 mm,在街道下的最小管径为 300 mm。所以,当管道粗糙系数为 $n_M = 0.014$ 时,若街区和厂区内管道设计流量小于 9.19 L/s;街道下的管道设计流量小于 14.63 L/s,即可直接采用最小管径和最小坡度。

5) 污水管道埋设深度

污水管道的埋设深度是指管道的内壁底部与地面的垂直距离,简称为管道埋深,如图 2 - 16 所示。管道的顶部离开地面的垂直距离称为覆土厚度。在实际工程中,污水管道的造价由选用的管道材料、管道直径、施工现场地质条件和管道埋设深度等 4 个主要因素决定,合理地确定管道埋设深度可以有效地降低管道建设投资。

图 2 - 16　管道埋设深度示意

污水管道的最小覆土厚度,一般应满足 3 个因素的要求:①防止管道内污水冰冻和因土壤冰冻膨胀而损坏管道;②防止地面荷载而破坏管道;③满足街区污水连接管衔接的要求。对每一个具体设计管段,从这 3 个不同的因素出发,可以得到 3 个不同的管底埋深或管顶覆土厚度值,这 3 个数值中的最大一个值就是这一管道的允许最小覆土厚度或最小埋设深度 。

除考虑管道的最小埋深外,还应考虑最大埋深问题,污水在管道中依靠重力从高处流向低处。当管道的坡度大于地面坡度时,管道的埋深就愈来愈大,尤其在地形平坦的地区更为突出。管道的最大允许埋深应根据技术经济指标及施工方法而定 ,因为埋深愈大,则造价愈高,施工期也愈长。一般在干燥土壤中,最大埋深不超过 7 ~ 8 m;在多水、流砂石灰岩地层中,一般不超过 5 m。

2. 管段设计流量计算

污水管道系统中各管段中的流量是不同的。从管道的上游到下游,其流量随排水面积和设计人口数的增加而增大。为简化计算工作,通常按管道系统中的流量变化情况,分段计算。

在污水管渠系统中,任意两检查井间的连续管段,若采用的设计流量不变,管道坡度也不变,则可选取相同的管径,这种可统一计算的连续管段称为设计管段。设计管段的划分应以支管接入位置和流量变化为依据。通常根据污水管道的平面布置、街区污水支管及工业企业污水管道接入位置等划分设计管段。设计管段的起迄点都在检查井的位置,但是,并不要把每两个检查井间的管段都划为设计管段。设计管段划定后,还应标定设计管段起迄点处检查井的编号,计算各设计管段的排水面积,确定管段设计流量。

设计管段的排水面积主要根据地形及管道布置形式确定。当街坊污水管道采用低边式布置时,通常假定整块街坊面积的污水都排入其低边一侧的管道内;当街坊污水管道采用围坊式布置时,常以街坊角平分线将街坊面积分成 4 块,每小块街坊画积的污水流入邻近的污水管道。

流入每一设计管段的污水流量包括本段流量和转输流量两部分。本段流量是从该段管道两侧街区流来的污水量。转输流量是从上游管段及旁侧支管流来的污水量。计算起始管段时其转输流量为零。对于一个设计管段而言,其转输流量是不变的。为了计算方便,通常都假定从管道两旁街区或工业企业流来的本段污水流量是集中从管道起端流入设计管段的。本段流量包括沿线流量和集中流量。住宅及中小型公共建筑的污水是沿管道陆续流入城市污水管道的,称为沿线流量。工业企业、大型公共建筑等的污水是集中流入城市污水管道的,称为集中流量。

3. 污水管道水力计算的步骤

污水管道水力计算的任务是根据城市污水管道的平面布置图,划分设计管段,确定管段的设计流量,计算选定各管段采用的管径、坡度和管底高程。

(1)在水力计算简图上,如图 2-19,由上游管段开始,标注各设计管段起迄点检查井的编号及管段长度。

(2)由城市污水管道布置图及城市规划图,求得各设计管段起迄点检查井处的地面高程并将其注在水力计算简图上。计算每一设计管段的地面坡度,作为确定管道坡度的参考。

(3)逐一计算各管段的设计流量。

(4)从管道系统的控制点开始,自上游向下游,逐段计算各设计管段的管径。

确定管径的方法是采用污水管道直径选用图(见附录四),根据已知的设计流量和坡度,在图中可以确定一个点,该点所处区域即可选定一个合适的管径。然后再根据设计流量、坡度和管径,计算出管内实际的充满度和流速,进行校核。

在平坦或反坡地区,管段设计不但要考虑规范规定的最小流速、最大充满度等技术要求,同时还要认真考虑经济性问题。对于给定设计流量的某一管段而言,若选择较小的管径则本段造价较低,但需要较大的敷设坡度,因而使下游管段埋深增加,造价提高;若选择较大的管径则本段造价较高,但其敷设坡度可以降低,因而减小下游管段埋深,可以降低它们的造价。但当管径放大到一定值时管内流速将小于规范要求的最小流速,管径再加大,为满足最小流速要求必须加大水力坡度,显然已不经济。

工程统计资料表明,对污水管道的造价影响最大的埋深因素,相比之下管径增加造成的管材费用增加较小,特别是对于控制下游管段埋深的管网前端管段以及管径较小的管段,它们管径加大所增加的材料费用对总造价影响很小,而它们的坡度变化对本管段和下游管段造价的影响是显著的。因此,这类管段一般应采用表 2-7 所列最大管径。

表 2-7　污水管道的最大管径($n_M = 0.014$)

设计流量/L·s^{-1}	最大管径/mm	设计流量/L·s^{-1}	最大管径/mm
<9.19	200	172.65 ~ 225.50	800
9.19 ~ 16.60	250	225.50 ~ 285.39	900
16.60 ~ 23.90	300	285.39 ~ 379.11	1 000
23.90 ~ 39.72	350	379.11 ~ 458.72	1 100
39.72 ~ 51.88	400	458.72 ~ 545.92	1 200

续表

设计流量/L·s⁻¹	最大管径/mm	设计流量/L·s⁻¹	最大管径/mm
51.88 ~ 65.66	450	545.92 ~ 690.93	1 350
65.66 ~ 88.08	500	690.93 ~ 853.00	1 500
88.08 ~ 126.84	600	853.00 ~ 1 032.13	1 650
126.84 ~ 172.65	700	1 032.13 ~ 1 228.32	1 800

（5）计算设计管段的管底高程。

在城市污水管道详细规划时，不仅要确定管道的平面位置、管径等，还要考虑管道的高程布置。根据管段的设计坡度，计算管段两端的高差。管段两端的高差称为降落量，其值等于管段坡度与管段长之积。确定管网起端的标高时，应注意满足埋深的要求。同时注意各管段在检查井中的衔接方式，保证下游管道上端的管底不得高于上游管道下端的管底。

在水力计算过程中，污水管道的管径一般应沿程增大。但是，当管道穿过陡坡地段时，由于管道坡度增加很多，根据水力计算，管径可以由大变小。当管径为 250 ~ 300 mm 时，只能减小一级；管径等于或大于 300 mm 时，按水力计算确定，但不得超过两级。

在支管与干管的连接处，要使干管的埋深保证支管接入的要求。

当地面高程有剧烈变化或地面坡度太大时，可采用跌水井，以采用适当的管道坡度，防止因流速太大冲刷损坏管壁。通常当污水管道的跌落差大于 1 m 时，应设跌水井；跌落差小于 1 m 时，只把检查井中的流槽做成斜坡即可。

（6）绘制污水管道规划图。

城市污水管道系统总规划图是排水系统总体规划图的重要组成部分，应根据城市总体规划图绘制。一般只画出污水主干管和干管，它们常用单线表示。在管线上应画出设计管段起迄点检查井的位置并编号，注明管道长度、管道断面尺寸及管道坡度，如图 2－17。

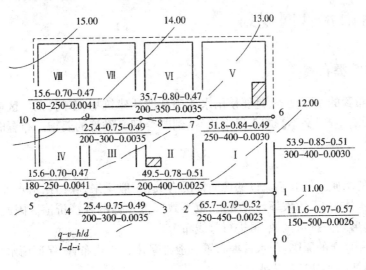

图 2－17　某污水管道水力计算简图

城市污水管道详细规划图，除按总体规划图的要求绘制外，尚需画出支管及工业企业、大型公共建筑等集中污水量出口位置。其比例尺可与城市小区详细规划图的比例一致，一般采用 1/2 000 ~ 1/500。

污水管道纵剖面图,反映管道沿线高程位置,它应和管道平面布置图对应。在纵剖面图上应画出地面高程线、管道高程线(常用双线表示管顶与管底)画出设计管段起讫点处检查井及主要支管的接入位置与管径。在管道纵剖面图的下方应注明检查井的编号、管径、管段长度、管道坡度、地面高程和管底高程等,见图 2 - 18。污水管道纵剖面图常用的比例为:横向 1/1 000 ~ 1/500,纵向 1/100 ~ 1/50。

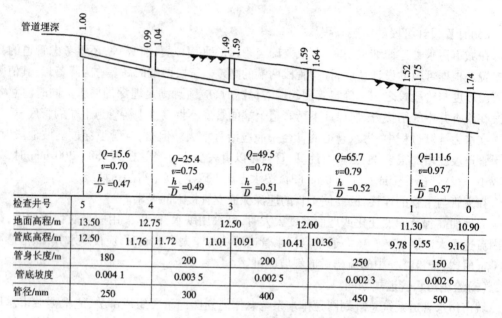

检查井号	5		4		3		2		1		0
地面高程/m	13.50		12.75		12.50		12.00			11.30		10.90
管底高程/m	12.50		11.76	11.72		11.01	10.91		10.41	10.36		9.78	9.55		9.16
管身长度/m	180		200		200		250		150
管底坡度	0.004 1		0.003 5		0.002 5		0.002 3		0.002 6
管径/mm	250		300		400		450		500

图 2 - 18 某污水管道纵剖面

2.5 城市雨水管网规划

2.5.1 雨水管渠布置

雨水管渠布置的主要任务,是要使雨水能顺利地从建筑物、车间、工厂区或居住区内排泄出去,既不影响生产,又不影响人民生活,达到既合理又经济的要求。布置时应遵循下列一些原则。

1. 充分利用地形,就近排入水体

雨水径流的水质虽然和它流过的地面情况有关,一般说来,除初期雨水外,是比较清洁的。直接排入水体时,不致破坏环境卫生,也不致降低水体的经济价值。因此,规划雨水管线时,首先按地形划分排水区域,再进行管线布置。

根据分散和直捷的原则,雨水管渠布置一般都采用正交式布置,保证雨水管渠以最短路线、较小的管径把雨水就近排入水体。

2. 避免设置雨水泵站

由于雨水量很大,雨水泵站的投资也很大,而且雨水泵站一年中运转时间又短,利用率很低,因此,必须尽可能利用地形,使雨水靠重力流排入水体,而不设置泵站。但在某些地势平坦、区域较大或受潮汐影响的城市,如上海、天津等地因水体的水位高于地面,须设置雨水泵站来排除雨水。在要设置泵站的情况下,应尽量使经过泵站排泄的雨水量减少到最少限度,以降低雨水泵站的造价。

3. 结合道路系统规划布置雨水管渠

雨水干管(渠)应设在排水地区的低处。一般设在规划道路的慢车道下,最好设在人行道下,以便检修。较宽道路宜设两条管渠;较窄道路可设一条,应由技术经济比较决定。

4. 结合城市竖向规划与水体利用

雨水管渠的平面布置应和它的立面布置相适应,因此,必须结合城市用地的竖向规划来考虑雨水管渠的定线。对于竖向规划中确定的填方或挖方地区,雨水管渠布置中必须考虑今后地形的变化,作出相应的处理。对于坡度过大,竖向规划中改造成梯形台地地区,排水中要防止明沟水流速度过大冲刷土壤,引起建筑物的损坏。每层台地最好有单独的雨水排除系统,及时排泄雨水。从排水角度说,高程规划最好是房屋底层地面高于街区地面不少于150 mm,街区略高于四周街道。

城市中的洼地或池塘可利用来储存一部分雨水,有时还可有计划地开挖一些池塘,开辟水体,作为在暴雨强度很大、雨水管道来不及排泄时利用,使市区免于积水,并可使雨水管渠不必按过高重现期来设计,节约管渠投资。在缺水地区,有时还可把市区雨水引至郊区进行农田灌溉并作出相应的雨水管渠布置。

5. 要结合街区内部的规划来考虑雨水管渠的定线

街区内部的地形、道路布置和建筑物的布置是确定街区内部雨水分配的主要考虑因素。街区内的雨水可沿街段内小巷两侧之明沟排除。道路上尽可能在较长的距离内用道旁明沟排水。若流量超过道旁明沟的输水能力,可部分地采用街区边沟。

6. 雨水口的设置

为了便利行人穿越街道,在道路交叉口,雨水不应漫过路面。因此. 一般应在路口、道路边设置雨水口。路口设置雨水口的位置与道路路面的倾斜方向有关,见图 2 – 19。图中箭头表示各条道路路面倾斜方向。从每一个街角看,当两个箭头相对,例如图 2 – 19 的 a 点,说明沿甲、乙两条道路的边沟流来的雨水,在 a 点汇合。如果在 a 点不设置雨水口,a 点就

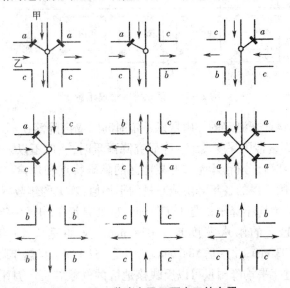

图 2 – 19 道路交叉口雨水口的布置

要积水,雨水就要漫过路面。因此,在两个箭头相对的街角上必须设置雨水口。当两个箭头的方向相背,例如图 2 - 19 的 b 点,就不需要设置雨水口,因为雨水沿边沟向离开这个街角的方向流走,不会造成积水。当两个箭头中,一个是指向这个街角,另一个背离这个街角(如图 2 - 19 中用 c 表示的街角都属于这一类),在这个街角是否需要设置雨水口,要看具体情况决定。以图 2 - 19 为例来说明:假如该图中的甲路很长,从道路边沟中流来的雨水量很多,在 c 点就应设置雨水口(否则雨水来不及转入乙路的边沟,就要造成积水);反之,在 c 点就不需设置雨水口,来自甲路边沟的雨水可转入乙路的边沟。

2.5.2　雨水管渠水力计算

1. 雨水管渠设计流量的确定

1)雨水设计流量公式

为了确定雨水管渠的断面尺寸,必须求出管渠的设计流量。而管渠的设计流量与降雨强度、汇水面积、地面情况等因素有关。

为了计算雨水设计流量,先观察一下雨水管渠是怎样排除雨水的。图 2 - 20 为由 4 个街区组成的雨水排除情况示意图。街区的地形是北高南低,道路是西高东低。管渠沿道路中心线敷设。道路的断面一般呈拱形,中间高,两边低。下雨时,降落在路面上的雨水和屋面上的雨水顺着地面坡度流到道路两侧的边沟,而道路边沟的坡度一般是和道路的坡度一致的。当雨水沿着道路边沟流到道路交叉口时,再通过雨水口经检查井流入雨水管道。第一街区的雨水(包括路面上的雨水)在 1 号检查井集中,流入管段 1 ~ 2。第二街区的雨水在 2 号检查井集中,并同第一街区经管段 1 ~ 2 流来的雨水汇合后流入管段 2 ~ 3。第Ⅲ街区的雨水在 3 号检查井集中,同第一街区和第二街区流来的雨水汇合后流入管段 3 ~ 4。其他依此类推。

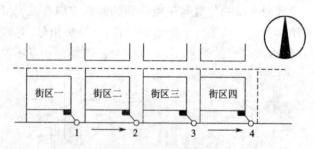

图 2 - 20　雨水排除情况示意

雨量大小是用雨量计来测定的。雨量以一定时间间隔内降落在不透水平面上的水层厚度(mm)计算,因此,雨量常用深度表示。在研究降雨量时,一般不以一场雨为研究对象,像对许多场雨进行研究,综合分析,才能掌握某地区的降雨特点和规律。例如,年平均降雨量是指对降雨作多年观测所得的各年降雨绝对量的平均值,观测的年数越多,所得的数值就越准确。像上海 10 年的平均年降雨量是 1 039 mm,也就是说平均每一年降落在上海市单位面积上的雨水累积起来的雨水深度是 1 039 mm。又如重庆 10 年的平均降雨量是 1 099 mm,汉口是 1 203 mm,北京是 584 mm. 兰州是 332 mm。显然年降雨量低的地区气候比较干燥。因此,通过年平均降雨量可以反映该地区的气候特征。月平均降雨量是指多年观测所得的某一个月的降雨绝对量的平均值;年最大—日降雨量是指降雨观测期间一年中降雨量最大一日的降雨绝对量。例如上海日最大降雨量为 204.4 mm,也就是说年最大一日降雨量 204.4 mm。

在设计雨水管渠时,需要知道的是单位时间流入设计管段的雨水量,而不是某一阵雨的总雨水量,所以在排水工程中,雨水量是以单位时间内降落的雨水深度做单位,称为降雨强度,符号用 i 表示。

$$i = \frac{h}{t} \quad (\text{mm/min}) \tag{2-10}$$

式中　i——降雨强度,mm/min;

　　　h——降雨量,mm;

　　　t——降雨历时,min。

降雨强度也可用单位时间内单位面积上的降雨体积 $q(\text{L}/(\text{s}\cdot\text{hm}^2))$ 来表示。q 和 i 间的关系如下:

$$q = \frac{1 \times 1\,000 \times 10\,000}{1\,000 \times 60} i = 166.7i \quad (\text{L}/(\text{s}\cdot\text{hm}^2)) \tag{2-11}$$

已知设计降雨强度后,就可以计算各个管段的设计流量。假如降落到地面上的雨水全部流进管段,流入 1 号检查井的设计雨水流量

$$Q_1 = F_1 i_1$$

流入 2、3、4 号检查井的设计雨水流量相应为

$$Q_2 = (F_1 + F_2) \cdot i_2$$
$$Q_3 = (F_1 + F_2 + F_3) \cdot i_3$$
$$Q_4 = (F_1 + F_2 + F_3 + F_4) \cdot i_4$$

式中　F_1、F_2、F_3、F_4——四个街区的面积(包括路面面积)。

　　　i_1、i_2、i_3、i_4——雨水管段 1~2、2~3、3~4 和 4~5 的设计降雨强度。

但是,降落到地面上的雨水,并不是全部流进雨水管渠,下小雨时,地都湿不了,就不会有雨水流入管道。在一般情况下,有些雨水渗入泥土,有些雨水为地面的洼坑所截留,有些则蒸发掉,只有一部分雨水流入管道,这部分雨水流量称为径流量。因此,用上面公式算出的 Q 值偏大了,需乘一个小于 1 的系数,这个系数通常叫做径流系数,用符号 ϕ 表示。

因此,雨水设计流量公式为

$$Q = 166.7\phi Fi = \phi Fq \quad (\text{L}/\text{s}) \tag{2-12}$$

式中　Q——管段的设计流量,L/s;

　　　F——管段的设计排水面积,hm^2;

　　　i——管段的设计降雨强度,mm/min;

　　　q——管段的设计降雨强度,L/($\text{s}\cdot\text{hm}^2$);

　　　ϕ——径流系数。

2)降雨强度 i 值的确定

从式(2-12)可以看出,Q 随 F 和 i 的变化而变化,i 又随 t 的变化而变化。排水面积 F 随降雨历时 t 增加而增加:当降雨历时等于集水时间时,排水面积 F 到达最大值,即等于所设计排水面积。因此,在确定降雨强度 $i(q)$ 时,所采用的降雨历时 t 应等于集水时间,并按式(2-9)计算雨水管段的设计流量。

设计雨水管道最好有完整的降雨资料。各地的气象站都设有自动记雨量计,当累积 10

年或 *10* 年以上的降雨资料即可分析出当地的降雨规律,记录的年数越长,越接近实际。得到的降雨规律可以用图表示(如图 2 – 13),也可以用公式表示(如表 2 – 3)。

降雨时,有时很大,有时很小,各场雨并不一样,即使在同一场雨中,雨势也出现时大时小。所以,降雨强度 i 是变化不定的。

3)降雨历时的确定

从图 3 – 7 与表 3 – 3 可以看出,降雨强度 $i(q)$ 随历时 t 而变化,t 越大,与这个 t 相应的最大降雨强度越小。

集水时间 t 由两部分组成:①地面集水时间 t_1;②在管段中流行时间 t_2。集水时间 $t = t_1 + t_2$。例如图 3 – 16 中管段 2 ~ 3 的集水时间等于地面集水时间 t_1(即由 a 点流到集水点 1 的时间)加雨水流经管段 1 ~ 2 的时间 t_2。

地面集水时间受地形、地面铺砌、地面种植情况和街区大小等因素的影响。《室外排水设计规范》建议:地面集水时间 t_1 一般采用 5 ~ 15 min。雨水在管段中流行的时间 t_2 可用下式计算:

$$t_2 = \sum \frac{l}{v \times 60} \quad （min） \tag{2 – 13}$$

式中　l——上游各管段的长度,m;

　　　v——上游各管段的设计流速,m/s;

　　　t_2——管段中流行的时间,min。

但是管渠中水流并不是一开始就达到设计流速 v,雨水在管渠中流行的时间按式(3 – 13)算出来的数值偏小,同时在降雨时管渠中往往有一部分无水的空间(称为管道自由容积)可以利用,这是因为:①在开始降雨时,管渠系统没有被水充满,只是在降雨时间内才逐渐充满;②每一管段都是按照它本身的相应于一定历时的降雨强度来计算的。因此,各管段的设计流量可能不在同时发生,当任一管段达到设计流量时,其他管段(特别是上游管段)不是完全满流,因此在这些管段中形成了没有充水的自由容积。利用管道的自由容积暂时容纳一部分雨水,各管段的设计流量可以降低,也就可以采用较大的 t_2。考虑以上原因,《室外排水设计规范》规定:设计暗管时,采用集水时间 $t = t_1 + 2t_2$;设计明渠时,采用 $t = t_1 + 1.2t_2$。

2. 雨水管渠设计参数

为使雨水管渠正常工作,避免发生淤积、冲刷等现象,对雨水管渠水力计算的基本参数作如下的一些技术规定。

1)设计充满度

雨水较污水清洁得多,对环境的污染较小,加上暴雨径流量大,而相应的较高设计重现期的暴雨强度的降雨历时一般不会很长,且从减少工程投资的角度来讲,雨水管渠允许溢流。故雨水管渠的充满度按满流考虑,即 $h/D = 1$,明渠则应有等于或大于 0.2 m 的超高,街道边沟应有等于或大于 0.03 m 的超高。

2)设计流速

由于雨水中夹带的泥沙量比污水大得多,所以相对污水管道而言,为了避免雨水所夹带的泥沙等无机物在管渠内沉淀下来而堵塞管渠,所用的最小设计流速应大于污水管渠,满流时管道内的最小设计流速为 0.75 m/s。而明渠由于便于清除疏通,可采用较低的设计流速,一般明渠内最小设计流速为 0.4 m/s。

为了防止管壁和渠壁的冲刷损坏,影响及时排水,雨水管道的设计流速不得超过一定的限度。由于这项最大流速只发生在暴雨时,历时较短,所以雨水管道内的最高容许流速可以高一些。对雨水管渠的最大设计流速规定为:金属管最大流速为 10 m/s,非金属管最大流速为 5 m/s,明渠最大设计流速则根据其内壁建筑材料的耐冲刷性质,按设计规范规定选用,见表 3 - 6。

3)最小坡度

为了保证管内不发生沉积,雨水管内的最小坡度应按最小流速计算确定。在街区内,一般不宜小于 0.004,在街道下,一般不宜小于 0.002 5,雨水口连接管的最小坡度不小于 0.01。

4)最小管径

为了保证管道在养护上的便利,便于管道的清除堵塞,雨水管道的管径不能太小,由此规定了最小管径。街道下的雨水管,最小管径为 300 mm,相应的最小坡度为 0.003;街坊内部的雨水管道,最小管径一般采用 200 mm,相应的最小坡度为 0.01。

3. 雨水管网设计步骤

(1)划分排水流域和管道定线。根据地形的分水线和铁路、公路、河道等对排水管道布置的影响情况,并结合城市的总体规划图或工厂的总平面布置,划分排水流域,进行管渠定线,确定雨水排水流向。

(2)划分设计管段与沿线汇水面积。各设计管段汇水面积的划分应结合地面坡度、汇水面积的大小以及雨水管道布置等情况进行。雨水管渠的设计管段的划分应使设计管段范围内地形变化不大,管段上下端流量变化不多,无大流量交汇,一般以 100 ~ 200 m 左右为一段,如果管段划得较短,则计算工作量增大,设计管段划得太长,则设计方案不经济。管渠沿线汇水面积的划分,要根据实际地形条件而定。当地形平坦时,则根据就近排除的原则,把汇水面积按周围管渠的布置用等分角线划分。当有适宜的地形坡度时,则按雨水汇入低侧的原则划分,按地面雨水径流的水流方向划分汇水面积,并将每块面积进行编号,计算其面积,并在图中注明。根据管道的具体位置,在管道转弯处、管径或坡度改变处、有支管接入处或两条以上管道交汇处以及超过一定距离的直线管段上,都应设置检查井。把两个检查井之间流量没有变化且预计管径和坡度也没有变化的管段定为设计管段,设计管段上下游端点的检查井设为节点,并从管段上游往下游按顺序进行设计管段和节点的编号。

(3)确定设计计算基本数据。根据各流域的具体条件,确定设计暴雨的重现期、地面径流系数和集水时间。通常根据排水流域内各类地面的面积或所占比例,计算出该排水流域的平均径流系数。也可根据规划的地区类别采用区域综合径流系数。确定雨水管渠的设计暴雨重现期,设计时应结合该地区的地形持点、汇水面积的地区建筑性质和气象特点选择设计重现期。根据建筑物的密度情况、地形坡度和地面覆盖种类、街坊内设置雨水暗管与否等确定雨水管道的地面集水时间。

(4)确定管渠的最小埋深。在保证管渠不被压坏、不冻坏和满足街坊内部沟道的衔接的要求下,确定沟道的最小埋深。管顶最小的覆土厚度,在车行道下时一般不小于 0.7 m,管道基础应设在冰冻线以下。

（5）设计流量的计算。根据流域条件，选定设计流量的计算方法，列表计算各设计管段的设计流量。

（6）雨水管网的水力计算，确定雨水管道的坡度、管径和埋深。计算确定出各设计管段的管径、坡度、流速、沟底标高和沟道埋深。

（7）绘制雨水管道平面图和纵剖面图。

2.6　城市合流制管网规划

2.6.1　合流制管渠布置

1. 合流制管渠特点

合流制管渠系统是在同管渠内排除生活污水、工业废水及雨水的管渠系统，常用的是截流式合流管渠系统，它在临水体的截流管上设溢流井。晴天时，截流管以非满流将生活污水和工业废水送往污水厂处理。雨大时，随雨量增加，截流管以满流将生活污水、工业废水和雨水的混合污水送往污水厂处理。当雨水径流量继续增加到混合污水量超过截流管的设计输水能力时，溢流井开始溢流，并随雨水径流量的增加，溢流量增大。当降雨时间继续延长时，由于降雨强度的减弱，雨水溢流井处的流量减少，溢流量减小。最后，混合污水量又重新等于或小于截流管的设计输水能力，溢流停止，全部混合水又都流向污水处理厂。

截流式合流制消除了晴天时城市污水的污染及雨天时较脏的初雨水与部分城市污水对水体的污染，在一定程度上满足了保护环境的需求。但在暴雨天，则有一部分带有生活污水和工业废水的混合污水溢入水体，使水体受到周期性污染。另外，由于合流制排水管渠的过水断面大，晴天时流量小，充满度低，管底易淤积，雨天时易被雨水冲刷泛起，溢入水体，造成污染，所以整个系统的水质变化幅度较大。此外，系统的流量变幅也相当大。平时以旱流污水量运行，只在很短的降雨时间内达到设计合流量，且仅截留一部分合流水量，其余都溢流入水体。因此晴雨天水质水量的变化，给污水处理厂的运行管理带来困难。不过合流制管线单一，总长度减少，管道造价比分流制省 20% ～40%，尽管合流制的管径和埋深增大，且泵站和处理厂的造价比分流制稍高，但合流制的总投资仍偏低，又不存在污水管与雨水管误接的问题，因此，许多城市的旧城区多习惯采用合流制形式排污。

2. 合流制管渠布置

截流式合流制排水系统除应满足管渠、泵站、污水处理厂、出水口等布置的一般要求外，尚应考虑以下要求。

（1）管渠的布置应使所有服务面积上的生活污水、工业废水和雨水都能合理地排入管渠并以可能的最短距离坡向水体。

（2）在合流制管渠系统的上游排水区域内，如有雨水可沿地面的街道边沟排泄，则可只设污水管道。只有当雨水不宜沿地面径流时，才布置合流管渠。

（3）截流干管一般沿水体岸边布置，其高程应使连接的支、干管的水能顺利流入。在城市旧排水系统改造中，如原有管渠出口高程较低，截流干管高程达不到上述要求时，只有降低高程，采用防潮闸门及排涝泵站。

（4）暴雨时，超过一定数量的混合污水都能顺利通过溢流井，泄入水体，以尽量减少截流干管的断面尺寸和缩短排放渠道的长度。

（5）溢流井的数目不宜过多，位置应选择适当，以减少溢流井和排放渠道的造价，减少对水体的污染。溢流井尽可能位于水体下游并靠近水体,以缩短排放渠道的长度。

2.6.2　合流制管渠水力计算

1. 合流制排水管网设计流量

1) 完全合流制排水管网设计流量

完全合流制排水管网系统应按下式计算管道的设计流量:

$$Q_z = Q_s + Q_g + Q_y = Q_h + Q_y \quad (L/s) \qquad (2-14)$$

式中　Q_z——完全合流制管网的设计流量,L/s;

　　　Q_s——设计生活污水量,L/s;

　　　Q_g——设计工业废水量,L/s;

　　　Q_y——设计雨水量,L/s;

　　　Q_h——旱流污水量,为生活污水量和工业废水量之和,L/s。

2) 截流式合流制排水管网设计流量

采用截流式合流制排水体制时,当溢流井上游合流污水的流量超过一定数值以后,就有部分合流污水经溢流井直接排入接纳水体。当溢流井内的水流刚达到溢流状态的时候,合流管和截流管中的雨水量与旱流污水量的比值称为截流倍数。截流倍数应根据旱流污水的水质和水量及其总变化系数、水体卫生要求、水文、气象条件等因素计算确定。截流倍数的取值决定了其下游管渠的大小和污水处理厂的设计负荷。

溢流井上游管渠部分相当于完全合流制排水管网,其设计流量计算方法与完全合流制排水管网设计流量完全相同。溢流井下游截流管道的设计流量可按下式计算:

$$Q_j = (n_0 + 1)Q_h + Q_h' + Q_y' \quad (L/s) \qquad (2-15)$$

式中　Q_j——截流式合流排水管网溢流井下游截留管道的总设计流量,L/s;

　　　n_0——设计截流倍数;

　　　Q_h——从溢流井截流的上游日平均旱流污水量,L/s;

　　　Q_h'——溢流井下游纳入的旱流污水量,L/s;

　　　Q_y'——溢流井下游纳入的设计雨水量,L/s。

截流干管和溢流井的设计与计算,要合理地确定所采用的截流倍数 n_0 值。从环境保护的要求出发,为使水体少受污染,应采用较大的截流倍数。但从经济上考虑,截流倍数过大,将会增加截流干管、提升泵站以及污水厂的设计规模和造价。同时造成进入污水厂的污水水质和水量在晴天和雨天的差别过大,带来很大的运行管理困难。另一方面,降雨初期的雨污混合水中 BOD 和 SS 的浓度比晴天污水中的浓度明显增高,当截流雨水量达到最大小时污水量的 2~3 倍时,从溢流井中溢流出来的混合污水中的污染物浓度将急剧减少,当截流雨水量超过最大小时污水量的 2~3 倍时,溢流混合污水中的污染物浓度的减少量就不再显著。因此,截流倍数 n_0 的值采用 2.6~4.5 是比较经济合理的。

2. 合流制排水管网水力计算要点

合流制排水管网一般按满管流设计。水力计算的设计数据,包括设计流速、最小坡度和最小管径等,与雨水管网设计基本相同。合流制排水管网水力计算内容包括溢流井上游合流管渠的计算、截流干管和溢流井的计算及晴天旱流情况校核。

溢流井上游合流管网的计算与雨水管网的计算基本相同,只是它的设计流量要包括雨水、生活污水和工业废水。合流管网的雨水设计重现期一般应比分流制雨水管网的设计重现期提高 10% ~25%,因为虽然合流管网中混合废水从检查井溢出的可能性不大,但合流管渠一旦溢出,混合污水比雨水管网溢出的雨水所造成的污染要严重得多,为了防止出现这种可能情况,合流管网的设计重现期和允许的积水程度一般都需更加安全。

2.7 城市排水设施规划

2.7.1 排水泵站布置

当排水系统中需设置排水泵站时,泵站建设用地与建设规模、泵站性质、选址的水文地质条件、可想到的内部配套建(构)筑物布置的情况及平面形状、结构形式等因素有关。其用地指标宜按表 2-8 和表 2-9 合理选用。

表 2-8 污水泵站规划用地指标 $m^2 \cdot s/L$

建设规模	污 水 流 量/L·s⁻¹				
	2 000 以上	1 000 ~ 2 000	600 ~ 1 000	300 ~ 600	100 ~ 300
用地指标	1.5 ~ 3.0	2.0 ~ 4.0	2.5 ~ 5.0	3.0 ~ 6.0	4.0 ~ 7.0

注:1. 用地指标是按生产必需的土地面积。

2. 污水泵站规模按最大秒流量计。

3. 本指标未包括站区周围绿化带用地。

表 2-9 雨水泵站规划用地指标 $m^2 \cdot s/L$

建设规模	雨 水 流 量/L·s⁻¹			
	20 000 以上	10 000 ~ 20 000	5 000 ~ 10 000	1 000 ~ 5 000
用地指标	0.4 ~ 0.6	0.5 ~ 0.7	0.6 ~ 0.8	0.8 ~ 1.1

注:1. 用地指标是按生产必需的土地面积。

2. 雨水泵站规模按最大秒流量计。

3. 本指标未包括站区周围绿化带用地。

4. 合流泵站可参考雨水泵站指标。

排水泵站结合周围环境条件,应与居住、公共设施建筑保持必要的防护距离并进行绿化。防护距离的确定应根据泵站性质、规模、污染程度以及施工及当地自然条件等因素综合确定。

2.7.2 城市污水处理厂规划

1. 污水的污染指标

污水的污染物可分为无机性和有机性两大类。无机性的有矿粒、酸、碱、无机盐类、氮磷营养物及氰化物、砷化物和重金属离子等。有机性的有碳水化合物、蛋白质、脂肪及农药、芳香族化合物、高分子合成聚合物等。污水的污染指标是用来衡量水在使用过程中被污染的程度,也称污水的水质指标。

1)生物化学需氧量(BOD)

城市污水中含有大量有机物质,其中一部分在水体中因微生物的作用而进行好氧分解,使水中溶解氧降低,至完全缺氧;在无氧时,进行厌氧分解,放出恶臭气体,水体变黑,使水中生物灭绝。由于有机物种类繁多,难以直接测定,所以采用间接指标表示。生物化学需氧量(BOD)就是一个反映水中可生物降解的含碳有机物的含量及排到水体后所产生的耗氧影响的指标。污水中可降解有机物的转化与温度、时间有关。为便于比较,一般以 20 ℃时,经过 5 天时间,有机物分解前后水中溶解氧的差值称为 5 天 20 ℃的生物需氧量,即 BOD_5,单位通常用 mg/L。BOD 越高,表示污水中可生物降解的有机物越多。

2)化学需氧量(COD)

BOD 只能表示水中可生物降解的有机物,并易受水质的影响,所以,为表示一定条件下,化学方法所能氧化有机物的量,采用化学需氧量(COD)。即高温、有催化剂及强酸环境下,强氧化剂氧化有机物所消耗的氧量。其单位为 mg/L。化学需氧量一般高于生物化学需氧量。

3)悬浮固体(SS)

悬浮固体是水中未溶解的非胶态的固体物质,在条件适宜时可以沉淀。悬浮固体可分为有机性和无机性两类,反映污水汇入水体后将发生的淤积情况,其单位为 mg/L。因悬浮固体在污水中肉眼可见,能使水浑浊,属于感官性指标。

4)pH 值

酸度和碱度是污水的重要污染指标,用 pH 值表示。它对保护环境、污水处理及水工构筑物都有影响,生活污水呈中性或弱碱性,工业污水多呈强酸或强碱性。

5)氮和磷

氮和磷是植物性营养物质,会导致湖泊、海湾、水库等缓流水体富营养化,而使水体加速老化。生活污水中含有丰富的氮、磷,某些工业废水中也含大量氮、磷。

6)有毒化合物和重金属

这类物质对人体和污水处理中的生物都有一定的毒害作用。如氰化物、砷化物、汞、镉、铬、铅等。

7)感官性指标

城市污水呈现一定的颜色、气味,将降低水体的使用价值,也使人在感官上产生不愉快的感觉。温度升高也是水体污染的一种形式,会使水中溶解氧含量降低,所含的毒物加强,破坏鱼类的正常生活环境。

2. 污水性质及排放标准

污水的性质取决于其成分,不同性质的污水反映出不同的特征。城市污水由生活污水和部分工业废水组成。

生活污水含有碳水化合物、蛋白质、脂肪等有机物,具有一定的肥效,可用于农用灌溉。生活污水一般不含有毒物质,但含有大量细菌和寄生虫卵,其中也可能包括致病菌,具有一定危害。生活污水的成分比较固定,只是浓度随生活习惯、生活水平有所不同。

生产污水的成分主要取决于生产过程中所用的原料和工艺情况,所含成分复杂多变,多半具有危害性。各工厂的污水情况要具体分析。

污水排放标准主要有《污水综合排放标准》(GB8978)、《污水排入城市下水道水质标准》(CJ3082)、《城市污水处理厂污水污泥排放标准》(CJ3025)及《城镇污水处理厂污染物排放标准》(GB18918)等。

3. 污水处理技术概述

污水处理技术,就是采用各种方法将污水中所含有的污染物分离出来,或将其转化为无害和稳定的物质,从而使污水得到净化。

现代的污水处理技术,按其作用原理可分为物理法、化学法和生物法 3 类。

1)物理法

污水的物理处理法,就是利用物理作用,分离污水中主要呈悬浮状态的污染物质,在处理过程中不改变其化学性质。属于物理法的处理技术有以下几种。

(1)沉淀(重力分离)。利用污水中的悬浮物和水的相对密度不同的原理,借重力沉降(或上浮)作用,使其从水中分离出来。沉淀处理设备有沉砂池、沉淀池及隔油池等。

(2)筛滤(截留)。利用筛滤介质截留污水中的悬浮物。筛滤介质有钢条、筛网、砂、布、塑料、微孔管等。属于筛滤处理的设备有格栅、微滤机、砂滤池、真空滤机、压滤机(后两种多用于污泥脱水)等。

(3)气浮。此法是将空气打入污水中,并使其以微小气泡的形式由水中析出,污水中比重近于水的微小颗胶状的污染物质(如乳化油等)黏附到空气泡上并随气泡上升至水面,形成泡沫浮渣而去除。根据空气打入方式的不同,气浮处理设备有加压溶气气浮法、叶轮气浮法和射流气浮法等。为了提高气浮效果,有时需向污水中投加混凝剂。

(4)离心与旋流分离。利用悬浮固体和废水质量不同造成的离心力不同,让含有悬浮固体或乳化油的废水在设备中高速旋转,结果质量大的悬浮固体被抛甩到废水外侧,使悬浮体与废水分别通过不同排出口得以分离。旋流分离器有压力式和重力式两种。

(5)反渗透。用一种特殊的半渗透膜,在一定的压力下,将水分子压过去,而溶解于水中的污染物质则被膜所截留,污水被浓缩,而被压透过膜的水就是处理过的水。反渗透法是膜分离技术的一种,属于膜分离技术的还有电渗析、渗析等。

属于物理法的污水处理技术还有蒸发等。

2)化学法

污水的化学处理法,就是通过投加化学物质,利用化学反应作用来分离、回收污水中的污染物,或使其转化为无害的物质。属于化学处理法的有以下几种。

(1)混凝法。水中呈胶体状态的污染物质,通常都带有负电荷,胶体颗粒之间互相排斥形成稳定的混合液,若向水中投加带有相反电荷的电解质(即混凝剂),可使污水中的胶体颗粒改变为呈电中性,失去稳定性,并在分子引力作用下,凝聚成大颗粒而下沉。这种方法用于处理含油废水、染色废水、洗毛废水等,其可以独立使用也可以和其他方法配合,作预处理、中间处理、深度处理工艺等。常用的混凝剂则有硫酸铝、碱式氯化铝、硫酸亚铁、三氯化铁等。

(2)中和法。用于处理酸性废水或碱性废水。向酸性废水中投加碱性物质如石灰、氢氧化钠、石灰石等,使废水变为中性。对碱性废水可吹入含有 CO_2 的烟道气进行中和,也可用其他酸性物质进行中和。

(3)氧化还原法。废水中呈溶解状态的有机或无机污染物,在投加氧化剂或还原剂后,由于电子的迁移,而发生氧化或还原作用,使其转变为无害的物质。常用的氧化剂有空气、纯氧、漂白粉、氯气、臭氧等,氧化法多用于处理含酚、氰废水。常用的还原剂则有铁屑、硫酸亚铁、亚硫酸氢钠等,还原法多用于处理含铬、含汞废水。

(4)电解法。在废水中插入电极并通以电流,则在阴极板上接受电子,在阳极板放出电子。在水的电解过程中,在阳极上产生氧气,在阴极上产生氢气。上述综合过程使阳极上发生氧化作用,在阴极上发生还原作用。目前,电解法主要用于含铬及含氰废水。

(5)吸附法。将污水通过固体吸附剂,使废水中的溶解性有机污染物吸附到吸附剂上,常用的吸附剂为活性炭、硅藻土、焦炭等。此法可吸附废水中的酚、汞、铬、氰等有毒物质。此法还有脱色、脱臭等作用。一般也用于深度处理。

(6)离子交换法。使用离子交换剂,其每吸附一个离子,也同时释放一个等当量的离子。常用的离子交换剂有无机离子交换剂(沸石)和有机离子交换树脂。离子交换法在废水处理中应用广泛。

(7)化学沉淀法。通过向废水中投加化学药剂,使之与要除去的某些溶解物质反应,生成难溶盐沉淀下来。此法多用于处理含重金属离子的工业废水。

(8)电渗析法。通过一种离子交换膜,在直流电作用下,废水中的离子朝相反电荷的极板方向迁移,阳离子能穿透阳离子交换膜,而被阴离子交换膜所阻;同样,阴离子能穿透阴离子交换膜,而被阳离子交换膜所阻。污水通过由阴、阳离子交换膜所组成的电渗析器时,污水中的阴、阳离子就可以得到分离,达到浓缩和处理的目的。此法可用于酸性废水回收、含氰废水处理等。

属于化学法处理技术的还有汽提法、吹脱法和萃取法等。

3)生物法

污水的生物处理法,就是利用微生物新陈代谢功能,使污水中呈溶解和胶体状态的有机污染物被降解并转化为无害的物质,使污水得以净化,属于生物处理法的工艺有以下几种。

(1)活性污泥法。这是目前使用很广泛的一种生物处理法。将空气连续鼓入曝气池的污水中,经过一段时间,水中即形成繁殖有大量好氧性微生物的絮凝体——活性污泥,活性污泥能够吸附水中的有机物,生活在活性污泥上的微生物以有机物为食料,获得能量并不断生长增殖,有机物被去除,污水得以净化。

从曝气池流出的并含有大量活性污泥的污水——混合液,经沉淀分离,水被净化排放,沉淀分离后的污泥作为种泥,部分地回流曝气池。

活性污泥法自出现以来,经过不断演变,出现了各种活性污泥的方法,但其原理和工艺过程没有根本性的改变。

(2)生物膜法。使污水连续流经固体填料(碎石、炉渣或塑料蜂窝),在填料上就能够形成污泥状的生物膜,生物膜上繁殖着大量的微生物,能够起到与活性污泥同样的净化作用,吸附和降解水中的有机污染物,从填料上脱落下来的衰死生物膜随污水流入沉淀池,经沉淀池被澄清净化。

生物膜法有多种处理构筑物,如生物滤池、生物转盘、生物接触氧化以及生物流化床等。

(3)自然生物处理法。利用在自然条件下生长、繁殖的微生物处理污水,形成水体(土壤)—微生物—植物组成的生态系统对污染物进行一系列的物理、化学和生物的净化。生态系统可对污水中的营养物质充分利用,有利于绿色植物生长,实现污水的资源化、无害化和稳定化。该法工艺简单、费用低、效率高,是一种符合生态原理的污水处理方式。但容易受自然条件影响,占地较大。主要有稳定塘、水生植物塘、水生动物塘、湿地、土地处理系统及上述工艺的组合系统。

稳定塘利用塘水中自然生长的微生物(好氧、兼性和厌氧)分解废水中的有机物。而由在塘中生长的藻类的光合作用和大气复氧作用向塘中供氧。其生化过程与自然水体净化过程相似。稳定塘按微生物反应类型分为好氧塘、兼性塘、厌氧塘、曝气塘等。土地处理是以土地净化为核心,利用土壤的过滤截留、吸附、化学反应和沉淀及微生物的分解作用处理污水中的污染物。农作物可充分利用污水中的水分和营养物。污水灌溉是一种土地处理方式。

(4)厌氧生物处理法。利用兼性厌氧菌在无氧的条件下降解有机污染物。主要用于处理高浓度、难降解的有机工业废水及有机污泥。主要构筑物是消化池,近年来开发了厌氧滤池、厌氧转盘、上流式厌氧污泥床、厌氧流化床等高效反应装置。该法能耗低且能产生能量,污泥产量少。

4)污泥的处置利用

污泥是污水处理的副产品,有相当大的产量。污泥含有水分和固体物质,主要是所截留的悬浮物质及经过处理后的胶体物质和溶解物质所转化而来的产物。污泥聚集了污水中的污染物,还含有大量细菌和寄生虫卵,所以必须经过适当处理,防止二次污染。现在大量未经稳定处理的污泥,已成为城市污水处理厂的沉重负担和环境污泥的极大威胁。在城市给水排水规划工程中,必须考虑污泥的出路,减少污泥对环境的污染。

4.污水处理工艺流程的选择

污水处理厂的工艺流程是指在保证处理水达到所要求的处理程度的前提下,所采用的污水处理技术和污泥处理技术各单元的有机组合。污水处理工艺流程选定主要以下列各项因素作为依据。

1)污水的处理程度

污水的处理程度是污水处理工艺流程选定的主要依据,而污水的处理程度又主要取决于处理水的出路和去向。当处理水排放水体时,污水处理程度根据当地环境保护部门对该水体规定的水质标准进行确定。当处理水回用时,无论回用的途径是城市景观水域的补给水还是农业灌溉,在进行深度处理之前,城市污水必须经过完整的二级处理。

2)原污水的水量与污水流入工况

除水质外,原污水的水量也是选定处理工艺需要考虑的因素,水质、水量变化较大的原污水,应考虑设调节池或事故贮水池,或选用承受冲击负荷能力较强的处理工艺。

3)当地的各项条件

当地的地形、气候等自然条件,原材料、电力供应等也对污水处理工艺流程的选定具有一定的影响。例如,当地拥有农业开发利用价值不大的旧河道、洼地、沼泽地等,就可以考虑采用稳定塘、土地处理等污水的自然生物处理系统。在寒冷地区应当采取适当的技术措施后,在低温季节也能够正常运行,并保证取得达标水质的工艺,而且处理构筑物都建在露天,以减少建设与运行费用。

4)工程造价与运行费用

减少占地面积是降低建设费用的重要措施,对污水处理厂的经济效益和社会效益有着重要的影响。

以原污水的水质、水量及其他自然状况为已知条件,以处理水应达到的水质指标为制约条件,以处理系统最低的总造价和运行费用为目标函数,建立三者之间相互关系的数学模型,即可确定适合的污水处理工艺。

此外,工程施工的难易程度和运行管理需要的技术条件也是选定处理工艺流程需要考虑的因素。

图 2-21 为城市污水处理厂的典型流程。

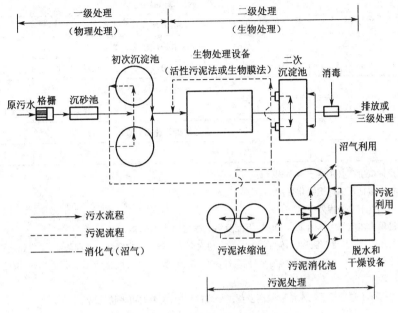

图 2-21　城市污水处理厂典型流程

5. 城市污水处理厂的选址及用地指标

污水处理厂的作用是对生产或生活污水进行处理,以达到规定的排放标准,使之无害于环境。污水处理厂应布置在排水系统下游方向的尽端。一个城市通常建有几个污水处理厂。

选择污水处理厂的用地时,应考虑以下几个问题。

(1)污水处理厂应设在地势较低处,便于城市污水汇流入厂内。其位置应靠近河道,最好布置在城市水体的下游,这样既便于排出处理后的污水,又不致污染城市附近的水面。但要考虑到可能被洪水淹没的问题。

(2)污水处理厂用地的水文地质条件须能满足构筑物的要求,地形宜有一定的坡度,有利于污水、污泥自流。

(3)处理厂应设在城市常年最多风向的下风地带并与城市居住区边缘保持一定的卫生防护地带。卫生防护地带一般考虑采用 300 m;经处理后的水如用于农田灌溉时,最好保持 500 ~ 1 000 m。

(4)污水处理厂不宜设在雨季容易被水淹没的低洼之处。靠近水体的污水处理厂,厂址标高一般应在 20 年一遇洪水位以上,不受洪水威胁。

(5)处理厂应有两个供电电源。

(6)选择处理厂厂址时,还要为城市发展和污水厂本身发展留有足够的备用地。污水处理厂面积与污水量及处理方法有关。表 3-10 所列为各种污水量不同处理方法的污水厂所需的用地面积,作为估算面积时参考。对于丘陵地区,表中所列面积数据偏低,可增加 50% ~ 100%。

表 2-10　城市污水处理厂规划用地指标　　　　　　$m^2 \cdot d/m^3$

建设规模	污水量/$m^3 \cdot d^{-1}$				
	20万以上	10~20万	5~10万	2~5万	1~2万
用地指标	一级污水处理指标				
	0.3~0.5	0.4~0.6	0.5~0.8	0.6~1.0	0.6~1.4
	二级污水处理指标(一)				
	0.5~0.8	0.6~0.9	0.8~1.2	1.0~1.5	1.0~2.0
	二级污水处理指标(二)				
	0.6~1.0	0.8~1.2	1.0~2.5	2.5~4.0	4.0~6.0

注:1. 用地指标按生产必须的土地面积计算。

2. 本指标未包括厂区周围绿化带用地。

3. 处理级别以工艺流程划分。

一级处理工艺流程大体为泵房、沉砂、沉淀及污泥浓缩、干化处理等。

二级处理(一),其工艺流程大体为泵房、沉砂、初次沉淀、曝气、二次沉淀及污泥浓缩、干化处理等。

二级处理(二),其工艺流程大体为泵房、沉砂、初次沉淀、曝气、二次沉淀、消毒及污泥提升、浓缩、消化、脱水及沼气利用等。

4. 本用地指标不包括进厂污水浓度较高及深度处理的用地,需要时可视情况增加。

2.7.3　城市废水受纳体的选择

城市废水受纳体应是接纳城市雨水和达标排放污水的地域,包括水体和土地。受纳水体应是天然江、河、湖、海和人工水库、运河等地面水体。受纳土地应是荒地、废地、劣质地、湿地以及坑、塘、淀洼等。

选择城市废水受纳体应符合污水受纳水体应符合经批准的水域功能类别的环境保护要求,现有水体或采取引水增容后水体应具有足够的环境容量。雨水受纳水体应有足够的排泄能力或容量。

当污水排入水体后,在一定范围内,水体具有净化水中污染物质的能力,称为水体自净。水体自净过程很复杂,经过水体的物理、化学和生物的作用,使排入污染物质的浓度,随着时间的推移在向下游流动的过程中自然降低。从外观看,河流受生活污水污染后,河水变浑,有机物和细菌含量增加,水质下降;随着水流离管道出水口越来越远,河水逐渐变清,有机物和细菌恢复到原有状态。

必须指出,水体自净有一定的限度,即水环境对污染物质都有一定的承受能力,叫水环境容量。如果水体承纳过多污水,则会破坏水体自净能力,使水体变得黑臭。随着城镇区域化发展,对一条河流、已无所谓上游、下游,因为对一个城市来说河流的下游会成另一个城市的上游。由于污水的不断排放,整条河流始终处于污染状态。所以,进行城市总体规划和给水排水工程规划时一定要充分考虑环境容量,并从整个区域来处理水污染控制问题。

受纳土地应具有足够的容量,同时不应污染环境、影响城市发展及农业生产。城市废水受纳体宜在城市规划区范围内或跨区选择,应根据城市性质、规模和城市的地理位置、当地的自然条件,结合城市的具体情况,经综合分析比较确定。

根据城镇污水处理厂排入地表水域环境功能和保护目标,以及污水处理厂的处理工艺,将基本控制项目的常规污染物标准值分为一级标准、二级标准、三级标准。一级标准分为 A

标准和 B 标准。一类重金属污染物和选择控制项目不分级。

一级标准的 A 标准是城镇污水处理厂出水作为回用水的基本要求。当污水处理厂出水引入稀释能力较小的河湖作为城镇景观用水和一般回用水等用途时,执行一级标准的 A 标准。城镇污水处理厂出水排入 GB3838 地表水 Ⅲ 类功能水域(划定的饮用水水源保护区和游泳区除外)、GB3097 海水二类功能水域时,执行一级标准的 B 标准;排入国家和省确定的重点流域及湖泊、水库等封闭或半封闭水域时,执行一级标准的 A 标准。城镇污水处理厂出水排入 GB3838 地表水 Ⅳ、Ⅴ 类功能水域或 GB3097 海水三、四类功能海域,执行二级标准。非重点控制流域和非水源保护区的建制镇的污水处理厂,根据当地经济条件和水污染控制要求,采用一级强化处理工艺时,执行三级标准。但必须预留二级处理设施的位置,分期达到二级标准。

住房城乡建设部 2014 年 5 月 12 日首次明确城镇内涝防治设计标准:内涝防治设计重现期,特大城市为 50 年到 100 年,大城市为 30 年到 50 年,中等城市和中小城市为 20 年到 30 年。具体内容参见《室外排水设计规范》(GB50014—2006)(2014 版)。

第3章 城市电力工程规划

在国民经济发展中,电力是基础之一,是不可缺少的能源,是先行工业。国民经济在不断发展,其所需能源也在不断发展。由于电力是经济的、方便的(便于集中、便于分散、便于输送、便于转换)、清洁的能源,因而国民经济中所需能源越来越多地以电能形式供给。电力系统包括发电、送电、变电、配电、用电等主体设备和一系列辅助设备,它形成一个有机的整体。辅助设备包括调相调压、继电保护、远动自动、调度通信信息等设施。电力工业是公用事业,其基本任务是为国民经济和人民生活提供"充足、可靠、合格、廉价"的电力。

要进行城市输电与配电建设,就需要有规划和设计,城市供电规划是在城市总体规划阶段进行编制的。它是城市总体规划的一部分。具有综合性、政策性和电力专业技术性较强的特点,贯彻执行国家城市规划、电力能源的有关法规和方针政策,可为城市电力规划的编制工作提供可靠的基础和法律保证,以确保规划的质量。城市规划、电力能源的有关国家法规,主要包括《城乡规划法》、《电力法》、《土地法》和《环境保护法》等。

城市电力规划,就是要在编制城市总体规划时考虑和解决城市供电的一些主要问题,即确定负荷(是发电厂、变电所或输电线路担负用户所需要的功率,单位为 W 或 kW。布置电源(就是电的来源,发电厂、变电所都是电源)、布置供电网络等。在城市规划总图上要定出发电厂、变电所、储灰厂和主要输电线路走向等的大概位置,并解决它们的用地、用水、运输等问题。在编制城市总体规划的同时编制供电规划,就可以在城市规划总图上合理地解决这些问题,达到有利于生产的发展,有利于加速城市建设,此外,也为下一步的供电单项设计奠定基础。

3.1 概述

3.1.1 城市电力规划的指导思想和基本原则

现代化的城市(乃至整个社会),电能的供应已成为它们的动力之源,社会生活和生产建设,对电力的依赖越来越密切,电力供应的状况,将直接影响到城市乃至全社会的正常生产和生活,而城网规划的好坏,又直接影响到城网的建设正常运行管理及整个城市的发展。因此城网规划是城网建设发展和正常运行的基础,规划工作不但关系到城网本身的优劣,而且还直接影响到整个城市的建设和发展,必须引起充分的重视。

1. 规划的指导思想

要搞好城网规划,必须确立正确的指导思想。首先应充分尊重科学,尊重客观现实,尊重自然发展规律,全面地、系统地考虑各种因素,根据主观需要和客观可能,尽量地提出最优的规划方案。

一个最优的规划方案,应该是最大限度地满足对用户供应合格的电力需求,电网能最可靠地安全运行,有最节省的投资和运行维护费用以及有良好的对电网发展和运行方式改变的适应性和灵活性,即所谓满足充足性、可靠性、经济性和灵活性的要求。

1)充足性

在正常情况下,电网应有充足的电力电量供应给用户,即使在一般故障的情况下,也不应中断对用户的供电。衡量电力充足与否,有以下几个因素。

(1)用电设备总容量与供电设备总容量之比,一般应≤2。

(2)电网扩建规模与当年投运容量之比一般应≥3。

(3)电力弹性系数(含义见后述)一般应>1.5,即电力工业发展的速度应高于国民经济发展的速度。

(4)电网备用容量应保持在电网总容量的30%左右。

(5)满足"N—1"的要求,即电网在正常或非正常停用任一主要元件时,如一台主变压器、一条输电线路或一台主要断路器、一段母线等设备时,电网应正常供电,设备不应过负荷。

2)可靠性

供电可靠性一般运用可靠率的概念来衡量,即用一年中连续供电时间的小时数与全年总小时数之比来表示。目前全国平均供电可靠率为99.6%,北京、上海、天津、沈阳等重要城市的供电可靠率在99.8%以上。今后规划城网的供电可靠率都应保证≥99.8%。一个电网能否可靠供电,主要看它是否具有当系统发生突然性事故时的承受能力,系统发生三相或两相短路事故情况时,电网能否安全稳定运行。一般说来,现代电网总在不断发展扩大中,难免存在一定的薄弱环节,当系统发生事故时.保证绝对稳定运行不易办到。在严重事故情况下,为了不使系统瓦解或大面积停电,必须采取相应的技术应急措施来满足要求。当前这类技术措施行之有效的办法有自动切机、自动并网、自动按低周率减负荷以及在指定环节自动解列等。这些在规划时都必须考虑运用。

3)经济性

评价一个规划方案的经济性,应从以下几个因素进行分析。

(1)工程的初投资及使用周期内总费用最低,即计及工程折旧、大小修和运行费在内的年运行总费用应最低。

(2)连同供电成本和社会综合经济效益在内的总效益为最好,即不但供电成本要节省,而且对整个社会生产、生活所产生的效益也最好。具体应表现在对用户提供电压周波都稳定的合格电力,并少出事故、少停电、供电成本及非正常运行(包括停电)造成的损失之和为最少。

(3)使用土地和占用线路走廊应节省。在城市,"寸土寸金",土地极端难得,有些方案本身虽然节省,但如因占用土地太多,可能土地抵偿费用高得难以计算,或者由于搬迁难以解决拖延工期,使工程失去实施价值,或者根本无法解决土地问题,使工程无法实施。这些因素必须充分考虑,在方案比较时全面分析、权衡利弊,以便合理科学评价。

4)灵活性

规划方案的灵活性包含以下几方面的内容。

(1)对原有电网的适应性,即为了实施规划方案,不应对原有电网产生不利的影响,或引起过多的变动,甚至造成不得不停电改造的不良后果。

(2)对电网运行方式改变的适应性。在方案实施过程中,系统为了满足负荷变化的需要,必须经常改变运行方式,电网应该不需更动或只需一些简单的操作,即能满足系统调度改变运行方式的需要。

（3）对电网过渡的适应性。为实施一个规划方案需要若干年时间才能完成，从实施方案到完成的各个分阶段过程中，电网的变化都能适应负荷发展的要求。

（4）对电网发展的适应性。从完成规划方案后算起，在设备投运的整个使用寿命期内，电网都能适应各个时间负荷发展变化的要求，而不会为此而改变规划方案，或必须过早地对电网进行改造才能适应。

（5）对采用新技术、新设备的适应性。现代科技发展日新月异，其用在电网上的技术、设备也不断更新。好的规划方案应该是在不需对电网进行过多的变更或停止正常运行方可实现，在保证正常运行、满足供电的情况下，能实现新技术、新设备的应用实施。

2. 规划的基本原则

1）规划的目标标准原则——按最终规模决定规划目标

以往，由于占有资料和实践经验的局限性，规划的目标标准往往以各个五年计划作为设计水平年来确定。这种发展阶段和认识的局限性，所获得的规划成果，只能在一个较短时间里具有适应性，随着形势的发展，规划将会很快失去适应性。当前各地许多城网需要花很高的代价进行改造，很大程度上是由于过去规划上某种失误所致，损失巨大，教训尤为深刻，在今后的规划工作中必须引以为戒。在制定一个规划方案标准时，应考虑其最终发展规模，至少应考虑在一个设备使用寿命周期内的发展规模。在发展过渡过程中可以分阶段实施，使其近远期目标能够实现良好的结合。比方某城网中的一个 110 kV 降压站，按其控制范围的最终发展规模，应装设 3 台 50 MVA 主变、30 回 10 kV 出线。但当前负荷尚低，可考虑先装 1 ~ 2 台 20 ~ 31.5 MVA 主变压器，土建基础、断路器容量应按最终规模设计施工，今后可按各发展阶段逐步将主变容量提高至 40 ~ 50 MVA，台数也可由 1 ~ 2 台发展到 1 ~ 3 台。10 kV 出线开关柜室应按最终方案施工，开关柜台数则随负荷增加而增装。10 kV 母线按分段逐步完善，不需更动或改造已运行设备，不需停电施工。这种安排在不更动原有设备的前提下，能逐步适应负荷的发展。若不如此，每个发展阶段都需扩建或重建变电站，这样不但资金浪费，且会因城市的发展，选用站址和出线走廊所需土地都难以解决。又如某城网初期中心区由 10 kV 线路供电，其外围是少数几个 110 kV 变电站作为电源向其供电，待发展到一定阶段、需增加 110 kV 变电站，可以逐步将其连接成环网。供电容量增加后，110 kV 环网之外再增 220 kV 降压站，继续发展时，220 kV 又可连接成环网，再往后发展又可在其外围兴建 500 kV 环网。如此逐步向外扩展。而对原有的内侧旧网并不需作太多的改动。这种由里至外，由小到大，逐步向外扩展，既循序渐进，又顺理成章。

2）局部服从整体的原则

按系统理论的观点，系统的整体是各子系统的集合，但又大于各子系统之和。众所周知，电力网是电力系统的组成部分。为了获得更大的技术经济和社会效益，各个区域性电力系统、电力网应该连成联合大系统运行。在进行规划方案时，必须从大系统整体利益去考虑其优势。

（1）城网利益必须服从整体电力系统的利益，在考虑电网方案时，必须分析它对整个系统的反射影响，对系统的安全稳定运行是否有利，对其经济运行，继电保护是否有利。有时在非常情况下，为了保护整个系统的安全和稳定，必须采取紧急措施，牺牲局部利益，如在事故状态下，采用自动减负荷、自动解列等办法来维护系统的稳定运行。

（2）局部的当前利益服从整体的长远利益。为了满足城网和系统的长远利益的需要，当个别工程实施时，应当打好长远目标要求的基础，暂时增加一些工程投资，为后来发展创造良好的条件,避免返工浪费。如主变基础、配电装置基础、配电室等土建工程都应按最终规模设计施工,线路按最终设计电压等级架设,降压运行等措施。

(3)城网规划方案必须服从城市规划建设的需要。现代化的城市建设,不但要求充分利用土地,而且要市容美观,符合环保绿化需要。土地使用十分紧张,尤其是繁华地带,而电力工程占用土地又多,要求条件又高,按照城市规划各功能区的要求,很难满足电力工程的要求。因此在城网规划时,为了双方的利益,也不得不作些必要的让步,如架空线实施困难的地方,应改为电缆线路;户外变电站土地无法满足时,应改为户内式或地下式,甚至适当迁移到别的适合的地方。

3)系统相关性原则

在考虑规划方案中的具体项目时,必须分析它对大系统和负荷中心的影响。如当考虑系统受端主降压站的站址时,就应分析其对主系统的稳定性是否有利,连接线路阻抗过大时,会使系统稳定水平降低,应尽量避免。如主降压站远离负荷中心,容易引起系统振荡,故需克服此弊端。又当确定线路输送能力时,应考虑当某条线路发生事故,其输送电力涌向非故障线路,不应引起功率过剩而导致系统稳定遭破坏。在考虑有功功率满足用户需要的同时,还要分析无功功率对系统稳定、电压崩溃等不利影响,从而权衡利弊,统筹兼顾,既要尽量满足用户的需要,又要照顾到系统的稳定和安全。又如在为发展城市建设而积极建设电力网以满足其需要的同时,还要看到电力工程的建设占用较多的土地、线路走廊,对城市景观、绿化、环保等的影响,从而必须从全局分析利弊,正确妥善处理不同行业、不同部门间的矛盾关系。

4)系统的层次性原则

电网中的各高低电压等级与负荷的主次关系,在电网结构中必须简洁清晰,不能交错混淆。为了使城网的结构层次分明、简洁,其中的电压等级越少越好,一般推广使用的有:220、110、10、0.38 kV(或 220、60、10、0.38 kV)四级,个别情况才出现 35 kV 级,但应尽量避免。在具体的电网结线中,大容量的电源或大用户,必须连接到高一级电压等级的网络上,小者则应接于较低一级的电压等级的网络上,不能相反或混淆。城市近区的发电厂,按其容量大小,尽量接到高一级的电压网上,不应做直配电方式供电;否则会使电网结构混杂,容易引发事故甚至导致破坏系统稳定性。对于一个变电站而言,其主结线也应越简单越好,电压等线越少越好。对于电网中的主干线联络线,不允许连接次要的负荷或小电源,担任主电源的变电站,不能直接对小用户送电,以免造成主次不分,小故障引发出主网的大事故,致使因小失大。

3. 城市电力工程规划原则

城市电力工程规划应符合以下原则。

(1)城市电力工程规划是城市规划的组成部分,也是城市电力系统规划的组成部分。应结合城市规划和城市电力系统规划进行,并符合其总体要求。

(2)城市电力工程规划编制期限应当与城市规划相一致。规划期限一般分为近期 5 年,远期 20 年,必要时还可增加中期期限。

(3)城市电力工程规划编制阶段可分为电力总体规划和电力详细规划两个阶段。大、中城市可以在电力总体规划的基础上,编制电力分区规划。

(4)城市电力工程规划应做到新建与改造相结合,远期与近期相结合,电力工程的供电能力能适应远期负荷增长的需要,结构合理,且便于实施和过渡。

(5)发电厂、变电所等城市电力工程的用地和高压线路走廊宽度的确定,应按城市规划的要求,节约用地,实行综合开发,统一建设。

(6)城市电力工程设施规划必须符合城市环保要求,减少对城市的污染和其他公害,同时应当与城市交通等其他基础设施工程规划相互结合,统筹安排。

3.1.2　城市电力规划的基本方法和内容

城网的服务对象是全社会,所以城网的规划是一项社会性工作,是庞大的系统工程,需社会各部门的支持和配合,应由地方政府的统一领导,统筹安排,组织有关部门协调,统一进行。

城网的规划,既是电力系统发展规划的部分,同时也是城市发展规划的一部分,应由电力部门和城市规划部门密切合作,以电力部门为主来具体执行此项任务。计划、工农业主管部门,市政建设管理部门,绿化、园林、水利、邮电、供排水、煤气等专业部门,都应相互配合,提供规划所需资料和相关的约束条件。

1. 基本方法

城市电力规划的基本方法如下。

(1)收集城网有关资料。主要了解原有城网的总体供电能力,有功、无功功率,电力、电量平衡情况,各种典型日、月、季、年负荷曲线,电网结构,电压等级,变电站布局,主网和配网的结线,线路走向,原有规划发展方向及存在何题。

(2)收集原有用电负荷情况。主要了解原有负荷年最高、最低、平均值、年用电量,有功、无功功率需求情况,有无缺电、限电等情况,最近的过去几年负荷的发展变化情况等。

(3)收集用户负荷计划、规划。向计划部门了解城市工、农、商业,国民经济各行业发展计划,对发展用电的要求,有无重大项目安排计划,新的经济开发区的建设规划,它们对电力供应有无特殊要求等。

(4)了解城市规划发展情况。城市规划部门对整个城市发展的近、中、远期的总体布局,旧区的改造,新区的新建、扩建,各功能区如工业、商业、文化、教育、居民、农业以及新的经济开发区等规划发展安排,城市交通道路的规划建设对电力建设和供电提出的要求等。

(5)了解城网所在电力系统的发展规划。城网的电力依靠所在电力系统来供应,城网要与其电力系统同步发展,要与整个电力系统发展建设规划相结合。因此,城网的规划发展必须了解上级电力部门对发展电力系统的意图,与其相互协调。它既是电力系统提供发展规划的依据,同时也是城网本身规划的基础。

(6)提出规划可行方案。在分析原电网、城市发展规划、电力系统规划意向和进行负荷预测的基础上,根据主观需要和客观可能提出若干个可行的征求意见方案稿。

(7)广泛征求城市消防、防洪防潮、防风、抗震、防空以及城市环保绿化等方面的意见,进行适应性的修改补充和完善。

(8)对可行性方案进行技术经济分析、计算论证,筛选出最优方案和若干个次优方案,提供给有关专业部门专家,由领导机关决策确定采用方案。

2. 规划的基本内容

规划的具体内容,尽管各地区有情况不同的差异,有其各自的特点和不同要求,但其基本框架应包括以下几方面的内容。

(1)分析原有城网现状,找出所具有的特点和存在的主要问题,提出改造、更新、扩建、发展的主要方向。

（2）进行负荷发展预测，推断出各分区总体负荷发展各阶段的负荷密度和总值，包括有功无功功率的电力、电量分布情况。

（3）根据市政规划分区和线路走廊的条件，划分若干供电区，将繁华区、工业区、用电大户和新的经济开发区的供电划为重点对象安排解决。

（4）进行有功、无功电力电量平衡计算，提出规划电网的基本网架结构，主要变电站的大体位置和主要线路的基本走向。

（5）根据主要变电站布点进行主网结构设计，并提出若干个可供选择的方案进行技术设计计算，对投资、运行费进行估算，对各方案进行技术经济比较论证，选择最优方案和次优方案提供决策。

（6）对选定方案进行具体的设计计算，选择主要设备和材料，计算主要工程量和工程投资。

（7）提出对电网进行改造、更新、扩建、工程分期实施的方案并提出相应的分期投资施工进度和工程投运的期限计划。

（8）经济效益分析。不但要计算增加供电量、减少网损等直接效益，还要计算提高供电可靠性、减少停电、限电损失等间接效益。

（9）绘制规划方案成果的总平面图、网络结线图，编制规划说明书，开列规划成果的有关图表。

3. 城市电力工程各规划阶段的内容深度

1）城市电力工程总体规划的内容

（1）确定城市电源的种类和布局。

（2）分期用电负荷预测和电力平衡。

（3）确定城市电网、电压等级和层次。

（4）确定城市电网中主网布局及其变电所的选址、容量和数量。

（5）高压线路走向及其防护范围的确定。

（6）绘制市域和市区电力总体规划图。

（7）提出近期电力建设项目及建设进度安排。

2）城市电力工程分区规划的内容

（1）分区用电负荷预测。

（2）供电电源的选择，包括位置、用电面积、容量及数量的确定。

（3）高压配电网或高、中压配电网络结构布置，变电所、开闭所位置选择，用地面积、容量及数量的确定。

（4）确定高、中压电力线路宽度及线路走向。

（5）确定分区内变电所、开闭所进出线回数、10 kV 配电主干线走向及线路敷设方式。

（6）绘制电力分区规划图。

3）城市电力工程详细规划内容

（1）按不同性质类别地块和建筑分别确定其用电指标，然后进行负荷计算。

（2）确定小区内供电电源点位置、用地面积及容量、数量的配置。

（3）拟定中低压配电网结线方式，进行低压配电网规划设计。

（4）确定中低压配电网回数、导线截面及敷设方式。

（5）进行投资估算。

（6）绘制小区电力详细规划图。

3.1.3　城市电力规划中的基本概念

1. 电力系统的组成

城市电力系统由发电厂、各级变电站（所）、电力网和用电设备等组成。根据功能又可将电力系统分为供配电系统和用电系统两大类。供配电系统是接受电源输入的电能,并进行检测、计量、变压等,然后向用户和用电设备分配电能的系统;用电系统主要包括动力用电系统、照明用电系统以及其他用电系统,如通信等。

发电厂（站）是产生电能的设施,其作用是将其他形式的能转化为电能。如火力发电厂、水力发电站、原子能发电站等。

将发电厂输出的电能送到用户所在区域,称为电力输送。为了减少电能损耗和电压损失,通常采用高压输电。通过升压变电站把发电厂所生产的 6 kV 、10 kV 或 15 kV 的电能变为 35 kV 、110 kV 、220 kV 或 500 kV 的高压电经输电线送达用电区。

为满足电能输送和用户的要求,常需要配置变电站（所）和电力网。

变电站是改变供电的输配电压,以满足电力输送和用户用电要求的设施。为方便用户低电压用电要求,再通过降压变电站把高压电降为 3 kV 、6 kV 或 10 kV,供用户使用。

电力网是指连接发电厂与变电站、变电站与变电站、变电站与用电设备之间的电力线网络,它是电能的输配载体,承担电能的接收与传输功能。

用电户将电能转化成其他形式的能量的用电设备或用电单位,以实现功能要求,如电动机、电冰箱、电灯,化工厂、铝厂、钢厂等。

将发电厂、变电站、用电设备（电用户）用电力线连接起来就构成了电力系统。

供配电系统简图如图 3 - 1 、图 3 - 2 所示。

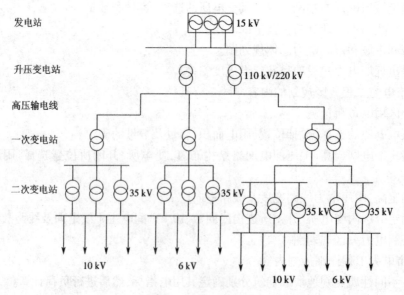

图 3 - 1　输配电力网

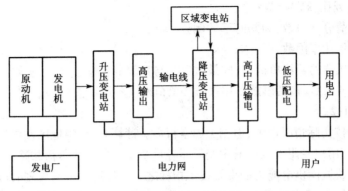

图3-2 供配电系统简图

2. 电压等级

电压等级是根据国家的工业生产水平和电机电器制造能力,进行技术经济综合分析比较而确定的。在城市中,尤其是民用建筑用电电压,我国目前采用的仍然是1956年规定的三类电压标准。

(1)第一类额定电压:电压<100 V,主要用于安全照明、蓄电池和其他开关设备的操作电源。

(2)第二类额定电压:电压100 V~1 000 V,主要用于低压动力和照明。城市用电主要属于这个电压等级范围。

(3)第三类额定电压:电压>1 000 V,主要用于高压用电设备及发电、输电的额定电压值。

城网的标准电压应符合国家电压标准。送电电压为500 kV、330 kV、220 kV和110 kV,高压配电电压为110 kV和35 kV,中压配电电压为10 kV,低压配电电压为380/220 V,选择电压等级时,应尽量避免重复降压。

3. 电压质量标准

(1)电压偏移:指供电电压偏离用电设备额定电压的数值占用电设备额定电压值的百分数,规定一般不超过±5%。

(2)电压波动:指用电设备接线端电压时高时低的变化。电压≥35 kV时,电压波动应≤±5%;电压<10 kV时,电压波动应≤±7%;低压照明的电压波动为+5%~-10%。城网中低压配电网一般是动力与照明混合,因此低压用户的电压波动允许为+5%~-7%。

(3)频率:我国电力工业的标准频率(简称工频)规定为50 Hz。交流电的频率直接影响到电动机的转速,工业产品的产量和质量,威胁到电力系统的稳定。因此,对频率的要求比电压值的要求要严格得多。供电局供电频率的允许偏差为:电网容量>300万kW时,其波动范围为±0.2 Hz,电网容量<300万kW时,其波动范围为±0.5 Hz。

(4)电压平衡:供电系统应保证三相电压平衡,以维持供配电系统安全和经济运行,三相电压不平衡程度不应超过2%。

4. 容载比

容载比是城网内同一电压等级的主变压器总容量(kVA)与对应的供电总负荷(kW)之比,用R_S表示。其计算公式为:

$$R_S = \frac{k_1 k_4}{k_2 k_3} \quad (\text{kVA/kW}) \tag{3-1}$$

式中 R_S——容载比,kVA/kW;

      k_1——负荷分散系数,为同时率的倒数,>1;

      k_2——平均功率因数;

      k_3——变压器的经济负荷率,即最大负荷与其额定容量之比,一般取0.7;

      k_4——储备系数,包括事故备用系数和负荷发展备用系数,当k_3取0.7时,k_4可取1.1 ~1.2。

以上参数可按实际情况取值,但相关因素很多。计算时,应将地区发电厂的主变压器容量及其所供负荷、用户专用变电所的主变压器容量及其所负担的负荷扣除。

容载比是反映城网供电能力的重要技术指标之一。各地在电网规划时应根据现状统计资料和用电结构形式,确定合理的容载比。容载比过大,供电基建投资过大,电能成本增加;容载比过小将使电网适应性差,调度不灵,甚至发生"卡脖子"现象。规划时,220 kV变电站的容载比取1.8~2.0,35~110 kV变电站的容载比取2.2~2.5比较合适。

3.2　城市电力负荷预测

电力负荷,也称用电负荷。城市电力负荷系指城市内或城市某一局部片区内所有用户在某一时刻实际耗用的有功功率的总和。电力负荷预测是城市规划中电力工程规划一项最基本的任务。城市的供电规模、变电站(所)的容量、输电线路的输电能力等均依据电力负荷预测结果来确定。如果变电站(所)和输电线路的容量选择过大,将造成设备的积压和浪费。反之,如果变电站(所)和输电线路的容量选择过小,则不能满足城市生产和生活的需要,从而阻碍城市各项事业的发展,以致在短期内又要新建或扩建供电系统,造成浪费和布局不合理。因此,电力负荷的预测与计算的准确程度尤为重要,应足够重视。

3.2.1　有关电力负荷计算中的几个常用概念

1.有关负荷计算中专用名词的概念

1)设备额定容量 P_n

设备额定容量是指用电设备铭牌上所标示的额定容量,单位为kW。在计算用电设备总容量时,应该计算已安装好的接上电网的在用的和暂停的设备额定容量的总和,但不应包括未接上电网的长期处于备用的设备容量。

2)负荷系数 K_f

在选择用电设备时,由于受到设备规格的限制,不可能使所选用设备的额定容量刚好等于设计计算所需的功率,且为了留有一定的设备使用裕度,选用的设备的额定容量总要比计算所需功率略大,以保证设备能长期安全使用。况且有些设备所带负荷也会随时间而变化,计算所需功率是指所带负荷的最大值,因此设备运行中所带的实际负荷往往是小于设备的额定容量。

所谓负荷系数 K_f,就是用电设备实际所带的有功负荷 P_x 与其额定容量 P_n 之比值,即

$$K_f = P_x/P_n \qquad\qquad (3-2)$$

由上式可知,K_f值始终小于1。

3)同时系数 K_t

同时系数也叫同时率。在计算一个区域或一个工厂的最大负荷时,不能简单地将计算

范围内的各项用电负荷的最大值作算术相加。而实际的生产和工作中,各设备、各用电单元之间,它们的最大负荷不可能在同一时刻里出现。在设备使用的任一时刻,有的设备满载运行,有的不满载,有的空载,有的停用。因此电网提供的实际最大负荷总量将小于各单元用电最大负荷之和,为了表示这种最大负荷时间上的差别,用同时系数 K_t 来描述。即某一计算单元的负荷同时系数 K_t 等于实际的最大负荷值 P_{max} 与各类(各单元)的最大负荷算术和 $\sum P_{max}$ 之比,即

$$K_t = \frac{P_{max}}{\sum P_{max}} \quad\quad\quad (3-3)$$

与负荷系数一样,同时系数 K_t 也始终小于 1。由此可知,计算单元的综合最大负荷应为

$$P_{max} = K_t \sum P_{max} \quad (kW) \quad\quad\quad (3-4)$$

4)需用系数 K_x

同类用户的最大负荷 P_{max} 与其设备额定总容量 P_m 之比,称为需用系数,即

$$K_x = \frac{P_{max}}{\sum P_m} \quad\quad\quad (3-5)$$

由此可知,所考虑用户的最大负荷应为

$$P_{max} = K_x \sum P_m \quad (kW) \quad\quad\quad (3-6)$$

由上述可知,某负荷的需用系数值 K_x,实际上是负荷系数 K_f 与同时系数 K_t 的乘积,即

$$K_x = K_f K_t \quad\quad\quad (3-7)$$

如知道某用户的设备总容量,推断出需用系数 K_x 时,即可计算出该类用户的最大负荷,即

$$P_{max} = K_x \sum P_m \quad\quad\quad (3-8)$$

5)电力弹性系数 E

它是国民经济生产所消耗的用电量增长速度 α_y 与其生产总值增长速度 α_x 之比,即

$$E = \frac{\alpha_y}{\alpha_x} \quad\quad\quad (3-9)$$

由上述可知,E 值的大小,可以反映用电量的增长与国民经济增长的关系。一般说来,电力弹性系数 E 均大于 1,表示电力增长的速度高于国民经济增长速度。表 3-1 列出了几个主要国家电力弹性系数 E 值。

表 3-1　1960—1980 年主要国家的电力弹性系数值 E

国家	中国	美国	前苏联	日本	西德	英国
E	1.73	1.89	1.30	1.2	1.7	2.4

由表 3-1 可见,各主要国家的电力弹性系数 E 均大于 1,说明电力工业的发展速度高于国民经济发展速度。

设某年国民经济的总值为 X_0,m 年后为 X_m,则其增长速度

$$\alpha_m = \frac{X_m}{X_0} - 1 \quad (\%) \quad\quad\quad (3-10)$$

平均年增长速度

$$\alpha_{xm} = \sqrt[m]{\alpha_m} = \sqrt[m]{\frac{X_m}{X_0} - 1} \quad (\%) \tag{3-11}$$

同理,用电量的总值为 y_0 和 y_m 时,即

$$\alpha_{ym} = \sqrt[m]{\frac{y_m}{y_0} - 1} \quad (\%) \tag{3-12}$$

则 m 年内的平均值

$$E_m = \frac{\alpha_{ym}}{\alpha_{xm}} = \sqrt[m]{\frac{\dfrac{y_m}{y_0} - 1}{\dfrac{X_m}{X_0} - 1}} \quad (\%) \tag{3-13}$$

3.2.2 电力负荷预测的准备工作

1. 电力需求预测分类

电力需求预测是电力规划的基础,按照电力需求的周期可以将其分为调度预测、短期预测、中期预测和长期预测,其中短期(近期)预测、中期预测和长期(远期)预测主要用于电力网络规划。

(1)短期电力需求预测周期为 1 ~ 5 年,主要是为 5 年以内的项目计划实施和规划滚动调整提供依据。

(2)中期电力需求预测周期为 5 ~ 15 年,主要为对应时期内电力系统规划的编制提供依据。

(3)长期电力需求预测周期为 15 ~ 20 年以上,主要用于制定电力工业的战略规划。

中长期电力需求预测之间是相互联系和相互影响的,长期电力需求预测对中期电力需求预测具有指导作用,中期电力需求预测是对长期电力需求预测的滚动修正和完善,由于受到社会、经济、环境等各种不确定因素的影响,电力需求的变化也具有较大的不确定性,因此要进行完全准确的电力需求预测是十分困难的,电力需求预测和其他经济预测类似,更多的是对发展趋势的预测。

2. 中长期电力需求预测

中长期电力需求预测的目的是依据城市社会经济的发展,分年度对规划区域的电力需求及其需求特性进行预测。

其主要内容如下。

1)经济社会发展现状及趋势分析

(1)收集数年规划区域社会经济发展的有关历史数据资料。

(2)收集预测期内规划区域社会经济发展的有关规划数据资料。

(3)对天气等环境因素与电力需求的变化进行相关性分析。

(4)对社会经济发展的现状进行分析。

(5)对预测期内社会经济发展的趋势及规划数据资料进行分析。

2)电力供需现状分析

收集规划区域数年内的电力供需历史数据,主要有以下几种。

(1)电量数据,包括全社会用电量、分行业用电量、各分区用电量预测、电网统调及发购电量、售电量、高耗电行业用电量等。

(2)电力负荷数据及负荷特性分析。

(3)各类电源在建项目和预计投产时间。

(4)区域内输配电电网现状。

3)中长期电力需求量预测

(1)电量预测,包括全社会用电量和增长率预测、分行业用电量预测、各分区用电量预测、售电量预测。

(2)电力负荷预测,包括分年度最大负荷及增长率预测、负荷特性分析预测、典型日负荷曲线预测、供需平衡分析。

按照电力电量平衡的有关原则,进行各年的电力电量平衡计算,并提供相应的平衡计算结果。对逐年电力电量平衡结果进行分析和评价,说明电源和电网存在及可能出现的问题。

3.2.3　电力负荷预测方法

电力负荷预测的方法有多种,各单位要根据本地区的负荷特点选用适合本地区负荷变化的预测方法。用于电力规划的电力需求预测方法主要分为确定性负荷预测、不确定性负荷预测、空间负荷预测3类。

1.确定性电力负荷预测方法

该方法把电量和电力负荷预测用一个或一组方程来描述,其变量之间有明确的一一对应关系。

1)常用的方法

常用的方法有3种。

(1)经济模型预测法。该法根据经济发展趋势对电力需求进行预测,常用预测模型有线性趋势模型、对数线性趋势模型等。

(2)时间序列负荷预测法。时间序列负荷预测方法并不考虑负荷与其他因素间的因果关系,仅把电力需求看作是一组随时间变化的数列,常用的预测模型有一阶自回归、n 阶自回归等方法。

(3)相关系数预测法。该法是假定电力需求的增长与某一可预测的因素的变化规律相近,通过寻找电力需求历史数据与该因素历史值之间的关系,同时以该因素的预测值来求得电力需求的预测值,其主要方法有电力弹性系数法、GDP 综合电耗法等。

2)负荷预测的具体做法

(1)工业负荷的预测。在一个地区或一个电网中,工业用电负荷通常占有很大的比例,在我国,目前情况多在80%以上,将来随电气化水平及人民生活水平的提高,其用电水平随之增长,工业用电负荷比例会有所下降,如同当前发达国家一样,其比例一般都在60%以上。可见,把工业负荷预测准确后,基本上决定了该地区(或电网)的负荷预测准确度。

具体方法如下。

a.产品单耗法。此法对于有固定产品的工厂的负荷预测比较准确。

设某工厂的产品单耗电量为 A_m,年总产量为 m,则其年总耗电量

$$A = A_m \cdot m \quad (\mathrm{kW \cdot h}) \tag{3-14}$$

该厂的最大负荷年利用小时数为 $T_{\max}$,则其最大负荷

$$P_{\max} = \frac{A}{T_{\max}} = \frac{A_m \cdot m}{T_{\max}} \quad (\mathrm{kW}) \tag{3-15}$$

其中，A_m、T_{max} 可从供电部门或该产品生产行业部门的历史统计资料中获得，m 可从计划部门获得，因而便能从中计算出年用电量和最大负荷值，同时还可以从产品生产行业部门索取该产品的典型负荷曲线，因此可以获得该厂的典型负荷曲线。

b. 产值单耗法。此法较适用于科技密集型、轻工型或产品不太固定的工厂。如知道某企业的产值单耗电量为 A_c，其年总产值为 C，则其年总耗电量

$$A = A_c \cdot C \quad (kW \cdot h) \tag{3-16}$$

如该行业的最大负荷年利用小时数为 T_{max}，则其最大负荷

$$P_{max} = \frac{A}{T_{max}} = \frac{A_c \cdot C}{T_{max}} \quad (kW) \tag{3-17}$$

其中，A_c、C、T_{max} 值可从上述相同部门中调查获得。

【例题 3-1】　某工厂年产值为 5 000 万元，产品的每万元产值耗电为 1 500 kW·h/万元，最大负荷年利用小时数为 3 750，试计算该厂的最大负荷和年总用电量。

【解】：已知产值单耗 A_c = 1 500 kW·h/万元，年总产值 C = 5 000 万元，最大负荷年利用小时数 T_{max} = 3 750 h。求：年总用电量 A 及最大负荷 P_{max}。

依式（3-16）得年总用电量

$$A = A_c \cdot C = 1\ 500 \times 5\ 000 = 750 \times 10^4 \quad (kW \cdot h)$$

依式（3-17）得最大负荷

$$P_{max} = \frac{A}{T_{max}} = \frac{750 \times 10^4}{3750} = 2\ 000 \quad (kW)$$

c. 需用系数法。此法适用于知道工厂的设备容量、产品不太固定的工厂企业。如已知设备总容量为 P_n，设备利用系数为 K_x，最大负荷年利用小时数为 T_{max}，则最大负荷

$$P_{max} = K_x P_n \quad (kW) \tag{3-18}$$

年总用电量

$$A = T_{max} \cdot P_{max} \quad (kW \cdot h) \tag{3-19}$$

【例题 3-2】　某工厂设备总装机容量为 4 000 kW，设备需用系数为 0.6，最大负荷年利用小时数为 4 500 h，求该厂的最大负荷和年总用电量。

【解】：已知 P_n = 4 000 kW，K_x = 0.6，T_{max} = 4 500 h，求年总用电量 A 及最大负荷 P_{max}。

依式（3-18）得最大负荷

$$P_{max} = K_x P_n = 0.6 \times 4\ 000 = 2\ 400 \quad (kW)$$

依式（3-19）得年总用电量

$$A = T_{max} \cdot P_{max} = 4\ 500 \times 2\ 400 = 1\ 080 \times 10^4 \quad (kW \cdot h)$$

（2）商业、居民区负荷预测。此类负荷包括金融、贸易、居民、机关、学校、文化场所、街坊工厂、市政工程等各种用电，品种繁多，不能用单一类型计算，只能运用综合指标进行估计。

a. 人均用电法。一般按人口统计每人平均用电负荷、用电量进行计算。如已知某区总人口为 N，平均每人用电负荷为 P_0，每人年用电量为 A_0，则有最大负荷

$$P_{max} = NP_0 \quad (kW) \tag{3-20}$$

年用电量

$$A = NA_0 \quad (kW \cdot h) \tag{3-21}$$

城市人口平均用电指标可参考表 3-2。

表 3 - 2　城市人均用电统计

项目	负荷/kW	年用电量/kW·h	年增长率 α/%
小城市	0.1 ~ 0.15	200 ~ 400	4 ~ 6
中大城市	0.3 ~ 0.4	400 ~ 700	4 ~ 7
繁华地区	0.5 ~ 0.8	800 ~ 1 200	5 ~ 8

b. 平均建筑面积法。在某些区域里,如知道该区内的建筑总面积的情况,利用统计数据获得平均建筑面积耗电量时,利用这些统计数据进行计划负荷的预计非常方便。设已知区内建筑总面积为 S,平均单位面积用电负荷为 P_S,年平均单位面积耗电量为 A_S,则最大负荷

$$P = SP_S \quad (\text{kW}) \tag{3-22}$$

年用电量为

$$A = SA_S \quad (\text{kW} \cdot \text{h}) \tag{3-23}$$

表 3 - 3 提供城市单位建筑面积用电的统计数据,供进行负荷预测时参考。

表 3 - 3　城市单位建筑面积用电情况统计

项目	平均负荷/kW·m^{-2}	年耗电量/kW·h·m^{-2}	年增长率 α/%
小城市	0.01 ~ 0.02	15 ~ 20	4 ~ 6
中、大城市	0.02 ~ 0.04	20 ~ 30	4 ~ 7
繁华地区	0.03 ~ 0.05	30 ~ 60	5 ~ 8

c. 负荷密度法。在一个较大范围的区域里,人口密度、用电性质大体相同的情况下,利用用电统计的负荷密度的数据进行负荷预测计算,其结果是比较准确的。对大多数城市,包括近郊农村在内全市范围,按此法计算结果可能出入较大。因此具体使用时,应根据各地具体情况灵活运用。

设地区总面积为 $S_m(\text{km}^2)$,负荷密度为 $P_m(\text{kW/km}^2)$,年用电量密度为 $A_m(\text{kW} \cdot \text{h/km}^2)$,则最大负荷

$$P = S_m P_m \quad (\text{kW}) \tag{3-24}$$

年用电量

$$A = S_m A_m \quad (\text{kW} \cdot \text{h}) \tag{3-25}$$

表 3 - 4 提供了城市负荷密度统计数据,可供负荷预测时参考。

表 3 - 4　城市用电负荷密度统计

项目	负荷密度/kW·km^{-2}	电量密度/kW·h·km^{-2}	年增长率 α/%
近郊农业区	500 ~ 1 500	$(10 ~ 30) \times 10^4$	4 ~ 6
小城市	10 000 ~ 15 000	$(3\,000 ~ 4\,000) \times 10^4$	5 ~ 7
中、大城市、工业区	15 000 ~ 20 000	$(4\,000 ~ 6\,000) \times 10^4$	4 ~ 6
繁华地区	25 000 ~ 30 000	$(8\,000 ~ 10\,000) \times 10^4$	5 ~ 8

上海地区平均负荷密度目前已达到 6 340 kW/km^2,最繁华地区为 11.46×10^4 kW/km^2。

北京地区目前中等繁华地区按 5×10^4 kW/km^2 进行规划,特别繁华地区还要取更高密度的标准进行规划设计。

(3)综合区负荷预测。所谓综合区是指包括工、农、商、住、市政等各类用电负荷的综合区域,适合于大、中、小城市的各个供电分区的负荷预测。对于综合性的负荷预测,宜用下述方法。

a.年均增长率法(外推法)。一个城市或一个地区,在相对短的年份里,经济形势无大起伏的情况下,国民经济和电力消耗的增长率不会有太大的变化,用规划前几年的增长率推算后几年的增长水平,也不会出现太大的误差。因此法简单,适用于上述负荷性质的地区 5 年以内的负荷预测。

设当年负荷为 P_0,查最近几年负荷资料,其电力负荷年平均增长率为 α_1(%),则几年后的负荷水平

$$P = P_0(1 + \alpha_1)^n \quad (kW) \tag{3-26}$$

同理,用电量水平

$$A = A_0(1 + \alpha_2)^n \quad (kW \cdot h) \tag{3-27}$$

式中　α_2——用电量年平均增长率。

【例题 3-3】　某规划区 1990 年用电量为 50×10^6 kW·h,规划所分析得出,到 2000 年的 10 年间,每年用电量按 10% 的递增率计算,到 2000 年底该地区用电量将达到

$$A_n = A(1 + \alpha_2)^n$$
$$= 50(1 + 10\%)^{10}$$
$$= 50 \times 2.59$$
$$= 129.5 \times 10^6 \quad (kW \cdot h)$$

b.回归分析法。此法也是利用已有的历史资料分析今后的发展趋势。运用以下公式预测(计算)未来 n 年的用电负荷水平

$$A_n = c + d(T_n - T_0)^2 \quad (kW \cdot h) \tag{3-28}$$

式中　A_n——未来 n 年的用电量;

　　　T_n——未来预测 n 年年份;

　　　T_0——当年基准年份;

　　　c、d——常数,应利用历史资料及式(3-28)建立两个方程而解得。

c.经济指标相关分析法。用电负荷和用电量的增长与社会各个经济部门的发展有关,各部门用电量占总电量的比例不同,它的发展程度对电量的增长影响的程度也不同。根据计划部门统计的分类,如工业、农业、商业、居住、市政等各行业及人口的增长计划,利用下式预测(计算)相应年度的负荷或电量:

$$A_n = b_0 + b_1 x_1 + b_2 x_2 + b_3 x_3 + \cdots b_i x_i \quad (kW \cdot h) \tag{3-29}$$

式中　A_n——预测年份的用电量;

　　　b_0——常数,基准年的用电量;

　　　b_1、b_2、b_3、$\cdots$、b_i——各部门的经济成分占国民经济总量的比例;

　　　x_1、x_2、x_3、$\cdots$、x_i——各部门经济的增长率(或实际增量)。

以上参数可从计划(统计)部门统计及计划中获得。

d.电力弹性系数法。此法考虑了国民经济总产值同电力发展的关系,比单纯考虑电力

发展的增长变化因素要更加准确一些。设已知基准年的耗电量(或负荷)为 y_0，按计划部门提供的国民经济计划 n 年后的增长为 α_x，由电力弹性系数的定义可得 n 年后的耗电量

$$y_n = y_0(1 + E\alpha_x)^n \quad (kW \cdot h) \tag{3-30}$$

式中 E 从以往资料中推算所得。但从国民经济和电力的发展规律看，E 值也是逐年变化的，利用历史上的 E 值代替未来的 E 的真值，必然会产生较大的误差。为减少其误差，引入国民经济产值单耗电量增减率 δ 加以修正。即

$$\delta = \sqrt[n]{\frac{y_0}{x_0} \bigg/ \frac{y_{n0}}{x_{n0}}} - 1 \tag{3-31}$$

式中　y_0、y_{n0}——分别为基准年和 n 年前的国民经济总值；

　　　x_0、x_{n0}——分别为基准年和 n 年前的总耗电量。

利用 δ 值对 E 值进行修正，即

$$E' = 1 + \left(\frac{1 + \alpha_n}{\alpha_n}\right)\delta \tag{3-32}$$

式中　α_n——计划部门提供的 n 年后的国民经济增长率。

用计算所得的修正值 E' 代替式(3-30)中的 E，便可获得比较准确的 y_n 值。

【例题 3-4】 某城市按计划部门提供的数据：1995 年总用电量 $y_0 = 11.5 \times 10^8$ kW·h，1995 年国民经济总产值 $x_0 = 105 \times 10^8$ 元，2000 年国民经济平均年增长率 $\alpha_x = 11\%$，1990 年总耗电量 $y_{n0} = 3.5 \times 10^8$ kW·h，1990 年国民经济总产值 $x_{n0} = 28 \times 10^8$ 元。试计算 2000 年耗电量的预测值。

【解】：为获得比较准确的预测值，必须对式(3-30)中的 E 值进行修正，即按式(3-31)求国民经济产值单耗电量增减率 δ。

$$\delta = \sqrt[n]{\frac{y_0}{\alpha_0} \bigg/ \frac{y_{n0}}{\alpha_{n0}}} - 1 = \sqrt[n]{\frac{11.5 \times 10^8}{105 \times 10^8} \bigg/ \frac{3.5 \times 10^8}{28 \times 10^8}} - 1 = \sqrt[5]{\frac{1105}{105} \bigg/ \frac{3.5}{28}} - 1 = 0.97 - 1 = -0.03$$

利用 δ 值修正 E，即

$$E' = 1 + \left(\frac{1 + \alpha_x}{\alpha_x}\right)\delta$$

$$= 1 + \left(\frac{1 + 0.11}{0.11}\right)(-0.03) = 1 + 10.09 \times (-0.03) = 1 - 0.302 = 0.697$$

把 E' 值代入式(3-30)，2000 年的用电量预测值

$$y_n = y_0(1 + E'\alpha_x)^n = 11.5 \times 10^8(1 + 0.697 \times 0.11)^5 = 11.5 \times 1.45 \times 10^8 = 11.67 \times 10^8 \quad (kW \cdot h)$$

即得 2000 年总耗电量的预测值为 11.67×10^8 kW·h。

e. 数学建模计算法。利用计算机及已有的负荷预测软件，进行负荷分析预测，是现今比较科学的负荷预测方法，此法已研究出初步成果。如果能汇集获得比较全面的确切的经验和资料，所得出的计算结果会比较准确地反映客观发展规律。随着运用电子计算机进行数字计算的经验不断丰富，以及实践积累的技术资料的逐步完善，利用数学建模的计算机软件进行计算来预测负荷将成为主要的负荷预测手段。

此法已达到实用阶段的是天津大学和天津电力局共同开发的"城市电网优化规划的计算机辅助决策系统(CNP)"中的负荷预测子系统。它的具体实施是在已有的用电部门统计的电量分类历史数据基础上，进行分区计算预测。具体做法如下。

先将供电区域划分成若干个单元小区，把负荷密度预测归结为单元小区的负荷预测，小

区负荷即是构成各类负荷之和再乘以适当的同时系数而得,其数学表达方式如下。

设 D_{it} 是 t 年 i 类负荷的平均密度预测值,其中 $i=l\cdots M,M$ 为负荷分类数。则有

$$D_{it}=(D_{lt}\cdots D_{Mt}) \tag{3-33}$$

即表示分类负荷平均密度向量。

又设小区 j 中分类面积构成向量

$$S_{jt}=(S_{ljt}\cdots S_{Mjt}) \tag{3-34}$$

则小区负荷预测值可表示为

$$P_{jt}=D_{s}S_{j}^{N}\alpha_{jt}=\alpha_{jt}\sum_{i=1}^{M}D_{it}S_{ijt} \tag{3-35}$$

其中 $j=1,2\cdots N,N$ 为小区划分的单元小区数。α_{jt} 为 t 年 j 小区的分类负荷同时系数。它与 3.2.1 节中所述的同时系数 K_{t} 同义。

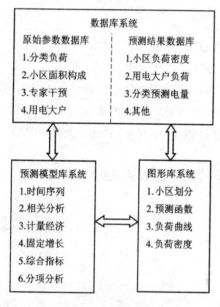

图 3-3　负荷预测系统构成

负荷预测系统的组成结构示于图 3-3。

原始数据库中的分类负荷为

$$P=A/8\ 760K_{r}K_{y}K_{j} \tag{3-36}$$

式中　A——分类电量;

　　　K_{r}——日平均负荷率;

　　　K_{y}——月平均负荷率;

　　　K_{j}——季平均负荷率。

按国民经济统计习惯分类为工业、农业、市政、交通 4 大类,还可以根据实际情况将各大类再划分小项目细类,也可按电力部门的统计习惯分类为工业、交通、邮电、商业、饮服、物资、仓储、居民生活、农林水、地勘、建筑和其他等。

使用时可根据自己所掌握资料的方便分类,灵活运用所适合的分类形式。

为了提高系统预测的精确度,软件中提供下列分类电量预测模型,供使用时按需要选用。

(a)时间序列模型。其中包括直线、二次曲线、修正指数曲线、龚帕兹曲线、逻辑斯蒂曲线等共 14 种拟合曲线模型。

(b)相关分析模型。其中包括产值相关模型、能耗相关模型、人口—建筑面积—民居收人相关模型。

(c)计量经济模型。把行业电量与劳动生产率和固定资产原值或净值与从业人数结合起来,用模型辨识法识别相关系数。

(d)固定增长率模型。

(e)综合指标模型。其中包括年人均用电量指标模型和单位建筑面积用电量指标模型。

(f)分类分项分析模型。

在分类负荷预测计算结果的基础上,再利用冬季、夏季典型负荷曲线进行加权叠加,便可推知总负荷曲线。

为了便于灵活运用,该系统还提供可由专家直接参与小区负荷修正的工具,包括或不包括点负荷的处理方法。

f. 横向比较法

在分析负荷的预测结果时,不能只孤立判断自己的成果是否准确,还应该尽量搜集国内外有关类似情况的预测方法和成果加以对照判别,必要时对所计算的结果给予适当的修正。下面提供某些国家的计算公式供实际工作中参考借鉴。

法国,采用下式计算用电增长率:

$$\alpha_y(\%) = M^n t \tag{3-37}$$

式中　$\alpha_y(\%)$——每年用电量增长率;

M——工业指数, $M = \dfrac{\text{分项用电量}}{\text{分项总产值}}$;

n——指数, $n = 0.33 \sim 0.5$。

对不同的用电分项,用不同的 M、n 值。

荷兰,对农业、城市生活、公共设施用电,采用不变的增长率:

$$\alpha_{y1} = 5\%$$

对居民生活用电,采用不变的增长率:

$$\alpha_{y2} = 8\%$$

对工业用电,用下式计算:

$$E = P^3 \cdot L^{-2} \tag{3-38}$$

式中　E——工业用电量指数;

P——工业产品生产指数;

L——劳动力消耗指数。

比利时,对其他部门用电:

$$\alpha_y = 5\% \sim 6\% \tag{3-39}$$

对工业用电,按下式计算:

$$E = KM^{0.6} \cdot 2^{0.465t} \tag{3-40}$$

式中　E——工业年用电量;

K——修正系数;

M——工业生产指数;

t——预测年限。

以上介绍的预测负荷的各种方法,都是根据过去推算未来,包含人们的主观推断成分,难免存在一定的误差。今后,随着科学技术的发展,客观情况发生很大的变化,过去一些高能耗的产品和生产设备会不断被淘汰或停用。机械化、自动化、电气化、智能化生产的水平不断提高,对电力的依赖性越来越多,耗电量越来越大。另一方面,高科技的应用,节能设备、产品也随之越来越多,产值用电单耗将逐步下降。随着人民生活的提高,使用电炊、电取暖、电降温、生活耗电量的比例越来越大,这些因素对今后用电量的增长将有很大的影响,也是负荷预测中的不定因素,因此,在负荷预测工作中应根据当时的具体情况综合考虑,进行适当的修正。

以上的各种方法都各具特点,难说某种方法绝对准确,因此应采用不同方法进行预测计算,将其结果相互对比,适当予以折中取值,以求避免出现较大的偏差,使成果更加接近客观,更具实用价值。

(4)经济开发区负荷预测。所谓经济开发区是指在一个特定的时期内,地方政府采取比较集中的人力物力对某一个划定范围的地区进行重新规划开发,以比较优厚的经济政策、比较高的发展速度进行重点经济建设的地区。所以,它的用电负荷发展情况与具有一定基础的老城区有所区别,应该采用一种比较符合其发展规律的特殊方法进行负荷预测计算。这种方法对于某些集中力量建设、发展速度比一般地区更快的非开发区的重点建设的地区也可参考采用。

这种负荷预测方法由铁道部第一设计院提供。该方法根据建设经验总结,将开发区的发展过程划分为4个时期。

第一期:准备期,主要进行开发区的基础设施建设,用电负荷增长不大,其年增长率大致为5%~7%,持续时间大约3~5年。

第二期:开发期,进入开发建设高潮,各个开发建设的工程项目大量开工兴建,用电负荷大增,年增长率为20%~30%,甚至更高。这个时期持续时间为5~10年。

第三期:完善期,各种主要建设项目继续配套完备,开工新建项目减少,用电负荷增长率逐渐下降,其年增长率由约10%逐步降低至4%~5%,这一时期的持续时间也为5~10年。

第四期:稳定期,大规模的建设项目工程已相继完成转入投运,用电负荷日趋稳定,其增长率不高,一般只有2%~4%。这种状况将维持较长时间,直至下一个建设高潮的重新到来。

整个发展过程的负荷增长率与时间的关系可用图3-4的曲线表示。

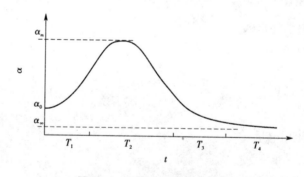

图3-4 开发区负荷增长规律

图中,T_1、T_2、T_3、T_4分别为各开发时期的周期,α_0、α_m、α_∞分别为负荷初期、最大和稳定期的增长率。用数学表达式描述,可近似表示为

$$P = P_0 e^{\int_0^T \ln[1+\alpha(t)]dt} \qquad (3-41)$$

式中　P——第T年的用电量;

　　　P_0——起始年的用电量;

　　　$\alpha(t)$——随时间变化的增长率;

　　　T——预测年限。

对于函数$\alpha(t)$可用下式近似表示:

$$\alpha(t) = Ae^{-B(t-T_m)^2} + C \qquad (3-42)$$

式中,A、B、C 为待定常数。比较式(3-42)和图3-4,可得

$$A = \alpha_m - \alpha_\infty \tag{3-43}$$

$$B = \frac{1}{T_m^2}\ln\frac{\alpha_m - \alpha_\infty}{\alpha_0 - \alpha_\infty} \tag{3-44}$$

$$C = \alpha_\infty \tag{3-45}$$

将 A、B、C 代入式(3-42),得

$$\alpha(t) = \alpha_\infty + (\alpha_m - \alpha_\infty)e^{-\left(\frac{t-T_m}{T_m}\right)^2\ln\frac{\alpha_m - \alpha_\infty}{\alpha_0 - \alpha_\infty}} \tag{3-46}$$

将式(3-46)代入式(3-41),得预测电量表达式为

$$P = P_0 e^{\int_0^T \ln\left[1 + \alpha_\infty + (\alpha_m - \alpha_\infty)e^{-\left(\frac{t-T_m}{T_m}\right)^2\ln\frac{\alpha_m - \alpha_\infty}{\alpha_0 - \alpha_\infty}}\right]dt} \tag{3-47}$$

式(3-47)无法直接计算,可用积分矩形法近似计算,取 $\triangle t = 1$,令

$$\alpha(t) = \alpha_\infty + (\alpha_m - \alpha_\infty)e^{-\left(\frac{t-T_m}{T_m}\right)^2\ln\frac{\alpha_m - \alpha_\infty}{\alpha_0 - \alpha_\infty}} \tag{3-48}$$

经数学处理得

$$P_n = P_0 \prod_{k=0}^{n-1}[1 + \alpha(t)] \tag{3-49}$$

式中的 α_0、α_m、α_∞ 和 T_m 可通过总结现有的开发区建设经验进行分析确定,将其值代入式(3-48)、式(3-49)中求得若干年的预测电量值。

根据经验,选择 α_0、α_m、α_∞ 和 T_m 值时,应考虑以下因素。

(a)原有基础较差的地区,α_0 值应取大些;反之则取小值。

(b)经济条件好的地区,T_m 取小值,α_m 取大值;反之则 T_m 取大值,α_m 取小值。

(c)单一功能的开发区,α_m 取大值,综合性开发区 α_m 取小值。

(d)α_m 值最高可取 $50\% \sim 70\%$。

以某开发区为例,取 $\alpha_0 = 6\%$,$\alpha_m = 65\%$,$\alpha_\infty = 3\%$,$T_m = 5$,将其代入式(3-48)、式(3-49)得

$$\alpha(t) = [3 + 62e^{-0.12(t-5)^2}]\% \tag{3-50}$$

如由基准年用电量为 $2\ 273\ \text{MW} \cdot \text{h}$ 推算数据与实际值对比如表3-5所示。

表 3-5　某开发区用电量预测与实际值

电量/MW·h　　年份 项目	1985	1986	1987	1988	1989	1990
预测值		2 409	2 757	3 412	4 822	7 956
实际值	2 273	2 419	2 700	3 916	4 931	8 360

由表3-5可见,预测值与实际值比较接近,说明该方法对预测开发区的负荷是实用的。

3)规划用电指标

当编制或修订各规划阶段中的电力规划时,应以《城市电力规划规范》制定的各项规划

用电指标作为预测或校核远期规划负荷预测值的控制标准。规划用电指标包括规划人均综合用电量指标、规划人均居民生活用电量指标、规划单位建设用地负荷指标和规划单位建筑面积负荷指标4部分。

在城市总体规划阶段,当采用人均用电指标法或横向比较法预测或校核某城市的城市总用电量(不含市辖市、县)时,其规划人均综合用电量指标的选取,应根据所在城市的性质、人口规模、地理位置、社会经济发展、生产总值、产业结构、地区动力资源和能源消费结构、电力供应条件、居民生活水平及节能措施等因素,以该城市的人均综合用电量现状水平与基础,对照表3-6中相应指标分级内的规划人均综合用电量幅值范围,进行综合研究分析、比较后,因地制宜选定。其规划人均居民生活用电量指标的选取,应结合所在城市的地理位置、人口规模、居住条件、气候条件、能源供应政策及节能措施等因素进行综合分析、比较后,以该城市的现状人均居民生活用电量水平为基础,参照表3-7中相应指标分级中的规划人均居民生活用电量指标幅值范围,因地制宜地选定。

表3-6　规划人均综合用电量指标(不含市辖市、县)

指标分级	城市用电水平分类	人均综合用电量/kWh·(人·a)⁻¹	
		现状	规划
I	用电水平较高城市	3 500~2 501	8 000~6 001
II	用电水平中上城市	2 500~1 501	6 000~4 001
III	用电水平中等城市	1 500~701	4 000~2 501
IV	用电水平较低城市	700~250	2 500~1 000

注:当不含市辖市、县的城市人均综合用电量现状水平高于或低于表中规定的现状指标最高或最低限值的城市,其规划人均综合用电量指标,应视其城市具体情况因地制宜确定。

表3-7　规划人均居民生活用电量指标(不含市辖市、县)

指标分级	城市居民生活用电水平分类	人均居民用电量/kWh·(人·a)⁻¹	
		现状	规划
I	用电水平较高城市	400~201	2 500~1 501
II	用电水平中上城市	200~101	1 500~801
III	用电水平中等城市	100~51	800~401
IV	用电水平较低城市	50~20	400~250

注:当不含市辖市、县的城市人均居民生活用电量现状水平高于或低于表中规定的现状指标最高或最低限值的城市,其规划人均居民生活用电量的指标,应视其城市的具体情况,因地制宜地确定。

城市电力总体规划或电力分区规划,当采用负荷密度法进行负荷预测时,其居住、公共设施、工业3大类建设用地的规划单位建设用地负荷指标的选取,应根据3大类建设用地中所包含的建设用地的小类类别、数量、负荷特征,并结合所在城市3大类建设用地的单位建设用地用电现状水平和表3-8规定,经综合分析比较后选定。

表3-8　规划单位建设用地负荷指标

城市建设用地用电类别	单位建设用地负荷指标/ kW·hm⁻²	城市建设用地用电类别	单位建设用地负荷指标/ kW·hm⁻¹
居住用地用电	100～400	工业用地用电	200～800
公共设施用地用电	300～1 200		

注:1. 城市建设用地包括居住用地、公共设施用地、工业用地、仓储用地、对外交通用地、道路广场用地、市政公共设施用地、绿化用地和特殊用地8大类。不包括水域和其他用地。

　　2. 超出表中三大类建设用地以外的其他各类建设用地的规划单位建设用地负荷指标的选取,可根据所在城市的具体情况确定。

　　综合用电水平法一般以人口或建筑面积或功能分区总面积进行计算。当以人口进行计算时,所得的用电水平即相当于人均电耗;如以面积进行计算时,所得的用电水平即相当于负荷密度。

　　年用电量

$$A_u = sd \qquad (3-51)$$

式中　s——指定计算范围内的人口数或建筑面积,m^2,或土地面积,km^2;

　　　　d——用电水平指标,农业区用电水平 $d = 3.5～28$ 万 kWh/km^2,中小工业区用电水平 $d = 2\ 000～400$ 万 kWh/km^2,大工业区用电水平 $d = 3\ 500～5\ 600$ 万 kWh/km^2,居民区用电水平 $d = 4.3～8.5$ 万 kWh/km^2。

　　城市电力详细规划阶段的负荷预测,当采用单位建筑面积负荷指标法时,结合当地各类建筑单位建筑面积负荷现状水平,参照表3-9规定,经综合分析比较后选定。

表3-9　规划单位建筑面积负荷指标

建筑用电类别	单位建筑面积负荷指标/W·m⁻²	建筑用电类别	单位建筑面积负荷指标/ W·m⁻²
居住建筑用电	20～60(1.4～4kW/户)	工业建筑用电	20～80
公共建筑用电	30～120		

注:超出表中三大类建筑以外的其他各类建筑的规划单位建筑面积负荷指标的选取,可结合当地实际情况和规划要求,因地制宜地确定。

　　2. 不确定电力负荷预测方法

　　在实际的电力负荷预测中存在很多的不确定性因素,例如国民经济发展情况、国家政策、城市规划、气候环境条件等,这些因素对电力需求将产生重要的影响,而常规的预测方法对这些因素的考虑往往不够全面,为此对电力需求预测不确定方法的研究已成为近年来研究的一个热点。目前常用的方法主要有以下几种。

　　(1)模糊预测方法。与常规的预测方法不同,模糊预测方法不是通过对历史数据的分析去直接建立负荷与其他因素的函数关系式,而是考虑了电力需求与多因素的相关性,将负荷与对应环境作为一个数据整体进行加工,得出负荷变化模式及对应环境特征,从而将待测年环境因素与各历史环境特征进行比较,得出所求的负荷增长率。其主要有模糊聚类预测法、模糊相似优先比法、模糊最大贴近度法。

　　(2)灰色预测方法。灰色系统理论用于处理信息不完全的系统,它为不确定性因素的处理提供了一个新的有力工具。该理论是系统控制理论发展的产物,通常把已知的信息称为"白色"信息,完全未知的信息称为"黑色"信息,把介于两者之间的信息称为"灰色"信息。

（3）人工神经网络法。这是模拟人脑信息处理、储存的检索机制而构造的,是由大量人工神经元密集连接而成的网络。

3. 空间电力负荷预测方法

空间电力负荷预测方法是近 20 年来新发展起来的预测方法,它不仅能够预测未来负荷量的变化规律,而且对未来的负荷地理分布情况也作出了相应的预测。空间负荷预测方法基本可分为以下几个步骤。

（1）对需要进行负荷预测的区域按照一定的规则细分成一个个小区,如按功能划分。

（2）向政府有关部门和开发单位收集各预测小区的规划方案。

（3）根据各小区的规划方案,对各小区进行电力负荷以及负荷特性进行预测。

（4）将各小区的负荷特性曲线进行啮合和采取同时率等方法,得出某一地区的电力负荷预测值。

3.2.4　电力负荷预测实例

1. 某一城市开展"十一五"（2006～2010 年）的中期电力需求预测实例

应用电力需求预测的各种预测方法和预测模型,分别对用电量和电力负荷进行预测。

1）用电量预测

（1）线性趋势模型法,其预测结果见表 3－10。

表 3－10　线性趋势模型法预测结果

年份	2005	2010
平均增长率/%	7.04～8.74	7.04～8.74
用电量/亿 kWh	780～810	1 100～1 230

据统计 1996—2002 年某市用电量年均增长 7.04%,1999—2002 年某市用电量年均增长 8.74%。

（2）电力弹性系数法,其预测结果见表 3－11。

表 3－11　电力弹性系教法预测结果

年份	2005	2010
弹性系数	0.635～0.848	0.635～0.848
用电量/亿 kWh	775～805	1 050～1 210

据统计 1996—2002 年某市平均电力弹性系数为 0.635,1999—2002 年某市平均电力弹性系数为 0.848。

（3）部门预测法,其预测结果见表 3－12。

表 3-12　部门预测法预测结果

年份	生活用电量/亿 kWh	产业用电量/亿 kWh	总用电量/亿 kWh	实际需电量/亿 kWh	百分误差/%
1990	15	252	267	266	0.38
1995	31	373	404	403.7	0.07
2000	53	507	560	560.4	-0.07
2005	76	776	852		
2010	99	1 089	1 188		

（4）逐步回归模型、灰色模型、模糊模型及综合模型等多种模型预测法,其预测结果见表 3-13。

表 3-13　多种模型预测结果

年份	历史值/亿 kWh	逐步回归模型/亿 kWh	灰色滑动平均/亿 kWh	灰色指数平滑/亿 kWh	灰色递阶/亿 kWh	模糊指数平滑/亿 kWh	综合模型/亿 kWh	综合模型误差/%
2000	560	540	557	556	558	521	550	-1.71
2001	593	604	597	596	598	615	600	1.16
2002	648	639	640	639	642	628	639	-1.42
2003		699	686	686	696	701	692	
2004		755	736	735	747	755	743	
2005		816	789	788	802	808	798	
2006		883	846	845	861	861	857	
2007		956	907	906	924	914	920	
2008		1 036	973	972	992	968	987	
2009		1 023	1 043	1 042	1 065	1 021	1 059	
2010		1 220	1 138	1 117	1 143	1 074	1 141	

（5）分产业预测法,其预测结果见表 3-14。

表 3-14　分产业预测法预测结果

年份	总电量/亿 kWh	一产		二产		三产		生活	
		电量/亿 kWh	所占比例/%	电量/亿 kWh	所占比例/%	电量/亿 kWh	所占比例/%	电量/亿 kWh	所占比例/%
2001	593	5.1	0.9	420.0	70.8	110.9	18.7	57.0	9.6
2002	646	3.9	0.6	454.7	70.4	125.2	19.3	61.9	9.6
2005	798	4	0.5	561	70.4	156	19.5	77	9.6
2010	1 141	4.6	0.4	799	70	228	20	109	9.6

（6）预测结果。综合上述几种方法,并经专家论征后确定 2005 年某市用电量在 800 亿 kWh 左右,2010 年某市用电量在 1 100 亿 kWh 左右。

2）电力负荷预测

（1）线性趋势模型法，其预测结果见表3-15。

表3-15　线性趋势模型预测结果

年份	2005	2010
平均增长率/%	8.54~9.14	8.54~9.14
最高负荷/万kW	1 580~1 600	2 380~2 480

据统计1995—2002年某市电网最高用电负荷年均增长8.54%；1996—2002年某市电网最高用电负荷年均增长9.14%。

（2）逐步回归模型、灰色模型、模糊模型及综合模型等多种模型预测法，其预测结果见表3-16。

表3-16　多种模型预测结果

年份	历史值/万kW	逐步回归模型/万kW	灰色指数平滑/万kW	灰色递阶/万kW	模糊聚类/万kW	模糊线性回归/万kW	模糊指数平滑/万kW	综合模型/万kW	综合模型误差/%
2000	1 060	1 058	1 047	1 045	1 008	1 058	929	1 056	-0.39
2001	1 111	1 118	1 141	1 139	1 121	1 120	1 187	1 120	0.85
2002	1 235	1 234	1 245	1 242	1 246	1 241	1 170	1 237	0.15
2003		1 351	1 357	1 347	1 385	1 339	1 352	1 347	
2004		1 478	1 480	1 469	1 452	1 445	1 470	1 465	
2005		1 616	1 613	1 602	1 522	1 558	1 587	1 593	
2006		1 768	1 759	1 747	1 692	1 682	1 705	1 734	
2007		1 901	1 918	1 905	1 835	1 815	1 182	1 869	
2008		2 044	2 091	2 077	1 916	1 941	1 940	2 006	
2009		2 197	2 280	2 265	2 079	2 076	2 057	2 154	
2010		2 363	2 486	2 470	2 257	2 221	2 175	2 315	

根据某市的实际运用情况，推荐使用递阶算法的综合模型作为最终方案，该方法的推荐方案为：2005年电力负荷水平为1 593万kW，2010年为2 315万kW。

（3）预测结果。综合上述几种方法，并经专家论证后认为2005年某市电网用电最高负荷在1 600万kW左右，2010年某市电网用电最高负荷在2 380万kW左右。

2.按照某一区域的发展规划进行负荷预测实例

1）预测方法确定

（1）规划部门已经提供了详细的用地规划（见表3-17）。因此，可以得到大量的诸如地块性质、建筑面积、建筑物构成等详尽信息，从而使得采用空间电力负荷预测法的负荷预测精度大大提高。

表 3 – 17 某中心镇规划用地平衡

用地性质		用地代码	占地面积/hm²	建筑面积/m²	比例/%
居住用地（R）	一类居住	R1	40.60	86 100	5.94
	二类居住	R2	138.70	1 473 570	20.28
公共服务设施用地（C）	行政办公用地	C1	6.52	42 750	0.95
	商业服务用地	C2	11.68	138 240	1.71
	文化娱乐用地	C3	1.95	15 660	0.29
	医疗卫生用地	C5	2.28	22 890	0.33
	科研教育用地	C6	4.65	55 820	0.68
道路广场用地		S	59.19	—	8.66
市政设施用电		U	1.20	8 000	0.18
绿地（G）	城市公共绿地	G12	15.76	—	2.30
	防护绿地	G2	35.56	—	5.20
水域		E	25.73	—	3.76
片林区		G	340.00	250 000	49.72
总计			683.82	2 093 030	100.00

（2）规划区是一个新区。现状只有极少量居民住宅负荷,绝大多数的规划用地是农田用地,规划中可不予考虑历史负荷数据。因此,由于大量历史数据的不相关性,使得时间序列等依靠历史数据进行预测的模型不再适用。

所谓小区负荷密度指标法,即根据规划区内各地块的用地性质,采用与其他地区类比的方式确定地块单位占地面积（或建筑面积）的负荷密度（或负荷指标）,进而对地块负荷加以预测。在这种方法中,规划区用地性质的分析以及负荷密度指标的确定是整个预测工作的关键。

2）负荷指标确定

（1）住宅类负荷。由规划用地平衡表（见表 3 – 17）可以看出,居住用地占总规划用地的 26.22%,占建设总用地约一半以上,因此居民用电负荷预测结果的准确与否,将直接影响到本次规划负荷预测的准确性,影响到本次规划的科学性与合理性。

对于住宅类建筑,由于居民生活水平提高很快,家用电器日趋普及,尤其是高耗能的家电,如空调器、电冰箱、电热水器、电炊具、豪华吊灯等,很多家庭都已置备,拥有 2～3 个空调器、电冰箱的家庭亦不鲜见,而且不同地区对住宅类建筑的负荷水平有不同的规定。《上海电网若干技术原则的规定》中明确指出:为了适应居民用电负荷日益增长的需要,新建住宅每套建筑单元居民户的基本容量按表 3 – 18 配置。

表 3 – 18 居民供电容量配置

建筑面积/m²	供电容量/kW·户⁻¹	建筑面积/m²	供电容量/kW·户⁻¹
80 及以下（小套）	4	121～150（大套）	8
81～120（中套）	6	150 以上	按 60 W/m² 配置

（2）非住宅建筑负荷。这类用地中包括行政办公用地、商业服务用地、文化娱乐用地、医疗卫生用地、教育科研用地等，对于这类建筑的负荷指标，参考了国内部分大厦的负荷指标值，参见表3－19。

表3－19   国内部分大厦负荷指标

序号	工程名称	建筑性质	负荷指标/W·m⁻²	序号	工程名称	建筑性质	负荷指标/W·m⁻²
1	上海市上海大厦	商业办公	56	7	深圳市海丰苑大厦	商业办公	70
2	上海永新广场	办公	50	8	深圳市海信大厦	商业办公	61
3	上海梅龙镇有限公司	商业	55	9	深圳市亚洲大酒店	宾馆	60
4	上海东方大厦	商业	85	10	深圳上海宾馆	宾馆	75
5	上海宾馆综合楼	办公	54	11	深圳市西丽大厦	商业办公	68
6	上海香格里拉饭店	宾馆	70	12	武汉市晴川饭店	宾馆	—

由表3－19可见，对于国内大城市商业、办公、宾馆类建筑，负荷指标多在50～80 W/m² 范围内，个别建筑的负荷指标较高。为了进一步确定非住宅建筑用地的负荷指标，表3－20给出了国内部分小区的负荷指标参考值，同时考虑到某中心镇的规划特点，该区将原汁原味地体现北欧城镇的风貌特色，各种建筑的规划档次均较高，并考虑一定的超前性，对非住宅建筑用地的负荷指标进行了设定。

表3－20   某中心镇非住宅类建筑用地负荷指标

用地性质	行政办公	商业服务	文化娱乐	医疗卫生	教育科研
负荷指标/W·m⁻²	90～100	80～90	90～100	70～80	30～40

（3）市政设施负荷。市政设施包括电力设施、电信设施、给排水设施、环卫与环保设施等，这类设施用地的负荷水平不是太高，多在20～40 W/m² 范围内，考虑到某中心镇规划档次较高，将这类用地的负荷指标设定为40 W/m²。

（4）道路广场负荷。道路广场用电多为照明用电，如道路路灯、广场照明灯等，有些广场设有喷泉、音响等设备。为不失一般性，对这类用地采用占地面积负荷指标，设为2 W/m²。

（5）城市公共绿地负荷。城市公共绿地用电也多为照明用电，与道路广场用地相近，将这类用地的占地面积负荷指标设为2 W/m²。

（6）片林区负荷。规划区内的某地区住宅建筑群，规划有森林、湖泊区，现称片林区，体现"城依林而建，人临水而居"的北欧建筑特色，对这一地区，取负荷指标为60 W/m²。

经过上述分析和计算，完成了某中心镇远期饱和负荷指标的设定，如表3－21所示。

表3－21   某中心镇负荷指标设置

用地性质		高方案/W/m²	低方案/W/m²	用地性质		高方案/W/m²	低方案/W/m²
R1	一类居住	65	55	C2	商业服务	90	80
R2	二类居住	60	50	C3	文化娱乐	100	90
C1	行政办公	100	90	C5	医疗卫生	80	70

用地性质		高方案/W/m²	低方案/W/m²	用地性质		高方案/W/m²	低方案/W/m²
C6	科研教育	40	30	G12	城市公共绿地	2	2
U	市政设施	40	40	G	片林区	70	60
S	道路广场	2	2				

3）负荷分类及分布预测

根据上述设定的负荷指标,对某中心镇进行了远期负荷分类及分布预测,其负荷分类预测结果高方案和低方案分别如表 3-22 和表 3-23 所示。

表 3-22　某中心镇负荷分类预测结果(高方案)

用地性质		用地代码	占地面积/hm²	建筑面积/m²	负荷指标/W·m⁻²	分类负荷/MW
居住用地(R)	一类居住	R1	40.60	86 100	65	5.60
	二类居住	R2	138.70	1 473 570	60	88.41
公共服务设施用地(C)	行政办公用地	C1	6.52	42 750	100	4.28
	商业服务用地	C2	11.68	138 240	90	12.44
	文化娱乐用地	C3	1.95	15 660	100	1.57
	医疗卫生用地	C5	2.28	22 890	80	1.83
	科研教育用地	C6	4.65	55 820	40	2.23
道路广场用地		S	59.19	—	2	1.18
市政设施用电		U	1.20	8 000	40	0.32
绿地(G)	城市公共绿地	G12	15.76		2	0.32
	防护绿地	G2	35.56	—	—	—
水域		E	25.73	—	—	—
片林区		G	323.07	250 000	70	17.50
总计			666.9	2 093 030		135.68
总负荷(考虑同时率 0.7)/MW						94.97
整体负荷密度/MW·km⁻²						14.24

表 3-23　某中心镇负荷分类预测结果(低方案)

用地性质		用地代码	占地面积/hm²	建筑面积/m²	负荷指标/W·m⁻²	分类负荷/MW
居住用地(R)	一类居住	R1	40.60	86 100	55	4.74
	二类居住	R2	138.70	1 473 570	50	73.68
公共服务设施用地(C)	行政办公用地	C1	6.52	42 750	90	3.85
	商业服务用地	C2	11.68	138 240	80	11.06
	文化娱乐用地	C3	1.95	15 660	90	1.41
	医疗卫生用地	C5	2.28	22 890	70	1.60
	科研教育用地	C6	4.65	55 820	30	1.67

用地性质		用地代码	占地面积/hm²	建筑面积/m²	负荷指标/W·m⁻²	分类负荷/MW
道路广场用地		S	59.19	—	2	1.18
市政设施用电		U	1.20	8 000	40	0.32
绿地（G）	城市公共绿地	G12	15.76	—	2	0.32
	防护绿地	G2	35.56	—	—	—
水域		E	25.73	—	—	—
片林区		G	323.07	250 000	60	15.00
总计			666.9	2 093 030		114.83
总负荷（考虑同时率0.7）/MW						80.38
整体负荷密度/MW·km⁻²						12.05

从表3-22、表3-23可以看出,该规划区远期负荷在80.38~94.97 MW,总体负荷密度为12.05~14.24 MW/km²,其中的大部分负荷是行政办公、商业服务以及一类居住和二类居住等。

由于某中心镇内的某地区(片林区)没有进行详细的土地规划,而其内建筑面积也是相关部门给出的一种估计,且这部分负荷仅占总负荷的一小部分(约13%),因此给出新区部分(除片林区以外地区)的远期负荷及负荷密度将更具有实际意义。在只考虑新区部分的情况下,该区远期负荷在69.878~82.723 MW,远期负荷密度为20.32~24.06 MW/km²(参见表3-24)。

表3-24　某中心镇远期负荷分布预测结果

地块编号	用地性质	用地面积/m²	容积率	建筑面积/m²	高方案		低方案	
					负荷指标/W·m⁻²	远期负荷/kW	负荷指标/W·m⁻²	远期负荷/kW
A1-1	G2	44 960	—	—	—	—	—	—
A1-2	G2	12 300	—	—	—	—	—	—
A1-3	R2	42 230	1.2	50 680	60	3 040.80	50	2 534.00
A1-4	R2	17 850	1.2	21 420	60	1 285.20	50	1 071.00
A2-1	G2	16 380	—	—	—	—	—	—
A2-2	R2	69 660	1.2	83 590	60	5 015.40	50	4 179.50
A2-3	R2	29 090	1.2	34 910	60	2 094.60	50	1 745.50
A2-4	E1	39 050	—	—	—	—	—	—
A3-1	G2	20 960	—	—	—	—	—	—
A3-2	R2	116 960	1	116 960	60	7 017.60	50	5 848.00
B1-1	E1	163 090	—	—	—	—	—	—
B1-2	C25	19 140	1.1	21 050	90	1 894.50	80	1 684.00
B1-3	R1	11 560	0.2	2 300	65	149.50	55	126.50
B1-4	S22	8 720	—	—	2	17.44	2	17.44

地块编号	用地性质	用地面积/m²	容积率	建筑面积/m²	高方案		低方案	
					负荷指标/W·m⁻²	远期负荷/kW	负荷指标/W·m⁻²	远期负荷/kW
B1-5	R1	23 010	0.2	4 600	65	299.00	55	253.00
B2-1	C3/U	19 570	0.8	15 660	100	1 566.00	90	1 409.40
B2-2	S22	4 820	–		2	9.64	2	9.64
B2-3	C21	9 050	1.2	10 860	90	977.40	80	868.80
B2-4	S22	9 730	–		2	19.64	2	19.64
B2-5	C21/U	44 110	1.2	52 930	90	4 763.70	80	4 234.40
B2-6	S22	9 850	–		2	19.70	2	19.70
B2-7	E1	10 100	–	–	–	–	–	–
B2-8	E1	12 950	–	–	–	–	–	–
B2-9	E1	9 560	–	–	–	–	–	–
B3-1	S3	2 270	–	–	2	4.54	2	4.54
B3-2	C2	38 030	1.2	45 640	90	4 107.60	80	3 651.20
B3-3	G12	4 150	–	–	2	8.30	2	8.30
B4	G11	70 590	0.1	7 050	2	141.18	2	141.18
C1-1	C1	15 648	0.2	3 130	100	313.00	90	281.70
C1-2	R1/C2	50 360	0.3	15 000	65	975.00	55	825.00
C2-1	R2	117 450	0.5	58 730	60	3 523.80	50	2 936.50
C2-2	E1	20 450	–	–	–	–	–	–
C3-1	S3	1 000	–	–	2	2.00	2	2.00
C3-2	C5	22 886	1	22 890	80	1 831.20	70	1 602.30
C3-3	R2	21 854	0.5	10 930	60	655.80	50	546.50
C3-4	R2	30 520	1.2	36 620	60	2 197.20	50	1 831.00
C3-5	R2	34 920	1.2	41 900	60	2 514.00	50	22 095.00
C4-1	G2	45 230	–	–	–	–	–	–
C4-2	R2	85 310	1.2	102 370	60	6 142.20	50	5 118.50
C5-1	G2	23 740	–	–	–	–	–	–
C5-2	R2	100 160	1.2	120 190	60	7 211.40	50	6 009.50
C5-3	R2	110 480	1.2	132 580	60	7 954.80	50	6 629.00
C5-4	G2	24 890	–	–	–	–	–	–
C5-5	E1	13 680	–	–	–	–	–	–
D1-1	G2	49 310	–	–	–	–	–	–
D1-2	R2	122 160	1.2	146 590	60	8 795.40	50	7 329.50
D1-3	R2	92 010	1.2	110 410	60	6 624.60	50	5 520.50
D2-1	G2	53 740	–	–	–	–	–	–
D2-2	R2	145 300	1.2	174 360	60	10 461.60	50	8 718.00

续表

地块编号	用地性质	用地面积/m²	容积率	建筑面积/m²	高方案		低方案	
					负荷指标/W·m⁻²	远期负荷/kW	负荷指标/W·m⁻²	远期负荷/kW
D2-3	R2	115 130	1.2	138 160	60	8 289.60	50	6 908.00
E1-1	C1	49 530	0.8	39 620	100	3 962.00	90	3 565.80
E1-2	G12	3 100	-	-	2	6.20	2	6.20
E2-1	C6	46 520	1.2	55 820	40	2 232.80	30	1 674.60
E2-2	R22	31 660	0.8	25 330	60	1 519.80	50	1 266.50
E2-3	G12	6 790	-	-	2	13.58	2	13.58
E3-1	G12	33 290	-	-	2	66.58	2	66.58
E3-2	U42	770	-	-	40	30.80	40	30.80
E3-3	R2	100 470	0.5	50 240	60	3 014.40	50	2 512.00
E4-1	R2	3 5190	0.5	17 600	60	1 056.00	50	880.00
E4-2	G12	9 490	-	-	2	18.98	2	18.98
E4-3	C24	6 470	1.2	7 760	90	698.40	80	620.80
F1-1	R1	112 990	0.2	22 600	65	1 469.00	55	1 243.00
F1-2	G12	15 500	-	-	2	31.00	2	31.00
F1-3	R1	104 660	0.2	20 900	65	1 358.50	55	1 149.50
F1-4	G12	14 750	-	-	2	29.50	2	29.50
F1-5	R1	103 830	0,2	20 700	65	1 345.50	55	1 138.50
G	G11	3 230 740	-	250 000	70	17 500.00	60	15 000.00
总计		6 081 718		2 092 080		134 276.20		113 425.90

注:由于有关部门提供的《地块控制指标一览表》与《新区经济技术指标》两表中规划区总建筑面积略有出入,因此造成了负荷分类预测与分布预测结果总负荷略有不同。

3.3 城市电力工程电源规划

3.3.1 电源的种类与特点

城市电源由城市发电厂直接提供,或由外地发电厂经高压长途输送至变电所,接入城市电网。变电所除变换电压外,还起到集中电力和分配电力的作用,并控制电力流向和调整电压。

城市电源通常分为城市发电厂和变电站(所)两种基本类型。

1. 发电厂的分类

发电厂种类很多,如太阳能发电厂(如图3-1)、地热发电厂、核能发电厂等。目前,我国的电能主要还是以火力发电厂以及水力发电厂为主,另外尚有少量的核能、太阳能、风能、地热等发电。根据我国能源发展战略,以原子能为新能源的核电站将会受到重视和大力发展。

图 3 - 1　美加州最大的城市太阳能发电系统

美国加利福尼亚州规模最大的城市太阳能发电系统在旧金山日落区水库顶部正式启用。这个系统由 2.4 万块太阳能电池板组成,总占地面积相当于 12 个足球场,使用寿命为 25 年,日均发电能力可达 5 兆瓦。该系统主要为旧金山医疗、公交、警察和消防等市政部门提供清洁电力。

1) 火力发电厂

利用燃料所产生的热能发电的电厂称为火力发电厂,燃料有煤、石油、天然气、沼气、煤气等。

(1) 分类:按照蒸汽参数(蒸汽压力和温度)来分类,有低温低压电厂、中温中压电厂、高温高压电厂、超高压电厂、亚临界压力电厂等 5 种(见表 3 - 25)。按燃料种类分类,可分为燃煤发电厂、燃油发电厂、燃气发电厂。装有供热机组的电厂,除发电外,还向附近工厂、企业、住宅区供应生产用蒸汽和采暖热水,因此又称为热电厂。

表 3 - 25　火力发电厂按蒸汽参数(蒸汽压力和温度)分类

电厂类型	气压/101.325 kPa		气温/℃		电厂和机组容量的大致范围
	锅炉	汽轮机	锅炉	汽轮机	
低温低压电厂	14	13	350	340	1 万 kW 以下的小型电厂(1 500 ~ 3 000 kW 机组)
中温中压电厂	40	35	450	435	1 ~ 20 万 kW 中小型电厂(6 000 ~ 50 000 kW 机组)
高温高压电厂	100	90	540	535	10 ~ 60 万 kW 大中型电厂(2.5 ~ 10 万 kW 机组)
超高压电厂	140	135	540	535	25 万 kW 以上大型电厂(12.5 ~ 20 万 kW 机组)
亚临界压力电厂	170	165	570	565	60 万 kW 以上大型电厂(30 万 kW 机组)

(2) 规模:火力发电厂的规模按其装机容量分为大型发电厂、中型发电厂和小型发电厂,如表 4 - 26。

表 3 - 26　火力发电厂按装机容量的划分规模

规模	大型	中型	小型
装机容量/万 kW	>25	2.5 ~ 25	<2.5

2) 水力发电厂

利用水的位能发电的电厂称为水力发电厂,简称水电厂或水电站。水力发电特点在于同时能使发电、防洪、灌溉、航运、给水、渔业等各方面的要求得到合理解决,且成本低,约为火力发电的 $1/4 \sim 1/3$,但投资大,建设工期较长,受自然条件影响较大。

(1)分类:水力发电厂按使用的水头分为高水头发电厂、中水头发电厂和低水头发电厂。高水头发电厂使用水头在 80 m 以上,中水头发电厂使用水头在 $30 \sim 80$ m 之间,低水头发电厂使用水头在 30 m 以下。

按集中水头的方式分类,水力发电厂分为堤坝式水电厂、引水式水电厂和混合式水电厂。

(a)堤坝式水电厂,又分为河床式和坝后式两种。河床式水电厂建于河流中下游的平原地带,水位不高,厂房和大坝均位于河床中,起挡水作用。坝后式水电厂建于河流中、上游的峡谷河段,由于水头高,厂房无法挡水,一般厂房置于坝体下游或坝内。

(b)引水式水电厂,这种水电厂建于河流中、上游,河段上部不允许淹没,河段下部有急滩、陡坡或大河湾,在河段上游筑坝引水,用引水渠、压力隧道、压力水管等将水引到河段末端,用以集中落差。

(c)混合式水电厂,由于河流的峡谷河段或水库边缘地形陡,水电厂用地条件差,则在略远离水库的下游位置建厂,引水库水发电。

(2)规模:水力发电厂的规模通常以装机容量分为大型、中型和小型,具体指标参见表 3 -27。

表 3 - 27　水力发电厂划分规模

规模	大型	中型	小型
装机容量/万 kW	>15	$1.2 \sim 15$	<1.2

3)原子能发电厂

原子能发电厂是利用热核反应所释放出来的能量发电的电厂。其主要特点是能源密度大(1 kg 铀核燃料的能量相当于 2 500 t 煤或 2 000 t 石油的能量),功率大。缺点是放射性核对环境造成热污染。

2. 变电所

变电所是变换电压,交换、分配电力,控制电力流向和调整电压的场所。

1)按功能分类

(1)变压变电所,即改变电压的设施,又分为升压变电所和降压变电所。通常发电厂的变电所为升压变电所,城区的变电所为降压变电所。

(2)变流变电所,即将直流电和交流电互变的变电所。

2)按职能分类

(1)区域变电所,为区域性长距离输送电服务的变电所。

(2)城市变电所,为城市供配电的变电所。

3)按变电所等级分类

电压等级通常有 500 kV、330 kV、220 kV、110 kV、35 kV、10 kV 等,$220 \sim 500$ kV 变电所为区域性变电所,110 kV 及以下的变电所为城市变电所。

3.3.2 城市电源规划

1. 电源规划的原则

(1)对于以水电供电为主的大中城市,应建设一定比例的火电厂作为补充电源;对于以变电所为城市电源的大中城市,应有接受电力系统电力的两个或多个不同电源点,以保证供电的可靠性。

(2)城市电源点应根据城市性质、规模和用电特点,合理布局,尽可能地实现多电源供电系统。

(3)对经济基础好,但能源比较缺乏,交通运输负荷过重且具备建核电厂条件的大中城市,可考虑建核电厂。

(4)发电厂应靠近负荷中心,且要有良好的供水条件,要保证燃料的供应,解决排灰渣问题,有方便的运输条件,有高压线进出的可能性,卫生防护距离达到国家标准,并且要有扩建的可能性,有预留用地。

2. 电源选址

1)火力发电厂

(1)符合城市总体规划的要求。

(2)应尽量利用劣地或非耕地,不占农田。

(3)电厂尽量靠近负荷中心,使达到热负荷和电负荷的距离经济合理,以便缩短热管道的距离。正常输送蒸汽的距离为 0.5 ~ 1.5 km,一般不超过 3.5 ~ 4.0 km。输送热水的距离一般为 4 ~ 5 km,特殊情况下可达 10 ~ 12 km。

(4)厂址应尽量选在接近燃料产地,以减少燃料运输费,减少国家铁路负担。在劣质煤源丰富的矿区,适宜建设坑口电站,既可减少铁路运输,降低造价,又能节约用地。

(5)火电厂铁路专用线选线要尽量减少对国家干线通过能力的影响,接轨方向最好是重车方向为顺向,以减少机车摘钩作业,并应避免切割国家正线。专用线设计应尽量减少厂内股道,缩短线路长度,简化厂内作业系统。

(6)应有丰富方便的水源。火电厂生产用水量大,包括汽轮机凝汽用水、发电机核油的冷却用水、除灰用水等。大型火电厂首先应考虑靠近水源,以便直流供水。但是,在取水高度超过 20 m 时,采用直流供水是不经济的。

(7)燃煤电厂应有足够储灰场,储灰场的容量要能容纳电厂 10 年的贮灰量。分期建设的灰场的容量一般要容纳 3 年的储灰量。厂址选择时,同时要考虑灰渣综合利用场地。

(8)厂址选择应充分考虑出线条件,留有足够的出线走廊宽度,高压线路下不能有任何建筑物。

(9)厂址应满足地质、防震、防洪及环境要求。

2)水力发电厂选址规划

(1)一般选址在便于修建拦河坝的河流狭窄处,或水库下游处。

(2)建厂地段必须工程地质良好,地耐力高,无地质断裂带。

(3)有较好的交通运输条件。

3)核电厂选址规划

(1)靠近负荷中心。原子能电站使用燃料少,运输量小,无论建设在任何地点,发电成本几乎都是一样的。因此选址时首先应该考虑电站靠近负荷中心,以减少输电费,提高电力系统的可靠性和稳定性。

（2）厂址要求在人口密度较低的地方。以电站为中心，半径 1 km 内为隔离区，在隔离区外围，人口密度也要适当。在外围种植作物也要有所选择，不能在其周围建设化工厂、炼油厂、自来水厂、医院和学校等。

（3）水源方便，水量充足。由于现代原子能电站的热效率较低，而且不像烧矿物燃料电站那样可以从烟囱释放部分热量，所以原子能电站比同等容量的矿物燃料电站需要更多的冷却水。

（4）用地面积要求：电站的用地面积主要决定于电站的类型、容量及所需的隔离区。一个 60 万 kW 机组，电站占地面积约为 40 hm²，由四个 60 万 kW 机组组成的电站占地面积大约为 100 ~ 120 hm²。选择场地时，应留有发展余地。

（5）地形要求平坦，尽量减少土石方工程。

（6）地质基础要稳定：场地不能选在断层、褶皱、崩塌、滑坡地带，以免发生地震时造成地基不稳定。最好选在岩石床区，以保持最大的稳定性。

（7）要求有良好的公路、铁路或水上交通条件，以便运输电站设备和建筑材料。

（8）还应考虑防洪、抗震及环境保护等要求。

4）变电站（所）选址规划

（1）变电站（所）尽可能地接近主要用户，靠近负荷中心。

（2）便于各级电压线路进出线布置，进出线走廊与站（所）址应同时确定。

（3）变电所建设地点工程地质条件良好，地耐力高，地质构造稳定。避开断层、滑坡、塌陷区、溶洞地带等。避开有岩石和易发生滚石的场所，如选址在有矿藏的地区，应征得有关部门同意。

（4）站（所）址要求地势高且尽可能平坦，不宜设在低洼地段，以免洪水淹没或涝灾影响，山区变电所的选址标高宜在百年一遇的洪水位以上。

（5）交通运输方便，并考虑方便职工生活。

（6）尽量避开污染源及不符合变电所选址设计规程的场所。

（7）具有生产和生活用水的可靠水源。

（8）尽量不占或少占农田。

（9）应考虑对周围环境和邻近设施的影响和协调。

3.4　城市电力工程供电网络规划

3.4.1　电网规划的概述

电网规划重点是研究和制定电力网的整体和长期发展目标，各项发电、输电、变电、配电工程的规划、设计、建设和改造，都必须符合电网总体规划的要求。

在电网规划尤其是城市电网规划中，既要处理好电网近期发展与长远目标网架、供电网络的关系，又要特别重视相对无限增长需求与有限城市资源的关系。这是由于，首先我国许多城市的发展，正处于一个逐步实现小康社会或者向国际性都市迈进的发展初期的历史阶段，电力需求从规模、数量和对电能质量、可靠性等要求上，还有很大的增长需求空间；其二城市能够提供的电力建设资源，包括城市范围内的电厂、站址、走廊、电缆通道，是有限的。

因此研究和制定电网规划的整体和长期发展目标以及制定目标网架,并在电网的建设和改造中,始终围绕目标网架进行,就能够最大限度地满足用电需求增长和电网自身发展的需要,从某种程度上也是最大的节约和优化。电网长期规划(15~20年以上)的重点是对主网架进行战略性、框架性及结构性的研究和展望;中期规划(5~15年)的重点是对电网网架进行多方案的比选论证,推荐电网方案和输变电建设项目,提出合理的电网结构;近期规划(5年)的重点则侧重于对近期输变电建设项目的优化和调整。

如上海市在2003年修编"十一五"电网规划和中长期发展规划中,对城市饱和电网需求和规划进行了滚动,并计划根据该饱和负荷进行进一步的调整,以充实电网规划、站址规划和通道规划,如图3-5所示。

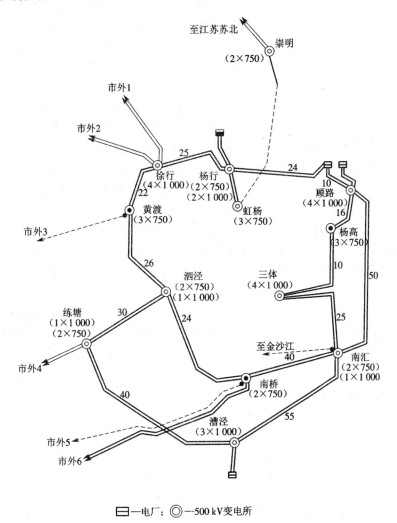

图3-5　上海电网远景规划

日本东京电网也是一个着重研究电网整体和长远发展目标的典范。为了向负荷中心东京湾供电,东京电网围绕东京湾建设了三环,包括已经建成但现在降压运行的1 000 kV输电系统。在城市内,东京电力公司也沿主要道路、轨道交通、城市桥梁,预留和储备了大量的输电通道,如图3-6所示。

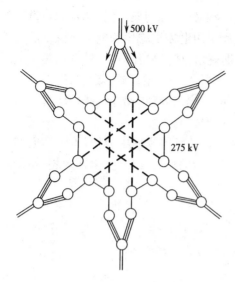

图 3 - 6　东京电网结构示意

1.城市电网规划思路

城市电网规划的重点是根据城市发展规划,研究和制定城市电网整体的发展战略和目标网架。城市电网规划的编制,应从调查现有电网入手,分析区域内的负荷增长趋势,立足于解决现有电网薄弱环节、优化电网结构、提高电网供电能力和适应性;在兼顾近远衔接、新建和改造结合的前提下,努力实现电网接线的规范化和设备选用的标准化;在电力系统技术导则的指导下,在电网安全可靠运行和保证供电质量的前提下,达到电网建设技术先进和经济合理的目标。

2.电力网规划范围

电网规划除主网架的规划外,还应包括城市配电网规划、无功规划和二次系统规划(含继电保护、通信、自动化)等,使有功和无功、一次和二次系统协调发展,提高配电网自动化、信息化水平,并与用电营销网络相结合,加速拓展电力消费市场。

电网规划和建设的基本和最终目标,是保证电网运行安全,向用户提供持续、合格的电能,并提供用户所需要的高质量的客户服务。在现代电网,特别是城市电网,都强调了供电电能质量和可靠性,并且大都存在这样的特点,即高度的自动化,包括继电保护、潮流监控、电压调节和控制等功能,此外许多地区也实施了配电网自动化等。

城市电网的通信应当与城市电网规划要求相适应,满足调度人员在指挥操作、事故处理的通信畅通,满足继电保护、远动、自动装置等各项信息、数据的正确传达,满足电力企业管理、信息传输、营销服务等通信的需要。

电网自动化包括调度自动化、变电所自动化、配电网自动化等,自动化的建设和发展,必须满足电网调度指挥、及时采集和传输各种电网重要遥测、遥信、遥控、遥调的数据和指令的需要,满足无人值班变电所的发展需要,满足城市部分地区实施配电网自动化的需要。

3.城市电力网规划分类、目标和方法

电网规划的期限规定为近期1~5年(分年)、中期5~10年,远期15~20年以上3个阶段。在国家电网公司2003年颁布的《国家电网公司电网规划设计内容深度规定(试行令)》中明确,电网长期规划(15~20年以上)侧重于对主网架进行战略性、框架性及结构性的研究和展望;中期规划(5~15年)侧重于对电网网架进行多方案的比选论证,推荐电网方案和输变电建设项目,提出合理的电网结构;近期规划(5年)侧重于对近期输变电建设项目的优化和调整。另外,在近期电网规划中,应进行必要的潮流计算和分析论证,目前比较普遍的计算程序是 BPA 和 PSASP 综合程序。

1)近期规划目标

优化、加速电网建设与改造,增加供电能力,降低电网损耗,提高供电可靠性,完善用户侧负荷监控,适应城市国民经济发展和居民生活水平不断提高的需要。

2)中、远期规划目标

将城市电网建设成为电源容量充足、电网设施有序更新、网络完善合理、保证供电质量、自动化程度高、技术经济指标先进、调度灵活、运行安全的现代化电网。

城市电网规划的方法是:近期电网规划,主要依据中期电网规划,结合城市的发展需求,优化输变电项目的建设顺序;同时,经过网络计算和分析论证,细化、明确输变电项目的接入系统方式。中长期电网规划,主要以现状电网、城市总体规划布局、城市电网分布为基础,采用合适的数学模型,利用网络拓扑的理论,构筑出网络结构。在一些城市的中长期电网规划中,网络结构的模式基本上采用现有电网模式,而数学模型等手段往往作为后校验手段。

3.4.2　城市电力网等级和结线方式

1. 城市电力网络等级

(1)电力等级对城网的标准电压,应符合国家电压标准。城市电力线路电压等级有500 kV、330 kV、220 kV、110 kV、66 kV、35 kV、10 kV、380 V/220 V 等 8 个等级。城市一次送电电压为 500 kV ~ 220 kV,二次送电电压为 110 kV、35 kV,中压配电电压为 10 kV,低压配电电压为 380 V/220 V。现有非标准电压,应限制发展,合理利用,根据设备寿命与发展分期分批进行改造。

(2)各地城网电压等级及最高一级电压的选择,应根据现有供电情况及远景发展慎重确定。城网应尽量简化变压层次,一般不宜超过 4 个变压层次。老城市在简化变压层次时可以分区进行。

(3)一个地区同一级电压电网的相位和相序应相同。

2. 城市电力网结线方式

城网的典型接线方式有以下几种。

(1)放射式。可靠性低,适用于较小的负荷。(图 3-7)

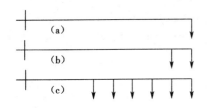

图 3-7　放射式分布负荷
(a)单个终端负荷;(b)两个负荷;(c)多个负荷

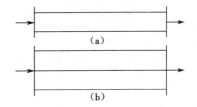

图 3-8　多回线式
(a)双回平行式;(b)多回平行式

(2)多回线式。可靠性较高,适用于较大的负荷。多回线式可与放射式组合成多回平行放射供电式,也可与环式合成双环式或多环式。(图 3-8)

(3)环状式。可靠性很高,适用于一个地区的几个负荷中心。环路内一般应有可断开的位置,形成环路开断运行方式。(图 3-9)

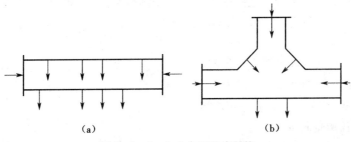

图 3-9　2~3 个电源环式网络
(a)两电源环式网络;(b)三电源环式网络

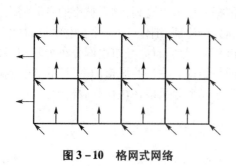

图 3 - 10　格网式网络

（4）格网式。可靠性最高,适用于负荷密度很大且均匀分布的低压配电地区。但这种形式造价高,干线结成网格式,在交叉处固定连接。(图3－10)

3.4.3　送电网规划

1. 结构规划原则

电网结构对电网具有决定性作用,电网结构合理,不仅节约投资,还可限制电网短路电流,简化继电保护,提高系统稳定性。城市电网结构规划应符合以下基本原则:

（1）按城市电压等级分层,按地区进行分区,并做到主次分明;

（2）一次送电网骨架必须加强,高压主干网应尽早形成;

（3）全国主力电厂一般应与电网骨架连接;

（4）受端电压应力求加强,要有足够的电压支撑;

（5）相邻电网之间的连接宜采用一点连接方式,一旦稳定破坏,可以解列;

（6）二次网络宜采用环网布置,开环运行。

2. 城市一次送电电网规划

一次送电网包括与城市电网有关的 220 kV 送电线路和 220 kV 变电站。

（1）一次送电网是系统电力网的重要组成部分,又是城市电网的电源,应有充足的吞吐量。城网电源点应接近负荷中心,一般设在市区边缘。在大城网或特大城网中,如符合以下条件并经技术经济比较后,可采用高压深入供电方式:①地区负荷密集,容量很大,供电可靠性要求高;②变电所结线比较简单,占地面积较小;③进出线路可用电缆或多回并架的杆塔;④通信干扰及环境保护符合要求。

高压深入市区变电所的一次电压一般采用 220 kV 或 110 kV,二次电压直接降为10 kV。

（2）一次送电网架的结构方式,应根据系统电力网的要求和电源点的分布情况确定,一般宜采用环式(单环、双环等)结构形式。

3. 城市高压配电网规划

高压配电包括 110 kV、66 kV、35 kV 的线路和变电所。

（1）作为城市二次送电的城市高压配电网,应能接受电源点的全部容量,并能满足供应二次变电所的全部负荷。

（2）规划中确定的二次送电电网结构,应与当地城建部门共同协商,布置新变电所的地理位置和进出线路走廊,并纳入城市总体规划中预留的相应位置,以保证城市建设发展的需要。

（3）当现有城网供电容量严重不足或者旧设备急需改造时,可采取电网升压措施。

（4）高压配电网的网络宜采用环网布置,开环运行,双回式多回路布置,但受端分裂进行并可带 T 接的单电源辐射等方式的结线。

4. 城市中低压配电网规划

中低压包括 10 kV 线路、配电所、开闭所和 380 V/220 V 线路。

1)中、高压配电网配合

中压配电网应与城市高压配电网密切配合,可以互通容量。

2)中压配电网的结线方式

架空线路主要有以下几种。

(1)放射式(图 3 – 11):仅适用于小城市采用。

(2)普通环式(图 3 – 12):适合于大中城市边缘和小城市采用。

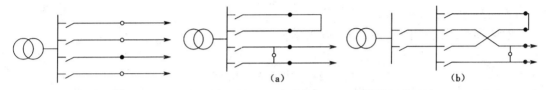

图 3 – 11　放射式供电结线　　　**图 3 – 12　普通环式供电结线**

(a)母线不分段;(b)母线分段

(3)双线放射式(图 4 – 13):其工程造价高,使用于一般城市中的双电源用户和城市中心区。

(4)双线拉手环式(图 4 – 14):供电可靠性高,但造价过高,很少采用。

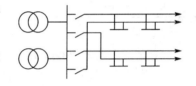

图 3 – 13　双线放射式供电结线

图 3 – 14　拉手环式结线

3)配电方式

低压配电网一般采用放射式,负荷密集地区及电缆线路宜采用环式,市中心个别地区有条件时可采用格网式。

4)网络结构

配电网应不断加强网络结构,尽量提高供电可靠性,以适应广大用户连续用电的需要,逐步减少重要用户建设双电源和专线供电线路。必须由双电源供电的用户,进线开关之间应有可靠的连锁装置。

3.4.4　城市变配电规划

1.城市变配电分类

按在城市电网中的地位和作用分类,可分为升压和降压变电所。

按变电所一次电压分类,可分为大型变电所(电压为 330 kV 及以上电压等级)、中型变电所(电压为 220 kV 和 110 kV)、小型变电所(电压为 110 kV 及以下电压等级)。

按用途分类,可分为用户专用变电所和公用变(配)电所。

按变电所结构分为 4 大类 8 小类,见表 3 – 28。

表 3 – 28 城市变电所结构形式分类

大类	1		2		3		4	
结构类型	户外式		户内式		地下式		移动式	
小类	1	2	3	4	5	6	7	8
结构类型	全户外式	半户外式	常规户内式	小型户内式	全地下式	半地下式	箱体式	成套式

2. 变电所合理供电半径

变电所合理供电半径,如表 3 – 29 所示。

表 3 – 29 变电所合理供电半径

变电所电压等级/kV	6,10	35	110	220	330	500
变电所二次侧电压/kV		6 ~ 10	35,6 ~ 10	110,6 ~ 10	110,220	220
合理供电半径/km	0.25 ~ 8	5.0 ~ 15	15 ~ 50	50 ~ 110	100 ~ 200	200 ~ 300

3. 变电所供电范围和布局

(1)对于电压为 6 kV、10 kV 的中小型发电厂附近的用户,一般由发电机母线直接供电而不宜设变电所。

(2)在枢纽变电所附近出现用电负荷比较大的用户,可设置用户专用变电所。

(3)变电所主变压器台数不宜少于 2 台或多于 4 台,单变压器容量应标准化、系列化(见表 3 – 30、表 3 – 33)。

表 3 – 30 变电所主变压器设置参考表

变电所电压等级/kV	主变压器台数与容量/台数 × kVA	变电所电压等级/kV	主变压器台数与容量/台数 × kVA
500	2 × 500 000 ~ 4 × 1 500 000	110	2 × 20 000 ~ 4 × 63 000
330	2 × 90 000 ~ 4 × 240 000	35	2 × 53 000 ~ 4 × 20 000
220	2 × 90 000 ~ 4 × 240 000	—	—

(4)城市配电网格变电所的主变压器总容量不宜过大,否则,低压出线过多,造成出线走廊困难,或造成低压线输送过远,不经济。我国目前多采用 2 台变压器。

规划 220 ~ 500 kV、35 ~ 110 kV 变电站(所)时,其用地控制指标,应按表 3 – 31、表 3 – 32 执行。

表 3 – 31 220 ~ 500 kV 变电所规划用地控制指标

变电所电压等级/kV 一次电压/二次电压	主变压器容量与台数/MVA/台	变电所结构形式	用地面积/m²
500/220	750/2	户外式	110 000 ~ 98 000
330/220 及 330/110	(90 ~ 240)/2	户外式	55 000 ~ 45 000
330/110 及 330/10	(90 ~ 240)/2	户外式	47 000 ~ 40 000

变电所电压等级/kV 一次电压/二次电压	主变压器容量与台数/MVA/台	变电所结构形式	用地面积/m²
220/110(66,35)及 220/10	(90~180)/(2~3)	户外式	30 000~12 000
220/110(66,35)	(90~180)/(2~3)	户外式	20 000~8 000
220/110(66,35)	(90~180)/(2~3)	半户外式	8 000~5 000
220/110(66,35)	(90~180)/(2~3)	户外式	4 500~2 000

表 3-32　35~110 kV 变电所规划用地控制指标

变电所电压等级/kV 一次电压/二次电压	主变压器容量与台数/ MVA/台	户外式用地面积 /m²	半户外式用地面积 /m²	户内式用地面积 /m²
110(66)/10	(20~63)/(2~3)	5 500~3 500	3 000~1 500	1 500~800
35/10	(5.6~31.5)/(2~3)	3 500~2 000	2 000~1 000	1 000~500

(5)变电所的总量与相邻变电所之间的距离,既受负荷密度影响,又受低压出线的影响,对于降压变电所之间的距离,可按其低压出线电压和供电范围的负荷密度决定。

(6)进行 10 kV 公用配电所和城市开闭所布局时,供电半径不宜大于 300 m,郊区不宜大于 500 m。以地埋电缆供电时,供电半径不宜大于 250 m。

表 3-33　变电所单台主变压器容量

变电所电压等级/kV	单台主变压器容量/MVA	变电所电压等级/kV	单台主变压器容量/MVA
500	500 750 1000 1500	110	20 31.5 40 50 63
330	90 120 150 180 240	66	20 31.5 40 50
220	90 120 150 180 240	35	5.6 7.5 10 15 20 31.5

3.4.5　城市电力线路规划

1. 对线路走廊的原则要求

(1)选择走线路径,必须沿着城市市政规划部门划定的范围延伸。经过城市规划部门认定的路线,是由城市规划部门综合各方面利害关系,而得出的对城市建设最为合理的方案。它既满足城市市容景观美化的要求,也能满足线路长久安全运行,无须半途迁移改建。施工时,也容易做好拆迁赔偿工作,为顺利实施规划目标打下良好基础。

(2)市中心繁华区和新建开发区,应尽量采用电缆线路,特别是市政规划部门不允许采用架空线的地段,更应坚决采用电缆线路方案。虽然电缆线路初期工程投资较高,但从长远看,还是相当有利的。它不但运行安全可靠,电能质量高,减少能耗,而且维护检修工作少,节省运行费用。特别是沿海多台风地区和气候条件恶劣的地区,其优点更为显著。同时,对现代化城市市容景观没有不良影响,有利城市的建设和发展。

(3)保证安全,是线路运行的第一位技术要求。闹市中线路一旦发生恶性事故,不但影响供电,而且更严重地威胁人身安全,甚至影响交通,扰乱城市正常生活。因此,线路的安全必须有足够的裕度。要求线路走廊要有足够的宽度,保证满足安全距离要求。根据实践经验,线路带电导体与建(构)筑物的安全距离必须满足表 3 - 34、表 3 - 35 的要求。

表 3 - 34　架空线带电导体与建(构)筑物的安全距离　　　　　　　　　　　m

线路额定电压/kV		1 ~ 15	20 ~ 35	60 ~ 110	220	330 以上
最小安全距离/m	垂直距离	3	4	5	6	7
	偏斜距离	1.5	2	4	6	7

表 3 - 35　架空线路带电导体与建(构)筑物的水平安全距离

线路额定电压/kV	10	60 ~ 110	35	154 ~ 220	330 以上
安全距离/m	2.0	4	3.0	5	6.0

线路穿越树林时,要考虑即使树木长到最高,被大风刮倒也不致打到导线或其他带电导体上,特别是沿海多台风地区,必须充分考虑这一重要因素。

(4)线路经过之处应考虑尽量少占走廊,少占土地,少占农田,尤其经过城市近郊时更须如此。当近郊地区已有规划,但近期尚未实施时,也应严格遵照规划所安排的路径走线,如尚未规划的地段,也应尽量走已有大道,少跨越民房和其他建筑物。线路杆塔本体必须具有足够充裕的机械强度,不应加拉板线,以免占用过多的土地和妨碍交通。

(5)在线路走廊十分拥挤的地段,如不影响城市市容景观,允许同杆塔并行架设 110、10 kV 线路,但须保证不同电压等级线路或不同线路上进行作业时应具有足够的安全距离。在市容景观要求严格的重要马路,不能采用此方案,若架空线路所需走廊安排不下的情况下,则应采用电缆线路方案,并作地下敷设。

(6)线路经过地区,要尽量避免对无线电通信、军事设施、弱电设备产生超过正常运行允许范围的干扰。在无法回避的情况下,则应采取技术措施,减少干扰,使其控制在允许的范围之内。

(7)线路应该避免通过易燃、易爆和有化学腐蚀气体的地段。若无法避免时,应采取有效防护措施。当不得不通过有爆破作业的(如采矿)地段时,必须采取安全防护措施,防止炸坏线路设备。

2.10 kV 配电线路

新规划建设的 10 kV 配电线路,原则上应优先采用电缆方案。在资金确实困难的情况下,也应采用绝缘导线方案,以减少走廊占地,提高运行的安全可靠性,美化市容景观。为了充分利用走廊增加输电能力,架空线路的主干线应尽量采用双回路同杆并架方式,如用绝缘导线方案,还可以采用更多回路同杆并架方式,以增加更多的输送能力。架空线应优先采用混凝土电杆,但为少占走廊,应以单杆为主,不拉板线,在机械强度不足的情况下可用钢管杆,尽量避免采用角钢塔。

在高密度负荷的主干线,为了节省走廊和增加送电能力,应该采用双导线线路。即不论架空裸导线、绝缘导线,还是电缆线,都应采用单开关控制双线并排线路。线路中的导线截面积要在 300 mm² 以上,这样它的输送能力便可同线路上的断路器等开关设备负荷能力相匹配,充分发挥设备的负荷能力。众所周知,现有通用的断路器、刀开关等设备,其额定容量都在 1 000 A 以上,至 3 150 A,甚至更大的有 4 000 ~ 5 000 A。而单导线的负荷能力远小于此,即使采用 400 mm² 的钢芯铝线,其经济电流也只有 400 A 左右,按发热允许的极限能力,充其量也不过 700～800 A。如用单线单开关配套使用,显然极大地浪费线路走廊和开关设备的潜力。为了匹配得当,全面发挥设备的负荷能力,使用双线(或双分裂导线)并列送电是十分合算的。这时,只要支持杆塔的结构设计具有足够的机械强度便可。

主干线的路径,必须沿着市政规划部门指定的线行走主要马路,支线则应按规划走支线马路。对于接到公共线路上的用户专用变压器的支线,则必须采用电缆引线至用户变压器,不宜使用架空线占用走廊和影响市容景观。

3. 110 kV 送电线路

110 kV 送电线路供电范围广,重要性比 10 kV 线路高得多,且占用走廊大,投资多。若规划设计不当,使用寿命未满,需要更改或返工时,经济损失将会很大,所以在规划选择方案时,须认真慎重处理,力求取得最优的结果。

由于线路走廊占地宽,对市容景观影响很大,因此,其路径必须严格遵循市政规划部门核准的走廊架设,在其允许的范围内,尽量选取最短的路线,少转弯,少跨越,少交叉。凡在市区范围内架线,应全部采用圆锥形钢管杆,无论是直线杆还是转角杆,或是终端杆都应一律如此。虽然造价较高(约为角钢方塔线路的 2 倍),但占用走廊少(约为方塔的 1/3),美化市观,节约城市土地,从社会综合效益考虑,圆锥形钢管杆方案更显合理。

在所规划范围的城市区域内,为了节约走廊,要求所有的架空线均应采用双回路同杆架设方式,以达到提高输送能力的目的。尤其是高负荷密度区,还应采用双分裂导线,使其输送能力成倍提高,以满足负荷需要。如上节所述,110 kV 断路器等开关设备的额定电流小的 1 000 A,大的有 4 000～5 000 A,且有继续发展的趋势,而一般架空导线单线的载流量长期经济运行电流只有 300～400 A,短时非常运行状态也不过 600～800 A。这与配套的开关设备的载流能力极不匹配。可见改用多股分裂导线的线路方案,是解决城网线路输送能力受限制的有效而经济的办法。因此,在中大城网规划时,新建 110 kV 线路应优先考虑采用双裂导线。

4. 220 kV 网架线路

220 kV 线路是城网中的基本骨架,它比 110 kV 线路的重要性更高。由于它经过之处,占用走廊过大,一般不允许深入城市中心区,只能沿着近郊区外层环路架设。有些城市目前发展阶段尚未形成环路,也必须从长计议,考虑到发展成完整体系时的状态。为了满足长远发展的需要,架空线路必须严格沿着规划指定的路线走,以免今后发展时产生矛盾而致返工改建,或者停电搬迁造成巨大损失。

为了充分利用走廊,线路必须采用双回路同塔架设,在某些走廊困难的场合,220 kV 线路下面还允许架设 110 kV 线路,或 220 kV 四回路同塔并列。线路在远郊地段,为了节约投资,可考虑采用方形角钢塔,但为了少占土地和农田,最好采用紧凑型结构的铁塔,见图 3－15。为了增加输送能力,导线应全部采用双分裂或多分裂导线。

在城区范围内或走廊困难的地段,线路应采用圆锥形钢管杆结构(如图 3－16),导线布置也仿紧凑型线路形式,这样不但占用走廊面积小,而且结构紧凑美观,有利市容景观美化。

线路导线采用双分裂或多分裂钢芯铝绞线,在一般城网中,导线截面积为 2×(300～400)mm² 或相当截面积的多股分裂导线。但在某些大城网、特大城网中,由于负荷密度高,走廊又十分紧张,为了提高输送能力,满足负荷需要,导线截面可用 4×(300～400)mm² 或 2

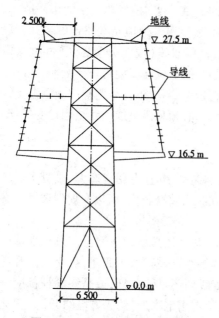

图 3 - 15　双回路紧凑型直线塔

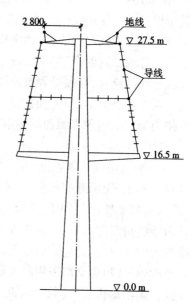

图 3 - 16　双回路钢管锥杆(直线)

×(400 ～ 600) mm²。在经济发达的大型城市或特区城市,一方面负荷高速增长,需要输送大量电能以满足用电,另一方面城市建设不断扩大,土地显得十分珍贵,市容景观要求又很高,不允许高压线占用过多的走廊用地或妨碍城市景观。为了解决这一突出矛盾,必须设法在有限的走廊里增大更多的电能输送。但提高送电压至 500 kV,因需多级变压,且设备复杂而昂贵,技术和经济上很不合理。由于城网中主干线的输送距离并不远,多则几十千米,少则十几或几千米,所以,采用 220 kV 线路,多分裂大截面导线送电解决走廊困难的矛盾,仍是十分经济和切实可行的方案。

从长远的观点考虑,就我国总体上的需要而论,土地是偏少的,且随着经济和人口的发展,土地将越趋紧张。相反地,对电力的需求将越来越多。因此,规划线路时,从节约走廊占地出发,线路的输送能力必须满足今后一定历史时期的负荷需要,尽量发挥其潜在效益,更多地采用多分裂大截面导线,乃为今后发展的必然趋势。

根据深圳建设一条 2 ×630 mm²导线、220 kV 大截面双分裂导线线路的经验总结,建设中的费用,各种赔偿间接费高达 28%,而导线费用仅占 17%。可见,增加导线截面,给线路造价带来的费用并不会有明显的增加。况且随着形势发展,走廊的赔偿费用将会进一步增高。相反,增加导线截面对线路输送能力的提高将是成倍增加,在投资费用上,只需适当加强杆塔的结构强度便可。这要比另开走廊,增加线路回路数要经济合理得多。上述各种电压等级输电线路的送电能力见附录五。

5. 电缆线路

在城市或工厂企业内部的拥挤地段,考虑到市容景观和环境美化,以及供电可靠性等原因,许多场合输电线路需要采用电缆敷设。一般说来,10 kV 公共变压器引出的 0.4 kV 低压主线至集中控制的开关间应采用电缆。10 kV 新建的主要街道马路、开发新区,专线用户引线等均应采用电缆。个别需进入繁华区的 110 kV 线路,220 kV 线路也应采用电缆。随着形势的发展,城网中的 10 kV 线路只要条件允许,应尽量采用电缆方案。

同架空线一样,电缆线路的走向路径也必须严格遵循市政规划部门安排的走廊,以免造成返工或改建,甚至会遭到人为损坏,引起事故,否则也会因为占用不该占用的土地而需高价赔偿,造成浪费。由于城市土地紧张,空中、地下各种市政设施都十分拥挤,因此,电缆敷设走廊必须注意节约占地,尽量减小走廊尺寸,避免同其他设施发生干扰。

为了合理利用有限的土地,一般四路及以下的电缆平行敷设时,宜用穿管方式;5~10根电缆,宜用电缆沟方式;10 根以上者,宜用隧道敷设方式。城区内或近郊地区杜绝采用直埋敷设方式。运行经验证明,这些地区经常会有开挖土石方等土建工程作业,极易造成对电缆的机械破坏,引发严重的恶性事故,故应深刻记取血的教训。

穿管埋设电缆,管顶面至地表面的最浅厚度应 >0.5 m,电缆管、沟、隧道同其他设施间的关系应满足表 3-36 的规定。

表 3-36　电缆管沟、道与市政道路、建筑物相互间容许最小距离　　　　　　m

配置情况		平行	交叉
同控制电缆间		—	0.5
电力电缆之间 或与控制电缆间	10 kV 及以下电力电缆	0.1	0.5
	10 kV 以上电力电缆	0.25	0.5
不同部门使用的电缆		0.5	0.5
电缆与地下管道	热力管沟	2.0	0.5
	油管或易燃气管	1	0.5
	其他管道	0.5	0.5
电缆与铁路	非直流电气化路线	3	1.0
	直流电气化路线	10	—
电缆与建筑物基础		0.6	—
电缆与公路边		1.0	—
电缆与排水沟		1.0	—
电缆与树木主干		0.7	—
电缆与 1 kV 以下电杆		1.0	—
电缆与 1 kV 以上电杆基础		4.0	—

电缆隧道的净高应大于 1.9 m,与其他沟道交叉处,顶部净高应≥1.4 m。电缆沟、隧道中的通道尺寸应满足表 4-37 的规定。

表 3-37　电缆沟、隧道中的过道净宽允许最小尺寸　　　　　　mm

电缆支架及过道特征	电缆沟深			电缆隧道
	≤600	600~1 000	≥1 000	
两侧支架净过道	300	500	700	1 000
单侧支架与壁过道	300	450	600	900

6. 高压走廊

架空电力线路保护区为电力导线外侧延伸所形成的两平行线内的区域,也称之为电力线走廊。高压线路部分通常称为高压走廊。高压走廊就是高压线与其他物体之间应当保持的距离。走廊宽度的确定要确保线路安全,同时不能对人或物体造成伤害或影响。因此,此区域内应该进行保护。高压走廊宽度见表 3 - 38。

表 3 - 38　一般城市架空线路高压走廊宽度控制指标

线路电压等级/kV	高压走廊宽度控制指标/m	线路电压等级/kV	高压走廊宽度控制指标/m
500	65 ~ 75	110,66	15 ~ 30
330	35 ~ 45	35	12 ~ 20
220	30 ~ 40		

单回线路的走廊宽度用下式确定:(见图 3 - 17)

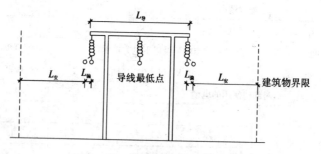

图 3 - 17　单回线路高压走廊宽度

$$L = 2L_安 + 2L_偏 + L_导 \qquad (3 - 52)$$

式中　L——走廊宽度,m;

　　　$L_安$——边导线与建(构)筑物之间的最小距离,m;

　　　$L_偏$——有风时边导线最大外偏移距离(与气候及导线材料有关),m;

　　　$L_导$——电杆两外侧导线之间的距离,m。(参阅电力设计技术规范)

1)一般地区的保护区

各架空电力线路通过一般地区的边导线外侧延伸距离不应少于表 3 - 39 所列数值。

表 3 - 39　边导线外侧延伸距离

线路电压/kV	1 ~ 10	10 ~ 35	154 ~ 330	500
边导线外侧延伸距离/m	5	10	15	20

2)人口密集地区的保护区

在人口密集地区,各级电压导线边导线延伸的距离,不应小于导线边线在最大计算弧垂及最大计算风偏后的水平距离和风偏后距建筑物的安全距离之和。

线路边导线与建筑物之间的距离,在最大计算风偏情况下,不小于表 3 - 40 所列数值。

表 3 - 40　边导线与建筑物之间的最小距离

线路电压/kV	<1	1 ~ 10	35	66 ~ 110	154 ~ 220	330	500
距离/m	1.0	1.5	3.0	4.0	5.0	6.0	8.5

在无风情况下,导线与不在规划范围内的城市建筑物之间的水平距离,不应小于上表所列数值的一半。

　　3)导线与各种地表物的最小安全距离

　　(1)导线与地面的最小距离:导线与地面的距离,在最大计算弧垂的情况下,不应小于表 3 - 41 所列数值。

表 3 - 41　导线与地面的最小距离　　　　　　　　　　　　　　　　　　m

线路经过地区	线路电压/kV					
	<1	1 ~ 10	35 ~ 110	154 ~ 220	330	500
居民区	6.0	6.5	7.0	7.5	8.5	14.0
非居民区	5.0	5.0	6.0	6.5	7.5	10.5 ~ 11.0
交通困难地区	4.0	4.5	5.0	5.5	6.5	8.5

注:1.居民区:工业企业地区、港口、码头、火车站、城镇、集镇等人口密集地区。

　　2.非居民区:上述居民区以外的地区,均属非居民区,虽然时常有人、有车辆或农业机械到达,但未建或房屋稀少的地区,亦属非居民区。

　　3.交通困难地区:车辆、农业机械不能到达的地区。

　　(2)导线与山坡、峭壁、岩石的最小净空距离:导线与山坡、峭壁、岩石之间的净空距离,在最大计算风偏情况下,不小于表 4 - 42 所列数值。

表 3 - 42　导线与山坡、峭壁、岩石的最小净空距离　　　　　　　　　　m

线路经过地区	线路电压/kV					
	<1	1 ~ 10	35 ~ 110	154 ~ 220	330	500
步行可以达到的山坡	3.0	4.5	5.0	5.5	6.5	8.5
步行不能达到的山坡、峭壁和岩石	1.0	1.5	3.0	4.0	5.0	6.5

　　(3)导线与建筑物之间的最小垂直距离:送电线路不应跨越屋顶为燃烧材料做成的建筑物。对耐火屋顶的建筑物,亦应尽量不跨越,如需跨越时,应与有关单位协商或取得当地政府的同意。导线与建筑物之间的垂直距离,在最大计算弧垂情况下,不小于表 3 - 43 所列数值。

表 3 - 43　导线与建筑物之间的最小垂直距离

线路电压/kV	<1	1 ~ 10	35	66 ~ 110	154 ~ 220	330	500
垂直距离/m	2.5	3.0	4.0	5.0	6.0	7.0	9.0

　　(4)导线与树木之间的最小垂直距离:送电线路通过林区,应砍伐出通道。通道净宽度不应小于线路宽度加林区主要树种高度的 2 倍。通道附近超过主要树种高度的个别树木应予以砍伐。

　　在下列情况下,如不妨碍架线施工,可不砍伐出通道:①树木自然生长高度不超过 2 m;②导线与树木(考虑自然生长高度)之间的垂直距离,不应小于表 3 - 44 所列数值。

表3－44　导线与树木之间的最小垂直距离

线路电压/kV	35～110	154～220	330	500
垂直距离/m	4.0	4.5	5.5	7.0

（5）导线与树木之间的最小净空距离：线路通过公园、绿化区或防护林带，导线与树木之间的净空距离，在最大计算风偏情况下，不应小于表3－45所列数值。

表3－45　导线与树木之间的最小净空距离

线路电压/kV	<1	1～10	35～110	154～220	330	500
距离/m	3.0	3.0	3.5	4.0	6.0	7.0

（6）导线与果林等最小垂直距离：线路通过果林、经济作物林或城市灌木林不必砍伐出通道。导线与果树、经济作物、城市灌木以及街道行道树之间的垂直距离，不应小于表3－46所列数值。

表3－46　导线与果树、经济作物、城市灌木以及街道行道树之间的最小垂直距离

线路电压/kV	<1	1～10	35～110	154～220	330	500
距离/m	1.0	1.5	3.0	3.5	4.5	7.5

注：1. 表中35 kV及以下架空导线的最小垂直距离为最大计算弧垂情况下的垂直距离。

　　2. 35 kV及以下架空导线与街道行道树在最大计算风偏下的水平距离为：35 kV线路不应小于3.5 m；1～10 kV线路，不应小于2.0 m；1 kV以下线路，不应小于1.0 m。

（7）架空电力线路与弱电线路的交叉角：架空电力线路跨越弱电线路时，其交叉角应符合表3－47的要求。35—220 kV挂线弧垂及构架允许最小尺寸应符合表3－48。

表3－47　架空电力线路与弱电线路的交叉角

弱电线路等级	一级	二级	三级
交叉角	≥45°	≥30°	不限制

注：跨越弱电线路或电力线路，如导线截面按允许载流量选择，还应校验最高允许温度时的交叉距离，其数值不得小于0.8 m。

4）送电线路与特殊建筑物及设施的安全距离

（1）送电线路与甲类火灾危险性的生产厂房，甲类物品库房，易燃、易爆材料堆场以及可燃或易燃、易爆液（气）体贮罐的防火间距，不应小于杆塔高度的1.5倍；与散发可燃气体的甲类生产厂房的防火间距，应大于20 m。

（2）送电线路与铁路、道路、河流、管道、索道及各种架空线路交叉或接近，应符合规范要求。

5）接户线的安全距离

（1）接户线受电端的对地面距离，高压接户线≥4 m，低压接户线≥2.5 m。

（2）高压接户线至地面的垂直距离应符合有关规定，跨越街道的低压接户线至路面中心的垂直距离：通车街道≥6 m，通车困难的街道、人行道≥3.5 m，胡同≥3 m。

（3）低压接户线与建筑物有关部分的距离：与下方窗户的垂直距离≥0.3 m，与上方阳台或窗户的垂直距离≥0.8 m，与窗户或阳台的水平距离≥0.75 m，与墙壁构架的距离≥0.05 m。

（4）低压接户线与弱电线路的交叉距离：在弱电线路上方≥0.6 m，在弱电线路的下方≥0.3 m，如不能满足上述要求，应采取隔离措施。

（5）高压接户线与弱电线路的交叉角应符合有关规定。

（6）高压接户线与道路、管道、弱电线路交叉或接近，应符合规范的规定。

（7）低压接户线路与其他设施交叉跨越：导线与地面、建筑物、树木、铁路、道路、河流、管道、索道及各种架空线路的距离，应根据最高气温情况或覆冰情况求得最大弧垂，和根据最大风速情况或覆冰情况求得的最大风偏进行计算。大跨越的导线弧垂应按导线实际能够足以承受的最高温度计算。

表 3-48　35~220 kV 挂线弧垂及构架允许最小尺寸　　　　　　　m

分类 项目	额定电压/kV			
	35	60	110	220
母线弧垂	1.0	1.1	0.9~1.1	2.0
出线弧垂	0.7	0.8	0.9~1.1	2.0
π 型母线架线距	1.6	2.6	3.0	5.5
门型母线架线距	—	1.6	2.2	4.0
出线线距	1.3	1.6	2.2	4.0
母线构架高度	5.5	7.0	7.3	10.5
出线构架高度	7.3	9.0	10.0	14.5
双层构架高度	—	12.5	13.0	21.0
π 型母线构架宽度	3.2	5.2	6.0	11.0
门型母线构架宽度	—	6.0	8.0	14~15.0
出线构架宽度①	5.0	6.0	8.0	14~15.0
隔离开关支架高度	3.0	3.0	2.7	2.7
C.T 支架高度	3.0	2.5	2.5	2.5
P.T 支架高度	2.5	2.5	2.5	2.5
熔断器及电阻支架高度	3.5	—	—	—
避雷器支架高度	2.5	2.5	2.5	2.5
避雷器落地高度	0.4	0.4	0.4	0.4
耦合电容器支架高度	3.0	3.0	2.5	2.5

①出线中心线对门形架横梁垂直线的偏角 θ 应满足：35 kV，$\theta \leq 5°$；110 kV，$\theta \leq 20°$，若 $\theta \leq 5°$时，架构宽度应为 7 m；220 kV，$\theta \leq 10°$，若 $\theta > 10°$时，应采取挂线点偏移措施。

7. 城市供电平面布置图

在城市规划平面图上，画上电源、用户的位置以及负荷的大小，制出城市供电负荷分布图，并据此编制城市供电平面布置图(亦称城市电力网络平面布置图)。图中应表示出电源的容量及位置，变电所、配电所的容量和位置，高压线路和中压供电线路的走向及电压等，若做小区规划时还应有路灯网络。图 3-18 为居住区供电外线总图，图 3-19 为变电所布置及 10 kV 电源线路图。

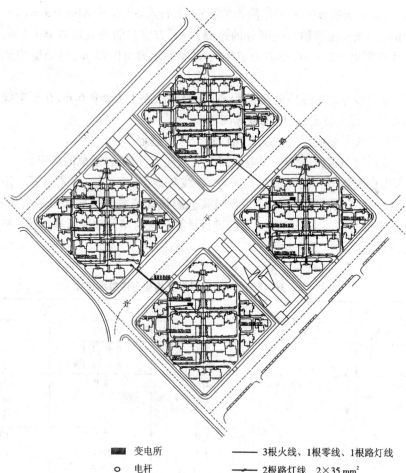

　　■ 变电所　　　　　—— 3根火线、1根零线、1根路灯线

　　○ 电杆　　　　　—— 2根路灯线　2×35 mm²

　　⊢○ 带拉线电杆

图 3–18　居住区供电外线总图

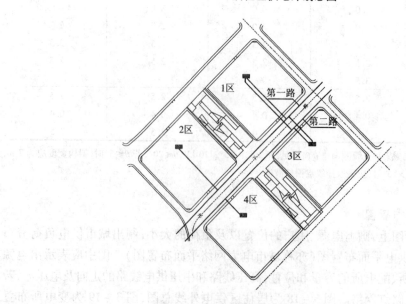

图 3–19　变电所布置及 10 kV 电源线路

城市供电平面布置图应满足下列要求。

（1）保证用户的用电量，这是供电规划的目的。

（2）保证用户对供电可靠性的要求，即保证不间断供电，如医院、大型剧院，特别是某些工业企业，不间断供电电源极为重要。对不能停电的用户，应当由两个电源供电，并且要有备用线路和自动装置。

（3）保证供电的电压质量。电压降低对用户不利，电动机的转速会变慢，电灯的照度也会降低。

（4）接线最简单，运行最方便。

（5）投资适当。

（6）有发展的可能性，在未来负荷增加时，可不改或小改原有建设。

（7）对网络的发展，能有步骤、分阶段地进行建设。

（8）不妨碍城市的美观。在布置电网时，有可能的均采用地下电缆。

根据以上要求，电网的接线可以采用环形、放射、两端供电等方式，也可采用有配电所的网络。

第4章 城市电信工程规划

4.1 概述

城市通信工程规划应由电信通信、广播电视、邮政通信等 3 项内容组成。邮政通信传送的主要是实物信息,如信函、包裹、汇款、报刊发行等,处理手续上分为收寄、分捡、封发、运输、投递等。其业务除了一些内部作业逐渐采用机械化和自动化的分拣传输外,大量的工作全靠人工进行传递。

电信通信是利用无线电、有线电、光等电磁系统传递符号、文字、图像或语言等信息的通信方式,被誉为国家的神经系统。电信是用电来传送信息的,而不是原物的信息,收到的是信息的复制品。按业务分为电话、电报、传真、数据传输等。按通信方式可分为有线和无线两类。

广播电视是通过无线电波或通过导线向广大地区播送声音、图像节目的传播媒介,统称为广播。其中只播送声音的,称为声音广播;播送图像和声音的,称为电视广播。狭义上讲,广播是利用无线电波和导线,只用声音传播内容的,广义上讲,广播包括平常认为的单有声音的广播及声音与图像并存的电视。

广播电视具有明显的信息产业的基本功能,即生产和传递信息的功能、导向社会资源优化配置的功能、经营信息的功能等。同时值得指出,根据通信发展,城市通信规划应突出电信网、计算机网和广播电视网三网合一的信息通信网综合规划。

4.1.1 关于三网融合问题

信息技术和通信技术迅猛发展,信息的交流和传输的方法已经超出了人们以往单纯所指的以电话为主体的电信通信。数据和计算机通信网络迅速崛起,广播电视正在向交互式方向发展,电信网、计算机网和广播电视网之间的"三网融合"已经成为大势所趋。

电信网覆盖面广、管理严格、组织严密、经验丰富,有长期积累的大型网络设计运营和管理经验,最接近普通用户。另外,电信网在提供全球性业务方面具有优势。传统电信网以电话网为主体,采用电路交换形式,最适用于实时的电话业务,业务质量高且有保证。

以 Internet 为主体的计算机网的特点是网络结构简单,采用分组交换形式,适于传送数据业务。Internet 所采用的 TCP/IP 协议是可为三大网共同接受的通信协议,Internet 发展速度快、业务成本低,基于该网的业务具有长足的发展潜力,包括实时性话音业务在内的各种通信业务都可以在 Internet 上来提供。

有线电视网覆盖面广、普及率高,其主要优势在于较高的接入带宽,在视频服务市场、数据服务市场、电路出租业务等几个方面,将具备良好的商业前景。利用有线电视网络设施资源和低廉的价格可以提高信息传输效率,开拓网络传输的途径,推动信息网络的普及。

技术的发展推动了网络之间的融合,数字技术的发展使电话、数据和图像等业务信息都可以采用统一的数码传输、交换和分配,以三大业务来分割三大行业的技术基础不复存在;

光通信技术的发展,为传送宽带图像和数据业务提供了必要的宽带和传输质量以及低廉的成本;软件技术的发展,使用户不必过多改动硬件,就可使网络的功能不断升级,支持多种业务。技术的发展提出了三网融合的要求,同时为之创造了条件,三网融合并不只是三种通信网络的简单互联或资源共享,而是要在高层业务应用的融合,表现为技术上相互吸收并逐渐趋向一致,业务上相互渗透和交叉,网络层上实现互联互通,应用层上使用统一的通信协议,最终实现面向用户的自由、透明而无缝的信息网络。

4.1.2　城市通信工程规划原则

城市通信工程规划应遵循以下原则。

(1)城市通信工程规划应遵循统筹规划、合理布局、适当超前、优化配置、资源共享以及可持续发展的原则。

(2)城市通信工程规划应依据城市总体规划,并与城市综合防灾及用地、供电、给水、排水、燃气、热力等相关工程规划相协调。

(3)通信设施选址与建设应满足城市生命线工程、通信设施建筑场地与结构防灾等方面的通信安全保障要求。

(4)城市通信工程规划既要以社会信息化的需求为主要依据,考虑社会各行业、各阶层对基本通信业务的需求,保证向社会提供普遍服务的能力,通信工程要符合国家和通信相关部门颁布的各种通信技术体制和技术标准。

(5)城市通信工程规划要充分考虑原有设施的情况,充分挖掘现有通信工程设施能力,合理协调新建通信工程的布局。规划必须论证方案的技术先进性,网络的安全、可靠性,工程设施的可行性和经济合理性,同时还要考虑今后通信网络的发展,以适应电信技术的智能化、数字化、综合化、宽带化和电信业务的多样化的发展趋势。

(6)城市通信工程的规划要综合考虑,避免通信基础设施的重复建设,促进电信业务的开放经营和竞争趋势。

(7)城市通信工程规划要考虑电信设施的电磁保护以及其他为维护电信设施安全的安全措施,也要考虑无线电信设施对其他专用无线设备的干扰。

(8)城市通信工程的规划要按近细远粗的原则进行。即做到城市通信工程近期建设规划应与远期规划相一致,避免不必要的工程拆建和重复建设;便于近期规划建设与远期发展相协调;有利网络拓展与管线延伸。做到城市通信工程的规划范围应与相关城市总体规划、详细规划范围相一致。做到城市通信工程的规划期限应与城市总体规划期限相一致。

4.1.3　城市通信工程规划的内容深度

1. 城市通信工程总体规划的内容深度

1)城市通信工程总体规划的主要内容

(1)通信系统现状及存在问题分析。

(2)依据城市经济、社会发展目标、城市性质与规模及通信有关基础资料,宏观预测城市近期和远期通信需求量,预测与确定城市近、远期电话普及率和装机容量,研究确定邮政、移动电信、广播、电视等发展目标和规模。

(3)依据市域城镇体系布局、城市总体布局,提出城市通信规划的原则及其主要技术措施。

（4）研究和确定城市长途电话网近、远期规划,确定城市长途网结构方式、长途局规模及选址、长途局与市话局间的中继方式。

（5）研究和确定城市电话本地网近、远期规划,包含确定市话网络结构、汇接局、汇接方式、模拟网、数字网(IDN)、综合业务数字网(ISDN)及模拟网向数字网过渡方式,拟定市话网的主干路规划和管道规划。

（6）研究和确定近、远期邮政、电信局所的分区范围、局所规模和局所选址。

（7）研究和确定近、远期广播及电视台站的规模和选址,拟定有线广播、有线电视网的主干路规划和管道规划。

（8）划分无线电收发信区,制定相应的主要保护措施。

（9）确定城市微波通道,制定相应的控制保护措施。

2）城市通信工程总体规划图纸

（1）市域通信工程现状图。该图主要表示市域范围现状的邮政局所分布,电话长途网、本地网分布和敷设方式以及现有广播电视台站、电视差转台、微波站、卫星通信收发站、无线电收发信区等设施。

（2）市域通信工程设施规划图。该图表示市域内邮电局所规划分布长途电话网规划,本地网及敷设方式,广播电视台、电视差转台、微波站、卫星通信收发站等设施分布以及无线电收发信区。

（3）城市通信工程现状图。该图主要表示城市现状的邮政局所、电信局所、广播电台、电视台、卫星接收站和微波通信站其他通信线路、干线分布位置和敷设方式、微波通道位置等。通信种类多、量大、复杂的城市可按邮政、电话、广播电台、无线电通信等专项分别作出现状图。通信种类少而简单的城市可将城市现状通信图与城市规划中其他专业工程现状图合并,同在城市基础设施现状图上表示。

（4）城市通信工程总体规划图。该图表示城市邮政枢纽、邮政局所、电话局所、广播电台、电视台、广播电视制作中心、电视差转台、卫星通信接收站、微波站及其他通信设施等的规划位置和用地范围。无线电收发信区位置和保护范围,电话、有线广播、有线电视及其他通信线路干线规划、走向和敷设方式,微波通道位置、宽度、高度控制。

2. 城市通信工程详细规划内容深度

1）城市通信工程详细规划的主要内容

（1）规划范围及规划范围外相关的通信现状分析。

（2）预测规划范围内的通信需求量。

（3）确定邮政、电信局所等设施的具体位置、规模与用地细化及落实。

（4）确定电信线路的路由、敷设方式、管道埋深等。

（5）划定规划范围内电台、微波站、卫星电信设施控制保护界线。

（6）估算规划范围内电信线路造价。

2）城市通信工程详细规划图

通信工程详细规划图表示规划范围内的邮政、电话局所的平面位置以及有线电视、广播等管线的位置及敷设方式、埋深和管孔数等。

3. 通信专项规划的基本要求

通信专项规划大多由专业部门完成,但与城市规划关系密切的通信专项规划也有由城市规划院完成的。

城市规划中的通信工程规划包括电信网、局所、传输网、管道等规划基本内容,与城市规划的城市空间布局关系十分密切。这部分内容与专业部门的相应规划内容是共同和必需的,也是一致的。专项规划其他内容是上述规划的延伸和细化,而上述规划内容是专项规划的指导。

4.2　电信工程规划

4.2.1　概述

改革开放以来,我国的城市电信事业得到了迅猛发展。电信事业的发展又为高新技术进步和高新技术产业的形成创造了良好的市场条件。电信业和高科技产业的良性循环以及它们相互促进的巨大力量有力地推动了城市新兴产业的形成。当今,通信事业已成为人类社会技术进步最活跃、最迅速的一个领域。电信作为社会的重要基础设施和国民经济要素日益被世界各国政府所认同。电信的根本作用在于把社会的生产、分配、交换和消费有机地联系起来,使社会活动节奏更快,效率更高。

由于微电子技术、光电子技术、计算机技术、软件技术等的飞速发展,尤其是计算机与通信的密切合作,电信事业越来越多样化。当代通信网(通信技术)在数字化、综合化发展的基础上,已经向宽带化、智能化、个人化的方向发展。

1. 电信系统的基本组成

电信网由电话局(交换中心)及用户线构成。电话网一般有全互联网、格状网、星形网及部分互联网 4 种结构。各市话局之间的线路称为中继线路,用于市话局之间的接续中继呼叫的交换局称为汇接局。

电信系统指在城镇区域内外的电信部门(局)与微波站、卫星及卫星地面站,电信局与中转设备,电信局与用户集中设备,电信局与用户终端设施以有线和无线的形式进行信息传输的系统。

按设备组成要素,电信系统可分为发送设备系统、传输设备系统、接收设备系统 3 个子系统。

发送设备系统,是把需要传送的信息(文字、语音等)变成电信号的设备。

传输设备系统,是传输电信号的线路或电路系统。

传输系统的方式包括有线传输、无线传输和卫星传输。有线传输主要是通过光缆、电缆实现通信传输的工程,其中对称电缆容量只有 60 路,用于短距离传送;同轴电缆可开通 480~1 800 路,用于本地长途网中的各种路由;而光缆则因其容量大(为同轴电缆容量的数十倍以上)、不受电磁干扰、投资比同轴电缆省 20% 而备受青睐。无线通信传输主要通过微波站接力的方式进行传递,可装 1 800~2 700 多门载波电话,是全国自动长途电信网的基础。一般每 100~150 km 设一枢纽站,50~70 km 设一中间站,用于长途干线网。卫星通信依托天上的通信卫星和地面收发站传递信息。目前我国已建成 37 座大型卫星地面站,覆盖了全国主要城市,可同时提供 65 300 多条数字电路的数字卫星通信网已基本完成。开通亚太地区 22 个国家近 31 亿人口的、中心设在北京的个人卫星移动通信(APMT)系统,通信容量达 16 000 条,可提供双向语音通信、传真及其他 GSM 数字移动电话网相同的增值业务。

公用移动通信系统是典型的移动通信方式,使用范围广,用户数量多,由移动台、基地站、移动控制台及自动交换中心等组成，并由自动交换中心接入市话汇接局进入公共电话网，是一种无线和有线传输的结合。大中城市多实行小区制，每区设一个基地台。

接收设备系统是把经过传输线路传输送来的电信号复制成原来信息的设备。

2. 电信系统的分类

1）按业务，电信系统分为电话系统和电传系统

电话系统是把用户的声音以电信号或数字电信号传输的行为称为电话。其中，按通信方式分为电话通信方式和数字电话通信方式，按传输媒质可分为有线电话和无线电话。

电传系统是将用户的图文资料以电码信息或直接转换为电信号的传输，故称为电传。其中，电报是用户文字资料以电码信息的方式以无线形式进行传输的，电话传真是把用户图文资料利用普通电话网络以有线的形式进行传输的。

2）按电信系统的局制分类

电信系统的局制分为单局制和多局制。单局制适用于业务量少、用户少的小城镇。多局制适用于服务量大、业务量大的城市或中继站。

电信通信网可分为市话通信网、长途通信网、农用话网。

长途通信网的结构形式分为直达式、汇接式和混接式 3 种。直达式，即对固定的对象使用，无中间环节，传递最迅速、可靠，但费用较高，线路复杂（如图 4-1 所示）；汇接式（辐射式），以长话为中心进行转接（如图 4-2 所示）；混接式，是直达式和汇接式的混合形式。对于高级别传递用直达式，而对于其他传递则用汇接式。

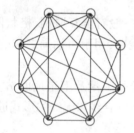

图 4-1　用户各个相连

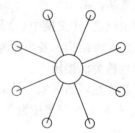

图 4-2　交换节点的引入

按混接式线图将电信号分为 4 个等级：一级为省际间的电信网，二级为省内的电信网，三级为县际间的电信网，四级为县内范围的电信网。

与此对应，我国将电信线路分为 4 级：一级线路即长途通信中的干线网路，为省中心以上的线路；二级线路是省中心以下县级中心以上之间的线路；三级线路是县中心以下的线路；四级线路为乡级之间的线路，主要为农用线路。

3）电信系统按系统分类可分为通信系统和通信网

（1）通信系统，是指由完成通信全过程的各相关功能实体有机组合而成的体系。通信系统一般由发端、信道和收端等几大部分组成。

通信系统按信源分为电报通信、电话通信、数据通信、图像通信、多媒体通信等类型。电报通信是指将发端的符号、表格、图形、图像等书面消息由电报机转换成书面消息的通信方式。电话通信是指通过电话的方式传递语音的通信方式，是目前全球范围引用最广的电信业务。数据通信是指为满足计算机间的数据、表格、图形等的相互传递，将计算机技术与通信网络相结合而形成的通信形式。图像通信是指专门用于传递图像信息或同时携带语音信息的通信方式。多媒体通信是指多媒体信息有机组合进行传输，用手段给信息以视觉、听觉

感受的新型通信方式。

通信系统按信道可分为有线通信系统和无线通信系统两大类。有线通信系统是利用电磁波在导体中的导引传播进行通信的通信系统。无线通信系统是指借助电磁波在自由空间的传播、散射进行通信的通信系统。

通信系统按传输信号类型可分为模拟通信系统和数字通信系统。模拟通信系统是传输模拟信号的通信系统,数字通信系统是传递数字信号的通信系统。

(2)通信网,是将众多的通信系统按一定的拓扑结构和组织结构组成一个完整体系。通信网由用户终端设备、交换设备、传输链路组成。

用户终端设备是通信网通信的汇点和终点,亦称原始消息和发射信号间的交换。交换设备是组织、构建交换型通信网的核心,基本功能是完成介入接点信号和汇集转接接续和分配。传输链路是连接办理交换结点,实现信号传输的通路。常由传输媒质(有线通道或无线通道)附加一定的传输设备(如放大器、均衡器等)构成。

通信网的分类如表 4 - 1 所示。

表 4 - 1　电信通信网分类

特征属性	分　类		
服务范围	电话网	长话网/本地网	
	非话网	广域网/城域网/局域网	
开放业务	电话网/移动网/电报网/传真网/数据网/综合业务		
服务对象	公用网/专用网		
信号类型	模拟网/数字网		
传统媒质	有线网/无线网		
处理方式	交换网/广播网		

本地网是指局部地区的电话网,长途网系指承载本地网间长途电话业务的网络。非话网主要指包括计算机通信网在内的数据通信。局域网是指一个房间或几个相邻房间或一幢楼内的网络。城域网是指直径在 50 ~ 100 km 范围内或一个城市中进行通话的网络。广域网是指一个国家或几个相邻国家或全球通信的网络。

公用网是由国家通信主管部门或经过国家有关机构认可的机构建设并管理的面向全社会开放的通信网。专用网是指由某一专用部门或单位专用并管理的通信网。

模拟网是传输模拟信号的网络。

数字网是传输数字信号的网络。

有线通信网是借助固体媒质进行信号传输的通信网。无线通信网是借助电磁波在自由空间的传播进行信号传输的通信网。

交换网是指由交换结点和传输链路构成的具有信号分配、交换的通信。广播网无交换功能,所有终端共享传输链路,即一点发送信号后,网络上任一点均可收到此信号。

4.2.2　城市电信工程需求量的预测

城市电信用户预测总体规划阶段以宏观预测为主,详细规划阶段以微观预测为主。在进行电信用户预测时,应选择两种以上方法预测,至少用一种方法校验。对预测基础资料进行整理分析,同时在分析预测准确性与合理性的基础上作预测结果修正。

1. 城市电话需求量的预测

1)简易市话需求量相关预测

这是指寻找城市电信增长与国内生产总值增长的关系。预测公式为

$$y_t = y_0(1 + \alpha)^t \qquad (4-1)$$

式中 y_t——规划期期末的城市电话需求量;

y_0——规划期开始时的城市电话量;

α——市话变化增长量与国内生产总值增长的比值,一般采用调查值,无资料时,可取 1.5;

t——预测年数。

2)国际推荐预测方法

$$y = 1.675x^{1.4156} \times 10^{-4} \quad （门/百人） \qquad (4-2)$$

式中 y——电话普及率,门/百人;

x——人均国民生产总值,美元。

3)根据我国规定的发展目标进行预测

交换装机容量 = (1.2 ~ 1.5)(目前所需电话容量 + (10 ~ 20)年后的远期发展总容量)

中继线数量是通信部门总体规划的内容,为了路由规划方便,暂按装机容量的 20% ~ 30% 计算。

4)单项指标套算法

(1)总体规划阶段可用指标进行套算:每户住宅按 1 部电话计算;非住宅电话占总住宅电话的 1/3;电信局设备装机率规划近期为 50%,中期为 80%,远期为 85%;端局最终电话达 4 ~ 6 万门,电话站最终期电话容量 1 ~ 2 万门。

(2)详细规划阶段主要是通过市话的服务面积来套算需求量,每部电话的服务面积如表 4 - 2 所示。

表 4 - 2 每部电话的服务面积

用地类别	面积指标/m²	用地类别	面积指标/m²
办公	20 ~ 25	商业	3 ~ 40
多层住宅	60 ~ 80	幼托	80 ~ 95
高层住宅	80 ~ 100	医院	100 ~ 120
仓库	150 ~ 200	学校	90 ~ 110
旅馆	35 ~ 45	文化	110 ~ 130

其中,小区内每 50 ~ 100 户必须至少设置 2 部公话(来话去话各一部),电话配线间(室内)一处,使用面积不小于 6 m²。

5)电话增长率预测法

$$y_t = P_t R_t \qquad (4-3)$$

式中 y_t——规划年的话机总量;

P_t——预测年的话机普及率；

R_t——预测年的人口总数；

t——预测年。

根据国家人口增长确定不同阶段的人口增长率，预测人口 R_t。根据全国及地区电信发展目标，城市经济发展特点来确定电话总量的增长率，最后得到电话普及率等发展目标。

6）采用普及率法作预测和预测检验

当采用普及率法作预测和预测校验时，采用的普及率可结合城市的规模、性质、作用和地位、经济、社会发展水平、平均家庭生活水平及其收入增长规律、第三产业和新部门增长发展规律综合分析，按表 4-3 指标范围比较选定。

表 4-3　城市电话普及率远期预测指标　　　　（线/百人）

城市规模分级	特大城市、大城市		中等城市			小城市		
	一级	二级	一级	二级	三级	一级	二级	三级
远期	75~80	70~76	68~73	65~70	58~65	63~68	60~65	53~60

注：表中城市规模分级，一级为经济发达地区城市，二级为经济发展一般地区城市，三级为经济欠发达地区城市。

7）采用单位建筑面积分类用户指标作预测

当采用单位建筑面积分类用户指标作用户预测时，预测指标可结合城市的规模、性质、作用和地位、经济、社会发展水平、居民平均生活水平及其收入增长规律、公共设施建设水平和第三产业发展水平等因素综合分析，按表 4-4 指标范围比较选取。

表 4-4　按单位建筑面积测算城市电话需求分类用户指标　　　　线/m²

	*写字楼办公楼	商店	商场	旅馆	*宾馆	医院	工业厂房	住宅楼房	别墅、高级住宅	中学	小学
特大城市大城市	1/25-35	1-1.5/线/店户	1/60-100	1/30-40	1/25-30	1/100-140	1/100-180	1-1.2线/户面积	1.2-2/200-300	5-10线/校	3-6线/校
中等城市	1/30-40	1-1.2/线/店户	1/70-120	1/40-60	1/30-40	1/120-150	1/120-200	1-1.1线/户面积	较高级住宅1-1.2/160-200	4-8线/校	3-4线/校
小城市	1/35-45	1-1.1/线/店户	1/80-150	1/50-70	1/35-45	1/130-160	1/150-250	0.9-1.1线/户面积		3-5线/校	2-3线/校

注：*建筑大体量、高档次办公楼、宾馆楼按单位小交换机预测。

2. 移动电话需求量及普及率预测

1）用移动电话占市话的百分比来预测

一般而言，移动电话与市话之间存在一定的比率。参考国外移动电话的发展比例，我国城市移动电话可按下式预测：

$$\text{移动电话用户数} = \text{公用电话实装数} \times (0.7 \sim 1.0) \qquad (4-4)$$

2）弹性系数预测法

移动电话发展与经济发展关系极为密切。根据二者的关系，移动电话量按以下公式计算：

$$y_t = y_0 (1 + \alpha k)^t \qquad (4-5)$$

式中　y_t——预测年的移动电话量；

y_0——基准年的移动电话量；

k——经济发展平均增长速度；

α——弹性系数，由历史数据中移动电话的增长率除以经济发展的增长率；

t——预测年数。

4.2.3　城市电信局规划

电信局所按功能划分包括长途电信局和本地电信局。长途电信局包括国际长途电信枢纽局和省、地长途电信枢纽局，本地电信局主要包括电信汇接局和电信端局。

规定电信局(所)规划应从全社会需求考虑统筹规划，并在满足多家运营商经营要求的同时，实现资源共享。

我国通信行业实行体制改革以来，多家运营商竞争经营，有力地促进了通信事业的发展，但在局(所)规划建设上也存在诸多问题，主要是只作短期规划并各自为政，设点多、规模小、用地和网络资源及建设资金浪费，既与局所规划大容量、少局数的发展趋向背道而驰；又给城市规划及管理造成许多困难。只有在政府引导下依据城市发展目标、社会需求以及电信网和电信技术的发展进行统筹规划，才有可能扭转上述局(所)规划建设的被动局面。

1. 电信局(所)设置及容量分配

1) 电信局(所)设置

长途电信枢纽局的设置应符合以下规定：

(1) 区域通信中心城市的国际和国内长途电信局应单独设置；

(2) 其他本地网大中城市国内长途电信局可与市话局合设；

(3) 市内有多个长途局时，不同长途局之间应有一定距离并应分布于城市的不同方向。

2) 电信局(所)规划建设

电信局(所)的规划建设除应结合通信技术发展，遵循大容量少局(所)的原则外，同时应符合以下基本要求：

(1) 在多业务节点基础上，综合考虑现有局(所)的机房，传输位置，电话网、数据网和移动网的统一以及三网融合与信息通信综合规划；

(2) 有利新网结构的演变和网络技术进步及通信设备与技术发展；

(3) 符合国家有关技术体制和本地网规划若干意见的规定；

(4) 考虑接入网技术发展对交换局所布局的影响；

(5) 确保全网网络安全可靠。

2. 电信局(所)容量分配

由于电信局(所)有限，但管理范围较大，故而通常将电信局覆盖的范围划分为不同的区块。分区时应遵循以下原则。

(1) 按不同时期发展要求进行配制，把城市作为整体进行划分，并且近、远期相协调。

(2) 分区要照顾到自然地形、铁路、地貌、人工设施等因素，同时分析各分区用户间的话务量情况，通话关系密切的地区尽量划在同一区内，以减少局间中继线和中继设备的数量。

(3) 根据人口规模及预测的话务量。

(4) 划区时，尽可能避免大拆大移，尽可能保留使用原有设备。

(5) 当分区块人口较少时，交换机容量可小些；反之可大些，但要有预留容量，详见表4-6所示。

表 4 - 6　局(所)容量与电话密度服务面积的关系

用户密度	类别	交换机/万门	服务面积/km²	服务区边长/km
100 部/hm²	上限	20	20	4.5
	最优	15	14	3.8
	下限	10	10	3.3
10 部/hm²	上限	4	36	6
	最优	3.5	30	5.4
	下限	2	21	4.7

建议城市每个交换局容量 10~20 万门,服务面积 10~20 km²。

(6)局(所)规划容量分配的规定。

表 4 - 7　本地网中心城市远期规划交换局设置要求

远期交换局总容量/万门	每个交换系统容量/万门	1 个交换局含交换系统数/个	允许最大单局容量/万门	最大单局容量占远期交换局总容量的比例/%
>100	10	2~3	≥20	≤15
50~100	10	2	20	≤20
≤50	5~10		15	≤35

(7)本地网中小城市远期电信交换局设置应依据电信网发展规划,并应符合表 4 - 8 局(所)规划容量分配的规定。

表 4 - 8　本地网中小城市电信交换局设置要求

远期交换机总容量/万门	规划交换局容量/万门	全市设置交换局数/个	最大单局容量占远期交换局总容量的比例/%
>40	10	4~5	≤30
20~40	10	3~4	≤35
≤20	5~10	2	≤60

3. 电信局(所)选址及用地

1)电信局(所)的勘定

(1)单局制,通常将电信局(所)设在区域中心或靠近中心处或用户交换中心处。

(2)多局制,将电信局(所)设在接近计算的各个中心位置。

2)电信局(所)的地址选择

地址选择要以网络规划和通信技术要求为主,结合水文、地质、城市规划、投资效益等因素比较确定。电信局(所)选址时应遵循下列原则。

(1)局址尽可能选在较安静、卫生条件良好、无干扰的地方。

(2)避开高层密集区内或高楼大厦包围地区。

(3)局址应选在地形平坦、土质良好的地段,避开地质不良地段及洪水淹灌区。

(4)局址应有安全环境,远离易燃、易爆的建筑物或堆积场。

（5）满足通信安全、保密、人防、消防等条件。

（6）选址要考虑近期适用、远期发展的可能，留有建设余地。

3）城市电信局（所）规划预留用地

（1）城市电信局（所）远期规划预留用地应依据局所的不同分类与规模按表4－9规定，结合当地实际情况比较分析选择确定。

表4－9　城市电信局（所）预留用地

局（所）规模/门	≤2 000	3 000～6 000	10 000	30 000	50 000～60 000	80 000～100 000	150 000～200 000
预留用地面积/m²	1 000 以下	1 000～2 000	2 500～3 000	3 000～4 500	4 500～6 000	6 500～8 000	8 000～10 000

注：1．表中局（所）用地面积同时考虑其兼营业点的用地。

2．表中所列规模之间的局（所）预留用地，可综合比较酌情预留。

3．表中6 000门以下的局（所）通常指模块局。

（2）现有交换网到远期交换网过渡期的非统筹规划局所宜在公共建筑中统筹安排。目前我国电信多家运营商局（所）设点多、重复建设。多数城市局（所）建设的此类现状问题与统筹规划的要求有很大差距，而缩小差距需要有一个过渡期，对于不同运营商过渡期非统筹规划局（所），明确不单独预留用地而在公共建筑中统筹安排，既可按照统筹规划，避免用地浪费，又能照顾多家运营商经营需考虑的一些实际情况。

4．城市电信楼的规划设计要求

1）电信局楼的分类

一般分为综合电信枢纽楼、一般电信局楼和综合电信楼3种。

（1）综合电信枢纽楼，一般安装长途干线传输设备。设置长途交换机房、长途网管中心、长途计费中心等。

（2）一般电信局楼，主要安装本地普通传输设备，电话交换端局、电话基站设备等。

（3）综合电信楼，除具有一般电信局楼的功能外，还应考虑安装本地重要的传输设备、移动电话交换设备等。

2）电信局楼设置

（1）电信枢纽楼的设置一般特大城市3～4个，较大省会城市2～3个，其他一般城市1个，个别较大的城市根据需要可设2个。

（2）综合电信楼设置，大城市12～20个，中等城市2～10个，一般不超过12个，其他城市应根据本地区人口及城市规模设置，如表4－10所示。

表4－10　综合电信楼设置

综合电信楼数量/个	8～20	4～8	2～4	2
城市人口/万人	500 以上	200～500	100～200	100 以下

（3）一般电信局楼设置：

一般电信局楼数量＝INT［0.4÷a×城市人口（百万）＋0.5］　　　（4－6）

式中a取3～10，对于较大城市a取值应大些。

设置原则为,最远用户距离电信局在 2.5～3.5 km 之内,一般电信局楼的密度为 8～10 km² 设一个。

3)电信建筑的规划设计要求

(1)有利于信息的交换和传输,卫生、安静、安全。

(2)楼内布局合理,空间灵活可变,有利于远期发展。

(3)创造无人值守和少人值守的条件,减少不必要的房屋。

(4)考虑防火要求。

4.2.4　城市有线通信线路规划

城市有线通信线路按使用功能分为长话、市话、郊区电话、有线电视、有线广播、计算机信息网络等;按通信线路材料来分主要有电缆、光缆、金属线等 3 种。通信线路按敷设方式有架空敷设和地面敷设(地面埋人)2 种。

线路是各类电话局之间、电话局与用户之间的联系纽带,是电话通信系统最重要的环节。合理确定线路路由和线路容量是电话线路规划的两个重要因素。线路应优先采用通信光缆以及同轴电缆等高容量线路,以提高其安全性和可靠性。线路敷设的最理想方式是管道埋设,其次是直埋。经济条件较差的城市,近期可以采用架空线路敷设,远期也应逐步过渡到地下埋设。在一般情况下,线路应尽量直达、便捷,避免拐弯。

在城市市区内,光缆线路应采用管道埋设方式。当现有管道不能利用或暂时不具备建筑管道的条件或费用较高时,可采用架空敷设作为过渡措施。光缆线路在城市郊区,当没有管道或不能建筑管道时,宜采用直埋敷设。

1. 规划原则

(1)电缆路由应符合城市规划,使电缆路由长期安全稳定地使用。

(2)电缆路由应尽量短直,并应选择在比较永久性的道路上敷设。

(3)主干电缆与配线电缆走向一致,互相衔接。在多局制的电缆网路设计时,用户主干电缆应与局的中继电缆的路由一并考虑。

(4)环境条件良好,安全性好。

(5)光缆电缆集中。

(6)重要的主干电缆和中继电缆宜采用迂回路由,构成环形回路。

(7)充分利用原有线路设备,尽量减少不必要的拆移而使线路设备受损。

2. 电缆路由不宜选择的地段

电缆路由不宜选在如下区段。

(1)预留发展用地或规划未确定的用地。

(2)易受腐蚀地区或地下水位较高,有岩石的地段。

(3)易燃、易爆和有腐蚀性气体的地方。

(4)架空电缆有碍绿化或影响公共建筑美观的地段。

(5)在高等级道路下的地段。

3. 电缆建筑方式的选择

电缆建筑方式一般有管道电缆、直埋电缆、架空电缆和墙壁电缆。电信管道是结合电信网的远期发展规划要求而建设的,具有通信效率高、安全可靠以及维护管理方便的特点。

1）管道电缆线路

管道电缆线路适用于以下情况。

（1）要求管道隐蔽。

（2）线路重要,有较高安全要求。

（3）近期出线的电话机容量在 600 对及其以上,且有发展趋势。

（4）与市内电话通信管道有接口要求。

2）直埋电缆线路

直埋电缆线路可应用于以下情况。

（1）用户较固定,电缆容量和条数不多,且今后较长时间内不增加电缆时。

（2）要求线路安全的电缆条数不多。

（3）不允许采用架空或墙壁电缆,又不能使用管道。

（4）跨越一般铁路、公路或城市街道不宜采用架空电缆时。

3）架空电缆线路

架空电缆线路可应用于以下情况。

（1）总体规划无隐蔽要求。

（2）远期电缆总容量在 200 对及以下。

（3）地下情况复杂或土壤具有腐蚀性。

4）墙壁电缆线路

墙壁电缆线路可应用于以下情况。

（1）电缆容量在 100 对以下且没有相邻的房屋建筑物敷设的配线电缆。

（2）墙面较干净,建筑物较坚固、整齐。

（3）旧市区街道两侧有紧密相连的骑楼。

（4）住宅小区室外配线宜采用。

4. 管道电缆的位置

管道电缆位置的要求如下。

（1）一般在人行道或非机动车道下,不允许在机动车道下。

（2）线路平行于道路中心线。

（3）埋深在 0.8 ~ 1.2 m,确因条件限制无法满足时,可适当减小。

（4）应埋在冰冻层以下,且在地下水位以上。

管道敷设应有一定坡度,一般为 3‰ ~ 4‰,但不得小于 2.5‰,以利于排水。

5. 直埋电缆的位置

直埋电缆、光缆路由要求与管道线路路由相同,埋深应为 0.7 ~ 0.9 m,并应加覆盖物保护,设置标志。直埋电缆、光缆穿过电车轨道或铁路轨道时,应设置于水泥管或钢管等保护管内,其埋深不宜低于管道埋深的要求。

6. 架空电话线路的位置

架空电话线路不应与电力线路、广播明线线路合杆架设。如果必须与 1 ~ 10 kV 电力线合杆时,电力线与电信电缆之间的距离不应小于 2.5 m;与 1 kV 电力线合杆时,电力线与电信电缆之间的距离不应小于 1.5 m。

一般情况下,市话线路的杆距为 35 ~ 40 m,郊区杆距为 45 ~ 50 m。

7. 室外敷设

选择室外电缆线路的路径应以现有地形、地貌、建筑设施为依据,并按以下原则确定。

(1)线路宜短直,安全稳定,施工、维修方便。

(2)线路宜避开易使电缆受机械或化学损伤的路段,减少与其他管线等障碍物的交叉。

(3)视频与射频信号的传输宜用特性阻抗为 75 Ω 的同轴电缆,必要时也可选用光缆。

(4)高、低压线回路杆或仅有高压线路时,可以在最下面架设通信电缆,通信电缆与高压线路的垂直间距不得小于 2.5 m;仅有低压线路时,可以在最下面架设广播明线和通信电缆,其垂直间距不得小于 1.5 m。

(5)敷设架空电缆时,同轴电缆不能承受大的拉力,要用钢丝绳把同轴电缆吊起来,方法与电话电缆的施工方法相似。室外电线杆的埋设一般按间距 40 m 考虑,杆长 6 m,杆埋深 1 m。室外电缆进入室内时,预埋钢管要作防雨水处理。

(6)需要钢索布线时,最大跨度不要超过 30 m。如超过 30 m 应在中间加支持点或采用地下敷设方式。跨距大于 20 m,用直径 4.6~6 mm 的钢绞线;跨距 20 m 以下时,可用 3 条直径 4 mm 的镀锌铁丝绞合。

4.2.5　城市无线通信设施规划

1. 无线电寻呼系统

1)系统的组成和作用

无线电寻呼是通过本地电话网和无线电寻呼系统来实现的。其组成如下。

(1)寻呼接入设备(它是通过公用电信网接入到寻呼控制系统后的设备,常为电话机)。

(2)寻呼控制系统(它是整个系统的枢纽,是完成寻呼业务的各种功能、管理寻呼机用户资料及各种信息的统计,并将用户的寻呼信息转换成信息格式)。

(3)基站发射系统。

(4)寻呼接收机。

(5)传输网络。

寻呼台与公用电话网连接有两种,一种为通过用户线连接,另一种为通过中继线连接,寻呼设备分人工接触和自动接触,即分别进入人工台和自动台。

2)服务类型

服务类型有联网服务和本地服务,支持的基本业务有:数字寻呼、中文寻呼及透明数据传输。

3)无线电寻呼频率

根据我国国家无线电委员会规定,寻呼的频段使用 150 MHz 和 280 MHz 频段。

2. 收信区与发信区

涉及收信区与发信区划分或调整的城市无线台站统一布局规划应纳入城市总体规划作出规定。我国城市收信区划分没有国家标准,只有相关技术规定,而相关技术规定主要参照原苏联的标准。后编制的二次规划都存在收信区发信区划分面积过大的问题,虽然相关技术规定修改后用地面积减少很多,但与节约用地要求还是有很大差距。

随着光纤通信等技术发展,收信发信无线通信作用相对弱化,有必要对原先的收信发信一些技术规定作适当调整。

(1)划分或调整城市收发信区应符合以下基本要求:①城市发展方向和总体规划的要

求;②设立无线电台站的状况和发展规划的要求;③各类无线电站的环境技术要求和地形、地质等条件的要求;④人防通信建设规划和战时通信的要求;⑤无线通信主向避开市区的要求。

(2)城市收信区发信区宜划分在城市郊区的两个不同方向的地方,同时应划出居民集中区、工业区,并在居民集中区与收信区之间、收信区与发信区之间以及收信区与工业区之间划出缓冲区。

(3)收信区边缘距居民集中区边缘不得小于2 km,发信区与收信区之间的缓冲区不得小于4 km。

(4)收信区发信区规划用地面积应依据统一布局无线电台站的技术和节约用地的相关要求,按现行技术规定和相关分析比较确定。

3.移动通信基站

1)城市移动通信基站选址要求

城市移动通信基站在城市分布面广、点多,除涉及电磁环境保护的电磁辐射安全防护外,还影响城市景观及市容市貌,与城市规划及规划管理关系密切。因此,必须纳入城市总体规划,并且作为有较大影响的建设项目必须符合《城乡规划法》和城市规划的要求。

2)城市移动通信基站建设要求

(1)移动通信基站选址建设应符合电磁辐射安全防护、卫生及环境保护相关的现行国家标准规范要求。

(a)无线站和微波的环境电磁辐射标准应分为居民(公众)标准和职业标准。居民(公众)标准为每天24 h连续照射的相关标准;职业标准为每天照射时间不超过8 h的相关标准。

(b)微波辐射居民标准(一级标准)为安全区标准。在这个区域中新建、改建或扩建的电台、电视台和雷达站等发射天线,在其居民覆盖区内,必须符合"一级标准"的要求。

(c)符合职业标准的二级标准的区域为中间区,可建造工厂和机关,但不得建造居民住宅、学较、医院和疗养院等。

(d)超过二级标准地区为危险区,对人体可带来有害影响,在此区内可作绿化或种植农作物,但禁止建造居民住宅及人群经常活动的一切公共设施,如机关、工厂、商店和影剧院等。

(e)环境电磁辐射强度限值应符合表4-11规定。

表4-11　环境电磁波辐射强度限值

频率/MHz	单位	居民(公众)		职业			
		GB8702	GB9175 (一级)	GB8702	GB9175 (二级)	GB12638	
						脉冲波	连续波
0.1~3	V/m	40	10	87	25	—	—
3~30	V/m	$67/\sqrt{f}$		$150/\sqrt{f}$		—	—
30~300	V/m	12	5	28	12	—	—
300~3 000	μW/cm^2	40	10	200	40	25	50
3 000~15 000	μW/cm^2	$f/75$		$f/15$			
15 000~30 000	μW/cm^2	200		1 000			

注:表中f为频率,MHz;V/m为电场强度单位;μW/cm^{2}为功率密度单位。

（2）移动通信基站选址和建设应尽可能避开居住小区、学校等人员集中场所，特别是幼儿园、小学、医院等较弱人群聚集场所。必须在上述场所附近设置基站应严格按照有关规定进行电磁辐射环境影响综合评价，特别是可能有的多个辐射源的叠加辐射强度的综合测评；一般情况，基站离住宅应按大于 40 m 控制。

（3）相关辐射强度计算与分析。

a）微波站辐射强度的计算。假设以微波站的发射功率为 2 W，天线直径为 2.4 m，工作在 6 GHz 频段，则根据推导的相关公式可计算出不同距离时的辐射强度如表 4 – 12。

表 4 – 12　辐射强度计算举例

频　率	GHz	6
波长	m	0.05
天线直径	m	2.4
馈源功率	W	2
馈线及其他损耗	dB	0.5
天线效率		0.6
天线增益	dBi	41.34
EIRP	dBW	43.85
近场区（Fresnel region）		
上限距离	m	28.8
轴向最大 pfd 值	W/m²	1.57
辐射中区		
下限距离	m	28.8
上限距离	m	69.12
上限距离时轴向最大 pfd 值	W/m²	0.65
远场区		
下限距离	m	69.12
下限距离时轴向最大 PDF 值	W/m²	0.40

不同距离时的辐射强度如图 4 – 3 所示。

图中 GB8702 是《电磁辐射防护规定》（国家环保总局）中要求的限值，GB9175 为国标《环境电磁波卫生标准》（卫生部）中要求的辐射限值。可见当距离此微波站 70 m 左右，即能满足 GB8702 的辐射限值要求；当距离 140 m 左右时，能满足 GB9175 的辐射限值要求。如果偏离微波天线的主轴方向，辐射强度将进一步缩小。

当然，在计算和测试辐射强度时，并非只有一个辐射源，而是要考虑多个辐射源的情况。在同一频段内各辐射源总的辐射强度不应超过该频段规定的限值，不同频段各辐射源的总辐射强度与对应频段规定的限值之比的和应不大于 1，因此这时需要保护距离将比单个辐射源时的大。

b）基站辐射强度计算。下面以常用的集群（iDEN）系统为例，来计算基站的辐射（不考虑合路器、馈线损耗）。

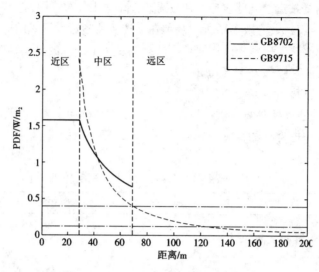

图4-3　不同距离时的辐射强度

基站最大发射功率：　70 W (48.5 dBm)

基站发射天线增益：　10 dBd

基站发射频率：　　　850 MHz

则距离基站 5 m 处的功率密度为

$$10\lg(S_0) = 10\lg[100\ PTG/(\pi d^2)]$$
$$= 20 + 10\lg PT + 10\lg G - 10\lg(\pi d^2)$$
$$= 20 + 10\lg 70 + 10 - 10\lg(3.14 \times 5^2)$$
$$= 29.55 \quad (dB\mu W/cm^2) \tag{4-7}$$
$$S_0 = 901.57 \quad (\mu W/cm^2) \tag{4-8}$$

同样可算出,当 $S_0 = 10\ \mu W/cm^2$ 时,居民离基站的距离为

$$d = 42.3 \quad (m)$$

从以上计算可知,当基站的等效发射功率为 58.5 dBm 时,在距离基站 5 m 处的功率密度为 901.57 $\mu W/cm^2$,只有距离基站 42 m 以上时,功率密度才降为 10 $\mu W/cm^2$ 。

4. 移动电话网络规划

1)移动电话网络的结构

按覆盖范围可分为三区制,其分区技术指标如下。

(1)大区制移动通信系统。服务区内只设一个基站,其本身承担的用户不太多,几十户到几百户。覆盖半径达 30~60 km,使用频率为 450 MHz。

(2)中区制移动通信系统把整个服务区划分为若干个中区,每个中区设一个基站,为中区内移动用户服务。覆盖半径达 15~30 km,可服务用户 1 000~10 000 户。

(3)小区制移动通信系统把每个中区划分为若干小区,每个小区设一个基站,为该小区内移动用户服务。覆盖半径为 1.5~15 km,小区制的基站发射功率一般≤20 W。最大容量 100 万户,使用频率为 900 MHz。每个基站都与无线中心控制局或交换局相连。

2)移动通信频点的配制

(1)移动通信的频率划分。1982 年,国家无线电管理委员会将我国陆地移动业务使用的频率划分如下。

　　VHF 频段：

　　　27.5～48.5 MHz

　　　72.5～74.6 MHz

　　　138～149.9 MHz

　　　150.5～167 MHz

　　UHF 频段：

　　　403～420 MHz

　　　450～470 MHz

　　　789～960 MHz

　　　1 710～1 814 MHz

　　（2）工作频段。

　　150 MHz 频段：

　　　138～149.9 MHz

　　　150.5～167 MHz

　　蜂窝状公众网工作频段：

　　　450 MHz 频段

　　　450.5～453.5 MHz

　　　460.5～463.5 MHz

　　　900 MHz 频段

　　　879～899 MHz

　　　924～944 MHz

　　（3）频道间隔。

　　a. 短波调频通信的相邻频道间隔是 25 kHz。

　　b. 900 MHz 和 1 800 MHzTDMA 数字移动网的同步频段相邻频道间为 200 kHz。

　　c. 基站工作频率发送取最高端，接收取最低端。不同收发间隔频率如下：

　　　150 MHz 收发间隔 5.7 MHz

　　　450 MHz 收发间隔 10 MHz

　　　900 MHz 收发间隔 45 MHz

　　　1 800 MHz 收发间隔 95 MHz

　　（4）频道配制。

　　在蜂窝移动通信网中，将服务区划分若干六边形小区，每个小区使用一组频道。为了避免同频干扰和邻频干扰，在枢纽小区内使用的频道应有足够的隔离。然而在保护距离之外的不同小区内则可再次使用，达到频道重复使用，扩大网络容量的目的。

　　按照网络的容量和频道区地形可采用不同频道配制的特点。我国规定采用 7 个基站 21 个扇区的频道配置方式，这样可尽量减少全国网时，由于频道复用而发生的干扰。

　　在实际建网中，其服务区内各部分的用户分布是不均匀的，因此在用户密度高的地区将小区划分得小些，频道配置数也相应增加。反之，对于用户密度小的地区，应作相应的调整。

4.3　广播规划

4.3.1　概述

广播分为有线广播和无线广播。有线广播是指企事业单位内部或某一建筑物(群)自成体系的独立有线广播,无线广播主要是指国家、政府等机构对外传输信息的电台。广播规划主要用于有线广播系统的布置。

4.3.2　广播系统

广播系统主要由信息节目制作间、无线电发射及接收台、转播站、传输线路、广播电台、信号接收发生转播设备、信号放大设备、收听设备等部分组成。

广播系统按其规模大小分类,可分为:国际广播系统、省级和省内广播系统、市级广播系统、乡镇级有线广播系统。

广播系统规模分类及其专用的建筑规划设计指标如表 4 - 13、表 4 - 14 所示。

表 4 - 13　市级广播电视中心建设规模分类

	项目	I 类	II 类
广播/h·d^{-1}	中波节自播出量	≥10	≥14
	调频节目播出量	≥5	≥8
	自制节目量	≥1	≥1.4
电视/h·d^{-1}	综合节目播出量	≥2.5	≥3.5
	教育节目播出量	≥2.5	≥3
	自制节目播出量	≥0.4	≥0.75
	自制教育节目量		≥0.75
建筑面积/m^2		6 000	8 000
占地面积/hm^2		1.2 ~ 1.5	1.6 ~ 2

表 4 - 14　乡镇级有线广播站房屋建设规模分类

序号	项目	I 类	II 类	III 类
1	建筑面积/m^2	120 ~ 150	200 ~ 230	270 ~ 300
2	占地面积/m^2	不小于总建筑面积的 2 倍		

1.有线广播系统

1)有线广播系统的组成

有线广播系统主要由播音室、线路、放音设备 3 部分组成。

2)有线广播系统的分类

按播音方式分为集中播放、分路广播系统、利用共用电视天线系统传输的高频调制广播系统等。

（1）集中播放、分路广播系统，即为采用一台扩音机作信道分多路，同时广播相同的内容。

（2）利用共用电视天线系统传输的高频调制广播系统。它是用在 CCTV 系统的前端，将音频信号调制成发射频信号，经同轴电缆传输到用户后，经过频道解调器后被收音机接收。

按其播放功能划分为：

（1）业务性广播系统，即以业务及行政管理为主的语言广播要求，它由主管部门管理；

（2）服务性广播系统，包括一至三级的旅馆、大型公共活动场所设的服务性广播等，主要以欣赏音乐类广播为主；

（3）火灾事故、保安报警广播系统，其主要是满足火灾时引导人员疏散的要求以及危险时的报警要求。

2. 有线广播设施布置

1）有线广播控制室及其设置原则

（1）办公类建筑，广播控制室宜靠近主管业务部门，当与消防值班室合用时，应符合消防控制室的有关规定。

（2）旅馆类建筑，服务性广播宜与电视播放合并设置控制室。

（3）车站等建筑，宜靠近调度室。

2）广播控制室的技术用房

一般应符合以下规定。

（1）一般广播系统只设控制室，当有噪声干扰时，应设立录播室。

（2）大型广播系统宜设置面积较大，有办公室、录播室、机房等用房。

（3）录播室与机房间应设观察窗和联络信号。其设置应符合现行《有线广播录音（播音）室声学设计规范和技术房间的技术要求》的要求。

（4）广播控制室技术用房的土建及其他设施应符合有关规范。

3）有线广播系统的信号接收和发生设备

（1）天线：主要是接收空间调频调幅广播的无线电波。

（2）话筒，又称麦克风，是一个将声能转化为电能的器件，是最直接的信号发生设备。其常用的有电容式和动圈式等。

（3）转播接收机，用来转播中央或地方广播电台的广播节目，目前主要有调频调幅接收功能。

（4）录放音机，兼有录、放、收音等多种功能，是有线广播系统中的重要设备之一。

4）放大设备

节目源的信号在空中传播时，将随着距离的增大而衰减，在一定的距离之外信号很弱，必须由放大设备放大后才能驱动发声（扬声器）。放大设备又称扩音机，是有线广播系统中的重要设备之一。

扩音机主要由前级放大器、功率放大器和电源 3 部分组成。其主要工作过程是：扩音机在电源供电正常运作时，通过前级放大器将输入的信号初步放大，使放大的信号能满足功率放大器对输入电平的要求；再通过功率放大器把信号进一步放大，以达到有线广播系统广播所需的功率。

有线广播系统还设置有前线增音机（又称调音台）、声频处理设备，其主要用于改善播音质量,提高广播技术性能指标。

5)扬声器

扬声器俗称喇叭,是终端设备,也是向用户直接传播音响信息的基本设备。

扬声器的工作原理是:驱动设备把电能转换为机械能,驱动音膜振动,激励其周围空气作声音振荡。

为增强扬声器的音响效果,通常将其放置于一封闭的盒内,称为扬声箱。不同的扬声器按一定形式要求组合在一起称为音柱。

民用建筑中扬声器安装应满足以下要求。

(1)办公室、生活室、客房等可采用 1 ~ 2 W 的扬声器箱。

(2)走廊、门厅及公共活动场所的背景音乐、业务广播等场所,宜采用 3 ~ 5 W。

(3)建筑物内的扬声器明装时,安装高度(以箱底部距地面的高度)≥2.2 m。

6)广播线路的敷设

(1)当广播线路沿建筑物敷设时,不宜设于建筑物的正立面。

(2)室内配线宜采用铜芯塑料绞合线,但旅馆内服务性广播线路宜采用电缆。

7)有线广播系统的工作程序

有线广播系统内的节目是在广播控制室内组织的,其节目来源有自制节目和通过信号接收来的节目,节目电信号在控制室内经扩音机放大后,再经广播线路及变压器转运至用户扬声器。

广播线路分为输送较高音频电压的反馈电线和输送较低音频的用户线。为了适应不同性质广播用户的不同要求,控制室一般采用多路输出,而在每一分路上连接性质相同的用户。

4.4　电视工程规划

4.4.1　概述

电视是可视信息传输系统。从传输媒介分,可分为有线电视系统和无线电视系统。电视系统工作原理是通过电视台或发射台把实物的影像变成电信号,以电磁波的形式或通过线路传输其信号,达到电视机后,电视机把接收到的电视信号再还原成影像映在荧光屏上。

有线电视系统均设有公用天线,所以亦称为共用天线电视系统(简称 CATV 系统)。

共用天线电视系统是许多用户电视机共用一组室外天线的设备,共享设备之间采用大量的同轴电缆作为信号传输线,因而,CATV 系统又叫电缆电视系统或有线电视。

CATV 系统的工作原理是,由公共天线接收电视台的电视信号,经调整放大后由专用部件将信号合理地分配给各用户电视机。其优点是:电视信号强烈,信息完整,电视图像清晰,不受地形条件和气象条件的影响,且利于各种信息传递工作,可形成功能完善的电视服务网络。

4.4.2　有线电视系统的分类

CATV 系统按其规模大小,即按其室内用户输出口的数量分为 A、B、C、D 4 类,见表4 - 15。

表 4 –15　CATV 系统分类

A 类		10 000 户以上
B 类		2 001 ~ 10 000 户
其中	B₁类	5 001 ~ 10 000 户
	B₂类	2 001 ~ 5 000 户
C 类		301 ~ 2 000 户
D 类		300 户

4.4.3　有线电视系统的组成

1. 接收天线

它是接收预定空间的高频电视信号并能转化为高频电流能的部件。最简单的接收天线是偶极天线(所谓偶极天线就是两个极,两段导线从两级伸向两端)。在有线电视中,通常在一根天线杆上安装多副天线,每副天线主要对准一个电视频道的信号,接收卫星信号,一般还需用抛物面天线。

在系统中,须安装放大器,以提高信号电平(信号电压)。放大器有单频道、频段和宽带放大器 3 种。而安装在天线竖杆上的紧靠偶极天线的放大器称为天线放大器。

接收天线安装位置通常要求放在较高处,避开接收电波传输方向上的阻挡和周围的金属构件的影响,并远离公路、电气化铁路、高压线及工业干扰源等。

接收天线应符合下列要求。

(1)天线与天线竖杆应承受设计规定的风荷载和冰荷载,且应防潮、防霉、抗腐蚀,其金属构件表面应镀锌或涂防锈漆。

(2)天线在竖杆上调整时,应能左右转动和上下移动,其组件应安装方便,固定可靠。

2. 前端设备

(1)自办节目设备,包括摄像机、录像机和电影电视转换设备等,这些设备用于提供自播节目的电视信号。

(2)调制器,是将视频信号、单频信号调制成电视射频信号的专用设备,可直接与摄像机、卫星接收机等配合使用。

(3)混合器,是将两路或两路以上高频输人信号混合一路输出的部件。通常将天线接收的电视节目信号、卫星节目信号和自办节目信号混合,然后由一根同轴电缆线传输出去。

有自办节目功能的前端,应设置单独的前端机房。播出节目 10 套以下时,前端机房的使用面积为 20 m²,播出节目每增加 5 套,机房面积宜增加 10 m²。

具有自制节目功能的有线电视台,可设置演播室和相应的技术用房,室内温度夏季不高于 28 ℃,冬季不低于 18 ℃,演播室天幕高度宜为 3.0 ~ 4.5 m。

3. 传输与分配网络

(1)线路放大器,包括干线放大器、干线延长放大器,主要用于补偿传输线上的损失,从而确保以标准电平的电视信号分配用户。

(2)均衡器,是一种由电容、电感和电阻构成的无源器件,对较低频率信号衰减较大,而对较高的频率信号衰减较小,因而可弥补传输电缆不均匀的幅频特性造成的频率失真。

(3)分配器。为合理地传递高频信号电能,必须根据全网络的大小确定若干条传输干线,分配器就是将一路高频信号电能分给几路干线的器件,其通常接于放大器输出端或把一条主干线分成几条支干线等处。

(4)分支器,是从传输高频电视信号的传输干线中取出一部分信号分给电视用户插座的部件。有一个分支输出端的称为一个分支器,有两个分支输出端的称为二分支器。

分配器平均分配电能,而分支器是从传输线中取出一部分信号电能给用户,大部分电能继续向后传输。

(5)传输线,是用以连接天线与电视机之间的导线,专门用于传输高频电视信号。

有线电视系统广泛使用的是同轴电缆传输线。它由同轴的内外导体组成,内导体为定芯导体,外导体一般为金属网。内外导体之间用聚乙烯高频绝缘材料或空气绝缘,最外层为聚氯乙烯保护层。在有线电视系统中,常用特性为 75 Ω 的同轴电缆,它的损耗较小,工作频率范围较宽,屏蔽效果好,抗干扰能力强。

4. 用户终端

(1)有线电视系统的用户终端是供给用户电视机电视信号的接线器,又称用户接线盒。盒中有电视信号插座,分配网络中的分支线就是与该插座连接。用户接线盒又分为明盒与暗盒两种。

(2)有线电视系统的设施工作环境温度要求:在寒冷地区室外工作的设施,温度要求在 -40 ~ +35 ℃,其他地区室外工作的设施,温度要求在 -10 ~ +55 ℃;室内工作的设备,其工作温度在 -5 ~ +40 ℃为宜。

4.4.4 电视系统规划与安装要求

1. 电视系统规划

1)电视系统规划的基本原则

(1)城市广播电视无线覆盖设施规划应包括相应的发射台、监测台和地面站规划并应遵循 3 项规划原则:①符合《城乡规划法》和城市总体规划的原则;②符合全国总体的广播电视覆盖规划和全国无线电视频率规划的原则;③与城市现代化建设水平相适应的原则。

城市广播电视无线覆盖设施规划发射台、监测台、地面站规划主要由广播电视的专业规划部门依据全国、省总体广播电视覆盖规划,结合城市总体规划考虑,城市规划部门将相应规划内容纳入城市总体规划时,应侧重于上述规划内容与城市总体规划之间的协调一致。

(2)城市有线广播电视规划应包括信号源接收、播发、网络传输、网络分配及其基础设施规划。其中有线广播电视信号源台站、信号中继基站和线路设施规划应遵循:①《广播电视保护条例》的相关规定和安全第一、预防为主的原则;②城市总体规划的原则;③与其他工程管线规划相协调的原则;④"以民为本",充分考虑社会、经济、环保等综合效益的原则。

有线广播电视规划应考虑 CATV 网与电信网、计算机网的三网融合,管道规划要考虑综合规划。

2)有线电视用户

(1)城市有线电视网络用户预测采用人口预测为基础时,可按 2.8 ~ 3.5 人一个用户计算;标准信号端口数应以户均两端测算,并以人均 1 端为上限。

(2)城市有线电视网络用户采用单位建筑面积指标预测时,可按表 4 - 16,结合当地实际情况及同类分析比较选用不同用地性质的预测技术指标。

表 4 - 16　建筑面积测算信号端口指标

用地性质	标准信号端口预测指标/端·m^{-2}
居住建筑	1/100
公共建筑	1/200

3）有线电视网

（1）城市有线电视网传输网层级划分应符合有关规定：①信号源总前端至各局域网总前端和网络中继分前端的线路为 1 级；②局域网总前端和网络中继分前端至各光电适配站的线路为 2 级；③光电适配站至用户的线路为 3 级。

（2）城市有线电视网规划应符合分层分区传输的原则要求，并应在相应通信工程规划图上落实有线电视一级传输网层级线路及其备用线路与管道。

4）网络前端规划

（1）城市有线电视网络前端宜分区域网信号源总前端、局域网信号源总前端、网络中继分前端、光电适配站 4 个级别。

（2）城市有线电视总前端设置应符合 2 个原则：①满足信号获取对卫星接收天线场地和电磁环境的要求；②大于 80 万服务人口的城市有线电视网络应在同城其他地区设置同等规模的备用信号总前端。

（3）城市有线电视总前端信号源基站预留用地不小于 500 m^2，其他类别前端基站不预留单独用地。

（4）城市有线电视前端站布局应符合 3 个原则：①以不同级别前端站覆盖区域的直径为间距，集中居住区网络中继分前端负荷不超过 3 万户为宜，光电适配站以不超过 500 户为宜；②以城市道路为界；③前端站宜设在其覆盖区域的中心位置。

2. 安装要求

（1）天线应架设在天线竖杆或专用铁塔上，其机械承载能适应当地气象条件，一般，基本风压不小于 300 Pa。

（2）天线杆周围的范围内应为净空，在净空范围内不得有除天线及天线架设构件外的其他金属物体。

（3）前端设施应设置在用户区域的中心部位，宜靠近接收天线和自办节目源。

（4）前端设备应组装在结构坚固、防尘、散热良好的标准箱、柜或主架中，部件和设备在主架中应便于组装及更新。

（5）前端机房和演播控制室宜设置控制台。控制台正面与墙净距不小于 1.2 m，侧面与墙或其他设备的净距，与主要通道不应小于 1.5 m，与次要通道不应小于 0.8 m。

（6）有自办节目的前端机柜正面与墙净距不小于 1.5 m，背面需检修时不应小于 0.8 m。

（7）前端机房内的电线敷设宜采用地槽。对改建工程或不宜设置地槽的机房，可采用电缆或电缆架。

（8）传输分配设备的部件不得安装在高温、潮湿或易受损伤的场所。

（9）室外线路敷设方式宜符合下列要求。

当用户的位置和数量比较稳定，要求电缆线路安全隐蔽时，宜采用直埋敷设方式。

当有可利用管道时，可采用管道电缆敷设方式，但不得与电力电缆共管敷设。

当不宜采用直埋或管道电缆敷设方式时,用户的位置和数量变动大,且需要扩充和调整并有可供使用的架空通信、电力杆路时,可采用架空电缆敷设。

(10)电缆与其他架空明线线路共杆架设时,其两线间的最小间距应符合表4-17的规定。

表4-17　电缆与其他架空明线线路共杆架设的最小间距

种类	间距/m	种类	间距/m
1~10 kV 电力线	2.5	广播线	1.0
1 kV 以下电力线	1.5	通信线	0.6

(11)电缆在室内敷设,应符合以下规定。

新建或有室内装饰的改造工程,宜采用暗管敷设方式。在已有建筑内,可采用明敷方式。

明敷的电视电缆同照明线、低压电力线平行间距不应小于0.3 m,交叉间距不应小于0.3 m。

不得将电视电缆与照明线、电力线槽、同一出线盒、同一连接箱安装。

(12)有线电视系统用单相220 V、50 Hz 交流电供电,电源一般都靠近前端的照明配电箱以专用回路方式供给。

(13)有线电视系统应有可靠的防雷与接地措施。

4.5　通信线路敷设与通信管道规划

4.5.1　通信线路敷设

(1)城市通信线路应以本地网通信传输线路和长途通信网传输线路为主,同时也包括广播有线电视网线路和其他各种信息网线路,包括光缆线路与电缆线路并应埋地敷设。

(2)城市通信线路路由选择应符合相关规定:①近期建设与远期规划一致,有利于避免重复建设;②线路路由尽量短捷、平直;③主干线路路由走向尽量与配线线路的走向一致并选择用户密度大的地区通过,多局制的用户主干线路应与局间中继线路的路由一并考虑;④重要主干线路和中继线路,宜采用迂回路由,构成环形网络;⑤线路路由应符合与其他地上或地下管线以及建筑物间最小间隔距离的要求;⑥除因地形或敷设条件限制,必须合沟或合杆外,通信线路应与电力线路分开敷设,各走一侧。

4.5.2　通信管道规划

城市通信管道功能是提供通信线路敷设的载体,城市通信管道网规划应以本地通信线路网结构为主要依据,对管道路由和管孔容量提出要求。

1. 管孔设计

1)管孔容量

(1)城市通信管道容量应为用户馈线、局间中继线、各种其他线路及备用线路对管孔需要量的总和。

（2）局前管道规划可依据规划局所终局规模、相关局所布局、用户分布及路网结构，按表4-18要求，选择确定出局管道方向与路由数。

表4-18　出局管道方向与路由数选择

规划局所终局规模/万门	局前管道
1~2	两方向单路由
5~6	两方向双路由
≥8	3个以上方向、多路由

注：大容量局所可考虑隧道出局。

（3）近局管道远期规划管孔数应依据规划局所终局规模、出局分支路由数量、出局路由方向用户密度、相关局间联系及远期采用光缆比例，参照表4-19分析与计算确定。

表4-19　进局管道远期规划管孔数

规划局所终局规模/万门	距局500 m分支路由管孔数	距局500~1 200 m的分支路由管孔数
1~2	10~15	6~10
5~6	15~22	12~15
≥8	20~30	18~24

2）常用管材的种类和特点

各种管材的特点有所不同，表4-20所列为各种管材的优缺点和使用场合。

表4-20　各种管材的优缺点和使用场合

序号	管材名称	优点	缺点	适用场合	不宜使用的地段
1	混凝土管	1.价格低廉 2.制造简单，可就地取材 3.料源较充裕	1.强度差，要求有良好的基础才能保证管道质量 2.密闭性差，防水性能低，有渗透现象 3.管子较重，长度较短，接续多，运输和施工不便，增加施工时间和造价 4.管材有碱性，如脱碱不净会对铅护层的电缆有腐蚀作用 5.管孔内壁不光滑，对抽放电缆不利，摩擦力大 6.生产少量的管材不够经济，建厂和制模费用较大，无工厂正式供应，要现场制造，长途运输不合理，管材损坏率较高	一般市话线路的电缆管道均较广泛采用	1.地基有不均匀下沉或跨距较大的地段 2.管道附近有腐蚀介质且有严重腐蚀时 3.管道敷设段落地下障碍物较多且复杂，需多次弯曲时 4.管道埋深在地下水位以下时，或与有渗透的排水系统相邻近 5.使用混凝土管数量不多，制造不经济或料源有困难以及其他原因时

序号	管材名称	优点	缺点	适用场合	不宜使用的地段
2	石棉水泥管	1. 重量轻 2. 强度较高,抗弯强度也强 3. 密闭性较好,抗渗透性大,透气性低,内压强度高 4. 抗腐蚀力强 5. 有耐久性 6. 管孔内壁光滑,摩擦系数较小,有利于抽放电缆 7. 导热系数低且有一定的绝缘性和耐冻性 8. 可割可凿,施工方便 9. 持续配件可成套供应	1. 性能易碎裂 2. 不耐冲击和振动,不利于运输和施工 3. 造价较高 4. 接续较麻烦,如采用混凝土包封增加施工时间	1. 需要防腐蚀(特别是电蚀)的地段 2. 敷设在高温地段 3. 地基有不均匀下沉的现象时 4. 管孔不多,距离不长的分支管道	1. 经常受外界机械力冲击的地段 2. 埋深过浅的地带
3	钢管	1. 机械强度高 2. 抗弯能力强 3. 密闭性好,不透气,不漏水 4. 在需要弯曲时,易于加工 5. 管道不需要有基础,节约施工期限和材料	1. 埋在土壤中易腐蚀,需做防腐处理 2. 管材较重,消耗金属材料较多 3. 造价较高	1. 不宜开挖的地段需采用顶管方法施工时 2. 有较大的跨距,如附挂在桥梁跨越沟梁等地段 3. 穿越公路或铁路的地段 4. 要求施工期限很短的场合 5. 地基特别松软有不均匀下沉,或有可能遭到强烈振动时 6. 埋深很浅,路面荷载较重的地段 7. 有强电危险或有干扰影响需要屏蔽的地段 8. 短距离的引上管或引入管道	对钢铁材料有可能腐蚀的地段(如电蚀或有强烈的腐蚀介质等)
4	铸铁管	1. 耐腐蚀 2. 经久耐用 3. 较钢管价格低 4. 有一定的抗弯能力	1. 管身重量大,消耗金属材料较多 2. 管身性脆不耐冲击	1. 短距离的引上管或引入管道 2. 有强电危险或有干扰影响需要屏蔽的地段 3. 埋深较浅路面荷载较重的地段	

续表

序号	管材名称	优点	缺点	适用场合	不宜使用的地段
5	塑料管（硬聚氯乙烯管）	1. 质量轻,管长大,减少接头数量 2. 有利于施工,运输劳动强度小,提高工效缩短工期,施工技术简单 3. 密闭性好,防水性能较好 4. 管孔内壁光滑,有利于抽放电缆,加大管道段长 5. 化学性能稳定,耐腐蚀,有一定的绝缘性 6. 较好的柔性和可塑性,易于弯曲和加工,易躲开障碍物	1. 有老化问题,但埋在地下则能延长使用年限 2. 价格较贵 3. 耐热性差 4. 耐冲击强度低,特别在低温和受力时 5. 线膨胀系数较大,其长度随温度变化较大	1. 土壤有腐蚀性的地段 2. 电车轨道下或有电气线路平行接近时,需要电缆绝缘的地段 3. 管道埋深位于地下水位以下时,或与有渗透的排水系统相邻近 4. 地下障碍物复杂,管道需要作多次弯曲时 5. 施工期限要求急迫,或希望尽快回土时 6. 穿越沟渠或附挂在桥梁等地方	1. 高温地带或与热力管交叉或平行间距较小时 2. 经常受到冲击的地段严重损坏管材的场合 3. 埋深过浅的地段

3）管孔孔径的确定

管孔孔径的确定主要决定于电缆外径的粗细。经验表明,电缆外径不大于 0.8 倍管孔内直径才能保证抽放电缆方便。

混凝土管的直径是根据过去常用的市话电缆的外径来确定的。现在生产的市话铅包纸隔电缆（HQ 型）的最大对数的外径,一般为 $60 \sim 75$ mm,所以混凝土管内径规定为 90 mm 是适宜的。但是在中小城市的主干管道和大城市的分支管道（如引上管或引入管道）以及工业企业内部的管道,由于其内敷设的电缆对数不会太多,因此,近年来有些地方将六孔混凝土管孔径缩小为 50 mm（中间一排为五孔）和 60 mm（两边各为四孔）两种,其长度和管材断面积不变。

选用钢管和塑料管时,为了降低管道的造价、占地面积、土方量和便于施工运输,根据施放电缆的外径,采用的管材和管道段落的长短等因素,可以适当缩小管径,一般按表 4－21 考虑,但表中均不考虑弯曲管道的因素。

表 4－21 适当缩小管孔孔径的参考

普通的段落	施放最大对数电缆/mm		采用的管孔孔径/mm	备注
	线径/对数	最大外径		
主干管道	0.4/1 000	52	75	如今后市话电缆的心线线径减细、电缆对数增加时应予以修正
	0.5/800	60		
	0.6/500	60		
	0.7/400	59		
	0.9/300	56		

续表

普通的段落	施放最大对数电缆/mm		采用的管孔孔径/mm	备注
	线径/对数	最大外径		
配线管道或分支管道	0.4/300	30	50	
	0.5/200	29		
	0.6/100	28		
	0.7/80	28		
	0.9/50	24		
引上管或引入管道	0.4/200	25	32~40	
	0.5/100	23		
	0.6/50	20		
	0.7/30	18		

注:1. 施放电缆均以 HQ 型考虑。

　　2. 管材为钢管或硬聚氯乙烯管。

2. 管道路由

1)城市通信管道路由的选择

城市通信管道路由的选择应符合以下规定。

(1)用户集中和有重要通信线路并路径短捷。

(2)灵活、安全,有利用户发展。

(3)考虑用地、路网及工程管线综合等因素。

(4)尽量结合和利用原有管道。

(5)尽量不沿交换区界限、铁路与河流。

(6)避开5种道路或地段:①规划未定道路;②有严重土壤腐蚀的地段;③有滑坡、地下水位甚高等地质条件不利的地段;④重型车辆通行和交通频繁的地段;⑤须穿越河流、桥梁、主要铁路和公路以及重要设施的地段。

2)通过桥梁的通信管道

通过桥梁的通信管道应与桥梁规划建设同步,管道敷设方式可选择管道、槽道、箱体、附架等方式,在桥上敷设管道时不应过多占用桥下净空,同时应符合桥梁建设的有关规范要求和管道建设其他技术要求。

3. 管线安装要求

(1)城市通信直埋电缆最小允许埋深应符合表4－22的规定。

表4－22　城市通信直埋电缆的最小允许埋深　　　　　　　　　　　　　　　　m

敷设位置与场合	最小允许埋深	备　注
城区	0.7	一般土壤情况
城郊	0.7	
有岩石时	0.5	
有冰冻层时	应在冰冻层下敷设	

（2）城市通信管道的最小允许埋深应符合表 4 - 23 的要求。

表 4 - 23　城市通信管道的最小允许埋深　　　　　　　　　　m

管道类型	管顶至路面的最小间距		
	人行道和绿化地带	车行道	铁路
混凝土管	0.5	0.7	1.5
塑料管	0.5	0.7	1.5
钢　管	0.2	0.4	1.2

（3）城市通信管道敷设应有一定的倾斜度，以利渗入管内的地下水流向人孔，管道坡度可为 3‰ ~ 4‰，不得小于 2.5‰。

（4）城市通信管道与其他市政管线及建筑物的最小净距应符合《城市工程管线综合规划规范》GB50289—98 的相关要求。

城市通信管道与其他市政管线及建筑物的最小净距直接关系到城市通信线路和其他市政管线的正常运行与维护，也是通信线管道规划设计的主要标准依据之一，必须符合工程管线综合规范的基本要求。

4.6　邮政通信规划

城市邮政局（所）的分类应按国家邮政总局的业务设置要求分为邮件处理中心、邮政支局与邮政所 3 类。所以，城市规划的邮政通信规划邮政局应包括邮政通信枢纽局（邮件处理中心）规划和邮件储存转运中心等单功能邮件处理中心和邮政支局规划。

4.6.1　邮政需求量预测

城市邮政设施的种类、规模、数量主要依据邮政通信总量来确定，城市邮政需求量通常用邮政通信总量来表示。城市邮政通信总量是以货币形式表现一个城市的邮政企业在生产过程中产品量的总和，是反映邮政通信企业劳动量（业务量）的综合指标，其单位用 RMB 表示。

预测通信总量常采用发展态势延伸法、单因子相关系数法、综合因子相关系数法等预测方法。

（1）发展态势延伸预测法。该法即找出历年邮政量的数据变化规律，从中分析其走势，以预测未来需求量。预测公式为

$$y_t = y_0(1+\alpha)^t \quad （万元） \tag{4-9}$$

式中　y_t——规划期内某年邮政通信总量，万元；

　　　y_0——规划基年的需求量（现状业务总量），万元；

　　　α——邮政业务收入或通信总量增长态势系数，$\alpha > 0$；

　　　t——规划年限。

（2）单因子相关预测法。在影响邮政需求量的各个变化因子中，寻找出其中的一个与其变化相关最密切的一个因子，用该因子的变化分析邮政需求的变化，通过对该因子进行修正，以达到规划期末城市邮政需求量的预测。预测公式为

$$y_t = x_t c (1 + \alpha)^t = x_t \frac{y_0}{x_0} (1 + \alpha)^t \qquad (4-10)$$

式中　x_t——规划期某年的经济社会因子值；

　　　c——现状邮政年业务收入量 y_0 与经济社会因子值 x_0 之比值；

　　　y_t、α、t 含义与式(4-9)相同。

（3）综合因子相关预测法。在单因子相关的基础上，将各个因子对城市邮政需求量的预测进行综合因子修正，以达到规划期末城市邮政需求量的预测。预测公式为

$$y_t = \sum_{i=1}^{n} \beta_i x_{it} c_i (1 + \alpha)^t \qquad (4-11)$$

式中　i——其中某一因子；

　　　n——因子的数目；

　　　x_{it}——规划期内预测年的经济社会因子 x_i 的值；

　　　β_i——各因子的权重；

　　　y_t、c、α、t 含义与式(4-10)相同。

4.6.2　城市邮政局(所)规划

1. 邮件处理中心规划要求

邮件处理中心应符合《邮件处理中心工程设计规范》YZ/T007—2002 的有关技术要求，其选址应满足以下要求。

（1）应选在若干交通运输方式比较方便的地方，并应靠近邮件的主要交通运输中心。

（2）有方便大吨位汽车进出接收、发运邮件的邮运通道。

（3）符合城市建设规划要求。

城市邮件处理中心规划预留用地面积应符合《邮件处理中心工程设计规范》YZ/T0078—2002 相关要求。即按邮件处理中心建筑用房组成，确定不同邮件处理中心的建筑规模，再考虑不同城市不同邮件处理中心的特点及其容积率要求，确定不同城市不同邮件处理中心的用地面积。

2. 城市邮政局(所)等级划分及标准

邮政局是设置在城市内的邮政企业分支机构，邮政支局是具有营业功能和投递功能的分支机构，邮政所是归属邮政支局管辖的，只办理部分邮政业务。

城市邮政支局的等级划分及标准根据《城市邮电支局(所)工程设计暂行技术规定》（YDJ 61—90）执行。（见表 4-24、表 4-25）

表 4-24　城市邮电支局的等级划分及标准

项目	单位	一等局	二等局	三等局
城市邮电支局邮政营业席位数	席	18~25	15	9
城市邮电支局邮政部分生产面积标准(建筑面积)	m²	1 041~1 181	936	739
城市邮电支局生产辅助用房面积标准(建筑面积)	m²	653	520	409
城市邮电支局生活辅助用房面积标准(建筑面积)	m²	319	243	183

续表

项目	单位	一等局	二等局	三等局
城市邮电支局所含电信部分的生产用房面积	m²	398	270	178
城市邮政支局建筑标准(合计)	m²	2 411 ~ 2 551	1 969	1 509
处理标准邮件的数量	万件	≥2 000	≥1 000	≥250

注:在建筑标准中,包括邮政营业、投递、发行等生产面积,生产辅助用房和生活辅助用房的面积。

表 4 – 25　城市邮电所的等级划分及标准

项目	单位	一等所	二等所	三等所
邮电所建筑面积	m²	254 ~ 278	215 ~ 239	141 ~ 165
邮电所使用面积	m²	216 ~ 236	183 ~ 203	120 ~ 140
处理标准邮件的数量	万件	≥55	≥18	<18

3. 邮政局(所)的设置原则

(1)邮政支局、所是面向社会和广大群众,直接为用户提供服务的网点。从整个城市规划发展看,邮政支局、所建设与整个城市的发展建设密切相关,应与城市总体规划相符合。

(2)邮政企业要考虑社会经济效益,其建设要体现广泛性、群众性和服务性,使其构成布局合理、技术先进、功能齐全、迅速方便的服务网络。

(3)邮政支局、所的设置既要立足现实,满足当前需要,又要兼顾长远,满足远期城市发展的需要。规划时要留有余地,在建设的数量和规模方面要以邮政各类业务发展为前提,并向发展现代化、标准化、规范化的邮政支局、所发展。

(4)邮政支局、所的设置。为方便广大群众能够就近邮递,通常以不同的人口密度制定相应的服务半径、标准来确定邮政局(所)的数量及分布。人口密度不同则可选择不同的服务半径,计算出大小不一的邮政所的服务面积,进而确定邮政支局、所的数量。规划邮政局(所)时,服务半径参照表 4 – 26 和表 4 – 27 综合考虑。

表 4 – 26　邮政局(所)服务半径

城市人口密度/(万人/km²)	2.5	2.0 ~ 2.5	1.5 ~ 2.0	1.0 ~ 1.5	0.5 ~ 1.0	0.1 ~ 0.5	0.05 ~ 0.1
服务半径/km	0.5	0.51 ~ 0.6	0.61 ~ 0.7	0.71 ~ 0.8	0.81 ~ 1.0	1.01 ~ 2.0	2.01 ~ 3.0

表 4 – 27　邮政局(所)服务半径和服务人口

类　别	邮政局(所)服务半径/km	邮政局(所)服务人口/人
大城市市区	1 ~ 1.5	30 000 ~ 50 000
中等城市市区	1.5 ~ 2	15 000 ~ 30 000
小城市市区	2 以上	20 000 左右

城市邮政局(所)具体位置的选择要考虑便于邮件的收集与投递。对于负担邮件集散功能的邮政支局,要根据投递范围以及邮路投递道段数量合理规划。按我国邮政部门要求,一般邮政支局的投递道段数量为 15 ~ 20 条比较适宜。

4.城市邮政局(所)位置选择

(1)邮政局(所)应设在邮政业务量较为集中及方便人群邮寄或领取邮件的地方,如闹市区、商业区、车站、机场、港口、文化游览胜地等。

(2)邮政支局应设在面临主要街道、交通便利的地段,便于快捷、安全传递邮件。

(3)邮政支局、所既要布局均衡,又要便于投递工作的组织管理。投递区划分要合理,投递道路要组织科学。

(4)邮政支局、所应选择在火车站一侧,以方便接发邮件。同时要有方便的邮政交通通道。

5.城市邮政支局规划用地面积

城市邮政支局规划用地面积应结合当地实际情况,按表4－28规定分析比较选定。

表4－28　邮政支局规划用地面积

支局类别	用地面积/m²
邮政支局	2 000 ~ 4 500
邮政营业支局	1 700 ~ 3 300

新建居民住宅小区,应当将邮政支局、所用房列为配套设施,与主体工程同时规划设计、同时建设、同时验收,其设置标准由城市规划部门会同邮政通信主管部门依照国家和本市有关规定制定。其中,按建筑面积计算,5 万 m² 左右的居民住宅小区邮政用房应当不少于 20 m²,10 万 m² 左右的居民住宅小区邮政用房应当不少于 40 m²。

4.6.3　其他邮政设施规划

邮政支局、所是基本服务网点,其他邮政设施是邮政支局、所功能的补充和延伸,服务范围的扩大,是邮政通信网必不可少的物质基础。

1)报刊亭

报刊亭是邮政部门在城市合适地点设置的专门出售报刊的简易设施,是报刊零售的重要组成部分。报刊亭设置应符合《邮亭、报刊亭、报刊门市部工程设计规范》(YD 2073—94)的规定。其等级与面积见表4－29。

表4－29　报刊亭设施等级面积

项　目	一类亭/m²	二类亭/m²	三类亭/m²
报刊亭	16	12	8

2)邮亭

主要设置在繁华地段定点办理邮政业务的简易设施,大多为过往用户提供方便的服务。在尚不具备设置邮政局(所)服务网点,且有一定邮政业务市场的条件下,可采用邮亭这种设施。邮亭设施面积见表4－30。

表 4 - 30　邮亭设施面积

项　目	单人亭	双人亭
面积标准/m²	8	12

3）信报箱、信筒设置

信报箱、信筒是邮政部门设在邮政支局、所门前或交通要道、较大单位、车站、机场、码头等公共场所,供用户就近投递平信的邮政专用设施。信报箱、信筒由邮政局所设专人开取,严格遵守开取频次和时间。

信报箱群(间)是指设置于城镇新建住宅小区、住宅楼房及旧房改造小区的邮政设施。居民住宅楼房必须在每幢楼的单元门地面一层楼梯口的适当位置,设置与该单元住户数相对应的信报箱或信报间。

根据《住宅区信报箱群(间)工程设计规范》(YD/T2009—93),信报箱亭的使用面积可按信报箱的服务人口数确定(见表 4 -31)。

表 4 -31　信报箱亭设施面积

类型 \ 形式 户数	前开总门		后开总门	
	600	1 200	600	1 200
无人职守/m²	20	30	40	60
有人职守/m²	25	35	45	65

第5章 城市燃气工程规划

5.1 城市燃气工程系统的组成

5.1.1 概述

城市燃气供应系统是供应城市居民生活、商业、采暖通风和空调、燃气汽车和工业企业等用户使用燃气的工程设施,是城市公用事业的一部分,是城市建设的一项重要基础设施。实现民用燃料气体化是城市现代化的重要标志之一。

燃气是一种清洁、优质、使用方便的能源。

在发展城市燃气事业中,会遇到气源、输送、储存、分配等方面的一系列技术和经济问题,而这些问题又与城市各个方面有着密切的关系。为了合理搞好城市燃气的建设和供应工作,必须做好城市燃气规划。城市燃气规划方案一经确定,就将成为编制城市燃气工程规划任务书和指导城市燃气工程分期建设的重要依据之一。因此,编制好城市燃气规划有助于建设功能完备、有现代化能源系统支撑的城镇基础设施体系,也是发展城市燃气事业的一项非常重要的工作。

5.1.2 城市燃气系统的组成

城市燃气供应系统由气源、输配和应用3部分组成。图5-1为以长距离管道输送天然气为气源的城市燃气系统流程示意图。

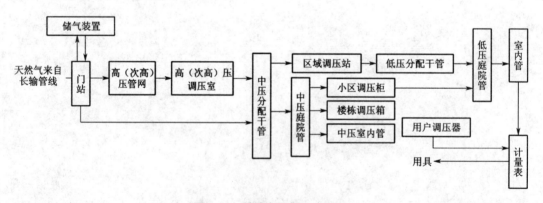

图5-1 某城市燃气系统组成

在城市燃气规划中,主要是研究有关气源和输配系统的方案选择和合理布局、城市燃气的供气对象和用气负荷确定等一系列原则性问题。

1. 气源

在城市燃气供应系统中,气源就是燃气的来源,目前常用的气源有长距离管道输送天然气、液化天然气、压缩天然气、人工燃气、液化石油气、生物质燃气等。

2. 输配系统

城镇燃气输配系统是由气源到用户之间的一系列燃气输送和分配设施组成，一般由门站、储气设施、燃气管网、调压设施、输配调度和管理系统等组成。

1）门站

以长距离管道输送天然气为气源的城市，门站是接受长距离管道天然气进入城市的门户，具有过滤、计量、调压与加臭功能，有时兼有储气功能。图 5-2 为某中等城市的天然气门站流程。

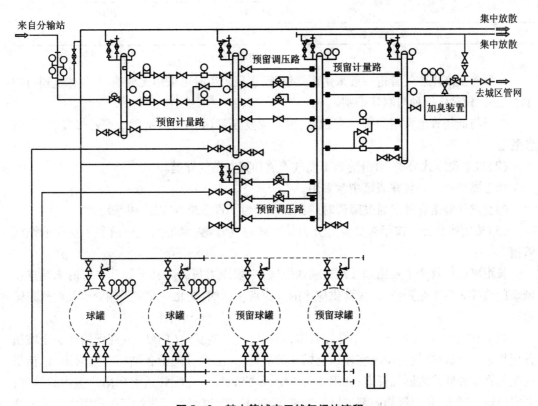

图 5-2 某中等城市天然气门站流程

2）储气设施

储气设施是为了解决供气均匀性与用气不均匀之间的矛盾而设置的储气装置（储配站），目前常用的有储气球罐、储气库、输气管道、管束储气等几种储气方式。储配站可以和城市门站合建（如图 5-1），也可分开设置。

3）燃气管网

城市燃气管网是指一个或数个气源厂至燃气用户之间的管网，可按输气压力、敷设方式和用途分类。

（1）按输气压力分类。我国现行的《城镇燃气设计规范》（GB 50028—2006）规定，城镇燃气管网应按燃气设计压力 P 分为 7 级，具体见表 5-1。

表 5 - 1　城镇燃气设计压力(表压)分级

名　称		压力/MPa
高压燃气管道	A	$2.5 < P \leqslant 4.0$
	B	$1.6 < P \leqslant 2.5$
次高压燃气管道	A	$0.8 < P \leqslant 1.6$
	B	$0.4 < P \leqslant 0.8$
中压燃气管道	A	$0.2 < P \leqslant 0.4$
	B	$0.01 \leqslant P \leqslant 0.2$
低压燃气管道		$P < 0.01$

高压与次高压燃气管道一般采用焊接钢管,直径较小时可采用无缝钢管,具体应通过技术、经济比较确定钢种与制管类别。

中压与低压管道常用的管材有钢管、聚乙烯复合管(PE 管)、钢骨架聚乙烯复合管、铸铁管等。

(2)按敷设方式分类,可分为地下燃气管道和架空燃气管道。

地下燃气管道一般在城镇中常采用。

架空燃气管道在管道通过障碍时或在工厂区为了管理维修方便,可采用。

(3)按用途分类。按用途分类可分为长距离输气管道、城市燃气管道和工业企业燃气管道。

长距离输气管道主要用来长距离输送燃气,一般压力很高。其干管及支管的末端连接城镇门站或大型工业企业,作为该供应区的气源点。例如:陕北—北京长输管道及西气东输管道。

城市燃气管道,又可分为:①分配管道,是将燃气自接受站(门站)或储配站输送至城镇各用气区域,或将燃气自调压室输送至燃气供应处,并沿途分配给各类用户的管道,包括街区燃气管道和庭院的燃气管道;②用户引入管,是将燃气从分配管道引到用户室内的管道;③室内燃气管道,是建筑物内部的燃气管道,通过用户管道引入口将燃气引向室内并分配到每个燃气用具的管道。

工业企业燃气管道包括:①工厂引入管和厂区燃气管道,是将燃气从城镇燃气管道引入工厂,分送到各用气车间的管道;②车间燃气管道,是从车间的管道引入口将燃气送到车间内各个用气设备的管道,包括干管和支管;③炉前燃气管道,是从支管将燃气分送给炉上各个燃烧设备的管道。

4)调压设施

调压设施是在城市燃气管网系统中用来调节和稳定管网压力的调压站(或调压柜、调压箱),通常由调压器、阀门、过滤器、安全装置、旁通管及测量仪表所组成。有的调压站还装有计量设备,除了调压作用,还起计量作用,通常将这类调压站叫做调压计量站。

在城镇燃气输配系统中,不同压力级别管道之间应由调压站或调压箱(或柜)和调压装置连接,如图 5 - 1。

5)输配调度和管理系统

城市燃气输配调度和管理系统,是对城镇燃气门站、储配站和调压站等输配站场或重要节点配备有效的过程检测和运行控制系统,并通过网络和调度中心进行在线数据交互和运行监控,如燃气 SCADA 系统、GIS 系统和 MIS 系统等。其基本任务是,对故障事故或紧急情况做出快速反应,并采取有效的操控措施保证输配安全;使输配工况具有可控性,并按照合理的给定值运行;及时进行负荷预测,合理实施运行调度;建立管网运行数据库,实现输配信息化。输配调度和管理系统是燃气管网安全高效运行的重要技术措施,也是燃气管网现代化的重要内容。

5.2　城市燃气用量的计算

终端用户对燃气一个时段内的需用量以及用气量随时间的变化统称为燃气负荷。在进行城镇燃气规划时,首先要确定燃气用气负荷,这是确定燃气气源、输配管网和设备通过能力的依据。城镇燃气用气负荷主要取决于用户类型、数量及用气量指标。

用气负荷具有随机性、周期性等特征,应对燃气负荷进行科学的预测以在安全、可靠、经济的条件下满足城市用气的要求。

目前城市燃气的用气领域主要有居民用户、商业用户(含公共建筑用户)、工业企业用户、采暖空调用户、燃气汽车用户等。

计算城市燃气用量的目的,是确定城市燃气的总需要量,从而根据需要和可能性来确定城市燃气供应系统的规模。

5.2.1　供气原则

供气原则不仅涉及国家及地方的能源与环保政策,而且与当地气源条件等具体情况有关。因此,应该从提高热效率和节约能源、保护环境等方面综合考虑。一般要根据燃气气源供应情况、输配系统设备利用率、燃气供应企业经济效益、燃气用户利益等方面的情况,分析并制定合理的供气原则。

城镇居民及商业用户是城镇燃气供应的基本用户。在气源不够充足的情况下,一般应考虑优先供应这两类用户用气。解决了这两类用户的用气问题,不但可以提高居民生活水平、减少环境污染、提高能源利用率,还可减少城市交通运输量,取得良好的社会效益。

1. 居民用户及商业用户的供气原则

一般应优先满足城镇居民的炊事及生活热水用气,尽量满足与城镇居民配套建设的公共建筑用户(如托幼园所、学校、医院、食堂、旅馆等)的用气。其他商业用户(如宾馆、饭店、科研院所、机关办公楼等)也应优先供应燃气。

2. 工业用户供气原则

1)采用人工燃气为城镇燃气气源

对于工业用户,当采用人工燃气为城镇燃气气源时,一般按两种情况分别处理。

(1)靠近城镇燃气管网,用气量不很大,但使用燃气后产品的产量及质量都会有很大提高的工业企业,可考虑由城镇管网供应燃气;合理发展高精尖工业和生产工艺必须使用燃气,且节能显著的中小型工业企业等。

(2)用气量很大的工业用户(如钢铁企业等)可考虑自行产气。

2)采用天然气为城镇燃气气源

当采用天然气为城镇燃气气源且气源充足时,应大力发展工业用户。

由于工业用户用气较稳定,且燃烧过程易于实现自动控制,是理想的燃气用户。当配用合适的多燃料燃烧器时,工业用户还可以作为燃气供应系统的调峰用户。因此,在可能的情况下,城镇燃气用户中应尽量包含一定量的工业用户,以提高燃气供应系统的设备利用率,降低燃气输配成本,缓解供、用气矛盾,取得较好的经济效益。

工业与民用燃气的用气量,如果具有适当的比例,将有利于平衡城镇燃气的供需矛盾,减少储气设施的设置。

3. 燃气采暖与空调供气原则

我国有几十万台中小型燃煤锅炉分布在各大城镇,担负采暖或供应蒸汽的任务。这些锅炉热效率一般小于55%,是规模较大的城镇污染源。在制定城镇燃气供应规划时,如果气源为人工燃气,一般不考虑发展采暖与空调用气;当气源为天然气且气源充足时,可发展燃气采暖与空调、制冷用户,但应采取有效的调节季节性不均匀用气的措施。天然气采暖主要有集中采暖和单户独立采暖两种形式。

燃气空调和以燃气为能源的热、电、冷三联供的分布式能源系统已经引起广泛关注,它对缓解夏季用电高峰、减少环境污染、提高天然气管网利用率、保持用气的季节平衡、降低天然气输送成本都有很大帮助,是今后燃气空调发展的方向。

4. 燃气汽车及其他用户供气原则

汽车尾气污染是城市大气污染的主要原因之一。为了降低大气污染、缓解石油紧张等原因,我国许多城市已经开始或即将发展燃气汽车用户,燃气汽车的气体燃料可采用压缩天然气、液化天然气和液化石油气等。从天然气的合理利用、环境保护和经济发展等方面来看,应努力发展天然气汽车、天然气发电等用气大户。

5.2.2　用气量指标

用气量指标又称为用气定额(或耗气定额),是进行城市燃气规划、设计、估算燃气用气量的主要依据,其准确性和可靠性决定了用气量计算的准确性和可靠性。因为各类燃气的热值不同,所以常用热量指标来表示用气量指标。

1. 居民生活用气量指标

居民生活用气量指标是城市居民每人每年平均燃气用量。

影响居民生活用气指标的因素很多,如住宅用气设备的设置情况、公共生活服务网(食堂、熟食店、饮食店、浴室、洗衣房等)的发展程度、居民的生活水平和生活习惯、居民每户平均人数、地区的气象条件、燃气价格、住宅内有无集中供暖设备和热水供应设备等。

通常,住宅内用气设备齐全,地区的平均气温低,则居民生活用气量指标越高,随着公共生活服务网的发展以及燃具的改进,居民生活用气量又会下降。

上述各种因素对居民生活用气量指标的影响无法精确确定。通常都是根据对各种典型用户用气进行调查和测定,并通过综合分析得到平均用气量,作为用气量指标。

我国一些地区和城市的居民生活用气量指标列于表5-2,对于新建燃气供应系统的城市,其居民生活用气量指标可以根据当地的燃料消耗、生活习惯、气候条件等具体情况,并参照相似城市的用气量指标确定。

表 5 - 2　居民生活用气量指标　　　　　MJ/（人·年）

城镇地区	有集中采暖的用户	无集中采暖的用户
东北地区	2 303 ~ 2 721	1 884 ~ 2 303
华东、中南地区	—	2 093 ~ 2 303
北京	2 721 ~ 3 140	2 512 ~ 2 913
成都	—	2 512 ~ 2 913

2. 商业用气量指标

商业用气量指标指单位成品或单位设施或每人每年消耗的燃气量（折算为热量）。影响商业用气量指标与用气设备的性能、热效率、商业单位的经营状况和地区的气候条件等因素有关。商业用气量的指标,应该根据商业用气量的统计分析确定。表 5 - 3 为商业用气量指标参考值。

表 5 - 3　商业用户的用气量指标

类别		单位	用气量指标	备注
商业建筑	有餐饮	kJ/（m² · d）	502	商业性购物中心、娱乐城、写字楼、图书馆、医院等,有餐饮指有小型办公餐厅或食堂
	无餐饮		335	
宾馆	高级宾馆（有餐厅）	MJ/（床位 · a）	29 302	该指标耗热包括卫生用热、洗衣消毒用热、洗浴中心用热等,中级宾馆不考虑洗浴中心用热
	中级宾馆（有餐厅）		16 744	
旅馆	有餐厅	MJ/（床位 · a）	8 372	指仅提供普通设施、条件一般的旅馆及招待所
	无餐厅		3 350	
餐饮业		MJ/（座 · a）	7 955 ~ 9 211	主要指中级以下的营业餐馆和小吃店
燃气直燃机		MJ/（m² · a）	991	供生活热水、制冷、采暖综合指标
燃气锅炉		MJ/（t · a）	25.1	按蒸发量、供热量及锅炉燃烧效率计算
职工食堂		MJ/（人 · a）	1 884	指机关、企业、医院事业单位的职工内部食堂
医院		MJ/（床 · a）	1 931	按医院病床折算
幼儿园	全托	MJ/（人 · a）	2 300	用气天数 275 d
	半托		1 260	
大中专院校		MJ/（人 · a）	2 512	用气天数 275 d

3. 工业企业用气量指标

工业企业用气量指标可由产品的耗气定额或其他燃料的实际消耗量进行折算,也可按同行业的用气量指标分析确定。部分工业产品的用气量指标如表 5 - 4。

表 5 - 4　部分工业产品的用气量指标

序号	产品名称	加热设备	单位	用气量指标/MJ
1	炼铁（生铁）	高炉	t	2 900 ~ 4 600
2	炼钢	平炉	t	6 300 ~ 7 500

序号	产品名称	加热设备	单位	用气量指标/MJ
3	中型方坯	连续加热炉	t	2 300 ~ 2 900
4	薄板钢坯	连续加热炉	t	1 900
5	中厚钢板	连续加热炉	t	3 000 ~ 3 200
6	无缝钢管	连续加热炉	t	4 000 ~ 4 200
7	钢零部件	室式退火炉	t	3 600
8	熔铝	熔铝炉	t	3 100 ~ 3 600
9	黏土耐火砖	熔烧窑	t	4 800 ~ 5 900
10	石灰	熔烧窑	t	5 300
11	玻璃制品	熔化、退火等	t	12 600 ~ 16 700
12	动力	燃气轮机	kW·h	17.0 ~ 19.4
13	电力	发电	kW·h	11.7 ~ 16.7
14	白炽灯	熔化、退火等	万只	15 100 ~ 20 900
15	日光灯	熔化退火	万只	16 700 ~ 25 100
16	洗衣粉	干燥器	t	12 600 ~ 15 100
17	织物烧毛	烧毛机	10^4 m	800 ~ 840
18	面包	烘烤	t	3 300 ~ 3 500

4.采暖和空调用气量指标

可按《城市热力网设计规范》CJJ34 或当地建筑物耗热量指标确定。

5.汽车用气量指标

与汽车种类、车型和单位时间运营里程有关,应当根据当地燃气汽车种类、车型和使用量的统计数据分析确定。当缺乏用气量的实际统计资料时,可按已有燃气汽车城镇的用气指标分析确定。表5-5列出了天然气汽车用气量指标。

表5-5 天然气汽车用气量指标

车辆种类	用气量指标/$m^3 \cdot km^{-1}$	日行驶里程/$km \cdot d^{-1}$
公交汽车	0.17	150 ~ 200
出租车	0.10	150 ~ 300
环卫车	0.12	150 ~ 200

5.2.3 燃气需用工况

城镇燃气供应的特点是供气基本均匀,而用户的用气是不均匀的。用户用气不均匀性与许多因素有关,如各类用户的用气工况及其在总用气量中所占的比例,当地的气候条件,居民生活作息制度,工业、企业和机关的工作制度,建筑物和工厂车间用气设备的特点等。显然,这些因素对用气不均匀性的影响不能用理论计算方法确定。最可靠的办法是在相当长的时间内收集和系统地整理实际数据,才能得到用气工况的可靠资料。

用气不均匀性对燃气供应系统的经济性有很大影响。用气量较小时,气源的生产能力和长输管线的输气能力不能充分发挥和利用,从而提高了燃气的成本。

用气不均匀情况可用季节或月不均匀性、日不均匀性、小时不均匀性描述。

1. 月用气工况

影响月用气工况的主要因素是气候条件,一般冬季各类用户的用气量都会增加。居民生活及商业用户加工食物、生活热水的用热会随着气温降低而增加;而工业用户即使生产工艺及产量不变化,由于冬季炉温及材料温度降低,生产用热也会有一定程度的增加。采暖与空调用气属于季节性负荷,只有在冬季采暖和夏季使用空调的时候才会用气。显然,季节性负荷对城镇燃气的季节或月不均匀性影响最大。北京地区已出现采暖期用气负荷为夏季用气负荷的 5~6 倍的情况。

1 年中各月的用气不均匀情况可用月不均匀系数表示,K_m 是各月的用气量与全年平均月用气量的比值,但这不确切,因为每个月的天数在 28~31 天的范围内变化。因此月不均匀值可按下式确定:

$$K_m = \frac{该月平均日用气量}{全年平均日用气量}$$

12 个月中平均日用气量最大的月,也即月不均匀系数值最大的月,称为计算月。并将月最大不均匀系数 $K_{m\,max}$ 称为月高峰系数。

2. 日用气工况

一个月或一周中日用气的波动主要由以下因素决定:居民生活习惯,工业、企业的工作和休息制度,室外气温变化等。

居民生活的炊事和热水日用气量具有很大的随机性,用气工况主要取决于居民生活习惯,平日和节假日用气规律各不相同。即使居民的日常生活有严格的规律,日用气量仍然会随室外温度等因素发生变化。工业、企业的工作和休息制度,也比较有规律。而室外气温在一周中的变化却没有一定的规律性,气温低的日子里,用气量大。采暖用气的日用气量在采暖期内随室外温度变化有一些波动,但相对来讲是比较稳定的。

用日不均匀系数表示一个月(或一周)中日用气量的变化情况,日不均匀系数可按下式计算:

$$K_d = \frac{该月中某日用气量}{该月平均日用气量}$$

计算月中日不均匀系数的最大值 $K_{d\,max}$ 称为该计算月的日高峰系数。$K_{d\,max}$ 所在日称为计算日。

3. 小时用气工况

城市中各类用户在一昼夜中各小时的用气量有很大变化,特别是居民和商业用户。居民用户的小时不均匀性与居民的生活习惯、供气规模和所用燃具等因素有关。一般会有早、中、晚 3 个高峰。商业用户的用气与其用气目的、用气方式、用气规模等有关。工业、企业用气主要取决于工作班制、工作时数等。一般三班制工作的工业用户,用气工况基本是均匀的。其他班制的工业用户在其工作时间内,用气也是相对稳定的。在采暖期,大型采暖设备的日用气工况相对稳定,单户独立采暖的小型采暖炉多为间歇式工作。

城市燃气管网系统的管径及设备,均按计算月小时最大流量计算。通常用小时不均匀系数表示一日中小时用气量的变化情况,小时用气工况变化对燃气管网的运行以及计算平衡时不均匀性所需储气容积都很重要。小时不均匀系数可按下式计算：

$$K_h = \frac{该日某小时用气量}{该日平均小时用气量}$$

计算日的小时不均匀系数的最大值 $K_{h\,max}$ 称为计算日的小时高峰系数。

5.2.4 城市燃气年用量的计算

年用气量根据燃气的用户类型、数量及各类用户的用气指标确定，由于各类用户的用气指标单位不同，因此，城市燃气年用气量一般按用户类型分别计算后汇总。

1. 居民生活用气量

在计算居民生活年用气量时，需要确定用气人数。居民用气人数取决于城市居民人口数和气化率。气化率是指城市居民使用燃气的人口数占城市总人口数的百分比。一般城市的气化率很难达到100%，其原因是有些旧房屋结构不符合安装燃气设备的条件，或居民点离管网太远等。

根据居民生活年气量指标、居民数、气化率即可按以下公式计算：

$$Q_y = \frac{Nkq_j}{H_1} \quad (\mathrm{m^3/a}) \tag{5-1}$$

式中　Q_y——居民生活年用气量，$\mathrm{m^3/a}$；

　　　N——居民人数，人；

　　　k——气化率，%；

　　　q_j——居民生活用气量定额，MJ/(人·a)；

　　　H_1——燃气低热值，$\mathrm{MJ/m^3}$。

2. 商业用气量

计算商业年用气量时，首先应该了解现状（如建筑设施的床位，幼儿园和托儿所的入园、入托人数等）和规划商业的数量、规模（如饮食业的座位、营业额、用粮数），医院、旅馆设施的标准（如入园、入托人数比例，医院、旅馆的床位和饮食业座位的千人指标等），然后结合表5-3的用气量指标进行计算。

当不能取得商业建筑设施的用气统计资料和规划指标时，可向煤炭供应部门搜集上述用户的现状年耗煤量，并考虑自然增长（据历年统计资料推算增长率）进行计算。在折算时要考虑燃气和烧煤的热效率不同。

商业年用气量计算公式：

$$Q_y = \frac{M \cdot N \cdot q_g}{H_1} \quad (\mathrm{m^3/a}) \tag{5-2}$$

式中　Q_y——商业用户年用气量，$\mathrm{m^3/a}$；

　　　N——居民人数，人；

　　　M——各类用气人数占总人口的比例数；

　　　q_g——各类商业用气量定额，MJ/(人·a)；

　　　H_1——燃气低热值，$\mathrm{MJ/m^3}$。

3. 燃气采暖用气量

房屋采暖年用气量与使用燃气采暖的建筑面积、采暖耗热指标和年采暖期长短等因素有关，一般可按下式计算：

$$Q_c = \frac{Fq_H n}{H_1 \eta} \quad (\text{m}^3/\text{a}) \tag{5-3}$$

式中 Q_c——年采暖用气量，m^3/a；

$\quad\quad F$——使用燃气采暖的建筑面积，m^2；

$\quad\quad q_H$——建筑物的耗热指标，$\text{MJ}/(\text{m}^2 \cdot \text{h})$；

$\quad\quad n$——采暖负荷最大利用小时，h/a；

$\quad\quad H_1$——燃气低热值，MJ/m^3；

$\quad\quad \eta$——燃气采暖系统热效率，%。

其中采暖负荷最大利用小时数 n 可用下式计算：

$$n = n_1 \frac{t_1 - t_2}{t_1 - t_3} \quad (\text{h}) \tag{5-4}$$

式中 n——采暖负荷最大利用小时，h；

$\quad\quad n_1$——采暖期，h；

$\quad\quad t_1$——采暖期室内设计温度，℃；

$\quad\quad t_2$——采暖期室外空气平均温度，℃；

$\quad\quad t_3$——采暖期室外计算温度，℃。

由于各个地区的冬季室外采暖计算温度不同，各种建筑物对室内温度又有不同的要求，所以各地的耗热指标 q_H 是不一样的，一般可由实测确定。η 值因采暖系统不同而异，一般可达 70% ~ 80%。

4. 工业用气量

工业用气量的确定与工业企业的生产规模、工作班制和工艺特点有关。在规划阶段，由于各种原因，很难对每个工业用户的用气量进行精确计算，往往根据其煤炭消耗量折算煤气用量，折算时应考虑自然增长率、使用不同燃料时热效率的差别。一般工业用户用气量可根据中小企业现状及发展趋势，同时也要考虑对燃气价格的承受能力，若有条件时，可利用各种工业产品的用气定额来计算工业用气量。

在缺乏产品用气量指标资料的情况下，通常是将工业企业其他燃料的年用量，折算成燃气用气量，其折算公式如下：

$$Q_y = \frac{1\,000 G_y H_1' \eta'}{H_1 \eta} \quad (\text{m}^3/\text{a}) \tag{5-5}$$

式中 Q_y——工业年用气量，m^3/a；

$\quad\quad G_y$——其他燃料年用量，t/a；

$\quad\quad H_1'$——其他燃料的低发热值，MJ/kg；

$\quad\quad H_1$——燃气的低热值，MJ/m^3；

$\quad\quad \eta'$——其他燃料燃烧设备的热效率，%；

$\quad\quad \eta$——燃气燃烧设备的热效率，%。

各种燃料的热效率参见表 5-6。

表 5-6 各种燃料的热效率

燃料种类	天然气	液化石油气	人工煤气	液化气空混气	煤炭	汽油	柴油	重油	电
热效率/%	60	60	60	60	18	30	30	28	80

作为概略计算,也可以参照相似条件的城市的工业和民用用气量比例,取一个适当的百分数进行估算。对于新建工业开发区,尚未确定用气规模的大型工业用户,当缺乏资料时也按工业用地面积测算指标测算用气量。

5. 燃气汽车用气量

天然气汽车主要包括公交车、出租车、环卫车等。燃气汽车用气量应根据当地燃气汽车的种类、车型、发展规模及耗油量等统计分析确定,当缺乏资料时,可参照已有燃气汽车的城镇的用气量指标确定。

6. 未预见气量

未预见气量主要是指管网的燃气漏损量和发展过程中未预见到的供气量。一般未预见气量按总用气量的5%计算。

规划设计中,应将未来的燃气用户尽可能地考虑进去,未建成、暂不供气的用户不能一律划归未预见供气范围。

因此,城市燃气年用气量为各类用户年用气量总和的1.05倍。

5.2.5　计算用量的确定

燃气的年用量不能直接用来确定城市燃气管网、设备通过能力和储存设施容积。决定城市燃气管网、设备通过能力和储存设施容积时,需要根据燃气的需用情况确定计算月高峰小时计算流量。其中,高峰小时计算流量的确定,关系着输配系统的经济性和可靠性。高峰小时计算流量定得过高,将会增加输配系统的金属消耗和基建投资;定得过低,又会影响用户的正常用气。

确定燃气高峰小时计算流量的方法基本上有两种:不均匀系数法和同时工作系数法。对于既有居民和公共建筑用户,又有工业用户的城市,高峰小时计算流量一般采用不均匀系数法,也可采用最大负荷利用小时法确定。对于只有居民用户的居住区,尤其是庭院管网的计算,高峰小时计算流量一般采用同时工作系数法确定。

1. 不均匀系数法

在规划、设计阶段估算燃气管道直径及设备容量时可使用不均匀系数法。这种方法适用于各种压力和用途的城市燃气分配管道的小时流量的计算。一般在作城市燃气供应系统的规划、设计时,燃气分配管道的小时计算流量可用下式计算:

$$Q_j = \frac{Q_n}{365 \times 24} K_{m\,max} K_{d\,max} K_{h\,max} \quad (m^3/h) \tag{5-6}$$

式中　　Q_j——燃气管道的计算流量,m^3/h;

　　　　Q_n——年用气量,m^3/a;

　　　　$K_{m\,max}$——月高峰系数;

　　　　$K_{d\,max}$——日高峰系数;

　　　　$K_{h\,max}$——小时高峰系数。

城镇居民生活及商业用户用气的高峰系数应根据城镇用气的实际统计资料确定。当缺乏实际统计资料,或给未用气的城镇编制规划、进行设计时,可结合当地的具体情况,参照相似城镇的系数值选取,也可按下列推荐值选取:

$$K_{m\,max} = 1.1 \sim 1.3, \quad K_{d\,max} = 1.05 \sim 1.2, \quad K_{h\,max} = 2.20 \sim 3.20$$

当供气户数多时,小时高峰系数应选取低限值。

几个城市居民和商业用气高峰系数见表 5 - 7。

表 5 - 7　几个城市用气高峰系数

序号	城市名称	高峰系数			
		$K_{m\ max}$	$K_{d\ max}$	$K_{h\ max}$	$K_{m\ max}K_{d\ max}K_{h\ max}$
1	北京	1.15 ~ 1.25	1.05 ~ 1.11	2.64 ~ 3.14	3.20 ~ 4.35
2	上海	1.24 ~ 1.30	1.10 ~ 1.17	2.72	3.7 ~ 4.14
3	大连	1.21	1.19	2.25 ~ 2.78	3.24 ~ 4.00
4	鞍山	1.06 ~ 1.15	1.03 ~ 1.07	2.40 ~ 3.24	2.61 ~ 4.00
5	沈阳	1.18 ~ 1.23	—	2.16 ~ 3.00	—
6	哈尔滨	1.15	1.10	2.90 ~ 3.18	3.66 ~ 4.02
7	一般	1.10 ~ 1.30	1.05 ~ 1.20	2.20 ~ 3.20	2.54 ~ 4.99

2. 同时工作系数法

这种方法适用于居民小区、庭院及室内燃气管道的设计计算。

在用户的用气设备确定以后,可以用这种方法确定管道的小时计算流量。管道的小时计算流量根据燃气设备的额定流量和同时工作的概率来确定,其计算公式为

$$Q_j = K_t \sum K_0 Q_H N \quad （m^3/h） \qquad (5 - 7)$$

式中　K_t——不同类型用户的同时工作系数,当缺乏资料时,可取 1;

　　　K_0——燃气灶具的同时工作系数;

　　　N——同一类型燃具的数目;

　　　Q_H——燃具的额定耗气量,m^3/h。

同时工作系数 K_0 反映燃气灶具集中使用的程度,它与用户的生活规律、燃气灶具的种类、数量等因素密切相关。

用户的用气工况本质上是随机的,它不仅受用户类型和燃具类型的影响,还与居民户内用气人口、高峰时燃具开启程度以及能源结构等不确定性因素有关。也就是说 K_t 和 K_0 不可能理论导出,只有在对用气对象进行实际观测后用数理统计及概率分析方法确定。

同时工作系数法是考虑一定数量的燃具同时工作的概率和用户燃具的设置情况,确定燃气小时计算流量的方法。显然,这一方法并没有考虑使用同一燃具的人数差异。

各种不同工况的燃气灶具的同时工作系数是不同的,燃气灶具越多同时工作系数越小。

双眼灶同时工作系数 K_0 见表 5 - 8。

表 5 - 8　双眼灶同时工作系数 K_0

同类型燃具的数目 N	燃气双眼灶	燃气双眼灶和快速热水器	同类型燃具的数目 N	燃气双眼灶	燃气双眼灶和快速热水器
1	1.00	1.00	40	0.39	0.18
2	1.00	0.56	50	0.38	0.178
3	0.85	0.44	60	0.37	0.176
4	0.75	0.38	70	0.36	0.174

同类型燃具的数目 N	燃气双眼灶	燃气双眼灶和快速热水器	同类型燃具的数目 N	燃气双眼灶	燃气双眼灶和快速热水器
5	0.68	0.35	80	0.35	0.172
6	0.64	0.31	90	0.345	0.171
7	0.60	0.29	100	0.34	0.17
8	0.58	0.27	200	0.31	0.16
9	0.56	0.26	300	0.30	0.15
10	0.54	0.25	400	0.29	0.14
15	0.48	0.22	500	0.28	0.138
20	0.45	0.21	700	0.26	0.134
25	0.43	0.20	1 000	0.25	0.13
30	0.40	0.19	2 000	0.24	0.12

注:1. 表中"燃气双眼灶"是指一户居民装设一个双眼灶的同时工作系数;当每一户居民装设两个单眼灶时,也可参照本表计算。

2. 表中"燃气双眼灶和快速热水器"是指一户居民装设一个双眼灶和快速热水器的同时工作系数。

5.3　城市燃气气源规划

气源指向城市燃气输配系统提供燃气的设施。在城市中,主要指煤气制气厂、长距离管道输送天然气门站、液化天然气气化站、压缩天然气供气站、液化石油气供应基地、液化石油气气化站等设施。气源规划就是要选择适当的城市气源,确定其规模,并在城市中合理布局气源。

5.3.1　城市燃气气源种类

1. 人工煤气

煤气厂按工艺设备不同,可分为炼焦制气厂、直立炉煤气厂、水煤气型两段炉煤气厂和油制气厂等几种。人工煤气曾是上世纪我国大多数城市的主要气源,随着我国能源结构的调整及陕气进京、西气东输等天然气利用工程的实施,绝大多数由以人工煤气为主气源的城市已经或正在逐步向以天然气为主气源转换。

2. 液化石油气

液化石油气供应城市时,具有供气范围、供气方式异常灵活的特点,液化石油气的供应由瓶装供应、瓶组站供应、液化石油气混空气供应等方式,适用于各种类型的城市和地区。可以作为中小城市的主气源和大城市的片区气源,也可作为调峰的机动气源。特别是液化石油气混空气供应方式,由于其具有和天然气相似的燃烧特性,曾作为很多城市在天然气到来前的过渡气源和应对天然气短缺的调峰气源。

3. 天然气

天然气气源根据气源的来源不同又可分为长输管道天然气、压缩天然气和液化天然气供应。

1）长输管道天然气

天然气的生产和储存设施大都远离城市，天然气对城市的供应一般是通过长输管线实现的。天然气长输管线的终点配气站称为城市接收门站，是城市天然气输配管网的气源站，其任务是接收长输管线输送的天然气，在站内进行净化、调压、计量后，进入城市燃气输配管网。长输管道天然气是目前我国大中型城市的主要气源。

2）压缩天然气

压缩天然气（CNG）是将管道天然气经过过滤净化、调压计量、脱水之后，利用压缩机压缩至 20～25 MPa 的高压天然气。储存在压缩天然气储槽中的压缩天然气利用气瓶转运车充装并运输到用气城镇或小区的压缩天然气供气站。

在用气城镇或小区的压缩天然气供气站（也称 CNG 减压站、卸气站或释放站）内，气瓶转运车的压缩天然气经卸气、减压、储气、计量加臭后，通过燃气输配管网供应给各燃气用户。系统具有工艺简单、投资省、成本低、工期短、见效快、灵活多变的优点，适用于远离天然气长输管道或暂时无法建输气管道的中小城市或远离城市中心的居民小区提供了气源保证，也可作为管道天然气的调峰气源。

其工艺流程如下。

CNG 气瓶转运车把从天然气压缩加气站取得的 CNG 运输到 CNG 供气站，在供气站的卸气台通过高压胶管和快装接头卸气，当压力降低时，会伴随温度降低，一般天然气压力降低 1 MPa，天然气温度降低 3～5 ℃，CNG 降压过程中，压降很大，如果不采取加热措施，减压后的天然气温度会降到零下几十度，如此低温会对调压器（特别是橡胶薄膜）造成损伤，影响后续设备及管网的正常运行，因此从 CNG 气瓶转运车出来的 CNG 先经过一级换热器加热，再进入一级调压器减压，然后依次经过二级加热器加热，二级调压器减压，一部分进入储罐储存，另一部分通过三级调压器进行减压降至管网运行压力后计量、加臭送入城镇输配管网。压缩天然气供气站工艺流程如图 5-3 所示。

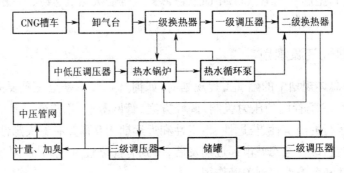

图 5-3　压缩天然气供气站工艺流程

3）液化天然气

液化天然气（LNG）是在常压下将天然气经过深度冷却至 -162 ℃ 变成液态的天然气，天然气由气态变为液态后，体积缩小到气态时的 1/625 左右。LNG 一般贮存在超低温储罐中，并通过 LNG 槽车或 LNG 集装箱车将 LNG 运输到用气城镇的 LNG 供气站。

在用气城镇的 LNG 供气站（也称 LNG 气化站）内，LNG 槽车的 LNG 经卸气、气化、计量加臭后，通过燃气输配管网供应给各燃气用户。LNG 供应为远离天然气长输管道或暂时无法建输气管道的中小城市提供了气源保证，也可作为管道天然气的调峰气源。

其工艺流程如下。

LNG 槽车至城市 LNG 气源站后,利用槽车上的升压气化器将 LNG 卸至站内低温储罐内,或通过站内设置的卸车增压气化器将 LNG 集装箱车内的 LNG 卸至站内低温储罐内。储罐内的 LNG 利用自增压气化器升压,将罐内 LNG 压力升至所需的工作压力,利用其压力,将液态 LNG 送至空温式气化器进行气化。当环境温度较低时,气化后的低温天然气需再经过水浴式 LNG 加热器将天然气温度升到 10 ℃。经气化后的天然气再通过调压、计量、加臭装置送入输配管网,为用户供气。

LNG 站主要工艺设备有卸车系统、LNG 低温储罐、储罐自增压气化器、水浴气化器、主气化器、槽车增压气化器、调压器、流量计、加臭装置、热水锅炉等,而其工艺流程如图 5-4 所示。

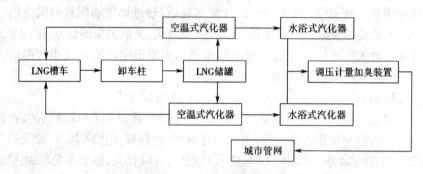

图 5-4　液化天然气气化站工艺流程

4. 其他燃气

随着能源形势的日趋紧张、我国能源结构的调整及城市燃气事业的发展,目前城市燃气气源的选择也日趋多样化,除上述的人工煤气、天然气、液化石油气等主要燃气气源外,近年来也出现了一些新型燃气气源,如二甲醚、轻烃燃气、煤制天然气、煤层气、沼气、生物质秸秆气化燃气、页岩气等气源。

5.3.2　城市燃气气源规划

在编制城市总体规划中的燃气工程规划时,如何选择气源是至关重要的问题。气源的选择,关系到整个输配管网的压力级制、调峰方案、管网敷设、用户燃气具的选择等系列问题,对整个管网运行的经济性、长远性、稳定性和近远期相互衔接有着决定性的意义。所以,根据城市地理位置,综合考虑城市远近期发展,做到有前瞻性和规划性,对燃气工程规划的现实性、可操作性和前瞻性起到关键作用。

在选择城市气源时,一般考虑以下原则。

(1)应遵照国家能源政策和燃气发展方针,因地制宜,根据本地区燃料资源的情况,选择技术上可靠、经济上合理的气源。

(2)应根据城市的地质、水文、气象等自然条件和水、电、热的供给情况,选择合适的气源。

(3)应合理利用现有气源,做到物尽其用,发挥原有气源的最大作用,并争取利用各工矿企业的余气。

(4)应根据城市的规模和负荷的分布情况,合理确定气源的数量和主次分布,保证供气的可靠性。

（5）在城市选择多种气源联合供气时，应考虑各种燃气间的互换性，或确定合理的混配燃气方案。

（6）选择气源时，还必须考虑气源厂之间和气源厂与其他工业企业之间的协作关系。如炼焦制气厂和直立炉煤气厂的主要产品之一的焦炭，是水煤气制气厂的生产原料，也是冶金、化工企业的重要原料。

目前国内各地区、各城市燃气的大规模应用正处于从单一气源到多种能源、清洁能源的转型期。随着我国能源结构的调整，人工煤气由于受生产工艺技术、自然资源、生态环境等方面的影响，在目前的燃气气源消费量中已呈现出逐渐下降的趋势。

天然气是清洁、高效、方便的能源，是城市燃气的理想气源，天然气丰富的储量为我国天然气的开发与利用提供了充足资源保障，气源价格稳定，受市场波动影响相对较小，与此同时，随着陕气进京、西气东输、进口液化天然气等工程的建设，我国燃气事业已经进入了天然气大发展时期，天然气作为一种优质清洁能源，已经成为城市燃气中的主导气源，在城市能源消费中的比重正在不断提高。采用管道方式输送的天然气含量大、地域广、距离长、供应连续不断，是目前城市天然气输送的主要方式。我国地域辽阔，天然气的开发利用还正处于大发展的初期，目前天然气管网覆盖面积虽呈逐年增大的趋势，但众多分散的中小城镇远离天然气气源或输气干线，再加上用气规模小、管道投资效益差等原因，管道短时间难以到达，因此就可以考虑其他途径，比如采用液化天然气或压缩天然气供气，两者各有其适用条件，具体应根据气源情况、运输距离、供气规划、用气规模等经过技术经济比较后确定。

液化石油气以其形式多样、供应灵活、管理方便的特点，在中小城市拥有良好的市场占有率，但液化石油气市场价格具有较大的不稳定性，影响价格的因素很多（比如国际原油价格波动等），对燃气企业生产经营影响很大。在未引进天然气以前，液化石油气在城市燃气中发挥了巨大作用，即使在天然气成为城市主气源，液化石油气仍将是城区的补充气源，而在某些郊区、县，液化石油气则是燃气的重要组成部分。液化石油气也将因系统造价低、见效快、使用方便灵活等特点，将与天然气同步发展，特别是一些特定的市场领域，如小型餐饮业、工商业燃料等，所以应树立液化石油气与天然气长期共存的规划理念。

随着城市的发展，人们需要舒适的环境、高质量的生活，各城市应立足实际，根据当地或可供气源，经可选气源比较，最终确定出一切实可行的气源，以获得最好的社会效益、经济效益和环境效益。

5.3.3　气源场站及加气站规划

1）长输管道天然气门站

（1）管道天然气门站和储配站站址选择应符合以下要求：①站址应符合城市总体规划的要求；②站址应具有适宜的地形、工程地质、供电、给排水和通信等条件；③门站和储配站应少占农田、节约用地并应注意与城市景观等协调；④门站站址应结合长输管线位置确定；⑤根据输配系统具体情况，储配站与门站可合建；⑥当门站设有储罐时，储气罐与站外的建、构筑物的防火间距应符合现行的国家标准《建筑设计防火规范》GB50016 的有关规定。

（2）天然气门站总平面应分为生产区（计量、调压、储气、加臭等）与辅助区（变配电、消防泵房、消防水池、办公楼、仓库等）。生产区应设置在全年最小频率风向的上风侧，并设置环形消防车通道，其宽度不应小于 3.5 m。图 5-5 为某城市的天然气门站平面布置图。

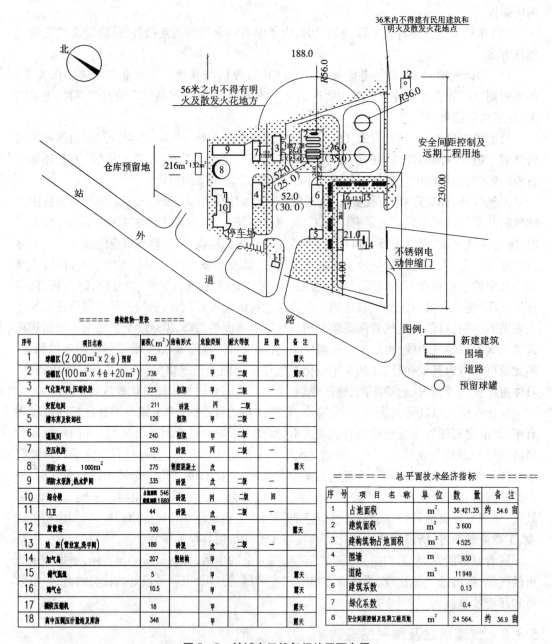

建构筑物一览表

序号	项目名称	面积（m²）	结构形式	危险类别	耐火等级	层数	备注
1	球罐区（2 000m²×2台）预留	768		甲	二级		露天
2	卧罐区（100 m²×4台＋20m²）	736		甲	二级		露天
3	气化混气间，压缩机房	225	框架	甲	一		
4	变配电间	211	砖混	丙	二级		
5	槽车岸及装卸柱	126	框架	甲	二级		
6	灌瓶间	240	框架	甲	二级		
7	空压机房	152	砖混	丙	二级		
8	消防水池 1000m²	275	钢筋混凝土	戊	一		露天
9	消防水泵房，热水炉间	335	砖混	戊	二级		
10	综合楼	占地面积 546 建筑面积 1880	砖混	丙	二级	四	
11	门卫	44	砖混	戊	二级		
12	放散塔	100		甲			露天
13	站房（营业室，洗手间）	180	砖混		二级		
14	加气机	207	钢结构	甲			
15	储气瓶组	5		甲			露天
16	卸气台	10.5		甲			露天
17	撬装压缩机	18		甲			露天
18	高中压调压计量站及库房	348		甲			露天

总平面技术经济指标

序号	项目名称	单位	数量	备注
1	占地面积	m²	36 421.35	约 54.6 亩
2	建筑面积	m²	3 600	
3	建构筑物占地面积	m²	4 525	
4	围墙	m	930	
5	道路	m²	11 949	
6	建筑系数		0.13	
7	绿化系数		0.4	
8	安全间距控制及远期用地	m²	24 564	约 36.9 亩

图 5–5 某城市天然气门站平面布置

2）液化天然气气化站

站址选择一方面要从城市的总体规划和合理布局出发，另一方面也应从有利生产、方便运输、保护环境着眼。因此，在站址选择过程中，要考虑到既能完成当前的生产任务，又要想到将来的发展。站址选择一般应考虑以下问题。

（1）站址应选在城镇和居民区的全年最小风向的上风侧。若必须在城市建站时，尽量远离人口稠密区，以满足卫生和安全的要求。

（2）考虑气化站的供电、供水和电话通信网络等各种条件，站址选在城市边缘为宜。

（3）站址至少要有一条全天候的汽车公路。

（4）气化站应避开油库、桥梁、铁路枢纽站、飞机场等重要战略目标。

图 5-6 为某城市的 LNG 气化站平面布置图。

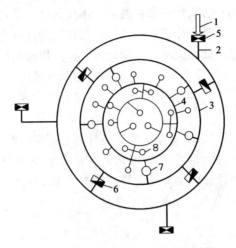

图 5-6　某城市 CNG 供应站平面布置

1—球罐（400 m³）；2—卧罐（3×100 m³）；3—调压装置（4 000 m³/h）；

4—卸气台；5—消防水池；6—消防水泵房；7—办公用房；

8—警卫室；9—库房；10—配电柜

3）压缩天然气（CNG）供气站站址选择

CNG 供气站站址选择应符合下列要求：①符合城镇总体规划的要求；②应具有适宜的地形、工程地质、交通、供电、给排水及通信条件；③少占农田、节约用地并注意与城市景观协调；④CNG 站内天然气储罐与站外建、构筑物的防火间距，应符合现行国家标准《建筑设计防火规范》GB50016 的规定。

图 5-7 为某城市 CNG 供应站的平面布置图，其内设有一套专用调压装置（通过能力为 4 000 Nm³/h）和调峰储罐（700 m³ 水容积）。

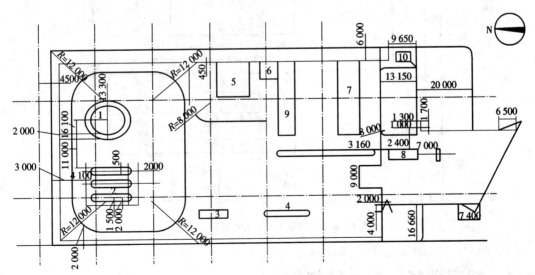

图 5-7　某城市 LNG 气化站平面布置

4)燃气汽车加气站

汽车加气站的建设应侧重考虑公共交通线路布局及其经营效益等要素,一般条件下,对于欲建天然气汽车加气站的城镇,约束条件甚多。不仅其站址是否理想,而且从减少征地费和有利线路调度的角度看,都难于作出主观选择。根据国外经营汽车加气站的经验表明,采取子、母站运营方式比较好。即在天然气气源处兴建颇具规模的加压站或加压、加气站作为母站,再按征地条件、交通线路及汽车允许行驶距离范围在城区均匀布置若干规模大小不一的子站,并兼顾出租车、公务车和家用私车的加气。子站既可单独设置,也可与汽车加油站合建。

对拟设点的加气站主要考虑具备防火间距条件和道路交通等外部条件。加气站站址选择应符合2项要求:①加气站宜靠近气源,并应具有适宜的交通、给排水、供电、通信及工程地质条件;②在城市区域内建设的加气站应符合城市总体规划的要求。

图5-8为某城市CNG加气站的平面布置图。

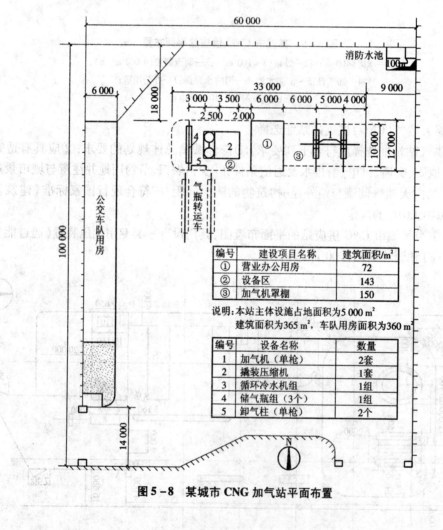

编号	建设项目名称	建筑面积/m²
①	营业办公用房	72
②	设备区	143
③	加气机罩棚	150

说明:本站主体设施占地面积为5 000 m²

建筑面积为365 m²,车队用房面积为360 m²

编号	设备名称	数量
1	加气机(单枪)	2套
2	撬装压缩机	1套
3	循环冷水机组	1组
4	储气瓶组(3个)	1组
5	卸气柱(单枪)	2个

图5-8 某城市CNG加气站平面布置

5.4 城市燃气输配系统规划

城市燃气输配系统是从气源到用户间一系列输送、分配、储存设施和管网的总称。在这个系统中,输配设施主要有储配站、调压计量站等,管网按压力不同分为高压管网、中压管网和低压管网。进行城市燃气输配管网规划,就是要确定输配设施的规模、位置和用地,选择输配管网的形式,布置输配管网并估算输配管网的管径。

5.4.1　城市燃气输配设施

1. 储配站

城市燃气的用气是不均匀的,随着日、月、时变化,为解决均匀供气与不均匀用气之间的矛盾,保证不间断地向用户供应正常压力和流量的燃气,需要采取一定的措施使燃气供应系统供需平衡。为满足各类用户的用气需要,一般需要在城市燃气输配系统中设置燃气储配站。

(1)采用管道天然气作气源时,平衡小时的用气不均所需调度气量宜由供气方解决,不足时由城镇燃气输配系统解决。调度气总容量应根据计算月平均日用气总量、气源的可调量大小、供气和用气不均匀情况和运行经验等因素综合确定。确定调度气总容量时,应充分利用气源的可调量(如主气源的可调节供气能力、调峰气源能力和输气干线的调峰能力等措施)。储气方式的选择应因地制宜,经方案比较,择优选取技术经济合理、安全可靠的方案。对来气压力较高的天然气可采用高压球罐储气、管束储气、高压管道储气等方式。

对于供气规模较大、供气范围较广的城市,应根据需要设两座或两座以上的储配站,厂外储配站的位置一般设在城市与气源站相对的一侧,即常称的对置储配站。在用气高峰时,实现多点向城市供气,一方面保持管网压力的均衡,缩小一个气源点的供气半径,减小管网管径,另一方面也保证了供气的可靠性。

城市储气量的确定与城市民用用气量与工业用气量的比例有密切关系。把储气量占计算月平均日供气量的比例称为储气系数,则根据不同工业与民用用气量的比例确定的储气系数见表 5-9。

由于城市有机动气源和缓冲用户,储气量可略低于表 5-9 的数值。

表 5-9　工业与民用用气量比例与储气量关系　　　　　　%

工业用气量占日供气量比例	民用用气量占日供气量比例	储气系数
50	50	40～50
>60	<40	30～40
<40	>60	50～60

除上述储配站布置要点外,储配站站址选择还应符合防火规范的要求,并有较好的交通、供电、供水和供热条件。

(2)压缩天然气供气站的天然气总储气量应根据气源、运输和气候等条件确定,但不应小于本站计算月平均供气量的 1.5 倍。压缩天然气储配站的天然气总储气量包括停靠在站内固定车位的压缩天然气瓶车的总储气量。当气瓶车的储气量大于 30 000 m³ 时,除采用气瓶车储气外,还应建天然气储罐等其他储气设施。

(3)液化天然气气化站的储存规模应根据供应用户类别、户数和用气量指标等因素确定。储罐设计总容量应根据其规模、气源情况、运输方式和运距等因素确定。

对于燃气的生产储存设施来说,用地大小、投资多少、防护要求等与其规模密切相关。在规划中,必须合理确定各种气源的供应、储存能力,使之能经济稳定地运行。

2. 调压站

城市燃气有多种压力级制,各种压力级之间的转换必须通过调压站来实现。调压站是供气输配管网中稳压与调压的重要设施,其主要功能是按运行要求将上一级输气压力降至下一级压力。当系统负荷发生变化时,通过流量调节,将压力稳定在设计要求的范围内。

调压站按性质分,有区域调压站、用户调压站和专用调压站。区域调压站是指连接两级输气压力不同的城市输配管网的调压站;用户调压站主要指与中压或低压管网连接,直接向居民用户供气的调压站;专用调压站指与较高压力管网连接,向用气量较大的工业企业和大型公共建筑供气的调压站。

调压站还可按调节压力范围分,有高中压调压站、高低压调压站和中低压调压站。按建筑形式分,有地上调压站、地下调压站和箱式调压站。

调压站内的主要设备是调压器,不同型号的调压器其调压性能不同。调压器通过能力由每小时数十立方米到数万立方米不等,供应范围由楼幢到数千户的居民区。

调压站自身占地面积很小,只要十几平方米,箱式调压器甚至可以安装在建筑外墙上,但对一般地上调压站和地下调压站来说,应满足一定的安全防护距离要求。

调压装置的设置应符合下列要求:

(1)自然条件和周围环境许可时,宜设置在露天,但应设置围墙、护栏或车挡;

(2)设置在地上单独的调压箱(悬挂式)内时,对居民和商业用户燃气进口压力不应大于0.4 MPa,对工业用户(包括锅炉房)燃气进口压力不应大于0.8 MPa;

(3)设置在地上单独的调压柜(落地式)内时,对居民、商业用户和工业用户(包括锅炉房)燃气进口压力不宜大于1.6 MPa;

(4)当受到地上条件限制,且调压装置进口压力不大于0.4 MPa时,可设置在地下单独的建筑物内或地下单独的箱体内;

(5)液化石油气和相对密度大于0.75的燃气的调压装置不得设于地下室、半地下室内和地下单独的箱体内。

布置调压站时主要考虑以下因素:

(1)调压站供气半径以0.5 km为宜,当用户分布较分散或供气区域狭长时,可考虑适当加大供气半径;

(2)调压站应尽量布置在负荷中心;

(3)调压站应避开人流量大的地区并尽量减少对环境的影响;

(4)调压站布局时应保证必要的防护距离,具体数据见表5-10。

表5-10　调压站与其他建筑物、构筑物水平净距　　　　　　　　　　　　　　　　m

建筑形式	调压装置入口 燃气压力级制	距建筑物或构筑物	距重要公共建筑物	距铁路或电车轨道
地上单独建筑	高压(A)	10.0	30.0	15.0
	高压(B)	8.0	25.0	12.5
	中压(A)	6.0	25.0	10.0
	中压(B)	6.0	25.0	10.0
地下单独建筑	中压(A)	5.0	25.0	10.0
	中压(B)	5.0	25.0	10.0

注:1. 当调压装置露天设置时,则指距离装置的边缘。

　　2. 当达不到上表净距要求时,采取有效措施,可适当缩小净距。

　　当不能满足表 5 - 11 中的安全距离时,应与城市规划、消防等部门协商解决。但调压站如果临近重要的公共建筑物,地上调压站距离该建筑物不应小于 25 m,地下调压站与该建筑物的水平净距不应小于 20 m。

　　调压站的占地面积根据调压站的建筑面积和安全距离的要求确定。调压站的建筑面积与调压站的种类有关。地上中低压调压站内设 1 至 3 台调压器时,建筑面积为 15 ~ 40 m;地上高中压调压站设 3 台调压器时,建筑面积约为 50 m^2。

　　调压站的主要设备是调压器. 其计算流量可按下式计算:

$$Q_t = kQ_j \quad (m^3/h) \tag{5 - 8}$$

式中　Q_t——调压器的计算流量,m^3/h;

　　　　Q_j——管网的最大计算流量,m^3/h;

　　　　k——系数,$k = 1.2$。

5.4.2　城市燃气管网系统的分类

　　输配系统的压力级制是由系统中管道设计压力等级命名的,一般有高中低压系统、高中压系统、中低压系统与单级中压系统等。对于天然气,由于长输管道供气压力较高而多采用高中压系统或单级中压系统,前者适用于较大城市,其中高压管道可兼作储气装置而具有输储双重功能。此两系统中的中压管道供气至小区调压箱或楼栋调压箱,天然气实现由中压至低压的调压后进入低压庭院管与室内管;也可中压管道直接进入用户由用户调压器调压,用户用具前的压力更为稳定。

　　当原有人工燃气输配系统改输天然气时,原有人工燃气大多采用中低压系统且为中压 B 级,一般加以改造后可予以利用,天然气经区域中低压调压站调压后进入低压分配干管、低压庭院管与室内管。中低压系统与单级中压系统的区别在于中低压系统具有区域调压站与低压分配干管,显然其低压管网的覆盖面大,有的路段同时出现中压管道与低压分配干管,且区域调压站供应户数多于小区调压箱与楼栋调压箱,用户燃具前压力波动大。当中压 A 系统向中压 B 系统供气时,需设置中压调压器。

　　图 5 - 1 中包括高(次高)中低压、高(次高)中压、中低压与单级中压 4 种输配系统,图 5 - 9 为某城市采用的低压、中压两级管网系统,图 5 - 10 为低压、中压、次高压 A、次高压 B 四级管网系统,图 5 - 11 为含有高压 B(2.0 MPa)、次高压 B、中压 A、中压 B、低压五级的多级管网系统。

5.4.3　城市燃气输配管网级制的确定

　　燃气输配系统压力级制选择是一项重要而复杂的工作,不仅应考虑气源的类型、城市的大小、人口密度、建筑分布和规划发展情况,而且需要考虑大型燃气用户的数目和分布、储气设备的类型、城市街道敷设各种压力燃气管道的可能性和用户对燃气压力的要求,同时也要考虑管材及管道附件和调压设备的生产、供应情况,另外,还要考虑远近结合,为将来发展留有余地。供气范围、供气规模越大,越需要选择多压力级制输配系统。随着燃气应用技术的不断发展,多压力机制选择也越来越引起重视,它体现在输配系统的经济性和安全性两个方面。城市供气压力越高,输配管网的管径和投资越小,但是不同设计压力具有不同的安全间距要求。

　　对于大中型城市,由于用气量多、面广,为安全供气,在城市周边设置高压或次高压环线

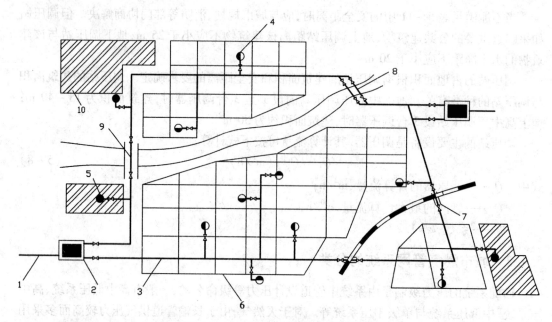

图 5-9　低压、中压两级管网系统示意

1—长输管线；2—城市燃气分配站；3—中压管网；4—区域调压器；5—工业企业专用调压室；6—低压管网；
7—穿越铁路的套管敷设；8—穿越河底的过河管道；9—沿桥敷设的过河管；10—工业企业

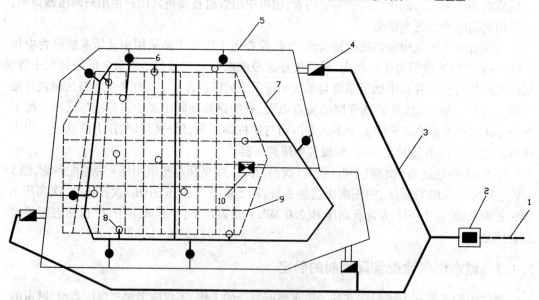

图 5-10　四级管网系统示意

1—长输管线；2—城市燃气分配站；3—郊区次高压 A(1.2 MPa)管道；4—储气罐站；5—次高压 B 管网；
6—次高 B、中压调压室；7—中压管网；8—中、低压调压站；9—低压管网；10—煤气厂

或半环线经多个调压站向城市供气，该高压或次高压管线往往兼作储气，即具有输、储双重功能。

中小城市输配系统一般为单级中压。该系统避免了中、低压管道并行敷设、减少低压管长度而获得了较好的经济性。单个调压器的供气户数较少，燃具前压力有更好的稳定性。因此，单级中压系统成为中小城市天然气输配系统的首选。

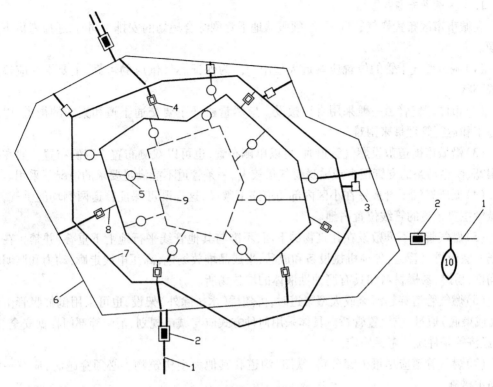

图 5 – 11　多级管网系统示意

1—长输管线;2—城市燃气分配站;3—调压计量站;4—储气罐站;5—调压站;6—2.0 MPa 的高压 B 环线;
7—次高压 B 管网;8—中压 A 管网;9—中压 B 管网;10—地下储气库

综上所述,城市天然气输配系统结合管道储气或储罐储气可采用的压力级制一般为高(次高)中压与单级中压系统。

结合部分城区的道路、建筑等状况,特别是未经改造的旧城区,从安全角度考虑,可采用中低压输配系统。原有人工燃气中低压输配系统改输天然气时需经改造,但压力级制不变,大多为中压与低压。因此,同一城区有可能存在两种压力级制。中压系统设计压力的确定需结合储气设施的运行作技术、经济比较进行优化。由于中压管道的天然气来自储罐或高(次高)压管道,降低中压管道设计压力可提高储气装置利用率、节省投资,但由于中压管道可利用的压降减少而增加投资,通过计算可获得总投资最少与较少的中压管道设计压力和储气装置运行压力的配置,然后综合考虑技术与经济因素获得优选方案。

5.4.4　城市燃气管网的布置

燃气管网的作用是安全、可靠地供给各类用户具有正常压力、足够数量的燃气。布置燃气管网时,首先要满足使用上的要求,又要尽量缩短线路长度,尽可能节省材料和投资。

城市中的燃气管道多为地下敷设。所谓燃气管网布置,是指在城市燃气管网系统原则上选定之后,决定各个管段的具体位置。

燃气管网的布置应根据全面规划,远、近期结合,以近期为主的原则,作出分期建设的安排。燃气管网的布置工作按压力高低的顺序进行,先布置高、中压管网,后布置低压管网。对于扩建或改建燃气管网的城市则应从实际出发,充分发挥原有管道的作用。

1. 市区管网布置

在城市市区布置燃气管同时,必须服从地下管网综合规划的安排。同时,还应考虑下列问题。

(1)城市燃气干管的位置应靠近大型用户。为保证燃气供应的可靠,主要干线应逐步连成环状。

(2)市区燃气管道一般采用直埋敷设。应尽量避开主要交通干道和繁华的街道,以免给施工和运行管理带来困难。

(3)沿城市街道敷设燃气管道时,可以单侧布置,也可以双侧布置。双侧布置一般在街道很宽、横穿马路的支管很多或输送燃气量较大、一条管道不能满足要求的情况下采用。

(4)低压燃气干管最好在小区内部的道路下敷设,这样既可保证管道两侧均能供气,又可减少主要干道的管线位置占地。

(5)燃气管道不准敷设在建筑物的下面,不准与其他管线平行地上下重叠,并禁止在下述场所敷设燃气管道:各种机械设备和成品、半成品堆放场地,高压电线走廊,动力和照明电缆沟槽,易燃、易爆材料和具有腐蚀性液体的堆放场所。

(6)燃气管道穿越河流或大型渠道时,可随桥(木桥除外)架设,也可采用倒虹吸管由河底(或渠底)通过,或设置管桥。具体采用何种方式应与城市规划、消防等部门根据安全、市容、经济等条件统一考虑确定。

(7)燃气管道应尽量少穿公路、铁路、沟道和其他大型构筑物。必须穿越时,应有一定的防护措施。

a)燃气管道穿越公路。燃气管道在穿越一、二、三级公路或城镇主干道时,宜敷设在套管或地沟内,见图5-12及图5-13。套管直径应比燃气管道直径大100 mm以上,保护套管端部伸出长度距路堤坡脚距离不应小于1.0 m。管套或地沟两端应密封,在重要地段的套管或地沟端部位应设检漏管。检漏管上端伸入防护罩内,由管口取气样检查套管内的燃气含量,以判明有无漏气及漏气的程度。

穿越一般公路或城镇次要道路时,可以不用保护套管或地沟,而采用直接埋设。

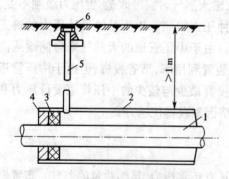

图5-12　敷设在套管内的燃气管道

1—燃气管道;2—套管;3—油麻填料;
4—沥青密封层;5—检漏管;6—防护罩

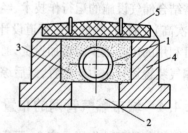

图5-13　燃气管道的单管过街沟

1—输气管道;2—原土夯实;3—填砂;
4—砖墙沟壁;5—盖板

b)燃气管道穿越铁路。燃气管道穿越铁路和电车轨道时,必须采用保护套管或混凝土套管,并要垂直穿越。保护套管端部距路堤坡脚距离不应小于1.0 m,距铁路边轨不小于2.5 m,距电车道边轨不小于2.0 m。穿越的管段不宜有对接焊缝,无法避免时,焊缝应采用双面焊或其他加强措施,须经物理方法检查,并采用特级加强防腐。对埋深的要求是:从轨底到燃气管道保护套管管顶应不小于 1.2 m。在穿越工厂企业的铁路专用支线时,燃气管道的埋深有时可略小些。燃气管道穿越铁路如图 5 – 14 所示。

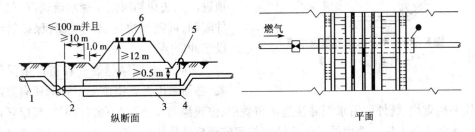

图 5 – 14　燃气管道穿越铁路
1—输气管道;2—阀门井;3—套管;4—密封层;5—检漏管;6—铁道

　　c)燃气管道穿(跨)越河流。燃气管道通过河流时,可以采用穿越河流,也可以利用已建道路桥梁或采用管桥跨越等形式。

　　a)燃气管道水下穿越河流。燃气管道水下穿越河流时,应尽可能选择河流两岸地形平缓、河床稳定且河底平坦的河段,并从直线河段、河滩宽度最小的地方穿越。燃气管道从水下穿越时,一般宜用双管敷设 (图 5 – 15)。每条管道的通过能力是设计流量的 75%,但在环形管网可由另侧保证供气,或以枝状管道供气的工业企业在过河管检修期间,可用其他燃料代替的情况下,允许采用单管敷设。在不通航河流和不受冲刷的河流下,双管允许敷设在同一沟槽内,两管的水平净距不应小于 0.5 m。当双管分别敷设时,平行管道的间距应根据水文地质条件和水下挖沟施工的条件确定。按规定不得小于 30 ~ 40 m。

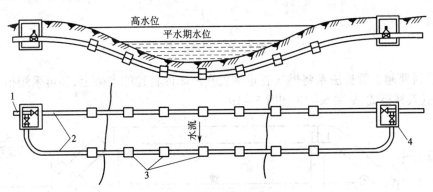

图 5 – 15　燃气管道穿越河流
1—燃气管道;2—过河管;3—稳管重块;4—阀门井

　　燃气管道在水下穿越河流的敷设方法如下。

　　(a)沟埋敷没。如图 5 – 16 所示。由于沟埋敷设时管道不易损坏,一般采用这种方法敷设。管道在河床下的埋设深度,应根据水流冲刷的情况确定,一般不小于 0.5 m。对通航河流还应考虑疏浚和抛锚的深度。在穿越不通航或无浮运的水域,当有关管理机关允许时,可以减少管道的埋深。

　　(b)裸管敷设。将管线直接敷设在河床平面上。若河床不易挖沟或挖沟不经济且河床稳定,水流平稳,管道敷设后不易被船锚破坏和不影响通航时,可采用裸管敷设。

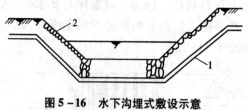

图 5 – 16　水下沟埋式敷设示意

1—管道；2—水泥砂浆

（c）顶管敷设。顶管施工是一种不开挖沟槽而敷设管道的工艺，它运用液压传动产生强大的推力，使管道克服土壤摩擦阻力顶进。此法穿越河流不受水流情况、气候条件限制，可随意决定管线埋深，保证管线埋设于冲刷层下。

为防止水下穿越燃气管道产生浮管现象，必须采用稳管措施。稳管形式有混凝土或铸铁平衡重块、管外壁用水泥灌注连续覆盖层、修筑抛石坝、管线下游打挡桩、复壁环形空间灌注水泥浆等方法。选用的具体方法可按河流河床地质构成、管径、施工力量等选择并经计算确定。

b）附桥架设。将管道架设在已有的桥梁上，如图 5 – 17 所示，此法最简便、投资省。

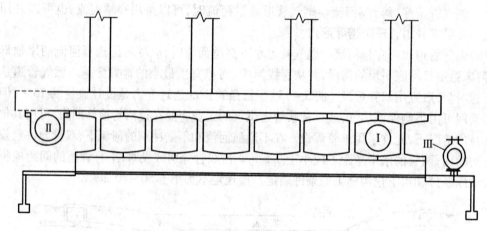

图 5 – 17　附桥架设

c）管桥跨越。管桥法系将燃气管道搁置在河床内自建的支架上，如可采用桁架式、拱式、悬索式及栈桥式，见图 5 – 18 和图 5 – 19。

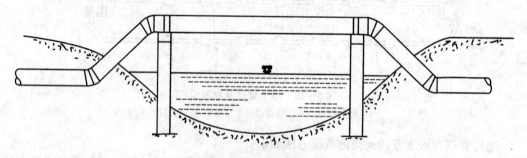

图 5 – 18　燃气管桥跨越

2. 郊区输气干线布置

城市郊区的输气干线布置一般应考虑如下因素。

（1）结合城市的发展规划，避开未来的建筑物。

（2）线路应少占良田好地，尽量靠近现有公路或沿规划公路的位置敷设。

（3）输气干线的位置除考虑城市发展的需要外，还应兼顾大城市周围小城镇的用气需

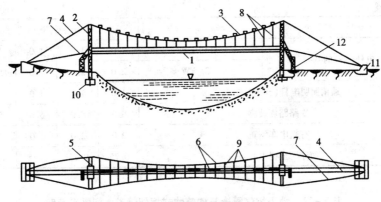

图 5 - 19　燃气管道的悬索式跨越
1—燃气管道;2—桥柱;3—钢索;4—牵索;5—平面;6—抗风索;7—抗风牵索;8—吊杆;
9—抗风连杆;10—桥支座;11—地锚基础;12—工作梯

要。

(4)线路应尽量避免穿越大型河流和大面积湖泊、水库和水网区,以减少工程量。

(5)为确保安全,线路与城镇、工矿企业等建(构)筑物、高压输电线应保持一定的安全距离。

3. 管道的安全距离

市区地下燃气管道与建筑物(构筑物)基础及相邻管道之间的水平净距见表 5 - 11。市区地下燃气管道与相邻管道之间的垂直净距见表 5 - 12。

如受地形限制,布置管道确实有困难时,经与有关部门协商,采取行之有效的防护措施后,表 5 - 11、表 5 - 12 规定的净距可适当减少。

表 5 - 11　地下燃气管道与建筑物、构筑物或相邻管道之间的水平净距　　　　m

序号	项　目		地下燃气管道				
			低压	中压		次高压	
				A	B	A	B
1	建(构)筑物	基础	0.7	1.0	1.5	–	–
		外墙皮(出地面处)	–	–	–	4.5	6.5
2	给水管		0.5	0.5	0.5	1.0	1.5
3	污水、雨水排水管		1.0	1.2	1.2	1.5	2.0
4	电力电缆(含电车电缆)	直埋	0.5	0.5	0.5	1.0	1.5
		在导管内	1.0	1.0	1.0	1.0	1.5
5	通信电缆	直埋	0.5	0.5	0.5	1.0	1.5
		在导管内	1.0	1.0	1.0	1.0	1.5
6	其他燃气管道	$DN \leqslant 300$ mm	0.4	0.4	0.4	0.4	0.4
		$DN > 300$ mm	0.5	0.5	0.5	0.5	0.5
7	热力管	直埋	1.0	1.0	1.0	1.5	2.0
		在管沟内	1.0	1.5	1.5	2.0	4.0

续表

序号	项 目		地下燃气管道				
8	电杆(塔)的基础	≤35 kW	1.0	1.0	1.0	1.0	1.0
		>35 kW	2.0	2.0	2.0	5.0	5.0
9	通信照明电杆(至电杆中心)		1.0	1.0	1.0	1.0	1.0
10	铁路路堤坡脚		5.0	5.0	5.0	5.0	5.0
11	有轨电车钢轨		2.0	2.0	2.0	2.0	2.0
12	街树(至树中心)		0.75	0.75	0.75	1.20	1.20

表 5-12　地下燃气管道与构筑物或相邻管道之间垂直净距　　　　　m

序号	项 目		地下燃气管道(当有套管时,以套管计)
1	给水管、排水管或其他燃气管道		0.15
2	热力管的管沟底(或顶)		0.15
3	电缆	直埋	0.50
		在导管内	0.15
4	铁路轨底		1.20
5	有轨电车轨底		1.00

5.5　水力计算

　　燃气管道水力计算的任务,一是根据计算流量和规定的压力损失来计算管径,进而决定管道投资及金属消耗;二是对已有管道进行流量和压力损失的验算,以充分发挥管道的输送能力,或决定是否需要对原有管道进行改造。因此,正确地进行水力计算,是关系到输配系统经济性和可靠性的问题,也是城市燃气规划中的一项重要工作。

5.5.1　水力计算公式

　　1. 基本公式

　　燃气管道水力计算的基本公式:

　　对于低压

$$\frac{\Delta P}{l} = 6.26 \times 10^7 \lambda \frac{Q^2}{d^5} \rho \frac{T}{T_0} \tag{5-9}$$

式中　ΔP——燃气管道摩擦阻力损失,Pa;

　　　　l——燃气管道的计算长度,m;

　　　　λ——燃气管道摩擦阻力系数;

　　　　Q——燃气管道的计算流量,m^3/h;

　　　　d——管道内径,mm;

　　　　ρ——燃气的密度,kg/m^3;

　　　　T——设计中所采用的燃气温度,K;

T_0——273.15 K。

对于高、中压

$$\frac{P_1^2 - P_2^2}{L} = 1.27 \times 10^{10} \lambda \frac{Q^2}{d^5} \rho \frac{T}{T_0} Z \tag{5-10}$$

式中　P_1——燃气管道起点的压力(绝压),kPa;

　　　　P_2——燃气管道终点的压力(绝压),kPa;

　　　　L——燃气管道的计算长度,km;

　　　　Z——压缩因子,当燃气压力小于 1.2 MPa(表压)时,Z 取 1。

2. 摩擦阻力系数 λ

摩擦阻力系数是反映管内燃气流动摩擦阻力的一个无因次系数,其数值与燃气在管内的流动状况、燃气性质、管道材质及连接方法、安装质量有关。根据流体力学的知识,流体在管道内的流动状态分为层流区、临界区和紊流区 3 种情况,各流动状态的区分一般用雷诺数 Re 判定。不同流态区摩擦阻力系数的计算方法不同。

1)层流区

在层流区($Re \leqslant 2\,100$),摩阻系数的值 λ 仅与雷诺数有关,可用下式计算:

$$\lambda = \frac{64}{Re}$$

2)临界区(又称临界过渡区)

当 $2\,100 < Re \leqslant 3\,500$ 时称为临界区。临界区的摩阻系数采用扎依琴柯公式计算:

$$\lambda = 0.002\,5 \sqrt[3]{Re}$$

3)紊流区

当 $Re > 3\,500$ 时则为紊流区。紊流区包括水力光滑区、过渡区(又称紊流过渡区)和阻力平方区。由于燃气在紊流区的流动状态比较复杂,摩阻系数的计算公式也很多。如威莫斯(Weymouth)公式、潘汉德尔(Panhandle)A 式、潘汉德尔(Panhandle)B 式、原苏联天然气研究所早期公式和近期公式、阿里特苏里公式、谢维列夫公式、柯列勃洛克公式等。其中不同的公式也有不同的使用范围,《城镇燃气设计规范》(2006 版)所推荐使用的为整个紊流区的通用公式——柯列勃洛克(F. Colebrook)公式:

$$\frac{1}{\sqrt{\lambda}} = -2\lg\left(\frac{2.51}{Re\sqrt{\lambda}} + \frac{e}{3.7D}\right)$$

式中　e——管道内壁的当量绝对粗糙度,mm;

　　　　D——管道内径,m。

该式的等号两边均有 λ,可采用迭代法求解。

3. 燃气管道计算公式和图表

在进行燃气管道水力计算时,往往不是利用一般形式的基本公式,而是利用将摩阻系数 λ 值的公式代入基本公式后得到的燃气管道计算公式,或据此制成的计算图表。燃气管道水力计算图详见附录六 燃气水力计算图。

5.5.2　燃气管道总压力降和压力降分配

1. 低压燃气管网压力降的确定

由燃气管道水力计算公式中可以看出,如果管径相同,则压力降愈大,燃气管道的通过能力也愈大。因此,利用大的压力降输送和分配燃气,可以节省燃气管道的投资和金属消耗。但是,对低压燃气管道来说,压力降的增加是有限度的。低压燃气管道直接与用户灶具相连接,其压力必须保证燃气管网内燃气灶具能正常燃烧。即压力降的增加受到用户灶具工作稳定条件的限制。因此,低压燃气管道压力降的大小及其分配要根据城市的建筑密度、街坊情况、建筑层数和燃气灶具的燃烧性能等因素来确定。

城镇燃气低压管道从调压站到最远燃具管道允许阻力损失,可按下式计算:

$$\triangle P_d = 0.75P_n + 150 \quad (Pa) \tag{5-11}$$

式中　$\triangle P_d$——从调压站到最远燃具的管道允许阻力损失,Pa;

P_n——低压燃具的额定压力,Pa,对于人工煤气 $P_n = 800 \sim 1\,000$(Pa),天然气 $P_n = 2\,000$ Pa,气态液化石油气 $P_n = 2\,800 \sim 3\,000$ Pa。

根据式(5-15),推算出的低压燃气管道允许的总压降见表5-13。

表 5 – 13　　低压燃气管道允许总压降　　　　　　　　　　　　　　　　Pa

燃气总类 \ 压力	人工煤气		天然气	液化石油气
燃具的额定压力	800	1 000	2 000	2 800
燃具前最高压力	1 200	1 500	3 000	4 200
燃具前最低压力	600	750	1 500	2 100
调压器出口最大压力	1 350	1 650	3 150	4 350
允许总压力降	750	900	1 650	2 250

低压燃气管道允许总压降的分配,应根据技术经济分析比较后确定,也可按表5-14的推荐进行压力降分配。

表 5 – 14　　低压燃气管道允许总压降分配　　　　　　　　　　　　　　Pa

燃气总类及灶具额定压力	允许总压力降△P_d	街区	单层建筑		多层建筑	
			庭院	室内	庭院	室内
人工燃气	800	750	400	200	150	100	250
	1 000	900	550	200	150	100	250
天然气	2 000	1 650	1 050	350	250	250	350

2. 高、中压燃气管网计算压力降的确定

高中压管网只有通过调压器才能与低压管网或用户相连。因此高中压管网中的压力波动,实际上并不影响低压用户的燃气压力。

始端压力为管网源点的供气压力,终端压力应保证区域调压站能正常工作并通过用户在高峰时的用气量,即为高、中压调压器的入口压力。

当高中压管网与中压引射式燃烧器相连时,燃气压力应能保证这种燃烧器的正常工作由高中压管网的最大压力与最小压力,即可求得其计算压力降。在具体设计时,应考虑到个别管段可能发生故障,故在选择计算压力降时应根据具体情况留有适当的压力储备。

5.5.3 环状管网的计算

环状管网计算是选择管网最佳方案的一种手段。最佳方案一般应满足管网和调压室布局合理,保证供气安全可靠,投资和金属消耗最小等几个条件,环状管网的计算,不仅要决定管径,还要使燃气管网在均衡的水力工况下运行。因此,环状管网的计算比简单的枝状管道计算要复杂。

在环状管网计算中大量的工作是消除管网中不同气流方向的压力降差值。所以一般称为平差计算或调环。平差计算的准备工作与计算步骤如下。

(1)在已知用户用气量的基础上布置管网,并绘制管网平面示意图。管网布置应尽量使每环的燃气负荷接近,使管道负荷比较均匀。图上应注明节点编号、环号、管段长度、燃气负荷、气源或调压室位置等。

(2)计算管网各管段的途泄流量。途泄流量只包括居民用户、小型商业用户和小工业用户的燃气用量。如果管段上连接了用气量较大的用户,则该用户应看做集中负荷来计算。在实际计算中,一般均假定居民、小型商业用户和小工业用户是沿管道长度方向均匀分布的。因此,将环网内的燃气消耗量被环网管道的计算长度相除,即得到管段单位长度的途泄流量。每段管道的途泄流量就等于该管段的计算长度与单位长度途泄流量的乘积。

(3)计算节点流量。在环状燃气管网计算中,特别是利用电子计算机进行燃气环状管网水力计算时,常用节点流量来表示途泄流量。这时可以认为途泄流量 Q 相当于两个从节点流出的集中流量值。在燃气分配管网中,由于从分配管道接出的支管较多,途泄流量在管段总流量中所占比重较大,因此管段始端节点的流量为 $0.45Q$,而终端节点的流量为 $0.55Q$。就某一节点来说,节点流量为流入该节点所有管段途泄流量的 0.55 倍,加上流出该节点所有管段途泄流量的 0.45 倍,再加上该节点的集中流量。当转输流量在管段总流量中所占比重较大时,管段始端和终端节点的流量均可按 $0.5Q$ 计算。这时,某一节点的流量就等于与该节点相连之各管段途泄流量一半的总和,再加上由该节点流出的集中流量。

(4)确定环状管网各管段的气流方向。在拟定气流方向时,应使大部分气量通过主要干管输送;在各气源(或调压室)压力相同时,不同气流方向的输送距离应大体相同;在同一环内必须有两个相反的流向,至少要有一根管段与其他管段流向相反。一般以顺时针方向为(+),逆时针方向为(-)。拟定后的气流方向应标注在管网示意图上。

(5)求各管段的计算流量。根据计算的节点流量和假定的气流方向,由离气源点(或调压室)最远的汇合点(即不同流向的燃气流汇合的地方,也称零点)开始,向气源点(或调压室)方向逐段推算,即可得到各管段的计算流量。

推算管段流量,必须使流入节点的气量等于流出节点的气量,即 $\sum Q = 0$。

当不计算节点流量时,管段计算流量 Q 可按下式计算:

$$Q = 0.55Q_1 + Q_2 \tag{5-12}$$

式中 Q_1——途泄流量;
Q_2——转输流量。

(6)初步计算。根据管网允许压力降和供气点至零点的管道计算长度(局部阻力通常取沿程压力损失的10%),求得单位长度平均压力降,据此即可按管段计算流量选择管径。

相邻管段的管径不宜相差太大,一般以相差一号为宜。

初步拟定的各管段管径也在管网示意图上注明。

（7）平差计算。对任何一环来说，两个相反气流方向的各管段压力降（或称闭合差）应该是相等的，即 $\sum \triangle P = 0$。但要完全做到这一点是困难的，一般闭合差小于允许闭合差（10%）即可。

各环的闭合差可由下式求得：

$$\frac{\sum \Delta P}{0.5 \sum |\Delta P|} \times 100\% \qquad (5-13)$$

式中 ΔP——各管段的压力降；

$|\Delta P|$——各管段压力降的绝对值。

由于气流方向、管段流量均是假定的，因此按照初步拟定的管径计算出的压力降在环内往往是不闭合的。这就需要调整管径或管段流量及气流方向重新计算，以至反复多次，直到满足允许闭合差的精度要求。这个计算过程一般称为平差计算。

为了不破坏节点上流量的平衡，一般采用校正流量来消除环网的闭合差。

对于低压管网，校正流量可按下式计算：

$$\Delta Q = -\frac{\sum \Delta P}{1.75 \sum \dfrac{\Delta P}{Q}} + \frac{\sum \Delta Q'_{nn}\left(\dfrac{\Delta P}{Q}\right)_{ns}}{\sum \dfrac{\Delta P}{Q}} \qquad (5-14)$$

对于高中压管网，计算校正流量的公式为

$$\Delta Q = -\frac{\sum \delta P}{2 \sum \dfrac{\delta P}{Q}} + \frac{\sum \Delta Q_{nn}\left(\dfrac{\delta P}{Q}\right)_{ns}}{\sum \dfrac{\delta P}{Q}} \qquad (5-15)$$

$$\delta P = P_1^2 - P_2^2$$

式中 ΔQ_{nn}、$\Delta Q'_{nn}$——邻环校正流量的第一个近似值；

$\left(\dfrac{\Delta P}{Q}\right)_{ns}$、$\left(\dfrac{\delta P}{Q}\right)_{ns}$——与该临环共用管道的 $\dfrac{\Delta P}{Q}$ 或 $\dfrac{\delta P}{Q}$ 值。

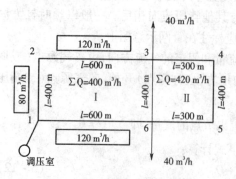

图 5-20 低压环状煤气管网

例题 计算图 5-20 所示低压环状燃气管网。图中已注明节点号、环号、管段长度和每环的煤气负荷，并给出了需要由管段 1~2、2~3、1~6 供应的环外邻近区域的负荷以及由节点 3、6 引出支线的负荷。燃气管网供应的为人工燃气，其重度 $\gamma = 0.46$ kg/m³，运动黏度 $\nu = 25 \times 10$ m²/s。管网中的计算压力降 $\triangle P = 550$ Pa。

解：

1）求各管段的途泄流量

各环单位长度途泄流量计算

环号	环内总负荷/m³·h⁻¹	环内管段总长/m	单位长度途泄流量/m³·(h·m)⁻¹
I	400	2 000	0.2
II	420	1 400	0.3

各管段途泄流量计算

管段	管段长/m	环内单位长度途泄流量/ m³·(h·m)⁻¹	环内管段途泄流量 /m³·h⁻¹	与管段靠近的环外管段途泄流量小计 途泄流量/m³·h⁻¹	/m³·h⁻¹	备注
1~2	400	0.2	80	80	160	
2~3	600	0.2	120	120	240	
3~4	300	0.3	90	–	90	3~6 为 I、
4~5	400	0.3	120	120	120	II 环的公共
5~6	300	0.3	90	–	90	管段
1~6	600	0.2	120	120	240	
3~6	400	0.2+0.3	200	–	200	

2）拟定气流方向

在距调压室最远处（4 点）假定为零点位置，同时决定气流方向（见图 5–16）。

3）计算节点流量

节点号	相连管段	节点流量/m³·h⁻¹
1	1~2,1~6	160×0.45+240×0.45=180
2	1~2,2~3	160×0.55+240×0.45=196
3	2~3,3~4,3~6	240×0.55+90×0.45+200×0.55+40=322.5
4	3~4,4~5	90×0.55+120×0.55=115.5
5	4~5,5~6	120×0.45+90×0.55=103.5
6	3~6,5~6,1~6	200×0.45+90×0.45+240×0.55+40=302.5

4）推算各管设计计算流量

根据节点流量和气流方向推算的管段计算流量见图 5–21。

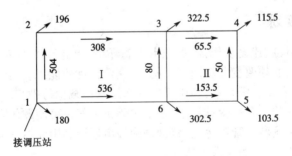

图 5–21　气流方向和管段计算流量结果

5）初步拟定管径

根据允许总压降 550 Pa 和由供应点 1 到汇合点 4 的平均距离，并考虑局部阻力后计算允许单位长度压降，即

$$\frac{\Delta P}{l} = \frac{550}{1\,300 \times 1.1} = 0.38 \quad (\text{Pa/m})$$

根据允许单位长度压降和管段计算流量，由水力计算图表查得管径。

6）平差计算

用表格方式进行管网平差计算。先进行初步计算，再依次作校正计算。

在初步计算中,根据拟定的管径和管段流量计算管段压力降和各环压力闭合差。经初步计算,第Ⅱ环闭合差为15.2%,超过了允许误差范围。为分析其原因,计算由调压室至汇合点4的全部压降:

1～2～3～4　(20.4+13.2+9.3)×1.1=47.19
1～6～5～4　(33+6.3+7.6)×1.1=51.59
1～6～3～4　(33+2.64+9.3)×1.1=49.43

计算结果表明,总压降基本不超过允许总压降550 Pa。说明初步拟定的管径基本合适,无须调整管径,只需调整管段流量。

校正各管段流量后,再计算各环闭合差。结果为:第Ⅰ环闭合差0.5%,第Ⅱ环闭合差0.7%,已满足精度要求。

最后再核算总压降:

1～2～3～4　(20.8+13.8+10.5)×1.1=49.6
1～6～5～4　(32.4+6+6.8)×1.1=49.7
1～6～3～4　(32.4+2.4+10.5)×1.1=49.8

计算结果表明,闭合差和总压降均满足要求。

环状燃气管网的平差,需要进行反复运算。对于较大的管网(环数很多的管网),利用手工平差时,往往要动员很多人力,花费很多时间。利用电子计算机平差不仅省时、省力,而且能保证较高的计算精度。因此,在管网平差计算中,电子计算机的应用日渐广泛。

规划举例: XX 城市燃气工程规划

一、燃气现状

华北地区某城市于1993年开始使用人工煤气。目前管道煤气居民用户已达7.5万户,管道煤气年供气量4 000万 m^3,瓶装液化石油气用户5.4万户。主城区燃气气化率为60%,但管道气化率较低,仅约为34.8%,而且燃气主要用于民用。

二、燃气气源规划

为加快城市基础设施建设步伐,保护城市生态环境,提高能源利用率,实现社会、经济、环境的持续协调发展,必须改变能源消费结构,采用清洁优质能源。由于天然气具有较高的热能利用率和较低的有效投资水平,利用天然气作燃料可减少污染,节约能源。尽快利用天然气替代煤,减少二氧化硫和烟尘排放量,是解决该市大气污染问题的根本方法。

由于陕-京二线长输燃气管道途经该市域,为该市近期利用天然气提供了气源条件。因此,该城市气源采用陕-京长输管道天然气。

三、用气量规划

本工程的供气范围为该城市主城区26.973万户居民及相应商业用户和锅炉、直燃机空调、采暖壁挂炉、燃气汽车、工业用户的天然气供气工程,经实地调研、统计计算确定该市年供天然气总量为21 187.510 2万 m^3,年均日供气量为64.075 4万 m^3,计算月平均日供气量76.080 4万 m^3,高峰小时供气量62 286.641 1万 m^3/h。

四、燃气输配系统规划

根据该城市总体规划所确定的城市空间结构、用地布局和本工程的供气范围、供气规模、气源条件和现有燃气输配系统状况等因素考虑该市天然气输配系统采用次高压管道输气,高压球罐储气,中压、低压管网配气的输配方案。

　　天然气输配系统主要由门站及储配站、次高压管道、高中压调压站、中压输配管网、中低压调压设施、低压管网、庭院户内管等组成。其中,中低压配气系统是利用原有人工煤气系统,新发展区域采用中压一级配气系统。其方框工艺流程如下。

$$燃具 \leftarrow 庭院户内管 \leftarrow 低压管网 \leftarrow 中低压调压站$$

$$分输站 \rightarrow 门站及储配站 \rightarrow 次高压管道 \rightarrow 高中压调压站 \rightarrow 中压管网$$

$$燃具 \leftarrow 庭院户内管 \leftarrow 调压箱(柜)$$

　　本工程主要有以下建设内容:天然气门站及储配站 1 座、高中压调压站 3 座、次高压管道、中压干管、中压支管、调压柜、调压箱、管网改造、调压站、SCADA 系统及后方配套设施等。对原有人工煤气输配设施进行改造,发展天然气新用户,使天然气供气范围内的居民用户基本实现管道供气,气化率达到 83.74%。

(一)天然气门站

　　城市门站的站址在保证供气可靠性的前提下,与上游分输站临近设置。目前,上游中石油分输站拟由设置该市区西北部附近的管线末站向本市区供气。

　　城市门站选址在市区西北部,紧邻长输管线末站,位于城市边缘,且靠近供气区,四周空旷、环境安全,与周围其他建、构筑物的间距符合《城镇燃气设计规范》和《建筑设计防火规范》的规定。

　　本站为门站与储配站的合建站,建设用地面积约 1.5 hm²。预留球罐用地 0.3 hm²,预留加气母站用地 0.425 hm² 亩,站外明火或散发火花地点、民用建筑控制在距球罐 35 m 范围以外。

(二)高中压燃气调压站

　　高中压调压站是中压管网的气源点。本工程共设 3 座高中压调压站。高中压调压站内设有调压间和生产辅助用房(仪表间、值班室),站内设置的调压计量区与周围建、构筑物的间距均满足《建筑设计防火规范》和《城镇燃气设计规范》的要求。

(三)输配管网

1.压力级制

　　(1)门站:设计压力 1.6 MPa,进站压力 1.6 MPa,次高压管道出站压力 0.3~1.6 MPa,中压管道出站压力 0.2 MPa;

　　(2)次高压管线:设计压力 1.6 MPa,运行压力 0.3~1.6 MPa。

　　(3)高中压调压站:设计压力 1.6 MPa,进站压力 0.3~1.6 MPa,出站压力 0.2 MPa。

　　(4)中压管网:新建中压管网设计压力 0.4 MPa,运行压力 0.2 MPa(远期升压至 0.4 MPa)。

　　(5)低压管网:原有低压管设计压力 0.07 MPa,运行压力 0.003 5 MPa。

2.管道穿跨越工程

1)穿越铁路

　　本工程次高压管道沿线共计穿越铁路 5 处,总长度约 120 米。应符合城市总体规划的要求,推荐采用顶管或钢筋混凝土箱涵穿越方式。

2)穿越河流

　　次高压管道穿越河流的敷设方式取决于河流的地形、水文和地质条件、施工场地和设备。其穿越方式主要有沟埋敷设和无沟敷设(顶管施工、水平定向钻等)。

3）穿越高速公路及城市主干道

天然气次高压管道穿越公路施工前,必须经公路主管部门同意,管线穿越Ⅱ级以下公路及普通公路时,原则上采用开挖直埋的方式穿越。管线穿越高速公路、国道、现状立交桥时,采用顶管方式施工。

（四）综合信息网络系统规划

由于本工程供气规模较大,为了提高生产运营调度水平,加快生产管理现代化和办公自动化的步伐,适应市场需求,获取较大的经济效益和社会效益,因此,规划组建一套计算机综合信息网络系统。

该系统包括SCADA系统、生产调度管理系统（GIS系统、工程管理系统、设备管理系统）、客户信息系统（用户管理系统、销售管理系统、客户服务系统）、办公自动化系统（档案信息系统、人事劳资系统、综合统计系统）、财务管理系统等。

该城市燃气工程规划详见图5-22。

图 5-22　某市燃气工程规划图

第6章 城市供热工程规划

6.1 城市热力工程系统的组成

6.1.1 概述

城市供热可分为集中供热和分散供热。集中供热根据热负荷的数量、性质和对象以及供热范围内的地形、地势和环境条件可进行不同规模的供热。分散供热仅对单户、单栋建筑物供热。

集中供热由于具有热负荷多、热源规模大、热效率高、节约燃料和劳动力、占地面积小等优点，因而在城市中被普遍应用。

城市集中供热规划是城市建设总体规划的一个组成部分，是编制城市集中供热工程计划任务书和指导供热工程分期建设的重要依据。

《中华人民共和国环境保护法（试行）》明确规定："在城市要积极推广区域供热"。因此，在城市规划和城市建设中要积极推广集中供热系统，特别是新建的工业区、住宅区和卫星城镇。近年来，为了节约能源和减轻城市大气污染，大部分城市已经发展了集中供热系统，有的城市则正在建设规模不等的集中供热系统。

为什么要在城市中坚持集中供热的方向？这是因为发展集中供热有以下一些优点。

(1)节约大量燃料。据有关部门估计，我国烧煤的采暖锅炉和中小型工业锅炉的热效率一般比较低，分别只有50%和60%左右。实行集中供热后，由于锅炉容量增大，燃料燃烧比较充分，有条件设置省煤器和空气预热器，减少热量的损失，可使锅炉的热效率提高约20%。

(2)减轻大气污染。实行集中供热以后，少烧了煤，相应地减少了污染物总的排放量。同时，把分布广泛的污染物"面源"改为比较集中的"点源"，污染状况就可以减轻。

(3)减少城市运输量。实行集中供热后，可以大量减少城市煤渣和灰渣运输量，同时，还可以减少燃料和灰渣在运输过程中的散落，有利于改善城市环境卫生。

(4)节省城市用地。一个集中热源可代替多个分散锅炉房，可以减少燃料和灰渣的堆放场地，对改善市容也有利。

(5)用大型设备又比较集中，容易实现机械化和自动化，可以减少运行管理人员，降低日常运行费用，也有利于供热管理的科学化，提高供热质量。

总之，在城市实行集中供热，能收到综合的经济效益和社会效益。

6.1.2 集中供热工程规划的主要内容

城市集中供热规划要根据城市建设发展的需要和国民经济发展计划，按照远近结合、以近期为主的原则，确定近期和远期城市集中供热的发展规模和步骤。

城市集中供热规划工作的主要内容如下。

（1）了解城市现状和规划的有关资料，包括各类建筑的面积、层数、质量及其分布，工业类别、规模、数目、发展状况及其分布等。

（2）收集当地近 20 年的气象统计资料，绘制热负荷延时曲线，计算采暖热负荷年利用小时数。

（3）对城市各种热负荷的现状和发展情况进行详细调查。在调查的基础上，确定热指标、计算各规划期的热负荷，并对各种热负荷的性质、用热参数、用热工作班制等加以仔细分析，绘制总热负荷曲线。

（4）根据热负荷的分布情况，绘制不同规划期的热区图。

（5）根据不同方案的技术经济比较，合理选择集中供热的热源、集中供热规划和热网参数等。

（6）在热源位置和供热范围基本确定的情况下，根据道路、地形和地下管线敷设位置等条件，确定城市管网的布局和主要供热干管的走向，确定与用户连接方式、管网敷设方式等。同时，根据热负荷和供热介质的参数，通过水力计算确定供热管道的管径。

（7）估算规划期内发展城市集中供热所需投资、主要原材料和重要设备的数量。

（8）编写城市集中供热规划报告或说明书，对规划的指导思想、原则和热源、管网方案的选择等重要问题进行阐述，并绘制出城市集中供热规划总图，在图中应标出热源、管网分布和供热区域。

6.1.3　城市集中供热系统的组成

城市集中供热系统由热源、热力网和热用户 3 大部分组成。根据热源的不同，一般可分为热电厂集中供热系统（即热电联产的供热系统）和锅炉房集中供热系统。也可以是由各种热源（如热电厂、锅炉房、工业余热和地热等）共同组成的混合系统。

按照供热机组的型式不同，热电厂一般可分为以下 4 种类型：

（1）装有背压式汽轮机的供热系统，主要用于工业企业的自备热电站；

（2）装有低压或高压单抽汽汽轮机的供热系统。低压单抽汽系统常用于城市民用供热，高压单抽汽系统通常供工业企业用热。

（3）装有高、低压双抽汽汽轮机的供热系统，可同时供工业用汽和民用供热。

（4）把凝汽机组改造后用于供热系统。采用这种供热系统是对老电厂实行节能改造的一项重要措施。

根据锅炉型式不同，锅炉房集中供热系统可以分为以下两种类型：

（1）蒸汽锅炉房的集中供热系统，多用于工业生产的供热；

（2）热水锅炉房的集中供热系统，常用于城市的民用供热。

6.1.4　集中供热规划所需要的基础资料

为了编制城市集中供热规划，一般需要搜集下列基础资料。

（1）城市现状和近期、远景发展的有关资料，包括：城市规划的总图，城市各类建筑的面积、层数、质量及其分布，工业规模、类别、数目、发展状况及其分布。

（2）城市气象资料，如气温、主导风向，一般需要连续 20 年的统计资料。

（3）城市水文地质资料，如水源、水质、地下水位，供热干管可能穿越的主要河流的流量、流速、水位等。

（4）城市工程地质资料，如地震基本烈度、地质构造与特征、土壤的物理化学性质（地耐力、腐蚀程度等）。

（5）城市道路系统、红线宽度、地下管线和设施分布情况等。

（6）城市或地区的电力系统资料，如城市现有电厂的类型、规模、机组容量等，城市电力系统与大电网的关系，城市各种电力负荷的现状与发展趋势，城市电力系统的远景发展设想等。

6.2　热负荷的计算

集中供热系统的热负荷计算是供热规划的基础工作。热负荷资料的可靠程度将直接影响供热方案的合理性，也影响集中供热系统运行后的经济效果。

为了合理确定热源的类型和规模，准确计算供热管道的管径，也就是为了选择一个安全可靠、经济合理、满足需要的供热方案，必须对各类热负荷的数量、性质和参数要求进行详细的调查和尽可能准确的计算。

集中供热系统的热负荷，分为民用热负荷和工业热负荷两大类。民用热负荷包括居民住宅和公共建筑的采暖、通风和生活热水负荷。工业热负荷包括工艺负荷，厂房采暖、通风负荷和厂区的生活热水负荷。在上述各种热负荷中，采暖、通风负荷是季节性热负荷，而工艺和生活热水负荷则是常年性热负荷。季节性的热负荷与室外空气温度、湿度、风向、风速和太阳辐射等气象条件有关，其中室外温度是决定季节性热负荷大小的决定性因素。工艺热负荷主要与生产性质、生产规模、生产工艺、用热设备数量有关，生活热水负荷主要由使用人数和用热状况（如同时率等）决定。这些常年热负荷与气象条件的关系不大。

6.2.1　民用热负荷

目前，我国的民用热负荷主要是住宅和公共建筑的采暖热负荷，生活热水和通风热负荷所占比重很小。随着人民生活水平的不断提高和居住条件的逐步改善，生活热水和通风热负荷，特别是生活热水的热负荷将会有所增长，有的地区很可能增长得比较快。

1. 采暖热负荷

在冬季，由于室内与室外空气温度不同，通过房屋的围护结构（门、窗、墙、地板、屋顶等），房屋将产生散热损失。在一定的室温下，室外温度越低，房间的热损失越大。为了保证室内温度符合有关规定的要求，使人们能进行正常的工作、学习和其他活动，就必须由采暖设备向房屋补充与热损失相等的热量。

在采暖室外计算温度下，每小时需要补充的热量称为采暖热负荷，通常以瓦（W）计。

房屋的基本热损失可用下式计算：

$$Q = \sum KF(t_i - t_o)a \quad (\text{W}) \tag{6-1}$$

式中　F——某种围护结构的面积，m^2；

　　　K——围护结构的传热系数，$\text{W}/(\text{m}^2 \cdot \text{K})$；

　　　t_i——室内计算温度，℃；

　　　t_o——采暖室外计算温度，℃；

　　　a——围护结构温差修正系数，按表 6-1 取值。

表6－1　围护结构温差修正系数 a

围护结构特征	a
外墙、屋顶、地面以及与室外相通的楼板等	1.00
闷顶和室外空气相通的非采暖地下室上面的楼板等	0.90
非采暖地下室上面的楼板、外墙有窗时	0.75
非采暖地下室上面的楼板、外墙无窗且位于室外地坪以上时	0.60
非采暖地下室上面的楼板、外墙无窗且位于室外地坪以下时	0.40
与有外门窗的非采暖房间相邻的隔墙	0.70
与无外门窗的非采暖房间相邻的隔墙	0.40
伸缩缝墙、沉降缝墙	0.30
防震缝墙	0.70

2. 通风热负荷

在一些公共建筑和散发有害气体及粉尘的工厂车间以及某些有特殊要求的建筑中,在冬季不仅要保持一定的室内温度,而且还要不断向室内送入一些新鲜空气,排除比较污浊的空气,使室内空气有一定的洁净度。由于冬季的室外温度较低,送入室内的新鲜空气必须经过加热。用于加热新鲜空气的热量,称为通风热负荷。

通风热负荷可按下式计算:

$$Q_t = n V_i c_r (t_i - t_o) \quad (\text{W}) \tag{6-2}$$

式中　Q_t——通风热负荷,W;

　　　n——通风换气次数,次/h,事故通风量宜根据工艺设计要求通过计算确定,但换气次数不应小于每小时 12 次;

　　　V_i——室内空间体积,m³;

　　　c_r——空气容积比热,J/K;

　　　t_i——室内计算温度,℃;

　　　t_o——通风室外计算温度,℃。

3. 生活热水热负荷

日常生活中,洗脸、洗澡、洗衣服和洗刷器皿等所消耗热水的热量,称为生活热水热负荷。供应热水的对象通常有住宅、饭店、医院、学校、托儿所、幼儿园、浴室、理发店、食堂等等。生活热水热负荷的大小和生活水平、生活习惯、用热人数和用热设备情况等有关。

生活热水热负荷可由下式决定:

$$Q_r = \frac{q_r n (t_h - t_c) C}{P} \quad (\text{W}) \tag{6-3}$$

式中　Q_r——生活热水热负荷,W;

　　　q_r——用水量标准,L/(人·d);

　　　n——使用热水的人数;

　　　t_h——热水温度,℃;

　　　t_c——冷水温度,℃;

　　　C——水的热容量,J/K;

　　　P——一昼夜中负荷最大值的小时数,h/d。

在用户处装有足够容积的储水箱时,供热系统可以均匀地向储水箱供热,而与使用热水的状况无关,P 可取 24 h/d。

在用户处没有储水箱时,供热系统为满足高峰时的用热需要,就应根据热水的使用情况降低 P 值。例如,对于居民住宅、医院、旅馆、浴室和食堂等,一般取 $P = 10 \sim 12$ h;体育馆、学校等使用热水集中的用户可取 $P = 2 \sim 5$ h。

4. 热指标

在集中供热系统的规划阶段,由于条件所限,往往不具备进行热负荷详细计算的条件。这是因为:规划居住区的新建筑和其他公共建筑尚未进行具体的设计,不具备进行热负荷详细计算的条件,某些旧有建筑虽然过去可能有热负荷的计算资料,但一般也难于收集齐全。鉴于这种情况,集中供热系统的民用热负荷,在规划阶段一般是采用采暖设计热负荷指标来进行估算的。

热指标是在采暖室外计算温度下单位建筑面积在单位时间内需有锅炉房或其他采暖设施供给的热量,单位为 W/m^2。热指标的大小决定于建筑物的围护结构形式、用途、体积、外形和所处地区的气象条件等因素。对此,有体积热指标和面积热指标两种。体积热指标表示各类建筑物在室内外温差 1 ℃时,每立方米建筑物外围体积的供热负荷,单位为 W/m^3;面积热指标表示各类建筑物在室内外温差 1 ℃时,每平方米建筑物建筑面积的供热负荷,单位为 W/m^2。

因此,不同类型的建筑物的热指标是有差别的。一般来说气候寒冷地区建筑物的热指标要大一些,但由于寒冷地区建筑物的围护结构在设计时采取了较多的保温措施,因此热指标的数值并不一定增加很多。

同时,热指标值是根据各类建筑物热负荷的设计计算资料、某些典型建筑物实测耗热量资料和现有供热系统实际运行资料,进行统计、归纳整理而得到的,用它来估算民用热负荷基本可以满足规划阶段的精度要求。但遇到某些特殊建筑时可以进行一些补充调查和计算。

6.2.2 工业热负荷

在工业企业中,为了满足工艺过程中加热、烘干、蒸汽、清洗、熔化等的用热和生产中的拖动、汽锤、汽泵等机械设备的动力需要,就要供应一定数量参数的蒸汽和热水,这部分热负荷称为工艺性热负荷。此外,由于生产商的要求,需要保持厂房内一定的温度、湿度,排除有毒气体等,在工业企业中还有满足厂房采暖、通风和洗澡等项用热的热负荷。

工艺性热负荷的大小及其对热媒种类和参数的要求,与生产工业过程的性质、用热设备的种类以及生产班制等因素有关。由于各个工业企业的工艺过程是各不相同的,用热设备也是多种多样的,所以工艺性热负荷的确定很难用一个统一的公式表示。

工业热负荷,特别是生产过程的用热量、热媒的种类和参数、工厂的最大小时热负荷等,一般都是通过调查得到的。对于尚未建成的规划中的工厂,可以采用设计热负荷资料或根据相同企业的实际热负荷资料进行估算。当条件不具备时,只能采取同时工作系数进行修正。一般取同时工作系数为 0.8 ~ 0.85。

6.3 城市集中供热的热源

集中供热的热源主要有热电厂、区域锅炉房、工业与城市余热、燃气机热电联产、地热、核能、热泵、太阳能等。在国外,有的国家还利用原子能电厂作为集中供热的基本热源。

6.3.1　热电厂

热电厂是联合生产电能和热能的火电厂。热电厂由生产建筑和辅助建筑组成。生产建筑一般包括主厂房、主控制室、配电室、升压变电站、化学水处理间、输煤系统和冷却塔。辅助建筑有机修、仓库、车库、食堂、单身宿舍等。

所以热电厂厂址选择一般应考虑以下问题。

(1)热电厂应尽量靠近热负荷中心。因为对于工业用户,由于蒸汽的输送距离一般为3~4 km,过远则压降和温降过大;对于民用用户,虽然热水的输送距离可远一些,但管网过长投资大。

(2)要有连接铁路专用线的方便条件。因为大中型燃煤热电厂每年要消耗几十万吨或更多的煤炭,供应要及时,运输至关重要,铁路专用线必不可少。

(3)要有良好的供水条件。对于抽汽式热电厂来说,供水条件对厂址选择往往有决定性影响。

抽汽式热电厂的生产用水有冷凝器、油冷却器、空气冷却器及轴承冷却所需要的冷却水,还有锅炉补充水,热网补充水,除尘、除灰用水等。其中,占主要的是冷凝器的冷却水。冷凝器的冷却水量,主要随冷却水温和汽轮机的蒸汽初参数变化。在华北地区,冷凝器的冷却水量一般为进入冷凝器蒸汽量的40~60倍。

抽汽式热电厂的用水量较大,粗略估算,每100 MW发电容量耗水5 m³/s左右。即使采用循环水系统,其4%~5%的补充水量也不小。

对于背压式热电厂,虽然没有冷凝器,但由于工业用户的回水率较低,锅炉补充水等用水也需相当数量。

因此,热电厂厂址附近一定要有足够的水源,并应有可靠的供水条件。

(4)有妥善解决排灰的条件。烟碳中的灰分含量随产地不同在10%~30%之间。一般要有10~15年排灰量的场地。

(5)有方便出线的条件。大型热电厂一般都有十几回输电线路和几条大口径供热干管引出。供热干管占地较宽,一条管线要占3~5 m的宽度。因此要留出足够的出线走廊宽度。

(6)要有一定的防护距离。热电厂运行时,将排出飞灰、二氧化硫、氧化氮等有害物质,为了减轻热电厂对城市人口稠密区环境的影响,厂址距人口稠密区的距离应符合环保部门的有关规定和要求。同时,为了减少热电厂对附近居民区的影响,厂区附近应留出卫生防护带。

(7)热电厂厂址应尽量占用荒地、次地,少占良田,要尽量避开需要大量拆迁的地段。

(8)厂址应避开滑坡、溶洞、塌方、断裂带、淤泥、水淹等不良地质的地段。

供热厂的建设用地,必须坚持科学合理、节约用地的原则,在满足生产、生活、办公需要的情况下尽量减少用地。供热厂的建设用地应符合表6-2的规定。

表 6 – 2　热电厂的建设用地规模

燃料种类	供热厂类别	蒸汽锅炉/t·h⁻¹		热水锅炉/MW		用地指标/m²	单位用地指标/m²·MW⁻¹
		单台容量	总容量	单台容量	总容量		
燃煤	Ⅰ类	20	80	14	56	≤15 000	≤268
	Ⅱ类	35	140	29	116	≤26 000	≤224
	Ⅲ类	75	300	58(70)	232(280)	≤38 000	≤164
	Ⅳ类				116	464	≤55 000	≤118
燃气	Ⅰ类			7	21	≤2 400	≤115
	Ⅱ类			14	56	≤2 800	≤50
	Ⅲ类			29	116	≤4 400	≤40

注:蒸汽锅炉可按对应的热水锅炉折算单位指标(1 t/h = 0.7 MW)

6.3.2　锅炉房

锅炉房按用途可分为工业和民用两类。

1. 锅炉

锅炉是锅炉房的主要设备,它有蒸汽锅炉和热水锅炉两种。

在工矿企业中,生产工艺中的用热大多以蒸汽为热媒,因此常选择蒸汽锅炉作为热源。

热水锅炉主要是提高进入锅炉水的温度,不产生大量的水蒸气。这是热水锅炉区别于蒸汽锅炉的主要不同点。在热水锅炉中,较低温度的水进入锅炉被加热后,以较高温度的水供应用户。即进、出热水锅炉的都是水。

由于热水采暖具有节约能源,便于调节,能较好地满足卫生要求等优点,因而对热水锅炉的需要量大为增加。

2. 锅炉房的用地

在锅炉房用地范围内,有锅炉间、辅助间(办公室、休息室、更衣室、化验室、浴室、库房、水泵间、水处理间等)、风机间及运煤廊、煤场(或油罐)、灰场、水池等。锅炉房用地一般要视锅炉房规模的大小、布置方案和实际需要而定。

锅炉房的用地大小与采用的锅炉类型、锅炉房容量、燃料种类、燃料储存量、卸煤设施的机械化程度等因素有关。也可参照表 6 – 3、表 6 – 4 确定。

表 6 – 3　燃煤锅炉房的用地面积

锅炉房总容量		用地面积/hm²
蒸汽锅炉/t·h⁻¹	热水锅炉/MW	
<80	<56	<1
80 ~ 140	56 ~ 116	1 ~ 1.8
140 ~ 300	116 ~ 232	1.8 ~ 3.5
——	232 ~ 464	3.5 ~ 6.0
——	≥464	≥6.0

表 6 – 4　燃气锅炉房的用地面积

锅炉房总容量/MW	用地面积/hm²
<21	<0.18
21~56	0.18~0.25
56~116	0.25~0.40
>116	0.4~0.50

在确定锅炉台数时,应使选定的每台锅炉都能在经济效益和使用效率较高的条件下适应不同负荷的需要。一般锅炉的经济负荷是额定负荷的 70%~80%。

锅炉房安装的锅炉台数,一般不应为 1 台,因为可靠性差,稍有故障就会影响整个供热系统。人工加煤的锅炉房,锅炉数量不宜超过 5 台,机械加煤的不宜超过 7 台。一般锅炉房的锅炉台数为 2~4 台。在锅炉房用地中,煤场的用地面积占有很大的比例。一般煤场的占地面积可用下式进行估算:

$$F = \frac{BTMN}{Hr\varphi} \quad (\text{m}^2) \tag{6-4}$$

式中　F——煤场面积,m²;

　　　B——锅炉房的平均小时最大耗煤量,t/h;

　　　T——锅炉每昼夜运行时间,h;

　　　M——煤的存储天数;

　　　N——煤堆过道占用面积的系数,一般取 1.5~1.6;

　　　H——煤堆高度,m;

　　　φ——堆角系数,一般取 0.6~0.8;

　　　r——煤的堆积比重,t/m³,当为烟煤时 $r=0.8~0.85$,当为无烟煤时 $r=0.85~0.95$。

在确定锅炉房平均小时最大耗煤量时,如煤的低发热量不低于 23 027 kJ/kg,对于蒸汽锅炉,1 t 煤一般可生产 6~7 t 蒸汽;对于热水锅炉,1 t 煤可生产 15~17 GJ 热量。例如,一台供热能力 7 MW 的热水锅炉,每小时耗煤 1.5~1.7 t,每昼夜耗煤 36~41 t。

煤的储存天数与锅炉房的规模、煤源的远近、运输条件等有关。储煤量一般为 15~20 昼夜的最大耗煤量。

集中锅炉房的规模和供热范围可大可小,以适应不同规模的新建筑区,且建筑周期较短,能较快地收到节约能源和改善环境的效果。较大规模的集中锅炉房在有条件纳入热电厂的供热系统时,还可以作为调峰锅炉房运行。

6.3.3　利用工业余热资源发展集中供热

所谓工业余热是在工业生产工艺过程中所产生的热量。

在工业生产过程中,由于种种原因产生了大量的余热。余热资源是指可以回收利用的能源。余热资源大致可分 6 类:①高温气余热;②冷却水和冷却蒸汽的余热;③废汽废水的余热;④高温炉渣和高温产品的余热;⑤化学反应余热;⑥可燃废气的载热性余热。在有条件的地方,如果把这部分可利用的余热资源充分利用起来,发展城市集中供热或居民区的供热,就能节约大量燃料。同时还能减少城市运输量,减轻大气污染,节约城市用地,改善工人的劳动条件,降低工厂的产品成本。充分利用工业企业的余热发展城市集中供热是一条投资省、效果好的重要途径。

例如熄焦余热的利用。自炼焦炉中推出的炽热焦炭用水熄火,这是在炼焦生产中目前普遍采用的冷却焦炭的方法。赤焦含有的热量约为结焦过程总耗热量的50%。当用水熄火时,这些热量就白白损失掉了。如使用干法熄焦,赤焦所含热量的80%左右可被利用。

6.3.4　城市余热热源

城市余热热源是城市公共设施中所回收的热量,比如城市垃圾处理场、地下铁路、污水处理厂、地下变电所及地下送电线路等所产生的余热。如何利用这些城市余热作为城市集中供热的热源,是现代城市中的很大课题。如能有效地利用这些余热,不仅能达到节能的目的,而且解决了城市的废物处理问题和环境污染问题。

国外城市垃圾余热利用的比较多。城市垃圾主要组成有:各类纸张、塑料、废油、木制品、纤维、布类、橡胶等,这些都是可燃物质,发热值高达 6 000~10 500 kJ/kg,所以回收这些余热是相当可观的。如日本东京地区,一年能燃烧的垃圾达到 300 万 t,如建造垃圾焚烧炉燃烧这些垃圾,每年可以回收 $2\,100 \times 10^4$ GJ 热量,折算成标准煤为 55×10^4 t。

燃烧垃圾的锅炉有各种各样,在国外常用所谓往复炉排锅炉、滚筒炉排锅炉、转动式锅炉、浮动床锅炉等几种,其容量在 10~40 t/h 范围内。

6.3.5　热泵热源

1. 概述

热泵是消耗一部分低品位能源(机械能、电能或高温热能)为补偿,使热能从低温热源向高温热源传递的装置。由于热泵能将低温热能转换为高温热能,提高能源的有效利用率,因此是回收低温余热、利用环境介质(地下水、地表水、土壤和室外空气等)中储存的能量的重要途径。而且能改善环境,提高环境的舒适性,具有显著的经济效益和社会效益。因此,开发和利用热泵供热系统热源将在集中供热上具有广阔的前景。

2. 热泵热源

热泵有可能被利用的热源有如下几种。

1)水

水具有较大的热容量,作为热泵热源是非常适合的。水的种类繁多,如地下水,海(湖)水、工业用水、各种污水、温泉水、江水等。

2)大气

大气热源取之不尽,并容易得到,是有前途的热源。但以空气作为热源的热泵,冬季有可能发生冻结,降低传热系数,降低热泵的能力。

3)太阳能

太阳能热源温度高,取之不尽,是理想的热源。但太阳能受日射强度影响,其强弱时刻在变化,同时收集及储存有很多难以解决的问题。

4)地下土壤

由于底层温度稳定,利用方便,但地下埋设管道造价高,容易发生故障。

5)废气

工业及城市中各种各样的废气,这种热源的温度高。作为热泵热源是非常适合的。由于废气的性质、参数各异,所以应采用妥当的方法利用它。

6.3.6　换热站

1)换热站的规模和设计

换热站的规模和设计应遵循以下原则。

(1)换热站的位置宜选在负荷中心区。

(2)换热站的供热半径不宜大于 500 m。

(3)换热站的供热规模不宜大于 20 万 m^2(供热面积),单个供热系统的供热规模不宜大于 10 万 m^2(供热面积)。

(4)换热站的站房可以是独立建筑,也可设置在锅炉房附属用房或其他建筑物内;即可设在地上也可设在地下,但应优先考虑设置在地上建筑物内。

(5)当换热站的热源为蒸汽或水—水换热站的长度超过 12 m 时,应设置两个外开的门,且门的间距应大于换热站长度的 1/2。

(6)换热站应考虑预留设备出入口。

(7)换热站净空高度和平面布置,应能满足设备安装、检修、操作、更换和管道安装的要求,净空高度一般不宜小于 3 m。

2)换热站热负荷的计算

换热站热负荷的计算应遵循以下原则。

(1)采暖、通风和空调系统的热负荷,宜采用经核实的建筑物设计热负荷。

(2)当缺乏建筑物设计热负荷数据时,应按照《城市热力网设计规范》CJJ34—2002 第3.1 节的要求,并根据建筑物的围护结构的实际情况进行估算。

(3)生活热水热负荷,应根据系统的卫生器具数量、类别和使用要求,并结合换热设备的特性进行计算后确定;当生活热水换热设备采用快速换热器时,设计热负荷应按卫生器具的秒流量计算。

(4)换热站的总热负荷,应在各系统设计热负荷累计后根据用户的用热性质和要求乘以 0.6 ~ 1.0 的同时使用系数。

(5)换热站一般用地面积为 100 ~ 200 m^2。

6.4　集中供热管网布置规划

6.4.1　供热管网布置要求及原则

1. 供热管网布置要求

供热管网布置要求如下。

(1)管网布置应在城市总体规划的指导下,深入地研究各功能分区的特点及对管网的要求。

(2)管网布置应能与市区发展速度和规模相协调,并在布置上考虑分期实施。

(3)管网布置应满足生产、生活、采暖、空调等不同热用户对热负荷的要求。

(4)管网布置应考虑热源的位置、热负荷的分布,热负荷的密度。

(5)管网布置应充分注意与地上、地下管道及构筑物、园林绿地的关系。

(6)管网布置要认真分析当地地形、水文、地质条件。

2.管网的布置原则

管网的布置原则如下。

(1)管网主干线尽可能通过热负荷中心。

(2)管网力求线路短直。

(3)管网敷设应力求施工方便,工程量少。

(4)在满足安全运行、维修简便的前提下,应节约用地。

(5)在管网改建、扩建过程中,应尽可能做到新设计的管线不影响原有管道正常运行。

(6)管线一般应沿道路敷设,不应穿过仓库、堆场以及发展扩建的预留地段。

(7)管线尽可能不通过铁路、公路及其他管线、管沟等,并应适当整齐美观。

(8)街区或小区干线一般应敷设在道路路面以外,在城市规划部门同意下可以将热网管线敷设在道路下面和人行道下面。

(9)地沟敷设的供热管线,一般不应同地下敷设的热网管线(通行、不通行沟,无沟敷设)重合。

6.4.2　供热管网布置的基本形式

热水供暖室外管网布置的基本形式一般有4种,见图6-1。

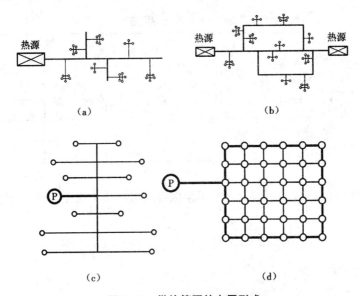

图 6-1　供热管网的布置形式

(a)枝状或辐射状;(b)环状;(c)梳齿状;(d)网眼状

在地平面上确定供热管线的布置形式和走向,一般称为"定线",是管网设计的重要工序。定线主要以厂区或街区的总平面布置,该地区的气象、水文、地质以及地上地下的建筑物和构筑物(如铁路、公路、其他管道、电缆等设施)的现状和发展规划为依据,同时要考虑热网的经济性、合理性并注意施工和维修管理方便等因素,来确定管网的布置形式。管网的布置形式不但直接影响管网工程的投资,还影响管网系统运行水力工况的稳定性,因此必须深入调查,反复比较,慎重选定合理的布置形式。

枝状和辐射状管网比较简单,造价较低,运行方便,其管网管径随着与热源距离的增加而逐步减小。其管网布置形式的缺点是没有备用供暖的可能性,特别是当管网中某处发生事故时,在损坏地点以后的用户就无法供热。

环状和网眼状管网主干管是互相联通的,主要的优点是具有备用供热的可能性,其缺点是管径比枝状管网大,消耗钢材多,投资大,水力平差计算比较复杂。

在实际工程中,多采用枝状管网形式。因为枝状管网只要设计合理,妥善安装,正确操作,一般都能无故障地运行。环状和网眼状管网形式使用得极少。某些工厂企业对供暖系统的可靠性要求特别严,不允许出现中断情况。此时除可选用环状管网形式解决外,一般多采用复线枝状管网,即同时采用两根供热管,每根管道按50%~75%的热负荷计算。一旦发生事故仍可保证对重点用户及时供热。

6.4.3 供热管网热负荷的确定方法

在集中供热系统中,能否正确合理地计算热负荷是确定热源类型、规模,供热系统管径大小,方案运行是否合理,能否取得经济效益、社会效益、环境效益的重要因素。因此在管网设计前必须对各类热负荷的数量、性质及参数进行详细调查和准确计算。

1. 供暖管网热负荷的确定方法

1)在供热范围内进行热负荷调查

在供热区域内对所有需要供暖的建筑物进行负荷调查,调查内容如表6-5所示。

表6-5 热负荷调查

供热单位	厂房及公共建筑供暖			民用楼房供暖			民用平房供暖			供暖负荷总计		循环水量/t·h⁻¹	备注
	面积/m²	单位热指标/W·m⁻²	耗热量/MW	面积/m²	单位热指标/W·m⁻²	耗热量/MW	面积/m²	单位热指标/W·m⁻²	耗热量/MW	面积/m²	耗热量/MW		

将统计的每个建筑物的热负荷相加,再乘以管网沿程热损失1.05即得供热总负荷。可用下式表示:

$$\sum Q = 1.05(q_1 + q_2 + q_3 + \cdots + q_n) \qquad (6-5)$$

式中　$\sum Q$——管网供热的总负荷,W;

　　　1.05——管网沿程热损失系数;

　　　$q_1、q_2\cdots q_n$——单体建筑物设计热负荷,W。

2)热负荷计算

在中华人民共和国行业标准《城市热力网设计规范》(CJJ34—2002)中,热负荷是按如下方法计算的。

热力网支线及用户热力站设计时,采暖、通风、空调及生活热水热负荷,宜采用经核实的建筑物设计热负荷。

当无建筑物设计热负荷资料时,民用建筑的采暖、通风、空调及生活热水热负荷,可按下列方法计算。

(1)采暖热负荷:

$$Q_h = q_h A \cdot 10^{-3} \quad (kW) \qquad (6-6)$$

式中 Q_h——采暖设计热负荷,kW;

q_h——采暖热指标,W/m²,可按表 6 - 6 取用;

A——采暖建筑物的建筑面积,m²。

表 6 - 6 采暖热指标推荐值 q_h W/m²

建筑物 类 型	住宅	居住区 综合	学校办公	医院托幼	旅馆	商店	食堂餐厅	影剧院 展览馆	大礼堂 体育馆
未采取节 能措施	58 ~ 764	60 ~ 67	60 ~ 80	65 ~ 80	60 ~ 70	65 ~ 80	115 ~ 140	95 ~ 115	115 ~ 165
采取节 能措施	40 ~ 45	45 ~ 55	50 ~ 70	55 ~ 70	50 ~ 60	55 ~ 70	100 ~ 130	80 ~ 105	100 ~ 150

注:1. 表中数值适用于我国东北、华北、西北地区。

    2. 热指标中包括约 5% 的管网热损失。

(2)通风热负荷:

$$Q_v = K_v Q_h \quad (kW) \qquad (6 - 7)$$

式中 Q_v——通风设计热负荷,kW;

Q_h——采暖设计热负荷,kW;

K_v——建筑物通风热负荷系数,可取 0.3 ~ 0.5。

(3)空调热负荷:

空调冬季热负荷

$$Q_a = q_a A \cdot 10^{-3} \quad (kW) \qquad (6 - 8)$$

式中 Q_a——空调冬季设计热负荷,kW;

q_a——采暖热指标,W/m²,可按表 6 - 6 取用;

A——采暖建筑物的建筑面积,m²。

空调夏季热负荷

$$Q_c = \frac{q_c A \cdot 10^{-3}}{COP} \quad (kW) \qquad (6 - 9)$$

式中 Q_c——空调夏季设计热负荷,kW;

q_c——空调冷指标,W/m²,可按表 6 - 7 取用;

A——空调建筑物的建筑面积,m²。

COP——吸收式制冷机的制冷系数,可取 0.7 ~ 1.2。

表 6 - 7 空调热指标 q_a、冷指标 q_c 推荐值   W/m²

建筑物类型	办 公	医院	旅馆、宾馆	商店、展览馆	影剧院	体育馆
热指标	80 ~ 100	90 ~ 120	90 ~ 120	100 ~ 120	115 ~ 140	130 ~ 190
冷指标	80 ~ 110	70 ~ 100	80 ~ 110	125 ~ 180	150 ~ 200	140 ~ 200

注:1. 表中数值适用于我国东北、华北、西北地区。

    2. 寒冷地区热指标取较小值,冷指标取较大值;严寒地区热指标取较大值,冷指标取较小值。

(4)生活热水热负荷:

生活热水平均热负荷

$$Q_{w,a} = q_w A \cdot 10^{-3} \quad (kW) \qquad (6-10)$$

式中　$Q_{w,a}$——生活热水平均热负荷,kW;

q_w——生活热水热指标,W/m^2,应根据建筑物类型,采用实际统计资料,居住区可按表6-8取用;

A——总建筑面积,m^2。

表6-8　居住区采暖期生活热水日平均热指标推荐值 q_w　　　　　　W/m^2

用水设备情况	热指标
住宅无生活热水设备,只对公共建筑供热水时	2~3
全部住宅有沐浴设备,并供给生活热水时	5~15

注:1. 冷水温度较高时采用较小值,冷水温度较低时采用较大值。

　　2. 热指标中已包括约10%的管网热损失在内。

生活热水最大热负荷

$$Q_{w,max} = K_h Q_{w,a} \quad (kW) \qquad (6-11)$$

式中　$Q_{w,max}$——生活热水最大热负荷,kW;

$Q_{w,a}$——生活热水平均热负荷,kW;

K_h——小时变化系数,根据用热水计算单位数按《建筑给水排水设计规范》(GBJ15)规定取用。

工业热负荷包括生产工艺热负荷、生活热负荷和工业建筑的采暖、通风、空调热负荷。详见城市热力网设计规范中的3.1.3。

3)采用热指标方法

在集中供热系统中常常利用热指标方法确定热负荷,特别是当计算条件不充分时,利用热指标进行规划或初步设计,均能满足实际要求。

所谓建筑热指标是指在室外采暖计算温度下,建筑物单位面积(或单位体积)维持室内采暖设计温度所需要的热量。热指标的大小与当地室外计算温度,建筑物围护结构型式、用途、体积造型有关。因此不同地区不同类型的建筑物,其热指标也不同。一般来说气候寒冷的地区热指标大一些,但由于寒冷地区的围护结构比非寒冷地区围护结构在设计上都采取了较好的保温措施,外墙比较厚,多是双层窗,所以东北、华北地区住宅建筑热指标相差不多。

目前在国内外多采用单位面积平均热指标计算热负荷,因为它比单位体积热指标在使用上简便易行,计算方便。

如果已知供热范围的建筑面积或体积及该地区各类建筑的热指标,就可用下式求出管网的总热负荷。

$$Q = q_F F \quad (W) \qquad (6-12)$$

$$Q = q_V V \quad (W) \qquad (6-13)$$

式中　Q——建筑物供暖设计热负荷,W;

q_F——建筑物单位面积热指标,W/m^2,见表6-9;

q_V——建筑物单位体积热指标,W/m^3;

F——建筑物的建筑面积,m^2;

V——建筑物的外围体积，m^3。

表 6 – 9　q_F 值

建筑类型	$q_F/\text{W} \cdot \text{m}^{-2}$	建筑类型	$q_F/\text{W} \cdot \text{m}^{-2}$
住宅	45 ~ 70	商店	65 ~ 75
节能住宅	30 ~ 45	单层住宅	80 ~ 105
办公室	60 ~ 80	一、二层别墅	100 ~ 125
医院、幼儿园	65 ~ 80	食堂、餐厅	115 ~ 140
旅馆	60 ~ 70	影剧院	90 ~ 115
图书馆	45 ~ 75	大礼堂、体育馆	115 ~ 160

2. 平均热指标及全年负荷的计算方法

按供暖室外设计温度计算的热指标称为最大小时热指标。在实际工程中常应用"平均热指标"的概念。所谓"平均热指标"就是最大小时热指标乘平均负荷系数。平均负荷系数用下式求得：

$$\phi = \frac{t_n - t_p}{t_n - t_w} \tag{6-14}$$

式中　ϕ——平均负荷系数；

t_n——供暖室内计算温度，℃；

t_p——冬季供暖平均温度，℃；

t_w——供暖期室外计算温度，℃。

故平均热指标可表示为

$$q_{Fp} = \phi q_F \quad (\text{W}/\text{m}^2) \tag{6-15}$$

$$q_{Vp} = \phi q_V \quad (\text{W}/\text{m}^3) \tag{6-16}$$

式中　q_{Fp}——单位面积平均热指标，W/m^2；

q_{Vp}——单位体积平均热指标，W/m^3。

全年供暖小时数乘以平均负荷系数为供暖热负荷最大利用小时数，也就是说在供暖季节只要保证最大利用小时数所需要的热负荷，则大部分时间内各用户供暖都能满足设计要求。少数时间不能满足用户供暖设计要求，必须增加负荷，该负荷为高峰负荷。该负荷供应小时数为高峰负荷小时数，可用下式求得：

$$n_g = n - n\phi = n(1 - \phi) \quad (\text{h}) \tag{6-17}$$

式中　n_g——高峰负荷小时数，h；

n——全年供暖小时数，h；

$n\phi$——热负荷最大利用小时数，h；

ϕ——平均负荷系数。

现将国内主要城市的供暖室外计算温度 t_w、供暖期日平均温度 t_p、全年供暖小时数 n、热负荷最大利用小时数 n_m、供暖小时数 n，以及平均负荷系数列于表 6 – 10。

表 6-10　全国主要城市供暖时数

地　名	供暖期室外计算温度 t_w/℃	供暖期平均温度 t_p/℃	供暖期		平均负荷系数 φ	热负荷最大小时数 n_{max}/h
			日/d	小时数 n/h		
北京	-9	-1.3	124	2 976	0.715	2 127
天津	-9	-1.2	120	2 880	0.711	2 048
承德	-14	-4.8	142	3 408	0.713	2 428
唐山	-11	-2.2	129	3 096	0.697	2 157
保定	-9	-1.3	122	2 928	0.715	2 093
石家庄	-8	-0.7	110	2 640	0.719	1 899
大连	-12	-1.8	128	3 072	0.660	2 028
丹东	-15	-3.9	144	3 456	0.664	2 295
营口	-16	-4.7	143	3 432	0.668	2 291
锦州	-15	-4.5	142	3 408	0.682	2 324
沈阳	-20	-6.1	150	3 600	0.634	2 283
本溪	-20	-5.7	149	3 576	0.624	2 230
赤峰	-18	-6.2	161	3 864	0.672	2 597
长春	-23	-8.4	170	4 080	0.644	2 627
通化	-24	-7.8	167	4 008	0.614	2 462
四平	-23	-8.0	163	3 912	0.634	2 480
延吉	-20	-7.2	169	4 056	0.663	2 690
牡丹江	-24	-10	177	4 248	0.667	2 832
齐齐哈尔	-25	-9.9	178	4 272	0.649	2 772
哈尔滨	-26	-9.5	174	4 248	0.625	2 655
嫩江	-33	-14.3	197	4 728	0.633	2 994
海拉尔	-35	-14.9	208	4 992	0.621	3 099
呼和浩特	-20	-6.7	167	4 008	0.650	2 605
银川	-15	-4.2	144	3 456	0.673	2 325
西宁	-13	-4.0	161	3 864	0.710	2 742
酒泉	-17	-4.7	154	3 696	0.649	2 397
兰州	-11	-2.7	136	3 264	0.714	2 330
乌鲁木齐	-23	-8.3	154	3 696	0.641	2 334
太原	-12	-1.4	137	3 288	0.647	2 126
榆林	-16	-4.4	148	3 552	0.659	2 340
延安	-12	-2.4	135	3 240	0.680	2 203
西安	-5	0.5	99	2 376	0.761	1 808
济南	-7	0.5	100	2 400	0.700	1 680
青岛	-7	0	113	2 712	0.720	1 953
徐州	-6	0.9	91	2 184	0.713	1 556
郑州	-5	1.1	94	2 256	0.735	1 658
甘孜	-9	-1.1	165	3 960	0.707	2 801
拉萨	-6	0	127	3 048	0.750	2 286

掌握上述数据便很容易求出全年热负荷。这就是确定热源和供热管网规模的主要依据。全年热负荷也称供暖负荷年用量,可以下列 3 种方法进行计算。

(1)按照地区的历年气象资料及有关数据所绘制的供暖热负荷负荷曲线图计算。图 6-2 为某地区供暖负荷曲线图。

图 6-2 利用求积法求的面积 $PabNLMP$,即为供暖期间的年用热量。若已知该地区供暖小时数 $n = 121 \times 24 = 2\ 904$ h,除以年用热量,则求出小时平均负荷

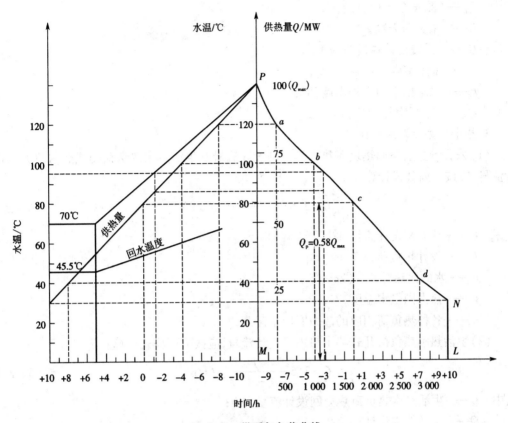

图 6-2　供暖年负荷曲线

$$Q_P = \frac{PabNLMP}{2\,904} = 0.58Q \tag{6-18}$$

用这种方法求得的数值准确,但往往缺乏齐全的气象资料,不易绘成供暖年负荷曲线图。

(2)求出供暖期间的平均热负荷,乘以供暖小时数,即得全年负荷。

例如某地区供暖时间为 121 天,供暖室外设计温度 $t_w = -12\ ℃$,供暖季节室外日平均温度 $t_p = -0.3\ ℃$,室内计算温度 $t_n = 16\ ℃$。

设:Q 为供暖设计热负荷,Q_p 为小时热负荷,Q_a 为全年热负荷。

$$\phi = \frac{Q_p}{Q} = \frac{t_n - t_p}{t_n - t_w} = \frac{16 - (-0.3)}{16 - (-12)} = \frac{16.3}{28} = 0.58 \ \text{故} \ Q_p = 0.58Q$$

即该地区平均热负荷为设计热负荷的 58%。

则　　　　　　　　　　　$Q_a = Q_p \times 121 \times 24 = 0.58Q \times 121 \times 24 = 1\,690Q$

3)求出供暖期间的最大利用小时,乘以设计热负荷即得全年热负荷。

最大利用小时数 $n_{max} = \phi n = 0.58 \times 121 \times 24 = 1\,690h$

则全年热负荷为　　　　　　　$Q_n = n_{max} \times Q = 1\,690Q$

国内主要城市的供暖平均负荷系数可从表 6-10 查出。如某些地区缺乏气象资料,则黄河以北各省的供暖平均负荷可按供暖设计计算负荷的 60% ~ 70% 计算。

(4)民用建筑的采暖全年耗热量应按下列公式计算:

$$Q_h^a = 0.086\,4NQ_h\frac{t_i - t_a}{t_i - t_{o,h}} \quad (\text{GJ}) \tag{6-19}$$

式中　Q_h^a——采暖全年耗热量,GJ;

　　　N——采暖期天数;

　　　Q_h——采暖设计热负荷,kW;

　　　t_i——采暖室内计算温度,℃;

　　　t_a——采暖期平均室外温度,℃;

　　　$t_{o,h}$——采暖室外计算温度,℃。

3.热水供热管网水力计算

(1)采暖、通风、空调热负荷热水热力网设计流量及生活热水热负荷闭式热水热力网设计流量,应按下列公式计算:

$$G = 3.6c\frac{Q}{(t_1 - t_2)} \quad (t/h) \quad (6-20)$$

式中　G——热力网设计流量,t/h;

　　　Q——设计热负荷,kW;

　　　c——水的比热容,kJ/(kg·℃);

　　　t_1——热力网供水温度,℃;

　　　t_2——各种热负荷相应的热力网回水温度,℃。

(2)生活热水热负荷开式热水热力网设计流量,应按下列公式计算:

$$G = 3.6\frac{Q}{(t_1 - t_{wo})} \quad (t/h) \quad (6-21)$$

式中　G——生活热水热负荷热力网设计流量,t/h;

　　　Q——生活热水设计热负荷,kW;

　　　t_1——热力网供水温度,℃;

　　　t_{wo}——冷水计算温度,℃。

管网水力计算的主要任务是根据热媒的流量和允许比摩阻来选择管径,或者根据管径和热媒流量来验算压力损失以及求出管网中各点压力,分析验算调整系统的水力工况;另一方面也可根据管径和比摩阻校核管道流量。正确地选择管径和压力损失,对整个管网投资、管网运行管理、经济效益都有重要意义。同时根据水力计算结果还可以确定管网循环水泵的扬程和流量,是选择水泵的重要依据。

为在设计工作中简化烦琐的水力计算,通常利用以公式编制的95~70℃管网水力计算表。热水供暖管网管径计算表,在一些专业书籍中可以找到,这里只介绍表的形式,见表6-11所示。

表6-11　热水供暖管网管径计算　　　　　　　　($K=0.5$ mm,95~70℃)

公称直径/mm	25			32			40			...
外壁×壁厚/mm	32×2.5			38×2.5			45×2.5			
流量$G/t\cdot h^{-1}$	R	v	h_d	R	v	h_d	R	v	h_d	

表中　K——管壁的绝对粗糙度,mm;

　　　G——流量,t/h;

　　　R——比摩阻(单位管道长度的沿程压力损失),Pa/m;

v——流速，m/s；

h_d——动压头，Pa。

如进行水力计算的管道内表面粗糙度与所用表规定的粗糙度不同，必须加以修正。

管道流体计算一般可按下列顺序进行。

（1）绘制管道平面布置图或计算系统图，并在图上注明：①热源和用户的流量与参数；②各管段的几何展开长度；③管道附件、补偿器以及有关设备；④对于热水管道尚应注明各管段始点和终点（沿流动方向）的标高。

（2）确定计算条件，其中包括各种管段的计算流量、计算长度、计算参数以及选择主干线、确定经济比摩阻 R 值。

在实际工程中，热水管网主干线通常选为从热源开始到最远用户为止的一条干线。因各供暖用户所预留的压差一般都相等，因主干线最长，所以其平均比摩阻为最小。正确选择比摩阻 R 值，对确定管径 D 起决定性作用。R 值大，管径小，工程投资少，热损失少，但是管网压力损失增大，循环水泵耗电量增加，所以必须确定一个经济比摩阻。目前在国内尚无统一规定，一般在工程设计中常采用下列数值：

主干线 R——20 ~ 62 Pa/m；

支干线 R——50 ~ 100 Pa/m。

（3）确定管径。若已知流量 G 及比摩阻 R，利用表6-11很容易查得管径 D、热媒流速 v 及动压头 h_d。初步计算各管段的管径后，再按计算结果选用标准管径。主干管的管径 D 确定以后，可用同样的办法确定各支管的管径。为了满足热网中各用户的作用压力，必须提高靠近热源处用户支线的比摩阻，以消耗剩余压头，但管内的流速不宜超过限定流速。热水管网的限定流速如表6-16。为规划方便，也可按表6-12估算供热管道的直径。

表6-12　热水管网的限定速度

公称直径 D_g	15	20	25	32	40	50	100	200 及以上
限定流速/m·s^{-1}	0.60	0.80	1.00	1.30	1.50	2.00	2.30	2.50 ~ 3.00

（4）核算。根据选用的标准管径，核算各管段的压力损失和流速，并对管网最远用户和对热媒参数有要求的用户核算是否满足设计要求。当管道阻力超过允许值，以致用户压力不够时，应考虑适当放大管径，重新计算以求达到上述要求。

（5）编制计算表。根据计算结果编制管道计算表。

4. 热水管网中管段总压降的估算法

在集中供暖方案设计、可行性研究或城市供暖规划设计时，常利用局部阻力当量长度百分比估算法。公式如下：

$$H = R(l + l_d) = Rl_{zh} \quad (\text{Pa}) \qquad (6-22)$$

式中　H——管网总压力损失，Pa；

R——单位比摩阻，Pa/m；

l——管网展开总长度，m；

l_d——管件局部阻力当量长度，m；

l_{zh}——管段的折算长度，m。

在进行估算时，局部阻力当量长度 l_d 可按管道实际长度 l 的百分比来计算，即

$$l_d = al \quad (\text{m}) \tag{6-23}$$

式中 a——局部阻力当量长度百分数，%，详见表6-13；

l——管道的实际长度，m。

表6-13 热水管道局部阻力损失当量长度百分数

伸缩器的型式	公称直径 D_g/mm	a/%
主 干 线		
伸缩器的类型	≤1 000	20
煨弯管伸缩器	≤300	30
焊接弯管伸缩器	200~350	50
	400~500	70
	600~1 000	100
支线		
套管伸缩器	≤400	30
	450~1 000	40
煨弯管伸缩器	≤150	30
	175~200	40
	250~300	60
焊接弯管伸缩器	175~250	60
	300~350	80
	400~500	90
	600~1 000	100

下面介绍柏林市某发电供暖并用的高温水供暖系统实例。

该供暖系统的形式如图6-3所示。这个供暖系统是把原有发电设备扩大以后形成的。原有蒸发量为70 t/h锅炉1台，带12 MW发电机，新增加蒸发量为60 t/h锅炉2台，带22 MW发电机。

高温水是在一次加热器中以汽轮机排气来制备的，然后通过管网送至各用户。在供暖高峰负荷或供热水时，二次加热器投入运行。

这一发电供暖并用系统规模和发展情况如表6-14所示。该系统采用泵加压方法，开式膨胀水箱和溢流阀使系统保持一定的静压。开始是按140 ℃/70 ℃设计的，后来由于条件有些变化，即使在高峰负荷时也只以95 ℃/70 ℃运行。

表6-14 发电供暖并用系统规模和发展情况

年 度	供暖负荷/kW	年供热量/kW·a^{-1}	管网长度/km	用户数/户	运输时间/h
1949	16 600	1.17×10^8	14	29	1 285
1954	33 200	7.56×10^8	29	67	1 813
1961	57 700	1.8×10^9	25	110	2 900

可见供暖发电并用系统的高温水温度应根据发电量和热效率两个方面的条件恰当选择。

供暖发电并用的高温水系统中，若提高送水温度，则使发电量减少。若以汽轮机排汽直

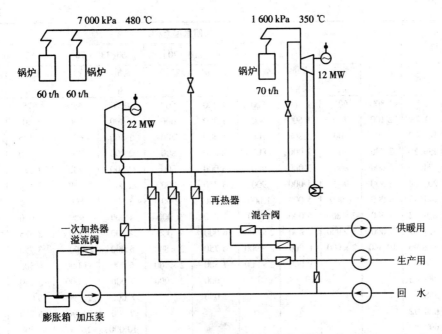

图 6 - 3　柏林市某热电合产装置系统

接作区域管网的热媒时,发电量更为减少。就送水温度和发电量之间的关系,由柏林市各发电供暖并用系统为例,作了统计,结果如表 6 - 15 所示。

表 6 - 15　送水温度和发电量之间的关系

设计条件	水温			蒸汽
	90 ℃/70 ℃	110 ℃/70 ℃	130 ℃/70 ℃	600 kPa
年平均供水温度/℃	50	56	65	
年平均需要蒸汽压力/kPa	20	27	39	400
发电量/(kW·h/t 蒸发量)	283	274	263	177
用于供暖热量/(10^6 kJ/t 蒸发量)	2.15	2.15	2.15	2.28
发电量减少/%	13	15.5	19	45.5

表 6 - 16　热水管网管径估算

热负荷/		供回水温差/℃								
		20		30		40(110~70)		60(130~70)		80(150~70)	
万 m²	MW	流量/ t·h⁻¹	管径/ mm	流量/ t·h⁻¹	管径/ mm	流量/ t·h⁻¹	管径/ mm	流量/ t·h⁻¹	管径/ mm	流量/ t·h⁻¹	管径/ mm
10	6.98						250	100	200	75	200
20	13.96					150	300	200	250	150	250
30	20.93			200	250	300	350	300	300	225	300
40	27.91	300	300	400	350	450	400	400	350	300	300
50	34.89	600	400	600	450	600	450	500	400	375	350
60	41.87	900	450	800	500	750	450	600	400	450	350
70	48.85	1 200	600	1 000	600	900	500	700	450	525	400
80	55.82	1 500	600	1 200	600	1 050	600	800	450	600	400

续表

热负荷/		供回水温差/℃									
		20		30		40(110~70)		60(130~70)		80(150~70)	
万m²	MW	流量/t·h⁻¹	管径/mm	流量/t·h⁻¹	管径/mm	流量/t·h⁻¹	管径/mm	流量/t·h⁻¹	管径/mm	流量/t·h⁻¹	管径/mm
90	62.80	1 800	600	1 400	600	1 200	600	900	450	675	450
100	69.78	2 100	700	1 600	600	1 350	600	1 000	500	750	450
150	104.67	2 400	700	1 800	700	1 500	700	1 500	600	1 125	500
200	139.56	2 700	700	2 000	800	2 250	800	2 000	700	1 500	600
250	174.45	3 000	800	3 000	900	3 000	800	2 500	700	1 875	600
300	209.34	4 500	900	4 000	900	3 750	900	3 000	800	2 250	700
350	244.43	6 000	1 000	5 000	1 000	4 500	900	3 500	800	2 625	700
400	279.12	7 500	2×800	6 000	1 000	5 250	1 000	4 000	900	3 000	800
450	314.01	9 000	2×900	7 000	2×900	6 000	1 000	4 500	900	3 375	800
500	348.90	10 560	2×900	8 000	2×900	6 750	2×800	5 000	900	3 750	800
600	418.68			9 000	2×900	7 500	2×900	6 000	1 000	4 500	900
700	488.46			10 000		9 000	2×900	7 000	1 000	5 250	900
800	558.24					1 050		8 000	2×900	6 000	1 000
900	628.02							9 000	2×900	6 750	1 000
1 000	697.80							10 000	2×900	7 500	2×800

注:当热负荷指标为 70 W/m² 时,单位压降不超过 49 Pa/m。

6.4.4 供热管道地上架空敷设

确定热力管道的敷设方式时,应考虑工厂企业所在地区的气象、水文地质、地形地貌、建筑物及交通线的密集程度等因素,且应技术经济合理、维修管理方便。

热力管道敷设方式有两种。

1)地上架空敷设

地上架空敷设有高支架、中支架、低支架、墙架、悬吊支架、拱形支架等。

2)地下敷设

地下敷设又可分为地沟敷设和无地沟敷设(直埋)2 种。地沟形式有通行地沟、半通行地沟和不通行地沟 3 种。

在下列情况下,应首先考虑采用管道架空敷设方式。

(1)地形复杂(如遇有河流、丘陵、高山、峡谷等)或铁路密集处。

(2)地质为湿陷性黄土层和腐蚀性大的土壤,或为永久性冻土区。

(3)地下水位距地面小于 1.5 m 时。

(4)地下管道纵横交错、稠密复杂,难于再敷设热力管道的。

(5)具有架空敷设的煤气管道、化工工艺管道等,可考虑与热力管道共架敷设的情况下,采用架空敷设既经济而又节省占地面积。

按照支架高度不同,地上架空敷设可分为 3 种:地上架空敷设所用的支架型式按外形分类有 T 形、Ⅱ型、单层、双层和多层以及单片平面管架或塔架等形式。

1. 低支架敷设

在山区建厂时,应尽量采用低支架敷设。热力管道可沿山脚、田埂、围墙等不妨碍交通和不影响工厂扩建的地段进行敷设。采用低支架敷设时,管道保温层外表面至地面的净距

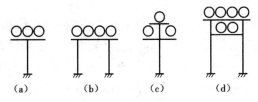

图 6 - 4　支架形式

(a)单层 T 形;(b)单层 Ⅱ 形;(c)双层干形;(d)双层 H 形

离一般应保持在 0.5～1.0 m。

低支架敷设时,当管道跨越铁路、公路时,可采用立体 Ⅱ 型管道高支架敷设。Ⅱ 型管道可兼作管道伸缩器,并且在管道最高处设置弹簧支架和放气装置,在管道的最低点设置疏排水装置。低支架的材料有砖、钢筋混凝土等。低支架敷设是最经济的敷设,它的优点如下。

(1)管道固定支柱材料需用钢或钢筋混凝土,滑动支柱材料可大量采用砖或毛石砌筑,因而可以就地取材,管道工程造价大大降低。

(2)低支架敷设时,施工及维修都比较方便。可节约基建投资并缩短建设周期,也可降低维修费用。

(3)对于热水管道,用套管伸缩器代替方形伸缩器,可节约钢材和降低管道流体阻力,从而降低循环水泵的电耗。

2. 中支架敷设

在人行交通频繁地段宜采用中支架敷设。中支架敷设时,管道保温层外面至地面的距离一般为 2～2.5 m,当管道跨越铁路、公路时应采用跨越公路的 Ⅱ 型管高支架敷设。

中支架的材料一般为钢材、钢筋混凝土、毛石和砖等,其中以砖砌和毛石结构最经济。中支架敷设与高支架敷设相比较,由于支架低,则相应的材料消耗少,基建投资小,施工及维护方便,建设周期也相应缩短。同时,由于采用砖和毛石材料砌筑支柱,则可做到就地取材。

3. 高支架敷设

一般在交通要道和当管道跨越铁路、公路时,都应采用高支架敷设。高支架敷设时,管道保温层外表面至地面的净距一般为 4.5 m 以上。

高支架敷设的缺点是耗钢材多,基建投资大,建设周期长,且维修管理都不方便,在管道阀门附件处,需设置专用平台和扶梯以便进行维修管理,相应地加大了基建投资。

6.4.5　供热管地下敷设

地沟敷设方法又分为通行地沟、半通行地沟和不通行地沟 3 种型式。

1. 通行地沟敷设

在下列条件下,可以考虑采用通行地沟敷设。

(1)当热力管道通过不允许挖开的路面处时。

(2)热力管道数量多或管径较大,管道垂直排列高度大于或等于 1.5 m 时。通行地沟敷设方法的优点是维护和管理方便,操作维修人员可经常进入地沟内进行检修。缺点是基建投资大,占地面积大。在通行地沟内采用单侧布管和双侧布管两种方法。自管子保温层外表面至沟壁的距离为 120～150 mm,至沟顶的距离为 300～350 mm,至沟底的距离为 150～200 mm。无论单排布管或双排布管,通道的宽度应不小于 0.7 m,通行地沟的净高不低于

1.8 m。

供生产用的热力管道,设永久性照明;以采暖为主的管道,设临时性照明。一般每隔8～12 m距离以及在管道附件(阀门、仪表等)处,可装置电气照明设备,并注意电气线路免受水蒸气的影响,应相应地采取适当的保护性措施。电气照明设备的电压不超过36 V。

通行地沟内温度不应超过45 ℃,当自然通风不能满足要求时,可采用机械通风。地沟盖板须作出0.03～0.05的横向坡度,以排出融化的雪水或雨水。在地下水位较高的地区,地沟壁、盖板和底板都应设置可靠的防水层,以防止地下水渗入地沟内部。地沟内底板也应有0.002～0.003的纵向坡度,以排出管道及其附件(法兰、阀门等)因损坏和失修而泄漏的水,并将这部分积水顺沟底板坡度排至安装孔的集水坑内,然后用排水管或水泵抽送至排水井中。

2. 半通行地沟敷设

当热力管道通过的地面不允许挖开,且采用架空敷设不合理时,或当管子数量较多,采用单排水平布置地沟宽度受到限制时,可采用半通行地沟敷设。

由于维护检修人员需进入半通行地沟内对热力管道进行检修,因此半通行地沟的高度一般为1.2～1.4 m。当采用单侧布置时,通道净宽不小于0.5 m,当采用双侧布置时,通道宽度不小于0.7 m。在直线长度超过60 m时,应设置一个检修出入口(人孔),且应该高出周围地面。

半通行地沟内管的布置,自管道保温层外表面至以下各处的净距应符合下列要求:

沟壁　　100～150 mm

沟底　　100～200 mm

沟顶　　200～300 mm

3. 不通行地沟敷设

不通行地沟是在工厂企业中应用最广泛的一种敷设形式。它适用于土壤干燥、地下水位低、管道根数不多且管径小、维修工作量不大的情况。敷设在地下直接埋设热力管道时,在管道转弯及伸缩器处都应采用不通行地沟。

不通行地沟外形尺寸较小,占地面积小,并能保证管道在地沟内自由变形,同时地沟所耗费的材料较少。它的最大缺点是难于发现管道中缺陷和事故,维护检修也不方便。

不通行地沟的沟底应设纵向坡度,坡度和坡向应与所敷设的管道相一致。地沟盖板上部应有覆土层,并应采取措施防止地面水渗入。

6.4.6　供热管无沟敷设

热力管道无沟敷设方法,是将热力管道直接埋于地下,而不需建造任何形式的专用建筑结构。此种情况下热力管道的保温材料直接与土壤接触,保温材料既起着保温的作用,又起着承重结构的作用。

这种敷设方法的主要优点是大大减少了建造热力网的土方工程,节省了大量的建筑材料,可以缩短施工周期,因此无沟敷设方法是基建投资最小的一种敷设方法。但是,此种方法的缺点是发现事故难,一旦发生故障进行检修时要开挖的土方量大,故一般只用于敷设临时性的热力管道,见图6-5所示。

热力管道采用无沟敷设方法时须注意下列事项。

(1)应敷设在土质密实而又不会沉陷的地区,例如砂质黏土。如在黏土中敷设热力管

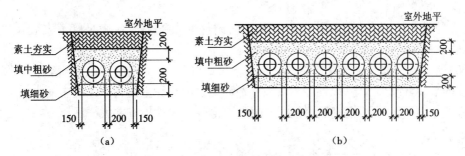

图 6 - 5　某供热管道的无沟敷设

(a)双管敷设;(b)多管敷设

道时,应在沟底铺一层厚度为 100 ~ 150 mm 的砂子。

(2)地震的基本烈度不大于 8 度,土壤电阻率不小于 20 Ω·m 地下水位低,土壤具有良好渗水性以及不受工厂腐蚀性溶液浸入的地区。

(3)为了解决热力管道受热膨胀产生伸缩的问题,管道伸缩器应设置在伸缩穴内,管道弯曲部分设在弯角地沟内,此外在管道分支处都应设检查井。

(4)应有不小于 0.002 的坡度,管道的最高点应设放气管,管道最低点应设排水管,放气管及排水管都应设置在检查井内。

6.4.7　专用构建物、建筑物

1. 检查井

在地下敷设热力管道时,在管道分支处和装有套管伸缩器、阀门、排水装置处都应设置检查井,以便对这些管道附件进行维护和检修。检查井为一矩形或圆形地下小室,圆形地下小室又称人孔。

检查井的井壁用砖砌或钢筋混凝土浇灌而成,井盖为钢筋混凝土现浇板或预制板,井底用混凝土作成。在检查井底部作一蓄水的小坑(排水坑和集水坑),其尺寸为 400 mm × 400 mm × 300 mm,用于蓄集管道与配件处由于连接不严密而渗漏出来的水以及从土壤和地面渗透进来的水。坑内的积水可由移动式水泵或喷射器定期抽出排放到地面。在有条件的地方,例如排水管标高低于检查井井底标高时,也可在集水坑下面设一排水管直接排入排水管中。

检查井的面积应根据管道数量、管道直径、阀门附件尺寸和数量来决定,并应满足热力管道维修和操作所必需的面积。

检查井的布置如下。

(1)检查井的平面尺寸(净空尺寸),常用的规格有 1 400 mm × 1 400 mm、2 000 mm × 1 400 mm、2 000 mm × 2 000 mm、2 000 mm × 2 500 mm、2 000 mm × 3 000 mm、2 500 mm × 3 000 mm 等 6 种。

(2)检查井的净空高度不应小于 1.8 m,一般净空高度为 1.8 ~ 2.0 m。

(3)检查井的净面积大于 4 m² 时,人孔的数量不宜少于 2 个;等于或小于 4 m² 时人孔为 1 个,人孔的直径为 φ760 mm。

(4)检查井底部的排水坑位置在人孔的正下面,以便于排除坑内集水。在人孔下面的井壁装有铁梯。铁梯是用 φ16 圆钢制成并嵌入井壁内。检查井的底部应有坡度并坡向排水坑。

(5)检查井的面积大小和井内管道及阀门附件的布置都应该满足管道安装及维修的要求。

(6)所有支管都应坡向检查井。坡度不小于0.002。所有支管(蒸汽管除外)在检查井内应设排水装置或排水管,以便在支管发生故障时及时排除室内管道系统中的水。

检查井内积水可用蒸汽喷射抽水器抽出。图6-6为某检查井大样图。

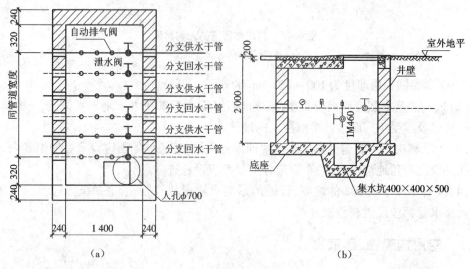

图6-6 某检查井大样图

(a)检查井平面图;(b)检查井剖面图

2.伸缩穴

在热力管道采用地沟敷设或无沟敷设时,为了安装管道伸缩器,必须留出专用的扩大部分即伸缩穴。伸缩穴的高度与其所连接的地沟高度相同,其平面尺寸可根据管道伸缩器的尺寸,以及伸缩器在管道受热变形时发生自由移动所需的间隔尺寸而定。伸缩穴有单面伸缩穴和双筒伸缩穴两种形式。

在伸缩穴内布置热力管道时,应将热介质温度较高的管道布置在最外侧,这是由于其热位移较大的缘故。当热力管道根数较多时,可采用双面布置管道伸缩器,以避免单面伸出部分过长。

3.城市热转换设施

热用户内部系统和热力网的联接点称为热用户引入口,也可称为热力点。

热力点一般应设在单独的建筑物内,也可设在建筑物的底层或地下室内。对于新建住宅区宜设立专门的公共热力点(也称换热站)。

热力点的平面布置中,一般应包括泵房、值班室、仪表间、厨房、厕所、加热器间等,其中加热器间与泵房的建筑面积主要取决于热负荷种类、连接方式、供热范围等因素。

6.4.8 某建筑供暖系统规划实例

1.热源概况

某市政中心区拟采用区域锅炉房集中供热,热媒经供热管网送至各用热户。

2. 方案选定参数

冬季采暖室外设计计算温度 -5 ℃,冬季室外平均风速 2.7 m/s。

采暖期,自 11 月 22 日到次年 3 月 2 日共 105 天,采暖期内的日平均温度按国家暖通规范列出的 1.3 ℃ 计算。采暖热源设计温度 95～70 ℃。

3. 方案选择

热源采用区域锅炉房供热。供暖干管由该市政中心区东部引入,沿东向西敷设,采用枝状管网敷设方式,分别送至各用热户。五星级酒店等独立设换热站。

4. 热力管网敷设

1) 管网敷设方式

室外采暖管道采用直埋聚氨酯发泡保温钢管,沿道路两边的便道敷设。采暖管道分支处设阀门井,以便调节或关断。

2) 管材

室外供暖干管采用无缝钢管或螺旋缝电焊钢管。

5. 热负荷统计表

表 6 - 17　热负荷统计

编号	建筑面积/m²	热负荷指标/W·m⁻²	热负荷/kW	备注
A	37 370	80	2 989.6	
B	84 640	70	5 924.8	
C	24 840	80	1 987.2	
D	39 262	70	2 748.34	
E	0	0	0	
F	39 262	70	2 748.34	
G	56 294	70	3 940.58	
H	30 084	80	2 406.72	
I	56 294	70	3 940.58	
合计	368 046		26 686.16	

详见图 6 - 7 某建筑供暖规划。

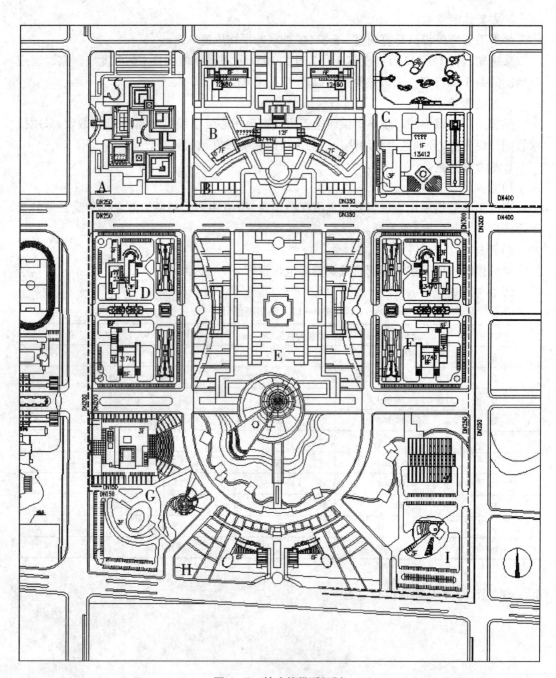

图 6 - 7　某建筑供暖规划

第7章 城市用地竖向规划

7.1 概述

7.1.1 城市用地竖向规划的目的和内容

城市用地竖向规划在城市总体规划及详细规划阶段根据各阶段的要求和工作深度,将城市用地的一些主要的控制标高综合考虑,使建筑、道路、排水的标高相互协调。配合城市用地的选择,对一些不利于城市建设的自然地形给予适当的改造,或提出一些工程措施,达到土方工程尽量减少、投资省、建设速度快的目的。还要根据环境规划的观点,注意在城市地形地貌、建筑物高度和形成城市轮廓线的美观要求方面加以研究,美化生活环境。

城市用地竖向规划设计的基本内容应包括下列方面。

(1)结合城市用地选择,分析研究自然地形,充分利用地形,尽量不占或少占农田节约用地。对一些需要进行改造的地形制订工程技术方案,以满足城市建设用地的使用要求。

(2)综合解决城市规划用地的各项控制标高问题,如防护堤、排水干管出口、桥梁和道路交叉口等。

(3)确定城市道路的坡度配合地形满足交通上的要求。

(4)合理地确定城市用地的标高并组织地面排水。

(5)合理地、经济地组织好城市用地的土方工程,考虑到填方、挖方平衡。避免填方无土源,挖方土无出路,或填方土运距过大。

(6)适当地考虑配合地形,保护和改善城市生态环境并注意城市景观的空间美观要求。

7.1.2 竖向规划设计前所需要的资料

竖向规划需取得必要的基础资料和设计依据。通过现场踏勘等工作,深入了解用地及其周围地段的地形和地貌并应与当地有关部门近年确定的数据相对照,根据规划阶段的内容、深度要求及规划项目的复杂程度,取舍各项资料。基础资料主要有以下方面。

1. 地形图

比例为1:500~1:1 000 的地形测绘图并标有 0.50~1.00 m 等高距的等高线,以及50~100 m 间距的纵横坐标网和地貌情况等;在山区考虑用地外排洪问题时,为统计径流面积,还要求提供1:2 000~1:10 000 的地形图。

2. 地质条件资料

规划用地的自然条件、工程地质、水文地质资料,如土壤与岩层、不良地质现象(如冲沟、沼池、高丘、滑坡、断层、岩溶等)及其地形特征、地下水位等情况。

3. 规划平面图

规划用地内建、构筑物的总平面布置图,包括道路平面图、道路出入口、横断面、平曲线、超高等设计参数,与建筑场地周围衔接的外部道路坐标的定位图、控制点标高、纵坡度、坡长等参数。

4. 规划用地的排水与防洪资料

规划用地所在地区的降雨强度,包括地表雨水排除的流向及出口,城市雨水管网的接入点位置、容量(如沟渠河道的排水量及水位变化规律,城市雨水管线的管径等),确定雨水的径流面积,了解排水与周围环境的关系。

在有洪水威胁的地区,根据提供的水文资料,了解相应洪水频率的洪水水位、淹没范围等资料,历史不同周期最大洪水位,原有的防洪设施及当地的土壤性质、地貌和植被情况等。

5. 地下管线的情况

各种地下工程管线的平面布置图及其埋深、重力管线的坡度限制与坡向等。

6. 填土土源与弃土地点

不在内部进行挖、填土方量平衡的场地,填土方量大的要确定取土土源,挖土方量大的应安排余土的弃土地点。

7.1.3　高程与等高线

规划用地竖向设计就是要把现状地形调整成符合各方面要求的设计地形。因此,首先要熟悉地形图和等高线的特性。

地形图用高程和等高线表示地势的起伏。

1. 高程

地面上一点到大地水准面的铅垂距离,称为该点的绝对高程,简称高程或标高。我国历史上形成了多个高程系统,不同部门不同时期往往都有所区别,常见的有黄海高程、吴淞高程、珠江高程等。绝对高程因起算点不同分为不同系统,采用时应进行换算(表7-1)。目前常用的"1985年国家高程基准"(属黄海高程),是以青岛验潮站1952—1979年的潮汐观测资料为计算依据,确定的大地水准面。

表7-1　绝对高程系统换算　　　　　　　　　　　　　　　　　　(m)

转换者 被转换者	56黄海高程	85高程基准	吴淞高程基准	珠江高程基准
56黄海高程	——	+0.029	-1.688	+0.586
85基准高程	-0.029		-1.717	+0.557
吴淞高程基准	+1.688	+1.717	——	+2.274
珠江高程基准	-0.586	-0.557	-2.274	——

注:高程基准之间的差值为各地区精密水准网点之间差值平均值。

除了绝对高程外,在用地竖向设计时,也可假定任一水平面为基准面,得出各点相对于该基准面的高差,称为相对高程。

2. 等高线

等高线是把地面上高程相同的点在图上连接而成的闭合曲线,即同一等高线各点的高程都相等。

地图上相邻两条高程不同的等高线之间的高差称为等高距。

地图上相邻两条等高线之间的水平距离称为等高线间距。

等高距和等高线间距是两个不同的概念。反应在地图上,等高距越小则等高线越密,地貌显示就越详细、确切;等高距越大则图上等高线就越稀,地貌显示就越粗略。反映在同一张地图上,等高线间距越小则地面坡度越大;等高线间距越大则地面坡度越小。因此在地形图上,等高距的大小反应了图样的详细程度,等高线间距的疏密反映了地面实际坡度的大小。地形图上采用多大的等高距,一般取决于地形坡度和图样比例,通常在 1:500 和 1:1 000 地形图上常用 1 m 的等高距。

山脊处的等高线向低的方向突出,凸出点连线形成分水线,又称山脊线。山谷处的等高线向高的方向凸出,凸出点的连线形成汇水线,又称山谷线。

从等高线判断水流方向。用地雨水的排除方向,总是垂直于等高线,从高程高的点流向高程低的点。

3. 等高线的内插法

不在等高线上的任何一点的地面高程可根据等高线的内插法求出。手工绘制的等高线,内插比较复杂,只能计算两条线的间隔,再配合其高程值来计算。还可利用 AutoLISP 语言对 AutoCAD 进行二次开发,再实现高程点自动内插,减少出错率,提高工作效率,方便数字地模的建立。

7.1.4　竖向设计的步骤

这里主要介绍的是设计等高线法应用于平坡式竖向布置。其步骤如下。

(1)首先了解和熟悉所取得的各种资料,并检查其质量。

(2)勘测现场,对现场地形深入了解。

(3)在总平面图上把城市街道系统的标高、坡度等注在图上。用设计等高线绘出各种断面的等高点至建筑红线。

(4)确定排水方向并划分分水岭和排水区域,定出地面排水的组织计划。

(5)根据以下几点画出街坊内部设计等高线:①方向,要求能迅速排除地面雨水,由分水岭及排水区域构成设计地面;②位置,要求土方工程量最少,设计等高线与选择标高时,尽可能接近自然地面;③距离,根据技术规定,确定排水坡度和道路坡度;④建筑红线所确定的高程。

以最合理的情况确定街道与房屋的关系,如图 7-1 所示。房屋外地坪标高应高于街道中心 170 mm,以免形成积水的低洼地段。

(6)画出设计等高线通过街道和散水坡的等高点。

(7)根据设计等高线,用插入法求出街道各转折点标高及房屋四角标高。

(8)根据房屋的使用性质,定出室

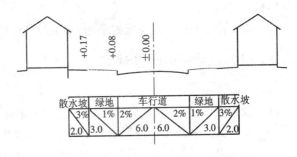

图 7-1　街道与房屋之间的高程关系

内地坪与室外地坪的最小差额,也就是内地坪标高等于外地坪标高加上最小差额。一般地坪最小差额为:①普通车间(无特殊要求)150 mm;②电石仓库 300 mm;③有站台的仓库 1 000 mm;④办公用房屋 500 ~ 600 mm;⑤宿舍和住宅 300 ~ 600 mm;⑥学校和医院 450 ~ 900 mm;⑦有关纪念性的建筑物根据设计的要求而定;⑧在确定内地坪时,必须保证在内外地坪最小差额时,能使外门从屋内开得出去;⑨根据地形测量图与设计等高线计算土方工程量,如果土方工程量太大,超过技术经济指标时,应修改设计等高线,使土方接近平衡;⑩在地形过陡,高地有雨水冲向屋顶的情况下,应设计截水明沟(见图7-2),指出在截水后,水流向何处;或定出集水井位置、与城市管道接合处标高或集水井井底标高。

图7-2 在地形过陡时应设计明沟

7.1.5 竖向设计的原则与考虑因素

竖向设计要因地制宜、就地取材、适应经济环境和生产生活发展的需要,本着少占耕地、多用丘陵的原则,体现工程量少、见效快、环境好的整体效果。城市用地竖向规划应遵循下列原则。

(1)安全、适用、经济、美观。

(2)充分发挥土地潜力,节约用地。

(3)合理利用地形、地质条件,满足城市各项建设用地的使用要求。

(4)减少土石方及防护工程量。

(5)保护城市生态环境,增强城市景观效果。

竖向设计需要考虑的因素主要有以下方面。

(1)用地与周边地块、河流水位、道路的高程关系。

(2)洪水、潮水、雨雪积水、地下水、内涝积水对用地影响。

(3)根据用地性质,采取有针对性的控制高程方式。

(4)工程管线的埋设要求。

(5)景观设计对竖向地形的要求。

(6)场地平整要以安全为原则,避免在挖土方时出现塌方、滑坡、地下水位上升等不良工程后果。

(7)兼顾场地土石方工程量的平衡,满足经济性需求。

7.1.6 竖向设计中的一些规定

1. 等高距与地形图

进行竖向设计时,必须依据地形图。等高距指相邻两条等高线之间的高程差,它是地形图上的一个常数。等高距在地形图上是根据不同地貌和不同比例尺确定的,参考表7-2。

表7-2 不同比例尺的地形图等高距
m

比例尺	不同地貌		
	平地	丘陵地	山地
1:5 000	1.0	2	5
1:2 000	0.5	1	2
1:1 000	0.5	0.5	1
1:500	0.25	0.5	—

2. 地质

(1)如果地质情况是上层垃圾土、瓦砾土等不均匀的土壤,而下层土壤较好时,应该考虑多挖土。用换土或加深基础砌置深度和放宽基础等,均没有挖土便宜,但挖土必须解决场地排水和余土堆置的地方。

(2)在遇到岩石类土壤时,土方工程费用较高,应少挖土并应做排水明沟代替雨水下水道。

3. 地下水位

(1)地下水位很低时,可以考虑挖土;水位在地面下 3～4 m 时则不宜挖土,因挖土后,地下水位升高,影响某些建筑物的使用或增加防潮工程费用。

(2)房屋室内地面标高应在地下水位以上至少 600 mm。如果不足 600 mm,可适当升高墙基。

(3)场地地质因地形改变而变化时,应预计到地下水位的变化,依据水文地质条件采取有效措施。但最好能避免这种情况。

4. 设计地面的坡度

竖向设计时,坡地类型常作以下分类:坡度小于 3% 时为平坡地,坡度 3%～10% 时为缓坡地,坡度 10%～25% 时为中坡地,坡度 25% 以上为陡坡地。

(1)设计地面的坡度最好在 0.3%～1.0%,不应小于 0.3%,不能很平坦地在同一个标高上。因为在同一个标高上,雨水就无法借地面坡度排除,在暴雨季节,房屋就会被水淹。水不能排除,就会冲刷土壤使之松软,基础受到影响。

(2)在同一标高上,地面雨水必须用雨水管排除,不能利用自然地面坡度排除,这就增加了建设费用。

街坊内部地面坡度最小为 0.2%,最大为 8%。

小区主、次干道红线的标高,一般应高于道路中心标高 150～300 mm。

5. 排除地面雨水

(1)建设场地内的街道(车行道、人行道)标高要比场地设计地面低,也就是把路槽挖低一些(图 7-3)。

(2)如街坊设计地面低于城市干道标高时,街坊内部应采取自行排水至最低处,由集水井流入干道下水道。

(3)低洼地区不宜作建设用地,遇有这种情况,应建议更改总平面布置。

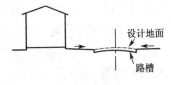

图 7-3   利用道路排水

(4)厂区和住宅区的竖向整平施工工作,必须在具有排除地面水的整平设计图后方可开工。在整平区域的周围应挖水沟,以排除地面水,并应在整平工作开始前挖好。施工过程中自整平区域排出的水,应导至排水沟、城市沟管或永久性的蓄水区。在整平的区域内不应有个别闭塞的洼地。整平场地的表面应设计成大于 0.3% 的坡度,以保证排除雨水。

7.2   竖向规划的阶段及其主要内容

竖向规划也分为总体规划阶段与详细规划阶段。工作内容与具体做法要与该阶段的工作深度、所能取得的资料以及要求综合解决的问题相适应。

7.2.1　总体规划阶段的竖向规划

城市总体规划阶段应就全市用地进行竖向规划,编制竖向规划示意图。图纸比例尺寸和总体规划图相同。

总体规划竖向规划应包括下列主要内容。

(1)配合城市用地选择与用地布局方案,作好用地地形、地貌和地质分析,充分利用与适当改造地形,确定主要控制点标高。

(2)分析规划用地的分水线、汇水线、地面坡向,确定雨水排除及防洪排涝方式。

(3)防洪(潮、浪)堤顶及堤内地面最低的控制标高。

(4)无洪涝危害的江河湖岸最低的控制标高。

(5)根据排洪、通航的需要,确定大桥、港口、码头等的控制标高。

(6)城市快速路、主干路与高速公路、铁路主干线交叉点的控制标高。

(7)城市雨水主管沟排入江、河的可行性及控制标高。

(8)城市主要景观点的控制标高。

此外,在编制竖向规划示意图的同时,编写说明书,以说明分析城市用地的自然地形情况和竖向规划的示意图以及竖向示意图中未能充分说明,必须用文字说明的内容。

7.2.2　详细规划阶段的竖向规划

1.详细规划阶段的主要内容

(1)控制性详细规划阶段的竖向规划应包括下列主要内容:①确定主、次、支三级道路所围合的范围内的全部地块排水方向;②确定主、次、支三级道路交叉点、变坡点的标高以及道路的坡度、坡长、坡向等技术数据;③确定用地地块或街坊用地的规划控制标高;④补充与调整其他用地的控制标高。

(2)修建性详细规划阶段的竖向规划应包括的主要内容:①落实防洪、排涝工程设施的位置、规模及标高;②确定建(构)筑物室外地坪标高;③落实各级道路标高及坡度等技术数据;落实街区内外联系道路(宽 7 m 以上)的标高,保证街区内其他通车道路及步行道的可行性;④结合建(构)筑物布置、道路交通、市政工程管线敷设,进行街区用地竖向规划,确定用地标高;⑤确定挡土墙、护坡等用地防护工程的类型、位置及规模;进行用地土石方工程量的估算。

2.详细规划的竖向规划方法

详细规划阶段的竖向规划方法,一般采用高程箭头法、纵横断面法、设计等高线法等。

1)高程箭头法

根据竖向规划设计原则,确定出区内各种建筑物、构筑物的地面标高,道路交叉点、边坡点的标高以及区内地形控制点的标高,将这些点的标高注在居住区竖向规划图上,并以箭头表示各类用地的排水方向。

高程箭头法的规划设计工作量较小,图纸制作较快,且易于变动与修改,为居住区竖向设计常用的设计方法。缺点是比较粗略,确定标高要有丰富经验,有些部位的标高不明确,且确定性差。为弥补上述不足,在实际工作中可采用高程箭头法和局部剖面相结合的方法。用高程箭头法绘制的竖向规划如图 7-4 所示。

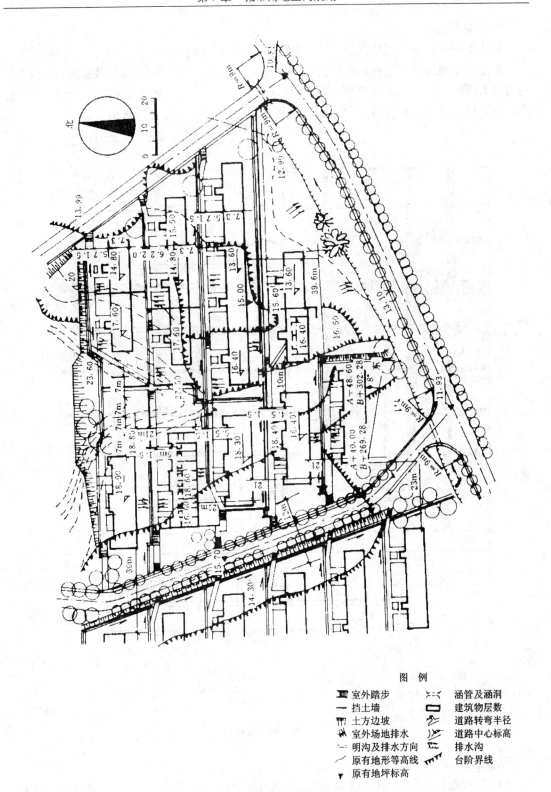

图 7-4　高程箭头法绘制的竖向规划

图　例

室外踏步		涵管及涵洞
挡土墙		建筑物层数
土方边坡		道路转弯半径
室外场地排水		道路中心标高
明沟及排水方向		排水沟
原有地形等高线		台阶界线
原有地坪标高		

2)纵横断面法

此法是先在规划的居住区平面图上根据需要的精度绘出方格网,然后在方格网的每一交点上注明原地面标高与设计标高(图7-5)。沿方格网长轴方向者称为纵断面,沿短轴方向者称为横断面。此法的优点是对规划设计地区的原地形有立体的形象概念,易于考虑地形改造。缺点是工作量大,花费时间多。此法多用于地形比较复杂地区的规划。

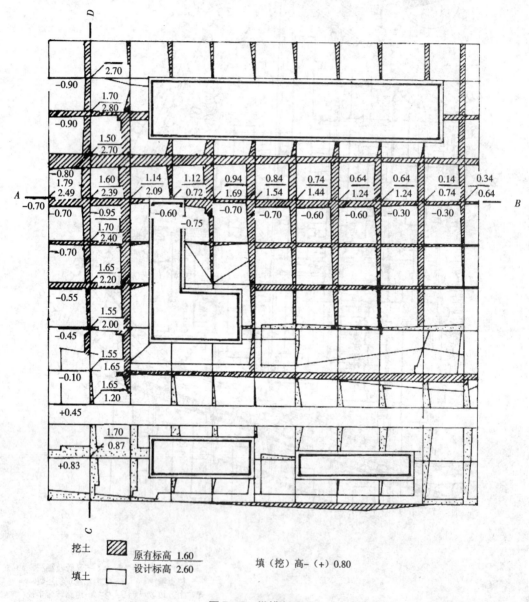

图7-5 纵横断面法

纵横断面法设计步骤如下。

(1)在所规划设计的居住区(或街坊或更小的范围)的地形图上,以适当边长(如10 m、20 m或40 m)绘制方格网。方格网尺寸的大小随规划的比例和所需的精度而异。图纸上比例大(如1/1 000~1/500),方格网尺寸小;反之,图纸比例小(1/2 000~1/1 000),则方格网尺寸大。

（2）根据地形图中自然等高线,用内插法求出各方格网顶点的自然标高。

（3）选定一标高作为基线标高,此标高应低于图中所有自然标高值。

（4）在另外的纸上放大绘制方格网并以此基线标高为底,采用适当比例绘出方格网原地形的立体图。

（5）根据立体图所示自然地形起伏的情况,考虑地面排水、建筑排水及土方平衡等因素,确定地面的设计坡度和方格网顶点的设计标高。

（6）设计土方量。

（7）在土方平衡中,若填挖方总量不大,且填挖量接近平衡时,则可认为所确定的设计标高和各地的设计坡度恰当。否则需要修改设计标高,改变设计坡度,按上述方法重新计算,直至达到要求为止。

（8）根据最后确定的设计标高,另用一张纸把各方格网顶点的设计标高抄注在图上,并按适当比例绘出规划设计的地面线。

3）设计等高线法

设计等高线法多用于地形变化不太复杂的丘陵地区的规划设计。其优点是能较完善地将任何一块设计用地或一条道路与原来的自然地貌做比较,随时一目了然地看出设计的地面或路(包含路口的中心点)的挖填情况,以便于调整。设计等高线低于自然等高线为挖方,高于自然等高线为填方,所填、挖的范围也清楚地显示出来。

这种方法在判断设计地段四周路网的路口标高、道路的坡向坡度以及路与两旁地高差关系时更为有用。路口标高调整将影响到道路的坡度,也影响到路的两旁用地的高差,所以调整设计地段的标高时这种方法能起到整体的设计效果。

用设计等高线法进行居住区竖向规划的实例如图7-6所示,其设计步骤如下。

（1）根据居住区规划,在已确定的干道网中确定居住小区的道路线路,定出道路红线。

（2）对居住区每一条道路做纵断面设计,以已确定的城市干道的交叉点的标高及边坡点的标高,定出支路与干道交叉点的设计标高,并求出每一条道路的中心线设计标高。

（3）以道路的横断面求出红线的设计标高。有时,道路红线的设计标高与居住区内自然地形的标高相差较大,在红线内可以做一段斜坡,不必要将居住区内用地的设计标高普遍压低,以免挖方太多。

（4）居住小区内部的车行道由外面道路引入,起点标高根据相接的城市道路的车行道的设计标高而定。因为在交通上要求不高,允许坡度可以大一些(8%以下)。这样能更好地配合自然地形,减少土石方,定出沿线的设计标高。

（5）用插入法求出街道各转折点及建筑物四角的设计标高。

（6）居住小区内用地坡度较大时,可以建一些挡土墙,形成台地,注明标高。

（7）居住小区的人行通道、坡度及线形可以更加灵活地配合自然地形,在某些坡度大的地方(例如大于10%),人行通道不一定设计成连续的坡面,可以加一些台阶,台阶一侧做坡道,以便推自行车上下。

（8）根据不同的地形条件,居住小区内的地面排水可采用不同方式。要进行地形分析,划分为几个排水区域,分别向邻近的道路排水。地面坡度大时要用石砌以免冲刷,有的也可以用沟管,在低处设进水口。

4）竖向布置图例

绘制竖向布置的图例如下。

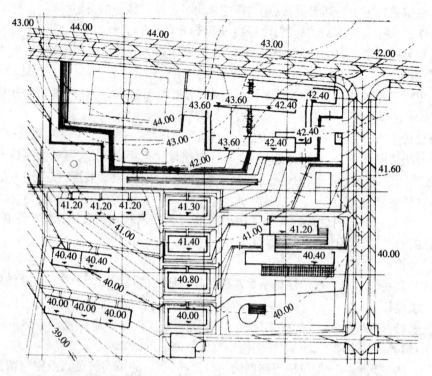

图7-6 一个居住小区用设计等高线法进行竖向设计的例子

编号	图 例	说 明
1	421.10	等高线断面间距为0.5 m,根据测量之地形绘制
2	421.10	设计等高线断面间距0.5 m
3	420.58 419.96 420.33 419.64	房屋设计外地坪四角散水坡标高
4	420.79	房屋设计底板面标高
5	←	道路设计纵坡方向
6	0.05 62.80	道路设计纵坡度及两转折点间距离
7	421.32	道路设计坡度及转折点 设计标高
8	→ → →	地面流水方向
9	x+6 019.34 y+6 019.34	城市规划局所规划之干道中心线及坐标
10	—·—·—·—	填土与挖土之间的零界线

续表

编号	图例		说　明
11	+0.62　421.32　420.70		施工标高　设计地面标高　自然地面标高
12	(−43)　(+36)		按方格网计算的土方工程量

经过上述步骤，便初步确定了居住区四周的红线标高和内部车行道、房屋四角的设计标高，就可以连接成大片地形的设计等高线。连接时要尽量与自然等高线相合，这就意味着该部分用地完全可以不改动原地形。做出全部设计等高线后，便可对经过竖向规划后的全部地形及建筑的空间布局一目了然。在实际应用中，可以按此原理去简化具体做法，即在地面上多标示一些设计标高，而不必连接成设计等高线。

7.3　用地标高的确定

7.3.1　确定场地总体标高及坡度

（1）场地防洪标准的确定，应保证场地雨水能顺利排除并不被洪水所淹没，否则应有有效的措施。在山区要特别注意防洪、排洪问题。在江河附近的用地，其设计标高应高出洪水水位 0.5 m 以上，而设计洪水水位应视建设项目的性质、规模、使用年限及防洪标准等确定。

场地排水方式和组织方案（使地面雨水顺利地排除，避免积水）是竖向布置中应考虑的重要内容，这对于保障建设项目正常使用有重要意义。在山区、丘陵地形条件下，防洪、排洪系统的组织也会直接影响场地的安全和使用，必须做出妥善安排。

建筑场地排除雨水的方式主要有自然排水、明沟排水、暗沟排水、混合排水 4 种。为使建筑物、构筑物周围的积水能顺利排除，又不至于冲刷地面，建筑物周围的场地应具有合适的整平坡度，一般情况下坡度应不小于 0.5%；困难情况下坡度也应不小于 0.3%；最大整平坡度可按场地的土质和其他条件决定，但不宜超过 6%。城市主要建设用地的适宜规划坡度见表 7-3。

表 7-3　城市主要建设用地适宜规划坡度

用地名称	最小坡度/%	最大坡度/%
工业用地	0.2	10
仓储用地	0.2	10
铁路用地	0	2
港口用地	0.2	5
城市道路用地	0.2	8
居住用地	0.2	25
公共设施用地	0.2	20
其他	——	——

（2）场地竖向设计应尽可能避免深挖高填，减少土方量，减少挡土墙、护坡等工程量。在一般情况下，地形起伏变化不大的地方，应使设计标高尽量接近地形标高。在丘陵山区等地形起伏变化较大的地区，应充分利用地形，尽量避免大填大挖。

（3）场地竖向设计应能使建筑物、构筑物基础及工程管线有适宜的埋深（以防机械损伤、防冰冻）。

7.3.2 确定道路的标高及坡度

场地道路标高的确定，要考虑与场外道路的连接，同时要考虑道路与建筑的关系。道路交叉点和纵坡转折点标高的确定，必须根据道路的功能、允许最大纵坡值和坡长极限值三方面因素考虑。机动车车行道的最大纵坡坡度见表7-4。

表7-4 机动车车行道规划纵坡

道路类别	最小纵坡/%	最大纵坡/%	最小坡长/m
快速路		4	290
主干路	0.2	5	170
次干路		6	110
支(街坊)路		8	60

道路竖向规划应符合下列规定。

（1）与道路的平面规划同时进行。

（2）结合城市用地中的控制高程、沿线地形地物、地下管线、地质和水文条件等作综合考虑。

（3）与道路两侧用地的竖向规划相结合并满足塑造城市街景的要求。

（4）步行系统应考虑无障碍交通的要求。

7.3.3 城市用地的地面排水

城市用地应结合地形、地质、水文条件及年均降雨量等因素合理选择地面排水方式并与用地防洪、排涝规划相协调。

（1）地面排水坡度不宜小于0.2%，坡度小于0.2%时宜采用多坡向或特殊措施排水。

（2）地面的规划高程应比周边道路的最低路段高程高出0.2 m以上。

（3）用地的规划高程应高于多年平均地下水位。

7.4 城市用地和建筑竖向布置

城市用地由工业用地、居住用地、公共建筑用地、道路用地和公共绿地等组成。用地又可分为生活用地和生产用地二大类。建筑同样可分为居住建筑、公共建筑和生产建筑及构筑物。地形起伏的山区丘陵地影响各项用地的建筑和构筑物的布置。

7.4.1 城市与道路的竖向关系

城市用地被道路和自然条件分割成块。有时也存在自然界限，如谷地和山峦以及冲沟和河流等。由道路和自然条件所围成的大小不同的用地,一般出现以下情况,它们将影响建筑布置和地面排水。

1. 斜坡面用地

这类用地最为普遍。用地与道路之间出现高于道路的正坡面和低于道路的负坡面,两者皆有不同坡度。从图7-7(a)中可见,斜坡用地将使道路出现不同纵坡向和坡度,正坡面的地表排水将排至路上。这类用地与道路之间出现一个夹角。

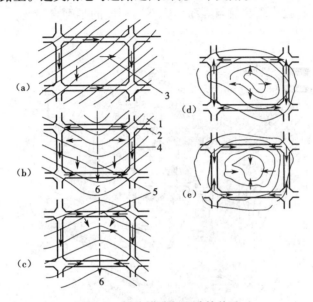

图7-7　城市道路与用地的关系

(a)斜坡面用地;(b)分水面用地;(c)汇水面用地;(d)山地形用地;(e)盆地形用地

1—等高线;2—道　路;3—坡　向;4—道路坡向;5—脊线、谷线;6—分水线

2. 分水面用地

分水线把用地分割成两个大小不同、纵向各异的用地,四周道路中的两条出现纵坡的转折点,两个斜坡面的地表水排泄各成体系,各排至分水线两侧的道路上(图7-7(b))。在详细规划中往往可以利用分水线设计成步行道。

3. 汇水面用地

汇水面用地与道路的关系同分水面用地有共同处,即将用地分成两块坡向不同的斜坡面,所不同的是其中两条道路的纵坡转折点在低处(图7-7(c))。此种用地有时须设置涵洞或桥,以便四周道路所围区域地表水的排泄。详细规划设计中利用汇水线作为步行道时,其两旁须设置排水沟。

4. 山丘形用地

这种类型的用地常见于道路环绕山丘。山丘四周道路将出现多处转折点,山丘形用地的地表水将排泄至四周的环山道路上(图7-7(d))。

5. 盆地形用地

被四周道路所围的低洼盆地(7-7(e)),除非有较大的汇水面形成自然水塘,增添生活环境美,否则,低洼处的积水对环境不利,只得采用回填的竖向规划措施提高用地标高或疏导地表水的排泄。

7.4.2　建筑与地形的竖向关系

根据建筑的使用功能及地区的气候因素不同,建筑与地形竖向关系将出现几种不同的竖向布置。

1.建筑半垂直等高线布置

这类建筑的竖向布置一般出现在东南坡、西南坡、西北坡、东北坡面的用地上。即当建筑需要最佳南朝向时,会出现建筑与等高线成不同程度的半垂直状况,见图7-8中的点状居住建筑布置。

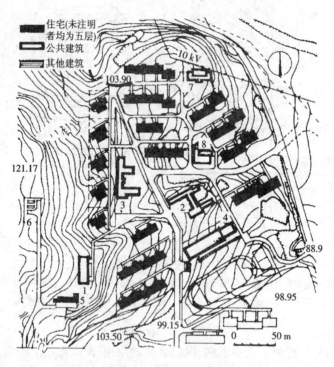

图7-8　建筑与地形的竖向关系

1—中学;2—托儿所;3—幼儿园;4—理发室、浴室;5—热交换站;
6—液化气调压站;7—居委会;8—商店

2.建筑平行等高线布置

当建筑置于南坡、北坡面时,都会出现建筑与地形等高线平行,见图7-8中幼儿园、中学等建筑布置。

3.建筑垂直等高线布置

建筑垂直于东坡面、西坡面时,建筑与地形等高线垂直或相交,如图7-8中的一组条状建筑布置。

7.4.3　建筑竖向布置方式

由于建筑布置与地形之间出现半垂直等高线、平行等高线和垂直等高线3种关系,因此,便产生出以下几种建筑竖向布置方式。

1.平坡式建筑布置竖向法

当丘陵地的坡面为纵坡小于2%的大片缓坡地时,常出现建筑的平坡式竖向布置。这时坐落于地表上的建筑物常抬高建筑四周的勒脚,来适应地面的变化。它是对自然地貌改变最少的一种竖向布置方法。

2. 台阶式建筑布置竖向法

台阶式用地的建筑布置,适用于纵坡面坡度介于 2% ~ 4% 之间的用地。即当 100 m 长的用地中地面升高 2 ~ 4 m 时,就须结合挖取部分土方与填出部分土方形成台阶用地,每个台阶用地之间,用自然放坡或挡土墙分隔,各台阶用地仍有最小的排水纵坡。台阶用地有单向坡面用地和双向坡面用地,见图 7 - 9。

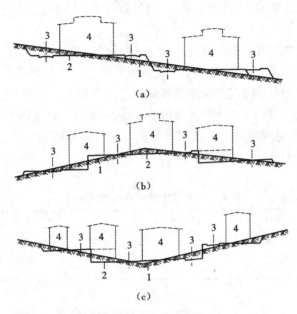

图 7 - 9　台阶式用地

(a)单向降低的台阶;(b)由场地中间向边缘降低的台阶基层;(c)由场地边缘向中间降低的台阶

1—自然地面;2—设计地面;3—道路中心;4—建筑物

3. 台阶用地宽度和台阶高度

台阶用地宽度和自然地面与设计地面的填方、挖方的高度存在下列关系(图 7 - 10):

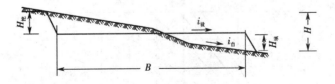

图 7 - 10　台阶用地宽度与高度关系

$$\sum H = H_+ + H_- = \frac{B(i_自 - i_设)}{100} \quad (\text{m}) \tag{7-1}$$

式中　$\sum H$——填挖方总高,m;

H_+——填方高度,m;

H_-——挖方高度,m;

$i_自$——自然地面坡度,%

$i_设$——设计地面坡度,%,一般采用 0% ~ 2%。

由于自然地面土壤结构十分密实,挖掘来的土方土壤疏松,挖出一方土只能填回0.7~0.8方。因此公式还须考虑可松性系数,即

$$H_- = 0.75 \sim 0.8 H_+$$

代入式(7-1)得

$$H_+ = \frac{B(i_自 - i_设)}{175 - 180} \quad (m) \tag{7-2}$$

当H_+小于基础埋置深度时,采用一个用地台阶便可以;当H_+大于基础埋置深度时,将增加建筑埋置深度的工程量,土方量也多,工程投资增大,此时必须考虑分成两个台阶用作建筑的竖向布置。

当确定台阶用地数量和它们的宽度时,还必须同时考虑总平面中建筑群体组合的合理性以及总平面中的道路走向和道路两侧正、负坡面的情况。

台阶用地的宽度除与填方高度和建筑基础埋置深度有关外,还与建筑体量有关。一般在生产用地上,当厂房体量大时,所需台阶用地宽些;一般居住建筑体量小,所需台阶用地可窄些。此时,台阶用地宽度与自然地面宽度有关,当大面积修建如工厂总平面或居住小区时,可参考表7-5。

表7-5　台阶宽度与自然地面坡度

自然地面坡度/%	台阶用地宽度/m
1	≥200
2	≥100
3	≥50

当地形陡时,台阶高度大于3.0~3.5 m。如自然地面坡度$i = 20\% \sim 30\%$之间,采用半填半挖竖向设计时,则台阶用地宽度介于20~30 m之间。一般可以满足中、小型城镇工厂的厂区总平面布置和城镇小区及公共建筑的布置。

根据式(7-2)且假定用地平整后的坡度为0.5%,取$H_- = 0.8 H_+$,可绘制成H_+、台阶用地宽B与$i_自$三者的关系图(图7-11)。

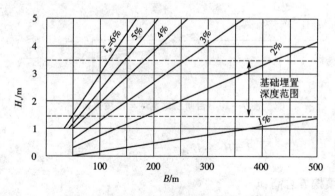

图7-11　H_+、B(台阶用地宽度)与$i_自$关系

应用H_+—B—$i_自$关系图时应注意3点:①当靠近填方地段无建筑物基础时,查出的B可适当放宽;②如$i_自 = 3\%$,基础埋置深度为1.5 m,B在105 m以下时,宜用一个台阶用地;③如$i_自 = 3\%$,基础埋置深度为3.5 m,B在255 m以上时,可采用平坡式布置。

7.4.4　台阶式(阶梯式)竖向设计

在《工业企业总平面设计规范》GB50187—93 中规定,台阶的划分,应符合下列要求。

(1)应与地形及总平面布置相适应。

(2)生产联系密切的建筑、构筑物,应布置在同一台阶或相邻台阶上。

(3)台阶的长边宜平行等高线布置。

(4)台阶的宽度应满足建筑物和构筑物、运输线路、管线和绿化等布置要求以及操作、检修、消防和施工等需求。

(5)台阶的高度,应按生产要求及地形和地质条件,结合台阶间运输关系等因素综合确定,并宜取 1~4 m。

有关台阶式竖向设计的一些规定如下述。

(1)相邻的台阶之间应采用自然放坡、护坡或挡土墙等连接方式并应根据场地条件、地质条件、台阶高度、景观、荷载和卫生要求等因素,进行综合技术经济比较,合理确定。

(2)台阶距建筑物、构筑物的距离,除满足台阶的划分要求外,台阶坡脚至建筑物、构筑物的距离应考虑采光、通风、排水及开挖基槽对边坡或挡土墙的稳定性要求,且不应小于2.0 m;台阶坡顶至建筑物、构筑物的距离应考虑建筑物、构筑物基础侧压力对边坡或挡土墙的影响。位于稳定土坡坡顶上的建筑物、构筑物,当垂直于坡顶边缘线的基础底面边长小于或等于 3 m 时,其基础底面外边缘线至坡顶的水平距离 a(图 7-12),应按下式计算,且不得小于2.5 m。

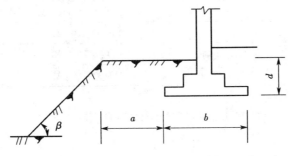

图 7-12　基础底面外边缘线至坡顶的水平距离示意

条形基础　　　　　　　　　$a \geqslant 3.5b - \dfrac{d}{\mathrm{tg}\,\beta}$

矩形基础　　　　　　　　　$a \geqslant 2.5b - \dfrac{d}{\mathrm{tg}\,\beta}$

式中　a——基础底面外边缘线至坡顶的水平距离,m;

　　　b——垂直于坡顶边缘线的基础底面边长,m;

　　　d——基础埋置深度,m;

　　　β——边坡坡角,(°)。

当基础底面边缘线至坡顶水平距离不能满足上述要求时,可根据基底平均压力按现行国家标准《建筑地基基础设计规范》GBJ7—89 第 5.3.1 条公式确定基础至坡顶边缘的距离和基础埋深。

当坡角大于 45°、坡高大于 8 m 时,尚应按现行国家标准《建筑地基基础设计规范》GBJ7—89 第 5.3.1 条的规定进行坡体稳定性验算。

（3）场地挖、填方边坡的坡度允许值，应根据地质条件、边坡高度和拟采用的施工方法，结合当地的实际经验确定。

当山坡稳定、地质条件良好、土（岩）质比较均匀时，挖方边坡坡度可按表 7-6 和表 7-7 确定。

表 7-6 挖方岩石边坡坡度允许值

岩石类别	风化程度	坡度允许值（高宽比）	
		坡高 < 8 m	坡高 8~15 m
硬质岩石	微风化	1:0.10~1:0.20	1:0.20~1:0.35
	中等风化	1:1.20~1:0.35	1:0.35~1:0.50
	强风化	1:0.35~1:0.50	1:0.50~1:0.75
软质岩石	微风化	1:0.35~1:0.50	1:0.50~1:0.75
	中等风化	1:0.50~1:0.75	1:0.75~1:1.00
	强风化	1:0.75~1:1.00	1:1.00~1:1.25

表 7-7 挖方土质边坡坡度允许值

土的类别	密实度或状态	坡度允许值	
		坡高 < 5 m	坡高 5~10
碎石土	密实	1:0.35~1:0.50	1:0.50~1:0.75
	中密	1:0.50~1:0.75	1:0.75~1:1.00
	稍密	1:0.75~1:1.00	1:1.00~1:1.25
粉土	$Sr \leqslant 0.5$	1:1.00~1:1.25	1:1.25~1:1.50
黏性土	坚硬	1:0.75~1:1.00	1:1.00~1:1.25
	硬塑	1:1.00~1:1.25	1:1.25~1:1.50

注:1. 表中碎石土的充填物为坚硬或硬塑状态的黏性土。

2. 对砂土或充填物为砂土的碎石土，其边坡坡度允许值均按自然休止角确定。

3. Sr 为饱和度，% 。

（4）铁路、道路的路堤和路堑边坡，应分别符合现行国家标准《工业企业标准轨距铁路设计规范》和《厂矿道路设计规范》的规定；建筑地段的挖方和填方边坡的坡度允许值，应符合现行国家标准《建筑地基基础设计规范》的规定。

遇有下列情况之一，挖方边坡坡度的允许值另行计算：①边坡的高度大于表 7-6 和表 7-7 的规定；②地下水比较发育或具有软弱结构面的倾斜结构层；③岩层层面或主要节理面的倾斜方向与边坡的开挖面的倾斜方向一致，且两者走向的夹角小于 45°时；④填方边坡，如基底地质良好，其边坡坡度可按表 7-8 确定。

表 7-8 填方边坡坡度允许值

填料类别	边坡最大坡度/m			边坡坡度		
	全部高度	上部高度	下部高度	全部坡度	上部坡度	下部坡度
黏性土	20	8	12	—	1:1.5	1:1.75
碎石土、粗砂、中砂	12	—	—	1—1.5	—	—

填料类别	边坡最大坡度/m			边坡坡度		
	全部高度	上部高度	下部高度	全部坡度	上部坡度	下部坡度
碎石土、卵石土	20	12	8	—	1:1.5	1:1.75
不易风化的石块	8	—	—	1:1.3	—	—
	20	—	—	1:1.5	—	—

注:1.用大于250 mm的石块填筑路堤,且边坡采用干砌者,其边坡坡度应根据具体情况确定。

　　2.在地面坡度陡于1:5的山坡上填方时,应按原地面挖成台阶,台阶宽度不宜小于1 m。

7.4.5　工业企业场地排水

(1)场地应有完整、有效的雨水排水系统。场地雨水的排水方式,应结合工业企业所在地区的雨水排水方式、建筑密度、环境卫生要求、地质条件等因素,合理选择暗管、明沟或地面自然排渗等方式。

厂区宜采用暗管排水。

(2)场地雨水排水设计流量计算应符合现行国家标准《室外排水设计规范》的规定。

(3)当采用明沟排水时,排水沟宜沿铁路、道路布置,避免与其交叉。排出场外的雨水,应避免对其他工程设施或农田造成危害。

(4)排水明沟的铺砌方式,应根据所处地段的土质和流速等情况确定。厂区明沟宜加铺砌;对厂容、卫生和安全要求较高的地段,尚应铺设盖板。矿山及厂区的边缘地段可采用土明沟。

(5)场地的排水明沟,宜采用矩形或梯形断面。明沟起点的深度不宜小于0.2 m,矩形明沟的沟底宽度不应小于0.4 m,梯形明沟的沟底宽度不应小于0.3 m。明沟的纵坡,不应小于0.3%,在地形平坦的困难地段不应小于0.2%。按流量计算的明沟,沟顶应高于计算水位0.2 m以上。

(6)雨水口,应位于集水方便、与雨水管道有良好连接条件的地段。雨水口的间距宜为25~50 m。当道路纵坡大于2%时,雨水口的间距可大于50 m。其形式、数量和布置应根据具体情况和计算确定。当道路的坡段较短时,可在最低点处集中收水,其雨水口的数量应适当增加。

(7)在山坡地带建厂时,应在厂区上方设置山坡截水沟。截水沟至厂区挖方坡顶的距离不宜小于5 m。当挖方边坡不高或截水沟衬砌加固时,此距离不应小于2.5 m。

截水沟不应穿过厂区,当确有困难,必须穿过时,应从建筑密度较小地段穿过。穿过地段的截水沟应加铺砌并应确保厂区不受水害。

7.4.6　建筑用地竖向设计处理技术

山区丘陵地建筑用地竖向处理方法很多,有提高勒脚、掉层、错层、跌落、悬挑、附岩、架空等。综合使用这些竖向布置手法,能使建筑与地形有机结合,节省土石方量,保持原来自然地貌,争取建筑空间并较完善地解决建筑与地形的矛盾。

图7-13为在平缓坡、台阶地上建筑组合和挡土墙的竖向处理;图7-14为居住建筑组合布置垂直等高线;图7-15为斜坡、挡墙、石级和道路的局部设计,当地貌复杂、坡度很陡

时(如渡口市弄坪向阳居住小区的南坡面,在不到300 m的距离内高差达到50 m)),就不只是形成台阶用地,还可能出现建筑布置的跌落、错层、错跌等各种竖向布置(图7－16)。

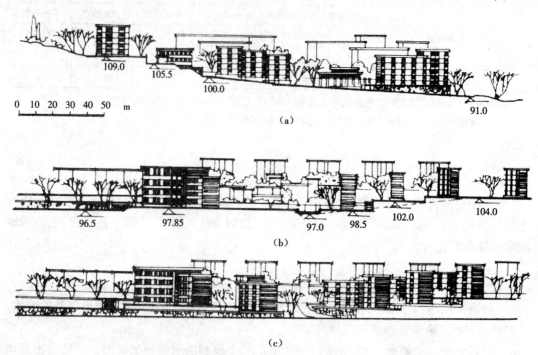

图7－13　平缓坡、台阶地上建筑组合和挡土墙竖向处理
(a)跌落;(b)错层;(c)错跌

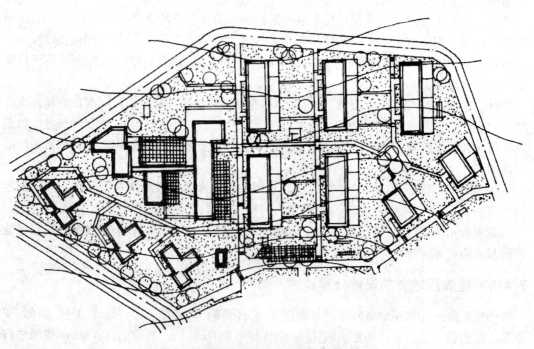

图7－14　居住建筑组合布置垂直等高线

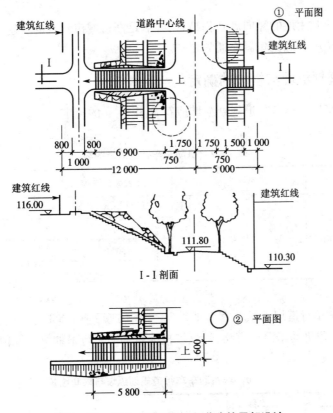

图 7 - 15　斜坡、挡墙、石级和道路的局部设计

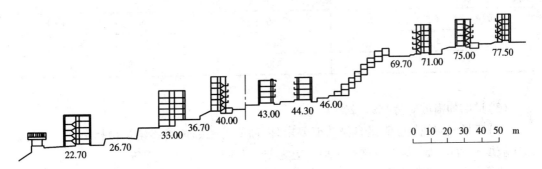

图 7 - 16　渡口市弄坪向阳小区坡面陡峭竖向布置

7.5　道路和广场竖向规划

根据城市规划图进行道路和广场的竖向设计,所应用的图纸比例一般城市建设总平面图采用1∶1 000 或1∶500。

7.5.1　道路竖向规划应符合下列规定

(1)与道路的平面规划同时进行;

(2)结合城市用地中的控制高程、沿线地形地物、地下管线、地质和水文条件等作综合考虑；

　　(3)与道路两侧用地的竖向规划相结合,并满足塑造城市景观的要求；

　　(4)步行系统应考虑无障碍交通的要求。

7.5.2　道路规划纵坡与横坡的确定

　　(1)城市道路机动车车行道规划纵坡应符合表7－9的规定。

表7－9　机动车车行道规划纵坡

道路类型	最小纵坡/%	最大纵坡/%	最小坡长/m
快速路	0.2	4	290
主干道		5	170
次干道		6	110
支(街坊)路		8	60

　　(2)非机动车车行道规划纵坡宜小于2.5%,大于或等于2.5%时,按表7－10的规定限制坡长,机动车与非机动车混行道路,其纵坡按非机动车车行道的纵坡取值。

表7－10　非机动车车行道规划纵坡与限制坡长

限制坡长/m　　　　车种　　纵坡/%	自行车	三轮车、板车
3.5	150	—
3.0	200	100
2.5	300	150

　　(3)道路的横坡应为1%～2%。

　　(4)广场竖向规划除满足自身功能要求外,尚应与相邻道路和建筑物相衔接。广场的最小坡度应为0.3%；最大坡度平原地区应为1%,丘陵和山区应为3%。

　　此外,还必须遵循以下几点。

　　(1)当城市道路路段连续纵坡大于5%时,应设置缓和地段。缓和地段的坡度不宜大于3%,长度不宜小于300 m。当地形受到限制时,缓和地段长度可减为80 m。

　　(2)城市道路的定线设计必须充分结合自然地貌,只有在不得已时才动土方,从根本上改变原来的地貌。

　　(3)在竖向设计时,道路经过之处应尽可能不损坏表土层,以使植物能正常成长。

　　(4)城市中的特殊用地,如工业、铁路专用线、水运码头设施等用地,在不影响它们的生产工艺流程及运输条件下,也应当充分注意完善道路与运输线路的竖向设计。

7.5.2　城市道路竖向设计步骤与方法

　　(1)必须根据规划地段中的总平面图进行分析,以判断各条道路的功能、允许的纵坡度和限制坡长,初步确定各个交叉口和纵坡转折点的标高。标高值要使用地形平面图上原地貌等高距 H 值,如 $H=1.0$ m,标高值宜用 1,2,3,4,… 或 $H=0.5$ m,标高值宜用 1.0,1.5, 2.0,2.5,… 以此类推。

(2)根据交叉口至纵坡转折点的标高的高程差除以该地形图的等高距(如 1:1 000 用 $H=1.0$ m,1:500 用 $H=0.5$ m,1:200 用 $H=0.1$ m,即得所需平距的长度(为了快速作图用分规在路的中心线上进行分段),沿路中心线上标出各平距长度的点。

(3)应用平距比例尺(1:500,1:1 000,…),即可判断交叉口至纵坡转折点或交叉口至交叉口之间的纵坡度 $i_纵$,%。

(4)在路中心线已标出的各平距长度的点上注明高程,且用红色数字和点指出它是设计等高线的位置和标高。

(5)判断所设计道路的纵坡度和纵坡长是否符合要求。如不符合设计要求则只能重新确定平面图上的交叉口标高和另选纵坡转折点并定出标高,以提高或降低纵坡度和增大或缩小纵长度。

(6)分析道路的设计纵坡与原来地貌的挖填状况和设计的道路对两旁用地的影响情况,是否影响两旁用地的发展和次要道路的进入。

7.5.3　城市道路横断面竖向设计

城市规划中修建地区的道路系统,除选择交叉口、纵坡转折点和确定标高外,尚需分析、确定和绘制道路的横断面竖向设计图。

道路横断面坡度取决于不同路面做法,见表 7 – 11。

表 7 – 11　城市道路面层做法与横坡

顺序	路面面层类型	横坡/%
1	水泥混凝土路面	1.0 ~ 2.0
2	沥青混凝土路面	1.0 ~ 2.0
3	其他黑色路面	1.5 ~ 2.5
4	整齐石块路面	1.5 ~ 2.5
5	半整齐和不整齐石块路面	2.0 ~ 3.0
6	碎石和碎石材料路面	2.5 ~ 3.5
7	加固和改善土路面	3.0 ~ 4.0

1.道路横断面的做法

(1)抛物线型横断面的设计等高线。这类道路横断面属于低级路面,横坡大。

(2)双斜面型横断面的设计等高线。此法多用于城市高级路面的横断面,横坡小。一般水泥混凝土路面、沥青混凝土路面、其他黑色路面都采用此法。

这类道路横断面的等高线设计可以应用设计等高线法。双斜面型道路横断面等高线设计的图形见图 7 – 17 所示。

2.路边有挡土墙和台地的设计等高线

路边为垂直的挡土墙,在平面图上以两条平行线表示,两线之间距离为按比例绘出的挡土墙宽度。挡土墙上首和下脚的两条设计等高线的高程差,即为挡土墙的高度。图 7 – 18 中两条平行线宽度为 0.8 m 表述了挡土墙的平面投影,图中所示等高线 5.80、5.90、6.00、

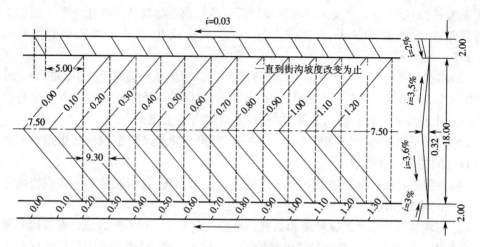

图 7 – 17　双斜面型道路横断面的设计等高线

6.10,表示挡土墙下部台地的设计高程,从东往西向挡土墙内侧倾斜的坡面,墙角有等高线所示的排水沟。等高线 7.10、7.20、7.30、7.40、7.50、7.60 表示挡土墙上部台地的高程,其排水由东往西向里倾斜,坡度大于挡土墙的下部台地。图中的分式分子标明挡土墙顶部投影的标高,分母则说明了挡土墙底部的标高。分子与分母所指出的标高差值,即为挡土墙的高度。

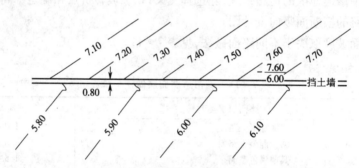

图 7 – 18　挡土墙和台地设计等高线

3. 自然斜坡连接台地并设有石级的设计等高线

城镇道路两侧有正、负坡面,它们相应高于路面或低于路面,除采取挡土墙分开路与台地、台地与台地的竖向设计做法外,一般为保持自然地貌不致破坏太多,常采用自然斜坡的竖向做法。

遇有道路与水路交叉(有桥梁跨越),或铁路与道路交叉时,均应在竖向规划设计中标明控制点标高,如图 7 – 19 及图 7 – 20 所示。

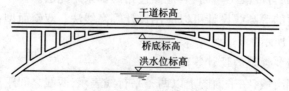

图 7 – 19　通航河道上的桥梁控制标高

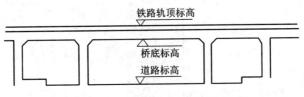

图 7 – 20　铁路与干道立交控制标高

7.5.4　城镇道路交叉口竖向设计

　　城镇道路一般为十字相交或丁字相交,也有多条道路相交的路口。影响交叉口等高线设计的因素有道路纵坡的坡向、纵坡的大小及自然地貌情况等。

　　道路交叉口的设计等高线一般有 4 种基本类型。

　　1. 凸和凹的地形交叉口竖向设计

　　城镇道路的交叉口坐落于地貌的最高处,它的四条道路从路口的中心向外倾斜,称作凸形交叉口;相反,四条道路共同向交叉口倾斜,则称凹形路口,这个交叉口处在地貌的最低处。

　　交叉口中心路面的设计等高线成阜状分水点,让雨水向四个方向的道路街沟排除。这一类凸形交叉口的等高线设计如图 7 – 21 所示。交叉口的转角不设置集水口。

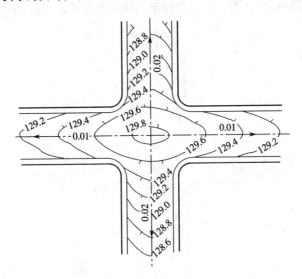

图 7 – 21　凸形地形交叉口设计等高线

　　凹形地形交叉口情况正好与凸形地形交叉口相反,4 条道路的纵坡都向交叉口中心倾斜。凹形交叉口竖向设计最易积地面水,因此只好在交叉口中增设一道标高略高的等高线,把凹形交叉口的最低处积水排至交叉口 4 个转角的集水口(图 7 – 22)。

　　2. 单坡地形的交叉口竖向设计

　　这类交叉口位于斜坡的地形上,两条道路纵坡都向交叉口中心倾斜,另外两条道路纵坡由交叉口往外倾斜时,它们的纵坡轴分水线,则应从下首道路的街沟逐步引向道路的中心纵轴。

　　从图 7 – 23 可以看出,两条向交叉口倾斜道路的纵坡轴,共同往路的一侧街沟靠拢,转

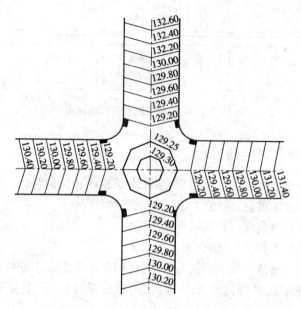

图 7 – 22　凹形地形交叉口设计等高线

角处设置集水口。交叉口的竖向设计则成单面的倾斜面。另外两条道路纵坡由交叉口往外倾斜时,它们的纵坡轴分水线,则应从下首道路的街沟逐步引向道路的中心纵轴。

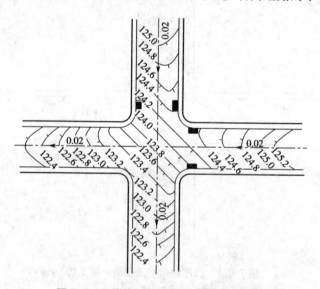

图 7 – 23　单坡倾斜面交叉口设计等高线

　　3. 分水线地形交叉口竖向设计

　　这种交叉口位于地貌的分水线上,等高线竖向设计时,在纵坡倾斜而进入交叉口后的等高线,将原来路中心分水线分成 3 个方向,逐步离开交叉口的中心(图 7 – 24)。在倾向交叉口道路的拐角处设置集水口。

　　4. 汇水线地形交叉口设计

　　这类地形与分水线地形交叉口竖向特征正好相反,有三条道路纵坡朝交叉口倾斜,另外一条道路则由交叉口中心向外倾斜。

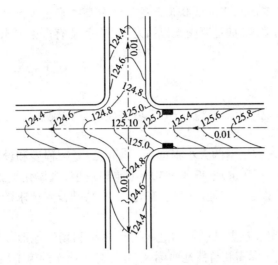

图 7 – 24　分水线双斜坡面交叉口设计等高线

7.6　土石方的测算与土方平衡

7.6.1　场地平整计算

1. 确定控制点标高

场地平整前,应首先根据设计文件规定的要求,确定场地平整后的设计标高,然后由设计标高与自然地面标高之差值,来计算场地各有关点位的施工高度,即挖方和填方高度:

$$施工高度(挖填高度) = 自然标高 - 设计标高$$

由此计算整个场地的挖方和填方工程量。

对较大面积的场地平整(如工业厂房和住宅区、车站、机场、广场等),正确选择设计标高是十分重要的,其选择原则如下:

(1)尽量利用地形,以减少挖填方量。

(2)符合生产工艺和运输的要求。

(3)场地以内的挖方与填方应相互平衡,以降低土方的运输费用。

(4)考虑与周围环境协调及排水要求。

场地设计标高的确定,主要有"挖填土方量平衡法"和"最佳设计平面法"两种。通常用的是挖填土方平衡法。此法概念清楚,计算简便,精度能满足工程要求,常为一般土方工程量计算时所采用。

2. 确定挖方与填方

确定挖方与填方的关键点在于道路场地坡度的起始点、转折点,雨、污水管线起点,明沟起点,挖填方平衡点,与场地外的交界点。

3. 确定等高线

绘制场地等高线,先要求出建筑控制线上的等高线通过点,依照各点高程,确定排水趋势的设计方案,把各边建筑控制线上标高相同点连成等高线,这样就形成场地的等高线地形图。

一般采用等高距 0.1 m、0.2 m 或 0.5 m 的设计等高线来表示设计地形的坡向,在个别特别平坦或变化复杂的地区(如道路交叉口)以及对平整度有严格要求的广场,可增画辅助等高线(以虚线表示)。

4. 土石方量的计算和平衡

1)方格网计算法

用方格网法计算场地的土石方量,适用于场地地形变化较平缓、采用平坡式竖向设计、台阶宽度较大的场地,其计算精度较高。

(1)方格网的划分。方格网的大小根据地形变化的复杂程度和设计要求的精度确定。方格边长一般采用 20 m×20 m 或 40 m×40 m(地势平坦,机械化施工时可采用 100 m×100 m)。方格一般为正方形。在地形变化和布置上有特殊设置要求的地段,可局部加密方格网(如 10 m×10 m)。

(2)施工高程的确定。根据已确定的竖向设计标高和场地地形测绘图,用内插法求出方格网各角点的设计地面标高和自然地面标高,并计算出该点的施工高程,即

施工高程 = 设计地面标高 - 自然地面标高

在方格网角点标注该点的设计地面标高、自然地面标高和施工高程(得数为" - "时表示需挖方,得数为" + "时表示需填方),标注方法为

施工高程	设计地面高程
点号	自然地面高程

(3)标注零界点。当方格网中相邻两角点中一点为挖方,另一点为填方时,可用内插法求出"零界点"的位置,并连接"零界点"构成连续的"零界线",其两侧分别为填方区和挖方区。

(4)土石方的计算。采用相应公式分别计算每一方格网内的填方量和挖方量(表 7 - 11),然后按行分别累计总的填方量和挖方量(图 7 - 25)。

表 7 - 11　方格网土方计算公式

土方特征	图　示	计算公式
一点填方或挖方 (三角形)		$V = \frac{1}{2}bc\frac{\sum h}{3} = \frac{bch_3}{6}$ 当 $b = a = c$ 时, $V = \frac{a^2 h_3}{6}$
两点填方或挖方 (梯形)		$V_+ = \frac{b+c}{2}a\frac{\sum h}{4} = \frac{a}{8}(b+c)(h_1+h_3)$ $V_- = \frac{d+e}{2}a\frac{\sum h}{4} = \frac{a}{8}(d+e)(h_2+h_4)$
三点填方或挖方 (五角形)		$V = \left(a^2 - \frac{bc}{2}\right)\frac{\sum h}{5}$ $= \left(a^2 - \frac{bc}{2}\right)\frac{h_1+h_2+h_3}{5}$
四点填方或挖方 (正方形)		$V = \frac{a^2}{4}\sum h = \frac{a^2}{4}(h_1+h_2+h_3+h_4)$

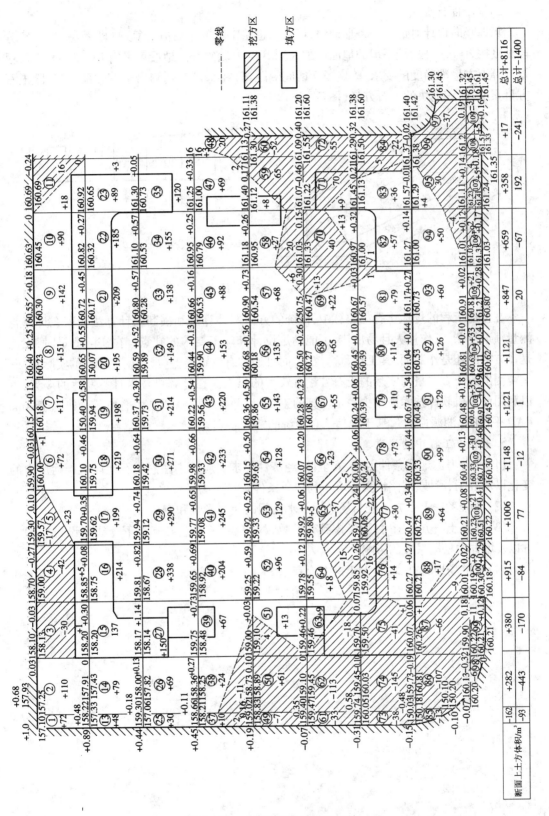

图 7-25 方格网法土方工程系统

2）横断面计算法

场地竖向设计时遇到一条形地块，可采取道路工程的土石方计算法（断面法）。一般分段长度按 20 m 一段，较平坦的地面可加大到 100 m，较复杂的地段可采用 10 ~ 20 m；也可根据计算土方量准确度的要求，确定断面的间隔距离，在每段分别测出土石方量，将分段土石方量累加，即该地块的土石方量（图 7 - 26）。

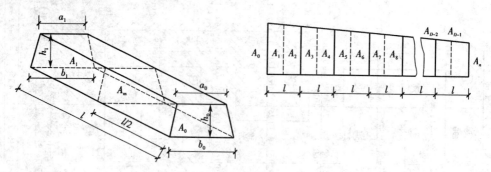

图 7 - 26　横断面计算法

在土建工程的场地土石方测算中，传统的方格网计算法和横断面计算法皆存在计算与测量烦琐复杂、工作量大且易出错、不能满足设计和施工要求的缺点。在实际测量时，无论是作方格网还是作断面，其工作量都较大，而且通常有一定误差，很难反映地形的实际特征，使得测出的土石方量与实际的土石方量有较大的出入。在计算机技术日益发达的今天，可以利用计算机软件技术来减少手工计算的工作量，并且可以测算更加准确。比如基于 Auto CAD 平台的"湘源控规"，基于地理信息系统的"Arcgis"。

5. 土石方工程中的注意事项

（1）充分考虑地质条件因素，安全性、经济性要求。应特别注意岩石地段土层耐压力的变化以及溶洞、滑坡、湿陷性黄土等不利地质条件。

（2）充分考虑土石方工程与场地地下水之间的相互影响和变化。

（3）计算土石方平衡时，要考虑到建筑物、构筑物、道路基础和地下管线埋设带来的挖方以及填方中松散系数的影响。

（4）平整场地时，以填方大于挖方为宜。

第8章 城市工程管线综合规划

8.1 概述

城市给水、排水、电力、电信、燃气、热力等基础设施是维系现代城市正常运转的重要组成部分,这些管道和线路统称为工程管线。城市工程管线经由城市道路、各规划区将基础设施的源、站、厂与用户有机联系在一起。这些城市工程管线种类很多,其功能和施工时间也不统一,在城市道路有限断面上需要综合安排、统筹规划,避免各种工程管线在平面和竖向空间位置上的互相冲突和干扰,保证城市功能的正常运转。对规划设计的管线工程进行的统一安排和综合协调,即工程管线综合。

城市工程管线综合规划,就是要对搜集到的城市规划区范围内各项管线工程的规划设计资料(包括现状的城市规划设计资料)加以分析研究,按照工程管线综合原理进行统一安排和布置,发现并解决各项工程管线在规划设计中存在的矛盾,使之在城市用地空间上占有合理位置,以指导下阶段单项工程设计、施工并为今后工程管线规划管理创造有利条件。

8.1.1 城市工程管线种类

城市工程管线种类多而复杂,根据不同性能和用途、不同的输送方式、敷设方式、弯曲程度等有不同的分类,通常根据工程管线的不同用途和性能来划分。各种分类方法反映了管线的特性,是进行工程管线综合避让的依据之一。

1. 按管线性能和用途分类

(1)给水管道:包括生产给水、生活给水、消防给水等管道。

(2)排水管沟:包括工业污水(废水)、生活污水、雨水、降低地下水等管道和明沟。

(3)电力线路:包括高压输电、高低压配电、生产和生活用电、电车用电等线路。

(4)电信线路:包括市内电话、长途电话、因特网、有线广播、有线电视等线路。

(5)热力管道:包括蒸汽、热水等管道。

(6)可燃或助燃气体管道:包括煤气、乙炔、氧气等管道。

(7)空气管道:包括新鲜空气、压缩空气等管道。

(8)灰渣管道:包括排泥、排灰、排渣、排尾矿等管道。

(9)城市垃圾输送管道。

(10)液体燃料管道:包括石油、酒精等管道。

(11)工业生产专用管道:主要是工业生产上用的管道,如氯气管道以及化工专用的管道等。

(12)铁路:包括铁路线路、专用线、地下铁路、轻轨铁路和站场以及桥涵等。

(13)道路:包括城市道路(街道)公路、桥梁、涵洞等。

(14)地下人防线路:包括防空洞、地下建筑等。

2. 按管线输送方式分类

按管线输送方式分类可分为压力管线和重力自流管线。

1) 压力管线

这是指管道内流体介质由外部施加压力使其流动的工程管线,通过一定的加压设备将流体介质由管道系统输送给终端用户。给水、煤气、灰渣管道等属于压力输送。

2) 重力自流管线

这是指管道内流动着的介质在重力作用下沿其设置的方向流动的工程管线。这类管线有时还需要中途提升设备将流体介质引向终端。污水、雨水管道属于重力自流输送。

3. 按管线敷设方式分类

城市工程管线的敷设方式分为地下敷设和地上架空敷设,地下敷设又分为直埋敷设和综合管沟敷设两种。

1) 架空敷设(架空线)

这是指通过地面支撑设施在空中布线的工程管线敷设方式。如架空电力线、架空电话线等。

2) 直埋敷设

这是指直埋在地面以下有一定覆土深度的工程管线敷设方式,根据覆土深度不同,地下管线又可分为深埋和浅埋两类。所谓深埋,是指管道的覆土深度大于 1.5 m,覆土深度小于 1.5 m 则称为浅埋。我国北方地区土壤冰冻线较深,一般给水、排水、煤气、热力等管道需要深埋,以防冻裂;而电力、电信等线路不受冰冻影响,则可以浅埋。

3) 综合管沟敷设

这是指不同类别工程管线设置在地面以下综合管沟内的敷设方式,如图 8-1、图 8-2 所示。如我国北京进入综合管沟的工程管线有电力电缆、电信电缆、给水及热力管线;大同市进入综合管沟的工程管线有管径 300 mm 以下的给水和排水管线,少数电信电缆管线并规划放进电力电缆;纳入上海世博园综合管沟的有电力、电信(含有线电视)、给水、交通信号等公共设施管线和用于维护综合管沟正常运行的排水、通风、照明、电气、通信、安全监测系统等附属设施。

4. 按管线弯曲程度分类

按管线弯曲程度分类可分为可弯曲管线和不可弯曲管线。

1) 可弯曲管线

这是指通过加工措施易将其弯曲的

图 8-1　里斯本世博会共同沟

工程管线,如电信电缆、电力电缆、自来水管道等。

图 8-2　青岛高新区综合管沟

青岛高新区针对胶州湾北部园区的特殊地理地质条件(淤泥层较厚,盐碱化严重),在基础设施配套方面大胆采用综合管沟的市政管线铺设方式,在主干路网内建设综合管沟,将电力、通信、热力、给水、中水和工业预留管道全部纳入。

2)不易弯曲管线

这是指通过加工措施不易将其弯曲的工程管线或强行弯曲会损坏的工程管线,如电力管道,电信管道,雨水、污水管道等。

5.城市工程管线综合对象

按性能和用途分类的 14 种管线并不是每个城市都会遇到的,也并非全部是城市工程管线综合的研究对象。如某些工业生产特殊需要的管线(除长输石油管线以外的石油管道、酒精管道等)就很少需要在厂外敷设。又如铁路、道路等广义角度的工程管线,除影响其他工程管线的走向以外,很少与之发生水平和垂直的矛盾。道路是城市工程管线的载体,道路走向是多数工程管线确定走向和坡向的依据。

城市工程管线综合规划中常见的工程管线主要有:给水管道、排水管沟、电力线路、通信线路、热力管道、燃气管道等。城市开发中通常提到的"七通一平"中"七通"即上述 6 种管道与道路贯通。随着基础设施管线种类的增加,近几年城市开发中又常提到"九通一平"、"十一通一平",甚至更多。"七通"、"九通"、"十一通"的顺利实现,也正是城市工程管线综合工作的目标之一。

8.1.2　管线综合相关术语

(1)管线水平净距:指平行方向敷设的相邻两管线外表面之间的水平距离。

(2)管线垂直净距:指两条管线上下交叉敷设时,从上面管道外壁最低点到下面管道外壁最高点之间的距离。

(3)管线埋设深度:指地面到管道底(内壁)的距离,即地面标高减去管底标高,见图 8-3。

(4)管线覆土深度:指地面到管道顶(外壁)的距离,见图 8-3。

(5)同一类别管线:指相同专业,且具有同一使用功能的工程管线。

(6)不同类别管线:指具有不同使用功效的工程管线。

(7)专项管沟:指敷设同一类别工程管线的专用管沟。

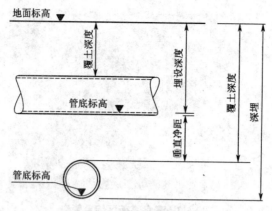

图8-3 管线敷设术语示意

(8)综合管沟:指设置于地面以下,用于容纳多种基础设施管线及其附属设施(包括延伸至地面的附属设施)的构筑物。

8.1.3 城市工程管线综合规划的主要任务与内容

1. 城市工程管线综合规划的主要任务

统筹安排工程管线在城市的地上和地下空间位置,协调工程管线之间以及城市工程管线与其他各项工程之间的关系并为工程管线规划设计和规划管理提供依据。

2. 城市工程管线综合规划的主要内容

1)城市工程管线综合规划分区规划的主要内容

(1)确定各种干管的走向、水平排列位置。

(2)分析各种工程管线分布的合理性。

(3)确定关键节点的工程管线的具体位置。

(4)提出各类工程管线的调整意见。

2)城市工程管线综合规划详细规划的主要内容

(1)检查规划区内各专业工程管线位置。

(2)确定各种工程管线的平面排列位置。

(3)提出工程管线基本埋深和覆土要求。

(4)提出对各专业工程规划的调整意见。

8.2 城市工程管线综合规划原则

8.2.1 城市工程管线综合规划原则

(1)规划中各种管线的位置都要采用统一的城市坐标系统及标高系统,厂内的管线也可以采用自己定出的坐标系统,但厂界、管线进出口则应与城市管线的坐标一致。如存在几个坐标系统和标高系统,必须加以换算,取得统一。

(2)管线综合布置应与总平面布置、竖向设计和绿化布置统一进行。应使管线之间、管线与建(构)筑物之间在平面及竖向上相互协调,紧凑合理,有利市容。

（3）管线敷设方式应根据管线内介质的性质、地形、生产安全、交通运输、施工检修等因素,经技术经济比较后择优确定。

（4）管道内的介质具有毒性、可燃、易燃、易爆性质时,严禁穿越与其无关的建筑物、构筑物、生产装置及贮罐区等。

（5）必须在满足生产、安全、检修的条件下节约用地。当技术经济比较合理时,应共架、共沟布置。

（6）应减少管线与铁路、道路及其他干管的交叉。当管线与铁路或道路交叉时应为正交。在困难情况下,其交叉角不宜小于45°。

（7）在山区,管线敷设应充分利用地形并应避免山洪、泥石流及其他不良地质的危害。

（8）当规划区分期建设时,管线布置应全面规划,近期集中,近远期结合,近期管线穿越远期用地时,不得影响远期用地的使用。

（9）充分利用现状管线。改建、扩建工程中的管线综合布置,不应妨碍现有管线的正常使用。当管线间距不能满足规范规定时,在采取有效措施后,可适当减小。

（10）工程管线与建筑物、构筑物之间以及工程管线之间水平距离应符合有关规范的规定。当受道路宽度、断面以及现状工程管线位置等因素限制难以满足要求时,可采用有关措施:重新调整规划道路断面或宽度;在同一条城市干道上敷设同一类别管线较多时,宜采用专项管沟敷设;规划建设某些类别工程管线统一敷设的综合管沟等。

在交通运输十分繁忙和管线设施繁多的快车道、主干道以及配合新建的地下铁道、立体交叉道等工程地段,不允许随时挖掘地面的路段及广场或交叉口处,道路下需同时敷设两种以上管道及多回路电力电缆的情况下,道路与铁路或河流的交叉处,开挖以后难以修复的路面下以及某些特殊建筑物下,应将工程管线采用综合管沟集中敷设。

8.2.2　直埋敷设管线综合规划

1. 直埋敷设规划原则

沿城市道路规划的工程管线应与道路中心线平行,其主干线应靠近分支管线多的一侧。同一管线不宜自道路一侧转到另一侧。

2. 工程管线避让原则

编制工程管线综合规划设计时,应减少管线在道路交叉口处交叉。当工程管线竖向位置发生矛盾时,宜按下列避让原则处理。

（1）压力管线让重力自流管线。

（2）可弯曲管线让不易弯曲管线。

（3）分支管线让主干管线。

（4）小管径管线让大管径管线。

（5）临时性管线让永久性管线。

（6）工程量小管线让工程量大管线。

（7）新建管线让现状管线。

（8）检修次数少、检修方便的管线让检修次数多、不方便的管线。

3. 净距和覆土深度规划

（1）地下工程管线最小水平净距见表8－1。

表 8 – 1　工程管线之间及其与建(构)筑物之间的最小水平净距

单位：m

序号	管线名称		1 建筑物	2 给水管 d≤200mm	给水管 d>200mm	3 污水、雨水排水管	4 燃气管 低压	中压 B	中压 A	高压 B	高压 A	5 热力管 直埋	地沟	6 电力电缆 直埋	缆沟	7 电信电缆 直埋	管道	8 乔木	9 灌木	10 地上杆柱 通信照明<10kV	≤35kV	>35kV	11 道路侧石边缘	12 铁路钢轨(或坡脚)
1	建筑物			1.0	3.0	2.5	0.7	1.5	2.0	4.0	6.0	2.5	0.5	0.5	0.5	1.0	1.5	3.0	1.5	*	*	*		6.0
2	给水管	d≤200mm	1.0			1.0	0.5	0.5	0.5	1.0	1.5	1.5	1.5	0.5	0.5	1.0	1.0	1.5		0.5	3.0		1.5	5.0
		d>200mm	3.0			1.5																		
3	污水、雨水排水管		2.5	1.0	1.5		1.0	1.2	1.5	2.0	2.0	1.5	1.5	0.5	0.5	1.0	1.0	1.5	0.5	1.0	1.5		1.5	5.0
4	燃气管 低压 P≤0.05MPa		0.7	0.5		1.0	DN≤300mm 0.4		DN>300mm 0.5			1.0	1.0	0.5	0.5	0.5	1.0			1.0			1.5	5.0
	中压 0.005MPa<P≤0.2MPa (B)		1.5	0.5		1.2						1.5	1.5	0.5	0.5	0.5	1.0			1.0			1.5	5.0
	中压 0.2MPa<P≤0.4MPa (A)		2.0	0.5		1.5						1.5	2.0	1.0	1.0	1.0	1.5			1.0			1.5	5.0
	高压 0.4MPa<P≤0.8MPa (B)		4.0	1.0		2.0						1.5	2.0	1.0	1.0	1.0	1.5			1.0			2.5	5.0
	高压 0.8MPa<P≤1.6MPa (A)		6.0	1.5		2.0						2.0	4.0	1.5	1.5	1.5	2.0			1.5			2.5	5.0
5	热力管 直埋		2.5	1.5		1.5	1.0	1.0	1.5	1.5	2.0			2.0	1.5	1.0	1.5	1.5	1.5	1.0	2.0		1.5	3.0
	地沟		0.5	1.5		1.5	1.0	1.5	2.0	2.0	4.0			2.0		1.0	1.5	1.5		1.5			1.5	3.0
6	电力电缆 直埋		0.5	0.5		0.5	0.5	0.5	1.0	1.0	1.5	2.0	2.0			0.5	1.5	1.0	1.0	1.0	0.6		1.5	3.0
	缆沟		0.5	0.5		0.5	0.5	0.5	1.0	1.0	1.5	1.0				0.5	1.5	1.0		1.0	0.6		1.5	3.0
7	电信电缆 直埋		1.0	1.0		1.0	0.5	0.5	1.0	1.0	1.5	1.0	1.0	0.5	0.5			1.0	1.0	0.5	1.0		1.5	2.0
	管道		1.5	1.0		1.0	1.0	1.0	1.0	1.5	2.0	1.5	1.5	0.5	0.5			1.0	1.0	1.0	1.0		1.5	2.0
8	乔木(中心)		3.0	1.5		1.5			1.2			1.5	1.5	1.0	1.0	1.0	1.0			1.0			0.5	
9	灌木		1.5									1.5		0.5		1.0	1.0			1.5			0.5	
10	地上杆柱 通信照明<10kV		*	0.5		1.0	1.0	1.0	1.0	1.0	1.5	1.0	1.5	0.5	0.5	0.5	1.0	1.0	1.5				0.5	
	高压铁塔基础边 ≤35kV		*	3.0		1.5						2.0		0.6	0.6	0.5	0.6						0.5	
	>35kV		*									5.0											0.5	
11	道路侧石边缘			1.5		1.5	1.5	1.5	1.5	2.5	2.5	1.5	1.5	1.5	1.5	1.5	1.5	0.5	0.5	0.5	0.5	0.5		0.5
12	铁路钢轨(或坡脚)		6.0	5.0		5.0	5.0	5.0	5.0	5.0	5.0	3.0	3.0	3.0	3.0	2.0	2.0			2.0			0.6	

注：* 见表 8 – 4。

（2）地下工程管线交叉时最小垂直净距见表8-2。

表8-2　地下工程管线交叉时最小垂直净距　　　　m

序号	净距/m　下面的管线名称上面的管线名称		1	2	3	4	5		6	
			给水管线	排水管线	热力管线	燃气管线	电信管线		电力管线	
							直埋	管块	直埋	管沟
1	给水管线		0.15	—	—	—	—	—	—	—
2	排水管线		0.40	0.15	—	—	—	—	—	—
3	热力管线		0.15	0.15	0.15	—	—	—	—	—
4	燃气管线		0.15	0.15	0.15	0.15	—	—	—	—
5	电信管线	直埋	0.50	0.50	0.15.	0.50	0.25	0.25	—	—
		管块	0.15	0.15	0.15	0.15	0.25	0.25	—	—
6	电力管线	直埋	0.15	0.50	0.50	0.50	0.50	0.50	0.50	0.50
		管沟	0.15	0.50	0.50	0.50	0.50	0.50	0.50	0.50
7	沟渠（基础底）		0.50	0.50	0.50	0.50	0.50	0.50	0.50	0.50
8	涵洞（基础底）		0.15	0.15	0.15	0.15	0.20	0.25	0.20	0.25
9	电车（轨底）		1.00	1.00	1.00	1.00	1.00	1.00	1.00	1.00
10	铁路（轨底）		1.00	1.20	1.20	1.20	1.00	1.00	1.00	1.00

注：大于35 kV直埋电力电缆与热力管线最小垂直净距应为1.00 m。

（3）地下工程管线最小覆土深度见表8-3。

表8-3　地下工程管线最小覆土深度　　　　m

序　号	管线名称		最小覆土深度		备注
			人行道下	车行道下	
1	电力管线	直埋	0.60	0.70	10 kV以上电缆不应小于1.0 m
		管沟	0.40	0.50	敷设在不受荷载的空地下时,数据可适当减少
2	电信管线	直埋	0.70	0.80	敷设在不受荷载的空地下时,数据可适当减少
		管块	0.40	0.70	
3	热力管线	直埋	0.60	0.70	
		管沟	0.20	0.20	
4	燃气管线		0.60	0.80	冰冻线以下
5	给水管线		0.60	0.70	根据冰冻情况、外部荷载、管材强度等因素确定
6	雨水管线		0.60	0.70	冰冻线以下
7	污水管线		0.60	0.70	

8.2.3　综合管沟敷设规划

　　早在19世纪,法国（1833年）、英国（1861年）、德国等就开始兴建综合管沟,到20世纪美国、西班牙、俄罗斯、日本、匈牙利等国也兴建综合管沟。我国于 1958 年首先在北京敷设了综合管沟。

1. 综合管沟的特点

1)综合管沟的优点

图 8-4　集约型综合管沟

（1）避免由于敷设和维修地下管线挖掘道路而对交通和居民出行造成影响和干扰，保持路面的完整和美观。

（2）降低了路面的翻修费用和工程管线的维修费用。增加了路面的完整性和工程管线的耐久性。

（3）便于各种工程管线的敷设、增设、维修和管理。

（4）由于综合管沟内工程管线布置紧凑合理，有效利用了道路下的空间，节约了城市用地。

（5）由于减少了道路的杆柱及各工程管线的检查井、室等，保证了城市的景观。

（6）由于架空管线一起入地，减少架空管线与绿化的矛盾。

2)综合管沟的缺点

（1）建设综合管沟不便分期修建。一次投资昂贵，而且各单位如何分担费用的问题较复杂。当管沟内敷设的工程管线较少时，管沟建设费用所占比重较大。

（2）由于各工程管线的主管单位不同，不便管理。

（3）必须正确预测远景发展规划，以免造成容量不足或过大，致使浪费或在综合管沟附近再敷设地下管线，而这种预测较困难。

（4）在现有道路下建设时，现状工程管线与规划新建工程管线将花费较多费用而造成施工上困难。

（5）各工程管线组合在一起，容易发生干扰事故，所以必须制定严格的安全防护措施。

然而，综合管沟对路面、交通和人民生活的干扰较少，具有经济上和使用上的合理性。我国大多数城市都在积极创造条件，规划建设综合管沟。

2. 综合管沟适用范围

（1）交通运输繁忙或工程管线设施较多的机动车道、城市主干道以及配合兴建地下铁道、立体交叉等工程地段。

（2）不宜开挖路面的路段。

（3）广场或主要道路的交叉处。

（4）需同时敷设两种以上工程管线及多回路电缆的道路。

（5）道路与铁路或河流的交叉处。

（6）道路宽度难以满足直埋敷设多种管线的路段。

3. 入沟管线选择

目前,综合管沟可纳入电力电缆、通信电缆、自来水、再生水、燃气、热力、污水、雨水等城市管线。综合管沟纳入管线的选择,应根据经济社会发展状况和地质、地貌、水文等自然条件,经过技术、经济、安全以及维护管理等因素综合考虑确定。

1)电力、通信电缆

电力、通信电缆在综合管沟内具有可以变形、灵活布置、不易受综合管沟纵横断面变化限制的优点,避免了传统的埋设方式受维修及扩容的影响,造成挖掘道路频率较高的弊端。另一方面,根据对国外管线的调查研究,电力、通信电缆是最容易受到外界破坏的城市管线,在信息时代,这两种管线的破坏所引起的损失也越来越大。所以在综合管沟的建设中,通常都纳入电力电缆及通信电缆,见图 8 - 5。

图 8 - 5　设置电力电缆的综合管沟

2)自来水、燃气、再生水管线(压力管线)

对于自来水、燃气、再生水等压力流管线,因无须考虑综合管沟的纵坡变化,所以一般情况下也纳入综合管沟中。

3)雨水、污水管线(重力流管线)

雨水、污水管为重力流管线,一方面由于与其他管线相比,其埋深较大;另一方面由于这类管线所要求的纵坡很难与综合管沟协调,容易引起综合管沟造价的提高,因此对这类管线是否纳入综合管沟之中应仔细研究。

综上所述,电力电缆、通信电缆、自来水、再生水、热力及燃气管线构成了纳入综合管沟的基本管线。电力电缆应该设置独立的缆线沟,条件不允许也可以与上述管线同沟(如图 8 - 5 所示)。污水、雨水管线建议不纳入综合管沟。

近年来,随着科学技术的不断进步,发达国家在综合管沟的建设中,甚至纳入了垃圾的真空运输管道(图 8 - 6)以及区域性的空调管线(供热、供冷管线),极大地丰富了综合管沟中管线的种类(图 8 - 7)。

4. 管线共沟敷设原则

(1)综合管沟内相互无干扰的工程管线可设置在管沟的同一个小室,相互有干扰的工程管线应分别设在管沟的不同小室。如电信电缆管线与高压输电电缆管线必须分开设置;

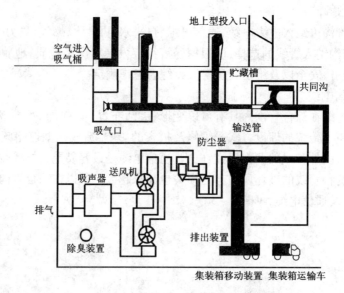

图 8-6 纳入垃圾运输管道的共同沟流程

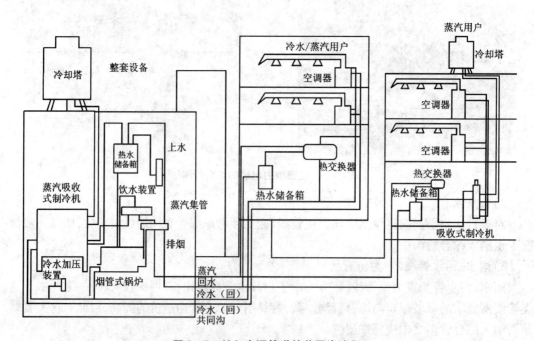

图 8-7 纳入空调管道的共同沟流程

燃气管线与高压电力电缆分开设置,以免燃气管线万一泄露,引起灾害。

(2)给水管线与排水管线可在综合管沟一侧布置,大断面的排水管线应布置在综合管沟的底部。当沟内有腐蚀性介质管道时,排水管道应位于其上面。

(3)热力管不应与电力、通信电缆和压力管道共沟。

(4)腐蚀性介质管道的标高应低于沟内其他管线。

(5)火灾危险性属于甲、乙、丙类的液体,液化石油气,可燃气体,毒性气体和液体以及腐蚀性介质管道,不应共沟敷设并严禁与消防水管共沟敷设。

5. 标准断面设计

管线的安装空间与人行通道要统筹兼顾。一般情况下,标准断面内部空间净高最小为 2.1 m,净宽为管线所需要的宽度加 0.7 ~ 1.0 m。以下是综合管沟标准断面设计实例。

1)台湾地区某电力电缆沟设计实例

电力电缆沟断面尺寸的大小,应根据设置电力电缆数的多少确定。图 8 - 8 至图 8 - 10 为我国台湾地区某电力电缆沟断面尺寸设计图。

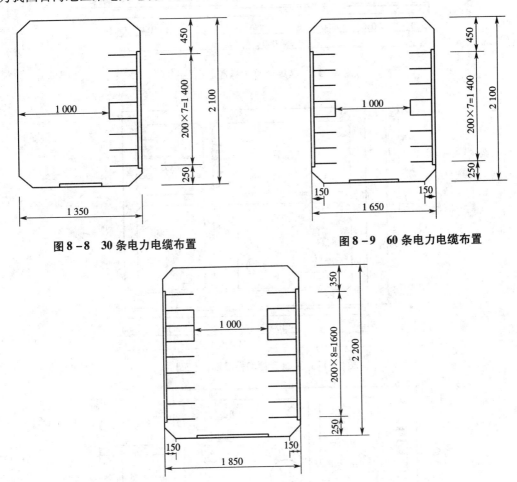

图 8 - 8　30 条电力电缆布置　　　　　图 8 - 9　60 条电力电缆布置

图 8 - 10　90 条电力电缆布置

2)干线综合管沟明开挖施工设计实例

采用明开挖施工的综合管沟的断面形式,一般为矩形,如图 8 - 11 ~ 图 8 - 14 所示。

由图 8 - 11 可以看出,该综合管沟分为 3 沟,收容电力电缆、电信电缆、自来水管线和燃气管线。燃气和自来水管线共用一沟,电力、电信电缆沟独立设置,这样就避免了电力电缆对电信电缆信号的干扰。

由图 8 - 12 可以看出,该综合管沟分为 4 沟,电信电缆、电力电缆、燃气管线单独设置,自来水、热力管线合用一沟。一般情况下,应将燃气与热力管线分开设置。

由图 8 - 13 可以看出,该综合管沟工程增加了蒸汽和垃圾输送管线,燃气管线仍然设置在单独的沟内。

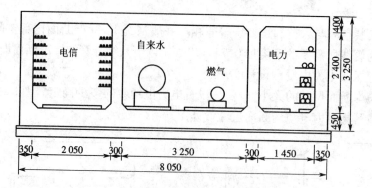

图 8 – 11　某综合管沟标准断面(一)

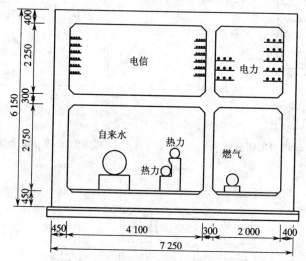

图 8 – 12　某综合管沟标准断面(二)

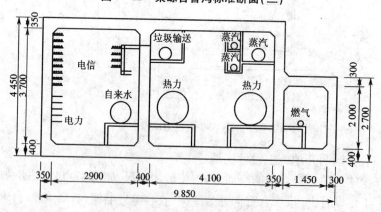

图 8 – 13　某大型综合管沟标准断面

3)干线综合管沟盾构施工设计实例

采用盾构法施工的综合管沟断面形式通常为圆形,如图 8 – 15 ~ 图 8 – 18 所示。

由图 8 – 18 可以看出,不同管线沟的间距为 0.2 m 左右,目的是为了便于检修人员通过。另外,应尽量将燃气管线单独设置,将电力与电信沟分开设置。

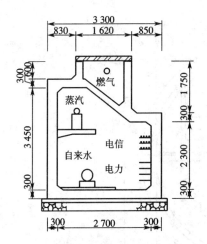

图 8 – 14　某综合管沟标准断面(三)

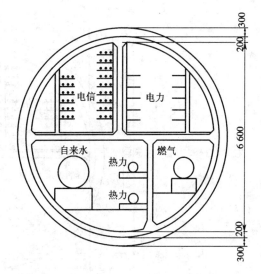

图 8 – 15　某综合管沟标准断面(四)

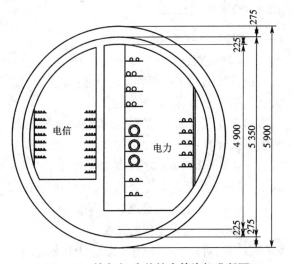

图 8 – 16　某电力、电信综合管沟标准断面

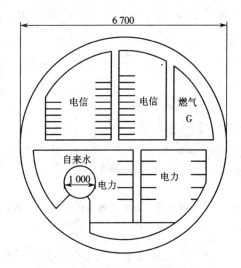

图 8 – 17　台湾地区某综合管沟(一)

6. 覆土深度规划

敷设主管道干线的综合管沟应在车行道下,其覆土深度必须根据道路施工和行车荷载的要求、综合管沟的结构强度以及当地的冰冻深度等确定。敷设支管的综合管沟,应在人行道下,其埋设深度可较浅。

埋深大于建筑物基础的工程管线与建筑物之间的最小水平距离(图 8 – 19),可按下式(8 – 1)计算:

$$L = \frac{H - h}{tg\,\phi} + l + \frac{B}{2}\quad(m)\tag{8 – 1}$$

式中　L——管道中心与建筑物之间距离,m;

　　　　H——管道槽深,m;

　　　　h——建筑物基础砌置深度,m;

　　　　ϕ——土壤内摩擦角,(°);

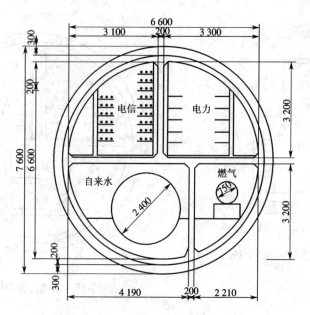

图 8-18　台湾地区某综合管沟(二)

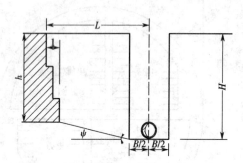

图 8-19　地下管线与建筑物之间距离

l——建筑物基础扩大部分长度,m;

B——沟槽底宽,m。

此式仅适用于一般性土壤,对特殊土壤(如大孔湿陷性土壤等)则不能用。

对于埋深大的工程管线至铁路的水平距离可按下式计算:

$$L = 1.25 + h + b/2 \geqslant 3.75 \quad (\text{m}) \quad (8-2)$$

式中　L——管道中心至铁路中心的距离,m;

h——枕木底至管道底之深度,m;

b——开挖管道槽的宽度,m。

埋深大的工程管线至公路的水平距离,按下式计算,折算成净距并与表 8-1 比较,采用其较大值。

$$L = 1 + b/2 \quad (\text{m}) \tag{8-3}$$

式中　L——管道中心至公路边的距离,m;

b——开挖管沟深度,m。

8.2.4　架空敷设管线综合规划

1.架空敷设规划原则

电信路线与供电路线通常不合杆架设。在特殊情况下,征得有关部门同意,采取相应措施后(如电信路线采用电缆或皮线等)可合杆架设。同一性质的线路应尽可能合杆,如高低压供电线等。

高压输电线路与电信线路平行架设时,要考虑干扰的影响。

2.净距规划

(1)架空工程管线距建筑物等最小水平净距见表 8-4。

表 8 - 4 架空工程管线及建筑物等最小水平净距 m

名称		建筑物(凸出部分)	道路(路基边石)	铁路(轨道中心)	通信管线	热力管线
电力	10 kV 以下杆中心	2.0	0.5	杆高加 3.0	2.0	2.0
	35 kV 边导线	3.0	0.5	杆高加 3.0	4.0	4.0
	110 kV 边导线	4.0	0.5	杆高加 3.0	4.0	4.0
电信管线		2.0	0.5	4/3 杆高		1.5
热力管线		1.0	1.5	3.0	1.5	—

(2)架空工程管线交叉时最小垂直净距见表 8 - 5。

表 8 - 5 架空工程管线交叉时最小垂直净距表 m

名 称		建筑物(顶端)	道路(路面)	铁路(轨顶)	电信管线		热力管线
					电力线有防雷装置	电力线无防雷装置	
电力管线	10 kV 以下	3.0	7	7.5	2	4	2.0
	35 ~ 110 kV	4.0	7	7.5	3	5	3.0
电信管线		1.5	4.5	7.0	0.6	0.6	1.0
热力管线		0.6	4.5	5.5	1.0	1.0	0.25

8.3 城市工程管线综合总体规划

城市工程管线综合总体规划(含分区规划)是城市总体规划的一门综合性专项规划,因此,应该与城市总体规划同步进行。城市工程管线综合总体规划工作步骤一般分 3 个阶段:①基础资料收集;②汇总综合,协调定案;③编制规划成果。

8.3.1 城市工程管线综合总体规划基础资料

收集基础资料是城市工程管线综合总体规划的基础,也是工程管线综合详细规划和综合设计深化的基础。所以,收集基础资料要尽量详尽、准确。城市工程管线综合总体规划的基础资料有下列几大类。

1. 城市自然地形资料

这种资料包括城市或分区的地形、地貌、地面高程、河流水系、气象资料等,其中除气象资料外,均可在城市地形图上取得。

2. 城市土地使用状况资料

这种资料主要指城市或分区的各类用地的现状和规划布局。

3. 城市人口分布资料

这种资料主要指城市人口或分区的现状和规划居住人口的分布。

4. 城市道路系统资料

这种资料主要指城市或分区现状和规划的道路系统。

5. 有关工程管线规范资料

这种资料有国家和有关主管部门对工程规划管线敷设的规范,尤其是当地对工程管线布置的特殊规定,例如南北方城市因土壤和冰冻深度不同,对给水、排水等管道的最小埋深及最小覆土深度的规定。

6. 各工程专业现状和规划资料

这种资料包括各工程管线现状分布、各工程管线专业部门对本系统近远期规划或设想等的最近资料。各类工程管线都有各自的技术规范和要求,因此,收集城市工程管线综合总体规划专业基础资料,均有各自的侧重点。给水、排水、供电、电信、供热、燃气等城市工程管线综合总体规划所需收集的基础资料主要有如下几类。

1) 给水工程基础资料

给水工程基础资料有:城市现有、在建和规划的水厂,地面、地下取水工程的现状和规划资料(包括水厂规模、位置、用地范围,地下取水构筑物的规模、位置以及水源卫生防护带;区域输配水工程管网现状和规划,包括配水管网的布置形式(枝状、环状等),给水干管的走向、管径及在城市道路中的平面位置和埋深情况)。

2) 排水工程基础资料

排水工程基础资料有:城市现状和排水工程总体规划确定的排水体制(即采用雨污分流制,还是雨污合流制);现状和规划的雨水、污水工程管网,包括雨水、污水干管的走向、管径及在城市道路中的平面位置;雨水干渠的截面尺寸和敷设方式;雨水、污水的干管埋深情况;雨水、污水泵站的位置,排水口的位置等。

3) 供电工程基础资料

供电工程基础资料有:城市现状和规划电厂、变电所的位置、容量、电压等级和分布形式(地上、地下);城市现状和规划的高压输配电网的布局,包括高压电力线路(35 kV 及以上)的走向、位置、敷设方式,高压走廊位置与宽度,高压输配电线路的电压等级,电力电缆的敷设方式(直埋、管路等)及其在城市道路中的平面位置和埋深要求。

4) 通信工程基础资料

通信工程基础资料有:城市现状和规划的邮电局所的规模及分布;现状和规划电话网络布局,包括城市内各种电话(市区电话、农村电话、长途电话)干线的走向、位置、敷设方式,电话主干电缆、中继电缆的断面形式,通信光缆和电话电缆在城市道路中的平面位置和埋深情况;有线电视台的位置、规模,有线电视干线的走向、位置、敷设方式;有线电视主干电缆的断面形式,在城市道路中的平面位置和埋深要求等。

5) 供热工程基础资料

供热工程基础资料有:城市现状和规划的热源状况,包括热电厂、区域锅炉房、工业余热的分布位置和规模,地热的分布位置,热能储量、开采规模;现状和规划的热力网布局,包括热网的供热方式(蒸汽供热、热水供热),蒸汽管网的压力等级,蒸汽、热水干管的走向、位置、管径,热力干管的敷设方式(架空、地面、地下)及在城市道路中的平面位置,地下敷设供热干管的埋深要求等。

6) 燃气工程基础资料

燃气工程基础资料有:城市现状和规划燃气气源状况,包括城市采用的燃气种类(天然气、各种人工煤气、液化石油气),天然气的分布位置,储气站的位置、规模;煤气制气厂的位置和规模,对置储气站的位置和规模,液化石油气气化站的位置、规模等;现状和规划的城市燃气系统的布局,包括城市中各种燃气供应范围,燃气管网的形式(单级系统、二级系统、多级系统)和各级系统的压力等级,燃气干管的走向、位置、敷设方式以及在城市道路中的平面位置和埋深情况,各级调压设施的位置。

8.3.2 城市工程管线总体协调

城市工程管线综合总体规划的第二阶段工作是对所收集的基础资料进行汇总,将各项内容汇总到管线综合平面图上,检查各工程管线规划自身是否有矛盾,更为重要的是各工程管线规划之间是否有矛盾,提出综合总体协调方案,组织相关专业共同讨论,确定符合城市工程管线综合敷设规范,基本满足各专业工程管线规划的综合总体规划方案。

(1)将现状和规划的工程管线及主要设施汇总在一张底图上,使工程管线在平面上相互的位置关系、管线和建筑物、构筑物及城市功能分区的关系一目了然。

(2)在工程管线综合原则的指导下,检查各工程管线规划自身是否符合规范,各管线之间是否有矛盾,制订综合方案,组织专业人员共同进行研究和磋商,确定和完善综合方案。

管线综合重点解决工程管线平面上和竖向上的矛盾。根据收集的资料,绘制主要道路(指地下埋管的那些道路)的横断面布置图;然后将所有管线按水平位置间距的关系,寻找各自在横断面上的位置。根据管线综合有关规范、各专业工程管线的规范以及当地有关规定进行协调综合。提出管线在道路横断面上合理位置排列,组织有关专业工程部门进行协调磋商,完善和确定工程管线道路横断面的综合方案。

(3)在综合方案确定后,绘出工程管线综合规划图,标注必要的数据,并附注扼要的说明。

编制城市工程管线综合总体规划时,应结合道路网的规划,尽可能使各种管线合理布置,不要把较多的管线集中到几条道路上。城市工程管线综合总体规划图,应包括工程管线道路横断面图,因为道路在平面中安排管线位置与道路横断面的布置有着密切的联系。有时会由于管线在道路横断面中布置不下,需要改变管线的平面布置;或者变动道路横断面形式,调整机动车道、非机动车道、分隔带、绿化的排列与宽度,乃至调整道路宽度。

8.3.3 城市工程管线综合总体规划成果

经过汇总协调与综合,确定了工程管线综合总体规划方案。第三阶段的工作是编制城市工程管线综合总体规划成果,包括图纸和说明书两部分,主要内容如下。

1. 城市工程管线综合总体规划平面图

图纸比例通常采用 1:5 000 ~ 1:10 000。比例尺的大小随城市的规模、管线的复杂程度等情况而有所变更,但应尽可能与城市总体规划图的比例尺一致。图中包括以下主要内容。

(1)自然地形,主要的地物、地貌以及表明地势的等高线。

(2)规划的工业、仓储、居住、公共设施用地以及道路网、铁路等。

(3)规划确定的各种工程管线和主要工程设施以及防洪堤、防洪沟等设施。

(4)标明道路横断面的所在地段等。

2. 工程管线道路标准横断面图

图纸比例通常采用 1:200,图纸内容如下。

(1)道路红线范围内的各组成部分在横断面上的位置及宽度,如机动车道、非机动车道、人行道、绿化分隔带、绿化带等。

（2）规划确定的工程管线在道路中的位置。

（3）道路横断面的编号。

道路标准横断面的绘制方法比较简单，即根据该路中的管线布置逐一配入道路规划所作的横断面，注上必要的数据。但是，在配置管线位置时，必须反复考虑和比较，妥善安排。例如，道路两旁行道树，若过于靠近管线，树冠易与架空线路发生干扰，树根易与地下管线发生矛盾。这些问题一定要合理解决。道路横断面图中的各种管线与建筑物的距离，应符合有关单项设计规范的规定，见图8－20。

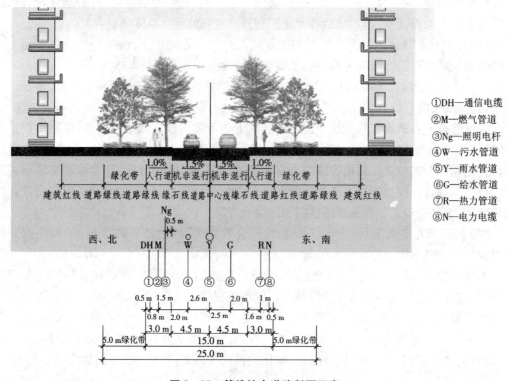

①DH—通信电缆
②M—燃气管道
③Ng—照明电杆
④W—污水管道
⑤Y—雨水管道
⑥G—给水管道
⑦R—热力管道
⑧N—电力电缆

图8－20　管线综合道路断面示意

绘制城市工程管线综合总体规划图时，通常不把电力（除高压走廊）和电信架空线路绘入综合总体规划图（或综合平面图中），而在道路横断面图中定出它们与建筑线的距离，就可以控制它们的平面位置，把架空线路绘入综合规划图后，会使图面过于复杂。

工厂中的架空线路，不一定架设在道路上面，尤其是高压电力线路架设以后再迁移就有一定困难，因此一般都将它们绘入综合规划图中。（低压电力线路除外）

3. 城市工程管线综合总体规划说明书

工程管线综合总体规划说明书的内容包括所综合的管线、引用的资料和资料的准确程度、规划管线综合的原则和根据、单项专业工程详细规划与设计应注意的问题等。

8.4　城市工程管线综合详细规划

城市工程管线综合详细规划是城市详细规划中的一门专项规划，协调城市详细规划中各专业工程详细规划的管线布置，确定各种工程管线的平面位置和控制标高。通常，工程管线综合详细规划是在城市详细规划和专业工程详细规划的后阶段进行,并反馈给各专业工程,协调修正各专业工程详细规划。工程管线综合详细规划工作一般分为 3 个阶段:①基础资料收集;②汇总综合,协调定案;③编制规划成果。

8.4.1　城市工程管线综合详细规划基础资料

城市工程管线综合详细规划在实际操作中常有两种情况:一是在城市工程管线综合总体规划完成的基础上,进行某一地域的工程管线综合详细规划;二是该城市没有城市工程管线总体规划,直接进行某一地域的工程管线综合详细规划。

1. 自然地形资料

其中包括:规划区内地形、地貌、地物、地面高程(等高线)、河流水系等,这些资料一般由规划委托方提供的最新地形图(1∶500～1∶2 000)上取得。

2. 土地使用状况资料

其中包括:规划区详细规划总平面图(1∶500～1∶2 000),规划区内现有的和规划的各类单位用地建筑物、构筑物、铁路、道路、铺装硬地、绿化用地等分布。

3. 道路系统资料

其中包括:规划区内现状和规划道路系统平面图(1∶500～1∶2 000),各条道路横断面图(1∶100～1∶200),道路控制点标高等。

4. 城市工程管线综合总体规划资料

其中包括:城市工程管线排列原则与规定,本规划区内各种工程设施布局,各种工程管线干管的走向、位置、管径等。

5. 各种专业工程现状和规划资料

其中包括:规划区内现状各类工程设施和工程管线分布、各专业工程详细规划的初步设计成果以及相应的有关技术规范。城市给水、排水、供电、电信、供热、燃气等城市常有工程管线综合详细规划需收集的基础资料如下。

1)给水工程管线综合资料

其中包括:本规划区内的供水水源,含现有、在建和规划的水厂地面、地下取水净水构筑物的规模、位置以及水源卫生防护带范围;本区现状和规划的高位水池、水塔、泵站等输配水工程设施的规模、位置与管网系统的衔接方式;城市给水总体规划确定在本区内的输配水干管走向、管径;本区现状给水详细规划的输配水管的走向、平面位置、管径、控制点标高以及各条给水管在道路横断面的排列位置。

2)排水工程管线综合资料

其中包括:本规划区内现状和规划的排水体制(雨污水分流制或雨污水合流制),城市排水总体规划布局的雨、污水干管渠的走向、管径,本区排水工程详细规划的雨污水管道沟渠的位置、管径(或沟渠截面)、控制点标高与埋深以及各条排水管道、沟渠在道路横截面的排列位置。

3)供电工程管线综合资料

其中包括:本规划区现状和规划的电源(电厂、变电所)、配电所、开闭所等供电设施的位置、规模、容量、平面布置等,区内高压架空电力线路的走向、位置、用地要求等,本区供电详细规划的输配电网布局,各种电力线路敷设方式(架空、直埋、管道等)、线路回数、电缆管道孔数与断面形式、电缆或管道控制点标高与埋深。

4）通信工程管线综合资料

其中包括：本规划区内现状和规划的电话局、所的数量、规模、容量、位置；本区电话网络规划布局与接线方式，通信详细规划的本区电话线路的分布、位置、敷设方式（架空、直埋、管道）、电话电缆管道孔数与断面形式，电缆或管道控制点标高与埋设方式；电缆接续设备（交换机、接线箱等）的数量、位置、容量；有线电视台、有线广播台的布置，有线电视线路的分布、位置、敷设方式（架空、电缆直埋、光缆共用等）、线路数量、线路控制点标高与埋深。

5）供热工程管线综合资料

其中包括：本规划区内现状和规划的热电厂、集中锅炉房、热力站的位置与规模，热力网的形式与规划网络结构，本区供热详细规划的蒸汽、热水管道的压力等级、敷设方式（架空、地敷、地埋）、走向、管径、断面形式、控制点标高与埋深。

6）燃气工程管线综合资料

其中包括：本区现状和规划的燃气气源种类（人工煤气、天然气、石油液化气、沼气等）、气源厂位置与规模，城市燃气网压力等级；本区燃气详细规划的供气工程设施（储气站、调压站等）的位置、规模、压力等级；燃气管网布局中各种压力等级的燃气管道走向、管径、压力等级、敷设方式（一般均为地埋）与埋深。

8.4.2　城市工程管线详细综合协调

工程管线综合详细规划的第二阶段是对基础资料进行归纳汇总，将各专业工程详细规划的初步设计成果按一定的排列次序汇总到工程管线综合平面图上。找出管线之间的矛盾，组织相关专业人士讨论调整方案，最后确定工程管线综合详细规划。这一阶段的工作可以按下列步骤进行。

1. 工程管线平面综合

通过将现状和规划的工程管线及主要设施汇总在一张底图上，使管线在平面上相互的位置与关系，管线与建筑物、构筑物的关系一目了然。然后在工程管线综合原则的指导下，检验工程管线水平排列是否符合有关规范要求。发现问题后，组织专业人员共同进行研究和处理，制订平面综合的方案，从平面和系统上调整各专业工程详细规划。

2. 工程管线竖向综合

前一步骤基本解决了管线自身及管线之间、管线和建筑物、管线与构筑物之间平面上的矛盾后，本阶段是检查线路和道路交叉口工程管线在竖向上分布是否合理，管线交叉时垂直净距是否符合有关规范要求。若有矛盾，需竖向综合调整方案，经过与各专业工程详细规划设计人员共同研究、协调，修改各专业工程详细规划，确定工程管线综合详细规划。

（1）路段检查主要在道路横断面图上进行，逐条逐段地检核每条道路横断面中已经确定平面位置的各类管线有无垂直净距不足的问题。依据收集的基础资料，绘制道路横断面图，根据各工程详细规划初步设计成果中的工程管线的截面尺寸、标高检查两条管道的垂直净距是否符合规范，在埋深允许的范围内给予调整，从而调整各专业工程详细规划。

（2）道路交叉口是工程管线分布最复杂的地区，多个方向的工程管线在此交叉，同时交叉口又是工程管线的各种管井最密集的地区。因此，交叉口的管线综合是工程管线综合详细规划的主要任务。有些工程管线埋深虽然相近，且在路段上不易彼此干扰，而到了交叉口就容易产生矛盾。交叉口的工程管线综合是将规划区内所有道路（或主要道路）交叉口平面放大至一定比例（1:500~1:1 000），按照工程管线综合的有关规定和关于工程管线净距的规定,调整部分工程管线的标高,使各条工程管线在交叉口能安全有序的敷设。

8.4.3　城市工程管线综合详细规划成果

城市工程管线综合详细规划的成果主要有图纸和文本两部分。

1. 工程管线综合详细规划平面图(简称综合详细平面图)

图纸比例通常采用1:1 000,图中内容和编制方法基本上和综合总体规划相同,而在内容的深度上有所差别。编制综合详细平面图时,需确定管线在平面上的具体位置,道路中心交叉点,管线的起讫点、转折点以及工厂管线的进出口等都要注上坐标数据。

2. 管线交叉点标高图

此图的作用主要是检查和控制交叉管线的高程——竖向位置。图纸比例大小及管线的布置与综合详细平面图相同(在综合详细平面图上复制而成,但不绘地形,也可不标注),如图 8 – 21 所示,并在道路的每个交叉口上编号码,便于查对。

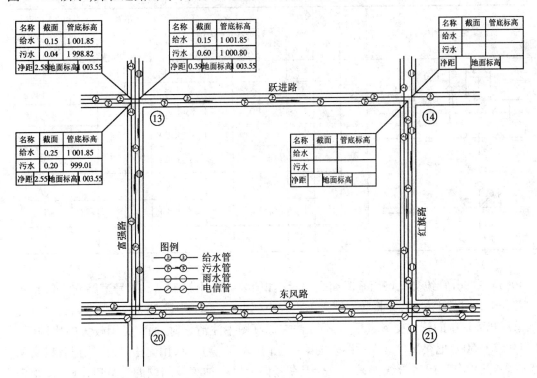

图 8 – 21　管线交叉点坐标

管线交叉点标高的表示方法有以下几种。

(1)在每一个管线交叉点处画一垂距简表(表 8 – 6),然后把地面标高、管线截面大小、管底标高以及管线交叉处的垂直净距等项填入表中(如图 8 – 21 中的第 13 号道路交叉口所示)。如果发现交叉管线发生冲突,则将冲突情况和设计的标高在表下注明,而将修正后的标高填入表中,表中管线截面尺寸单位一般用 mm,标高等均用 m。这种表现方法的优点是使用起来比较方便,缺点是管线交叉点较多时往往在图中画不下。

表 8-6　垂距简表

名称	截面	管底标高
净距/m	地面标高/m	

（2）先将管线交叉点编上号码，而后依照编号将管线标高等各种数据填入另外绘制的交叉管线垂距表（表8-7，以下简称垂距表）中，有关管线冲突和处理的情况则填入垂距表的附注栏内，修正后的数据填入相应各栏中。这种方法的优点是可以不受管线交叉点标高图图面大小的限制，缺点是使用起来不如前一种方便。

表 8-7　交叉管线垂距

道路交叉口图	交叉口编号	管线交点编号	交点处的地面标高	上面				下面				垂直净距/m	附注
				名称	管径/mm	管底标高	埋设深度/m	名称	管径/mm	管底标高	埋设深度/m		
	20	1		给水				污水					
		2		给水				雨水					
		3		给水				雨水					
		4		雨水				污水					
		5		给水				污水					
		6		电信				给水					

（3）一部分管线交叉点用垂距简表表示（如图8-21中第13和14号道路交叉口），另一部分交叉点编上号码，并将数据填入垂距表中（如图8-21中第20和21号道路交叉口）。当道路交叉口中的管线交叉点很多，而无法在标高图中注清楚时，通常又用较大的比例（1:1 000或1:500）把交叉口画在垂距表的第一栏内（表8-7）。采用此法时，往往把管线交叉点较多的交叉口，或者管线交叉点虽少但在竖向上发生冲突等问题的交叉口，列入垂距表中。用垂距简表表示的管线，它们的交点既少，而且都是没有问题的。

（4）不绘制交叉管线标高图，而将每个道路交叉口用较大的比例（1:1 000或1:500）分别绘制，每个图中附有该交叉口的垂距表。此法的优点是由于交叉口图的比例较大，比较清晰，使用起来也比较灵活，缺点是绘制时较费工时，如果要看管线交叉点的全面情况，不及第一种方法方便。

（5）不采用管线交叉点垂距表的形式，而将管道直径、地面控制高程直接注在平面图上（图纸比例1:500）。然后将管线交叉点两管相邻的外壁高程用线分出，注于图纸空白处。这种方法适用于管线交叉点多的交叉口，优点是既能看到管线的全面情况，绘制时也较简便，使用灵活（如图8-22）。

表示管线交叉点标高的方法很多，采用何种方法应根据管线种类、数量以及当地的具体

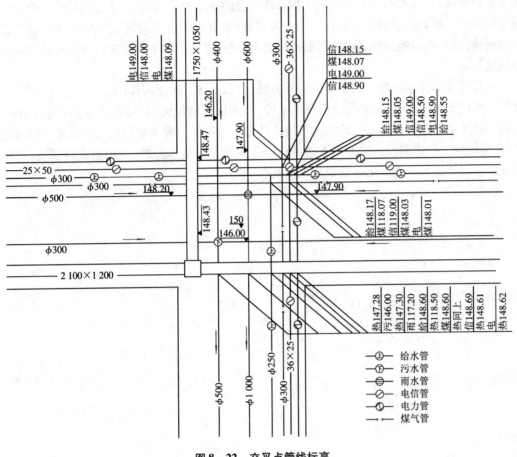

图 8-22　交叉点管线标高

注: $\frac{150}{\downarrow}$ 路面高程;

$\left|\frac{信\,42.5}{煤\,42.4}\right.$　电信在上面, 外底高程为 42.5 m,
煤气在下面, 上顶高程为 42.4 m;

热力管道简称热; 给水管道简称给; 污水管道简称污; 雨水管道简称雨;

电力管道简称电; 电信管道简称信; 燃气管道简称煤

情况而定。总之, 管线交叉点标高图应具有简单明了、使用方便等特点, 不拘泥于某种表示方法, 其内容可根据实际需要而有所增减。

3. 修订道路标准横断面图

工程管线综合详细规划时, 有时由于管线的增加或调整规划所需的布置, 需根据综合详细平面图, 对原来配置在道路横断面中的管线位置进行补充修订。道路标准横断面的数量较多, 通常是分别绘制, 汇订成册。

在现状道路下配置管线时, 一般应尽可能保留原有的路面, 但需根据管线拥挤程度、路面质量、管线施工对交通的影响以及近远期结合等情况作方案比较, 而后确定各种管线的位置。同一道路的现状横断面和规划横断面均应在图中表示出来, 表示的方法, 用不同的图例和文字注释绘在一个图中, 或将二者分上下两行 (或左右并列) 绘制。

4. 工程管线综合详细规划说明书

工程管线综合详细规划说明书的内容, 包括所综合的各专业工程详细规划的基本布局、工程管线的布置、国家和当地城市对工程管线综合的技术规范和规定、本工程管线综合详细规划的原则和规划要点以及必须叙述的有关事宜；对管线综合详细规划中所发现的目前还不能解决，但又不影响当前建设的问题提出处理意见，并提出对下阶段工程管线设计应注意的问题等。

　　工程管线综合详细规划的基本内容和方法，已如上述。关于所作图纸的种类，应根据城市的具体情况可有所增减，如管线简单的地段，或图纸比例较大的，可将现状图和规划图合并在一张图上。管线情况复杂的地段可增绘辅助平面图等。有时根据管线在道路中的布置情况，采用较大的比例尺。按道路逐条进行综合和汇总图纸。总之，应根据实际需要，并在保证质量的前提下尽量简化综合规划工作量。

第9章　城市防灾系统工程规划

9.1　概述

我国政府历来对防灾减灾十分重视,并制定了"预防为主、防治结合"、"防救结合"的方针。

一个城市或地区为防治与减轻各种灾害的危害所表现的行为效能,是评价其现代化水平、文明程度、公共管理效率、社会保障能力的重要标志之一。对于现代城市而言,不仅要重视物质财富的生产和积累、城市形态的优美和舒适,还必须强调城市功能的完备,强调城市系统的安全可靠,即城市必须具备与社会经济发展相适应的防灾、抗灾、救灾综合能力,必须建立和完善城市综合防灾救灾安全体系。

现代城市是一个复杂的有机综合体,其生产系统、生活系统、基础设施系统、生态系统等各司其职,相互配合,从而构成了一个大的系统。随着城市现代化水平的提高,城市中的各个系统相互依存关系更加密切。当城市遭遇到突发灾害时,对城市的危害常呈现出综合性、广泛性和复杂性的特点;而防御灾害以及灾后救援和恢复重建,常涉及许多行业与部门,同样具有综合性的特点。因此,城市的防灾减灾必须是一个综合防灾体系,绝不是一个学科、一个行业或一个部门能够单独完成的,必须强调相互协调与密切配合。

现行的城市规划中,各项专业性的防灾规划,如抗震防灾规划、防洪工程规划、消防规划等,一般都自成系统,没有加以综合与协调,未能形成一个综合性的防灾体系。1986 年全国人防建设和城市建设相结合座谈会于厦门召开,在认真总结 1976 年唐山地震以来城市防灾实践的基础上,指出城市应当实行综合防灾,并首次提出了"城市综合防护体系",标志着我国城市防灾进入到全面发展、综合防御的新阶段。2011 年 2 月民政部颁布的《国家"十二五"综合减灾规划》又将新灾应对、提高救灾工作规范化水平及开展难点热点问题调研探索作为重点目标。

1. 城市防灾系统工程规划的主要任务

根据城市自然环境、灾害区划、城市地位,确定城市各项防灾标准,合理确定各项防灾设施的等级、规模;科学布置各项防灾设施;充分考虑防灾设施与城市常用设施的有机组合,制定防灾设施的统筹建设、综合利用、防护管理等对策与措施。

2. 城市防灾系统工程规划的主要内容

1) 城市总体规划(含分区规划)中的主要内容

(1) 确定城市消防、防洪、人防、抗震等设防标准。

(2) 布局城市消防、防洪、人防等设施。

(3) 制定防灾对策与措施。

(4) 组织城市防灾生命线系统。

2) 城市详细规划中的主要内容

(1) 确定规划范围内各种消防设施的布局和消防通道间距等。

（2）确定规划范围内地下防空建筑的规模、数量、配套内容、抗力等级、位置布局以及平战结合的用途。

（3）确定规划范围内的防洪堤标高、排涝泵站位置等。

（4）确定规划范围内疏散通道、疏散场地布局。

（5）确定规划范围内生命线系统的布局以及维护措施。

9.2　城市灾害的种类与特点

编制合理可行的城市防灾工程系统规划，必须对城市灾害的总体轮廓和主要特点有所了解。随着城市的发展，城市灾害的种类构成和危害机制都在发展变化，现代城市灾害有着许多新的种类和新的特点。

9.2.1　城市灾害的类型

城市灾害可以根据不同的标准分为不同的类型。根据灾害发生的原因，城市灾害可分为自然灾害与人为灾害两类；根据灾害发生的时序，可分为主灾和次生灾害。此外，城市灾害还可以根据损失程度进行分类与分级。

1. 自然灾害与人为灾害

从灾害产生的原因看，一些主要是由自然界的变化引起的，另一些则主要由人类行为失误造成的，分别称之为自然灾害与人为灾害。实际上，在城市灾害中，很难准确地划清两者之间的界限。某些自然灾害是人类行为失误的促发因素（或激发因素）引起的，如操作不规范导致的火灾；而人为活动如工程开挖、过量抽取地下水，也可引起地面沉陷和地震等自然灾害的发生。因此，上述两类灾害之间有密切联系，不可割裂看待。

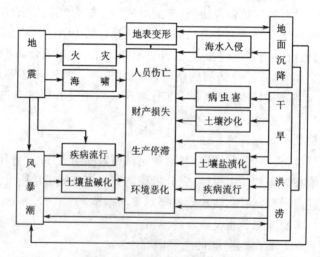

图 9-1　自然灾害发生关系示意

1）自然灾害

我国是世界上自然灾害种类最多的国家，其中对我国影响最大的自然灾害有以下几类。

（1）气象灾害。气象灾害是由大气圈物质运动与变异形成的灾害。气象灾害也有许多种类，如暴雨、雷电、干旱、浓雾、冷害、雹害、热带气旋、冻雨等。见图 9-1、图 9-2。

(2)海洋灾害。海洋灾害主要是由水圈中海洋水体运动与变异形成的灾害,如海岸带灾害、海啸、风暴潮、海浪、赤潮、厄尔尼诺的危害等。

(3)洪水灾害。洪水灾害主要是由水圈中大陆部分地表水体运动形成的灾害,也是发生最频繁的灾害种类之一,主要包括暴雨灾害、山洪、冰凌洪水、泥石流与水泥流洪水等。

(4)地质与地震灾害。地质与地震灾害主要是由岩石圈运动形成的灾害。这类灾害有地面沉降、地面塌陷以及火山、地震等,其中地震是对城市带来威胁和损害最大的灾害种类之一,包括构造地震、矿山地震、水库地震等。

(5)农作物生物灾害。如农作物病虫害、农作物草害、鼠害等。

(6)森林生物灾害。如森林病虫害、森林鼠害等。

(7)天文灾害。如陨石雨等。

上述几种自然灾害,对城市有较大影响的主要是前4类。

中国是世界上自然灾害齐全且最严重的国家之一,1949年迄今的60年间,每年仅气象、洪水、地震、地质、农作物病虫害、森林灾害等7大类自然灾害所造成的直接经济损失(折算为1990年价格),20世纪50年代年均480亿元,60年代年均570亿元,70年代年均590亿元,80年代年均690亿元,90年代年均1 500亿元,21世纪前7年年均2 100亿元以上。

2)人为灾害

城市人为灾害是人为影响为主因导致的灾害。人为灾害可以分为以下几类:

(1)战争;

(2)火灾;

(3)化学灾害;

(4)交通事故;

(5)流行传染病。

除上述几类人为灾害外,城市发展过程中不断有新的灾害种类产生(图9-2),如局部风环境、光环境污染,强电磁辐射等,都影响着城市正常的生产生活,阻滞了城市健康发展。

2. 主灾与次生灾害

城市灾害有多灾种持续发生的特点,各灾种间有一定因果关系。根据灾害发生的时序,发生在前,造成较大损害的灾害称为主灾;发生在后,由主灾引起的一系列灾害称为次生灾害。主灾规模一般较大,常为地震、洪水、战争等大灾。次生灾害在开始形成时一般规模较小,但灾种多,发生频次高,作用机制复杂,发展速度快,有些次生灾害的最终破坏规模甚至远超过主灾。如在2011年3月11日发生的著名的日本东海岸大地震中,由地震引发了海啸、火灾、核电站泄露等一系列次生灾害。死亡人数为13 949人,13 678人失踪,全国因疏散而住进避难所的人数约为13.6万,日本北部还有140 000户家庭断电,至少22万户家庭没有自来水供应。基础建设方面,至少61 494栋建筑全毁,3 564条道路、71座桥、26条地铁线路毁坏。(截至2011年4月19日,据日本警察厅统计数据)次生灾害对城市的危害可见一斑。

9.2.2 自然巨灾

1. 自然巨灾特点

巨灾是一类大概念,迄今国际上尚未给出严格定义,其特点有如下表现。

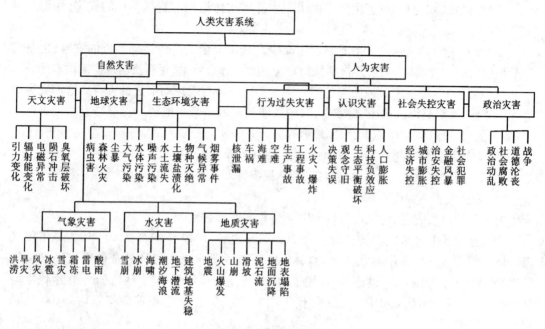

图9-2　人类灾害分类

（1）发生较为罕见、发生周期不确定、难以预测。

（2）持续时间长。

（3）事发突然，演化快。

（4）破坏性强、影响范围广，受灾人口多。

（5）直接损失巨大。

（6）伴随强次生灾害多，多种因素呈灾变链式反应。

（7）关键基础设施不能正常运营。

（8）时间压力大，抢险救灾很快进入极限期。

（9）防灾减灾明显具有跨部门、跨行业、跨地域的特征。

（10）地方或部门应对能力有限，只有中央政府投入才可扭转灾情等。

2008年初春席卷全国近20个省市的冰雪灾害就是一次巨灾，2008年"5.12"四川汶川大震和2011年日本东海岸大地震是威胁更大、损失更严重、迟滞时间更长的巨灾。

2. 中国自然巨灾

中国巨灾的定义是：死亡5 000人以上，直接经济损失100亿元（以1990年价格标准），只要符合其中一条，即成巨灾。中国巨灾发展的特点如下。

（1）1990～2004年，中国巨灾发生55次。其中1949～1990年发生36次；1950～2004年发生19次。

（2）1950～2004年期间，以1976年为明显标志，1950～1976年，死亡人数巨大；1977～2004年，直接经济损失巨大。而2008年汶川大地震中造成的直接经济损失达8 451亿元人民币，68 712人遇难，17 921人失踪（据四川省人民政府2009年5月7日报告）。死亡人数和直接经济损失都非常巨大。

9.2.3　城市灾害的特点

1. 高频度与群发性

城市系统构成复杂,致灾源多,导致城市灾害总体上呈现出高频度与群发性特点。具体体现在:"事故"型的小灾害,如交通事故、火灾等,发生频度较高,而且城市规模与灾害发生次数基本呈正相关关系;地震、洪水等大灾,则体现出群发性特点,次生灾害多,危害时间长,范围广,形成灾害群,多方面持续地给城市造成损害。

2. 强连锁性

城市灾害的另一个特点就是发展速度快。城市是一个既非常强大又很脆弱的生命系统,一旦发生灾害,许多小灾若得不到及时控制,就会酿成大灾,而对大灾不能进行有效抗救,就会引发众多次生灾害。由于城市各系统间相互依赖性较强,灾害发生时往往触及一点,波及全城,形成连锁效应。

3. 危害严重性

城市是人群与财富聚集之处,一旦发生灾害,造成的人员伤亡和经济损失巨大。虽然现代城市进行自我保护的能力有所增强,但承受大地震、洪水台风、火灾打击的能力还相当薄弱,一次中型灾难可能使一个城市的发展进程延缓多年。

4. 区(地)域性

城市灾害的区域性特点主要表现在两个方面:一方面城市灾害往往是区域性灾害的组成部分,尤其是较大的自然灾害,常引发多个城市受到影响;另一方面,城市灾害的影响往往超出城市范围,扩展到城市周边地区。灾后的灾民安置与恢复重建工作,也属于区域性问题。

5. 难以预测性

城市灾害的突发几率大,预测困难。尤其是城市人为灾害,种类很多,且成因各不相同,即使同一灾害,其成因也不是单一的,既包括各种复杂的人为因素,同时也可能包含部分的客观因素。

9.2.4　我国自然灾害与城市防灾形势

1. 我国自然灾害的基本情况

我国地域辽阔,气候与地质、地貌特点差异较大、条件复杂,各种灾害种类繁多,发生频率高、分布地域广、造成损失大。特别是进入 20 世纪 90 年代以来,自然灾害造成的经济损失明显呈上升趋势,已经成为影响经济发展和社会安定的重要因素。

我国自然灾害的特征主要包括以下几点。

1)自然灾害种类多、频率高、季节性强

大气圈和水圈灾害,主要包括洪涝、干旱、台风、沙尘暴以及大风、冰雹、低温冻害、海啸、赤潮等。平均每年洪涝灾害受灾面积为 1 000 多万公顷,干旱受灾面积 2 000 多万公顷,每年登陆的台风约 7 个,沙尘暴、暴风雪、低温冻害等其他灾害损失也相当严重。

地质、地震灾害,主要包括地震、崩塌、滑坡、泥石流、地面沉降、塌陷、荒漠化等。我国是地震多发国家,1949 年以来,100 多次破坏性地震袭击了 22 个省(自治区、直辖市),造成 27 万余人丧生(据中国地震局 2008 年 7 月数据统计,不包括四川汶川地震),地震成灾面积达 30 多万平方公里。全国滑坡、泥石流灾害点有 41 万多处,每年因灾死亡近千人。全国荒漠化土地面积 262 万平方公里,土地沙化面积以每年 2 460 平方公里的速度扩展,水土流失面积超过 180 万平方公里。

生物灾害。全国主要农作物病虫鼠害达 1 400 余种,每年损失粮食约 5 000 万吨,棉花100 多万吨;草原和森林病虫鼠害每年发生面积超过 2 800 万公顷。

森林和草原火灾。1950 年以来,全国平均每年发生森林火灾 1.6 万余次,受灾面积近百万公顷。受火灾威胁的草原 2 亿多公顷。

2)自然灾害地区差异明显

根据我国自然灾害的特点,以及灾害管理的实际情况,可分为三类地区:第一类地区主要分布在西部、少数在北部,包括 7 个省、自治区。此类地区自然灾害直接经济损失的绝对值较小,但由于经济欠发达,造成直接经济损失率较大;第二类地区主要分布在中部,少数在东北、华北、西南等地,包括 16 个省、自治区和直辖市。此类地区经济发展水平、抗灾能力和自然灾害直接经济损失为中等;第三类地区主要分布在东部沿海,包括 8 个省、直辖市。此类地区自然灾害直接经济损失的绝对值较大,但由于经济较发达,直接经济损失率为中等或较小,抗灾能力较强。

3)自然灾害损失严重并呈增长趋势

我国是世界上自然灾害损失最严重的少数国家之一。一般年份,全国受灾害影响的人口约为 2 亿人,其中死亡数千人。随着国民经济持续高速发展、生产规模扩大和社会财富的积累,同时由于人口增加和社会发展,对自然资源的过度开发以及减灾建设不能满足经济快速发展的需要,各类灾害造成的经济损失也呈现出上升趋势。

2. 我国城市总体防灾形势

1)城市人口密度大,防灾的难度增加

城市高楼林立,生命线工程密布,人口密度大,交往频繁,随着城市化发展速度的加快,由于人口与生产力向城市集中,防灾减灾形势更加严峻。

2)城市市政基础设施差,直接影响抗灾救灾的有效进行

水、电、气、热、交通、通信等城市生命线系统非常复杂而脆弱,一旦某个环节发生事故,导致整个城市受到重大影响;然而在我国的城市中,市政基础设施建设多年来一直处在相对滞后的状态,陈旧、老化现象严重;此外,对系统的防护措施也相当薄弱,以致在较大灾害发生时,严重影响了城市灾害防御和抗灾救灾工作。

3)城市设防标准低,灾害防御能力薄弱

我国城市在防水、防涝、防洪、抗震方面的设防标准普遍偏低。2008 年,汶川地震前的地震设防烈度为 7 度,而震中地区的烈度大致在 9 ~ 10 度,所以当地震发生时,不少建筑倒塌,造成巨大伤亡。按照我国防洪标准,全国大中城市的防洪能力应达到 100 ~ 50 年一遇的水平,一般城镇防洪标准应达到 50 ~ 20 年一遇的水平,但实际上大多数城镇的设防标准均在 20 年一遇以下。城镇的设防标准低,普通的灾害都会给城镇造成巨大损失。

4)社会防灾观念薄弱,潜在危险严重

多年来,社会各方面对城市防灾问题未予以足够重视,公众安全意识淡漠,缺乏最基本的识灾、防灾能力和自我保护意识,往往导致伤亡事故发生和扩大。另外,防灾宣传不够,使人为失误致灾的次数大增,不了解防灾知识而造成的人员伤亡屡见不鲜,灾害发生时往往出现恐慌情绪,影响社会稳定。

5）城市防灾科学技术的总体水平比较落后，城市防灾投入不足

长期以来，我国的灾害管理体制基本是以单一灾种为主、分部门管理的模式，各涉灾管理部门自成系统，部门之间缺乏沟通、联动，造成了许多弊端；全国每年投入到防灾减灾科技研发和应用的经费十分有限，在防灾减灾基础设施建设、科研设备购置、防灾工程建设、防灾减灾基础研究和先进技术推广应用等多方面投入不足；科技资源在不同灾种以及防灾减灾的不同环节中没有得到合理配置，科技开发与应用水平发展很不平衡；现有科研结合国情实际不够密切，科技整体支撑能力有待提高。

9.3　城市综合防灾体系规划

9.3.1　城市综合防灾体系规划的目标

城市综合防灾规划的总体目标是建立与城市经济社会发展相适应的城市灾害综合防治体系，综合运用工程技术以及法律、行政、经济、教育等手段，加强生命线工程建设，提高城市防灾减灾能力，为人民生命财产安全和城市持续稳定发展提供可靠保障。

为此，各类城市中的建设工程应根据国家颁布的抗震技术标准进行设防；防洪能力应达到相应地设防标准；城市火灾控制应达到消防标准的要求；制定并完善减灾综合规划，并纳入城市经济社会发展计划和城市总体规划中同步实施。

城市建筑密度大，人口和财富高度集中，一旦发生灾害，损失巨大。所以，在区域减灾的基础上，城市综合防灾规划应立足于防灾，以确保城市安全。其重点是防止城市灾害的发生以及对城市灾害的监测、预报、防护、抗御、救援和灾后恢复重建等多方面工作的综合。

城市防灾减灾规划模式见图 9 – 3。

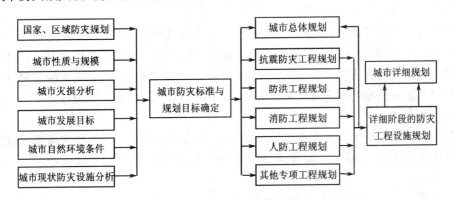

图 9 – 3　城市防灾减灾规划模式

9.3.2　城市防灾措施

城市防灾措施可以分为两种：一种为政策性措施，一种是工程性措施，二者是相互依赖，相辅相成的。政策性措施又可称为"软措施"，工程性措施可称为"硬措施"。城市防灾必须从政策制定和工程设施建设两方面入手，"软硬兼施，双管齐下"，才能取得良好的防灾效果。

1. 政策性城市防灾措施

政策性城市防灾措施是建立在国家和区域防灾政策基础上的,主要包括以下两方面的内容。

一方面,城市总体规划及城市内各部门的发展计划是政策性防灾措施的主要内容。城市总体规划通过对用地适建性的分析评价,确定城市发展方向,实现避灾的目的。城市总体规划中有关消防、人防、抗震、防洪等各项防灾专项规划,对城市防灾工作具有直接指导作用,是防灾建设的主要依据。除城市规划外,各部门的发展计划,与城市防灾也有着紧密的联系。

另一方面就是法律、法规、标准和规范的建立与完善。近年来,我国相继制定并完善了《城乡规划法》《人民防空法》《消防法》《防洪法》等一系列法律,各地各部门也根据各自情况编制出台了一系列关于抗震、消防、防洪、人防、交通管理、基础设施建设等各方面的法规和标准、规范,对于加强指导城市防灾工作具有重要作用。

2. 城市工程性防灾措施

城市的工程性防灾措施是在城市防灾政策指导下,建设一系列防灾设施与机构的工作,也包括对各项与防灾工作有关的设施采取的防护工程措施。城市的防洪堤、排涝泵站、消防站、防空洞、医疗急救中心、物资储备库以及气象站、地震局、海洋局等带有测报功能的机构建设,建筑抗震加固处理等处理方法,都属于工程性防灾措施范畴。政策性防灾措施必须通过工程性防灾措施才能真正起到作用。

9.3.3　城市防灾体系的组成

城市防灾包括对灾害的监测、预报、防护、抗御、救援和恢复援建6个方面,每个方面都由组织指挥机构负责指挥协调。从时间顺序来看,可分为以下4个部分。

1. 灾前防灾减灾

灾前工作包括灾害区划、灾害预测、防灾教育、预案制定与防灾工程设施建设等内容。实践表明,灾前工作对整个防灾工作的成败有着决定性影响。灾情尚未发生时,应对城市及周边地区已发生过的灾害进行调查研究,总结经验教训,建设设施,加强灾害的监测、预报等研究工作以及防灾预案的制定和防灾教育工作,为防御可能发生的灾害做好准备。

2. 应急性防灾

在预知灾情即将发生或灾害即将影响城市时,城市必须采用应急性防灾措施,如成立临时防灾救灾指挥机构,进行灾害警告,疏散人员与物资,组织临时性救灾队伍等。

3. 灾时抗救

灾时抗救,主要是抗御灾害和灾时救援,如防洪时的堵口排险,抗震时废墟挖掘与人员救护等。各种防灾设施、防灾队伍、防灾指挥机构都应在此时发挥作用,保护人民生命和财产安全。

4. 灾后工作

主要灾害发生后,应及时防止次生灾害的产生与蔓延,进行灾后救援及灾害评估与补偿并积极重建防灾设施和损毁的城市。

城市防灾体系参见图9-4。

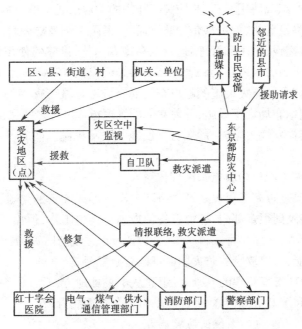

图 9 - 4　东京都防灾中心系统

9.3.4　构建完整的城市综合防灾体系

1. 加强区域减灾和区域防灾协作

针对城市灾害的特点和现有城市防灾体系的缺陷,必须在全面认识城市灾害的基础上,树立城市综合防灾的观念,建立城市综合防灾体系。注重各灾种防抗系统的彼此协调,统一指挥,共同运作,强调城市防灾的整体性和防灾设施的综合利用。

1)推动区域减灾和灾害救援领域的协作

城市防灾是区域防灾减灾的重要组成部分,尤其是对洪灾和震灾等影响范围大的自然灾害,防灾的区域协作十分重要。城市的防灾工作应根据国家灾害的区划,确定城市设防标准,同时,城市防灾工作应服从区域防灾机构的指挥协调和管理。此外,市际以及市域范围的防灾协作也十分必要。我国小城镇和城郊地区的防灾设施往往较为匮乏,一旦遇到较大规模的灾害发生,经常束手无策,如果能与其周边城镇联手,配置公用防灾设施,或依托邻近规模较大、经济实力较强的城市,与之进行防灾协作,能够较快地提高这些城镇的防灾能力。

2)合理选择与调整城市建设用地

城市总体规划必须进行城市建设用地的适宜性评价,确定城市未来的用地发展方向和进行现状用地布局调整。地形、地貌、地质、水系等评价因子决定了地区未来可能遭受的灾害及其影响程度,在用地布局规划中应避开灾害易发地区。对于处在防灾不利地带的老城市,应该结合城市的旧城区改造,降低防灾不利地区的人口与产业密度,逐步改善其内部的用地布局,使城市的居住、公建、工业等主要功能区的布置有利于防灾减灾。

3)强化城市防灾设施的建设与运营管理

城市的堤坝、排洪沟渠、消防设施、人防设施、地震测报台网等,都属于城市防灾设施。这些设施一般专为防灾设置,担负着城市灾前预报、灾时抗救的主要任务。防灾设施的标准和建设施工水平,直接关系到城市总体防灾能力。

提高防灾设施的综合使用效益,是防灾工作中的关键。我国城市的防灾设施,一般情况下都是针对单个灾种设置的,如堤坝是为防洪而建,消防站是为防火而设。各种设施分属于不同的防灾部门,在建设、使用和管理、运营上高度专门化,设施的使用频率较低,防护面较窄。我国城市防灾设施的这种布局和管理体制很难适应城市灾害多元化、群发性的特点。

城市综合防灾体系中防灾设施的建设布局要充分考虑城市灾害的特点,尤其是针对灾害链的特点,综合组织布局灾害设施,并使它们的管理指挥机构之间保持畅通的联络协调渠道,以便在链发性与群发性灾害时,形成防灾设施的联动机制。同时,也应充分考虑防灾设施使用的平灾结合。

4)建立综合协调的城市防灾指挥组织体系

当前所做的主要是防灾工程规划,重抗轻防,没有形成灾害的防、抗、避、救相结合的体系;而且城市防灾涉及到很多部门,担负着各种规划与实施工作,但由于这些部门在防灾责任、权利方面既有交叉,又存在盲区,缺乏综合协调城市建设与防灾、城市防灾科学研究与成果综合利用关系的能力,使政府的防灾职能难以充分发挥。

因此,必须在单项灾害管理的基础上,组建从中央到地方,常设的综合性防灾指挥组织机构进行组织协调和统筹指挥,有效地提高城市综合防灾能力。

2.加强与提高城市生命线系统的防灾能力

城市生命线系统包括交通、能源、通信、给排水等城市基础设施,是城市的"血液循环系统"。城市生命线系统除有其自身常规的规划要求外,还应加强其自身和应有的防灾功能,提高防灾等级,其主要措施如下。

1)优化城市生命线系统的防灾性能

城市防灾对生命线系统的依赖性极强。城市受灾时与外界的联系和抗灾救灾指挥组织离不开城市通信系统,城市交通系统必须保证抗灾救灾时疏散通道的畅通,应急电力系统要保证城市重要设施的电力供应,城市给水系统的水量水压要保证救火时的要求。灾害时生命线系统的破坏不仅使城市生活和生产能力陷于瘫痪,而且使城市失去了抵抗能力,许多次生灾害也会由此产生、发展和蔓延,甚至失去控制。所以,城市生命线系统要在保证自身安全的前提下建立健全应急机制和应急备用设施。从体系构成、设施布局、结构方式、组织管理等方面,提高并优化生命线系统的防灾能力和抗灾功能,确保灾时的基本功能不会受到破坏。

2)提高设施和管线的设防标准

对建筑物,各方在相关工程设施进行设防的基础上,应提高城市生命线系统的设防标准,在其布局及抗震、防火的方面要普遍高于一般建筑,对未达到防灾设防标准的设施和构筑物实施技术改造、加固和更新。如广播电视和邮电通信建筑,一般为甲类或乙类抗震设防建筑,而交通运输建筑、能源建筑,应为乙类建筑;高速公路和一级公路路基,应按百年一遇洪水设防;高速公路和一级公路的特大桥应达到300年一遇的防洪标准;城市重要的市话局和电信枢纽,防洪标准为百年一遇;大型火电厂的设防标准为百年一遇或超百年一遇。

3)设施地下化

城市生命线系统地下化,被证明是一种有效的防灾手段。生命线系统地下化后,可以不受地面火灾和强风的影响,减少战争时的受损程度,减轻地震的作用,并为城市提供部分避灾空间。通信、能源、给水设施和管线地下化,可大大提高其可靠度。城市市政管网综合汇集、管线共沟后能够方便地进行维护和保养。因此,城市生命线地下化是城市减灾防灾的发展方向。近年来,城市的地下人防设施的综合利用已得到推广普及,产生了较好的社会效益和经济效益。

4)设施节点的防灾处理

城市生命线系统的一些节点是构成生命线系统网络的枢纽,如桥梁、变电站、隧道、管线的接口及控制室等,都必须进行重点防灾处理。节点受灾可导致整个系统的破坏,因此必须对设施节点进行专门防灾处理。例如在震区预应力混凝土给排水管道应采用柔性接口,在管网转弯及坡度较大地段增设伸缩器,在燃气、供热设施的管道出、入口处,均应设置阀门,以便在灾情发生时及时切断气源和热源等。

5)设施的备用率

要考虑非常态下生命线系统的抗灾能力,提高其弹性容量,满足城市受灾时的最低保障。要保证城市生命线系统在灾区发生设施部分毁损时,仍具有一定的服务能力,就必须保证有备用设施,在灾害发生后投入系统运作,以期至少维持城市最低需求。这种设施备用率应高于平时生命线系统的故障备用率,具体备用率水平应根据系统情况、城市灾情预测和城市经济水平决定。

9.4 规划案例

某县规划范围为 25.4 km²,如图 9-5 所示。

规划防灾指挥中心 1 处,医疗救助中心 5 处,防灾通信站 3 处,规划避难场所 40 处,服务半径 500~1 000 m,并按要求配置水源、能源、通信及卫生等生活必需设施。

1.消防规划

(1)消防水源:城区消防给水与全区市政给水为共用系统。城市道路设置消防栓,栓间距不大于 120 m。

(2)消防站布局:消防站的责任区面积不大于 7 km²。远期城区需要建设特勤消防站 1 个,标准型普通消防站 4 个。特勤消防站配备消防人员 50 人,配备消防车 7 辆,占地 0.5 hm²;标准型普通消防站配备消防人员 40 人,配备消防车 5 辆,占地 0.4 hm²。

(3)消防供水:消防供水主要由城市供水系统承担,改造旧城区供水管网,消防供水管网采用环状布置,管径不小于 150 mm。

(4)消防通信:①提升接警现代化水平;②健全消防通信系统;③积极规划建设无线电三级通信网;④建立包含消防通信指挥调度中心、人防指挥中心、防洪指挥中心、防震减灾指挥中心等多功能于一体的综合防灾指挥中心。

2.抗震规划

(1)规划区执行 7 度设防。

(2)生命线工程:供水、供电、燃气、通信、医疗等城市生命线工程设施按抗震烈度 8 度设防。

3.防洪规划

1)防洪标准

规划范围按 50 年一遇的防洪标准进行设防。

2)防洪规划

规划结合县城东侧的高速路修建防洪堤作为县城防洪圈的东围堤,防洪能力不低于 50

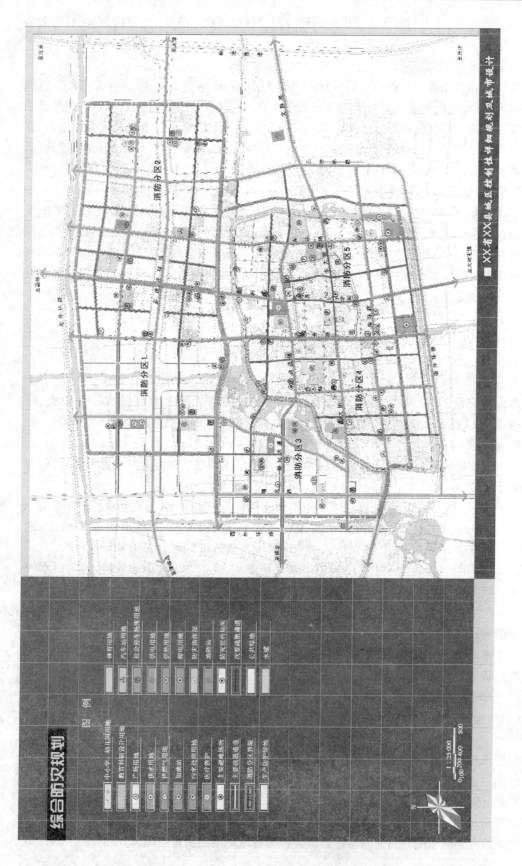

图 9 - 5　某县综合防灾规划

年一遇;北侧的河流作为县城防洪圈的北围堤,防洪能力接近 100 年一遇;加固干渠以形成封闭的安全区,安全区面积达到 72.5 km²。从根本上解决洼地分洪后的灾民转移安置问题。

4. 人防工程规划

(1)新建人防指挥中心于综合防灾指挥中心内,位于县行政中心。

(2)规划县城人员掩蔽工程人均 1.5 m²,战时留城人口比例为 40%,则人防工程面积达到 120 000 m²。

(3)设立防空专业队、通信专业队、抢险抢修专业队、运输专业队、消防专业队、治安专业队。

(4)设立中心医院、急救医院。

(5)主要交通性干道及主干路作为人防的主要疏散通道并严格控制疏散通道两侧的建筑高度,确保交通通畅。

(6)结合居住和公共建筑的建设,修建平战结合的两用防空地下室。

(7)加强警报报知网建设。

第10章 城市防洪工程规划

10.1 概述

我国位于世界两大自然灾害带(环太平洋带、北半球中纬度带)交汇的地区,是世界上自然灾害严重的少数国家之一。在我国常见的10多种自然灾害中,尤以洪涝灾害最为严重,洪涝灾害发生之频繁、影响范围之广、造成损失之大均居我国各种自然灾害之首。

随着城市社会经济的发展,"城市热岛"现象日益普遍和加剧,加上城市硬化工程,径流加速,导致城市内涝严重。特别是由于中国城市发展很迅速,城市数量、城市规模、城市人口都大幅度增加,城市资本与社会财富日益巨量化,城市在国民经济和社会发展中的地位更加突出,而城市防洪规划建设滞后,致使城市洪涝灾害越来越频繁,造成的损失日趋严重。2010年夏,中国南方再次遭受大面积的洪涝灾害,1 454人死亡,669人失踪,1 214.8万人(次)紧急转移安置,1 347.1万 hm² 农作物受灾,因灾直接经济损失2 751.6亿元。

另一方面,人类经济活动使自然植被不断遭到破坏,地表涵蓄水源的功能不断减退,由暴雨径流所引起的洪水灾害日趋频繁。据吴庆洲的研究,无锡古城在明代其河道密度高达11.36 km/km²,建国以来共填塞旧城区32条河道,总长达31.4 km;填塞大小水塘近20个,填塞水体面积47 hm²。这些行为不仅破坏了城市风貌,而且加剧了内涝威胁。绍兴城原有河道60 km,现仅剩下30 km;温州城宋代有长达65 km的河道,现在已全部填完。由于河道、水系填塞而加剧内涝的现象在各地普遍发生着。

洪水虽是一种随机的自然现象,但由于我国处于季风区,暴雨洪水几乎年年爆发,因此洪涝灾害已成为我国主要的一种自然灾害,也是对城市威胁很大并造成惨重损失的水害。建国以来,我国相继战胜了1954年与1998年的长江特大洪水,1963年海河洪水,1991年的淮河、太湖流域洪水,1994年的珠江洪水,1998年的松花江特大洪水,保护了武汉、哈尔滨、天津、广州等一批重要城市的安全。

1997年我国制定了《中华人民共和国防洪法》,并于1998年1月1日起实施;1995年1月1日实施了《防洪标准》(GB50201—94);1993年2月8日由建设部、水利部发布了《城市防洪工程设计规范》(CJJ50—92),并于2003年5月开展修订;2008年6月国家发布了《城市防洪规划规范》(征求意见稿)。这些法律法规的颁布与实施为我国城市防治洪水、减轻洪涝灾害、维护人民的生命财产安全、保障社会主义现代化建设的顺利进行提供了有力保障。

我国的防洪规划与建设已经取得了很大成就。自然条件决定了我国的防洪体系建设是一项长期而又艰巨的任务,在我国经济社会发展的进程中,将会面临一系列新的问题。人多地少是我国的基本国情之一,在防洪规划与建设中对这一基本国情要有充分的认识。由控制洪水向洪水管理转变是防洪工作的必由之路,对洪水实施有效的管理,科学合理地调控洪水,坚持"给洪水以出路"的原则是防洪的基本策略。加快防洪体系的建设,全面提高抵御洪涝 灾害的能力,唯此才能保障广大人民群众的生命财产安全和经济社会的可持续发展。

10.1.1　城市防洪现状

截至 2010 年,全国已建成各类水库 8.6 万多座,堤防长度 28.69 万 km,增加了对洪水的控制和调蓄能力,为确保城市安全发挥了很大的作用,取得了较大的经济效益和社会效益。但是我国现有的防洪工程绝大部分还处于一个较低的水平,仅能抗御一般洪水,不能抗御较大洪水。近几年的抗洪斗争,暴露出来了许多问题,主要有以下方面。

1. 现状防洪工程标准普遍较低

我国城市防洪工程现状不仅低于国外一些城市的防洪标准,而且低于我国规定的防洪标准。据统计,我国现有设市城市 670 座,其中有防洪任务的城市 639 座,占城市总数的 95%。据不完全统计,城市工农业总产值约占全国工农业总产值的 66%。其中 80% 的城市防洪标准不足 50 年一遇,65% 的城市防洪标准不足 20 年一遇,城市内部的排洪标准,一般只有 5～10 年一遇。很多城市,特别是中小城市,则是"不设防"的城市。据资料表明,美国的城市一般可防御 100～500 年一遇的洪水;苏联城市防洪标准为 100～1 000 年;波兰为 500～1 000 年;日本东京、大阪的防洪标准为 200 年加 3 m 防浪墙;英国伦敦、奥地利维也纳约为 1 000 年。我国《防洪标准》根据城市社会经济地位的重要程度和非农业人口的数量制定了等级,但目前在全国 25 个防洪重点城市中,仅有 6 个城市达到了国家规定的标准。我国城市现状防洪工程标准低,不仅表现在堤防高程方面,而且还表现在堤防老化、失修、隐患多等方面。城市防洪标准低,抗御不了较大洪水,是城市洪水损失的最主要原因。

2. 城市防洪建设缓慢、资金短缺

城市防洪建设缓慢、资金短缺已成为制约城市防洪事业发展的重要因素。城市防洪建设所需资金数额巨大,少则千万,多则数亿。但城市防洪投入严重不足,工程建设缓慢。如在 2000 年达到国家规定的防洪标准,大致需要 250 亿～300 亿元。但中央一级用于城市防洪基本建设费约为 5 000 万元/年,地方的资金投入也十分有限,实际用于城市防洪工程建设的投资远远不能满足工程建设要求。一些完成防洪规划的城市,因缺乏资金,规划难以实现。

3. 洪涝灾害损失严重

1998 年,我国南北方均发生了洪涝灾害,全国洪涝面积达 22 580 万 hm²,受灾人口 2.31 亿人,死亡 3 656 人,造成直接经济损失 1 666 亿元人民币。2003 年 8 月下旬,陕西全境降雨(5 年一遇),渭河下游遭遇了历史上罕见的洪水灾害(50 年一遇)。56 万人受灾,直接经济损失超过 20 亿元。这是渭河流域 50 多年来最为严重的洪水灾害。此次洪水被称为典型的"小水酿大灾"。

2010 年夏,中国南方再次遭受大面积的洪涝灾害,据来自国家减灾委、民政部的统计,截至 8 月 6 日,洪涝灾害造成全国 2 亿人(次)受灾,1 454 人死亡,669 人失踪,1 214.8 万人(次)紧急转移安置,1 347.1 万 hm² 农作物受灾,因灾直接经济损失 2 751.6 亿元。

洪涝灾害损失严重主要是因为我国经济社会的快速发展以及城市化进程的不断加快,人口与财富向洪水高风险地区大量聚集,单位面积财富迅速增加;另一方面土地价值凸显后使得侵占河道及湖泊洼地等现象严重,滞蓄洪水空间减少,河道行洪能力降低,高水位行洪历时延长,新时期呈现出"小水大灾"的新特点。目前我国约有 40% 人口、35% 的耕地和 70% 的工农业生产总值集中在各大流域中下游地区,这些地区既是财富集中地区,也是受洪涝灾害威胁最严重的地带。这些地区一旦遭遇大水,将对我国经济社会发展造成很大影响。

3. 城市防洪非工程措施很不完善

1）城市防洪规划和管理工作薄弱

目前，全国只有44%的城市完成了城市防洪规划的编制工作。城市防洪管理亦很薄弱，部分城市盲目发展、与河争地，在经济建设中城市在低洼地区甚至在河道内建设也时有发生，河道设障严重，既阻碍了洪水下泄，又加大了灾害损失。如珠江三角洲是我国城市化程度较高的地区，近几年河道两岸滩地被盲目围占，河道中阻水建筑物众多。1994 年该地区来水仅 50 年一遇，而河网内部分测站的水位却超过历史最高水位。目前，我国对此的行政管理还不够有力，缺少强制手段，以致清除城市河道内的行洪障碍工作十分困难，新的障碍仍在出现。

2）报警系统技术落后

目前，我国共拥有 1.2 万个各类防汛指挥电台，其中有 7 500 个属于国家规定需要淘汰的类型，在使用时效果差、干扰大、信息传递慢。

3）城市防洪意识不强

一些城市对防洪工作没有真正重视，水患意识淡漠，存在侥幸心理，没有按照《防洪法》的要求采取措施加强防洪工程设施建设。

4）法规建设不健全

近年来，虽然先后制定了《水法》、《河道管理条例》和《防洪条例》等，但有法不依，执法不严的现象十分普遍。

10.1.2　城市防洪规划的意义

随着我国社会经济的迅速发展，城市的数量越来越多，城市的规模不断扩大，城市资本与社会财富日益巨量化。城市一旦遭受洪涝灾害，就会给人民生命和国家财产造成巨大损失，因此，城市防洪规划关系到国家和一个地区的兴衰，关系到国家和社会的稳定，搞好城市防洪排涝工作，保障城市安全，具有十分重要的政治、经济意义。根据《中华人民共和国城乡规划法》，防洪规划已被确定为城市总体规划的重要内容和组成部分，城市防洪设施是城市基础设施的重要组成部分。

当然，各个城市的地理位置不同，受到洪水危害的程度也不一样。为保证城市安全，要求对于下列有可能遭受洪水危害的城市必须做好防洪规划。

（1）城市及工业区位于河流沿岸，且地面高程低于河道洪水位，洪水期可能造成城市被淹。

（2）河流穿城而过，当发生洪水时，水位高于两岸地面，洪水直接威胁城区安全；与此同时，由于洪水对河岸的冲刷侵蚀作用，造成河道塌岸，影响城区安全。

（3）城市位于河流下游，而河流上游建有水库，虽然对于洪水起到一定的调节作用，但河流下游城市附近的洪水将大不同于天然情况，对这类城市必须考虑水库对洪水的影响。

（4）位于山区前城市，由于山地坡度陡，山沟众多，一遇暴雨、洪水由各沟口涌出，来势凶猛，常对城区及工业区的安全有较大影响。

（5）位于山区小沟道中的城市，一般情况下是临河依山，前有河洪威胁，背有山洪侵扰，更应注意防洪问题。

（6）有的城市虽然与河没有直接关系，但位置低下，一遇暴雨洪水，水流不畅，往往也受到水淹，也需要采取防洪排涝工程措施。

（7）有的城市位于海边，由于海水涨潮和台风影响也可能使城市受到海水侵袭，造成损失，同样需要采取防潮措施。

（8）凡水利部所确定的 31 座全国重点防洪城市，必须认真做好防洪工程规划，且其防洪规划应由省（自治区、直辖市）人民政府批准，实施计划应报水利部、住房和城乡建设部、国家计委、国家防汛抗旱总指挥部和有关流域机构备案。

除此之外，凡受到洪水威胁与侵蚀的城市，均应编制城市防洪规划。

10.1.3　城市防洪工程规划

1. 城市防洪工程规划的任务

城市防洪工程规划的主要任务如下。

（1）确定城市防洪区域（即可能对城市造成洪水威胁的水位或附近山区的汇水流域范围）。

（2）合理确定城市防洪、排涝规划标准。

（3）确定城市用地防洪安全布局原则，明确城市防洪保护区和蓄滞洪区范围。

（4）确定城市防洪体系，制订城市防洪、排涝工程方案与城市防洪非工程措施，提出技术上可行、经济上较为合理的工程治理措施或生物治理措施。

2. 城市防洪工程规划的规划原则

国家经济建设的目标、方针、政策和防护区的重要性，是编制规划的基本依据。一般应遵循以下原则。

1）全面规划统筹安排

洪水主要来自河流上游山丘区，而灾害多集中在中下游和平原地区。规划中，要从全局出发，在全面规划、大局为重、统筹安排、分期实施的原则下处理好上下游、左右岸、近期与远景、大中小型等方面的关系。为了整体利益，必要时局部要作某些牺牲。

2）综合利用

在基本满足一定防洪任务的前提下，根据综合利用的原则，尽可能地开发水资源，达到除害兴利的要求。

3）蓄泄兼筹

因地制宜，蓄泄兼筹，合理安排洪水出路，一般在山丘区结合兴利，修建山谷水库，控制调蓄洪水；在平原区要以泄为主采用堤防、河道整治，充分扩大河槽宣泄能力，在有条件的河段并利用湖洼地兴建分洪工程以削减超额洪水峰量。在条件许可的情况下，各河段都可以采取蓄泄兼筹、以泄为主的办法，分河段规划超额洪水的出路。

4）区别对待超标准洪水

对于拟定的设计标准内的洪水要有正常设施，使重点保护区避免发生灾害损失；对于超标准洪水则主要采取临时紧急措施，减少淹没损失，做到尽量避免人身伤亡和防止毁灭性灾害。

5）与防洪非工程措施结合

洪水的出现有极大的随机性，同时建设防洪系统受到经济技术条件的制约，防洪能达到的标准有一定的限度。因而，人们不可能单独依靠工程措施来控制洪水灾害，只有与非工程措施结合使用，才能有效地提高防御洪水的能力。

10.2　城市防洪标准及设计洪水流量

　　城市防洪工程是通过为城市提供安全保障,间接体现其经济效益、社会效益和环境效应的。特别是经济效益,只有在发生洪水时通过由避免或减少洪灾损失来体现。由于洪水的发生具有偶然性,其发生的几率较少,且历时较短,人们往往容易产生麻痹思想和侥幸心理。加之城市防洪建设需要投资较多,且资金没有保证,这也是部分城市对防洪不够重视、防洪设施长期迟建、缓建或达不到标准而造成惨重损失的基本原因之一。

　　在防洪工程的规划设计中,一般按照规范选定防洪标准,并进行必要的论证。防洪标准的高低,与防洪保护对象的重要性、洪水灾害的严重性及其影响直接有关并与国民经济的发展水平相联系。当然,城市防洪工程的规划设计标准并不是所有城市采取同一个标准,国家根据城市规模的大小、等级的高低及在国民经济中的地位与作用,受洪水、雨水威胁的程度,淹没损失大小、工程修复难易程度、人口多少、环境污染状况以及其他自然经济条件等因素进行综合分析,对不同保护对象因地制宜选定不同防洪标准等级。

　　对于特殊情况,如洪水泛滥可能造成大量生命财产损失等严重后果时,经过充分论证,可采用高于规范规定的标准。如因投资、工程量等因素的限制一时难以达到规定的防洪标准时,经过论证可以分期达到。

10.2.1　洪水分类

　　洪水是一种常见的自然现象,通常是指由暴雨、急骤融冰化雪、风暴潮等自然因素引起的江河湖海水量迅速增加或水位迅猛上涨的水流现象。

　　1. 根据洪水形成水源划分

　　雨洪水:在中纬度地带,洪水的发生多由雨水形成。大江大河的流域面积大,且有河网、湖泊和水库的调蓄,不同场次的雨水在不同支流所形成的洪峰,汇集到干流时,各支流的洪水过程往往相互叠加,组成历时较长涨落较平缓的洪峰。小河的流域面积和河网的蓄调能力较小,一次雨水就形成一次涨落迅猛的洪峰。雨洪水可分为两大类,暴洪是突如其来的湍流,它沿着河道奔流,摧毁所有事物,暴洪具有致命的破坏力,另一种是缓慢上涨的大洪水。

　　山洪:山区溪沟,由于地面和河床坡降都较陡,降雨后产流、汇流都较快,形成急剧涨落的洪峰。

　　泥石流:雨引起山坡或岸壁的崩塌,大量泥石连同水流下泄而形成。

　　融雪洪水:在高纬度严寒地区,冬季积雪较厚,春季气温大幅度升高时,积雪大量融化而形成。

　　冰凌洪水:中高纬度地区内,由较低纬度地区流向较高纬度地区的河流(河段),在冬春季节因上下游封冻期的差异或解冻期差异,可能形成冰塞或冰坝而引起。

　　溃坝洪水:水库失事时,存蓄的大量水体突然泄放,形成下游河段的水流急剧增涨甚至漫槽成为立波向下游推进的现象。冰川堵塞河道、雍高水位,然后突然溃决时,地震或其他原因引起的巨大土体坍滑堵塞河流,使上游的水位急剧上涨,当堵塞坝体被水流冲开时,在下游地区也形成这类洪水。

　　湖泊洪水:由于河湖水量交换或湖面大风作用或两者同时作用,可发生湖泊洪水。吞吐流湖泊,当入湖洪水遭遇和受江河洪水严重顶托时常产生湖泊水位剧涨,因盛行风的作用,引起湖水运动而产生风生流,有时可达 5 ~ 6 m,如北美的苏必利尔湖、密歇根湖和休伦湖等。

天文潮:海水受引潮力作用,而产生的海洋水体的长周期波动现象。海面一次涨落过程中的最高位置称高潮,最低位置称低潮,相邻高低潮间的水位差称潮差。加拿大芬迪湾最大潮差达 19.6 m,中国杭州湾的澉浦最大潮差达 8.9 m。

风潮:台风、温带气旋、冷锋的强风作用和气压骤变等强烈的天气系统引起的水面异常升降现象。它和相伴的狂风巨浪可引起水位上涨,又称风潮增水。

海啸:是水下地震或火山爆发所引起的巨浪。

2. 根据水源和发生时间划分

洪水是指特大的径流。这种径流往往因河槽不能容纳而泛滥成灾。根据洪水形成的水源和发生时间,一般可将洪水分为春季融雪洪水和暴雨洪水两类。

3. 根据洪水量大小划分

一般洪水:重现期小于 10 年。

较大洪水:重现期 10 ~ 20 年。

大洪水:重现期 20 ~ 50 年。

特大洪水:重现期超过 50 年。

4. 洪水三要素

当某一流域发生了一次洪水时,人们便可在一测流断面上测算出一条相应的洪水过程线。从过程线上可看出一般洪水的特征。

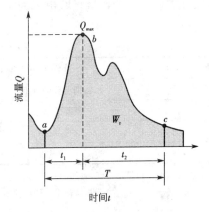

图 10 - 1　洪水过程线
a—起涨点;b—洪峰点;c—落平点;
t_1—涨水段;t_2—退水段

"形",如图 10 - 1 所示。洪水从水位(水量)涨高(多)一直到降回原水位,这段时间为洪水历时 T。$T = t_1 + t_2$,一般 $t_2 > t_1$。

"峰",b 点为洪峰值,洪水过程中最高点(可能不止一个)。

"量",即洪水总量。本次洪水总的水量,亦是由 $a - b - c$ 过程线与时间坐标所夹的面积。

峰、量、形简称洪水三要素,即洪峰流量(洪峰水位)、洪水总量、洪水流量过程线。其中洪峰流量对于防洪工程具有重要控制作用。不同的地理、气候等因素对洪水三要素或大或小地有影响。例如,山区使洪水过程线"高而瘦",平原使洪水过程线"低而胖"。

10.2.2　防洪标准

所谓防洪标准,是指防洪工程能防多大的洪水。一般以某一重现期(如 10 年一遇洪水、100 年一遇洪水)的设计洪水为标准;也有以某一实际洪水为标准。防洪工程的规模是以所抗御洪水的大小为依据,洪水的大小在定量上通常以某一重现期(或某一频率)和洪峰流量表示。

防洪规划的设计标准,关系到城市的安危,也关系到工程造价和建设期限,是防洪规划中体现国家经济政策和技术政策的一个重要环节。世界各国所采用的防洪标准各有不同,有的用重现期表示,有的采用实际发生的洪水表示,但差别不大。例如日本对特别重要的城市要求防 200 年一遇洪水,重要城市防 100 年一遇洪水,一般城市防 50 年一遇洪水;印度要求重要城镇的堤防按 50 年一遇洪水设计。对农田的防洪标准一般为 10～20 年一遇洪水。澳大利亚农牧业区要求防 3～7 年一遇洪水。美国主要河道堤防防洪标准,比 1927 年洪水大 11%～38%,约相当于频率法的 100～500 年(随控制站而异)一遇洪水,但实际上许多河道都未能达到防御 100 年一遇洪水的标准。我国防洪标准一般用重现期表示。

确定城市防洪标准时一般应明确设防城市或工业区的规模,城市或工业区的地理位置、地形、历次洪水灾害情况以及当地的经济技术条件等。对于上游有大中型水库的城市,防洪标准应适当提高。

1. 城市防洪标准

目前,我国城市已达 660 多座,城市大小不仅人口差别悬殊,而且在政治、经济、文化上的重要程度相差甚大。一般地讲,人口愈多、重要程度愈高者,其防洪标准应当愈高;反之,其防洪标准就要低些。为了科学制定不同城市的防洪标准,应根据其社会经济地位的重要性或非农业人口的数量将城市分为 4 个等级。

表 10-1　城市的等级和防洪标准

等级	重要性	非农业人口/万人	防洪标准[重现期(年)]
I	特别重要的城市	≥150	≥200
II	重要的城市	150～50	200～100
III	中等城市	50～20	100～50
IV	一般城市	≤20	50～20

注:1. 城市人口是指市区和近郊非农业人口。
　　2. 城市是指国家按行政建制设立的直辖市、市、镇。

特大城市、大城市及城区范围较大分为几个城区的城市可分为几部分单独进行防护的,各防护区的防洪标准,应根据其重要性、洪水危害程度和防护区非农业人口的数量分别确定。

位于山丘区的城市,当城区分布高程相差较大时,应分析不同量级洪水可能淹没的范围,并根据淹没区非农业人口和损失的大小,确定其防洪标准。

位于平原、湖洼地区的城市,当需要防御持续时间较长的江河洪水或湖泊高水位时,其防洪标准可取表 10-1 中规定的较高者。

位于滨海地区中等级以上城市,当按表 10-1 的防洪标准确定的设计高潮位低于当地历史最高潮位时,应当采取当地历史最高潮位进行校核。

对于重要的工程,除了按照设计标准规划设计外,还应考虑在非常情况下,洪水可能会漫淹堤顶,因此,常需要提高标准进行校核。校核标准可按表 10-2 采用。

表 10-2　防洪校核标准

设计标准频率(重现期)	校准标准频率(重现期)	设计标准频率(重现期)	校准标准频率(重现期)
1% (100 年一遇)	0.2%～0.33% (500～300 年一遇)	5% (20 年一遇)	2%～4% (50～25 年一遇)
2% (50 年一遇)	1% (100 年一遇)		

2. 乡村防洪标准

以乡村为主的防护区,应根据其防护人口或耕地面积分为 4 个等级,各个等级的防洪标准见表 10 - 3。

表 10 - 3　乡村防护区等级与防洪标准

等级	防护区人口/万人	防护区耕地面积/万亩	防洪标准(重现期)/年
I	≥150	≥300	100 ~ 50
II	150 ~ 50	300 ~ 100	50 ~ 30
III	50 ~ 20	100 ~ 30	30 ~ 20
IV	≤20	≤30	20 ~ 10

3. 不同洪灾类型防洪标准

同一等级城市,不同类型洪水可造成的灾害程度和损失大小是大不相同的。所以,行业标准规定,同一等级城市,遭受不同洪水威胁,可采用不同的防洪标准。其中,江河洪水和风暴潮洪水对城市危害严重,防洪标准应适当提高;山洪一般因每条山洪沟汇水面积较小,洪水损失一般都是局部性的,灾害较轻,防洪标准可采用较低值;泥石流是一种特殊的山洪,危害较一般山洪严重,所以防洪标准比一般山洪高些。城市防洪标准是根据城市等级和洪灾类型按表 10 - 4 分析确定。

表 10 - 4　城市等级和洪灾类型

城市等级	防洪标准(重现期)/年		
	河(江)洪、海湖	山洪	泥石流
一	≥200	100 ~ 50	>100
二	200 ~ 100	50 ~ 20	100 ~ 50
三	100 ~ 50	20 ~ 10	50 ~ 20
四	50 ~ 20	10 ~ 5	20

注:城市等级一级为非农业人口在 150 万以上的特别重要城市;二级为非农业人口在 150 ~ 50 万的重要城市;三级为非农业人口在 50 ~ 20 万的中等城市;四级为非农业人口在 20 万以下的一般城市。

4. 文物古迹防洪标准

在城市规划及历史文化遗产保护规划中,常常涉及到文物古迹受到洪水的威胁,对于不耐淹的文物古迹必须加以设防,防洪标准根据其等级与价值确定(表 10 - 5),对于特别重要的文化遗产,其防洪标准可适当提高。

表 10 - 5　文物古迹等级和防洪标准

等级	文物保护的级别	防洪标准(重现期)/年
I	国家级	≥100
II	省(自治区、直辖区)级	100 ~ 50
III	县(市)级	50 ~ 20

5. 旅游设施防洪标准

对于常受洪灾威胁的旅游设施必须加以设防,可根据其旅游价值、知名度和受淹损失程度确定防洪标准(表 10 - 6)。

表 10 - 6　旅游设施的等级和防洪标准

等级	旅游价值、知名度和受淹损失程度	防洪标准(重现期)/年
I	国家景点,知名度高,受淹后损失巨大	100 ~ 50
II	国家相关景点,知名度较高,受淹后损失较大	50 ~ 30
III	一般旅游设施,知名度较低,受淹后损失较小	30 ~ 10

6. 工矿企业防洪标准

冶金、煤炭、石油、化工、林业、建材、机械、轻工、纺织、商业等工矿企业,应根据其规模分为 4 个等级(见表 10 - 7)。

表 10 - 7　工矿企业的等级和防洪标准

等级	工矿企业规模	防洪标准(重现期)/年
I	特大型	200 ~ 100
II	大型	100 ~ 50
III	中型	50 ~ 20
IV	小型	20 ~ 10

注:如辅助厂区(或车间)和生活区单独进行防护的,其防洪标准可适当降低。

根据《统计上大中小型企业划分办法(暂行)》(国统字[2003]17 号)的划分标准,并依各类工矿企业的规模,按表 10 - 8 划分为大、中、小型 3 类。

表 10 - 8　大中小型企业划分标准

行业名称	指标名称	计算单位	大型	中型	小型
工业企业	从业人员数	人	2 000 及以上	300 ~ 2 000 以下	300 以下
	销售额	万元	30 000 及以上	3 000 ~ 30 000 以下	3 000 以下
	资产总额	万元	40 000 及以上	4 000 ~ 40 000 以下	4 000 以下
建筑业企业	从业人员数	人	3 000 及以上	600 ~ 3 000 以下	600 以下
	销售额	万元	30 000 及以上	3 000 ~ 30 000 以下	3 000 以下
	资产总额	万元	40 000 及以上	4 000 ~ 40 000 以下	4 000 以下
批发业企业	从业人员数	人	200 及以上	100 ~ 200 以下	100 以下
	销售额	万元	30 000 及以上	3 000 ~ 30 000 以下	3 000 以下
零售业企业	从业人员数	人	500 及以上	100 ~ 500 以下	100 以下
	销售额	万元	15 000 及以上	1 000 ~ 15 000 以下	1 000 以下
交通运输业企业	从业人员数	人	3 000 及以上	500 ~ 3 000 以下	500 以下
	销售额	万元	30 000 及以上	3 000 ~ 30 000 以下	3 000 以下

行业名称	指标名称	计算单位	大型	中型	小型
邮政业企业	从业人员数	人	1 000 及以上	400 ~ 1 000 以下	400 以下
	销售额	万元	30 000 及以上	3 000 ~ 30 000 以下	3 000 以下
住宿和餐馆业企业	从业人员数	人	800 及以上	400 ~ 800 以下	400 以下
	销售额	万元	15 000 及以上	3 000 ~ 15 000 以下	3 000 以下

7. 确定防洪标准注意事项

(1)江河沿岸城市城区段堤防的防洪标准,应与流域堤防的防洪标准相适应。城市城区段堤防的防洪标准应高于流域堤防的防洪标准;当城市城区段堤防成为流域堤防组成部分时,不论城市大小,其堤防的防洪标准均不应低于流域堤防的防洪标准。

(2)江河沿岸城市,当城市上游规划有大型水库或分(滞)洪区时,城市防洪标准可以分期达到。近期主要依靠堤防防御洪水,其防洪标准可以适当低些;待上游水库或分(滞)洪区建成投入运转后,城市防洪标准再达到或超过防洪规范要求的防洪标准。

(3)江河下游沿岸城市和沿海城市,地面高程往往低于洪(潮)水位,主要依靠堤防来保卫城市安全。堤防一旦决口,必将全城受淹,后果不堪设想。因此,防洪标准应在规范规定的范围内选用防洪标准的上限。

(4)当城市防洪可以划分几个防护区单独设防时,各防护区的防护标准,应根据其保护区的重要程度和人口多少,选用相应的防洪标准。如此可以使重要保护区采用较高的防洪标准,而不必提高整个城市的防洪标准。重要性较低和人口较少的防护区,可以采用较低的防洪标准,以降低防洪工程投资。

(5)兼有城市防洪作用的港口码头、路基、涵闸、围墙等建筑物、构筑物,其防洪标准应按城市防洪和该建筑物、构筑物的防洪要求较高者来确定,即不得低于城市防洪标准,否则,必须采用必要的防洪措施。

10.2.3　设计洪峰流量

相应于防洪设计标准的洪水流量,称为设计洪峰流量。洪峰流量是防洪工程规划设计的基本依据,计算正确与否关乎防洪规划的科学性。而洪水量的预测计算较为复杂,各地水利部门作了大量研究工作,在这里仅介绍几种常用方法,具体洪峰流量要征求当地水利部门的意见,取得水利部门的相关资料和基础数据。

1. 推理公式

1)推理公式的具体形式

$$Q = 0.278 \frac{\psi s}{t^n} F \quad (\text{m}^3/\text{s}) \tag{10-1}$$

式中　Q——设计洪峰流量,m^3/s;

s——与设计重现期相应的最大的一小时降雨量,mm/h;

ψ——洪峰径流系数;

t——流域的集流时间,h;

F——流域面积,km^2;

n——与当地气象有关的参数。

推理公式有一定的理论基础,方法简便。被应用的流域由于自然条件各异,有关参数经综合分析比较,从中进行取舍。

2)适用范围

推理公式是缺乏资料时小流域计算设计洪峰流量时常用的方法,在城市防洪工程中,对于山洪防治特别适用。山洪发生地带一般都无观测站观测资料;有些流域虽有短期暴雨资料,但由于流域之间自然条件相差悬殊,而具有较多资料的流域又很大,短期资料难以延长。

该推理公式的适用范围为流域面积 $F \leq 500 \text{ km}^2$。公式中各参数的确定方法,需要通过查阅相关计算图表和当地水文手册求得。

2. 经验公式

1)常见的经验公式

常见的经验公式以流域面积为参变数。其中"公路科学研究所"经验公式使用方便,应用较广,其公式如下:

$$Q = CFn \quad (\text{m}^3/\text{s}) \tag{10-2}$$

式中　Q——洪峰流量,m^3/s;

　　　C——径流模数,是概括了流域特征、气候特征、河槽坡度和粗糙程度及降雨强度公式中的指数 n 等因素的综合系数,可根据不同地区按表 10-9 采用;

　　　F——流域汇水面积,km^2;

　　　n——面积参数,当 $1 \text{ km}^2 < F < 10 \text{ km}^2$ 时按表 10-9 采用,当 $F \leq 1 \text{ km}^2$ 时 $n=1$。

该经验公式使用方便,如果建立在资料较为充足且可靠的基础上,使用时只需要知道流域面积大小即可,且发生的误差不会太大,因此得到广泛推广。但它的地区性较强,在采用现成公式到新区域时,必须注意两地条件是否基本相同。地区性经验公式很多,应用时可参阅有关资料和各省水文手册。

表 10-9　径流模数及面积参数

地区	在不同洪水频率时的 C 值					n 值
	1:2	1:5	1:10	1:15	1:25	
华北	8.1	13.0	16.5	18.0	19.0	0.75
东北	8.0	11.5	13.5	14.6	15.8	0.85
东南沿海	11.0	15.0	18.0	19.5	22.0	0.25
西南	9.0	12.0	14.0	14.5	16.0	0.75
华中	10.0	14.0	17.0	18.0	19.6	0.75
黄土高原	5.5	6.0	7.5	7.7	8.5	0.80

注:表中的洪水频率反映不同大小洪水发生的可能性,例如1:5反映这种洪水发生的可能性是20%(即5年中可能发生一次,或100年中可能发生20次)。

2)适用范围

在缺乏水文直接观测资料的地区,可采用经验公式。

该经验公式适用于汇水面积小于 10 km^2 的流域。

3. 洪水调查法

1）洪水调查

洪水调查主要是对河流、山溪历史上出现的特大洪水流量的调查和推算。调查的主要内容是历史上洪水的概况及洪水痕迹标高。

通过洪水调查，取得了洪痕标高（洪水水位）、调查河段的过水断面及河道的其他特征数值，根据这些数值，即可整理分析计算洪水流量。计算洪水流量的方法较多，其中均匀流公式最为常用。公式如下：

$$Q = \omega v \quad (\mathrm{m^3/s}) \tag{10-3}$$

式中　Q——通过调查面的洪水流量，$\mathrm{m^3/s}$；

　　　ω——调查断面的过水面积，$\mathrm{m^2}$；

　　　v——相应调查断面的流速，$\mathrm{m/s}$。

2）适用范围

当城市或工业区附近的河流或沟道没有实测资料或资料不足时，设计洪水流量可采用洪水调查法进行推算。当采用推理公式或经验公式进行计算时，为了论证其正确性，也可采用洪水调查法推算洪水流量加以验证。

4. 实测流量法

城市上游设有水文站，且具有 20 年以上的流量等实测资料，利用这些多年实测资料，采用数理统计方法，计算出相应于各重现期的洪水流量。计算成果的准确性优于其他几种方法。在有条件的地区，最好采用实测流量推测洪水流量。

10.3　城市防洪排涝措施

人类为防御洪水灾害而采取的各种手段和方法，称为防洪措施。按对洪水的处理方法不同，城市防洪主要措施分为工程措施和非工程措施两种。

城市防洪工程措施是指在江河、湖畔或海岸修建抗御洪水袭击的各种工程设施。其主要作用是提高河道渲泄能力和适当控制上游洪水来量。提高河道排泄能力措施有整治河道（包括裁弯取直、河槽拓宽等），整修堤防、利用湖泊或低洼地区蓄洪、向相邻流域分洪和增辟入海洪道等；控制上游洪水来量采取的措施有修建水库蓄洪和开展水土保持等。工程措施仍然是国内防洪的主要措施之一。

除防洪工程措施以外的其他所有防洪措施，称为非工程措施。防洪非工程措施是在洪水发生之前，预作周密安排，通过技术、法律、政策等手段，尽量缩小可能发生灾害的措施。主要包括洪水预报、洪水警报、洪泛区的土地划分与管理、洪水保险、洪灾救济等。另外通过控制城市人口、财富过度聚集和土地的不合理开发，以避免或减少城市遭受洪水灾害造成的生命财产损失。

完整的防洪措施需要工程与非工程措施相结合，相辅相成。对于一个国家或地区，两者的合理配合，主要决定于国家政治、社会、经济以及国家对防洪的策略。随着社会的发展和进步，非工程措施越来越受到人们重视。

10.3.1　城市防洪排涝工程措施

防洪工程措施是按照人们的要求用工程手段去改变洪水的天然特性，以防止或减少洪水所造成的灾害,又称为改造洪水的措施。

1. 调蓄水体

城市防洪规划应充分利用现有水体及城市附近的低洼区域,形成城市、小区、水库等不同层次、范围的蓄水系统。城市易涝地区调蓄水面应占总面积的5%以上。

城市调蓄水体应从城市总体布局出发,保留原有湖泊、水系,有条件的城市应在低洼地开辟池塘等调蓄水体,在城市上游修建水库蓄滞洪水。

1)水库调蓄

(1)修建水库调节洪水。在被保护城市的河道上游适当地点修建水库,调蓄洪水、削减洪峰,保护城市的安全。同时还可以利用水库拦蓄的水量满足灌溉、发电、供水等发展经济的需要,达到兴利除害的目的。

(2)利用已建水库调节洪水。利用河道上游已建水库调蓄洪水,削减洪峰,保护城市安全。例如利用位于丹江和汉江入汇口处的丹江口水库的调节,可削减汉江洪水近50%,保证了汉江中下游广大地区和城镇避免受洪水的威胁。

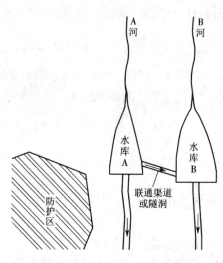

图 10 - 2　相邻水库联通调蓄洪水

(3)利用相邻水库调蓄洪水。如图10 - 2所示,若相邻两河流A和B各有一座水库A和B,位置相距不远,高程相差也不大。水库A的库容较小,调蓄洪水的能力较低,下游有防护区,而水库B的容积较大,调蓄洪水的能力较强,则可在两水库之间修筑渠道或隧洞,将两座水库相互联通,当A河道发生洪水时,通过A水库调蓄后的部分洪水可通过联通的渠道或隧洞流入B水库,通过水库调蓄后泄入B河下游,从而确保防护区的安全。

(4)利用流域内干、支流上的水库群联合调蓄洪水。如图10 - 3所示,利用流域内干、支流上已建的水库群对洪水进行联合调蓄,以削减洪峰和洪量,保证下游防护区的安全;同时利用水库群的联合调度,合理利用流域内的水资源。

2)修建与整治城市湖塘

利用城市低洼地、河沟修建城市湖塘或将现有的城市湖塘进行扩建整治,使其发挥调蓄洪水的功能是许多城市在规划中常用的方法。

(1)在小河、小溪或冲沟上筑坝,形成坝式池塘。

(2)在河漫开阔地段筑围堤或者挖深,营造一个较大水面,形成围堤式池塘。

(3)整治原有池塘,开挖出水口,变死水为活水。

整治后的城市湖塘还可以发挥多种功能,一是可以调节气候,改善城市卫生,美化城市;二是可以集蓄雨水,在旱季时用来灌溉园林、农田;三是可以增加副业生产,养鱼、种茭白和莲菜等经济作物;四是可利用其修建休闲福利设施,增加城市文化、休息的活动场所。如河北省唐山市利用城市南部开滦采煤塌陷区和大片垃圾场,经过绿化改造,逐步打造成生态园林,建设唐山南湖生态城。整个生态城规划面积91 km²,与曹妃甸生态城、凤凰新城和空港城构成唐山"城市四大功能区"。

2. 整治河道

整治河道,提高局部河段的泄洪能力,使上下河段行洪顺畅,可以避免因下游河段行洪不畅,致使上游河段产生壅水,而对上游河段造成洪水威胁。河道整治包括如下内容。

1)河道清障

清理河道中的阻水障碍物称为河道清障。河道清障的内容包括:清理河道中的淤积物和冲积物、树木和杂草、碴土、废弃物、垃圾等;清理在行洪河滩上的建筑物、围堤、围墙等障碍物;清理在河道上修建的阻水桥梁和道路。

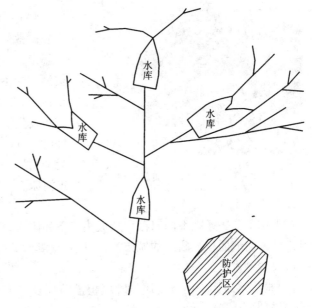

图 10 – 3　干、支流水库联合调蓄洪水

2)扩宽和疏浚河道

扩宽河道和疏浚河道可以加大河道的过水能力,使河道上下水流顺畅,因而可避免因水流不畅而产生壅水。河道扩宽和疏浚的内容包括:加宽局部较窄处的河床,使上下河段行洪顺畅;清除伸向河中的局部岸角,如图 10 – 4 所示;清除河道两岸岸坡上局部突起的坡角,如图 10 – 5 所示;清除河道中的浅滩;疏浚河道中淤积的泥沙,加深和扩宽河槽等。

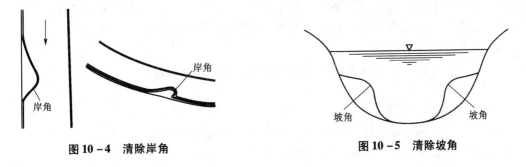

图 10 – 4　清除岸角　　　　　　　图 10 – 5　清除坡角

3)裁弯取直

弯曲河道凸岸往往淤积,凹岸常常冲刷,河槽极不稳定。同时由于河道弯曲,行洪不畅,上游河道将会产生壅水,对防洪造成威胁。为了使河道水流顺畅,提高其行洪能力,加大水力坡度,应对弯曲河道进行裁弯取直,使洪水位降低,如图 10 – 6 所示。

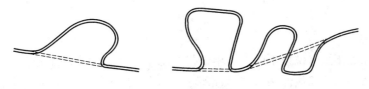

图 10 – 6　裁弯取直

图 10-7 蓟运河河堤加高工程

4）稳定河床

游荡性河道往往冲淤严重,河宽水浅,主流不稳定,河床变化迅速,汛期河岸极易冲决。这类河道的治理措施就是稳定河床,具体措施包括:在河滩上植树,加固滩地;对河岸进行加固,防止发生洪水时受到冲刷;在河滩上修建防护堤(图 10-7),防止汛期时洪水漫溢;在河道中受冲刷的一岸修建丁坝、顺坝、格坝等工程来稳定河床。

3. 设置截洪沟

截洪沟就是一条在下雨时截留从坡头流下的雨水,将夹杂泥沙的水引往别处的引水渠。受到山坡方向地面径流威胁的城市,必须设置截洪沟截引山洪泻入河中。

1）设置截洪沟的条件

(1)根据实地调查山坡土质、坡度、植被情况及径流计算,综合分析可能产生冲蚀的危害,设置截洪沟。

(2)建筑物后面山坡长度小于 100 m 时,可作为市区或局部地区雨水排出;当建筑区后山坡长度大于 100 m 或者虽然坡长小于 100 m,但坡度大于 30°且植被遭到破坏、水土流失严重时,应设置截洪沟。

(3)建筑物在切坡下时,切坡顶部应设置截洪沟,截洪沟边距切坡的距离不应小于 5 m,以防止雨水长期冲蚀而发生坍塌或滑坡。

2）截洪沟布置基本原则

(1)必须结合城市规划或局部详细规划。

(2)应根据山坡径流、坡度、土质及排出口位置等因素综合考虑。

(3)因地制宜,因势利导,就近排放。

(4)截洪沟走向宜沿等高线布置,选择山坡缓、土质较好的坡段。

(5)截洪沟排放口宜分散就近布置。

3）截洪沟规划布置要求

(1)与农田水利、园林绿化、水土保持、河湖系统规划结合考虑。

(2)截洪沟应因地制宜布置,尽量利用天然沟道,一般不宜穿过建筑群。

(3)截洪沟的设计纵坡不应过大,若必须设置较大纵坡时,则此段应设计跌水或陡槽,但不可在弯道处设置。

(4)当沟体宽度改变时,应设置渐变段,其长度为底宽差(或顶宽差)的 5~20 倍。

(5)截洪沟的弯曲半径不应小于水面宽度的 5~10 倍,沟顶标高应超过沟中最大水位标高的 0.3~0.5 m。

4. 修筑防洪堤

1）防洪堤的布置

防洪堤应在常年洪水位以下的城市用地范围以外布置,堤线必须顺畅,不能拐直弯。同时也要考虑最高洪水位和最低枯水位、城市泄洪口标高、地下水位标高等因素,如图 10-8、图 10-9 所示。当居民点内支流与防洪堤之间出现矛盾时,应参考以下方案妥善排除。

(1)沿干流及市内支流的两侧筑堤,而将部分地面水采用水泵排除。此方案排泄支流洪水方便,但要增加防洪堤的长度和道路桥梁的投资。

(2)只沿干流筑堤,支流和地面水则在支流交接处设置暂时蓄洪区,洪水到来时,闸门关闭,待河流退洪后,再开闸放出蓄洪区的洪水,或者设置泵房排除蓄洪水。此方案适用于支流的流量小,洪峰持续时间较短,堤内又有适当的洼地、水塘可作蓄洪区的情况。

(3)沿干流筑堤,把支流下游部分的水用管道排出,不需抽水设备,这种方案一般在城市用地具有适宜坡度时才宜采用。

(4)在支流修建调节水库,城市上游修截洪沟,把所蓄的水引向市区外,以减少堤

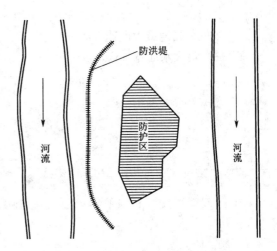

图 10-8　沿防护区河段修筑防洪堤

内汇水面积的水量。

2)防洪堤的技术要求

(1)防洪堤的轴线应大致与洪水流向相同,并与常水位的水边线有一定的距离。

(2)防洪堤的起点应设于水流平顺的地段,以避免产生严重冲刷;对设于河滩的防洪堤,若对过水断面有严重挤压时,则首段还应布置成八字形,以使水流平顺,避免发生严重淘刷现象。

(3)防洪堤顶可以与城市道路结合,但功能上必须以堤为主。

(4)防洪堤的顶部标高,可采用同一标高或采用与最高洪水的水面比降相一致的坡度。

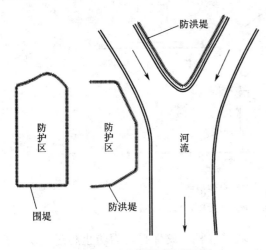

图 10-9　沿防护区修筑围堤

防浪堤、常用海堤形式见图 10-10、图 10-11。

堤顶标高可用公式(10-4)计算:

$$H = h_{\mathrm{h}} + h_{\mathrm{b}} + \triangle h \quad (\mathrm{m}) \tag{10-4}$$

式中　H——堤顶标高,m;

　　　h_{h}——最高洪水位,m;

　　　$\triangle h$——安全超高,m,一般取 0.3~0.5 m;

　　　h_{b}——风浪爬高,m,

$$h_{\mathrm{b}} = 3.2 h_{\mathrm{l}} K \cdot \mathrm{tg}\,\alpha \quad (\mathrm{m}) \tag{10-5}$$

　　　α——护堤迎水面坡角,(°);

　　　K——与护面粗糙程度及渗透性有关的系数,混凝土护坡,$K=1.0$,土坡或草皮护坡,$K=0.9$,块石护坡,$K=0.8$;

　　　h_{l}——浪高,m,

$$h_L = 0.020\,8\,V_{\max}^{5/4} \cdot L^{1/3} \quad (\text{m}) \tag{10-6}$$

$V_{\max}$——当地最大风速,m/s;

L——最大水面宽(m)。

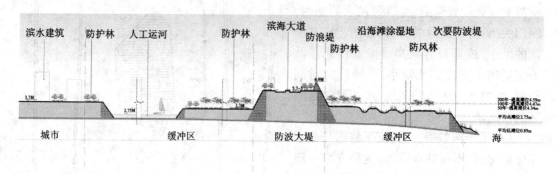

图 10 - 10　滨海城市防浪堤

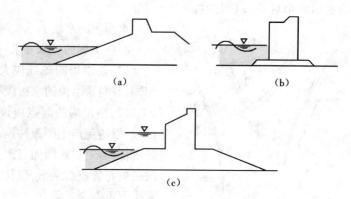

图 10 - 11　三种常用海堤形式

(a)斜坡式堤;(b)直墙式堤;(c)直墙复合式堤

　　(5)堤岸迎水面应用块石或混凝土砌护,背坡可栽种草皮保护。为防止超过设防标准的洪水,堤顶可加修 0.8~1.2 m 高的防浪墙。

　　5.提高用地高程

　　将容易被淹没的用地进行平整填高是防治水淹的一种较为简单的措施,一般在下列情况下可以采用。

　　(1)当采用其他方法不经济,而又有方便足够的土源时。

　　(2)由于地质条件不适宜筑堤时。

　　(3)填平小面积的低洼地段,以免积水影响环境卫生。

　　(4)可以根据建设需要进行填高并可分期投资,以节约开支;但土方工程量一般较大,总造价昂贵。

　　6.修建排水工程

　　在平原低洼地区,汛期由于连续降雨或降暴雨、排水不畅、地下水位升高,将会出现涝渍灾害,造成土地盐碱化和沼泽化,致使农作物减产、树木枯萎、建筑物沉陷开裂、地下水质恶化、蚊蝇孳生、地面湿陷坍塌等现象。防治措施就是修建排水工程。

1)修建排水沟渠

如果涝渍区附近有排水出路,如附近有河道、湖泊、天然洼地、坑塘等容泄区,则可修建排水沟、排水渠进行排水,排除渍水和降低地下水位,这是防治涝渍和浸没的重要措施。

(1)地面排水沟渠。排水沟渠敷设在地面,用以排除地表水。根据排水沟渠结构的不同,这种排水沟渠可分为排水明沟(渠)和盖板明沟(渠)。排水沟(渠)应尽量利用天然沟道并结合城市道路走向,因用地规划必须改道时,应确保水流顺畅,并应尽量顺直,减少弯道。排水沟方向改变时应顺接不得急转弯,断面改变时应设渐变段,避免水流突变产生涡流、壅水和冲刷。

(2)地下排水沟。排水沟渠设在地面以下,做成暗沟(渠)的形式。排水暗渠的进口前宜设置沉砂池和拦污栅,以减少渠内淤积,并应在进口处设置安全设施,以免洪水期发生安全事故。暗渠设在机动车道下时,覆土厚度不宜小于 0.7 m。为便于检修和清淤,应根据具体情况,每 100～200 m 设一座检查井。

排水沟的设计断面必须满足排洪要求。对上游有水库的排洪沟,应同时满足水库泄洪需求。排水沟顶宽超过 5 m 时宜采用明沟,小于 5 m 时宜采用暗渠。除修建道路、桥涵外,排洪沟上不得修建任何与防洪无关的建筑物和构筑物。

2)修建排水井

如果地下水位较高,为了除涝和防止发生浸泡,降低地下水位,可以修建排水井进行排水。

(1)自流排水井。当地下水位较高,高于地面高程,或地下水位承压水时,则地下水可通过排水井自流排出地面,再结合地面排水沟渠将地下水排入承泄区。

(2)抽水排水井。当地下水位非承压水,地下水位低于地表面时,则地下水不可能通过排水井自流排出地面,此时必须通过向井外抽水来降低地下水位。

(3)修建排涝泵站。对于低洼地区的积水,无法自流排出防护区,则应选择适当地点修建排涝泵站,将水抽出防护区。

10.3.2 非工程防洪措施

1.非工程防洪措施概述

非工程措施(Non—structural measures)是对工程措施而言的,泛指直接利用蓄、泄、分、滞等各类防洪工程以外的可以减少洪灾损失的其他各种措施。1966 年美国国会一个论述洪水灾害的文件中正式使用了"非工程措施"的概念,自此以后,这个术语便被许多国家引用,我国也采用了。非工程措施防洪策略的基本思想,是根据洪水的自然条件,在一定条件下允许大洪水淹没一部分洪泛区,通过采取各种非工程措施,尽可能减少洪灾损失,并逐步达到洪泛区合理的利用。

采用防洪非工程措施的原因主要有以下几点。

(1)只靠工程措施既不能解决全部防洪问题,又费用高昂,必须考虑与非工程措施的结合。

(2)洪泛区的开发利用不尽合理,人口和财富迅速增长,以致世界各国虽做了大量的防洪工程,但洪水所造成的损失仍然有增无减。

(3)现有防洪工程多数防御标准不高,提高标准在经济上又不合理,而超标准的洪水又可能发生。

（4）大型防洪工程投资大、占地多、移民问题突出，开发条件越来越差，可兴建的工程越来越少。因此，以非工程措施与工程措施相结合来减少洪灾损失的途径，日益为人们所重视。

2. 主要的非工程防洪措施

非工程防洪措施作为整个防洪体系的重要组成部分，对于减少洪水的作用，日益被人们所重视，而且在防洪中地位也越来越重要，它主要包括洪泛区管理、洪水预报、报警、防洪抢险和社会救济等。在国外，特别是美国经过近 20 年的努力，已建成一套完善的法规和办法，而我国的非工程性措施很不完善，还有许多工作要做。

（1）加强洪泛区管理。按洪水危险程度和排洪要求，将不宜开发区域和允许开发区域严格划分开。对于洪泛区应限制其土地的开发利用，控制洪泛区的经济发展。国内外利用城市周围的洪泛区和分洪区来蓄滞洪水，是减轻城市洪水压力、减少损失的有效措施，但是对于蓄滞洪区以及城市河道的管理却是我国的一个薄弱环节。洪泛区的管理应以限制其经济发展，减少损失为目的。如美国通过一些法律条例控制洪泛区发展，甚至加重洪泛区的税收，促使洪泛区居民搬迁。

（2）对洪水易淹区内的建筑物及其内部财物设备的放置等方面都给予规定。例如规定建筑物基础的高程、结构，规定财物存放在安全地点或在洪水到来前移至安全地点等。

（3）推行洪水保险。通常指强制性的洪水保险，即对淹没几率不同的地区，对开发利用者强制收取不同保险费率，从经济上约束洪泛区的开发利用。

（4）建立洪水预报、警报系统，拟订和采取居民应急转移计划和对策。把实测或利用雷达遥感收集到的水文、气象、降雨、洪水等数据，通过通信系统传递到预报部门分析，直接输入电子计算机进行处理，作出洪水预报，提供具有一定预见期的洪水信息，必要时发出警报，以便提前为抗洪抢险和居民撤离提供信息，以减少洪灾损失。它的效果取决于社会的配合程度，一般洪水预见期越长，精度越高，效果就越显著。

（5）救灾。从社会筹措资金、国家拨款或利用国际援助等进行救济，给受灾者以适当补偿，以安定社会秩序，恢复居民生产生活。救灾虽不能减少洪灾损失，但可减少间接损失，增加社会效益。

（6）制定执行有关法令和经济政策等。

3. 非工程措施与工程措施的区别

防洪的工程措施和非工程措施两者目标是一致的，也是互相关联和有互补性的，但在具体措施上是不同的。

（1）工程措施着眼于洪水本身，设法利用各种防洪工程控制或约束洪水，改变洪水有害的时空分布状态，使防洪保护区不受淹或少受淹；非工程措施并不改变洪水的存在状态，而是着眼于洪泛区，设法改变洪泛区的现实和发展状况，使之更能适应洪水的泛滥。

（2）工程措施基本上是一个工程技术问题，非工程措施在很大程度上是一个管理问题，它涉及行政、法律、经济和技术等各个方面。

（3）工程措施要修建防洪工程，需要投入较多的资金，一般要列入基本建设计划。非工程措施虽不修建防洪工程，但也需要一定资金进行洪泛区安全建设，建立洪水预报、警报系统和开展各项有关业务活动等，投入资金可能要少一些，但过去往往被忽视或容易被削减。

（4）防洪工程的管理维修和调度运行，技术性较强，主要依靠专业部门去做。非工程措施的政策性较强，关系到全社会各个方面，必须由各级地方政府直接领导，依靠各有关业务主管部门、社会团体和广大群众共同执行。

（5）工程措施通常是用一个指标，如用防御百年一遇洪水的指标来表示对防洪保护区的防御程度；非工程措施不采用保护程度的指标，而是根据措施本身特点采用减少洪灾损失程度或风险程度等含义。

10.3.3　雨洪综合利用

我国是一个水资源相对贫乏、时空分布又极不均匀的国家。一方面，2008 年，东北、华北等地发生严重冬春连旱、云南连续近三个月干旱；2009 年，北方冬麦区 30 年罕见秋冬连旱、南方 50 年罕见秋旱、西藏 10 年罕见初夏旱；2010 年，贵州 84 县连续 226 天无雨成特重旱灾区，云南滇中、滇东、滇西东部的大部地区旱情百年一遇。而另一方面，2008 年，中国珠江流域发生较大洪水，滁河发生了大洪水，长江流域洞庭湖、鄱阳湖水系和嫩江、西辽河等江河的一些支流发生大洪水；2009 年，太湖出现 1999 年以来的最高水位，长江上游发生 2004 年以来的最大洪水；2010 年，全国 25 条河流发生超历史大洪水，100 多个县级以上城市一度进水。

城市雨洪利用是指通过工程性和非工程性措施，分散实施，就地拦蓄、储存和利用城市雨洪，避减洪涝灾害，增辟城市可利用水资源，改善城市居住环境。借鉴国内外城市雨洪资源综合利用的成功经验，城市雨洪利用主要包括雨水储存利用和雨水渗透两方面的内容。

1. 雨洪集蓄

对汛期雨洪资源加以收集、储存利用，可以有效地缓解城市水资源短缺状况。城市范围内的建筑屋顶、城市广场、运动场、草坪、庭院、城市道路等都可以用作收集雨洪的有效界面。雨洪的收集储存特别适用于下部土壤地质构造的透水性能不满足透水性铺装要求的地段。

蓄水池一般建于地下，汇集贮存雨洪用作城市非饮用水的直接水源，或用作建筑物内外冲洗用水、绿化用水，这在一定程度上可以缓解城市供水的压力。

在大城市的建筑密集区域，利用雨洪资源，发展屋顶绿化可美化城市、净化空气，达到改善城市生态环境的目的。

2. 雨洪渗透

尽可能减少封闭地面，增加雨洪入渗的通道。近年来，地面硬化已成为许多城市建设的标志性工程。大城市的地面硬化率一般为 25% ~ 40%，中小城市的地面硬化率也达到 10% ~ 20%。尽管地面硬化对改善城市卫生环境起到了一定作用，但因其而造成的城市雨水径流和生态环境恶化问题不得不引起关注。在德国的巴伐利亚州，封闭路面仅占路面的3.4%。采用在绿色植被与土壤之间增设贮水层、透水层等办法可减缓雨洪地表径流的速度，增加城市土壤的相对含水量，降低暴雨期间城市的防洪压力，并使城市地下水得到补偿。

3. 雨洪回灌

雨洪回灌的前提之一是土壤需具有适宜的渗透性和吸收能力以及地下水的抗污染能力，土壤的渗透性不能太小，否则会引起地面滞水而影响环境；同时土壤的渗透性也不能太大，否则会因雨洪渗透到地下的过程太快，而没有足够的停留时间和化学、生物净化过程。根据国内外的经验，只要采取适当的技术措施并结合当地的实际情况，雨洪的就地循环是完全可以实现的。

总之，城市雨水利用是解决我国城市水资源短缺、减少城市雨洪灾害和改善城市环境的有效途径。应大力实施城市雨水综合利用工程，对雨水资源进行合理的配置和科学管理，增加水资源的有效供给。维系良好的水生态环境,造就一个公平稳定、经济繁荣、有利于城市可持续发展和人与自然和谐相处的文明城市。

10.4　城市泥石流防治工程规划

10.4.1　泥石流及其分布

1.泥石流的概念

图 10 – 12　四川宜宾市泥石流灾害

泥石流是指在山区或者其他沟谷深壑、地形险峻的地区,因为暴雨、暴雪或其他自然灾害引发的山体滑坡并携带有大量泥沙以及石块的特殊洪流。泥石流具有突然性以及流速快、流量大、物质容量大和破坏力强等特点。发生泥石流常常会冲毁公路、铁路等交通设施甚至村镇等,造成巨大损失(图 10 – 12)。是山区常见的、多发的自然灾害之一。

2.泥石流的分布

世界上发生泥石流的区域分布广泛。除南极洲外,各大洲都有泥石流的踪迹。泥石流最多的地区是欧洲阿尔卑斯山区、亚洲喜马拉雅山区、南北美洲太平洋沿岸山区和欧亚美各大洲内部的一些山区。

我国是多山之国,受岩层断裂等地质构造的影响,许多山体陡峭,岩石结构不稳固,森林覆盖面积不多,遇到季风气候的连阴雨、大暴雨天气,常发生严重的泥石流灾害。黄土高原,天山、昆仑山等山前地带,太行山,长白山泥石流危害都很严重。我国的台湾省也经常有泥石流发生。据初步调查,泥石流在全国的分布总面积有 100 万 ~110 万 km^2,占国土面积的 11%,危害较严重的泥石流区面积为 65 万~70 万 km^2,占全国总面积的 7%。

据统计,我国每年有近百座县城受到泥石流的直接威胁和危害,有 20 条铁路干线的走向经过 1 400 余条泥石流分布范围内。在我国的公路网中,以川藏、川滇、川陕、川甘等线路的泥石流灾害最严重。泥石流还对一些河流航道造成严重危害,如金沙江中下游、雅砻江中下游和嘉陵江中下游等,泥石流活动及其堆积物是这些河段通航的最大障碍。

2010 年 8 月 7 日晚 11 时左右,舟曲县城东北部山区突降特大暴雨,降雨量达 97 mm,持续 40 多分钟,引发三眼峪、罗家峪等四条沟系特大山洪地质灾害,泥石流长约 5 km,平均宽度 300 m,平均厚度 5 m,总体积 750 万 m^3,流经区域被夷为平地,绝大部分群众没有来得及逃生,见图 10 – 13。

图 10 – 13　舟曲县被泥石流冲毁的楼房

10.4.2　泥石流的成因及类型

1. 泥石流的成因

导致泥石流形成的因素很多,而主要因素可概括为三个:有陡峭便于集水集物的适当地形,上游堆积有丰富的松散固体物质,短期内有突然性的大量流水来源。三要素也称为泥石流形成的三个基本条件。

1)松散物质来源

流域内有较多的泥、砂和石块能直接补给泥石流,是泥石流形成的最基本物质条件。

地表岩石破碎,崩塌、错落、滑坡等不良地质现象发育,为泥石流的形成提供了丰富的固体物质来源;另外,岩层结构松散、软弱、易于风化、节理发育或软硬相间成层的地区,因易受破坏,也能为泥石流提供丰富的碎屑物来源;一些人类工程活动,如滥伐森林造成水土流失,开山采矿、采石弃渣等,往往也为泥石流提供大量的物质来源。

2)丰富的水源

水既是泥石流的重要组成部分,又是泥石流的激发条件和搬运介质(动力来源),泥石流的水源,有暴雨、水雪融水和水库溃决水体等形式。我国泥石流的水源主要是暴雨、长时间的连续降雨等。

3)地形地貌条件

据调查,我国泥石流多发生在小型流域内,流域面积 10 km^2 的泥石流沟占总数的86.9%。流域平均比降 0.05~0.30,占总数的79%,山坡坡度在 20°~50°的占71%。

在地形上具备山高沟深,地形陡峻,沟床纵度降大,流域形状便于水流汇集。在地貌上,泥石流的地貌一般可分为形成区、流通区和堆积区 3 部分。

上游形成区的地形多为三面环山,一面出口为瓢状或漏斗状,地形比较开阔、周围山高坡陡、山体破碎、植被生长不良,这样的地形有利于水和碎屑物质的集中。

中游流通区的地形多为狭窄陡深的峡谷,谷床纵坡降大,使泥石流能迅猛直泻。

下游堆积区的地形为开阔平坦的山前平原或河谷阶地,使堆积物有堆积场所。

另外,人类不合理的经济活动,如滥垦坡地、滥伐森林以及城市建设时不适当的开炸建筑石料及矿渣和路渣等大量岩屑乱堆在山坡和沟谷中,破坏了当地的生态平衡,影响了坡地的稳定性并提供了大量松散的固体物质,加速了泥石流的发生和发展,扩大了泥石流的活动范围,增加了泥石流发生的频率和强度,也可能使已经停息的泥石流又重新活跃起来。

2. 泥石流类型

泥石流的分类方法很多:按灾害严重程度,分为严重、中度和一般 3 类;按泥石流的成因分类有水川型泥石流、降雨型泥石流;按泥石流流域大小分类有大型泥石流、中型泥石流和小型泥石流;按泥石流发展阶段分类有发展期泥石流、旺盛期泥石流和衰退期泥石流等。

1)按物质成分分类

(1)泥石流:由大量黏性土和粒径不等的砂粒、石块组成。

(2)泥流:以黏性土为主,含少量砂粒、石块,黏度大,呈稠泥状。

(3)水石流:由水和大小不等的砂粒、石块组成。

但就其本质而言,按其物质组成、运动情况和形成的地质条件进行分类比较合适(参见表 10 - 10),也利于治理。

表 10 – 10　泥石流类型

泥石流类型		组成部分	运动情况	地质条件
Ⅰ	泥流及泥石流	以黏土为主,有时含有小直径的石块、碎屑	形成稠密的流体,有弹性、塑性,有阵流现象,停止时凝聚,表面成波浪状	黄土、第三纪红土层及其他以黏土为主的地层
Ⅱ	浑水流	水流挟带少量的泥沙及石块	与水流性质相近似	覆盖层较薄、缺乏植被保护
Ⅲ	石流	大部分石块、砂砾,黏土颗粒较少	呈紊流状态,固体材料分段沉积	风化的岩石破碎地区,沟谷下切至基岩或为断层带及滑坡塌方体

2)按流域形态分类

(1)标准型泥石流:为典型的泥石流,流域呈扇形,面积较大,能明显地划分出形成区、流通区和堆积区。

(2)河谷型泥石流:流域呈狭长条形,其形成区多为河流上游的沟谷,固体物质来源较分散,沟谷中常年有水,故水源较丰富,流通区与堆积区往往不能明显分出。

(3)山坡型泥石流:流域呈斗状,其面积一般小于 1 000 m²,无明显流通区,形成区与堆积区直接相连。

3)按物质状态分类

(1)黏性泥石流:含大量黏性土的泥石流或泥流。其特征是:黏性大,固体物质占40%~60%,最高达80%。其中的水不是搬运介质,而是组成物质,稠度大,石块呈悬浮状态,暴发突然,持续时间短,破坏力大。

(2)稀性泥石流:以水为主要成分,黏性土含量少,固体物质占10%~40%,有很大分散性。水为搬运介质,石块以滚动或跃移方式前进,具有强烈的下切作用。其堆积物在堆积区呈扇状散流,停积后似"石海"。

3.泥石流规律性

泥石流发生的时间具有季节性和周期性的规律。

1)季节性

我国泥石流的暴发主要是受连续降雨、暴雨,尤其是特大暴雨集中降雨的激发。因此,泥石流发生的时间规律与集中降雨时间规律相一致,具有明显的季节性。一般发生在多雨的夏秋季节。因集中降雨的时间的差异而有所不同。四川、云南等西南地区的降雨多集中在6—9月,因此,西南地区的泥石流多发生在6—9月;而西北地区降雨多集中在6、7、8三个月,尤其是7、8两个月降雨集中,暴雨强度大,因此西北地区的泥石流多发生在7、8两个月。据不完全统计,发生在这两个月的泥石流灾害约占该地区全部泥石流灾害的90%以上。

2)周期性

泥石流的发生受暴雨、洪水的影响,而暴雨、洪水总是周期性地出现。因此,泥石流的发生和发展也具有一定的周期性,且其活动周期与暴雨、洪水的活动周期大体相一致。当暴雨、洪水两者的活动周期与季节性相叠加时,常常形成泥石流活动的一个高潮。

10.4.3　泥石流量的计算方法

泥石流流量是泥石流防治工程规划的重要依据,据此可以制定泥石流防治工程的断面尺寸。有关的水文计算方法很多,现介绍几种经验公式。

1. 不考虑阻塞影响时的流量计算

$$Q_{ns} = Q_P\left[1 + \frac{\rho(1-\varepsilon)}{(100-\rho)}\right] \quad (m^3/s) \tag{10-7}$$

式中　Q_{ns}——泥石流流量,m^3/s;

　　　Q_P——洪峰流量 m^3/s;

　　　ε——冲击物的空隙率;

　　　γ_{ch}——冲击物的比重;

　　　ρ——泥石流中冲击物含量的重量百分数,

$$\rho = 5.3Ai^{0.39} \tag{10-8}$$

　　　i——泥石流坡面的平均坡度,%;

　　　A——泥石流坡面被冲毁程度系数,对不易冲毁的边坡(如良好的草坡、石质或河卵石边坡)$A=0.6$,一般中等的能被冲毁的边坡 $A=1.0$,对于易冲毁的边坡(如外露松散的细粒土)$A=1.4$。

2. 考虑阻塞影响时流量的计算

$$Q_{ns} = Q_P(1+\varphi) + q \quad (m^3/s) \tag{10-9}$$

式中　q——考虑阻塞时的附加流量,m^3/s(当缺乏实测资料时,可按下列数值采用:轻微阻塞时取洪峰流量的10%,一般阻塞时取洪峰流量的20%,严重阻塞时取洪峰流量的30%);

　　　φ——泥石流系数,

$$\varphi = \frac{\gamma_{ns}-1}{\gamma_{ch}-\gamma_{ns}} \tag{10-10}$$

　　　γ_{ns}——泥石流容重,t/m^3,

$$\gamma_{ns} = \frac{\gamma_{ch}X_{ch}+1}{X_{ch}+1} \tag{10-11}$$

　　　X_{ch}——泥石流中冲击物体积与清水体积之比,由现场调查或取样测定求得。

3. 含沙量较大地区洪水量计算

水土流失严重的流域,洪水中常挟带大量的泥沙,其混水流量比清水流量偏大,在此情况下,含有泥沙大的洪水流量可用下式计算:

$$Q_n = \beta Q_P \quad (m^3/s) \tag{10-12}$$

式中　Q_n——洪峰流量,m^3/s;

　　　Q_P——未考虑泥沙的清水洪峰流量,m^3/s;

　　　β——混水混算系数,

$$\beta = \frac{1}{1 - \dfrac{\rho}{\gamma_s\gamma_{ns}}} \tag{10-13}$$

　　　ρ——洪水期最大含沙量,kg/m^3;

　　　γ_s——水的比重,$1\,000\ kg/m^3$;

　　　γ_{ns}——泥石流容量,可现场测定,kg/m^3。

4. 泥石流流速测算

泥石流的流速是泥石流动力学的重要特征值,它是泥石流流量、泥石流体容重、泥石流物质的矿物质组成及其级配和沟道各要素的复合函数,其确定十分复杂。目前大多根据泥石流治理需要和具体实践,以表达水流均匀流运动的曼宁公式为基础进行推导,引入泥石流的运动参数,加以适当改进,以下几个常用公式可供参考。

1)薛齐公式

$$v_m = K \cdot H^{2/3} \cdot i^{1/2} \quad (\text{m/s}) \tag{10-14}$$

式中　v_m——泥石流流速,m/s;

H——泥石流深,m;

i——沟床、泥位或水石坡降,以小数计;

K——泥石流沟糙率系数,其取值见表 10-11。

表 10-11　泥石流沟糙率系数

类别	沟床特性	K			
		平均泥深/m			
		0.5	1.0	2.0	4.0
I	较大型黏性泥石流沟,沟床较平坦,流体中大石块很少,$i=2\%\sim6\%$	—	29	22	16
II	中小型黏性泥石流沟,沟谷一般顺直,流体中大石块较少,$i=3\%\sim8\%$	26	21	16	14
III	中小型黏性泥石流沟,沟道狭窄而弯曲,有小跌坎,或顺直但流体中含大石块较多,$i=4\%\sim12\%$	20	15	11	8
IV	中小型稀性泥石流沟,碎石性沟床,多石块,不平整,$i=10\%\sim18\%$	12	9	6.5	—
V	沟道弯多顽石,有跌坎,床石板不平整的稀性泥石流沟	—	55	3.5	—

2)启动石块经验公式

$$v_m = 6.5 d^{1/3} h^{1/5} \quad (\text{m/s}) \tag{10-15}$$

式中　d——平均最大粒径,m;

h——泥石流深,m。

5. 泥石流沉积总量计算

最大一次泥石流沉积量的估算,通常由现场调查确定,一般是根据冲刷扇中新旧分层的一次最大沉积厚度及其面积来计算,也可按下式估算:

$$W_{ch} = 1\,000 H_P a F P \quad (\text{m}^3) \tag{10-16}$$

式中　W_{ch}——泥石流沉积总量,m³;

H_P——相应于洪峰流量 Q_P 的降雨量,mm;

a——径流系数,海拔高程高于 2 500~3 000 m 的地区 $a=0.5\sim0.7$,中等高程地区 $a=0.3\sim0.5$,低山区 $a=0.1\sim0.3$;

F——汇水面积,km²;

P——冲积物含量的百分数,一般 30%~50%。

泥石流和一般水流不同,对一般水流沟道,只要瞬间洪峰能够通过,该沟道可认为是安全的。泥石流具有淤积作用,即使本次泥石流顺利通过,而下次泥石流就未必能通过;今年的泥石流通过了,明年的泥石流不一定能通过。因此,在泥石流的排洪道设计时,必须了解可能发生的泥石流总量、通过沟道时的淤积、流出沟道后的泥砂的堆积态势、在使用年限中对城市的影响。泥石流防治工程设计的成功与否,往往决定于这种预测的正确程度。

10.5　泥石流的预防规划

泥石流产生和运动过程的复杂性决定了泥石流的防治难度:目前的治理工程,只能达到一定的防御标准,对人口密集的城市地区,仍存在很大的潜在危险。因此,做好城市总体规划是防治泥石流最重要的工作,例如主要城区应避开严重的泥石流沟,将危害区域规划为绿地、公园、运动场等人口稀少的地区,泥石流沟道应与街区用绿化带隔开等。

在建设用地选择时,应尽量避开泥石流区。如无法避开时,必须采用综合防治措施。如在上游区采取预防措施(包括清理松散堆积物、保水固土措施),中游区采取拦截措施,下游区采取排泄措施等。

1. 预防措施

预防措施是从上游区根治泥石流发生的有效方法,主要是防止形成泥石流的 3 个必备要素。

1)水土保持

针对泥石流形成的原因,防止土壤侵蚀和预防泥石流的措施是农业森林土壤改良。由于灌木草丛和森林覆盖层对于地表径流、土壤侵蚀过程以及泥石流形成所起的调节作用,通过保护山坡植被并进行封山育林防止水土流失,即通过减少碎屑物质来源的途径实现完全消除和预防泥石流的形成。但这种方法只有在植被发育得相当好以后才能发挥,通常需要几年,甚至更长的时间。

2)导流水源

通过水工建筑物调整地表水和地下水水流,做好排水、降低坡面的汇流速度,即通过减少泥石流的水源条件来避免泥石流的发生。

3)改造地形

将山高沟深、地形陡峻的坡面进行加固,使坡面保持稳定,必要时在滑坡、塌方处设置支挡构筑物,即通过改造泥石流形成的地形条件来预防泥石流的发生。

2. 拦挡措施

拦挡措施一般是在泥石流沟的中游区修建排水沟和急流槽使泥石流中的水顺利导流排走,并截留碎石屑使之沉积,通过控制泥石流的固体物质和洪水径流,削弱泥石流的流量、下泄量和能量,以减少泥石流对下游居住区、工业区的冲刷、撞击和淤埋等危害。拦挡措施有栏渣坝、储淤场、支挡工程、截洪工程等。

3. 排泄措施

为防止泥石流淤积对工业、居住地造成危害,在泥石流流通区设置导流构筑物,使泥石流通畅下泄,可采取以下措施来解决。

(1)修建导流堤、陡槽,将泥石流地段河床固定,压缩水流断面,加大纵坡(为防止泥石流淤积,纵坡应大于 5% ~6%),改善泥石流流势,增大桥梁等建筑物的排泄能力,其作用是使泥石流按设计意图顺利排泄。排导工程包括导流堤、急流槽、束流堤等。

(2)改直河道,将沟道进行裁弯取直,局部缩短沟道长度,使纵坡增大,从而加大流速,使泥石流直线下泄。

（3）跨越工程：修建桥梁、涵洞，从泥石流沟的上方跨越通过；或修隧道、明硐或渡槽，从泥石流的下方通过，从而跨越泥石流地区。

对于防治泥石流，采用多种措施相结合比用单一措施更为有效。

第11章 城市消防规划

城市火灾的发生频率很高,城市消防自古以来就是城市防灾的重点。在长时间与火灾的斗争中,人类积累了丰富的经验。但是,现代城市火灾有着许多与以前不同的特点,如化学危险品火灾事故多,高层建筑、大型建筑火灾扑救难度大,火灾经济损失持续上升等。

城市消防规划是指为了构建城市消防安全体系、实现一定时期内城市的消防安全目标、指导城市消防安全布局和公共消防基础设施建设而制定的总体部署和具体安排。

在城市消防规划的编制中,通过对城市各类用地及布局进行消防分类,确定城市重点消防地区,定性评估城市不同地区各类用地的火灾风险,在此基础上,合理调整城市消防安全布局,合理划分城市消防站的服务区,合理确定消防站站级、位置、用地面积和消防装备的具体配置,进而提高城市公共消防安全决策、消防安全布局和城市消防站布局的科学性和合理性。在中等及以上规模城市的消防规划中,以"城市用地消防分类定性评估方法"作为城市总体规划与消防专项规划的结合点,具有明显的可操作性和实际意义。

11.1 概述

11.1.1 火灾灾害概述

1. 火灾起因

火灾的起因复杂多样,但从大的方面讲,可分为两大类,即明火火灾及暗火火灾。

1) 明火火灾

在生产和生活中,因使用明火不慎引起的火灾较多,如焊接、烘烤物品过热、熬油溢锅、乱扔烟头、小孩玩火、燃放烟花爆竹等。这类火灾多因缺乏防火常识、思想麻痹造成。

2) 暗火火灾

暗火引起的火灾情况也不少。其中有些有火源,如炉灶、烟囱的表面过热烤着靠近的木结构而引起火灾;也有没有火源的,如大量煤炭堆积,因通风不畅,内部发热以至积热不散而自燃;化学性质相互抵触的物品混在一起,发生化学反应起火或爆炸;化工生产设备失修,出现可燃气体、易燃、可燃气体等跑、冒、滴、漏现象,一遇明火便燃烧或爆炸;机械设备摩擦发热,使接触到的可燃物自燃起火等。

另外,不规范的用电也是暗火火灾的原因之一,主要是因为用电设备超载运行、导线接头接触不良电阻过大发热、短路线路的电弧、保险丝和开关的火花、接地不良等原因造成。在雷击较多的地区,如果建筑物没有可靠的防雷保护设施,就有可能发生雷击起火。地震、火山及战争的空袭也是引起火灾的起因之一。

2. 固体物质起火

一般的固体燃烧,是在受热条件下,由内部分解出可燃气体,当可燃气体遇到明火便开始与空气中的氧进行激烈的化合,发光发热,即所谓的物质发焰燃烧或着火。固体能用明火点燃,发焰燃烧时的最低温度,称为该物质的燃点,也叫着火点或起火点。可燃固体物质达到燃点温度时,遇到明火就会起火燃烧,这即是明火起火。但有时固体物质在没有明火时也能自行发焰燃烧,这即是暗火起火。例如,木材受热在 100 ℃ 以下时主要是蒸发水分,超过 100 ℃ 时开始分解可燃气体并逐渐发出热量,当温度达到 260 ~ 270 ℃,放出的热量不断增多,即使在外界热源移走后,木材仍能靠自身的发热来提高温度达到燃点。木材在没有外界明火点燃的情况下,由于自身温度逐渐提高达到发焰燃烧的燃点,表明木结构靠近炉灶、烟囱,在通风散热不好的条件下,天长日久,也能够自燃。

有些固体在常温下能自行分解,或在空气中氧化导致迅速自燃或爆炸,如硝化棉、黄磷等;有的在常温下受到水或空气中蒸汽的作用,能产生可燃气体,并引起燃烧或爆炸,如金属钠、金属钾、电石、氢化钠等;有的受到撞击、摩擦或与氧化剂、有机物接触能引起燃烧或爆炸,如赤磷、五硫化磷、氯化钾、氯化钠等。上述这些固体都属于易燃易爆的化学危险品。

3. 液体起火

有些液体,能在常温下挥发,但挥发的速度有快有慢。在低温下易燃、可燃液体挥发的蒸气与空气混合达到一定浓度时,遇到明火点燃即发生蓝色一闪即灭,不再继续燃烧的现象,称之为闪燃,出现闪燃的最低温度叫闪点。

闪燃出现的时间不长,主要原因是液体蒸发的速度供不上燃烧的需要。如果温度继续升高,液体挥发的速度加快,这时再遇明火,就有起火爆炸的危险。可见,闪点是易燃、可燃液体即将起火的前兆,这对防火有重要意义。

一般而言,闪点温度越低,火灾的危险性就越大,所以闪点是确定液体火灾危险性的重要依据。为了便于管理,有区别地对待不同火灾危险性的液体,现将液体的闪点以 45 ℃ 为界分为两类,凡闪点 ≤45 ℃ 的液体划为易燃性液体,凡闪点 >45 ℃ 的液体划为可燃性液体。

4. 气体起火

可燃气体、易燃及可燃液体蒸气、粉尘与空气混合,达到一定浓度时,遇到明火就会爆炸。它们与空气组成的爆炸性气体混合物,遇明火发生爆炸的最低温度,叫做爆炸下限;遇明火发生爆炸的最高温度,叫做爆炸上限。

浓度在下限以下时,可燃气体、易燃及可燃液体蒸气、粉尘的数量很少,不足以起火燃烧。浓度在下限与上限之间,浓度比较合适,遇明火就要爆炸。超过上限,则氧气供应不足。为了防爆安全需要,应选择最容易出现的危险性浓度。因此,爆炸性混合物的爆炸下限常作为防爆的控制指标。

11.1.2　火灾的发展过程

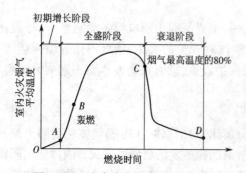

图 11 - 1　室内火灾温度—时间曲线

火灾发生的过程大致分为 3 个阶段,如图 11 - 1 所示。

第一阶段:火灾初期增长阶段,时间约 5 ~ 20 min,此时的燃烧是局部的,火灾具有燃烧面积不大、火焰不高、辐射热不强、烟和气体流动缓慢、燃烧速度不快等特点。

第二阶段:猛烈燃烧阶段,室内物体猛烈燃烧,火势已蔓延至整个房间,室内温度迅速升高到 1 000 ℃ 左右,燃烧稳定,扑救灭火比较困难。

第三阶段:燃烧衰减熄灭阶段,室内可燃烧的东西已基本烧完,门窗破坏,木结构屋顶烧穿,温度逐渐下降,直至室内外温度平衡,燃烧向着自行熄灭的方向发展。

根据火灾的发展过程及其特点,消防灭火应尽量及早发现,配备和安装适当数量的灭火设备,把火灾及时控制和消灭在第一阶段,如房屋建筑火灾 15 min 内尚属于初期阶段,如果消防队能在火灾发生的 15 min 内开展灭火战斗,将有利于控制和扑救火灾。针对第二阶段温度高、时间长的特点,建筑设计应设置必要的防火分隔物(如防火墙、防火门、耐燃顶棚等),把火灾限制在起火部位,使其不会很快蔓延扩散。建筑物应选用耐火时间长的材料,以便消防人员到达把火扑灭。在第三阶段,室内可燃物已全部烧尽,防火的实际意义已经不大。但是,要防止火灾向四周扩散,以免引起更大面积的灾情。

11.1.3　城市消防现状

近年来,随着我国经济的高速发展,城市建设步伐越来越快,规模越来越大,城市消防规划建设相对滞后,城市综合抗御火灾能力的问题逐渐显露出来。

1. 消防安全布局有待进一步改善

随着城市建设的高速发展,部分使用地区功能的转变,原先位于城市边缘的生产、储存和装卸易燃易爆危险物品的工厂、仓库现已位处市中心,对居民区、商业区构成较为严重的火灾爆炸、有毒有害物质泄漏等灾害威胁。

老城区的工业企业与居民居住区紧邻而建,无足够的安全距离。

老街区中的单层三、四级耐火等级的居民区、里街里巷道路狭窄、建筑密集、耐火等级低、用火用电用气条件差,无消防车道、消防水源等公共消防设施。

商业区建筑密度大,人流、物流密集,存在防火间距、消防车道、消防车登高场地被占用、堵塞的消防安全隐患。

公共停车场设置数量不足,消防通道上停放车辆,造成消防车无法通行。

2. 公共消防设施滞后于经济建设和社会发展

(1)消防站。现有消防站严重缺乏,有效责任区面积远远超过 $4 \sim 7 \ km^2$ 国家标准的规定,无法实现消防车接警后 5 min 到达责任区边缘的要求。

(2)消防供水。由于城市建设开发和人为破坏等原因,有的河流被污染,有的采用人工涵洞隐藏在地下,有的被填塞,天然水源越来越少。老城区的消防给水管网较多为支状,管径较小。商业区、居民区集中,用水高峰期水量、水压不足,市政消火栓设置数量偏少,消防供水得不到有效保障。

3. 公安消防队伍和地方消防力量偏少

公安消防编制受限,执勤警力不足,执勤警力严重不足,执法队伍建设明显滞后于服务对象的快速增长。

地方消防力量建设受到了体制和经费的限制,发展、生存较为困难。

4. 消防工作社会化有待进一步加强

在落实消防安全责任制方面,政府部门行业消防安全监管的责任没有充分建立和落实,部分机关、团体、企业、事业单位未能依法履行消防安全责任,面广量大的民营企业、个体工商户、村(居)民委员会和社区还没有建立相应的消防安全责任机制。

消防法制建设滞后于经济和社会发展,群众消防安全法制意识有待进一步提高。

社会化消防宣传工作缺少整体联动,群众主动参与消防宣传教育培训意识不强。

11.1.4 城市消防对策

我国消防工作实施的是"预防为主、防消结合"的工作方针。城市消防规划就是一项既考虑城市消防安全布局,又考虑城市公共消防设施(消防站、消防通信、消防供水、消防车通道等)建设的专业规划。

1. 城市的防火布局

城市的防火布局主要考虑以下方面的问题。

1)城市防火重点

城市中诸如液化气站、煤气制气厂、油品仓库等易燃易爆危险品的生产、储存和运输设施应慎重布局,特别是要保持规范要求的防火间距。

2)城市确保防火通道畅通

城市中,消防车的通行范围涉及火灾扑救的及时性,城市内消防通道的布局应合乎各类设计规范。

3)城市老城区改造

城市老城区建筑耐火等级低、建筑密度高、道路狭窄、消防设施不足,造成了老城区是火灾高发地区,并且火灾延烧的危险性很大。因此,老城区的改造是城市防火的重要工作。

4)合理布局消防设施

城市消防设施包括消防站、消防栓、消防水池、消防给水管道等。应在城市规划中合理布置上述设施。

2. 建、构筑物的防火设计

各类建、构筑物,如住宅、公建等民用建筑,厂房、仓库等工业建筑以及地下建筑、管线设施等,都应遵照相关规范(如《建筑设计防火规范》GB50016—2006)进行防火设计。

3. 健全消防制度,普及消防知识

城市火灾多由人为失误引起,因此,城市消防必须发动和依靠群众。一方面,健全消防巡逻检查制度,及时发现火灾隐患,并通过教育群众,减少人为失误引起火灾的概率;另一方面,在群众中组织义务消防队伍,普及消防知识,增强群众自救和辅助专业消防队伍扑救火灾的能力。

11.1.5 城市消防规划内容

1. 城市消防规划的主要任务

根据城市总体规划所确定的城市发展目标、性质、规模和空间发展形态,按照城市功能分区、各类用地分布状况、基础设施配置状况和地域特点,在分析城市火灾事故现状和发展趋势的基础上,对城市火灾风险作出综合评估,确定城市消防安全和消防事业发展的总体目标,对城市消防安全布局、公共消防基础设施及消防装备建设等进行科学合理的规划,提出具体的规划建设目标,落实规划实施管理的相关措施,建立和完善城市消防安全体系,提高全社会防灾、抗灾和救灾的综合能力,保障城市消防安全并提供决策和管理依据。

2. 城市消防规划的主要内容

城市消防规划的主要内容包括城市火灾风险评估、城市消防安全布局、城市消防站及消防装备、消防通信、消防供水、消防车通道等,具体包括以下方面。

（1）分析、确定城市或区域的火灾分布状况及趋势，评估可能的火灾风险。

（2）合理规划和调整各种危险化学物品生产、储存、运输、供应设施（特别是城市重大危险源）的布局、密度及周围环境，合理利用城市道路和公共开敞空间（广场、绿地等）以控制消防隔离与避难疏散的场地及通道。

（3）合理布局城市消防设施，划定消防责任区并规定消防装备配备要求。

（4）确定城市消防通信指挥系统的构成、火灾报警服务台的设置要求和形式、调度通信设置要求、城市消防调度指挥专用无线通信网的设置要求。

（5）确定城市消防用水总量并核定城市给水系统的规模，合理布局城市给水管网和消防取水设施（市政消火栓、消防水鹤），确定消防取水配水管的最小管径和最低压力，配置必要的城市消防水池，综合利用天然水源和其他人工消防水源。

（6）规定城市消防车通道的规划建设要求。

11.2　城市火灾风险评估

火灾风险是指给定技术操作或状态下发生火灾的可能性和发生火灾可能造成的后果或损害的程度。火灾风险评估又称消防安全评估，是指确定关于某个火灾风险的可接受水平和（或）某个个人、团体、社会或者环境的火灾风险水平的过程。

11.2.1　火灾风险评估的目的

城市消防安全管理主要就是火灾风险管理。分析、确定城市或区域的火灾分布状况及趋势，评估可能的火灾风险，在火灾风险管理的科学化决策中起着重要的作用。按照城市消防安全的客观要求，根据火灾风险的高低排序、轻重缓急，采取相应的措施解决各种消防安全问题，提高消防安全决策的科学性。

目前国内各地在编制城市消防规划时广泛采取的城市火灾风险分析评估的实用方法是"城市用地消防分类定性评估方法"，即通过城市用地的消防分类，确定城市重点消防地区、一般消防地区、防火隔离带及避难疏散场地，定性处理城市或区域的火灾风险问题。

11.2.2　城市用地消防分类

采用"城市用地消防分类定性评估方法"时，从城市消防规划的角度，针对不同土地使用性质的消防安全要求和影响程度，可以将城市规划区分为城市重点消防地区、城市一般消防地区、防火隔离带及避难疏散场地 3 大类。

1. 城市重点消防地区

城市重点消防地区是指对城市消防安全有较大影响、需要采取相应的重点消防措施、配置相应的消防装备和警力的连片建设发展地区。

1）确定依据

确定城市重点消防地区的依据是：火灾危险性大、损失大、伤亡大、社会影响大。

对城市消防安全有重大影响的建筑、设施和单位，包括以下方面。

（1）商场、市场、宾馆、饭店、体育场（馆）、会堂、公共娱乐场所等公众聚集场所。

（2）车站、机场、码头、广播电台、电视台和邮电、通信枢纽等重要场所。

（3）政府首脑机关。

（4）重要的科研单位、大专院校、医院。

（5）高层办公楼、商住楼、综合楼等公共建筑。

（6）图书馆、档案馆、展览馆、博物馆以及重要的文物古建筑。

（7）地下铁道以及其他地下公共建筑。

（8）粮、棉、木材、百货等物资集中的大型仓库、堆场。

（9）发电厂（站）、地区供电系统变电站。

（10）城市燃气、燃油供应厂（站）、大中型油库、危险品库、石油化工企业等易燃易爆物品生产、储存和销售单位。

（11）国家和省级重点工程以及其他大型工程的施工现场。

（12）其他重要场所和工业企业。

2）分类方法

参照国家标准《城市用地分类与规划建设用地标准》（GBJ 137—90），对城市消防安全有较大影响、需要采取相应的重点消防措施、配置相应的消防装备和警力的连片建设发展地区，可确定为城市重点消防地区，即火灾风险高的地区。对城市消防安全有较大影响的用地见表 11 – 1。

表 11 – 1 对城市消防安全有较大影响的用地

用地代号	用地类别名称	用地代号	用地类别名称
R2	R2 中以高层住宅为主的用地	W2	危险品仓库用地
R3	R3 中住宅与生产易燃易爆物品工业等用地混合交叉的用地	T1	T1 中站场用地
R4	R4 中棚户区等易燃建筑密集地区	T2	T2 中客运站用地
C1	C1 中市属办公用地	T3	T3 中石油、天然气等管道运输用地
C2	商业金融业用地	T4	T4 中危险品码头作业区、客运站等用地
C3	文化娱乐用地	T5	T5 中航站区等用地
C4	C4 中体育场馆用地	U1	U1 中重要电力、燃气等设施用地
C5	C5 中急救设施用地	U2	U2 中加油站等用地
C6	教育科研设计用地	U3	U3 中重要枢纽用地
C7	C7 中重要古建筑等用地	D1	D1 中重要设施用地
M2	M2 中纺织工业等用地	D2	外事用地
M3	M3 中化学工业、造纸工业、建材工业等用地	D3	保安用地

为了有针对性地在城市的不同地区分别采取相应的消防和规划措施，配置相应的消防装备和警力，消除本地城市的重大消防安全隐患或解决其他的消防安全问题，保障城市消防安全，城市重点消防地区（主要是中等及以上规模的城市）还可以根据城市特点和消防安全的不同要求进一步分为以下 3 类。

A 类重点消防地区：以工业用地、仓储用地为主的重点消防地区。

B 类重点消防地区：以公共设施用地、居住用地为主的重点消防地区。

C 类重点消防地区：以地下空间和对外交通用地、市政公用设施用地为主的重点消防地区。

如:在 B 类重点消防地区(以公共设施用地、居住用地为主),应禁止新建油库、天然气储气站、液化石油气储配站等易燃易爆危险品设施;严格控制汽车加油(加气)站建设数量和安全间距;严格控制天然气配气站及干管的安全间距;严格限制危险品运输车辆及线路,加强城市防灾疏散场地的建设等。

2. 防火隔离带及避难疏散场地

城市防火隔离带是指为阻止城市大面积火灾延烧,起着保护生命、财产、城市功能作用的隔离空间和建(构)筑物设施。防灾避难疏散场地是指为优先保护人员生命安全而设置的、专用或兼用的城市公共开敞空间和设施。

专用或兼用的防火隔离带及避难疏散场地一般包括:对外交通用地中的线路等用地;城市道路和面积大于 10 000 m² 以上的广场、运动场、公园、绿地等各类公共开敞空间;水域和其他用地中的水域、耕地等(见表 11-2)。城市防灾避难疏散场地的服务半径宜为:0.5～1.0 km。

表 11-2　防火隔离带及避难疏散用地

用地类别代号	用地类别名称
T	对外交通用地中的线路等用地
S	道路广场用地
G	绿地
E	水域和其他用地中的水域、耕地

3. 城市一般消防地区

城市规划区内,除城市重点消防地区、防火隔离带及避难疏散场地以外的其他地区,可以确定为城市一般消防地区,即火灾风险低的地区。

11.3　城市消防安全布局

城市消防安全布局是指符合城市公共消防安全需要的城市各类易燃易爆危险化学物品场所和设施、消防隔离与避难疏散场地及通道、地下空间综合利用等的布局和消防保障措施。

城市消防安全布局是决定城市整体公共消防安全环境质量的重要因素,是城市消防安全的基础之一,也是贯彻消防工作"预防为主、防消结合"的关键所在。

11.3.1　规划目的与任务

城市消防安全布局规划的目的是:控制可燃物、危险化学品设施的布点、密度及周围环境,控制火灾扩散和蔓延,控制消防隔离与避难疏散的场地及通道,控制灭火救援的空间利用条件,从而降低城市火灾造成的生命和财产损失。

城市消防安全布局规划的任务是,按照城市性质、规模、用地布局和发展方向,考虑地域、地形、气象、水环境、交通和城市区域火灾风险等多方面的因素,按照城市公共消防安全的要求,合理规划和调整各种危险化学物品生产、储存、运输、供应设施(特别是城市重大危险源)的布局、密度及周围环境,合理利用城市道路和公共开敞空间(广场、绿地等)以控制消防隔离与避难疏散的场地及通道,综合研究公共聚集场所、高层建筑密集区、建筑耐火等级低的危旧建筑密集区(棚户区)、城市交通运输体系及设施、居住社区、古建筑及文物、地下空间综合利用(含地下建筑、人防及交通设施)的消防问题并制定相应的消防安全措施,使城市整体在空间布局上达到规定的消防安全目标。如图11-2。

图11-2 某城市消防安全布局规划

11.3.2 消防安全布局规划

1. 危险化学物品场所和设施

依据国家现行的有关法律法规、标准规范的规定,根据城市消防安全的客观需要,结合国内多年来消防工作和城市规划建设的经验及教训,总结和制定了以下易燃易爆危险化学物品场所和设施布局的一般规定。

(1)各类易燃易爆危险化学物品的生产、储存、运输、装卸、供应场所和设施的布局,应符合城市规划、消防安全、环境保护和安全生产监督等方面的要求,且交通方便。

(2)城市规划建成区内应合理控制各类易燃易爆危险化学物品的总量、密度及分布状况,积极采取社会化服务模式,相对集中地设置各类易燃易爆危险化学物品的生产、储存、运输、装卸、供应场所和设施,合理组织危险化学物品的运输线路,从总体上减少城市的火灾风险和其他安全隐患。

（3）各类易燃易爆危险化学物品的生产、储存、运输、装卸、供应场所和设施的布局，应与相邻的各类用地、设施和人员密集的公共建筑及其他场所保持规定的防火安全距离。

城市规划建成区内的现状易燃易爆危险化学物品场所和设施，应按照有关规定严格控制其周边的防火安全距离。

城市规划建成区内新建的易燃易爆危险化学物品场所和设施，其防火安全距离应控制在自身用地范围以内；相邻布置的易燃易爆危险化学物品场所和设施之间的防火安全距离，按照规定距离的最大者予以控制。

（4）大、中型石油化工生产设施、二级及以上石油库、液化石油气库、燃气储气设施等，必须设置在城市规划建成区边缘且确保城市公共消防安全的地区，并不得设置在城市常年主导风向的上风向、城市水系的上游或其他危及城市公共安全的地区。

（5）城市规划建成区内不得建设一级加油站、一级天然气加气站、一级液化石油气加气站和一级加油加气合建站，不得设置流动的加油站、加气站。

（6）城市可燃气体（液体）储配设施及管网系统应统一规划、合理布局，避免重复建设，减少不安全因素。

（7）城市规划建成区内应合理组织和确定易燃易爆危险化学物品的运输线路及高压输电线路走廊，易燃易爆化学物品的运输线路及高压输电线路走廊不得穿越城市中心区、公共建筑密集区或其他的人口密集区。

2. 消防安全薄弱区

建筑耐火等级低的危旧建筑密集区及消防安全环境差的其他地区（旧城棚户区、城中村等），应采取开辟防火间距、打通消防通道、改造供水管网、增设消火栓和消防水池、提高建筑耐火等级、改造部分建筑并以耐火等级高的建筑阻止火灾蔓延等应急措施，改善消防安全条件；上述措施应纳入旧城改造规划和实施计划，以消除火灾隐患。

城市中心区、公共建筑密集区及其他的人口密集区内，不得建设二级以下耐火等级的建（构）筑物。

3. 历史城区、地段、街区、保护单位

历史城区、历史地段、历史文化街区、文物保护单位等，应配置相应的消防力量和装备，改造并完善消防通道、水源和通信等消防设施。

4. 地下空间及人防工程

城市地下空间及人防工程的建设和综合利用，应符合消防安全的规定，建设相应的消防设施及制定安全保障措施；应建立人防与消防的战时通信联系；有条件的消防站，可结合大型地下空间及人防工程，建设地下消防车库。

11.4　城市消防设施规划

城市消防规划中涉及的消防设施主要有消防指挥调度中心、消防站、消防栓、消防水池以及消防瞭望塔等。其中，消防指挥调度中心一般在大中城市中设立，主要起指挥调度多个消防队协同作战的作用。瞭望塔等设施目前一般结合较高建筑物设置。各城市中，消防站和消火栓是必不可少的消防设施。

11.4.1　消防指挥中心

按照城市总体规划和消防安全体系的要求，城市应设置消防指挥中心，消防指挥中心是城市消防通信系统的核心部分。应满足城市消防报警、接警、出警、通信及信息管理等功能并结合城市综合防灾的要求,增加城市灾害紧急处置功能。

现代化的消防指挥中心,应配备完善的或较完善的通信指挥设备,如电子计算机、录像机、电视机和传真设备、有线自动通信设施(包括火警台、自动交换总机等)、无线电台、火场通信指挥车、火场电视录像车等现代化的通信指挥设施。消防指挥中心应为以电子计算机为中心控制的有线和无线系统相结合的报警、调动指挥的消防通信体系,要求有线通信和无线通信系统联结成一个整体,使消防通信系统的接警、调度、通信、信息传送、力量出动的每个环节程序自动化。

在消防指挥中心,应根据全市区的划分,设置若干个接警调度操作台。这些操作调度台都应与电脑系统连接。在电脑系统内,应储存全市街道交通详细情况、市内供水管网、水池及天然水源情况、消防栓分布情况、消防实力部署情况、各重点地段和重点单位的灭火作战方案以及火场中可能遇到的疑难处理方案和有关技术情报资料。

为了调度准确可靠,在消防指挥中心的调度室内应设置大幅面的城市街道、消防实力分布图,消防状态信号板、火场情况显示屏、调度指令执行情况显示等。这些显示要求醒目清晰,以便做到指挥果断,处理得当。

11.4.2　消防站

消防站是指存放消防车辆和其他消防装备、器材的场所,也是供消防员值勤、训练和生活的场所,是保护城市消防安全的公共消防设施。为了充分发挥消防队伍出动迅速和人员技能、器材装备方面的优势,更好地为经济建设和社会服务,消防队伍除承担防火监督和灭火任务外,还要积极参加其他灾害事故的抢险救援,随时接受各单位和人民群众的报警求助,成为城市紧急处置各种灾害事故、抢险救援的一支突击队。因此,必须高度重视城市消防站的合理布局和配套建设(特别是基础装备的配置),提高城市灭火、抢险救援的综合实力和整体能力,以确保城市消防安全。

1. 消防站分类与分级

1) 按行政等级划分

我国消防单位行政等级划分为总队、支队、大队、中队四级,其中消防中队是消防工作的基层单位,总队或支队建制一般在大中城市中设立,消防指挥中心一般设立在总队或支队所在地。

2) 按责任区类型不同划分

城市消防站分为陆上消防站、水上(海上)消防站和航空消防站;有条件的城市,应形成陆上、水上、空中相结合的消防立体布局和综合扑救体系。

3) 按承担任务级别划分

陆上消防站分普通消防站和特勤消防站两类。普通消防站是指主要承担本辖区火灾扑救和一般灾害事故抢险救援任务的消防站。特勤消防站是指除承担普通消防站任务外,主要承担特种灾害事故处置和特殊火灾扑救任务的消防站。

4) 按规模划分

普通消防站按照规模又可分标准型普通消防站和小型普通消防站两种,小型普通消防站是普通消防站的特例。其设置应符合下列规定。

(1) 所有城市均应设立标准型普通消防站。

（2）城市建成区内现有消防站责任区面积过大且设置标准型普通消防站确有困难的区域，可设立小型普通消防站。

5）按占地和装备状况划分（分级）

消防站按占地和装备状况可分为三级。

（1）一级普通消防站：拥有 5～7 辆车辆，用地 3 300～4 300 m²。

（2）二级普通消防站：拥有 3～4 辆车辆，用地 2 300～3 400 m²。

（3）特勤消防站：拥有 8～11 辆车辆，用地 4 900～6 300 m²。

另外，在一些城市中，由于用地紧张，在城市中心地段难以设置相当规模的消防站，而防火方面又确有需要，在这种情况下，可设置一些微型消防站来满足要求。微型消防站没有训练场地，一般为 3 层建筑，底层为车库，停放 3 辆消防车，二层为人员宿舍，三层为办公用房，占地面积可控制在 200 m² 左右。

2. 陆上消防站规划

1）陆上消防站设置要求

城市规划建成区内应设置一级普通消防站。城市规划建成区内设置一级普通消防站确有困难的区域可设二级普通消防站。消防站不应设在综合性建筑物中；特殊情况下，设在综合性建筑物中的消防站应有独立的功能分区。

考虑到我国不同地域的城镇规模和社会经济发展水平的差异、发达地区和城镇的消防安全客观需求、城市行政级别与城市发展规模的不一致等因素，中等及以上规模的城市、地级及以上城市、经济较发达的县级城市和经济发达且有特勤任务需要的城镇应设置特勤消防站。国内许多城市的消防实践证明，特勤消防站的特勤任务服务人口不宜超过 50 万人/站。

考虑到未来一定时期内消防科学技术发展和城市消防设施建设发展的需要，中等及以上规模的城市、地级以上城市的规划建成区内应设置消防设施备用地，用地面积不宜小于一级普通消防站；大城市、特大城市的消防设施备用地不应少于 2 处，其他城市的消防设施备用地不应少于 1 处。

2）陆上消防站规划布局

（1）城市规划区内普通消防站的规划布局，一般情况下应以消防队接到出动指令后正常行车速度下 5 min 内可以到达其服务区边缘为原则确定。"5 min 时间"是由"15 min 消防时间"分配而来的：发现起火 4 min、报警和指挥中心处警 2 min30 s、接到指令出动 1 min、行车到场 4 min、开始出水扑救 3 min30 s。

（2）一级普通消防站的服务区面积不应大于 7 km²；特勤消防站通常兼有常规消防任务，其常规任务服务区面积同一级普通消防站；二级普通消防站的服务区面积不应大于 4 km²。设在近郊区的普通消防站仍以消防队接到出动指令后 5 min 内可以到达其服务区边缘为原则确定服务区面积，其服务区面积不应大于 15 km²。

（3）结合城市总体规划确定的用地布局结构、城市或区域的火灾风险评估、城市重点消防地区的分布状况，普通消防站和特勤消防站应采取均衡布局与重点保护相结合的布局结构，对于火灾风险高的区域应加强消防装备的配置。

（4）特勤消防站应根据特勤任务服务的主要灭火对象设置在交通方便的位置，宜靠近城市服务区中心。

3）陆上消防站责任区面积

（1）根据灭火最少时间确定。消防站的服务区面积是根据消防车到达其服务区最远点的距离、消防车时速和道路情况等综合确定的，按照消防站服务区面积计算公式来确定，如图 11－4 所示。消防站服务区面积计算公式是：

$$A = 2P^2 = 2 \times (S/\lambda)^2 \quad (km^2)$$

式中　A——消防站服务区面积，km^2；

　　　P——消防站至服务区最远点的直线距离，即消防站保护半径，km；

　　　S——消防站至服务区边缘最远点的实际距离，即消防车 4 min 的最远行驶路程，km；

　　　λ——道路曲度系数，即两点间实际交通距离与直线距离之比，通常取 1.3 ~ 1.5。

按照这个公式，根据 2005 年国内部分城市在不同时段消防车的实际行车测试，并考虑到国内城市道路系统大多是方格式或自由式的形式，计算得出消防车平均时速为 30 ~ 35 km，道路曲度系数取 1.3 ~ 1.5，得出消防站服务区面积在 3.56 ~ 6.28 km^2 之间（即约为 4 ~ 7 km^2）。近年来，随着城市建设和社会经济发展，虽然国内城市的道路交通情况有所改善，但同时路上行驶的车辆数量也在迅速增加，致使消防车速度难以提高。

所以，综合目前的实际情况，并考虑消防站的分类，确定作为保卫城市消防安全主要力量的一级普通消防站的服务区面积一般不应大于 7 km^2。特勤消防站通常兼有常规消防任务，其常规任务服务区面积同一级普通消防站，同一服务区内一般不再另设普通消防站。根据二级普通消防站的作战能力，其服务区面积一般不应大于 4 km^2。

消防责任区面积计算公式示意如图 11－3 所示。

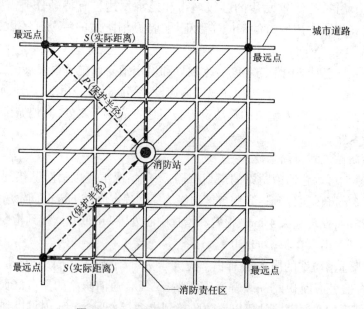

图 11－3　消防责任区面积计算公式示意

考虑到我国社会经济发展的实际情况，城市规划区内消防站布局应疏密结合，应区别对待城市中心区和近郊区（城市规划区边缘地区）的消防站布点密度。对于设在近郊区的普通消防站仍以消防队接到出动指令后 5 min 内可以到达其服务区边缘为原则确定服务区面积，综合考虑实际状况，按照 60 km/h 的消防车车速，道路曲度系数取 1.5，计算得出服务区面积约为 15 km^2。

(2)根据火灾风险评估确定。有条件的城市,也可针对城市的火灾风险,通过评估方法合理确定消防站服务区面积。

4)陆上消防站站址选择

消防站的选址应符合下列条件。

(1)陆上消防站应选择在本责任区的中心或靠近中心的地方。

(2)必须设置在交通方便,利于消防车迅速出动的主、次干道临街地段,如城市干道一侧或十字路口附近。

(3)消防站主体建筑距医院、学校、幼儿园、影剧院、商场等容纳人员较多的公共建筑的主要疏散出口或人员集散地不宜小于 50 m,以防相互干扰,保证安全、迅速出车。

(4)服务区内有生产、贮存易燃易爆危险化学物品单位的,消防站为确保自身的安全应设置在常年主导风向的上风或侧风处,其边界与危险品或易燃易爆品的生产储运设施或单位保持 200 m 以上间距。

(5)消防站车库门应朝向城市道路,至城市规划道路红线的距离不应小于 15 m。

(6)设在综合性建筑物中的消防站,应有独立的功能分区。

5)消防装备配备

陆上消防站应根据其服务区内城市规划建设用地的灭火和抢险救援的具体要求,配置各类消防装备和器材,具体配置应符合《城市消防站建设标准(修订)》(建标[2006]42 号)的有关规定。

3.水上(海上)消防站规划

1)沿海、内河港口城市应设置水上(海上)消防站

水上(海上)消防站设置要求如下。

(1)城市应结合河流、湖泊、海洋沿线有任务需要的水域设置水上(海上)消防站。

(2)水上(海上)消防站应设置供消防艇靠泊的岸线,满足消防艇灭火、救援、维修、补给等功能的需要;为节省城市资源,其靠泊岸线应结合城市港口、码头进行布局和建设,也便于同步建设实施。岸线长度应满足消防艇靠泊所需长度的要求,如果按照停靠常规的 2 艘消防艇和 1 艘指挥艇来确定的,岸线长度至少要大于 100 m。

(3)考虑到水上消防站消防人员执勤备战、迅速出动以及生活、学习、技能、体能训练等方面的需要,水上消防站应设置相应的陆上基地,应按陆上一级普通消防站的标准来进行选址和建设。其用地面积及选址条件与陆上一级普通消防站基本相同。

2)水上(海上)消防站责任区划分

根据水上消防站的实际值勤情况和有关测试结果,水上消防站一般以接到出动指令后正常行船速度下 30 min 可以到达其服务水域边缘为原则来确定服务水域边缘,消防艇正常行船速度为 40~60 km/h,则水上消防站至其服务水域边缘的距离为 20~30 km。

3)水上(海上)消防站站址选择

(1)考虑到水上消防站的安全和灭火救援的迅速出动,建议水上消防站宜设置在城市港口、码头等设施的上游处。

(2)服务区水域内有危险化学品港口、码头,或水域沿岸有生产、储存危险化学品单位的,水上(海上)消防站应设置在其上游处,并且其陆上基地边界距上述危险部位一般不应小于 200 m。

(3)参照港口码头等选址原则,水上(海上)消防站不应设置在河道转弯处及电站、大坝

附近。

（4）为方便快速出动和不影响官兵生活、训练，水上（海上）消防站趸船和陆上基地之间的距离应尽量靠近，考虑到水域沿线水位变化等相关因素，趸船和陆上基地之间的距离不应大于 500 m，并且不应跨越铁路、城市主干道和高速公路。

4）消防装备配备

水上（海上）消防站所配备的消防艇数量是确定其建设规模的主要因素，随着社会经济的快速发展，水上消防站服务社会职能也不断拓展，其抢险救援功能和作用不断提升，应配备一定数量的消防船；通过对部分城市的考察，普遍认为一个水上消防站配备 2 艘消防船是能够满足需要的。

对于服务水域内有货运、客运港口码头的，建议对设有 5 万 t 以上的危险化学品装卸泊位的货运港口码头和同级客运码头，应配备大型消防船或拖消两用船，有困难的可配备中型消防船或拖消两用船；对于 5 万 t 以下的危险化学品装卸泊位和其他可燃易燃装卸泊位的货运港口码头，应至少配备 1 艘中型或大型消防船、拖消两用船。

水上（海上）消防站船只类型及数量配置见表 11 - 3。

表 11 - 3　水上（海上）消防站船只类型及数量配置

船只类型	配置数量
趸船	1 艘
消防艇	1~2 艘
指挥艇	1 艘

4. 航空消防站规划

1）航空消防站设置要求

考虑到我国大多数大城市、特大城市的社会经济发展水平以及由此产生的消防安全需求已经对航空消防站的规划建设产生了相应的需求。航空消防站由于建设投资巨大和其空间领域的限制，为节省资源，方便管理，航空消防站宜结合民用机场进行布局和建设，并应有独立的功能分区。

航空消防站同样应考虑消防人员执勤备战、生活、学习、技能、体能训练和迅速出动的需要，应设置陆上基地；考虑到航空消防站功能的多样化发展，应按一级普通消防站的标准来进行选址和建设；用地面积同陆上一级普通消防站；如人员配备较少，各地根据实际情况可按二级普通消防站的标准建设；陆上基地宜独立建设，如确有困难时，可设在机场建筑内，但消防站用房应有独立的功能分区。

空勤人员的训练由于受地理和空间限制较多，空勤训练情况特殊，应有效利用城市现有资源，建议设有航空消防站的城市宜结合城市资源设置飞行员、消防空勤人员的训练基地。

2）临时起降点规划

在灾害事故状态下，为了便于消防直升飞机实施救援作业，提高抢险的效能，城市的高层建筑密集区和广场、运动场、公园、绿地等防灾避难疏散场地应设置消防直升飞机临时起降点，临时起降点用地及环境应满足以下要求。

（1）最小空地面积不应小于 400 m²，其短边长度不应小于 20 m。

（2）用地及周边 10 m 范围内不应栽种大型树木，上空不应设置架空线路。

3）消防装备配备

由于航空消防站消防飞机投资较大,考虑到各城市的具体情况、经济承受能力、消防装备维护管理等方面的具体问题,航空消防站应至少配备 1 架消防飞机。

11.4.3　消防训练培训基地

中等及以上规模城市、地级以上城市应设置消防训练培训基地,应满足消防技能训练、培训的要求。

11.4.4　消防后勤保障基地

中等及以上规模城市、地级以上城市应设置消防后勤保障基地,应满足消防汽训、汽修、医疗等后勤保障功能。

11.4.5　专职消防队

大中型企事业单位应按相关法律法规建立专职消防队,纳入城市消防统一调度指挥系统。此类专职消防队数量可不计入城市消防站的设置数量。

消防站布局及责任分区规划参见图 11 – 4。

图 11 – 4　某城市消防站布局及责任分区规划

11.5 城市消防给水系统规划

大部分城市火灾均可用水扑灭,保证消防用水是城市消防工作的重要内容。城市消防用水可由城市管网直接供给,也可设置专门的消防管道系统。在水量不足的地区,应设消防水池,或利用河湖沟渠的天然水。在河流水系较为发达的城市,应考虑沿河辟出一些空地与消防通道相连,作为消防车取水的场所。

11.5.1 消防供水系统类型

消防供水系统可分为以下四类。

(1)生活用水和消防用水合用的给水系统。

(2)生产用水和消防用水合用的给水系统。

(3)生产用水、生活用水和消防用水合用的给水系统。

(4)独立的消防供水系统。

我国各地城市给水系统常规做法是采用生产用水、生活用水和消防用水合用的给水系统。局部区域的高压(或临时高压)消防供水应设置独立的消防供水管道,应与生产、生活给水管道分开。

11.5.2 消防用水量预测

城市消防用水量,应根据城市人口规模按同一时间内的火灾次数和一次灭火用水量的乘积确定。当市政给水管网系统为分片(分区)独立的给水管网系统且未联网时,城市消防用水量应分片(分区)进行核定。同一时间内的火灾次数和一次灭火用水量应符合表 11 - 4 的规定。

表 11 - 4 城市消防用水量

人数/万人	同一时间内火灾次数/次	一次灭火用水量/$l \cdot s^{-1}$
≤1.0	1	10
≤2.5	1	15
≤5.0	2	25
≤10.0	2	35
≤20.0	2	45
≤30.0	2	55
≤40.0	2	65
≤50.0	3	75
≤60.0	3	85
≤70.0	3	90
≤80.0	3	95
≤100.0	3	100

注:城市室外消防用水量应包括居住区、工厂、仓库(含堆场、储罐)和民用建筑的室外消火栓用水量。

消防总用水量应为灭火延续时间与消防用水量的乘积。由于日常发生火灾的时间往往不易准确掌握，为统计方便起见，一般从接到报警时起到消防队归队为止的一段时间，称为灭火延续时间。根据实践经验，灭火延续时间一般可按 2 h 计算，甲、乙、丙类库房可按 3 h 计算，易燃、可燃材料的露天、半露天堆场可按 6 h 计算。

11.5.3　消防水源规划

城市给水系统是城市的主要消防水源，在城市自来水厂规划建设时，应保障城市消防用水的需要。

在城市市政给水管网消防供水不足时应综合利用城市人工水体或地下水（水流井、管井、大口井、渗渠等）、天然水源（江、河、湖泊、水池、水塘、水渠等）、消防水池以及再生水等补充消防水源。但应确保消防用水的可靠性和数量，且应设置道路、消防取水点（码头）等可靠的取水设施。使用再生水作为消防用水时，其水质应满足国家有关城市污水再生利用水质标准。

根据我国目前经济技术条件和消防装备能力，在规划城市消防供水时，宜根据不同条件和当地具体情况，采用多水源供水方式，保证消防用水的需要。设置两个消防水源的条件见表 11 - 5。

表 11 - 5　设置两个消防水源的条件

名　称	人数/万人	工业企业基地面积/hm²	附属于工业企业的居住区人数/万人
城镇	>2.5	——	——
独立居住区	>2.5	——	——
大中型石油化工企业	——	>50	>1.0
其他工业企业	——	>100	>1.5

11.5.4　消防供水设施

城市消防供水设施包括城市给水系统中的水厂、给水管网、市政消火栓（或消防水鹤）、消防水池、特定区域的消防独立供水设施、自然水体的消防取水点等。

1. 市政消火栓

市政消火栓等消防供水设施的设置数量或密度，应根据被保护对象的价值和重要性、潜在生命危险的高低、所需的消防水量、消防车辆的供水能力、城市未来发展趋势等综合确定。新建的城市（包括经济区、经济开发区）、城区住宅小区、卫星城及工业区，其市政或室外消防栓的规划设置要求如下。

1）设置间距要求

市政或室外消防栓的间距应小于或等于 120 m。市政消火栓规划建设时，应统一规格型号，一般为地上式室外消火栓。

对于城市主要街道、建筑物集中和人员密集的地区，市政消火栓间距过大的，应结合市政供水管网的改造，相应增加室外消火栓，使之达到规定要求。

城市重点消防地区应适当增加消火栓密度。具体由各城市根据重点消防地区的火灾风险程度予以确定。

2）设置位置要求

（1）消火栓沿道路设置，并宜靠近十字路口。当道路宽度超过 60 m 时，宜双侧设置消火栓。

（2）消火栓距路缘石不应超过 2 m，距建（构）筑物外墙不应小于 5 m。油罐储罐区、液化石油气储罐区的消火栓，应设置在防火堤外。

3）栓口设置要求

市政或室外消火栓应有一个直径为 150 mm 或 100 mm 和两个直径 65 mm 的栓口。每个市政消火栓的用水量应按 10～15 L/s 计算。室外地下式消防栓应有一个直径为 100 mm 的栓口并应设有明显标志。

图 11－5　消防水鹤示意

在布局消火栓时，还必须注意，由于我国多数城市水压不足，在扑灭城市火灾时，单单依靠消火栓是不行的，消防车必须能进入灭火区域，因此，不能以密设消火栓的方法来减低道路应有的供消防车通行的宽度要求。

2. 消防水鹤

在我国东北、西北地区，冰冻期较长，考虑到防冻问题，市政消火栓都是采用地下式消火栓的安装形式，而且大都设在道路旁边，但由于经常被路面积雪埋压，往往造成设置位置难以查找，消防井盖难以撬开等问题，即使能够迅速打开井盖，由于在井下接带给水，操作极为不便，这就会极大影响火灾扑救。消防水鹤能够避免地下式消火栓的许多弊端，在北方寒冷地区可替代室外地下消火栓。

1）消防水鹤的特点

（1）消防水鹤（图 11－5）具有良好的防冻功能，它的泄水阀门与给水阀门形成联动。消防给水时打开给水阀，泄水阀门被联动关闭，开始给水；当给水完成时，关闭给水阀门，同时联动打开了泄水阀门，能够使立管中的余水在结冰前快速泄掉，防止了立管中的余水结冰。因此，消防水鹤能够在 -40 ℃ 的严寒气温下使用。

（2）消防水鹤采用了蜗杆传动和连杆传动设计，使出水口具有左右摆动 0°～100°，前后伸缩 0～300 mm 的功能，极大方便了消防车的停靠加水。

（3）消防水鹤注水流量在城市自来水系统 0.4 MPa 的情况下可达到 5～6 m³/min，还可加装地上消火栓功能，既能用于火灾中的接力供水和就近使用灭火，又能方便消防车供水。

（4）消防水鹤的结构合理，主要控制部件，如阀体、阀杆螺母采用了铸铜材料，确保了各部件不被锈死，提高了设备的可靠性，方便了维护保养。

（5）消防水鹤的外壳采用新型玻璃钢材料，轻质高强无须金属加固，具有在阳光直接照射下无膨胀，在寒冷气候下无收缩、耐老化、使用寿命长等特点，表面光滑细腻可涂装各种涂料，耐擦拭、不褪色，还可制成各种造型，增强城市美观。

2) 消防水鹤设置要求

消防水鹤的设置密度宜为 1 个/km²,消防水鹤间距不应小于 700 m。

3. 消防水池

城市消防水池是指城市的公用消防水池、可供给城市使用的建筑物消防水池以及兼有消防供水功能的各种人工水池(水体),见图 11 - 6。

城市消防供水系统管网应布置成环状,若确有困难设置成环状管网和符合下列情况之一时应设置城市消防水池。

(1)无市政消火栓或消防水鹤的城市区域。

(2)无消防车道的城市区域。

图 11 - 6　某消防水池

(3)消防供水不足的城市区域或建筑群(包括大面积棚户区或建筑耐火等级低的建筑密集区、历史文化街区、文物保护单位)。

消防水池的容量应根据保护对象计算确定。蓄水的容量最低不宜小于 100 m³,一般为 100 ~ 300 m³,水池间距宜为 200 ~ 300 m。在冬季最低温度达到 - 10 ℃的城市还应采取防冻保温措施,保证消防用水的可靠性。

4. 取水码头

考虑到城市消防供水受城市供水系统管网、动力、地质等因素的影响,一旦管网爆裂、检修、地质灾害、战争等影响将中断供水。每个消防站的责任区至少设置一处城市消防水池或天然水源取水码头以及相应的道路设施,作为城市自然灾害或战时重要的消防备用水源。

11.5.5　消防配水管道管径与流速

消防供水管道流速的选择以节省基建投资和降低经常运转费用为原则。选择流速较大,所需管径就小,管道造价可降低,但流速大造成水头损失增大,使水泵等设备消耗增大,经常运转费用就会相应增加;若采用较小流速和大管径,可以降低运转费用,但需消耗较多的管材和基建投资。

市政消火栓配水管网宜环状布置,配水管口径应根据可能同时使用的消火栓数量确定。市政消火栓的配水管最小公称直径不应小于 150 mm,最小供水压力不应低于 0.15 MPa。单个消火栓的供水流量不应小于 15 L/s,商业区宜在 20 L/s 以上。消防水鹤的配水管最小公称直径不应小于 200 mm,最小供水压力不应低于 0.15 MPa。

设计消防用水管道的流速,应既考虑经济问题,又要考虑安全供水问题。消防管道是不经常运转的,采用小流速大管径不经济,宜采用较大流速和小管径。在一般情况下管径 100 ~ 400 mm 的管道,最小经济流速取 0.6 ~ 1.0 m/s;管径大于 400 mm 的管道,最小经济流速取 1.0 ~ 1.4 m/s。根据火场供水实践和管理经验,铸铁管道消防流速不宜大于 2.5 m/s,钢管的流速不宜大于 3.0 m/s。

11.6 城市消防通信规划

现代化的消防通信指挥系统是城市消防综合能力的主要标志之一。消防通信是指为火灾报警、火警受理、灭火救援通信调度、辅助决策指挥、模拟训练和消防信息综合管理而设置的通信系统及设施。消防通信规划必须充分考虑利用有线和无线多种通信手段的特长,并将通信技术和计算机网络技术有机结合,建立起适应城市特点和消防安全要求的城市消防通信指挥系统。以城市消防通信指挥系统为核心,以消防办公自动化系统为主体,加强消防信息化系统基础设施建设,提高信息资源数量和质量,以消防信息化带动消防现代化,促进城市消防事业的全面发展。

城市消防通信指挥系统是由火灾报警、火警受理、火场指挥、消防信息综合管理和训练模拟等子系统构成。城市消防通信系统规划和建设应符合《消防通信指挥系统设计规范》(GB 50313—2000)的有关规定。

1. 火警报警服务台

城市应设置 119 火灾报警服务台或设置 119、110、112"三台合一"报警服务台。充分发展和建设"119"火警线,公安消防部门、警察、交通等部门应设立火警报警专线,利用街道设置的有线电话报警;有条件的城市,可利用有线和无线汇接装备,进行火警报警。

2. 火警调度通信

城市 119 报警服务台与各消防站之间应至少设一条火警调度专线,可用于语音调度或数据指令调度;与公安、交通管理、医疗救护、供水、供电、供气、通信、环保、气象、地震等部门或联动单位之间应至少设 1 条火警调度专线或数据指令调度通道;与消防重点保护单位之间应设 1 条火警调度专线。

3. 消防调度指挥专用无线通信网

城市应建立消防调度指挥专用无线通信网,社会公众无线通信网作为消防无线通信网的补充,不作为主要通信方式。

4. 消防信息综合管理系统

城市应建立消防信息综合管理系统,有条件的城市可建立消防图像监控系统、高空瞭望系统并与道路交通图像监控、城市通信等系统联网,实现资源共享,预警和实时监控火灾状况。

11.7 城市消防通道规划

消防通道依托于城市道路网络系统,由城市各级道路、居住区和企事业单位内部道路、建筑物消防通道以及用于自然或人工水源取水的消防通道等组成。见图 11 – 7 中消防通道。

1. 道路消防要求

(1)消防通道主要依靠城市主、次干道,支路和小区道路构成的道路网系统,城市道路网的布局形式和设计标准一般都能够满足消防车辆的通行要求。街区内供消防车通行的道路中心线间距不宜超过 160 m,当建筑沿街部分长度超过 150 m 时或总长度超过 220 m 时,均应设置穿过建筑物的消防通道。在旧城改造中,进行规划和建设项目审查时,要把打通消

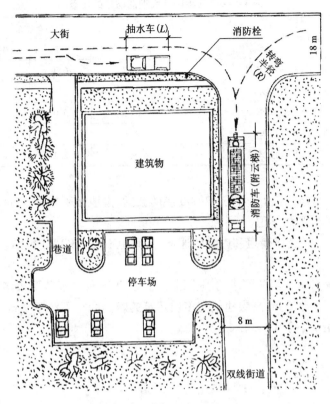

图 11 - 7　某建筑总平面规划

防通道作为一项重要内容严格把关。

(2)一般消防车通道的宽度不应小于 3.5 m,高层建筑的消防车通道宽度不应小于 4 m,其净空高度不应低于 4 m,与建筑外墙距离宜大于 5 m;石油化工区的生产工艺装置、储罐区等处的消防车通道宽度不应小于 6 m,路面上净空高度不应低于 5 m,路面内缘转弯半径不宜小于 12 m;城市主干道设置天桥等建、构筑物时,净高不应小于 5 m,转弯半径不应小于 12 m;建筑物内开设的消防车道,净高与净宽均应大于或等于 4 m。

(3)尽端式消防通道应设回车道或回车场。回车场地面积不应小于 12 m×12 m,高层民用建筑消防车回车场地面积不宜小于 15 m×15 m,供大型消防车使用的回车场地面积不宜小于 18 m×18 m。

(4)新建、改建和扩建的各类建筑,应严格执行有关消防技术标准的规定,其周围应设置环形消防车道。如有困难,可沿建筑物的两个长边设置消防通道或设置可供消防车通行且宽度不小于 6 m 的平坦空地。对城市旧区不畅的消防通道应予改造。小区开发建设时,应合理规划小区内部道路系统及消防主干道,消防干道上不得设置路障。

(5)消防车通道的坡度不应影响消防车的安全行驶、停靠、作业等,举高消防车停留作业场地的坡度不宜大于 3%。

(6)消防车通道下的管道和暗沟等应能承受大型消防车辆的荷载,具体荷载指标应满足能承受规划区域内配置的最大型消防车辆的质量。几种国产大型消防车的质量见表 11 - 6。

表 11 – 6　几种国产大型消防车的质量 t

消防车名称	消防车质量			
	满载质量	前轴	中桥	后桥
CEF2/2 型干粉泡沫联用消防车	28.7	6.3		22.4
CQ23 型曲臂登高消防车	14.9	5.0		9.9
CPP30 型泡沫消防车	14.5	5.0		9.5
CT28 型云梯消防车	8.3	2.8		5.5
CST7 型水罐消防拖车	13.9	2.2	6.0	5.7

（7）超过 3 000 座的体育馆、超过 2 000 座的会堂、占地面积超过 3 000 m² 的展览馆、博物馆、商场,宜设环形消防车道。

（8）沿街建筑应设连接街道和内院的通道,其间距不大于 80 m(可结合楼梯间设置)。

2. 建筑物消防间距

建筑的间距保持也是消防要求的一个重要方面,我国有关规范要求多层建筑与多层建筑的防火间距应不小于 6 m,高层建筑与多层建筑的防火间距不小于 9 m,而高层建筑与高层建筑的防火间距不小于 13 m。

11.8　规划案例

某市建设用地规模为 164.30 km²,参见图 11 – 8。

1. 消防站建设

设置市级消防指挥中心一处,占地 2 hm²。设置综合消防站一处(含特勤、训练、培训、指挥),占地 4 hm²。市区再设置 21 个标准消防站,每处占地 0.4 hm²;再独立设置一处特勤消防站,占地 0.5 hm²。

2. 消防给水

加强城市供水管网建设和改造力度,城市供水管道向环网发展。在城市干道上敷设的给水管道管径应不小于 300 mm,小区内给水管道管径应不小于 200 mm。

3. 消防通道

消防通道不小于 4 m,停车场应设置在疏散条件较好处。在城市建设中应对静态交通、农贸市场等进行合理布置,加强城市道路交通管理,坚持取缔各种违章占道行为,以有利于消防施救和安全疏散。在小区开发建设中,合理规划小区内部道路系统,使道路系统满足消防通道要求,为保证平时和灭火时的车辆都能畅通。

4. 消防通信

报警方式采用"集中报警"与"分散报警"。消防指挥中心与城市供电、供水、供气、医疗、交通、环保、专职消防队以及消防重点单位设置消防专线通信,以保证报警、灭火、救援工作的顺利进行。公安消防部队的消防通信装备的配备,必须成独立完整系统,完成配备项目。建立消防通信调度指挥中心。

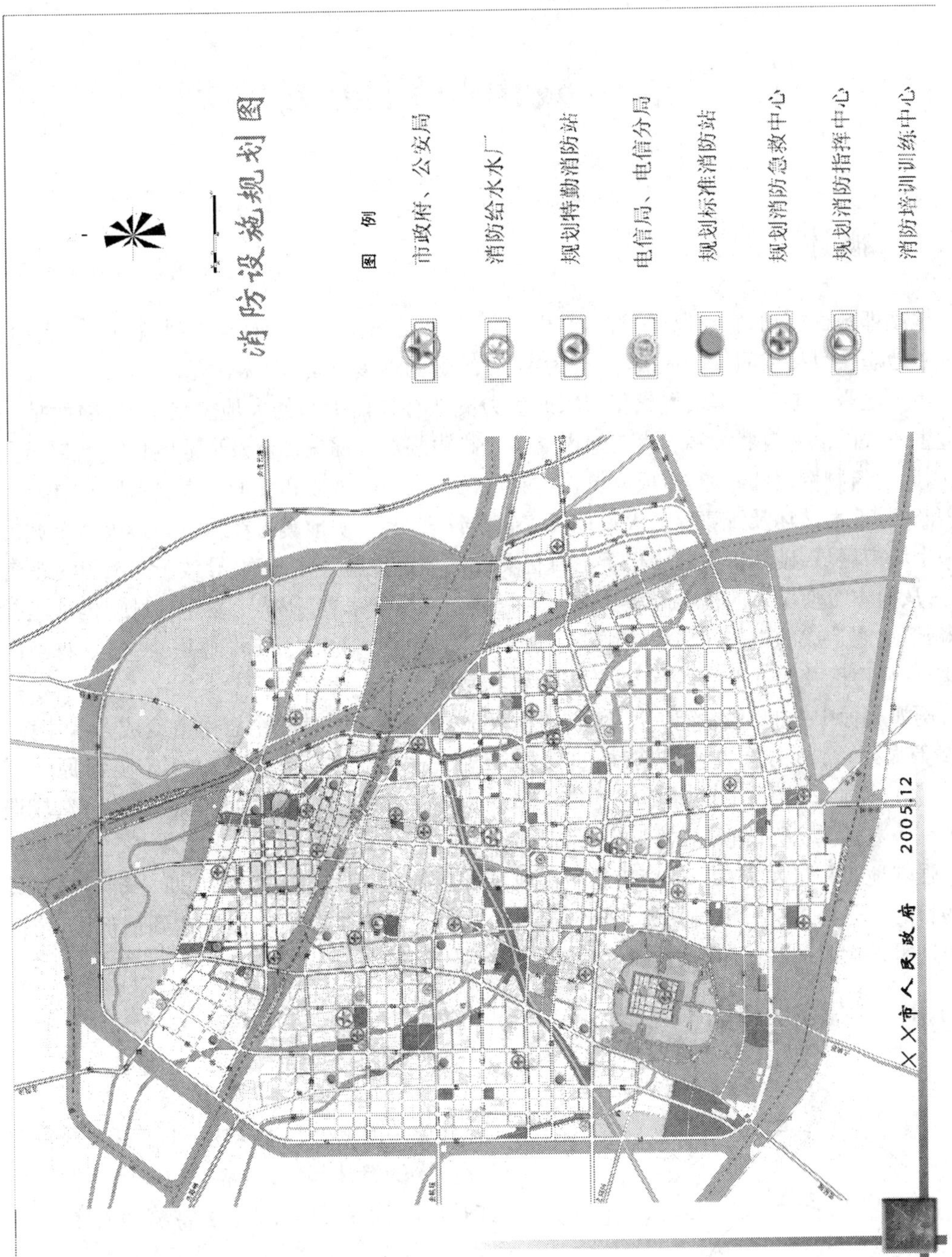

消防设施规划图

图例

市政府、公安局	
消防给水厂	
规划特勤消防站	
电信局、电信分局	
规划标准消防站	
规划消防急救中心	
规划消防指挥中心	
消防培训训练中心	

XX市人民政府 2005.12

图 11-8 某市消防设施规划图

第12章 城市抗震防灾规划

12.1 概述

地震即地面震动,它与风雨、雷电一样,是一种极为普遍的自然现象。强烈的地面震动,即强烈地震会直接或间接造成破坏,成为灾害,统称为地震灾害,简称震灾。

由于地震是地球内部缓慢累积起来的应力突然释放而引起的大地突然运动,因而是一种危害最大的潜在自然灾害。直接地震灾害是指由强烈地面振动波及形成的地面断裂和变形,引起建筑物倒塌和破坏,造成人员伤亡和经济损失。与地震相关的灾害,包括地面振动、地表断裂、地面破坏及海啸等。大量地震灾害统计表明,一次地震可在瞬息间毁灭整个城市或一个城市区域,破坏价值数十亿至上百亿美元的城市设施及建筑物,导致千千万万无辜者伤亡,从根本上使城市的社会经济功能完全瘫痪。从全球来看,历史上发生在城市的地震并不多,但地震造成的损失却集中在城市。这是因为城市人口集中,工商业密集,建筑物鳞次栉比,一旦市区及附近地区遇有大震,损失就非常巨大。

例如震惊中外的 1976 年 7 月 28 日唐山大地震(7.8 级),使整个唐山市变成一片废墟,24.2 万人死亡,16 万余人顿成伤残,直接经济损失达 100 多亿元。1920 年宁夏海原地震(8.5 级),死亡 22 万人。再如 2008 年 5 月 12 日发生在四川汶川的大地震(8.0 级)造成遇难失踪人数达 8.7 万,直接经济损失 8 451 亿。

强烈地震一旦发生在人口密集的城市或其邻近地区,将会造成巨大灾难。抗震规划设计的目的就是为了减轻地震损失,降低震害伤亡,使人民的生命财产损失达到最低限度,同时使地震发生时的诸如消防、救护等活动得以维持和进行。

12.1.1 地震相关概念

1. 震源与震中

地震一般发生在地球内部地壳和地幔(图 12-1)中的特殊部位,通常把地球内部发生地震的地方称为震源。理论上常将震源看做一个点,实际上它是具有一定规模的区域。震源在地面上的投影叫震中。与震源相类似,震中也是一个区域,即震中区。地震源在地层中的传播如图 12-2。

2. 震级与烈度

地震震级与地震烈度是表征地震特征的基本参数,在抗震防灾规划和工程设计中常以此为重要依据。

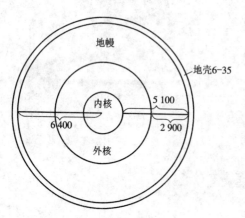

图 12-1 地球断面(单位:km)

1) 地震震级

地震的震级即地震的级别,它表示地震震源释放能量的大小。

目前国际上比较通用的是 1935 年里克特(Richer, C. F.)提出的里氏震级。它是以标准地震仪所记录的最大水平位移(即振幅 A,以 μm 计)的常用对数值来表示该次地震震级,并用 M 表示,即

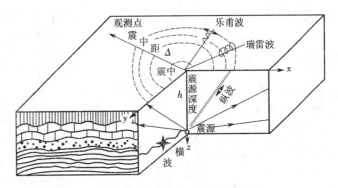

图 12 - 2　地震波在地层中的传播

$$M = \lg A \tag{12-1}$$

2) 地震烈度

地震烈度是指某一地区受到地震以后,地面及建筑物等受到地震影响的强弱程度。对于一次地震来说,表示地震大小的震级只有一个,但是由于各区域距震中远近不同,地质构造情况不同,所受到的地震影响不一样,所以地震烈度也有所不同。

一般情况下,震中区烈度最大,离震中越远则烈度越小。震中区的烈度称为"震中烈度",用 I 表示,我国和国际上普遍将地震烈度分为 12 个等级。1 ~ 3 度:人无感觉;4 度:人有感觉,吊灯摇晃;6 度:建筑可能有损坏;7 度:砖石房屋多数有轻微损坏;8 ~ 9 度:大多房屋损坏破坏、少数倒塌;10 度:许多房屋倒塌;11、12 度:普遍毁坏。例如,1976 年 7 月 28 日唐山—丰南地震,震级 $M = 7.8$,震中烈度为 $I = 10 ~ 11$ 度。

地震烈度与震级是一个问题的两个方面。它们之间的相互关系可以用下式近似表达:

$$M = 0.58I(烈度) + 1.5 \tag{12-2}$$

在震源深度为 10 ~ 30 km 时,震级与烈度之间大致关系如表 12 - 1 所示。

表 12 - 1　地震震级与烈度关系

震级/级	2	3	4	5	6	7	8	8 级以上
烈度/度	1 ~ 2	3	4 ~ 5	6 ~ 7	7 ~ 8	9 ~ 10	11	12

3. 地震基本烈度

基本烈度是指某一地区,在今后一定时间内和一般场地条件下,可能普遍遭遇到的最大地震烈度值,即现行《中国地震烈度区划图》规定的烈度。

所谓"一定时间内"系以 100 年为期限。100 年内可能发生的最大地震烈度是以长期地震预报为依据。此期限只适用于一般工业与民用建筑的使用期限,我国规定 6 度以上的地区为抗震设防区,低于 6 度的地区称为非抗震设防区。地震烈度在 6 度以上的城市都应编制抗震防灾规划,并纳入城市总体规划,统一组织实施。位于 7 度以上(含 7 度)地区的大中型工矿企业,应编制与城市抗震防灾规划相结合的抗震防灾对策或措施。

4. 抗震设防烈度和设计烈度

我国建筑物抗震设计的原则是"小震不坏、中震可修、大震不倒",即当遭受到低于本地区抗震设防烈度的多遇地震影响时,建筑物可能损坏,但经过一般修理或不需要修理仍然可

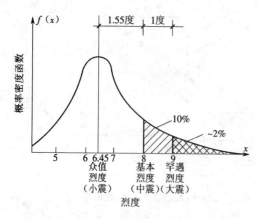

图 12 – 3　三种烈度及其关系

以继续使用;当遭受到高于本地区抗震设防烈度的罕遇地震影响时,建筑物不致倒塌或发生危及生命安全的严重破坏。

1)设防烈度

抗震设防烈度是指国家批准权限审定,作为一个地区抗震设防依据的的地震烈度。一般情况下,取 50 年内超越概率 10% 的地震烈度,相当于基本烈度。其中,超越概率系指地震事件超过某一重现期发生的频率。

设防烈度的经济意义很大,"小震不坏,大震不倒"具体体现为以下三种水准要求(参见图 12 – 3)。

50 年内,超越概率 63% 的地震烈度,为众值烈度,比基本烈度低 1.5 度:建筑处于正常使用状态(小震不坏,建筑处于弹性阶段)。

50 年内,超越概率 10% 的地震烈度,相当于基本烈度:损坏控制在可修复范围(建筑部分达到塑性阶段,控制变形在许可范围)。

50 年内,超越概率 2% ~ 3% 的地震烈度,为罕遇地震:避免倒塌(建筑处于塑性阶段,控制变形避免倒塌)。

2)设计烈度

设计烈度是在基本烈度的基础上,根据建筑物的重要性按区别对待的原则进行调整确定的,这是抗震设计时实际采用的烈度。

3)建筑抗震类别

根据建筑物重要性确定不同的抗震设计标准,通常分为甲、乙、丙、丁 4 类。

(1)特殊设防类。特殊设防类是指使用上有特殊设施,涉及国家公共安全的重大建筑工程和地震时可能发生严重次生灾害等特别重大灾害后果,需要进行特殊设防的建筑。简称甲类。抗震设防标准应高于本地区抗震设防烈度(基本烈度)1 度,并采取特殊抗震措施。

(2)重点设防类。重点设防类是指地震时使用功能不能中断或需尽快恢复的生命线相关建筑以及地震时可能导致大量人员伤亡等重大灾害后果,需要提高设防标准的建筑。简称乙类。抗震设防标准应高于本地区抗震设防烈度(基本烈度)1 度。

(3)标准设防类。标准设防类是指大量的除甲、乙类以外按标准要求进行设防的建筑。简称丙类。抗震设防标准应采用本地区抗震设防烈度,即基本烈度。

(4)适度设防类。适度设防类是指使用上人员稀少且震损不致产生次生灾害,允许在一定条件下适度降低要求的建筑。简称丁类。抗震设防标准应采用本地区抗震设防烈度,即基本烈度。抗震设防标准应低于本地区抗震设防烈度(基本烈度)1 度,设防烈度为 6 度时不应降低。

12.1.2　地震分类

1. 按地震成因划分

地震按其成因分为两大类,即天然地震和人为地震。天然地震又分为构造地震和火山地震,构造地震是天然地震的主要形式,它是由于地层下深处岩石破裂、错动把长期累积起来的能量急剧释放,引起山摇地动。构造地震约占地震总数的 90% 以上。其次是由于火山喷发引起的地震,称为火山地震,约占地震总数的 7% 。人为地震是由于人为活动引起的地震,如工业爆破、地下核爆炸等;此外,在深井中进行高压注水以及大水库蓄水后增加了地壳的压力,有时也会诱发地震。一般人们所说的地震,多指天然地震,特别是构造地震,这种地震对人类危害和影响最大。

2. 按人类感觉划分

地震按照人类感觉与否分为有感地震和无感地震。在一般情况下,小于 3 级的地震,人们感觉不到,称为微震或无感地震。3 级以上的地震称为有感地震。地球上平均每年发生可以记录到的大小地震次数达 500 万次,有感地震 15 万次以上,其中能造成严重破坏的地震约 20 次左右。

3. 按震源距离划分

地震按照其震源距离地表的远近划分为浅源地震,中深源地震和深源地震。通常把地震距离地表在 70 km 以内的地震称为浅源地震,深度在 70~300 km 之间的地震称为中深源地震,深度大于 300 km 以上的地震称为深源地震。我国除了东北和东海一带少数中深源地震外,绝大多数地震的震源深度在 40 km 以内;大陆东部的震源更浅一些,多在 10~20 km。

4. 按地震震级划分

按里氏震级可将地震分为 10 级,一般来说,小于 2 级的地震,人们感觉不到,称做微震;2~4 级的地震,人们已有所感觉,物体也有晃动,称有感地震;5 级以上,在震中附近已引起不同程度的破坏,统称为破坏性地震;7 级以上为强烈地震或大地震;8 级以上称特大地震。到目前为止,所记录到的世界最大地震是 2011 年 3 月 11 日发生在日本本州东海岸附近海域的 9.0 级地震。

12.1.3　地震分布

1. 地球上主要有两组地震活动带(参见图 12-4)

(1)环太平洋地震带:沿南北美洲西岸至日本,再经我国台湾省而达菲律宾和新西兰。

(2)地中海南亚地震带:西起地中海,经土耳其、伊朗、我国西部和西南地区、缅甸、印度尼西亚与环太平洋地震带相衔接。

我国地处两大地震带中间,是世界地震多发国之一。从历史地震状况看,全国除了个别省份外,绝大部分地区都发生过较强的破坏性地震,许多地区的地震活动在目前仍然相当强烈。

2. 我国地震分布

我国主要分布着三条主要地震带,一条是北起贺兰山经六盘山南下穿越秦岭,沿川西直至云南省东南部的南北地震带;再一条东西地震带有两条,一条沿陕西、山西、河北北部向东延伸直至辽宁省东北部;另一条西起帕米尔高原,经昆仑山、秦岭直至大别山区。中国地震区划如图 12-5 所示。

地震已成为我国尤其是城市自然灾害危险度最大的"首灾",其原因之一是中国地震活动分布区域广,6 度及其以上地区占全部国土面积的 60%,因而震中分散,难以捕捉准防御目标。其二是中国地震的震源浅、强度大,据多年统计有 2/3 地震发生在大陆且基本上是位于距地表 40 km 以内的浅源,因而对地面建筑物和工程设施破坏严重。其三是中国位于地

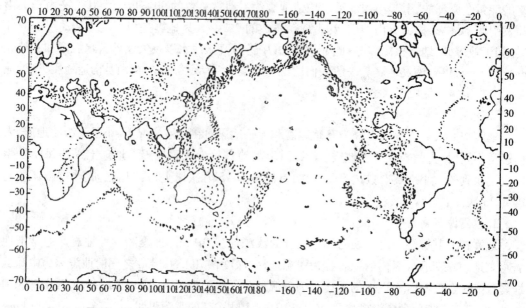

图 12-4　世界地震分布（根据姆·巴拉森基、杰·多尔曼的研究资料）

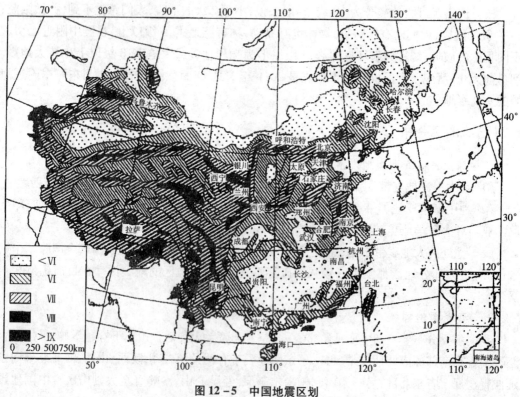

图 12-5　中国地震区划

震带、地震区域上的重要城市多，全国有 200 多个城市位于地震基本烈度 7 度及其以上地区，在 20 个特大城市中有 70% 在 7 度以上地区，尤其像北京、天津、西安、兰州、太原、大同、包头、海口等市甚至位于基本烈度 8 度的高危险区域中。

12.1.4　城市抗震防灾规划的内容

城市抗震防灾规划应包括以下内容。

(1)易损性分析和防灾能力评价、地震危害性分析、地震对城市的影响及危害程度估计、不同程度地震下的震害预测等。

(2)城市抗震防灾规划目标、抗震设防标准。

(3)建设用地评价与要求:根据地震危害性分析、地震影响区划和震害预测,划出对抗震有利和不利的区域范围,不同地区适宜的建筑结构类型、建筑层数和不应进行工程建设的地域范围。其中包括:①城市抗震环境综合和评价,包括发震断裂、地震场地破坏效应的评价等;②抗震设防区划,包括场地适宜性分区和危险地段、不利地段的确定,提出用地布局要求;③各类用地上工程建设的抗震性能要求。

(4)抗震防灾措施:①市、区级避震通道及避震疏散场地(如绿地、广场等)和避难中心的设置与人员疏散的措施;②城市基础设施的规划建设要求——城市交通、通信、给排水、燃气、电力、热力等生命线系统及消防、供油网络、医疗等重要设施的规划布局要求;③防止地震次生灾害,要求对地震可能引起的水灾、火灾、爆炸、放射性辐射、有毒物质扩散或者蔓延等次生灾害要有防灾对策;④重要建(构)筑物,超高建(构)筑物,人员密集的教育、文化、体育等设施的布局、间距和外部通道要求。

(5)防止次生灾害规划,其中主要包括水灾、火灾、爆炸、溢毒、疫病流行以及放射性辐射等次生灾害的危害程度、防灾对策和措施。

(6)震前应急准备及震后抢险救灾规划。

(7)抗震防灾人才培训等。

城市抗震防灾规划中的抗震设防标准、建设用地评价与要求、抗震防灾措施应当列为城市总体规划的强制性内容,作为编制城市详细规划的依据。

12.2　城市抗震防灾规划目标与对策

12.2.1　城市抗震防灾规划基本目标

为了提高城市的综合抗震防灾能力,最大限度地减轻城市地震灾害,抗震规划应确定城市总体布局中的减灾策略和对策;确定抗震设防标准和防御目标;确定城市抗震设施建设、基础设施配套等抗震防灾规划要求与技术指标。

(1)逐步提高城市的综合抗震能力,最大限度地减轻城市地震灾害,保障地震时人民生命财产的安全和经济建设的顺利进行。

(2)当遭受多遇地震时,城市一般功能正常;要害系统不遭受较重破坏,重要工矿企业能正常或很快恢复生产,人民生活基本正常。

(3)当遭受相当于抗震设防烈度的地震时,城市一般功能及生命系统基本正常,重要工矿企业能正常或者很快恢复生产;其震害不致使人民生命安全和重要生产设备遭受危害,建筑物(包括构筑物)不需要修理或者经过一般修理就可继续使用,管网震害控制在局部范围内,尽量避免造成次生灾害,并便于抢修和迅速恢复使用。

(4)当遭受罕遇地震时,城市功能不瘫痪,要害系统和生命线工程不遭受破坏,不发生严重的次生灾害。

（5）对各城市的地震危害性，直接采用国家地震部门颁布的《中国地震烈度区划图》规定的基本烈度，作为抗震防灾规划的防御目标。

12.2.2　城市抗震防灾对策

1）选择建设项目用地时应考虑对抗震有利的场地和基地

避免在地质上有断层通过或断层交汇的地带，特别是有活动断层的地段进行建设。选择建筑场地时，应按表 12-2 来划分对建筑有利、不利以及危险的地段。

表 12-2　建筑场地各类地段划分

地段	地质、地形、地貌
有利地段	坚硬土或开阔平坦、密实均匀的中硬土等
不利地段	软弱土、液化土、条状突出的山嘴、高耸孤立的山丘、非岩质的陡坡、河岸和边坡边缘、平面分布成因、岩性、状态明显不均匀的土层（如故河道、断层破碎带、暗埋的塘滨沟谷及半填半挖地基等）
危险地段	地震时可能发生滑坡、崩塌、地陷、地裂、泥石流等，地震断裂带上可能发生地表错位的部位

2）构、建筑物基础与地基处理

地基和基础设计，宜符合下列要求。

（1）同一结构单元不宜设置在性质截然不同的地基上。

（2）同一结构单元不宜部分采用天然地基，部分采用人工地基。

（3）地基有软弱黏性土、液化土、新近填土以及严重不均匀土层时，宜采取措施以加强基础的整体性和刚性。

3）规划布局的抗震减灾措施

（1）城市抗震防灾规划中，对人口稠密区和公共场所必须考虑疏散问题。地震区居民点的房屋建筑密度不宜太高，房屋间距以不小于 1.1~1.5 倍房高为宜。烟囱、水塔等高耸构筑物，应与住宅（包括锅炉房等）保持不小于构筑物高度 1/3~1/4 的安全距离。易于酿成火灾、爆炸和气体中毒等次生灾害的工程项目应远离居民点住宅区。

（2）抗震防灾工程规划设计要为地震时人员疏散、抗震救灾修建临时建筑用地留有余地。

（3）道路规划要考虑地震时避难、疏散和救援的需要，保证必要的通道宽度并有多个出入口。

（4）充分利用城市绿地、广场作为震时临时疏散场地。

4）在单体建筑方面应选择经济上合理、技术上可行的抗震结构方案

矩形、方形、圆形的建筑平面，因形状规整，地震时能整体协调一致并可使结构处理简化，有较好的抗震效果。Π形、L形、V形建筑平面，因形状凸出凹进，地震时转角处应力集中，易于破坏，必须从结构布置和构造上加以处理。

5）在抗震设防区不宜设置的房屋附属物

房屋附属物，如高门脸、女儿墙、挑檐及其他装饰物等，抗震能力极差，在抗震设防区不宜设置。

6）采用轻质材料建造主体结构和围护结构

在满足抗震强度的前提下,尽量采用轻质材料来建造主体结构和围护结构,以减轻建筑物的重量。

12.3　城市用地抗震评价

城市用地是城市规划区范围内赋以一定用途与功能的土地的统称,是用于城市建设和满足城市机能运转所需要的土地。通常所说的城市用地,既是指已经建设利用的土地,也包括已列入城市规划区范围内尚待开发建设的土地。广义的城市用地,还可包括按照城市规划法所确定的城市规划区内的非建设用地,如农田、林地、山地、水面等所占的土地。

城市用地抗震评价是城市抗震防灾规划的一项重要内容,是进行城市基础设施、城区建筑等各项抗震防灾规划的基础,主要包括:城市用地抗震防灾类型分区,场地地震破坏效应及不利地形影响估计,抗震适宜性评价。

12.3.1　抗震防灾规划工作区划分

1. 编制模式

城市抗震防灾规划按照城市规模、重要性和抗震防灾要求,分为甲、乙、丙 3 种编制模式。

1)甲类模式

位于地震烈度 7 度(地震动峰值加速度≥0.10 g)及以上地区的大城市编制抗震防灾规划应采用甲类模式。

2)乙类模式

中等城市和位于地震烈度 6 度(地震动峰值加速度等于 0.05 g)地区的大城市应不低于乙类模式。

3)丙类模式

其他城市编制城市抗震防灾规划应不低于丙类模式。

2. 规划工作区划分

规划工作区(working district for the planning)是进行城市抗震防灾规划时根据不同区域的重要性和灾害规模效应以及相应评价和规划要求对城市规划区所划分的不同级别的研究区域。进行城市抗震防灾规划和专题抗震防灾研究时,可根据城市不同区域的重要性和灾害规模效应,将城市规划区按照4种类别进行规划工作区划分。

1)一类规划工作区

甲类模式城市规划区内的建成区和近期建设用地应为一类规划工作区。

2)二类规划工作区

乙类模式城市规划区内的建成区和近期建设用地应不低于二类规划工作区。

3)三类规划工作区

丙类模式城市规划区内的建成区和近期建设用地应不低于三类规划工作区。

4)四类规划工作区

城市的中远期建设用地应不低于四类规划工作区。

不同工作区的主要工作项目应符合《城市抗震防灾规划标准》(GB 50413—2007)的要求。

12.3.2　城市用地抗震防灾类型分区

城市用地抗震防灾类型分区应结合工作区地质地貌成因环境和典型勘察钻孔资料,根据地质和岩土特性进行,见表 12 - 3。

表 12 - 3　用地抗震防灾类型评估地质方法

用地抗震类型	主要地质和岩土特性
Ⅰ 类	松散地层厚度不大于 5 m 的基岩分布区
Ⅱ 类	二级及其以上阶地分布区,风化的丘陵区,河流冲积相地层厚度不大于 50 m 的分布区,软弱海相、湖相地层厚度大于 5 m 且不大于 15 m 的分布区
Ⅲ 类	一级及其以下阶地地区,河流冲积相地层厚度大于 50 m 的分布区;软弱海相、湖相地层厚度大于 15 m 且不大于 80 m 的分布区
Ⅳ 类	软弱海相、湖相地层厚度大于 80 m 的分布区

12.3.3　城市用地抗震适宜性评价

城市用地抗震适宜性评价应综合考虑城市用地布局、社会经济等因素按表 12 - 4 进行分区,并提出城市规划建设用地选择与相应城市建设抗震防灾要求和对策。

表 12 - 4　城市用地抗震适宜性评价要求

类别	适宜性地质、地形、地貌描述	城市用地选择抗震防灾要求
适宜	不存在或存在轻微影响的场地地震破坏因素,一般无须采取整治措施: (1)场地稳定; (2)无或轻微地震破坏效应; (3)用地属于抗震防灾类型Ⅰ类或Ⅱ类; (4)无或轻微不利地形影响	应符合国家相关标准要求
较适宜	存在一定程度的场地地震破坏因素,可采取一般整治措施满足城市建设要求: (1)场地存在不稳定因素; (2)用地抗震防灾类型属于Ⅲ类或Ⅳ类; (3)软弱土或液化土发育,可能发生中等及以上液化或震陷,可采取抗震措施消除; (4)条状突出的山嘴,高耸孤立的山丘,非岩质的陡坡,河岸和边坡的边缘,平面分布上成因、岩性、状态明显不均匀的土层(如故河道、疏松的断层破碎带、暗埋的塘滨沟谷和半填半挖地基)等地质环境条件复杂,存在一定程度的地质灾害危险性	工程建设应考虑不利因素影响,应按照国家相关标准采取必要的工程治理措施,对于重要建筑尚应采取适当的加强措施
有条件适宜	存在难以整治场地地震破坏因素的潜在危险性区域或其他限制使用条件的用地,由于经济条件限制等各种原因尚未查明或难以查明: (1)存在尚未明确的潜在地震破坏威胁的危险地段; (2)地震次生灾害源可能有严重威胁; (3)存在其他方面对城市用地的限制使用条件	作为工程建设用地时,应查明用地危险程度,属于危险地段时,应按照不适宜用地相应规定执行,危险性较低时,可按照较适宜用地规定执行

续表

类别	适宜性地质、地形、地貌描述	城市用地选择抗震防灾要求
不适宜	存在场地地震破坏因素，但通常难以整治： (1) 可能发生滑坡、崩塌、地陷、地裂、泥石流等的用地； (2) 发震断裂带上可能发生地表错位的部位； (3) 其他难以整治和防御的灾害高危害影响区	不应作为工程建设用地。基础设施管线工程无法避开时，应采取有效措施减轻场地破坏作用，满足工程建设要求

注：1. 根据该表划分每一类场地抗震适宜性类别，从适宜性最差开始向适宜性好依次推定，其中一项属于该类即划为该类场地。

2. 表中未列条件，可按其对工程建设的影响程度比照推定。

12.4　生命线抗震防灾规划

1. 生命线抗震防灾对象

城市抗震防灾规划中所指的基础设施与通常意义上的市政基础设施、生命线工程的含义有一定差异，前者是指维持现代城市或区域生存的功能系统以及对国计民生和城市抗震防灾有重大影响的基础性工程设施系统，包括供电、供水和供气系统的主干管和交通系统的主干道路以及对抗震救灾起重要作用的供电、供水、供气、交通、指挥、通信、医疗、消防、物资供应及保障等系统的重要建筑物和构筑物，见表 12－5。在地震工程研究中，通常把城市基础设施泛称为城市生命线系统或生命线工程。

表 12－5　生命线抗震防灾研究对象

生命线系统	研究对象
供电系统	城市供电指挥调度中心、电厂系统（发电主厂房及主要设备）、输变电系统（电厂的主变电站和分设在各地的主变电站）、高压输电线路
供水系统	城市供水指挥调度中心，水源取水，输水构筑物，水厂主要建（构）筑物（水池、泵站、水塔等），供水主干管网
燃气系统	城市供气指挥调度中心，气源厂、门站、储气站、调压室等供气枢纽工程中的主要建（构）筑物和关键设施，供气主干管网
交通系统	城市交通指挥调度中心，交通枢纽工程（机场、港口、火车站、汽车站等），主要道路、桥梁、隧道、码头、铁路等交通系统关键节点和路线
通信系统	电信（移动等）、邮电、有线电视、无线、网络等系统的主要枢纽建筑物，长途光缆中继站、通信塔、微波站等主要构筑物，关键电信设备
医疗系统	主要医院的主要建筑物、城市急救系统的主要建筑物（急救中心、血站、红十字中心等）、各医疗机构救助资源
消防系统	城市消防指挥中心、各消防单位装备、城市消防设施等
物资保障系统	城市的物资储备设施（粮库、战略物资储备库等）、物流系统等

2. 生命线抗震防灾规划原则

当城市遭受抗震设防烈度的地震影响时，城市生命线工程的震害不致使人民生命安全和重要生产设备遭受危害，建筑物（包括构筑物）不需要修理或经过一般修理仍然可以继续使用，管网震害应控制在局部范围内，尽量避免造成次生灾害并便于抢修和迅速恢复使用。

（1）与抗震救灾有关的部门和单位（如通信、医疗、消防、公安、工程抢险等）应分布在建成区内受灾程度最低的地方,或者提高建筑物的抗震等级并有便利的联系通道。

(2)供水水源应有一个以上的备用水源,供水管道尽量与排水管道远离,以防在两种管道同时被震坏时饮用水被污染。

(3)多地震地区不宜发展燃气管道网和区域性高压蒸汽供热,少用和不用高架能源线,尤其绝对不能在高压输电线路下面搞建筑。

3. 生命线抗震防灾要求和措施

(1)应针对基础设施各系统的抗震安全和在抗震救灾中的重要作用提出合理有效的抗震防御标准和要求。

(2)应提出基础设施中需要加强抗震安全的重要建筑和构筑物。

(3)对不适宜的基础设施用地,应提出抗震改造和建设对策与要求。

(4)根据城市避震疏散等抗震防灾需要,提出城市基础设施布局和建设改造的抗震防灾对策与措施。

12.5 城区建筑抗震防灾规划

1. 城市建筑物分类

城区建筑物通常分为重要建筑和一般建筑。重要建筑应包括对城市抗震防灾具有重要作用的各类建筑物,泛指时也包括基础设施系统中的重要建筑物;一般建筑是指城市分布量大面广的各类建筑,通常进行群体建筑抗震性能评价。

1)城市重要建筑物

根据建筑的重要性、抗震防灾要求及其在抗震防灾中的作用,在进行抗震防灾规划时,城市重要建筑应包括以下几类。

(1)对抗震救灾或维持城市功能起重要作用的房屋。这里主要包括国家标准《建筑工程抗震设防分类标准》GB 50223 中的甲、乙类建筑、市级指挥机关、金融中心的建筑等。

(2)国家级历史保护建筑。国家级历史保护建筑是城市历史和文化的结晶,需要加强防灾保护研究。

(3)城市的重要或关键部门。这些部门在城市防灾中具有重要作用,其建筑物一旦破坏会影响城市防灾指挥和抢险能力,主要包括建设局、交通指挥中心、公安局、地震局等重要部门的办公楼、指挥中心,金融中心,重要的科研基地等建筑。

必要时,在作城市抗震防灾规划时还可以对以下建筑物专门考虑。

(1)骨干建筑。它包括地震时可能产生重大人员伤亡或重大财产损失或震后可以作为防灾据点的,在现行规范中被定为丙类的大型公共建筑。例如:学校教学楼、影剧院、大型商场、体育场馆、博物馆等。这类建筑实际上在现代社会经济发展条件下越来越成为政府可以掌握的重要防灾资源,必要时考虑其作为防灾据点的抗震安全和保障要求。

(2)高层建筑。由于高层建筑的层数越高,受地震影响越大,且往往人员密集,防止地震次生火灾要求越高,通常也可以专门研究。

2)一般建筑物

城市一般建筑物通常需要进行群体建筑抗震性能评价,可根据抗震评价要求,参考工作区建筑调查统计资料进行分类,并考虑结构型式、建设年代、设防情况、建筑现状等采用分类建筑抽样调查与群体抗震性能评价的方法进行抗震性能评价。评价重点是在不适宜用地上的建筑和抗震性能薄弱的建筑分布的密集地区。

2. 抗震评价预测单元划分

抗震评价预测单元应根据不同工作区的重要性及其建筑分布特点进行划分。可采用行政区域作为预测单元进行,也可根据不同工作区的重要性及其建筑分布特点按要求进行划分:①一类工作区的建城区预测单元面积不大于 2.25 km²;②二类工作区的建城区预测单元面积不大于 4 km²。

12.6　防止地震次生灾害规划

地震次生灾害是指由于地震造成的地面、城区建筑和基础设施的破坏而导致的其他连锁性灾害,如火灾、水灾、爆炸、有毒有害物质污染、泥石流、滑坡、海啸及瘟疫等。随着我国城市化进程的加快,城市人口的不断增加,城市各种工程设施大量增加,形式也越来越复杂,财富向城市日益高度集中,城市的易损性越来越高。城市中存在大量重大危险源,这导致火灾、爆炸、毒气扩散等事故频发,在遭受地震的影响时,相应的地震次生灾害发生的危险将更加严峻。历史震害经验也表明,地震次生灾害带来的人员伤亡与经济损失有时要远大于地震本身。

与地震造成的直接灾害不同的是,地震次生灾害是由地震触发并由人为或社会的原因造成的,可以采取适当的抗震减灾措施来降低其危险程度。此外,地震次生灾害的影响不仅仅局限在其灾害源所在的位置,如果有合适的媒介和环境,这一灾害会蔓延到更广阔的区域。地震次生灾害防御规划见图 12-6。

12.6.1　城市地震次生灾害源

地震次生灾害源的确定与分布是进行防止地震次生灾害规划的基础,针对城市的不同情况确定城市地震次生灾害源,并确定其在城市中的分布。

在进行抗震防灾规划时,应按照次生灾害危险源的种类和分布,根据地震次生灾害的潜在影响,分类分级提出需要保障抗震安全的重要区域和次生灾害源点。

1. 次生火灾灾害源

历史上的城市震害经验表明,几乎所有的城市地震都会伴随火灾的发生,并造成重大损失。发生在 2011 年 3 月 11 日日本本州东海岸附近的 9.0 级地震使整个震区成为一片火海。次生火灾是次生灾害中发生最为频繁,损失也最为严重的,因此也是防御的重点。对于城市来说,次生火灾灾害源主要有以下几种。

1)城市抗震薄弱区

成片存在尚未改造的老旧民房、木结构房屋一般分布在旧城区和城乡结合部,这些区域的特点是人口密度大,房屋老旧或抗震性能差,城区布局不合理,基础设施陈旧落后,道路狭窄,防地震次生灾害能力差,地震造成的直接灾害和次生灾害一般较其他城区严重,震后抢险救灾也较为困难。

2)生活用燃气泄露区

石油液化气、煤气都是经高压后的易燃易爆气体,地震时可能损坏建筑物内的煤气管道、阀门或炉灶,或使供气系统破坏后煤气或石油液化气喷出充满封闭空间而遇火花发生爆炸。

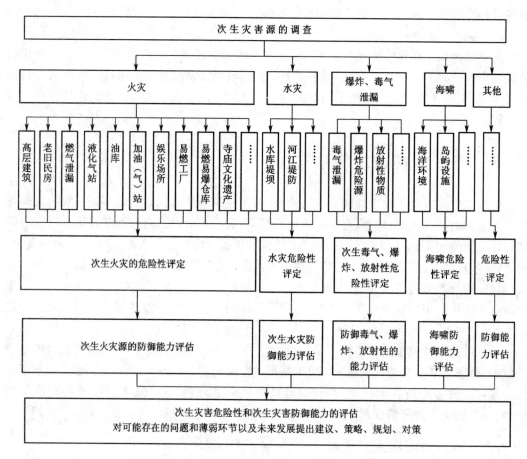

图 12 – 6　地震次生灾害防御规划编制流程示意

3）存放大量易燃物的液化气（天然气）供配站

地震会造成汽化气（天然气）供配站储存设备或管道发生泄漏，极易发生火灾。

4）储量规模大、分布集中的油库

油库大量储存的重油、柴油、汽油等易燃物品是地震次生火灾的重大隐患，因此油库是潜在的主要次生火灾源。

5）遍布主要交通要道的商用加油（气）站

随着机动车的大量增加，加油（气）站也越来越多。加油站内的储油设备因地震可能造成破坏，致使汽油、柴油外溢，遇到明火会发生严重次生灾害。

6）高层建筑

由于高层建筑楼层多，功能复杂，设备繁多，可燃物多，易构成较大的地震次生火灾危险。特别是这些高层建筑难以像一般建筑那样从外部方便灭火，给扑救火灾和疏散、抢救受灾人员带来很大困难。一旦地震发生，其结构有可能遭到破坏，如果内部的易燃物品引燃，很容易形成难以扑救的火灾，造成重大经济损失和人员伤亡。

7）人员集中、商品和物品易燃物较多的商场、娱乐场所

商场、娱乐场所等公共场所由于其人员密集、疏散困难、存在大量易燃物品、用电设备多、消防设施不完备的特点，成为火灾多发地。

8）生产和储存易燃物资的工厂企业

化工、石油等易燃、易爆企业是工矿企业防范的重点，发生次生火灾的可能性很大。其他印染、服装、造纸、印刷、竹木、制鞋业、家具等企业也容易发生地震次生火灾，在规划中应引起重视。

9）易燃易爆危险品仓库

城市中存储易燃易爆危险品的仓库，也是地震次生火灾产生的根源，应引起重视。

10）防火设施不完备的众多寺庙和文化遗产

我国许多城市中保留下来的古代寺庙和文化遗产大都是木制结构，历经千百年，不乏年久失修的建筑。地震发生时，这些木制结构的老旧建筑发生次生火灾的危险性很大。

2. 次生水灾灾害源

地震次生水灾是指因地震造成的地形及水工建筑的破坏导致的洪水泛滥。与次生火灾相比，次生水灾发生的可能性较小。

1）流经城市的江河堤坝、水闸等设施

流经城市的江河堤坝、水闸等设施遭受地震作用而破坏，从而导致江水、河水外溢，造成地震次生水灾，是城市的地震次生水灾源。

2）河流上游水库大坝

河流上游的水库大坝遭受地震破坏后使水库失去蓄水能力，造成城市次生水灾。

3）城市中的大型湖泊

存在于城市中的大型湖泊以及周围存在滑坡、泥石流产生条件的山区湖泊，对城市可能产生洪水威胁，是城市的地震次生水灾源。

4）海岸设施

沿海地区易产生台风引起的风暴潮、海水内浸等灾害，对沿海地区尤其港口设施具有相当大的威胁，规划时应重视地震时海水水面可能发生的变动对海岸设施的次生水灾影响。

3. 次生毒气扩散和放射性污染灾害源

放射性污染主要是指强烈的地震作用破坏了盛有较强的放射性源的装置，使放射性源直接暴露于空间，而对周围的居民产生放射性污染，应引起足够的重视。

1）生产和存放毒气的单位

毒气危险源主要指氯气、氰化氢、氨气、二硫化碳等化工原料或中间产品。主要贮存的地点是化工厂、化肥厂、农药厂、医院和医药采购供应站等单位。

2）存在和使用放射性污染源的单位

城市中存在放射性污染源的单位主要集中在医院和特殊的工厂、大学，还包括一些轻工企业、物探部门、印染公司、感光企业及光学公司等。

4. 其他次生灾害源

1）爆炸灾害源

地震次生爆炸灾害源主要包括液化石油气储气站、大型油库、大型的煤气储库、商用加油站、化工企业及危险品库、居民家庭使用的液化石油气罐、民用爆炸品、军工厂及采矿单位等。

2）滑坡和泥石流灾害源

地震滑坡和泥石流灾害源主要分布在城市或城市周围的山地、丘陵、河谷等地带。

3）海啸灾害源

对于位于滨海区的城市来说,地震海啸是不容忽视的灾害。地震海啸一般是由于在海域发生大地震时因海底隆起和下沉所引发的海浪,这种海浪的高度可达几十米,波长往往有几十到上百公里,速度非常快,进而产生巨大的冲击力袭击海岸而引起的,往往造成毁灭性的灾难。例如:发生在 2011 年 3 月 11 日日本本州附近海域的 9.0 级地震引发的海啸,造成了巨大的人员和财产损失。地震海啸的产生需要满足 3 个条件,即深海、大地震和开阔逐渐变浅的海岸。海啸的浪高是海啸最重要的特征之一。

地震海啸多发生在海沟、孤岛和年轻的褶皱带等地区。

12.6.2　抗震性能评价

1. 划定高危险区

次生火灾的抗震性能评价,主要是划定高危险区。高危险区的划定一般与结构物的破坏、易燃物的存在与可燃性、人口与建筑密度、引发火灾的偶然性因素等直接相关,通常可在现场调查和分析历史震害资料相结合的基础上划定。对于地震烈度 7 度及以上地区的大城市,在进行火灾蔓延定量分析专题抗震防灾研究时,可在城区建筑、基础设施抗震性能评价的基础上,划定在不同地震强度下,发生次生火灾的高危险区。

2. 加强重要设施

应提出城市中需要加强抗震安全的重要水利设施或海岸设施。

3. 加强重要源点

对于爆炸、毒气扩散、放射性污染、海啸、泥石流、滑坡等其他次生灾害,可根据城市的实际情况,安排专题抗震防灾研究,进行灾害影响评价分析,并在此基础上确定需要加强抗震安全的重要源点。

12.6.3　防止次生灾害对策和措施

1. 防止次生火灾对策与措施

(1)加强城市总体规划对消防的要求,做好消防规划,注意城市的合理布局,搬迁不适宜在居住区的工厂、仓库和物资。建议应集中设置独立的化学危险品仓库区,其选址应是远离城市、交通方便的独立安全地带。

(2)结合旧城区改造规划,使城市建筑逐步向不燃化和难燃化发展;逐步迁出部分老城区人口,改造城区老旧民房区;采取开辟防火间距,打通消防通道,增设消防水池,提高建筑的耐火等级等措施,以改善消防条件。

(3)强化消防系统建设,加强消防中心现代化管理和新技术的应用,增设消防站和消防网点,尽快完善全市的消防体系。

(4)提高城市建筑耐火等级,按规定形成防火带,打通某些城市区的消防通道。

(5)在市政建设方面,应按规划实现消防供水能力、消防通道的建设以及避难场所的建设,制定高层建筑、公共建筑、商场等的防火要求。

(6)加强地震火灾发生时的临场指挥安排,对急救、疏散、避难、处理、修复都应有切实可行的规划和决策。

(7)建立、完善油库的防火制度和具体措施。应在罐体周围砌成防护堤;在罐体上方设消防泡沫管道,管道与设有双电源的消防泵连接;消防系统应对各油库有专门的灭火方案和措施。

（8）建立完善对液化气储罐站和加油站的防火制度和具体措施。

（9）提高民众防火意识，加强地震次生灾害防御知识的宣传和普及。

2. 防止次生水灾对策与措施

（1）合理选择水利工程建设的场地。

（2）水利设施应按规定设防。

（3）做好防洪规划，提高防洪标准，制定防御措施。

（4）治理水库、湖泊、河流沿岸的滑坡、泥石流危险地段。

（5）在抗震防灾规划和地震应急预案中，应对地震次生水灾的预防和应急做出具体要求。

3. 防止次生毒气泄漏与爆炸的对策

（1）对于化工、石化等企业和储存仓库要做好安全防范工作，防止地震发生时产生毒气泄漏和引起爆炸事故。

（2）加强对易燃易爆、有毒有害物质的生产和储存装置、管道的工程鉴定和加固工作，防止由于工程上的原因造成地震次生灾害的发生。

（3）认真做好油库、液化气储罐站、加油站等的消防规定，制定火灾、爆炸的有关防御方案。

（4）加强民用爆炸品的管理，严格规章制度，防止地震时发生储存民用爆炸品库房的倒塌和防止爆炸事故的发生。

4. 地震次生海啸的防御对策

（1）进行地震海啸危险性分析及研究。

（2）建筑防浪堤、防潮壁，营造防潮林。

（3）按防海啸要求，进行城市规划与改造沿海危险区的城市和港口建设。对海啸灾害危险线以下的地区，一般不应建设、规划为公园、林区等绿化地带；房屋的排列应垂直于海岸线方向或沿波传播的方向；房屋要采用坚固的混凝土结构，底层是休闲空间或车库。

（4）建立地震海啸预报、报警系统。

（5）进行港口水工建筑物的设防与加固，港口是国家的交通枢纽，是对外贸易的重要渠道，港口应保证受啸不摧，海啸后应能立即恢复工作。

（6）建立避难场所，落实疏散方案。

5. 地震滑坡、泥石流灾害的防御对策

（1）合理进行工程建设。如修建铁路、公路、桥梁、工厂、矿山、水库、城镇等应避开危险地段。

（2）植树种草，保护植被，这是防止水土流失的一种有效方法，不仅可以防止滑坡和泥石流的发生，还可以改善生态环境。

（3）对重要工程（如水库堤坝、人口密集城镇、交通干线及枢纽等）附近具有危险的滑坡和泥石流进行工程治理，如修建引水渠、挡土墙和护坡、导流堤等。

12.7　城市避震疏散规划

避震疏散规划时，应根据城市的人口分布、城市可能的地震灾害和震害经验，估计需避震疏散人口数量及其在市区分布情况,考虑市民的昼夜活动规律和人口构成的影响;在此基础上合理安排避震疏散场所与避震疏散道路,提出规划要求和安全措施。

避震和震时疏散分为就地疏散、中程疏散和远程疏散。就地疏散指城市居民临时疏散至居所或工作地点附近的公园、操场或其他旷地(临时避震场所),中程疏散是指城市居民疏散至 2~3 km 半径内的空旷地(固定避震场所),远程疏散指城市居民使用各种交通工具疏散至避震中心或者外地(中心避震场所)。

12.7.1　避震疏散场所

1. 避震疏散场所分类

避震疏散场所是指用作地震时受灾人员疏散的场地和建筑,也称避难场所。对于城市来说,可以作为避震疏散场所的包括公园、广场、操场、体育场、停车场、空地、各类绿地和绿化隔离地区、防灾公园和防灾据点等。根据城市避震疏散场所的特点,一般可划分为以下类型。

(1)紧急避震疏散场所。其主要功能是供避震疏散人员临时或就近避震疏散,也是避震疏散人员集合并转移到固定避震疏散场所的过渡性场所。通常可选择城市内的小公园、小花园、小广场、专业绿地以及抗震能力强的公共设施,另外还包括高层建筑物中的避震层(间)等。

(2)固定避震疏散场所。在震灾时,搭建临时建筑或帐篷,供避震疏散人员较长时间避震和进行集中性救援的场所。通常可选择面积较大、人员容置较多的公园、广场、体育场地/馆、大型人防工程、停车场、空地、绿化隔离带以及抗震能力强的公共设施等。

(3)中心避震疏散场所。规模较大、功能较全、起避难中心作用的固定避震疏散场所。中心避震疏散场所内一般设抗震防灾指挥机构、情报设施、抢险救灾部队营地、直升飞机场、医疗抢救中心和重伤员转运中心等。

(4)防灾据点。抗震设防高的有避震疏散功能的建筑物,如体育馆、人防工程、居民住宅的地下室、经过抗震加固的公共设施等。

2. 设置要求

城市避震疏散场所应按照紧急避震疏散场所和固定避震疏散场所分别安排。市区和近郊区非农业人口20万以上的中等城市和大城市应安排中心避震疏散场所。

紧急避震疏散场所和固定避震疏散场所的需求面积可按照抗震设防烈度地震影响下的需安置避震疏散人口数量和分布进行估计。不同烈度设防区域对疏散场地要求不同,人均疏散面积规定如表 12-6 所示。

表 12-6　人均避震疏散面积

城市设防烈度	6	7	8	9
面积/m² · 人⁻¹	1.0	1.5	2.0	2.5

制定避震疏散规划应和城市其他防灾要求相结合。

3. 布局设置原则

1)远离次生灾害危险源

避震疏散场所距次生灾害危险源的距离应满足国家现行重大危险源和防火的有关标准

规范要求；四周有次生火灾或爆炸危险源时，应设防火隔离带。避震疏散场所与周围易燃建筑等一般地震次生火灾源之间应设置不小于 30 m 的防火安全带；距易燃易爆工厂仓库、供气厂、储气站等重大次生火灾或爆炸危险源距离应不小于 1 000 m。疏散场所体系如图 12 -7 所示。

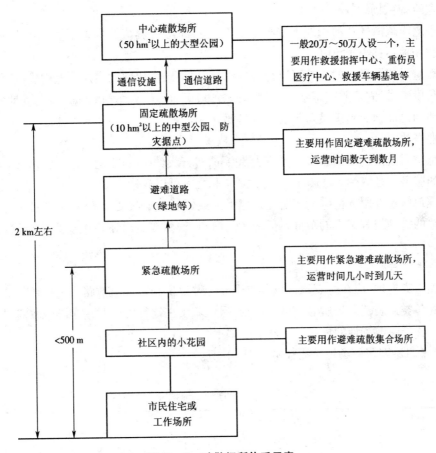

图 12 - 7　疏散场所体系示意

2）远离地质灾害区

选址区域应地势较高，不易积水；无崩塌、地裂或滑坡危险。

3）便于设置生命线工程

避震疏散场所内应有供水设施或易于设置临时供水设施，并易于铺设临时供电和通信设施。

4）便于设置防火安全带

避震疏散场所内应划分避难区块，区块之间应设防火安全带。避震疏散场所应设防火设施、防火器材、消防通道、安全通道。

4. 设置规模

1）人均有效避难面积

避震疏散场所的人均有效避难面积，应按照避震疏散责任区内的需疏散人口进行计算。有效避难面积是避难疏散场所的占地总面积减去不适合避难的地域（例如：危险建筑及其倒塌后的危及区，公园的水面、陡峭山体、动物园、植被密度较高的或珍稀植被的绿化区，因避震危害文物保护的地域等)所占的面积。避震疏散场所每位避震人员的平均有效避难面积应符合:紧急避震疏散场所人均有效避难面积不小于 1 m^2,但起紧急避震疏散场所作用的超高层建筑避难层(间)的人均有效避难面积不小于 0.2 m^2;固定避震疏散场所人均有效避难面积不小于 2 m^2。

2)避难疏散场地规模

紧急避震疏散场地的用地不宜小于 0.1 hm^2,固定避震疏散场地不宜小于 1 hm^2,中心避震疏散场地不宜小于 50 hm^2。

各类避震疏散场地的用地可以是各自成片,也可以由比邻的多片用地构成,从防止次生火灾的角度考虑,固定避震疏散场地宜选择短边 300 m 以上、面积 10 hm^2 以上的地域。避震疏散场地的总面积必须满足避震疏散的需要。

3)服务半径

紧急避震疏散场所的服务半径宜为 500 m,步行大约 10 min 之内可以到达;固定避震疏散场所的服务半径宜为 2~3 km,步行大约 1 h 之内可以到达。

避震疏散场地服务范围的确定宜以周围的或邻近的居民委员会和单位划界,便于避震疏散场地的管理与有组织的疏散。但应考虑河流、铁路等的分割以及避震疏散道路的安全状况等。

5. 技术要求

抗震防灾规划,应在避震疏散场所抗震安全性评价和避震疏散路线抗震评价的基础上,对城市的各类避震疏散场所做出合理规划,保证城市在地震发生时的避震疏散需要,减少人员伤亡。各类疏散场地的评价内容和要求如下。

(1)紧急避震疏散场地抗震技术见表 12-7。

表 12-7　紧急避震疏散场地抗震技术要求

项　目	技术评价指标	备　注
类型	城市居民住宅附近的小公园、小花园、小广场、专业绿地以及抗震能力强的公共设施或高层建筑物中的避震层(间)	大多数是地震灾害发生后 3 min~5 h 用作紧急避灾的临时场所
交通设施	道路宽度不小于 4 m,有多个进出口,便于人员与车辆进出	考虑到城市的部分地区房屋密集,若房屋倒塌破坏,应扣除瓦砾堆积物的影响
救灾道路要求	应具备不小于 7 m 宽度的道路,保证救灾需要	应保证有效净宽,容许消防和救灾车辆的进出
服务范围	服务半径 500 m 左右,步行大约 10 min 之内可以到达	考虑避灾人员的承受能力和人员的流动需要
规模	一般不小于 1 000 m^2	考虑不少于 500 人
避灾面积要求	1.0 m^2 每人次	保证避灾人员一定的活动空间
防火带	一般不小于 10 m	考虑潜在火灾的影响规模
基础设施要求	临时用水、排污、供电照明设施以及临时厕所	满足避灾人员的基本生活需求和防火要求。居民住宅区和各单位内的道路以及居民住宅区内的小花园、小游园和专业绿地应安装照明设备,小花园和绿地应设洒水设施,并按《城市公共厕所规划和设计标准》CJJ14—2005 规划建设公共厕所

项　目	技术评价指标	备　注
其他	土地坡度不大于 30° 与发震断层距离大于 15 m 危险性不大的次生灾害源	考虑其他防灾要求

（2）固定避震疏散场地抗震技术要求见表 12 - 8。

表 12 - 8　固定避震疏散场地抗震技术要求

项　目	技术评价指标	备　注
类型	面积较大、人员容置较多的公园、广场、操场、体育场、停车场、空地、绿化隔离带等。固定避震疏散场所内灾时搭建的临时建筑或帐篷，是供灾民较长时间避震和进行集中性救援的重要场所	大多数是地震灾害发生后作中长期避灾的场所
交通设施	道路宽度不小于 15 m。有多个进出口，便于人员与车辆进出。而且，人员进出口与车辆进出口尽可能分开。进出口应当方便残疾人、老年人和车辆的进出	可以利用交通工具进出和保证物资运输
救灾道路要求	应具备不小于 15 m 宽度的道路，保证救灾需要	应保证有效净宽，容许消防和救灾车辆的进出
服务范围	服务半径 2～3 km，步行大约 1 h 之内可以到达	考虑避灾人员的承受能力和人员的流动需要
规模	不小于 5 000 m²，宜选择短边 250 m 以上，面积 1 000 m² 以上的地域	可以利用较大面积进行物资运送、储存以及满足联络、医疗、救援的需要
救灾面积要求	一般不小于 2.0 m² 每人次	满足避灾人员一定的生活活动空间需求
防火带	与周围易燃建筑物或其他可能发生地火源之间设置 30～120 m 的防火隔离带	考虑潜在火灾的影响规模，如果避震疏散场所的四周都发生火灾，面积 50 hm² 以上基本安全；一边发生火灾时 10 hm² 以上基本安全。应当有水流、水池、湖泊和确保水源的消火栓。临时建筑物和帐篷之间留有防火和消防通道。严格控制避震疏散场所内的火源。防火树林带设喷洒水的装置
基础设施要求	用水、排污、供电照明设施以及卫生设施，设置灾民栖身场所、生活必需品与药物储备库、消防设施、应急通信设施与广播设施、临时发电与照明设备、医疗设施以及畅通的交通环境等	满足避灾人员的长期生活需求，发挥避震场所的救援功能，满足各种防灾要求。避震疏散场所内的栖身场所可以是帐篷（冬季是防寒帐篷）、窝棚或简易房屋，能够防寒、防风、防雨雪并具备最基本的生活空间，通常以家庭为单位居住。物资储备库应当确保避震疏散场所内居民 3 天或更长时间的饮用水、食品和其他生活必需品以及适当的衣物、药品等
其他	土地坡度不大于 30° 与发震断层距离大于 15 m 危险性不大的次生灾害源	考虑其他防灾要求

（3）防灾据点抗震技术见表 12 - 9。

表 12 – 9　防灾据点抗震技术要求

项 目	技术评价指标	备 注
类型	人防工程、居民住宅地下室、防灾据点	主要用于:城市人口建筑密集区域的避灾要求,紧急避灾,改善避灾环境
抗震能力	在罕遇地震作用下避灾工程及其直接附属结构不发生中等破坏以上的破坏	保障抗震安全性
交通设施	至少有一个进口与出口,交通道路宽度不小于 15 m	保证人员和物资流动
救灾道路要求	应具备不小于 15 m 宽度的道路,保证救灾需要	应保证有效净宽,容许消防和救灾车辆的进出
服务范围	服务半径 2 ~ 3 km,步行大约 1 h 之间可以到达	考虑避灾人员的承受能力和人员的流动需要
规模	有效避灾面积不小于 1 000 m²,用于长期避灾应不小于 2 000 ~ 5 000 m²,并可有效保证物资储备,满足联络、医疗、救援的需要;周围安全地域宽度不小于 30 ~ 50 m	满足一定规模避灾人员的长期生活需要
避灾面积要求	一般不小于 2.0 m² 每人次	满足一定规模避灾人员一定的生活活动空间需要
防火带	与周围易燃建筑物或其他可能发生地火源之间设置 30 ~ 120 m 的防火隔离带,具有完善的消防设施和灾时消防水源	考虑潜在火灾的影响规模,如果避震疏散场所的四周都发生火灾,面积 50 hm² 以上基本安全,一边发生火灾时 10 hm² 以上基本安全
基础设施要求	用水、排污、供电照明设施以及卫生设施,设置灾民栖身场所、生活必需品与药物储备库、消防设施、应急通信设施与广播设施、临时发电与照明设备、医疗设施以及畅通的交通环境等	满足避灾人员的长期生活需求,发挥避灾场所的救援功能,满足各种防灾要求。具备最基本的生活空间,通常以家庭为单位居住。物资储备库应当确保避震疏散场所内居民 3 天或更长时间的饮用水、食品和其他生活必需品以及适当的衣物、药品等
其他	与发震断层距离大于 15 m 危险性不大的次生灾害源	考虑其他防灾要求

(4)设置避震疏散场所。中心避震疏散场所除满足固定避震疏散场所的要求外,还应满足设置抗震防灾指挥机构、情报设施、抢险救灾部队营地、直升飞机场、医疗抢救中心和重伤员转运中心等的需要。场地一般应达到 50 hm² 左右。

12.7.2　避震疏散通道

1. 城市出入口

城市的出入口数量宜符合以下要求:中小城市不少于 4 个,大城市和特大城市不少于 8 个。与城市出入口相连接的城市主干道两侧应保障建筑一旦倒塌后不阻塞交通。

对于 100 万人口以上的大城市,至少应有两条以上不经过市区的过境公路,其间距应大于 20 km。

2. 城市防灾空间道路分级

按照城市防灾空间骨干网格的布局要求,城市防灾空间道路划分为以下 4 类。

（1）救灾干道:城市进行抗震救灾对内对外交通主干道,为城市防灾组团分割的防灾主轴,通常需要考虑城市应急救灾所需的应急备用地。需要考虑超过巨灾影响下的可通行。

（2）疏散主干道:连接城市中心疏散场所,指挥中心,一、二级救灾据点以及疏散生活分区等的城市主干道,构成城市防灾骨干网格,需要考虑大灾影响下的安全通行。

（3）疏散次干道:城市防灾骨干网格内部连接固定疏散场所、大型居住组团或居住区、三级防灾分区所依托的救灾据点的城市主、次干道,需要考虑中灾情况下的疏散通行和大灾情况下次生灾害的蔓延阻止。

（4）疏散通道:城市居民聚集区与城市救灾据点的连接通道;疏散通道可主要由城市详细规划设计考虑中震情况下的疏散通行对小区内部及周边道路进行设计安排,但在总体规划中应考虑其宽度和用地控制。

3. 城市防灾空间道路宽度规划

城市防灾疏散道路的宽度应考虑两侧建筑物受灾倒塌后,路面部分受阻,局部仍可保证救灾车辆通行的要求。疏散道路两侧的建筑高度应进行严格的控制。疏散道路的宽度应符合下式:

$$W = H_1 \times K_1 + H_2 \times K_2 - (S_1 + S_2) + N \qquad (12-3)$$

式中　W——道路红线宽度;

　　　H_1、H_2——两侧建筑物高度;

　　　S_1、S_2——两侧建筑物退红线距离;

　　　N——疏散道路的抗震有效宽度;

　　　K_1、K_2——两侧建筑物可能倒塌瓦砾影响宽度系数。

城市疏散道路的抗震有效宽度的确定,是根据灾害发生时的人流车位等因素来确定的:疏散道路基本宽度考虑消防等救灾车辆通行 4 m 宽,双向机动车 7 m 宽,人行 2 m 宽,机动宽度 2 m。疏散主干道基本为消防车和人行的宽度之和。

（1）救灾干道:以城市对外交通性干道为主要救灾干道,救灾干道应与城市出入口、中心避震疏散场所、长途交通设施、市政府抗震救灾指挥中心相连,保证有效宽度不小于 15 m。

（2）疏散主干道:以城市主干道(生活性干道、交通性干道)为主要疏散干道,并与救灾干道一起形成网络状连接,保证有效宽度不小于 7 m。固定避震疏散场所内外的避震疏散主通道有效宽度不宜低于 7 m,并要与疏散主干道相衔接。

（3）疏散次干道:以城市次干道作为疏散次干道,保证有效宽度不小于 4 m。

（4）疏散通道:紧急避震疏散场所内外的避震疏散通道有效宽度不宜低于 4 m 并应与疏散次干道相衔接。

避震疏散主通道两侧的建筑应能保障疏散通道的安全畅通。要求两旁建筑具有高一级的抗震性能和防火性能,以免房屋倒塌、高空物体下落对疏散人群造成伤害。另外,沿疏散通道的管线应具有较高的抗震性能,以保证疏散通道的消防灭火、防燃和防毒。

4. 瓦砾影响宽度

计算避震疏散通道的有效宽度时,道路两侧的建筑倒塌后瓦砾废墟影响可通过仿真分析确定;简化计算时,两侧建筑物可能倒塌瓦砾影响宽度系数按照通常震害经验为 1/2～2/3 左右。按照现行抗震设计规范建造的建筑物可能倒塌瓦砾影响宽度系数按房屋结构类型不同,应满足下列要求:一般情况下,不得小于 1/2～2/3;对钢筋混凝土结构,可不小于 1/2;

对高层建筑可不小于 1/3。

考虑到各级城市疏散道路的设防和抗震救灾要求的不同,对于两侧建筑物按照现行抗震设计规范进行建造的房屋,在城市规划设计时可按下述规定考虑。

(1)救灾干道应满足考虑双侧建筑物同时倒塌时的畅通,此时瓦砾影响宽度系数按 1/2 考虑;并且满足单侧较高建筑物倒塌时的畅通,此时瓦砾影响宽度系数按 2/3 考虑。

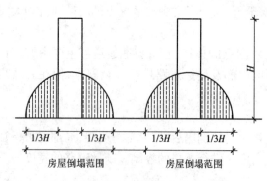

图 12 – 11　道路两侧建筑物的避灾退让

(2)疏散主干道应满足考虑双侧建筑物同时倒塌时的畅通,此时瓦砾影响宽度系数按 1/3 考虑,见图 12 – 11,并且满足单侧较高建筑物倒塌时的畅通,此时瓦砾影响宽度系数按 1/2 考虑。

(3)疏散次干道应满足考虑单侧较高建筑物倒塌时的道路畅通,此时瓦砾影响宽度系数按 1/2 考虑。

(4)防灾街区疏散通道应满足考虑单侧较高建筑物倒塌时的道路畅通,此时瓦砾影响宽度系数按 1/3 考虑。

5. 抗震间距

为保证震时房屋倒塌不致影响其他房屋及人员疏散,城市居民区与公共建筑之间的间距规定如表 12 – 10 所示。

表 12 – 10　房屋抗震间距要求

较高房屋高度 h/m	$\leqslant 10$	$10 \sim 20$	> 20
较小房屋间距 d/m	12	$6 + 0.8H$	$4 + H$

12.8　规划案例

某滨海新城城市建设用地总规模为 117 km²。

1. 防震抗灾应急规划

该市历史上未有强震破坏记载,小震活动不发育,规划区内无发震构造穿过,不具备强震发生的构造环境,但是要注意防范周围区域发生强震对本市造成的破坏。新城建设按照Ⅷ级烈度设防。

水上消防站规划:为应对地震后的次生火灾,本次规划了 3 个水上消防站,平时可以作为城市消防站使用,灾后作为重要的救灾灭火设施。

2)室外避难场所

本次规划滨海新城建设 12 个中长期室外避难场所,满足每个组团配备 1 个。建设的中长期避难场所满足人均面积 3 m²,服务半径 2 000 ~ 4 000 m(步行 1 h 到达),避难场所高程高于 200 年一遇防洪标准。

中长期避难场所物资储备可以提供一周以内的基本食宿,准备长期食宿救助条件,能满足多种防灾要求,具备现场应急指挥中心和临时厕所、消防用水、物资储备库、应急照明、应急通信、应急水电、排水和排污设施、基础医疗设施和基础生命线设施等。

中长期避难场所通道要求有多个进出口,无次生灾害源,防火隔离带或防火树林带在30~120 m之间,外部疏散通道至少要两条且宽度不小于8 m,达到200年一遇的防洪标准。

另外配置若干临时避难场所和短期避难场所,临时避难场所按照500 m服务半径配置,短期避难场所按照800 m服务半径配置。

3)疏散通道

滨海新城规划按照Ⅱ级标准设定避难疏散通道。

本次规划确定了6条Ⅰ级疏散通道:Ⅰ级疏散通道主要为城市对外联系及穿越城市的主要对外联系通道,需要保证在城市的东、西、北每个方向上有两条(含两条)以上的对外通道。Ⅰ级疏散通道要求满足200年一遇的防洪标准,路宽在40 m以上,主要为区内人群疏散和周围区域对新城实施救援疏散的主干道路。

Ⅱ级疏散通道主要为新城内部联系各个组团的道路。Ⅱ级疏散通道满足100~200年一遇的防洪标准,路宽在30 m以上,主要为避难人员通往避难场所及车辆运送物资至各个中长期避难场所的路径。

第 13 章　城市人防工程规划

13.1　概述

现代战争已经发展成为立体式的战争,特别是核武器、电子技术和空间技术在军事上的广泛应用,使现代战争进入了新的阶段。人防工程是一种反侵略战争的手段。人防工程建设是在现代战争条件下"消灭敌人,保护自己"的重要战略措施,是积极防御战略方针的重要组成部分。

城市人防工程规划是根据城市防御空袭和城市发展规划进行的,既要满足人民防空的要求和目标,又要服务于城市发展的要求和目标。《中华人民共和国人民防空法》中规定:"人民防空实行长期准备、重点建设、平战结合的方针,贯彻与经济建设协调发展、与城市建设相结合的原则"。

编制人防工程规划的指导思想是促进人防建设与城市建设的有机结合和协调发展,从整体上增强城市综合发展能力和防护能力,以保证城市具有平时发展经济、防御各种灾害,战时防空抗毁、保存战争潜力的双重功能。

城市人防工程规划的规划年限应与城市总体规划保持一致,一般近期 5 年,远期 20 年,还要考虑一定时限的远景设想。

13.1.1　城市人防工程规划原则

现在战争一般是核威慑条件下的常规战争,这是 20 世纪后半叶以及未来战争的特点。尽管越来越多的国家拥有核武器,但现代战争手段仍将以常规战争为主,而常规战争的科技含量越来越高,战争突发性和攻击准确性大大增强。战争的这些新特点对人防工程建设提出新的要求。我国 20 世纪 50—60 年代曾建设了一些人防工程,不仅数量不足,而且多数工事质量不高、选址随意,以防抗核毁伤为主,而对常规尖端武器袭击缺乏考虑,对平战结合综合考虑明显不够。因此,在城市人防工程建设中,应遵循以下原则。

1. 积极防御、全面规划

在战时,根据总体战略部署,某些城市将作为战略要地和交通枢纽,某些城市将成为支援前线的战略后方,某些城市将要成为拖住敌人、消灭敌人的战场。因此,在制定人防工程总体规划时,要使人防工程达到"三防"、"五能"的要求。这里的"三防",是指防核武器、防化学武器、防细菌武器,"五能"是指能打、能防、能机动、能生活、能生产。

人防工程必须全面规划。在一个大军区和省(区)范围内,应根据各重点城市所处的政治、经济和军事地位统筹考虑。对一个城市而言,要根据该城市所处的备战地位、作战预案、城市建设总体规划和地形地物、水文与工程地质、水陆交通、人口密度、行政管理区划的现状等全面布局,把城市划分为若干个人防片区。对于一个工程,则要根据该城市和人防片区规划、工程点的地下水位、地质条件、工程点的用途等统一安排布局。

2. 平战结合

有防卫任务的城市,要把人防工程纳入战区的防御体系。但也要与平时的生产、生活服务相结合。

3. 打防结合

在人防工程总体规划中,应根据城市的战略地位,贯彻打防结合的原则。工程规划应与城市防卫统一考虑,使各片区既能独立防护,又能独立作战。

加强人防工事间的连通,使之更有利于战争时次生危害的防御并便于平战结合和防御其他灾害。

4. 城市建设与人防工程建设结合

人防工程建设是城市建设的一部分,必须统筹规划。在新建、改建大型工业、交通项目和民用建筑时,应同时规划构筑人防工事。如修地下铁路时应与疏散机动干道结合,新建楼房应考虑修一部分附建式防空地下室等。

13.2.2　城市人防工程的规划条件

1. 城市的战略地位

编制人防工程总体规划的首要条件取决于城市的战略地位。战略地位是由城市所处的地理区位和城市在未来反侵略战争中的作用、地形特征、政治、经济、交通等条件决定的。

人防工程规划应根据不同战略地位的城市,分别设立设防要求。对于重点设防坚守城市,要结合城市防卫计划,确定敌人可能进攻的方向,坚守与疏散人口的比例,兵力部署,群众的疏散地域等。对于未来战争中可能成为敌人空袭目标的纵深城市,规划的重点应放在反空袭和人员的掩蔽疏散上。

2. 地形、工程地质和水文地质条件

城市的山丘地形常可作为防御或掩蔽的自然屏障,其工程规划应以山丘为重点,尽量向山里发展。平地则可构筑一定数量的地道作为掩蔽、疏散或战斗机动之用。

工程地质与水文地质条件对于工事的结构形式、构筑方法、施工安全、工程造价等有较大影响,因此工事的位置尽量应选在地质条件较好的地点,避开断层、裂隙发育、风化严重、地下水位高及崩塌、滑坡、泥石流等不利地质地段。

此外,在确定人防工程位置、规模、走向、埋深、洞口位置时,还应考虑雨量、风向、温度、湿度等气象条件。

3. 城市现状

城市现有地面建筑物的情况、地下各种网管现状、地面交通、人口密度、行政管理区划等,是编制人防工程规划的主要依据。如原有建筑物地下室、历史遗留下的各类防空工事、矿山废旧坑道、天然溶洞等,是否需建工程配合,均是编制人防工程规划的重要环节。

13.2　城市人防工程规划要点

城市是人民防空的重点,国家对城市实行分类防护。城市的防护类别、防护标准由国务院、中央军事委员会规定。

13.2.1　城市人防工程规划的规模

城市人防规划需要确定人防工程的大致总量规模,才能确定人防设施的布局。预测城市人防工程总量首先需要确定城市战时留守人口数。一般来说,战时留守人口约占城市总人口的30% ~40%。按人均1~1.5 m²的人防工程面积标准,则可推算出城市所需的人防工程面积。

在居住区规划中,按照有关标准,在成片居住区内应按总建筑面积的2%设置人防工程,或按地面建筑面积总投资的6%左右进行安排。居住区防空地下室战时用途应以掩蔽居民为主,规模较大的居住区的防空地下室项目应尽量配套齐全。

专业人防工程的规模要求见表13-1。

表13-1　防空专业工程规模要求

项目		使用面积/m²	参　考　指　标
医疗救护工程	中心医院	3 000 ~3 500	200 ~300 张病床
	急救医院	2 000 ~2 500	100 ~150 张病床
	救护站	1 000 ~1 300	10 ~30 张病床
连级专业队工程	救护	600 ~700	救护车8 ~10 台
	消防	1 000 ~1 200	消防车8 ~10 台,小车1 ~2 台
	防化	1 500 ~1 600	大车15 ~18 台,小车8 ~10 台
	运输	1 800 ~2 000	大车25 ~30 台,小车2 ~3 台
	通信	800 ~1 000	大车6 ~7 台,小车2 ~3 台
	治安	700 ~800	摩托车20 ~30 台,小车6 ~7 台
	抢险抢修	1 300 ~1 500	大车5 ~6 台,施工机械8 ~10 台

13.2.2　人防工程设施规划原则

(1)避开易遭到袭击的重要军事目标,如军事基地、机场、码头等。

(2)避开易燃易爆品生产储运单位和设施,控制距离应大于50 m;

(3)避开有害液体和有毒气体贮罐,距离应大于100 m;

(4)人员掩蔽所距人员工作地点不宜大于200 m。

另外,人防工程布局时要注意面上分散,点上集中。应有重点地组成集团或群体,便于开发利用,易于连通,单建式与附建式结合,地上地下统一安排,注意人防工程经济效益的充分发挥。

13.2.3　人防工程设施分类

1. 指挥通信工事

指挥通信工程工事包括中心所和各专业队指挥所,要求有完善的通信联络系统和坚固的掩蔽工事。

指挥通信工事布局原则如下。

(1)工程布局,根据人民防空部署,从保障指挥、通信联络顺畅出发,综合比较,慎重选定,应尽量避开火车站、飞机场、码头、电厂、广播电台等重要目标。

(2)工程应充分利用地形、地质等条件,提高工程防护能力,对于地下水位较高的城市,宜建掘开式工事和结合地面建筑修防空地下室。

（3）市、区级工程宜建在政府所在地附近，便于临战转入地下指挥，街道指挥所应结合小区建设布置。

2. 医疗救护工事

医疗救护工事包括急救医院和救护站，负责战时救护医疗工作。

医疗救护工事布局时，应从本城市所处的战略地位、预计敌人可能采取的袭击方式、城市人口构成和分布情况、人员掩蔽条件以及现有地面医疗设施及其发展情况等因素进行综合分析。具体规划时还应遵循以下原则。

（1）根据城市发展规划与地面新建医院结合修建。

（2）救护站应在满足平时使用需要的前提下，尽量分散布置。

（3）急救医院、中心医院应避开战时敌人袭击的主要目标及容易发生次生灾害的地带。

（4）尽量设置在宽阔道路或广场等较开阔地带，以利于战时解决交通运输；主要出入口应不致被堵塞并设置明显标志，便于辨认。

（5）尽量选在地势高、通风良好及有害气体和污水不致集聚的地方。

（6）尽量靠近城市人防干道并使之连通。

（7）避开河流堤岸或水库下游以及在战时遭到破坏时可能被淹没的地带。

各级医疗设施的服务范围，在无更可靠资料作为依据时，可参考表13-2数据。

表13-2 各级医疗设施服务范围

序号	设施类型	服务人口	备注
1	救护站	0.5万~1万	按平时城市人口计
2	急救中心	3万~5万	按平时城市人口计
3	中心医院	10万左右	按平时城市人口计

医疗设施的建筑形式应结合当地地形、工程地质和水文条件以及地面建筑布局等条件确定。

与新建地面医疗设施结合或在地面建筑集区，宜采用附建式；平原空旷地带，地下水位低，地质条件有利时，可采用单建式或地道式；在丘陵和山区可采用坑道式。

3. 专业队工事

专业队工事是为消防、抢修、救灾等各专业队提供掩蔽场所和物资的基地。专业队工事中，车库的布局应遵循以下原则。

（1）各种地下专用车库应根据人防工程总体规划，形成一个以各级指挥所直属地下车库为中心的、大体上均匀分布的地下车库网点并尽可能使能通行车辆的疏散机动干道在地下互相连通起来。

（2）各级指挥所直属的地下车库应布置在指挥所附近并能从地下互相连通。有条件时，车辆应能开到指挥所门前。

（3）各级和各种地下专用车库应尽可能结合内容相同的现有车场或车队布置在其服务范围的中心位置，使各个方向上的行车距离大致相等。

（4）地下公共小客车车库宜充分利用城市的外用社会地下车库。

（5）地下公共载重车车库宜布置在城市边缘地区，特别应布置在通向其他省市的主要公路的终点附近,同时应与市内公共交通网联系起来并在地下或地上附设生活服务设施,战时则可作为所在区或片的防空专业队的专业车库。

(6)地下车库宜设置在或出露在地面以上的建筑物,如加油站、出入口、风亭等,其位置应与周围建筑物和其他易燃、易爆设施保持必须的防火和防爆间距,具体要求见《汽车库建筑设计防火规范》及有关防爆规定。

(7)地下车库应选择在水文、地质条件比较有利的位置,避开地下水位过高或地质构造特别复杂的地段。地下消防车库的位置应尽可能选择有较充分地下水源的地段。

(8)地下车库的排风口位置应尽量避免对附近建筑物、广场、公园等造成污染。

(9)地下车库的位置宜临近比较宽阔的、不易被堵塞的道路并使出入口与道路直接相通,以保证战时车辆出入的方便。

4. 后勤保障工事

后勤保障工事包括物资仓库、车库、电站、给水设备等,其功能主要为战时人防设施提供后勤保障。后勤保障工事中各类仓库应遵循以下布局原则。

(1)粮食库工程应避开重度破坏区的重要目标,结合地面粮库进行规划。

(2)食油库工程应结合地面食油库修建地下食油库。

(3)水库工程应结合自来水厂或其他城市平时用给水水库建造,在可能情况下规划建设地下水池。

(4)燃油库工程应避开重点目标和重度破坏区。

(5)药品及医疗器械工程应结合地下医疗救护工程建造。

5. 人员掩蔽工事

人员掩蔽工事由多个防护单元组成,形式也多种多样,有各种单建或附建的地下室、坑道、隧道等,为平民和战斗人员提供掩蔽场所。人员掩蔽工事的布局原则如下。

(1)人员掩蔽工事的规划布局以市区为主,根据人防工程技术、人口密度、预警时间、合理的服务半径,进行优化设置。

(2)结合城市建设情况修建人员掩蔽工事,对地铁车站、区间段、地下商业街、共同沟等市政工程作适当的转换处理,皆可作为人员掩蔽工事。

(3)结合小区开发、高层建筑、重点目标及大型建筑修建防空地下室,作为人员掩蔽工事,人员就近掩蔽。

(4)应通过地下通道加强各掩体之间的联系。

(5)临时人员掩体可考虑使用地下连通道等设施;当遇常规武器袭击时,应充分利用各类非等级人防附建式地下空间和单建式地下建筑的深层。

(6)专业队掩体应结合各类专业车库和指挥通信设施布置。

(7)人员掩体应以就地分散掩蔽为原则,尽量避开地方重要袭击点,布局适当均匀,避免过分集中。

6. 人防疏散干道

人防疏散干道包括地铁、公路隧道、人行地道、人防坑道、大型管道沟等,用于人员的掩蔽疏散和转移,负责各战斗人防片之间的交通联系。人防疏散干道建设布局原则如下。

(1)结合城市地铁建设、城市市政隧道建设,建造疏散连通工程及连接通道,联网成片,形成以地铁为网络的城市有机战斗整体,提高城市防护机动性。

(2)结合城市小区建设,使小区以人防工程体系联网,通过城市机动干道与城市整体连接。

13.3　人防工程的类型

13.3.1　按构筑方法分类

人防工程按其构筑方法分类,一般分为掘开式工事、防空地下室、坑道工事和地道工事4 种类型(见图 13 – 1)。

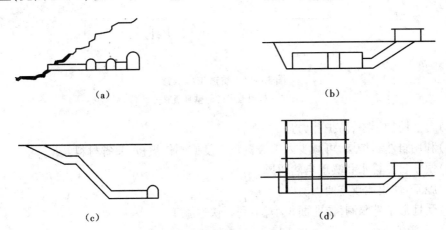

图 13 – 1　按工程开挖方式划分的人防工程
(a)坑道式;(b)单建掘开式;(c)地道式;(d)附建式(防空地下室)

1. 掘开式工事

采取掘开方法施工,其上部无较坚固的自然防护层或地面建筑物的单建式工事。顶部只有一定厚度的覆土,称为单层掘开式工事(见图 13 – 2)。顶部构筑遮弹层的,称为双层掘开式工事。这类工事具有以下特点。

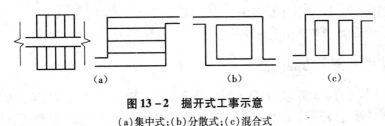

图 13 – 2　掘开式工事示意
(a)集中式;(b)分散式;(c)混合式

(1)受地质条件限制少。

(2)作业面积大,便于快速施工。

(3)地面土方量大,一般需要足够大的空地。

(4)自然防护能力较低,若抵抗力要求较高时,则需要耗费较多材料,造价较高。

2. 防空地下室(附建式工事)

按照防护要求,在高大或坚固的建筑物底部修建的地下室,称为防空地下室。其特点如下。

(1)不受地形条件影响,不单独占用城市用地,便于平时利用。

（2）可以利用地面建筑物增加工事防护能力。

（3）地下室与地面建筑物基础合为一体，可降低工程造价。

（4）能有效增强地面建筑物的抗震能力。

3. 坑道式工事

利用山体或高地，在山地采用暗挖方法构筑的工事，或利用山体自然涵洞修建的工事，称为坑道式工事（见图13-3）。该工事具有如下特点。

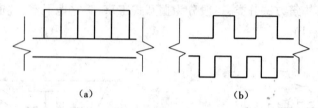

图 13-3　坑道工事示意
(a)平行通道式；(b)垂直通道式

（1）自然防护层厚，防护能力强。

（2）利用自然防护层，可减少人工被覆盖厚度或不作被覆，节省材料。

（3）便于自然排水和实现自然通风。

（4）施工、使用比较方便。

（5）受地形条件限制，作业面积小，不利于快速施工。

4. 地道式工事

在平地或小起伏地区，采取暗挖或掘开方法构筑的线性单建式工事，称为地道式工事。该类工事具有如下特点。

（1）能充分利用地形、地质条件，增加工事防护能力。

（2）不受地面建筑物和地下管线影响，但受地质条件影响较大。高水位和软土质地区构筑工事较困难。

（3）防水、排水和自然通风较坑道工事困难。

（4）施工作业面小，不利于快速施工。

（5）坡度受限制，平时利用范围有限。

13.3.2　按战时使用功能分类

根据战时不同的功能要求，人防工程划分为指挥工程、防空专业队工程、人员掩蔽工程、医疗救护工程和相应配套工程5类。其抗力标准根据抗地面超压（指动压）的不同分为5个级别：一级，240 t/m²；二级，120 t/m²；三级，60 t/m²；四级，30 t/m²；五级，10 t/m²。

1. 指挥工程

指挥工程系指各级人防指挥所，包括指挥所、通信站、广播站等工程。人防指挥所是保障人防指挥机关战时能够不间断工作的人防工程，在战时居于重要地位，因此标准要高一些。

指挥所定员一般为30~50人，大城市可增加到100人。人均面积2~3 m²。抗力等级，全国重点城市和中央直辖市的区一级指挥所一般为四级，特别重要的才能定为三级。

2. 人员掩蔽工程

战时供人员掩蔽使用的人防工程，一般由掩蔽部和生活必需的房间构成，如图13-4。

根据战时掩蔽人员的作用,人员掩蔽工程分为两等:一等人员掩蔽所系指供战时坚持工作的政府机关、城市生活重要保障部门(电信、供电、供水、供气、食品等)、重要厂矿企业和其他战时有人员进出要求的人员掩蔽工程;二等人员掩蔽所系指战时留城的普通居民掩蔽所,面积按留守人员人均 1 m² 计算。抗力等级一般为五级,防空专业队伍可为四级。

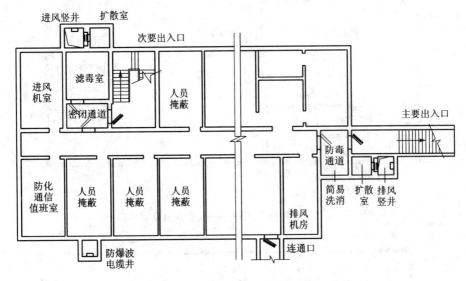

图 13 – 4　人员掩蔽工程——某人员掩蔽工程

3. 医疗救护工程

战时对伤员独立进行早期救治工作的人防工程,如图 13 – 5。按照医疗分级和任务的不同,医疗救护工程可分为中心医院、急救医院和救护站。抗力等级一般为五级,个别重要的可为四级。面积按伤员和医务人员数量,每人 4～5 m² 计算。

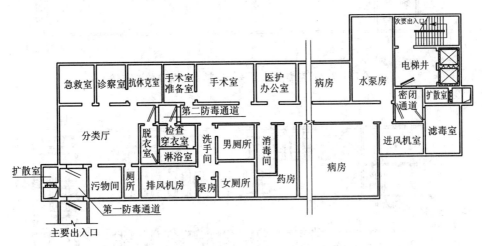

图 13 – 5　医疗救护工程——某人防医院

4. 防空专业队工程

保障防空专业队掩蔽和执行某些勤务的人防工程,一般称防空专业队掩蔽所。一个完整的防空专业队掩蔽所一般包括专业队队员掩蔽部(如图 13 – 6)和专业队装备(车辆)掩蔽部(如图 13 – 7)两个部分。

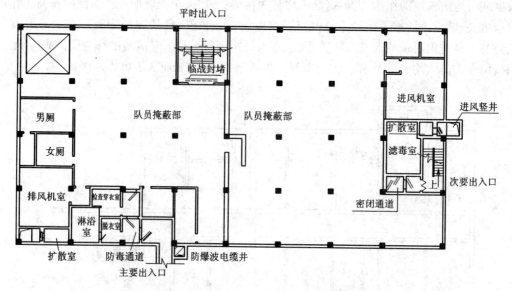

图13-6 防空专业队工程——某专业队队员掩蔽部

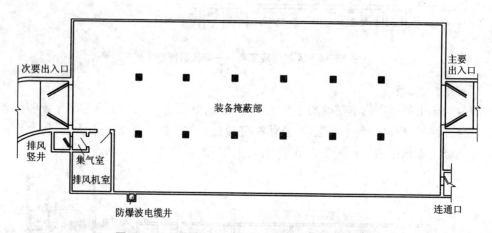

图13-7 防空专业队工程——某专业队装备掩蔽部

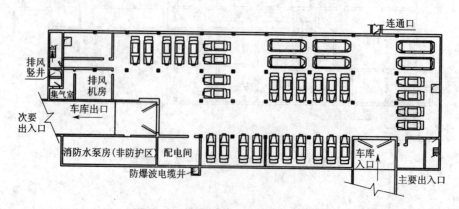

图13-8 配套工程——某人防汽车库

防空专业队是按专业组成担负防空勤务的组织。他们在战时担负减少或消除空袭后果的任务。由于担负的战时任务不同,防空专业队分为抢险抢修、医疗救护、消防、防化、通信、运输和治安等 7 种专业队。

5. 配套工程

配套工程系指除上述 4 种类型以外的其他各类保障性人防工程(如图 13-8)。主要包括:区域电站(如图 13-9)、区域供水站、核生化检测中心、物资库(如图 13-10)、警报站、食品站、生产车间和人防通道工程等。其面积根据留守人员和防卫计划预定的储粮、储水及其物资数量计算面积。人防通道指主干道、支干道、连通道等。抗力等级一般为五级。

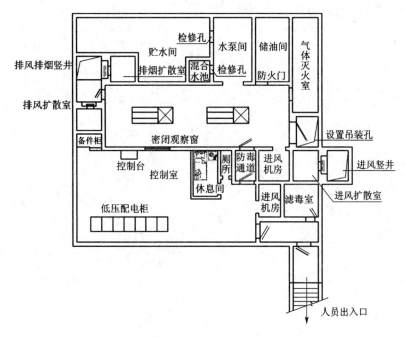

图 13-9　配套工程——某区域电站

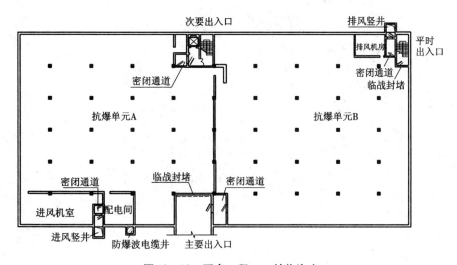

图 13-10　配套工程——某物资库

13.3.3 按照是否防核武器划分

虽然未来爆发核大战的可能性已经很小,但未来战争的核威胁依然存在。因此在我国的一些城市和城市中的一些地区,人防工程建设仍需考虑防御核武器。但是由于我国地域辽阔,城市(地区)之间战略地位差异悬殊,威胁环境十分不同,因此按照是否考虑防核把人防工程划分甲、乙两类。

甲类人防工程战时需防核武器、常规武器、生化武器,乙类人防工程不考虑防核武器,只考虑防常规武器和生化武器。

第14章 城市环境卫生设施工程规划

14.1 概述

城市环境卫生设施规划作为城市总体规划的重要内容,在规划范围和期限上应与城市总体规划一致;同时应该符合《中华人民共和国城乡规划法》《中华人民共和国固体废物环境污染防治法》《城市环境卫生设施规划规范》等法律法规和技术政策。既要满足城市环境卫生设施建设的需要,落实城市环境卫生设施规划用地,保持与城市发展协调;又要保护环境,贯彻生活垃圾处理无害化、减量化和资源化原则,实现可持续发展。

在快速城市化的进程中,我国环境卫生设施的建设和城市垃圾的处理与处置问题也日益突出。截止到 2006 年底,全国城镇生活垃圾清运量为 21 107 万 t/a,其中设市城市为 14 841 万 t/a,县城为 6 266 万 t/a;全国建有各类生活垃圾处理场 543 座,其中设市城市 419 座,县城 124 座;全国生活垃圾无害化处理能力达 27.32 万 t/d,其中城市 25.8 万 t/d,县城 1.52 万 t/d;全国生活垃圾无害化处理量为 8 287 万 t,全国城镇垃圾无害化处理率为 39.3%。详细情况见表 14 – 1。

表 14 – 1 全国垃圾及处理设施统计

指标	生活垃圾清运量/万 t·a^{-1}	生活垃圾无害化处理厂(场)座数/座	生活垃圾无害化处理能力/万 t·d^{-1}	生活垃圾无害化处理量/万 t	生活垃圾无害化处理率/%	粪便清运量/万 t	公共厕所数量/座	每万人拥有公厕/座
全国	21 107	543	27. 32	8 287	39. 3	2 841	141 894	2.90
城市	14 841	419	25. 8	7 873	52. 15	2 131	107 331	2.88
县城	6 266	124	1. 52	414	6.6	710	34 563	2.91

注:每万人指标按城区人口与城区暂住人口合计为分母计算,以公安部门的户籍统计和暂住人口的户籍统计为准(建设事业统计摘要,2006 年)。

14.1.1 城市总体规划中的主要内容

在城市总体规划中应预测城市生活垃圾产量和成分,确定城市生活垃圾收集、运输、处理和处置方式,给出公共厕所布局原则及数量并给出主要环境卫生工程设施的规划设置原则、类型、标准、数量、布局和用地范围。

1. 测算城市固体废弃物产量,分析其组成和发展趋势,提出污染控制目标

城市固体废弃物的产生量与社会经济发展水平、居民生活水平和燃料结构有很大关系。合理预测其产量,分析其组成和发展趋势对城市总体规划,垃圾处理设施的设计、建设和运行管理都具有十分重要的意义。

随着国民经济的发展、城市人口的增加、城区面积的扩大,我国城市生活垃圾清运量保

持稳步增长的趋势,预计到 2010 年,全国县城以上城市生活垃圾总产量约为 2.5 亿 t/a,其中设市城市的生活垃圾产量约为 1.8 亿 t/a(日均约为 49.3 万 t),县城生活垃圾产量约为 0.7 亿 t/a(日均约为 19.4 万 t)。

当前我国城市生活垃圾的突出特点是含水率高,一般为 45% ~65%;热值低,一般在 4 200 kJ/kg 左右;有机成分高,厨余类有机生活垃圾部分占 40% ~60%;垃圾中可回收成分低,占 10% ~25%。此外,生活垃圾成分受季节、地理、经济发展状况以及燃料结构等影响较大。

生活垃圾产量的预测方法很多,比较常用的有以下几种。

1)线性回归统计法

线性回归统计法是根据统计样本的测定结果,用直线进行拟合,因此对许多发展趋势比较明显的事件,能进行比较准确的预测。

2)物流平衡预测法

物流平衡预测法是根据物流平衡对影响生活垃圾产量因素的分析,得到一个简化的生活垃圾产量预测模型,然后根据该模型进行预测。

3)预测模型法

模型法是以灰色系统理论为基础建立起来的预测模型。该方法对随机变化没有规律的数据进行处理,建立一个复杂的微分方程,包括 GM 模型、BP 神经网络预测等。

在合理预测固体废物的产生量、成分及发展趋势的基础上,根据社会经济发展和环境保护要求,提出污染控制目标。确定规划近期和中远期固体废物减量化、资源化和无害化目标和指标,指标主要包括固体废物回收利用率、生活垃圾处理处置率、城市生活垃圾无害化处理率等。

2. 确定城市固体废弃物的收运方案

城市固体废弃物收运规划必须从总体上满足生活垃圾收集、运输、处理等功能,贯彻生活垃圾处理无害化、减量化和资源化原则,逐步实现生活垃圾的分类收集、分类运输。生活垃圾收运系统规划应合理确定收运方式,在收运过程中应减少垃圾收集环节和在城内停留的时间,提高垃圾收集的工作效率。

3. 选择城市固体废物处理和处置方法

城市固体废物处理和处置方法有卫生填埋、焚烧、堆肥、回收利用等。其中垃圾处理技术及设备都有相应的适用条件,在坚持因地制宜、技术可行、设备可靠、适度规模、综合治理和利用的原则下,可以合理选择其中之一或适当组合。在具备卫生填埋场地资源和自然条件适宜的城市,以卫生填埋作为垃圾处理的基本方案;在具备经济条件、垃圾热值条件和缺乏卫生填埋场地资源的城市,可发展焚烧处理技术;积极发展适宜的生物处理技术,鼓励采用综合处理方式。禁止垃圾随意倾倒和无控制堆放。

4. 布局各类环境卫生设施,确定服务范围、设置规模、设置标准、运作方式、用地指标等

环境卫生设施主要包括公共厕所、生活垃圾收集点、废物箱、粪便污水前端处理设施等公共设施和工程环境卫生工程设施及其他环境卫生设施。应该合理确定其服务范围、设置规模、设置标准、运作方式、用地指标等。

14.1.2　城市详细规划中的主要内容

1. 估算规划范围内固体废物产量

对于估算规划范围内固体废物产量的方法,应用较多的是国家建设部制定的《城市生

活垃圾产量及预测方法》(CJ/T106—1999)。采用规划人口数和人均垃圾产生量,对生活垃圾产生量进行预测。

2. 提出规划区的环境卫生控制要求

根据近期和远期城市环境卫生设施建设的目标和指标提出对规划区的环境卫生控制要求。规划目标包括:街道(包括广场)保洁目标,生活垃圾分类收集、减量和资源化目标,生活垃圾、建筑垃圾、城市污泥(包括粪便)的清运和处置目标,公共厕所建设目标。规划指标是指上述目标的定量化指标,例如生活垃圾收运密闭化率、分类收集率、日产日清率、资源化利用率和无害化处理率等。

3. 确定垃圾收运方式

城市生活垃圾收运系统一般由收集、运输(清运)和转运 3 个环节组成,是否设置转运环节应依据垃圾运距、垃圾产生量与车辆运输能力确定。从有无转运环节来区别,城市生活垃圾收运系统可分为无转运收运模式和有转运收运模式。有转运收运模式又可进一步细分为一级转运收运模式和二级转运收运模式。生活垃圾收运模式从收集方式和清运方式上加以区别,常见的收集方式主要有车辆流动式收集方式、收集站收集方式和动力管道收集方式,常见的清运方式主要分为固定容器清运方式和移动容器清运方式。

14.2　城市固体废物量预测

14.2.1　城市固体废物种类

固体废物也称固体废弃物,是指人们在开发建设、生产经营、日常生活等活动中向外界环境排放、丢弃的固态或泥态的、对持有者已经没有利用价值的废弃物质。

固体废弃物的分类方式很多,通常按来源可分为工业固体废弃物、农业固体废弃物和城市垃圾。工业废物就其来源有矿业、冶金、石化、电力、建材等废物,根据其毒性和有害程度又可分为危险废物和一般废物。农业废物主要指农业生产、畜禽饲养及农村居民生活等排出的废物,如农业塑料制品、植物秸秆、人和禽畜粪便等。城市垃圾指居民生活、商业活动、市政建设与维护、公共服务等过程产生的固体废物。

在城市环境卫生工程规划中,最主要是考虑城市垃圾的收集、清运、处理、处置和利用,同时也应对在城市中产生的工业固体废物的收运和处理提出规划要求,以减少对城市和环境的危害。

在城市规划中所涉及的城市固体废物,主要包括以下 4 大类。

1. 城市生活垃圾

城市生活垃圾主要指市民生活中产生的固体废弃物,有居民生活垃圾、商业垃圾、清扫垃圾、粪便和污水厂污泥等。这类垃圾具有明显的区域性和季节性特点,且在成分上具备有机物增加、无机物减少、可燃物增多的趋势,部分生活垃圾可回收利用。

2. 城市建筑垃圾

城市建筑垃圾主要指城市建筑工地拆建和新建过程中产生的固体废弃物,主要有砖瓦块、渣土、碎石、混凝土块、废管道等。随着城市建设规模的不断扩大,建筑垃圾数量增加较快。

3. 一般工业固体废物

一般工业固体废物主要指工业生产过程中和工业加工过程中产生的废渣、粉尘、碎屑、污泥等,包括尾矿、粉煤灰、炉渣、废品工业废物等。这类垃圾对环境的毒性小,多数可以回收利用。

4. 危险固体废物

危险固体废物是指具有腐蚀性、急性毒性、浸入毒性及反应性、传染性、放射性等一种或一种以上危害特性的固体废物,主要来源于冶炼、化工、制药等行业以及医院、科研机构等。危险废物一般数量不大,但因其危害性大,应有专门机构集中管理。

14.2.2　城市固体废物量预测

1. 城市生活垃圾产生量

城市生活垃圾产生量预测一般有人均指标法和增长率法,规划时常采用两种方法并结合历史数据进行校核。

1) 人均指标法

人均指标法是将人均指标乘以规划的人口数便可得到城市生活垃圾总量。计算公式如下:

$$Q = \frac{\delta \times n \times q}{1\ 000} \quad (\text{t/d}) \tag{14-1}$$

式中　Q——规划期末的生活垃圾生产量,t/d;

n——城市规划期末的规划人口数,人;

q——城市人均生活垃圾日产量,kg/(人·d);

δ——生活垃圾产量变化系数,按当地实际资料采用,若无资料时,一般可采用1.13~1.40。

据统计,目前我国城市人均生活垃圾产量0.7~2.0 kg/d左右。这个值的变化幅度较大,主要受城市具体条件影响,比如基础设施齐备的大城市的产量低,而中、小城市的产量高;南方地区的产量比北方地区低。参考世界发达国家城市生活垃圾的产量情况,我国城市生活垃圾的规划人均指标以0.8~1.8 kg为宜。

2) 增长率法

增长率法的计算公式为

$$W_t = W_0(1 + i)^t \quad (\text{万 t}) \tag{14-2}$$

式中　W_t——规划期末年城市生活垃圾产量,万t;

W_0——规划基年城市生活垃圾产量,万t;

i——年增长率,%;

t——预测年限,a。

该方法根据历史数据和城市发展趋势,确定增长率。它综合了人口增长、建成区的扩展、经济发展状况和燃气化进程等有关因素,但忽略了突变因素。国外发达国家经验表明,城市垃圾产量增长到一定程度后,增加幅度逐渐降低。所以,在规划时,对于不同的规划阶段,可选取不同的增长率。

2. 工业固体废物产生量

工业固体废物的产生量与城市的产业性质和产业结构、生产管理水平等有关系。预测的方法有以下几种。

1）单位产品法

根据各行业的统计数据或调查数据，得出每单位原料或产品的产废量。冶金工业中，每吨铁产生高炉渣 400 ~ 1 000 kg，每吨钢产生钢渣 150 ~ 250 kg，每吨铁合金产生合金渣 2 000 ~ 4 000 kg。有色金属工业中，每生产 1 t 有色金属排出 300 ~ 600 kg 废渣。电力工业中，每烧 1 t 煤产生炉灰渣及粉煤灰 100 ~ 300 kg。化学及石化工业中，每吨硫酸产品，排硫铁矿渣 500 kg；每吨磷酸，排磷石膏 4 000 ~ 5 000 kg 等。规划时，若明确了工业性质和计划产量，便可预测出产出的工业固体废物。

2）万元产值法

根据规划的工业产值乘以每万元的工业固体废物产生量，即可得出工业固体废物产量。参照我国部分城市的规划指标，可采用 0.04 ~ 0.1 t/万元的指标。

3）增长率法

$$Q_t = Q_0(1+i)^t \quad （万 t） \tag{14-3}$$

式中　Q_t——规划期末年城市工业固体废物产量，万 t；

　　　Q_0——规划基年城市工业固体废物产量，万 t；

　　　i——年增长率，%，根据历史数据和城市产业发展规划确定；

　　　t——预测年限，a。

14.3　城市垃圾收运与处理

14.3.1　城市生活垃圾收集与运输

垃圾收运设施作为连接垃圾产生源和末端处理处置设施的重要环节，据估计，在城市生活垃圾从产生到处置的全过程管理中，收集和运输的费用占总费用的 50% 以上。城市垃圾收运系统的规划应当与城市发展战略和总体规划相统一并与城市发展现状相适应，具体的要与城市环境卫生总体规划相统一、与垃圾产生量及其源头的分布和末端垃圾处理处置设施规划相适应。

1. 生活垃圾的收集

生活垃圾的收集方法有混合收集和分类收集两种。混合收集是将产生的各种垃圾混在一起收集，这种方法简单、方便，对设施和运输的条件要求低，是我国各城市通常采用的方法。但从处理的角度讲，混合垃圾在处理前要经过分选，然后才能对有机物、无机物、可回收利用物质与不可回收利用物质等进行不同的处理，所以混合收集不便于后期处理和资源的回收。分类收集，是将城市生活垃圾分为可回收物、有害垃圾和其他垃圾 3 类，并设置不同颜色的回收容器进行分类回收。可回收物（Recyclable）垃圾容器为蓝色，表示适宜回收和可再利用的垃圾，包括纸类、塑料、玻璃、织物和瓶罐等；有害垃圾（Harmfulwaste）垃圾容器为红色，表示含有害物质，需要特殊安全处理的垃圾，包括电池、灯管和日用化学品等；其他垃圾（Otherwaste）垃圾容器为灰色，表示分类以外的垃圾。对于有回收价值的垃圾在经济技术允许情况下应尽可能回收利用，使其资源化；对于有害垃圾，必须焚烧、填埋或特殊处理；对于其他垃圾可视具体情况进行焚烧或填埋。

垃圾分类收集是实现垃圾资源化的最有效途径，可结合各城市的客观条件，本着先易后难、先简单后复杂的原则逐步实施。必须指出,分类收集应与垃圾的整个运输、处理和回收利用构成完整的系统。若清运时未能分类清运,也没有建立分类回收利用系统,分类收集便毫无意义。

垃圾收集通常有以下方式。

1)垃圾箱(桶)收集

这是最常用的方式。垃圾箱置于居住小区楼房、街道、广场等范围内,用户自行就近向其中倾倒垃圾。现在城市的垃圾箱一般是封闭的并有一定规格,便于清运车辆机械操作。采用不同标志的垃圾箱可以实现垃圾的分类收集。

2)垃圾管道收集

这是一种混合收集方式。在多层或高层建筑物内设置垂直的管道,每层设倒口,底层垃圾间里设垃圾容器。这种方式使居民不必下楼倾倒垃圾,比较方便。但常因设计和管理上的问题,产生管道堵塞、臭气、蚊蝇孳生等现象。这种收集方式趋于不再采用。如果设计合理和管理严格,还是有较好效果的。现在出现了一种在投入口就可以控制楼下不同接受容器的分类收集方式。

3)袋装化收集

袋装化收集指居民将袋装垃圾放至固定地点,由环卫工人定时将垃圾取走,送至垃圾站或垃圾压缩站,压缩后,集装运走。

4)厨房垃圾自行处理

厨房垃圾通常占日常生活垃圾的50%左右,成分主要是有机物。在一些发达国家中,把厨房垃圾粉碎成较细小的颗粒,冲入排水管通过城市排水系统进入污水厂进行处理。

5)垃圾气动管道系统收集

气动管道垃圾收集系统利用预先埋在地下和建筑内的垃圾管道,以空气为载体,利用真空中的压强差将垃圾收集到垃圾中央收集站。中央收集站负责实施垃圾气体和固体的分离处理,其中气体部分经过除尘除臭后重新排放,而固体垃圾则被压缩输送至密闭的集装箱内,然后运至垃圾处理厂进行焚烧发电或者填埋处理。这种收集方式如图14-1所示。

图14-1　恩华特封闭式垃圾自动收集系统

这种方式主要用于高层公寓楼房和现代住宅密集区,具有自动化程度高、方便卫生的优点,可节省劳动力和运输费用,并且支持垃圾源头分类,可通过增设投放口实现垃圾分类;但一次性投资很高。

上海世博会园区环境卫生垃圾收集系统即采用垃圾气力输送,应用在一轴四馆(世博轴、中国馆、主体馆、公共活动中心、演艺中心)约 0.5 km² 的范围内,共设负压机组 5 台(4 用 1 备),室外垃圾投放口 150 个(如图 14-2 所示),垃圾传输管道近万米,收集站设在南环路南、园二路西,占地约 2 820 m²。天津中新生态城及广州亚运会垃圾收集及运输也将采用该系统。与传统采用手推车、吊桶车、后装式压缩车等设备对袋装或存放在开放式垃圾桶(垃圾屋)内垃圾进行收集和运输的方式相比较,封闭式垃圾收集及运输方式,如气力输送,是未来的发展方向,二者优缺点对比如图 14-3 所示。

图 14-2 垃圾投放口

设置在大街中央的 50 m³ 的垃圾投放口,表面仅能看到一个垃圾箱

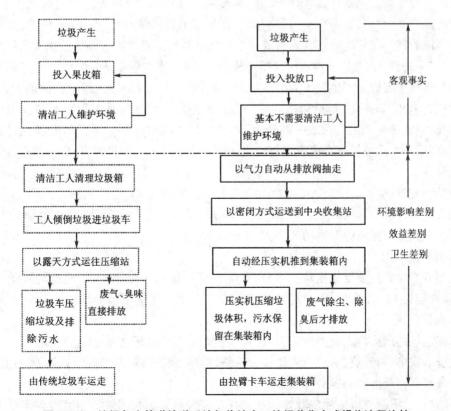

图 14-3 垃圾气力管道输送系统与传统人工垃圾收集方式操作流程比较

2. 生活垃圾的运输

生活垃圾的运输是从各垃圾收集点(站)把垃圾装运到转运站、加工厂或处理厂的过程。垃圾的运输应实现机械化并保证清运机械能够顺利到达收集点。由于城市扩展和环境保护要求的提高,垃圾处理厂距城市越来越远。为了解决垃圾运输车辆不足、道路交通拥挤、贮运费用提高等问题,须在清运过程中设中转站。

规划时,除了要求布置收集点外,还应考虑便于清运,使清运路线合理。路线规划应进行优化,即根据道路交通情况、垃圾产量、收集点分布、车辆情况、停车场位置等,考虑如何使收集车辆在收集区域内行程距离最小。垃圾清运路线选择时主要应遵循以下原则。

(1)收集线路的出发点尽可能接近停放车辆场。

(2)线路的开始与结束应邻近城市主要道路,便于出入并尽可能利用地形和自然疆界作为线路疆界。

(3)线路应使每日清运的垃圾量、运输路程、花费时间尽可能相同。

14.3.2 城市固体废物处理和处置

固体废弃物的处理是通过物理的、化学的或生物的方法,使固体废弃物减量化、无害化、稳定化和安全化,加速其在自然环境中的再循环,减轻或消除对土壤、水体、大气等环境组成要素的污染。同时,回收利用固体废弃物的最终归宿,将最终产物长期置于一定的环境之中,彻底实现无害化。因此,固体废弃物的处理与处置程序应为:先考虑减量化、资源化,再考虑加速物质循环,最后对残留物质进行无害化处置。

1. 循环经济模式下处理城市垃圾的基本原则

传统经济是由"资源—产品—污染排放"所构成的物质单向流动的经济模式,而循环经济是与环境和谐发展的经济模式。它要求把经济活动按照自然生态系统的模式组织成一个"资源—产品—再生资源"的物质反复循环流动的过程,使整个经济系统以及生产和消费的过程基本不产生或者只产生很少的废弃物,从而消解长期以来环境与发展之间的尖锐冲突。"减量化、再利用、资源化"是运用循环经济理论处理城市垃圾的重要原则。城市未来经济发展将成为"资源—产品—回收—再利用"物质循环流动的过程。居民的废弃物将高效回收,循环利用。生活垃圾等有机废弃物也将转化为生物燃气和有机肥料,成为城市经济发展的宝贵资源。

1)减量化原则

城市生活垃圾的源头减量化,要在经济活动的源头注意节约资源和减少污染,从生产和消费过程中预防与控制废弃物的产生。

2)再利用原则

垃圾分类收集是使废物变成再生资源、再循环利用的关键环节,同时也可减少垃圾运输、垃圾处理处置的工作量,减少垃圾对环境的污染,为垃圾的后续处理提供了良好的条件。

3)资源化原则

根据垃圾的组成特点选择堆肥、焚烧和填埋相结合的处理方法进行资源利用。例如可燃垃圾进行发电,回收热能;垃圾灰渣作为路基、堤坝、建筑材料及沥青细骨料等有用资源。

2. 城市固体废弃物处理和处置方法

不同地域、不同城市生活垃圾处理水平存在较大差异。我国生活垃圾处理水平发展不平衡,在空间地域上存在很大差异。东部地区由于经济发展水平高、投入力度大,生活垃圾处理设施数量相对较多,处理率较高。而经济欠发达地区,受财力限制,生活垃圾处理设施数量相对较少,生活垃圾处理水平较低。

1)自然堆存处理

这是指把垃圾倾卸在地面上或水体内,如废置在荒地洼地或海洋中,不加防护措施,使之自然腐化发酵。这种方法因对环境污染严重,已经逐渐被禁止。

2)卫生填埋处理

卫生填埋又称卫生土地填埋,是利用工程手段,采取有效技术措施,防止渗液及有害气体对水体和大气的污染,并将垃圾压实减容至最小,且在每天操作结束或每隔一定时间用土覆盖,使整个过程对公共卫生安全及环境污染均无危害的一种土地处理垃圾的方法。缺点是垃圾减容效果差,需占用大量土地;且产生的渗沥水已造成水体和环境污染,产生的沼气易爆炸或燃烧,所以选址受到地理和水文地质条件限制。

卫生填埋是垃圾处理必不可少的最终处理手段,也是现阶段我国垃圾处理的主要方式。卫生填埋场的规划、设计、建设、运行和管理应严格按照《城市生活垃圾卫生填埋技术标准》、《生活垃圾填埋污染控制标准》和《生活垃圾填埋场环境监测技术标准》等要求执行。

3)堆肥化处理

堆肥处理(生化处理)是利用自然界广泛存在的细菌、放线菌、真菌等微生物,有控制地促进固体废物中的有机物质转化为稳定的腐殖质的生物化学过程,这一过程可以消灭垃圾中的病菌的寄生虫卵。堆肥化是一种无害化和资源化的过程。

根据微生物生长的环境可将堆肥化分为好氧堆肥化和厌氧堆肥化两种。根据垃圾在发酵过程中所处的状态划分为两类:发酵过程中垃圾得到混合并能够连续进出料称为动态堆肥,发酵过程中垃圾处于堆放状态称为静态堆肥。

垃圾堆肥适用于可生物降解的有机物含量大于 40% 的垃圾。堆肥化的优点是投资较低,无害化程度较高,产品可以用作肥料;缺点是占地较大,卫生条件差,运行费用较高,在堆肥前需要分选掉不能分解的物质。因此鼓励在垃圾分类收集的基础上进行堆肥处理。堆肥过程中产生的残余物可进行焚烧处理或卫生填埋处置。

4)焚烧处理

焚烧处理也称焚化,是一种高温热处理技术,即以一定量的过剩空气与被处理的有机废物在焚烧炉内进行氧化燃烧反应。垃圾中的有毒有害物质在高温下氧化、热解而被破坏,减量化效果好,消毒彻底,无害化程度高,是一种可同时实现垃圾减量化、资源化、无害化的处理技术。

焚烧处理具有如下优点。

(1)能迅速而大幅度减少容积,体积可减少 85% ~ 95%,质量减少 70% ~ 80%。

(2)有效地消除有害病菌和有害物质。

(3)所产生的能量也可以供热、发电。

(4)焚烧法占地面积小,选址灵活。

焚烧处理具有如下缺点。

(1)投资和运行管理费用高,管理操作要求高;如果对所产生的废弃物处理不当,容易造成二次污染。

(2)对固体废物有一定的热值要求。

焚烧适用于进炉垃圾平均低位热值高于 5 000 kJ/kg、卫生填埋场地缺乏和经济发达的地区。垃圾焚烧产生的热能应尽量回收利用,以减少热污染。垃圾焚烧应严格按照《生活垃圾焚烧污染控制标准》等有关标准要求,对烟气、污水、炉渣、飞灰、臭气和噪声等进行控制和处理,防止对环境的污染。垃圾焚烧产生的炉渣经鉴别不属于危险废物的,可回收利用或直接填埋;属于危险废物的炉渣和飞灰必须作为危险废物处置。

5)热解处理

在缺氧的情况下,固体废弃有机物受热分解,转化为液体燃料或气体燃料,残留少量惰性固体。热解减容量达 60% ~ 80% ,污染少并能充分回收资源,适于城市生活垃圾、污泥、工业废物、人畜粪便等。但其处理量小,投资运行费用高,工程应用尚处在起步阶段。从发展的角度看,热解是一种有前途的固体废物处理方式。

6)危险废物的处理处置

危险废物处理是通过改变其物理、化学性质,减少或消除危险废物对环境的有害影响。常用的方式有减少体积、有害成分固化、化学处理、焚烧去毒、生物处理等。我国要求对城市医院垃圾集中焚烧。

3. 处理方法的选择原则

通常一个城市的垃圾处理方式不是单一的,而是一个综合系统,并多方案比较,择优选用。填埋、焚烧、堆肥 3 种处理方法比较见表 14 - 2,可供参考。

表 14 - 2　填埋、焚烧、堆肥 3 种处理方法的比较

项　目	方　法		
	填　埋	焚　烧	堆　肥
技术可靠性	可靠	可靠	可靠,国内有一定经验
操作安全性	好	较大,注意防火	好
选址	较困难,要考虑地理条件,防止水体受污染,一般远离市区,运输距离大于 20 km	易,可靠近市区建设,运输距离可小于 10 km	较易,需避开住宅密集区,气味影响半径小于 200 m,运输距离 10 ~ 20 km
占地面积	大	小	中等
适用条件	适用范围广,对垃圾成分无严格要求,但无机物含量应大于 60% ,填埋场征地容易(如丘陵、山区),地区水文条件好,气候干旱、少雨等条件尤为适用	要求垃圾热值大于 4 000 kJ/kg;适用于土地资源紧张、经济条件好的地区	垃圾中生物可降解有机物含量大于 40% ,堆肥产品有较大市场(如邻近地区有大范围黏土地带,大面积果园、林场、苗圃及其他旱地作物)
最终处置	无	残渣需作处理,占初始量的 10% ~ 20%	非堆肥物需作处理,占初始量的 25% ~ 35%
产品市场	有沼气回收的填埋场,沼气可作发电等利用	热能或电能易为社会使用	落实堆肥市场有一定困难,需采取多种措施
能源化意义	部分有	部分有	无
资源利用	恢复土地利用或再生土地资源	垃圾分选可回收部分物质	作化肥和回收部分物质
地面水污染	有可能,可采取措施防止污染	残渣填埋时与填埋方法相仿	无
地下水污染	有可能,需采取防渗保护,但仍有可能渗漏	无	可能性较小

续表

项　目	方　法		
	填　埋	焚　烧	堆　肥
大气污染	可用导气、覆盖等措施控制	烟气处理不当时,对大气有一定污染	有轻微气味
土壤污染	限于填埋场区域	无	需控制堆肥有害物含量
管理水平	一般	较高	较高
投资运行费用	最低	最高	较高

在选择城市生活垃圾的处理工艺时既要考虑工艺技术的可靠性、城市经济社会发展水平,又要考虑垃圾的性质与成分、场地选择的难易程度,还要考虑环境污染危害性、资源化价值及某些特殊制约因素等。在坚持因地制宜、技术可行、设备可靠、规模适度、综合治理和利用的原则下,合理选择不同的生活垃圾处理技术。

(1)卫生填埋处理技术作为生活垃圾的最终处置方式是每个地区所必须具备的保证手段,在具备卫生填埋场地资源和自然条件适宜的城市,可以卫生填埋作为生活垃圾处理的基本方案。

(2)焚烧处理可最有效实现生活垃圾的减容、减量、资源化,在经济发达、土地资源紧张、生活垃圾热值符合条件的城市,在有效控制二噁英排放的前提下,可优先发展焚烧处理技术。

(3)在实行生活垃圾分类收集、堆肥产品有出路的城市,可发展适宜的生物处理技术,但对未普及生活垃圾分类收集的城市,应谨慎采用堆肥处理技术。

(4)鼓励采用对多种处理技术进行有效集成、合理配置的综合处理技术,在实现生活垃圾无害化处理的同时,实现垃圾中资源的高效率回收利用。

生活垃圾处理技术的选择,应该结合不同地区的经济发展情况,选择符合我国城市生活垃圾处理技术政策要求的技术路线,技术选择应满足先进性、成熟性、稳定性和可持续发展性等几个方面。

(1)对于经济较发达地区可选择先进的处理技术和设备,同时应采用多种技术有机组合,所有处理设施必须严格控制"二次污染"。

(2)对于经济发展水平一般的地区,可选用适宜的处理技术和设备,满足我国生活垃圾处理设施建设标准,同时"二次污染"的控制应符合环境保护的要求。

(3)对于经济欠发达的地区,仍以填埋处理技术为主,所建的处理设施在满足卫生填埋场建设标准的条件下应该尽量因地制宜地节省投资。

4.低碳经济下的垃圾处理

低碳经济的基本内涵是应用新技术和创新机制,在全社会形成以高能效、低能耗、低污染、低排放为基础的低碳经济发展模式和生活方式,实现经济社会的可持续发展。垃圾的产生量减少、有效资源的合理利用、处理方式的合理选择都是低碳经济所需要的环节。垃圾填埋厂会产生 CO_2、甲烷等气体,有条件的地区可以改变这种填埋、焚烧为主的垃圾处理方式,同时可以有效利用垃圾焚烧产生的热量。建立有效的有用资源回收体系和高效的垃圾处理管理模式,也为垃圾的最终合理处理与处置奠定基础。

14.4 城市环境卫生设施规划

城市环境卫生设施是指具有从整体上改善城市环境卫生、限制或消除生活废弃物危害功能的设备、容器、构筑物、建筑物及场地等的统称。城市环境卫生设施规划设置必须从整体上满足城市生活垃圾收集、运输、处理等功能,贯彻生活垃圾处理无害化、减量化和资源化原则,实现生活垃圾的分类收集、分类运输、分类处理和分类处置。

《城市环境卫生设施规划规范 GB 50337—2003》将城市环卫设施分为环卫公共设施,环卫工程设施和其他环卫设施 3 大类。环卫公共设施包括公共厕所、废物箱、垃圾收集点等;环卫工程设施包括垃圾转运站、水上环境卫生工程设施、生活垃圾无害化处理场、生活垃圾堆肥厂、生活垃圾焚烧厂等;其他环卫设施包括进城车辆清洗站、环境卫生车辆停车场等。

不同城市具体情况不同,其所具有的设施各不相同,如有的城市(上海)由于其特殊的地理情况具有水上转运站,而一般的城市不建该环卫设施。一般城市都具有垃圾转运站,转运站的布局规划问题有一定的通用性。

14.4.1 城市环卫公共设施规划

1. 垃圾收集点

生活垃圾收集点应满足日常生活和日常工作中产生的生活垃圾的分类收集要求,生活垃圾分类收集方式应与分类处理方式相适应。

1)垃圾收集点垃圾量预测

生活垃圾收集点收集范围内的生活垃圾日排出量计算公式如下:

$$Q = RCA_1A_2 \quad (t/d) \tag{14-4}$$

式中 Q——收集点收集范围内的生活垃圾日排出量,t/d;

R——收集点收集范围内的居住人口,人;

C——预测人均生活垃圾日排出量,$t/(人 \cdot d)$;

A_1——收集点收集范围内的生活垃圾日排出量不均匀系数,$A_1 = 1.1 \sim 1.5$;

A_2——居住人口变动系数,$A_2 = 1.02 \sim 1.05$。

生活垃圾收集点收集范围内的生活垃圾日排出体积计算公式如下:

$$V = \frac{Q}{D_{av}A_3} \quad (m^3/d) \tag{14-5}$$

$$V_{max} = KV_{av} \tag{14-6}$$

式中 V——生活垃圾日排出体积,m^3/d;

D_{av}——生活垃圾平均密度,t/m^3;

A_3——生活垃圾平均密度变动系数,$A_3 = 0.7 \sim 0.9$;

V_{max}——生活垃圾高峰日排出最大体积,m^3/d;

K——生活垃圾高峰日排出体积变动系数,$K = 1.5 \sim 1.8$。

2)垃圾收集点容器数量预测

生活垃圾收集点所设置的垃圾容器数量计算公式如下:

$$N = \frac{V_{A4}}{EB} \quad (个) \tag{14-7}$$

式中　N——生活垃圾收集点所设置的垃圾容器数量,个;

　　　A_4——生活垃圾清除周期,d/次,每 2 日清除一次 $A_4 = 2$,每日清除一次 $A_4 = 1$,每日
　　　　　清除 2 次 $A_4 = 0.5$,以此类推;

　　　E——单个垃圾容器的容积,$m^3/$个;

　　　B——垃圾容器填充系数,$B = 0.75 \sim 0.9$。

　　生活垃圾收集点的垃圾容器或垃圾容器间的容量按垃圾分类的种类、生活垃圾日排出量及清运周期计算。

　　3)垃圾收集点规划要求

　　(1)生活垃圾收集点的服务半径不宜超过 70 m,生活垃圾收集点可放置垃圾容器或建造垃圾容器间。

　　(2)医疗垃圾等危险废弃物必须单独收集、单独运输、单独处理。

　　(3)生活垃圾收集点位置应固定,既要方便居民使用、不影响城市卫生和景观环境,又要便于分类投放和分类清运。

　　(4)市场、交通客运枢纽及其他产生生活垃圾量较大的设施附近应单独设置生活垃圾收集点。

　　2. 废物箱

　　废物箱是设置在公共场合,供行人丢弃垃圾的容器。废物箱一般设置在在道路两侧以及各类交通客运设施、公共设施、广场、社会停车场等的出入口附近。废物箱的设置应满足行人生活垃圾的分类收集要求,行人生活垃圾分类收集方式应与分类处理方式相适应。

　　废物箱规划设置间距:设置在道路两侧的废物箱,其间距按道路功能划分商业、金融业街道为 50 ~ 100 m;主干路、次干路、有辅道的快速路为 100 ~ 200 m;支路、有人行道的快速路为 200 ~ 400 m;车站、码头、广场、体育场、影剧院、风景区等公共场所,应根据人流密度合理设置。

　　3. 公共厕所

　　公共厕所是城市公共建筑的一部分,是为居民和行人提供服务的不可缺少的环境卫生设施;是城市发展及其规划中确定的公共产品,它反映了一个城市和地区的管理水平和文明生活方式。城市公共厕所布局规划应符合该地区社会经济发展和环境特征,与区域总体风格相协调。根据 CJJ 27—2005《城镇环境卫生设施设置标准》、CJJ 14—2005《城市公共厕所设计标准》和 GB 50337—2003《城市环境卫生设施规划规范》中相关公厕设置标准,结合城市不同区域人口密度实际情况,确定公共厕所设置密度。

　　1)规划布局选址

　　(1)广场和主要交通干路两侧。

　　(2)车站、长途客运站、码头、展览馆等公共建筑附近。

　　(3)风景名胜古迹游览区、公园、集贸市场、大型停车场、体育场附近及其他公共场所。

　　(4)新建住宅区及老居民区。

　　独立式公共厕所与相邻建筑物间宜设置不小于 3 m 的绿化隔离带。在满足环境及景观要求下,城市绿地内可以设置公共厕所。

　　2)规划设置数量

　　(1)根据城市性质和人口密度确定。城市公共厕所平均设置密度应按每平方公里规划建设用地 3 ~ 5 座选取;人均规划建设用地指标偏低、居住用地及公共设施用地指标偏高的

城市、旅游城市及小城市宜偏上限选取。

（2）根据人口数量确定。城镇一般按城镇常住人口每 2 500 ～ 3 000 人配套 1 座公共厕所。

（3）根据服务半径确定。主干道、次干道、有辅道的快速路公共厕所设置的间距为 500 ～ 800 m，支路、有人行道的快速路公共厕所设置的间距为 800 ～ 1 000 m。主要繁华街道公共厕所的距离宜为 300 ～ 500 m，流动人口高度密集的街道宜小于 300 m。一般街道公共厕所之间的距离以 750 ～ 1 000 m 为宜。新建居住区为 300 ～ 500 m，未改造的老居住区为 100 ～ 150 m。街巷内建造的供没有卫生设施住宅的居民使用的厕所，按服务半径 70 ～ 100 m 设置 1 座。

3）建筑面积规划指标

公共厕所建筑面积应根据人口流动量因地制宜，统筹考虑。可根据周围具体情况尽可能结合公建和生活区统一布置，建筑面积规划指标规定如下。

（1）新住宅区内公共厕所：6 ～ 10 m²/千人。

（2）车站、码头、体育场（馆）：15 ～ 25 m²/千人。

（3）居民稠密区公共厕所：20 ～ 30 m²/千人。

（4）广场、街道公共厕所：5 ～ 10 m²/千人；

（5）商业大街、购物中心：10 ～ 20 m²/千人；

（6）城市公共厕所建筑面积一般为 30 ～ 60 m²。

4）其他要求

公共厕所的用地范围是距厕所外墙皮 3 m 以内空地为其用地范围。如受条件限制，则可靠近其他房屋修建。有条件的地区应发展附建式公共厕所，其应结合主体建筑一并设计和建造。

各类城市用地公共厕所的设置标准采用《城市环境卫生设施规划规范》（GB50337—2003）中的规定，应按表 14 – 3 控制。

表 14 –3　公共厕所设置标准

城市用地类型	设置密度/座·km⁻²	设置间距/m	建筑面积/m²	独立式公共厕所用地面积/m²·座⁻¹	备注
居住用地	3 ～ 5	500 ～ 800	30 ～ 60	60 ～ 100	旧城区宜取密度上限，新城区宜取密度中低限
公共设施用地	4 ～ 11	300 ～ 500	50 ～ 120	80 ～ 170	人流密集区域和商业金融用地取高限密度、下限间距，人流稀疏区域取低限密度、上限间距，其他公共设施用地宜取中低限密度，中、上限间距
工业用地	1 ～ 2	800 ～ 1 000	30	60	
仓储用地	1 ～ 2	800 ～ 1 000	30	60	

注：1. 其他各类城市用地的公共厕所设置可按：

（1）公共厕所建筑面积根据服务人数确定；

（2）独立式公共厕所用地面积根据公共厕所建筑面积按相应比例确定。

2. 用地面积中不包含与相邻建筑物间的绿化隔离带用地。

公共厕所的附近和入口处,应设置明显的统一标志。

公共厕所的粪便严禁直接排入雨水管、河道或水沟内。在有污水管道的地区,应排入污水管道。没有污水管道的地区,须建化粪池或贮粪池等排放设施。在采用合流制排水系统而没有污水处理厂的地区,水冲式公共厕所的粪便污水,应经化粪池后方可排入下水道。

14.4.2　城市环卫工程设施规划

1. 垃圾容器和垃圾容器间

垃圾容器指储存垃圾的垃圾桶,垃圾容器间是指存放垃圾容器的构筑物,可以独立设置,也可以依附于主体建筑。供居民使用的生活垃圾容器以及袋装垃圾收集堆放点的位置要固定,既应方便居民和不影响市容,又要利于分类收集和机械化清除。垃圾容器间的服务半径宜小于 70 m。

医疗废物及其他危险废物必须单独存放,不能混入生活垃圾之中。

2. 垃圾压缩站

采用垃圾袋装、垃圾上门收集的城市,为减少垃圾容量和垃圾容器间的设置,集中设置具有压缩功能的垃圾收集点,称为垃圾压缩站。垃圾压缩站的服务半径以 500 m 左右为宜。垃圾压缩站四周距住宅至少 8 ~ 10 m。压缩站应设在通畅的道路旁,便于车辆进出掉头。其用地指标见表 14 – 4。

表 14 – 4　小型压缩收集站用地指标

设计日处理能力/t · d⁻¹	建筑面积/m²	车辆运行场地/m²	总用地面积/m²
≤4	40 ~ 80	70	110 ~ 150

注:①以上用地面积不包含绿化隔离带用地和垃圾分类作业用地。

　　②超过上述处理能力的小型压缩收集站用地应根据实际情况另行考虑。

3. 垃圾转运站

垃圾转运站作为城市垃圾收集和处理系统的重要环节,应该从全局的角度合理规划,总体协调,转运站规模适中,设备配置合理,同时符合运营管理的需要。

1) 选址要求

(1) 应符合城市总体规划和环境卫生专业规划的要求。

(2) 转运站宜靠近服务区域的中心或生活垃圾产量多的地方。

(3) 转运站应选择交通运输方便的地方,不宜设在公共设施集中区域和靠近人流、车流集中的地区。

(4) 大、中型转运站应按区域布置,作业区宜布置在主导风向的下风向,站前布置应与城市干道及周围环境相协调。

(5) 有铁路及水运便利条件的地方,当运输距离较远时,宜设置铁路及水运垃圾转运站,转运站内必须设置装卸垃圾的专用站台或码头。

2) 垃圾转运站设置标准

垃圾转运量小于 150 t/d 为小型转运站,转运量在 150 ~ 450 t/d 范围为中型转运站,转运量大于 450 t/d 为大型转运站。小型转运站每 2 ~ 3 km² 设置一座,用地面积不宜小于 800 m²。垃圾运输距离超过 20 km 时,应设置大、中型转运站。

垃圾站的垃圾转运量可按公式(14-1)计算。

根据《生活垃圾转运站技术规范》CJJ47—2006 的规定,生活垃圾转运站设置标准应符合表 14-5 的规定。

表 14-5 生活垃圾转运站设置标准

转运量/t·d	用地面积/m²	与相邻建筑间距/m	绿化隔离带宽度/m
>450	>8 000	>30	≥15
150~450	2 500~10 000	≥15	≥8
50~150	800~3 000	≥10	≥5
<50	200~1 000	≥8	≥3

注:1. 表内用地面积不包括垃圾分类和堆放作业用地。

2. 用地面积中包含沿周边设置的绿化隔离带用地。

3. 二次转运站宜偏上限选取用地指标。

供居民直接倾倒垃圾的小型垃圾收集转运站,其收集半径不应大于 200 m,占地面积不小于 40 m²。

3)污染防治措施

灰尘及恶臭气治理:在转运站运营过程中,垃圾车的装箱、卸料过程中产生的灰尘;垃圾在站内暂时停留因发酵等原因产生的恶臭气,应该通过严格控制垃圾停留时间,要求垃圾车卸料和装箱作业均应在室内或半封闭状态下进行等,减少对周围环境的影响。

转运站产生的污水有职工的生活污水,车辆、设备、场地的清洗污水,垃圾转运装箱过程中产生的渗沥液及雨水。站内排水系统应采用分流制,污水不能直接排入城市污水管道,应设有污水处理装置。转运站内的绿化面积为 10%~30%。

转运站的噪声主要来自车辆进出站时的行驶噪声和处理转运垃圾设备噪声。主要治理措施是对作业设备和液压系统的泵及驱动电机座、泵及风机的机座设置减震垫;选用低噪声风机或带消音装置的风机;对泵站、液压站、风机站等建筑采用隔音门窗,墙壁铺设吸音板等措施。

4. 垃圾堆肥、焚烧处理场

处理厂应设置在水陆交通方便的地方,可以靠近污水处理厂,便于综合处理污泥。在保证与建筑物有一定隔离的前提下,处理厂应尽量靠近服务中心。

处理厂用地面积根据处理量、处理工艺确定(见表 14-6)。

表 14-6 垃圾堆肥、焚烧处理场用地标准

垃圾处理方式	用地标准/m²·t⁻¹	垃圾处理方式	用地标准/m²·t⁻¹	垃圾处理方式	用地标准/m²·t⁻¹
静态堆肥	260~330	动态堆肥	180~250	焚烧	90~120

生活垃圾焚烧厂用地面积不应小于 1 hm²,其中绿化隔离带宽度应不小于 10 m 并沿周边设置。其分类及用地面积也可参照表 14-7。

表 14 - 7　生活垃圾焚烧厂用地标准

类型	日处理规模/t	总用地面积/hm²
I 类	>1 200	4 ~ 6
II 类	600 ~ 1 200	3 ~ 4
III 类	150 ~ 600	2 ~ 3
IV 类	50 ~ 150	1 ~ 2

注:总用地面积指标含上限值,不含下限值

5. 垃圾卫生填埋场

垃圾卫生填埋场的场址对城市布局、交通区位、项目的经济性等都有一定影响。场址选址应最大限度地减少对环境的影响并尽可能减少投资费用。

1)垃圾卫生填埋场的场地选择

卫生填埋场的场地选择应考虑以下因素。

(1)区位条件:生活垃圾卫生填埋场应位于城市规划建成区以外、远离居民密集地区。规范规定,距大、中城市城市规划建成区的距离应大于 5 km,距小城市城市规划建成区的距离应大于 2 km,距居民点的距离应大于 0.5 km。应设置在夏季主导风向下方,距人畜居栖点 800 m 以上。

(2)生活垃圾填埋场场址不应选在城市工农业发展规划区、农业保护区、自然保护区、风景名胜区、文物(考古)保护区、生活饮用水水源保护区、供水远景规划区、矿产资源储备区、军事要地、国家保密地区和其他需要特别保护的区域内。

(3)生活垃圾填埋场选址的标高应位于重现期不小于 50 年一遇的洪水位之上并建设在长远规划中的水库等人工蓄水设施的淹没区和保护区之外。拟建有可靠防洪设施的山谷型填埋场并经过环境影响评价证明洪水对生活垃圾填埋场的环境风险在可接受范围内,前款规定的选址标准可以适当降低。

(4)生活垃圾填埋场场址的选择应避开下列区域:破坏性地震及活动构造区,活动中的坍塌、滑坡和隆起地带,活动中的断裂带,石灰岩熔洞发育带,废弃矿区的活动塌陷区,活动沙丘区,海啸及涌浪影响区,湿地,尚未稳定的冲积扇及冲沟地区,泥炭以及其他可能危及填埋场安全的区域。

(5)生活垃圾填埋场场址的位置及与周围人群的距离应依据环境影响评价结论确定并经地方环境保护行政主管部门批准。

2)垃圾最终处置场用地面积

应按下式计算垃圾最终处置场用地面积:

$$S = 365y\left(\frac{Q_1}{D_1} + \frac{Q_2}{D_2}\right)\frac{1}{Lck_1k_2} \quad (\text{m}^2) \tag{14 - 8}$$

式中　S——最终处置场的用地面积,m²;

　　　365——一年的天数;

　　　y——处置场使用期限,a;

　　　Q_1——日处置垃圾量,t/d;

　　　D_1——垃圾平均密度,t/m³;

Q_2——日覆土量,t/d;

D_2——覆盖土的平均密度,t/m³;

L——处置场允许堆积(填埋)高度,m;

c——垃圾压实(沉降)系数,$c = 1.25 \sim 1.8$;

k_1——堆积(填埋)系数,与作业方式有关,$k_1 = 0.35 \sim 0.7$,平原地区取高值,山区取低值;

k_2——处置场占地面积利用系数 $k_2 = 0.75 \sim 0.9$。

3)其他规划要求

(1)规模及使用年限。依据垃圾的来源、种类、性质和数量确定可能的技术要求和场地规模。应有充分的填埋容量和较长的使用期,一般不少于 15~20 年。

(2)绿化隔离。填埋场用地内绿化隔离带宽度不应小于 20 m,并沿周边设置。填埋场的四周宜设置宽度不小于 100 m 的防护绿地。填埋场封场后应进行绿化。

(3)污染物控制。生活垃圾填埋场污染物控制按照《生活垃圾填埋场污染控制标准》GB 16889—2008 执行。

6. 水上环境卫生工程设施

水上环境卫生工程设施主要是指水上垃圾(粪便)转运设施,可分为垃圾码头和粪便码头两种类型。

1)垃圾码头

垃圾码头应设置在临近江河、湖泊、海洋和大型水面的城市,可根据需要设置以清除水生植物、漂浮垃圾和收集船舶垃圾为主要作业的垃圾码头以及为保证码头正常运转所需的岸线。

垃圾码头综合用地按每米岸线配备不少于 15~20 m² 的陆上作业场地,周边还应设置宽度不小于 5 m 的绿化隔离带。采用集装箱中转运输的垃圾码头,若需要附设垃圾压缩装箱功能的,其作业用地参照垃圾转运站用地标准。

2)粪便码头

粪便码头综合用地的陆上作业场地可以参照垃圾码头的用地,即每米岸线配备不少于 15~20 m² 的陆上作业场地,绿化隔离带宽度不得小于 10 m。

垃圾、粪便码头所需要的岸线长度应根据装卸量、装卸生产率、船只吨位、河道允许船只停泊档数确定。码头岸线由停泊岸线和附加岸线组成。当日装卸量在 300 t 以内时,按表 14 -8 选取。

表 14 -8　垃圾、粪便码头岸线计算表

船只吨位/t	停泊档数	停泊岸线/m	附加岸线/m	岸线折算系数/m·t
30	二	110	15 ~ 18	0.37
30	三	90	15 ~ 18	0.30
30	四	70	15 ~ 18	0.24
50	二	70	18 ~ 20	0.24
50	三	50	18 ~ 20	0.17
50	四	50	18 ~ 20	0.17

注:作业制按每日一班制,附加岸线系拖轮的停泊岸线。

当日装卸量超过 300 t 时,码头岸线长度计算采用下式,并与表 14 - 8 结合使用:

$$L = Qq + I \quad (\text{m}) \tag{14-9}$$

式中　L——码头岸线计算长度,m;

　　　Q——码头垃圾或粪便日装卸量,t;

　　　q——岸线折算系数,m/t,见表 14 - 8;

　　　I——附加岸线长度,m,见表 14 - 8。

7. 气力收集系统垃圾收集站

气力收集系统垃圾收集站设置在地下,行人不会看到。垃圾收集站没有异味。当收集站的垃圾收集满了后,由带有装卸装置的卡车将收集器取走,并补充一个新的垃圾收集器。整个过程只需要十几分钟。气力收集系统垃圾收集站用地指标参照表 14 - 9。

表 14 - 9　气力收集系统收集站用地指标表

垃圾量/t/d	机房用地面积/m²	集装箱装卸区用地面积/m²	绿化隔离带宽度/m
<10	150 ~ 300	60 ~ 100	≥3
10 ~ 20	300 ~ 400	60 ~ 100	≥3
20 ~ 50	700 ~ 900	100 ~ 200	≥3

14.4.3　城市其他环卫设施规划

1. 城市卫生基层机构的用地

凡在城市或某一地区内负责环境卫生的行政管理和环境卫生专业业务管理的组织称为环境卫生机构。

环境卫生基层结构的用地面积和建筑面积按管辖范围和居住人口确定(表 14 - 7)。

表 14 - 7　环境卫生基层结构和用地标准

基层机构设置/(个/(1 ~ 5)万人)	万人指标/(m²/万人)		
	用地规模	建筑面积	修理工棚面积
	310 ~ 470	160 ~ 204	120 ~ 170

2. 环境卫生车辆停车场

大、中城市应设置环境卫生车辆停车场,其他城市可根据自身情况决定是否设置环境卫生车辆停车场。

环境卫生车辆停车场的用地指标可按环境卫生作业车辆 150 m²/辆选取,环境卫生车辆数量指标可采用 2.5 辆/万人。

3. 环境卫生清扫、保洁人员休息场所

环境卫生清扫、保洁人员休息场所的面积和设置数量,一般以作业区域的大小和环境卫生工人的数量计算(表 14 - 8)。

表 14 - 8　环境卫生清扫、保洁工人作息场所设置标准

作息场所设置数/(个/万人)	环境卫生清扫、保洁工人平均占有建筑面积/(m²/人)	每处空地面积/m²
1/(0.8~1.2)	3~4	20~30

4. 车辆清洗站

大、中城市的主要对外交通道路进城侧应设置进城车辆清洗站并宜设置在城市规划建成区边缘,用地宜为 1 000~3 000 m²。

在城市规划建成区内应设置车辆清洗站,其选址应避开交通拥挤路段和交叉口,并宜与城市加油站、加气站及停车场等合并设置,服务半径一般为 0.9~1.2 km。

5. 水域保洁作业管理基地

水域保洁作业基地按 14 km/座的密度设置,岸线长度按 150~180 m 布置,陆上用地面积按 1 000~1 200 m²控制,并应设生产和生活用房。

水域保洁管理基地按航道分段设管理站,使用岸线每处按 120~150 m 布置,陆上用地面积按 1 000~1 200 m²控制。

附录一　中华人民共和国城乡规划法

（2007 年 10 月 28 日第十届全国人民代表大会常务委员会第三十次会议通过，自 2008 年 1 月 1 日起施行。）

第一章　总则

第一条　为了加强城乡规划管理，协调城乡空间布局，改善人居环境，促进城乡经济社会全面协调可持续发展，制定本法。

第二条　制定和实施城乡规划，在规划区内进行建设活动，必须遵守本法。

本法所称城乡规划，包括城镇体系规划、城市规划、镇规划、乡规划和村庄规划。城市规划、镇规划分为总体规划和详细规划。详细规划分为控制性详细规划和修建性详细规划。

本法所称规划区，是指城市、镇和村庄的建成区以及因城乡建设和发展需要，必须实行规划控制的区域。规划区的具体范围由有关人民政府在组织编制的城市总体规划、镇总体规划、乡规划和村庄规划中，根据城乡经济社会发展水平和统筹城乡发展的需要划定。

第三条　城市和镇应当依照本法制定城市规划和镇规划。城市、镇规划区内的建设活动应当符合规划要求。

县级以上地方人民政府根据本地农村经济社会发展水平，按照因地制宜、切实可行的原则，确定应当制定乡规划、村庄规划的区域。在确定区域内的乡、村庄，应当依照本法制定规划，规划区内的乡、村庄建设应当符合规划要求。

县级以上地方人民政府鼓励、指导前款规定以外的区域的乡、村庄制定和实施乡规划、村庄规划。

第四条　制定和实施城乡规划，应当遵循城乡统筹、合理布局、节约土地、集约发展和先规划后建设的原则，改善生态环境，促进资源、能源节约和综合利用，保护耕地等自然资源和历史文化遗产，保持地方特色、民族特色和传统风貌，防止污染和其他公害，并符合区域人口发展、国防建设、防灾减灾和公共卫生、公共安全的需要。

在规划区内进行建设活动，应当遵守土地管理、自然资源和环境保护等法律、法规的规定。

县级以上地方人民政府应当根据当地经济社会发展的实际，在城市总体规划、镇总体规划中合理确定城市、镇的发展规模、步骤和建设标准。

第五条　城市总体规划、镇总体规划以及乡规划和村庄规划的编制，应当依据国民经济和社会发展规划，并与土地利用总体规划相衔接。

第六条　各级人民政府应当将城乡规划的编制和管理经费纳入本级财政预算。

第七条　经依法批准的城乡规划，是城乡建设和规划管理的依据，未经法定程序不得修改。

第八条　城乡规划组织编制机关应当及时公布经依法批准的城乡规划。但是，法律、行政法规规定不得公开的内容除外。

第九条　任何单位和个人都应当遵守经依法批准并公布的城乡规划，服从规划管理，并有权就涉及其利害关系的建设活动是否符合规划的要求向城乡规划主管部门查询。

任何单位和个人都有权向城乡规划主管部门或者其他有关部门举报或者控告违反城乡规划的行为。城乡规划主管部门或者其他有关部门对举报或者控告，应当及时受理并组织核查、处理。

第十条　国家鼓励采用先进的科学技术，增强城乡规划的科学性，提高城乡规划实施及监督管理的效能。

第十一条　国务院城乡规划主管部门负责全国的城乡规划管理工作。

县级以上地方人民政府城乡规划主管部门负责本行政区域内的城乡规划管理工作。

第二章　城乡规划的制定

第十二条　国务院城乡规划主管部门会同国务院有关部门组织编制全国城镇体系规划，用于指导省域城镇体系规划、城市总体规划的编制。

全国城镇体系规划由国务院城乡规划主管部门报国务院审批。

第十三条　省、自治区人民政府组织编制省域城镇体系规划，报国务院审批。

省域城镇体系规划的内容应当包括：城镇空间布局和规模控制，重大基础设施的布局，为保护生态环境、资源等需要严格控制的区域。

第十四条　城市人民政府组织编制城市总体规划。

直辖市的城市总体规划由直辖市人民政府报国务院审批。省、自治区人民政府所在地的城市以及国务院确定的城市的总体规划，由省、自治区人民政府审查同意后，报国务院审批。其他城市的总体规划，由城市人民政府报省、自治区人民政府审批。

第十五条　县人民政府组织编制县人民政府所在地镇的总体规划，报上一级人民政府审批。其他镇的总体规划由镇人民政府组织编制，报上一级人民政府审批。

第十六条　省、自治区人民政府组织编制的省域城镇体系规划，城市、县人民政府组织编制的总体规划，在报上一级人民政府审批前，应当先经本级人民代表大会常务委员会审议，常务委员会组成人员的审议意见交由本级人民政府研究处理。

镇人民政府组织编制的镇总体规划，在报上一级人民政府审批前，应当先经镇人民代表大会审议，代表的审议意见交由本级人民政府研究处理。

规划的组织编制机关报送审批省域城镇体系规划、城市总体规划或者镇总体规划，应当将本级人民代表大会常务委员会组成人员或者镇人民代表大会代表的审议意见和根据审议意见修改规划的情况一并报送。

第十七条　城市总体规划、镇总体规划的内容应当包括：城市、镇的发展布局，功能分区，用地布局，综合交通体系，禁止、限制和适宜建设的地域范围，各类专项规划等。

规划区范围、规划区内建设用地规模、基础设施和公共服务设施用地、水源地和水系、基本农田和绿化用地、环境保护、自然与历史文化遗产保护以及防灾减灾等内容，应当作为城市总体规划、镇总体规划的强制性内容。

城市总体规划、镇总体规划的规划期限一般为二十年。城市总体规划还应当对城市更长远的发展作出预测性安排。

第十八条　乡规划、村庄规划应当从农村实际出发，尊重村民意愿，体现地方和农村特色。

乡规划、村庄规划的内容应当包括：规划区范围，住宅、道路、供水、排水、供电、垃圾收集、畜禽养殖场所等农村生产、生活服务设施、公益事业等各项建设的用地布局、建设要求，以及对耕地等自然资源和历史文化遗产保护、防灾减灾等的具体安排。乡规划还应当包括本行政区域内的村庄发展布局。

第十九条 城市人民政府城乡规划主管部门根据城市总体规划的要求,组织编制城市的控制性详细规划,经本级人民政府批准后,报本级人民代表大会常务委员会和上一级人民政府备案。

第二十条 镇人民政府根据镇总体规划的要求,组织编制镇的控制性详细规划,报上一级人民政府审批。县人民政府所在地镇的控制性详细规划,由县人民政府城乡规划主管部门根据镇总体规划的要求组织编制,经县人民政府批准后,报本级人民代表大会常务委员会和上一级人民政府备案。

第二十一条 城市、县人民政府城乡规划主管部门和镇人民政府可以组织编制重要地块的修建性详细规划。修建性详细规划应当符合控制性详细规划。

第二十二条 乡、镇人民政府组织编制乡规划、村庄规划,报上一级人民政府审批。村庄规划在报送审批前,应当经村民会议或者村民代表会议讨论同意。

第二十三条 首都的总体规划、详细规划应当统筹考虑中央国家机关用地布局和空间安排的需要。

第二十四条 城乡规划组织编制机关应当委托具有相应资质等级的单位承担城乡规划的具体编制工作。

从事城乡规划编制工作应当具备下列条件,并经国务院城乡规划主管部门或者省、自治区、直辖市人民政府城乡规划主管部门依法审查合格,取得相应等级的资质证书后,方可在资质等级许可的范围内从事城乡规划编制工作:

(一)有法人资格;

(二)有规定数量的经国务院城乡规划主管部门注册的规划师;

(三)有规定数量的相关专业技术人员;

(四)有相应的技术装备;

(五)有健全的技术、质量、财务管理制度。

规划师执业资格管理办法,由国务院城乡规划主管部门会同国务院人事行政部门制定。

编制城乡规划必须遵守国家有关标准。

第二十五条 编制城乡规划,应当具备国家规定的勘察、测绘、气象、地震、水文、环境等基础资料。

县级以上地方人民政府有关主管部门应当根据编制城乡规划的需要,及时提供有关基础资料。

第二十六条 城乡规划报送审批前,组织编制机关应当依法将城乡规划草案予以公告,并采取论证会、听证会或者其他方式征求专家和公众的意见。公告的时间不得少于三十日。

组织编制机关应当充分考虑专家和公众的意见,并在报送审批的材料中附具意见采纳情况及理由。

第二十七条 省域城镇体系规划、城市总体规划、镇总体规划批准前,审批机关应当组织专家和有关部门进行审查。

第三章 城乡规划的实施

第二十八条 地方各级人民政府应当根据当地经济社会发展水平,量力而行,尊重群众意愿,有计划、分步骤地组织实施城乡规划。

第二十九条 城市的建设和发展,应当优先安排基础设施以及公共服务设施的建设,妥善处理新区开发与旧区改建的关系,统筹兼顾进城务工人员生活和周边农村经济社会发展、村民生产与生活的需要。

镇的建设和发展,应当结合农村经济社会发展和产业结构调整,优先安排供水、排水、供电、供气、道路、通信、广播电视等基础设施和学校、卫生院、文化站、幼儿园、福利院等公共服务设施的建设,为周边农村提供服务。

乡、村庄的建设和发展,应当因地制宜、节约用地,发挥村民自治组织的作用,引导村民合理进行建设,改善农村生产、生活条件。

第三十条　城市新区的开发和建设,应当合理确定建设规模和时序,充分利用现有市政基础设施和公共服务设施,严格保护自然资源和生态环境,体现地方特色。

在城市总体规划、镇总体规划确定的建设用地范围以外,不得设立各类开发区和城市新区。

第三十一条　旧城区的改建,应当保护历史文化遗产和传统风貌,合理确定拆迁和建设规模,有计划地对危房集中、基础设施落后等地段进行改建。

历史文化名城、名镇、名村的保护以及受保护建筑物的维护和使用,应当遵守有关法律、行政法规和国务院的规定。

第三十二条　城乡建设和发展,应当依法保护和合理利用风景名胜资源,统筹安排风景名胜区及周边乡、镇、村庄的建设。

风景名胜区的规划、建设和管理,应当遵守有关法律、行政法规和国务院的规定。

第三十三条　城市地下空间的开发和利用,应当与经济和技术发展水平相适应,遵循统筹安排、综合开发、合理利用的原则,充分考虑防灾减灾、人民防空和通信等需要,并符合城市规划,履行规划审批手续。

第三十四条　城市、县、镇人民政府应当根据城市总体规划、镇总体规划、土地利用总体规划和年度计划以及国民经济和社会发展规划,制定近期建设规划,报总体规划审批机关备案。

近期建设规划应当以重要基础设施、公共服务设施和中低收入居民住房建设以及生态环境保护为重点内容,明确近期建设的时序、发展方向和空间布局。近期建设规划的规划期限为五年。

第三十五条　城乡规划确定的铁路、公路、港口、机场、道路、绿地、输配电设施及输电线路走廊、通信设施、广播电视设施、管道设施、河道、水库、水源地、自然保护区、防汛通道、消防通道、核电站、垃圾填埋场及焚烧厂、污水处理厂和公共服务设施的用地以及其他需要依法保护的用地,禁止擅自改变用途。

第三十六条　按照国家规定需要有关部门批准或者核准的建设项目,以划拨方式提供国有土地使用权的,建设单位在报送有关部门批准或者核准前,应当向城乡规划主管部门申请核发选址意见书。

前款规定以外的建设项目不需要申请选址意见书。

第三十七条　在城市、镇规划区内以划拨方式提供国有土地使用权的建设项目,经有关部门批准、核准、备案后,建设单位应当向城市、县人民政府城乡规划主管部门提出建设用地规划许可申请,由城市、县人民政府城乡规划主管部门依据控制性详细规划核定建设用地的位置、面积、允许建设的范围,核发建设用地规划许可证。

建设单位在取得建设用地规划许可证后,方可向县级以上地方人民政府土地主管部门申请用地,经县级以上人民政府审批后,由土地主管部门划拨土地。

第三十八条　在城市、镇规划区内以出让方式提供国有土地使用权的,在国有土地使用权出让前,城市、县人民政府城乡规划主管部门应当依据控制性详细规划,提出出让地块的位置、使用性质、开发强度等规划条件,作为国有土地使用权出让合同的组成部分。未确定规划条件的地块,不得出让国有土地使用权。

以出让方式取得国有土地使用权的建设项目,在签订国有土地使用权出让合同后,建设单位应当持建设项目的批准、核准、备案文件和国有土地使用权出让合同,向城市、县人民政府城乡规划主管部门领取建设用地规划许可证。

城市、县人民政府城乡规划主管部门不得在建设用地规划许可证中,擅自改变作为国有土地使用权出让合同组成部分的规划条件。

第三十九条　规划条件未纳入国有土地使用权出让合同的,该国有土地使用权出让合同无效;对未取得建设用地规划许可证的建设单位批准用地的,由县级以上人民政府撤销有关批准文件;占用土地的,应当及时退回;给当事人造成损失的,应当依法给予赔偿。

第四十条　在城市、镇规划区内进行建筑物、构筑物、道路、管线和其他工程建设的,建设单位或者个人应当向城市、县人民政府城乡规划主管部门或者省、自治区、直辖市人民政府确定的镇人民政府申请办理建设工程规划许可证。

申请办理建设工程规划许可证,应当提交使用土地的有关证明文件、建设工程设计方案等材料。需要建设单位编制修建性详细规划的建设项目,还应当提交修建性详细规划。对符合控制性详细规划和规划条件的,由城市、县人民政府城乡规划主管部门或者省、自治区、直辖市人民政府确定的镇人民政府核发建设工程规划许可证。

城市、县人民政府城乡规划主管部门或者省、自治区、直辖市人民政府确定的镇人民政府应当依法将经审定的修建性详细规划、建设工程设计方案的总平面图予以公布。

第四十一条　在乡、村庄规划区内进行乡镇企业、乡村公共设施和公益事业建设的,建设单位或者个人应当向乡、镇人民政府提出申请,由乡、镇人民政府报城市、县人民政府城乡规划主管部门核发乡村建设规划许可证。

在乡、村庄规划区内使用原有宅基地进行农村村民住宅建设的规划管理办法,由省、自治区、直辖市制定。

在乡、村庄规划区内进行乡镇企业、乡村公共设施和公益事业建设以及农村村民住宅建设,不得占用农用地;确需占用农用地的,应当依照《中华人民共和国土地管理法》有关规定办理农用地转用审批手续后,由城市、县人民政府城乡规划主管部门核发乡村建设规划许可证。

建设单位或者个人在取得乡村建设规划许可证后,方可办理用地审批手续。

第四十二条　城乡规划主管部门不得在城乡规划确定的建设用地范围以外作出规划许可。

第四十三条　建设单位应当按照规划条件进行建设;确需变更的,必须向城市、县人民政府城乡规划主管部门提出申请。变更内容不符合控制性详细规划的,城乡规划主管部门不得批准。城市、县人民政府城乡规划主管部门应当及时将依法变更后的规划条件通报同级土地主管部门并公示。

建设单位应当及时将依法变更后的规划条件报有关人民政府土地主管部门备案。

第四十四条　在城市、镇规划区内进行临时建设的,应当经城市、县人民政府城乡规划主管部门批准。临时建设影响近期建设规划或者控制性详细规划的实施以及交通、市容、安全等的,不得批准。

临时建设应当在批准的使用期限内自行拆除。

临时建设和临时用地规划管理的具体办法,由省、自治区、直辖市人民政府制定。

第四十五条　县级以上地方人民政府城乡规划主管部门按照国务院规定对建设工程是否符合规划条件予以核实。未经核实或者经核实不符合规划条件的,建设单位不得组织竣工验收。

建设单位应当在竣工验收后六个月内向城乡规划主管部门报送有关竣工验收资料。

第四章　城乡规划的修改

第四十六条　省域城镇体系规划、城市总体规划、镇总体规划的组织编制机关,应当组织有关部门和专家定期对规划实施情况进行评估,并采取论证会、听证会或者其他方式征求公众意见。组织编制机关应当向本级人民代表大会常务委员会、镇人民代表大会和原审批机关提出评估报告并附具征求意见的情况。

第四十七条　有下列情形之一的,组织编制机关方可按照规定的权限和程序修改省域城镇体系规划、城市总体规划、镇总体规划:

(一)上级人民政府制定的城乡规划发生变更,提出修改规划要求的;

(二)行政区划调整确需修改规划的;

(三)因国务院批准重大建设工程确需修改规划的;

(四)经评估确需修改规划的;

(五)城乡规划的审批机关认为应当修改规划的其他情形。

修改省域城镇体系规划、城市总体规划、镇总体规划前,组织编制机关应当对原规划的实施情况进行总结,并向原审批机关报告;修改涉及城市总体规划、镇总体规划强制性内容的,应当先向原审批机关提出专题报告,经同意后,方可编制修改方案。

修改后的省域城镇体系规划、城市总体规划、镇总体规划,应当依照本法第十三条、第十四条、第十五条和第十六条规定的审批程序报批。

第四十八条　修改控制性详细规划的,组织编制机关应当对修改的必要性进行论证,征求规划地段内利害关系人的意见,并向原审批机关提出专题报告,经原审批机关同意后,方可编制修改方案。修改后的控制性详细规划,应当依照本法第十九条、第二十条规定的审批程序报批。控制性详细规划修改涉及城市总体规划、镇总体规划的强制性内容的,应当先修改总体规划。

修改乡规划、村庄规划的,应当依照本法第二十二条规定的审批程序报批。

第四十九条　城市、县、镇人民政府修改近期建设规划的,应当将修改后的近期建设规划报总体规划审批机关备案。

第五十条　在选址意见书、建设用地规划许可证、建设工程规划许可证或者乡村建设规划许可证发放后,因依法修改城乡规划给被许可人合法权益造成损失的,应当依法给予补偿。

经依法审定的修建性详细规划、建设工程设计方案的总平面图不得随意修改;确需修改的,城乡规划主管部门应当采取听证会等形式,听取利害关系人的意见;因修改给利害关系人合法权益造成损失的,应当依法给予补偿。

第五章　监督检查

第五十一条　县级以上人民政府及其城乡规划主管部门应当加强对城乡规划编制、审批、实施、修改的监督检查。

第五十二条　地方各级人民政府应当向本级人民代表大会常务委员会或者乡、镇人民代表大会报告城乡规划的实施情况，并接受监督。

第五十三条　县级以上人民政府城乡规划主管部门对城乡规划的实施情况进行监督检查，有权采取以下措施：

（一）要求有关单位和人员提供与监督事项有关的文件、资料，并进行复制；

（二）要求有关单位和人员就监督事项涉及的问题作出解释和说明，并根据需要进入现场进行勘测；

（三）责令有关单位和人员停止违反有关城乡规划的法律、法规的行为。

城乡规划主管部门的工作人员履行前款规定的监督检查职责，应当出示执法证件。被监督检查的单位和人员应当予以配合，不得妨碍和阻挠依法进行的监督检查活动。

第五十四条　监督检查情况和处理结果应当依法公开，供公众查阅和监督。

第五十五条　城乡规划主管部门在查处违反本法规定的行为时，发现国家机关工作人员依法应当给予行政处分的，应当向其任免机关或者监察机关提出处分建议。

第五十六条　依照本法规定应当给予行政处罚，而有关城乡规划主管部门不给予行政处罚的，上级人民政府城乡规划主管部门有权责令其作出行政处罚决定或者建议有关人民政府责令其给予行政处罚。

第五十七条　城乡规划主管部门违反本法规定作出行政许可的，上级人民政府城乡规划主管部门有权责令其撤销或者直接撤销该行政许可。因撤销行政许可给当事人合法权益造成损失的，应当依法给予赔偿。

第六章　法律责任

第五十八条　对依法应当编制城乡规划而未组织编制，或者未按法定程序编制、审批、修改城乡规划的，由上级人民政府责令改正，通报批评；对有关人民政府负责人和其他直接责任人员依法给予处分。

第五十九条　城乡规划组织编制机关委托不具有相应资质等级的单位编制城乡规划的，由上级人民政府责令改正，通报批评；对有关人民政府负责人和其他直接责任人员依法给予处分。

第六十条　镇人民政府或者县级以上人民政府城乡规划主管部门有下列行为之一的，由本级人民政府、上级人民政府城乡规划主管部门或者监察机关依据职权责令改正，通报批评；对直接负责的主管人员和其他直接责任人员依法给予处分：

（一）未依法组织编制城市的控制性详细规划、县人民政府所在地镇的控制性详细规划的；

（二）超越职权或者对不符合法定条件的申请人核发选址意见书、建设用地规划许可证、建设工程规划许可证、乡村建设规划许可证的；

（三）对符合法定条件的申请人未在法定期限内核发选址意见书、建设用地规划许可证、建设工程规划许可证、乡村建设规划许可证的；

（四）未依法对经审定的修建性详细规划、建设工程设计方案的总平面图予以公布的；

（五）同意修改修建性详细规划、建设工程设计方案的总平面图前未采取听证会等形式

听取利害关系人的意见的;

（六）发现未依法取得规划许可或者违反规划许可的规定在规划区内进行建设的行为,而不予查处或者接到举报后不依法处理的。

第六十一条　县级以上人民政府有关部门有下列行为之一的,由本级人民政府或者上级人民政府有关部门责令改正,通报批评;对直接负责的主管人员和其他直接责任人员依法给予处分:

（一）对未依法取得选址意见书的建设项目核发建设项目批准文件的;

（二）未依法在国有土地使用权出让合同中确定规划条件或者改变国有土地使用权出让合同中依法确定的规划条件的;

（三）对未依法取得建设用地规划许可证的建设单位划拨国有土地使用权的。

第六十二条　城乡规划编制单位有下列行为之一的,由所在地城市、县人民政府城乡规划主管部门责令限期改正,处合同约定的规划编制费一倍以上二倍以下的罚款;情节严重的,责令停业整顿,由原发证机关降低资质等级或者吊销资质证书;造成损失的,依法承担赔偿责任:

（一）超越资质等级许可的范围承揽城乡规划编制工作的;

（二）违反国家有关标准编制城乡规划的。

未依法取得资质证书承揽城乡规划编制工作的,由县级以上地方人民政府城乡规划主管部门责令停止违法行为,依照前款规定处以罚款;造成损失的,依法承担赔偿责任。

以欺骗手段取得资质证书承揽城乡规划编制工作的,由原发证机关吊销资质证书,依照本条第一款规定处以罚款;造成损失的,依法承担赔偿责任。

第六十三条　城乡规划编制单位取得资质证书后,不再符合相应的资质条件的,由原发证机关责令限期改正;逾期不改正的,降低资质等级或者吊销资质证书。

第六十四条　未取得建设工程规划许可证或者未按照建设工程规划许可证的规定进行建设的,由县级以上地方人民政府城乡规划主管部门责令停止建设;尚可采取改正措施消除对规划实施的影响的,限期改正,处建设工程造价百分之五以上百分之十以下的罚款;无法采取改正措施消除影响的,限期拆除,不能拆除的,没收实物或者违法收入,可以并处建设工程造价百分之十以下的罚款。

第六十五条　在乡、村庄规划区内未依法取得乡村建设规划许可证或者未按照乡村建设规划许可证的规定进行建设的,由乡、镇人民政府责令停止建设、限期改正;逾期不改正的,可以拆除。

第六十六条　建设单位或者个人有下列行为之一的,由所在地城市、县人民政府城乡规划主管部门责令限期拆除,可以并处临时建设工程造价一倍以下的罚款:

（一）未经批准进行临时建设的;

（二）未按照批准内容进行临时建设的;

（三）临时建筑物、构筑物超过批准期限不拆除的。

第六十七条　建设单位未在建设工程竣工验收后六个月内向城乡规划主管部门报送有关竣工验收资料的,由所在地城市、县人民政府城乡规划主管部门责令限期补报;逾期不补报的,处一万元以上五万元以下的罚款。

第六十八条　城乡规划主管部门作出责令停止建设或者限期拆除的决定后,当事人不停止建设或者逾期不拆除的,建设工程所在地县级以上地方人民政府可以责成有关部门采取查封施工现场、强制拆除等措施。

第六十九条　违反本法规定,构成犯罪的,依法追究刑事责任。

第七章　附则

第七十条　本法自2008年1月1日起施行。《中华人民共和国城市规划法》同时废止。

附录二　市政工程规划图例

黑白图例	名　称	说　明	黑白图例	名　称	说　明
		地形、地质			
	坡度标准	$i_1 = 0 \sim 5\%$　　$i_2 = 5\% \sim 10\%$ $i_3 = 10\% \sim 25\%$　　$i_4 > 25\%$		地面沉降区	小点围合以内示意地面沉降范围
	滑坡区	虚线内为滑坡范围		活动性地下断裂带	符号交错部位是活动性地下断裂带
	崩塌区			地震烈度	×用阿拉伯数字表示地震烈度等级
	溶洞区			灾害异常区	小点围合以内示意灾害异常区范围
	泥石流区	小点之内示意泥石流边界	Ⅰ Ⅱ Ⅲ	地质综合评价类别	Ⅰ适宜修建地区 Ⅱ采取工程措施方能修建地区 Ⅲ不宜修建地区
	地下采空区	小点围合以内示意地下采空区范围			
		郊区规划			
	水源地	应标明水源地地名	30m 50m	地下水等深线	
	河湖水面		50	洪水淹没线	
	水井			断裂带	
	泉眼			危险品库区	应标明库区地名
	温泉			垃圾处理销纳地	应标明销纳地所在地名
		给水、排水、消防			
	消防管道			雨水明渠	
	给水明渠			雨水暗渠	
	给水暗渠			污水暗渠	
	倒虹管			取水口	
	跌水			水塔	

续表

黑白图例	名 称	说 明	黑白图例	名 称	说 明
	给水阀门			贮水池	应标明贮水池名称、容量
	喷泉			给水管道（消火栓）	小城市标明 100 mm 以上管道、管径大中城市根据实际可以放宽
	水闸				
	雨水检查井		119	消防站	应标明消防站名称
	雨水收集井			雨水管道	小城市标明 250 mm 以上管道、管径大中城市根据实际可以放宽
	氧化塘				
	溢流井			污水管道	小城市标明 250 mm 以上管道、管径大中城市根据实际可以放宽
	污水检查井				
	水源井	应标明水源井名称		雨、污水排放口	
	水厂	应标明水厂名称、制水能力		雨、污水泵站	应标明泵站名称
	给水泵站（加压站）	应标明泵站名称		污水处理厂	应标明污水处理厂名称
	高位水池	应标明高位水位水池名称、容量			

电力、电信

黑白图例	名 称	说 明	黑白图例	名 称	说 明
kW	电源厂	kW 之前写上电源厂的规模容量值		管道电力电缆	
kW kV kV	变电站	kW 之前写上变电站总容量kV 之前写上前后电压值		直埋电力电缆	
	330 kV500 kV 架空电力线			水下电力电缆	
	220 kV 架空电力线			电信光纤电缆	
	110 kV 架空电力线			架空电信电缆	
	35 kV66 kV 架空电力线			地埋电信电缆	
	10 kV 架空电力线		R	架空有线广播	
	低压架空电力线		R	地埋有线广播	

黑白图例	名 称	说 明	黑白图例	名 称	说 明
	架空有线电视电缆			微波通道	
	10 kV 杆上变电站			邮政局、所	应标明局、所的名称
	配电所			邮件处理中心	
	开关站			电话模块局	
	独立式配电室			电信电缆交接箱	
	附点式配电室			电话井	
	电力井		TVC	广播电视制作中心	
	路灯及投射方向			无线广播电台	
kV/地	输、配电线路	kV 之前写上输配电线路电压值 方框内：地——地埋，空——架空		有线广播电台	
kV___P	高压走廊	P 宽度按高压走廊宽度填写 kV 之前写上线路电压值		无线电视台	
	电信线路			有线电视台	
	电信局 支局 所	应标明局、支局、所的名称		电视差转台	
				微波收发站	
	收、发信区			无线电收发信区	
燃气					
R	气源厂	应标明气源厂名称		液化气供气站	
	煤气厂			区域锅炉房	
	油制气厂		T	热力站	
	液化气混气站			天然气输气管	

黑白图例	名 称	说 明	黑白图例	名 称	说 明
—Ⓣ—	地埋蒸汽管道		—(R_c/m³)—	储气站	应标明储气站名称、容量
—Ⓗ—	地埋热水管道		—(R_T)—	调压站	应标明调压站名称
—T—	架空蒸汽管道		—(R_z)—	门站	应标明门站地名
—H—	架空热水管道		—(R_q)—	气化站	应标明气化站名称
$\frac{DN}{压}$ Ⓡ	输气管道	DN——输气管道管径 压——压字之前填高压、 中压、低压			

			环卫、环保		
◖	垃圾转运站	应标明垃圾转运站名称	H	贮粪池	应标明贮粪池名称
◨	垃圾堆埋场		⋁⋀	车辆清洗站	应标明清洗站名称
焚	垃圾焚烧场		H	环卫机构用地	
⊠	垃圾收集点		HP	环卫车场	
⊠	废物箱		HX	环卫人员 休息场	
—Ⓦ—	垃圾管道		HS	水上环卫站 (场、所)	
⊗	公共厕所		WC	公共厕所	
W	环卫所		◉	气体污染源	
殡	殡仪馆		∿	液体污染源	
公墓	公墓		∴	固体污染源	
消	消火栓		◔	污染扩散范围	
码	环卫码头	应标明环卫码头名称	○	烟尘控制范围	
◨	垃圾无害化 处理厂(场)	应标明处理厂(场)名称		规划环境 标准分区	

黑白图例	名 称	说 明	黑白图例	名 称	说 明
			防洪		
	水库	应标明水库全称 m³ 之前应标明水库容量		滞洪区	
	防洪堤	应标明防洪标准		截洪沟	
	闸门	应标明闸门口宽、闸名		防洪沟	
	排涝泵站	应标明泵站名称、朝向排出口		排水方向、坡度	
泄汛道	泄洪道				
			人防;防灾		
人防	单独人防工程区域	指单独设置的人防工程		地下电厂	
人防	附建人防工程区域	虚线部分指附建于其他建筑物、构筑物地下的人防工程	W	地下仓库	
人防	指挥所	应标明指挥所名称		地下油库	
报警器	升降报警器	应标明报警器代号	P	地下停车场	
	防护分区	应标明分区名称		地下公共隐蔽空间	
人防	人防出入口	应标明出入口名称		路堤	
	疏散道			路堑	
	防灾指挥部			挡土墙	
	防灾通信中心			护坡	
	急救中心			台阶	
	医院			防护绿地	
	防灾疏散场地				

续表

黑白图例	名 称	说 明	黑白图例	名 称	说 明
				交通	
	飞机场			公路枢纽管理中心	
	水上客运站			公共汽车保养场	
	港口码头			出租汽车站场	
	轮渡导航指挥中心		P	汽车停车场	
	船舶维修基地			城市道路立交	
	铁路客运站			道路广场	
	铁路货站			铁路	
M	地铁站			地铁	
	轻轨车站			有轨电车	
	轨道交通控制中心			轻轨线路	
	换乘枢纽			公路	
	铁路尽头车站			高速公路	
	轨道交通车辆段			桥梁	
	长途汽车站			隧道	
	汽车货运站			涵洞	
	公路客运枢纽				

附录三　生活饮用水水质指标

参见中华人民共和国国家标准《生活饮用水卫生标准》（GB5749—2006）表 1 水质常规指标及限值、表 2 饮用水中消毒剂常规指标及要求、表 3 水质非常规指标及限值。

附表 3－1　生活饮用水水质参考指标及限值

指　标	限　值
肠球菌/（CFU/100 mL）	0
产气荚膜梭状芽孢杆菌/（CFU/100 mL）	0
二(2-乙基己基)己二酸酯/（mg/L）	0.4
二溴乙烯/（mg/L）	0.000 05
二噁英(2,3,7,8-TCDD)/（mg/L）	0.00 000 03
土臭素(二甲基萘烷醇)/（mg/L）	0.000 01
五氯内烷/（mg/L）	0.03
双酚 A/（mg/L）	0.01
丙烯腈/（mg/L）	0.1
丙烯酸/（mg/L）	0.5
丙烯醛/（mg/L）	0.1
四乙基铅/（mg/L）	0.000 1
戊二醛/（mg/L）	0.07
甲基异莰醇-2/（mg/L）	0.000 01
石油类(总量)/（mg/L）	0.3
石棉(＞10 μm)/（万个/L）	700
亚硝酸盐/（mg/L）	1
多环芳烃(总量)/（mg/L）	0.002
多氯联苯(总量)/（mg/L）	0.000 5
邻苯二甲酸二乙酯/（mg/L）	0.3
邻苯二甲酸二丁酯/（mg/L）	0.003
环烷酸/（mg/L）	1.0
苯甲醚/（mg/L）	0.05
总有机碳(TOC)/（mg/L）	5
β-萘酚/（mg/L）	0.4
丁基黄原酸/（mg/L）	0.001
氯化乙基汞/（mg/L）	0.000 1
硝基苯/（mg/L）	0.017

附录四 排水管渠水力计算图

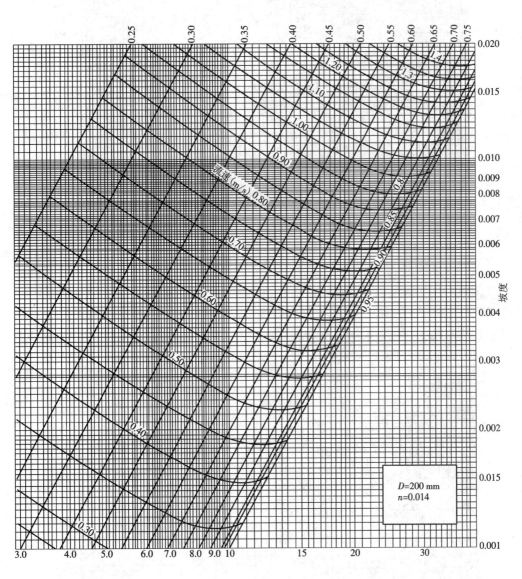

充满度$\left(\dfrac{h}{D}\right)$

流量/L·s⁻¹

附录图 4－1

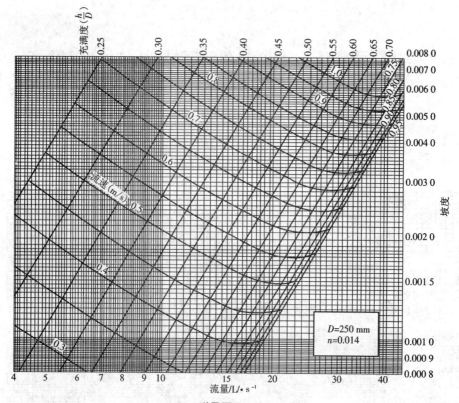

附录图 4-2

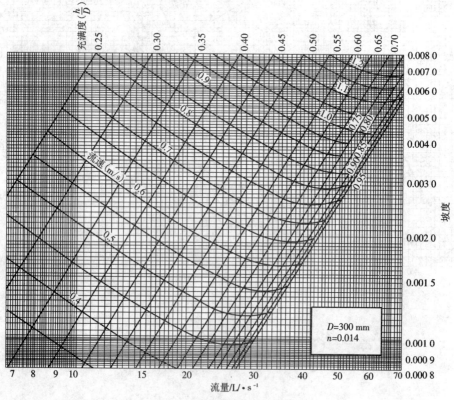

附录图 4-3

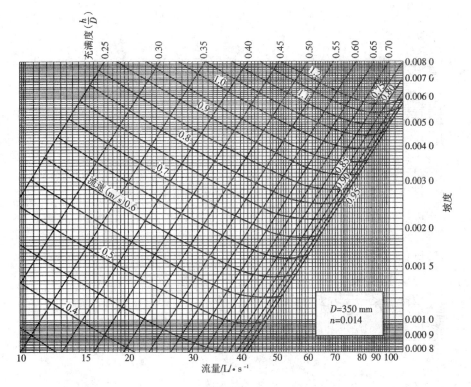

附录图 4-4

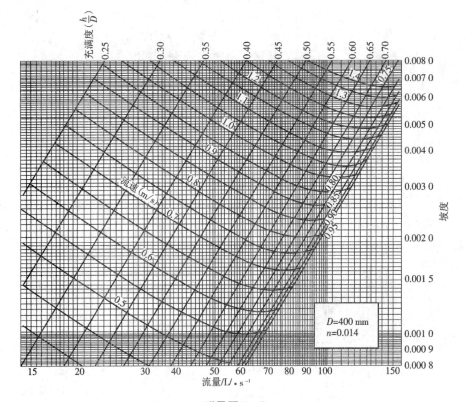

附录图 4-5

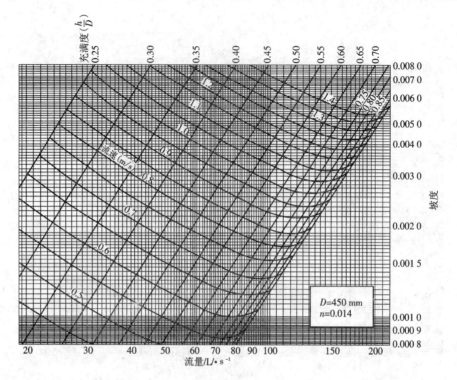

附录图 4－6

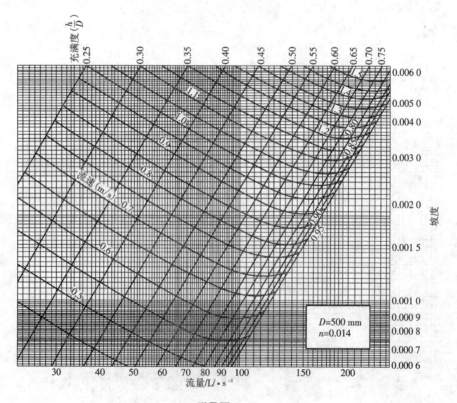

附录图 4－7

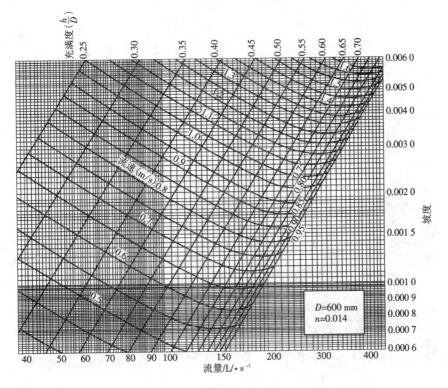

附录图 4-8

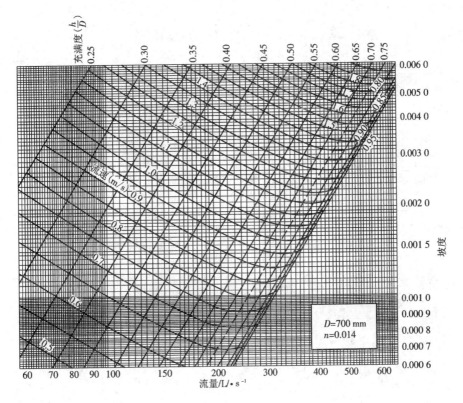

附录图 4-9

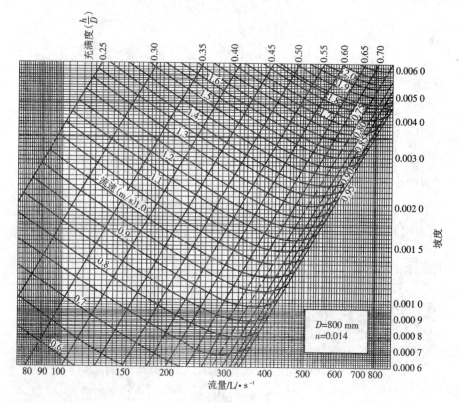

附录图 4 – 10

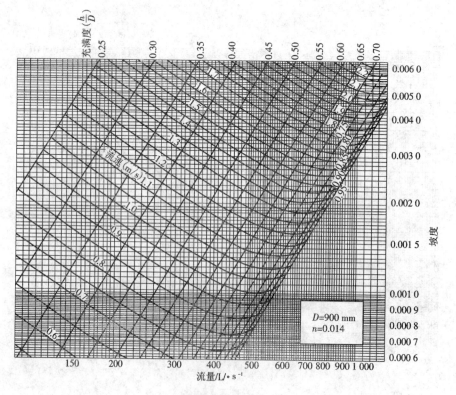

附录图 4 – 11

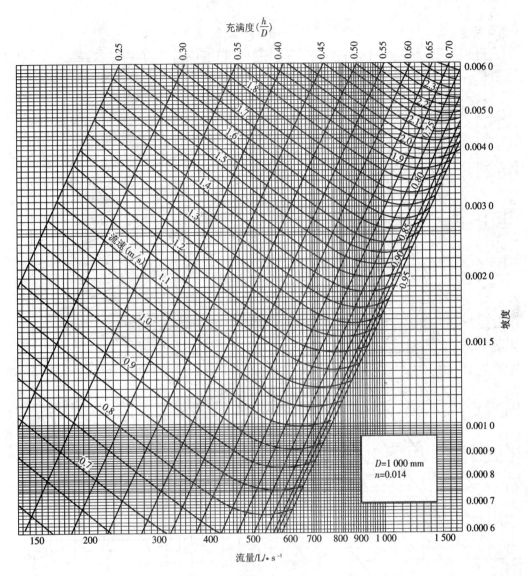

附录图 4 − 12

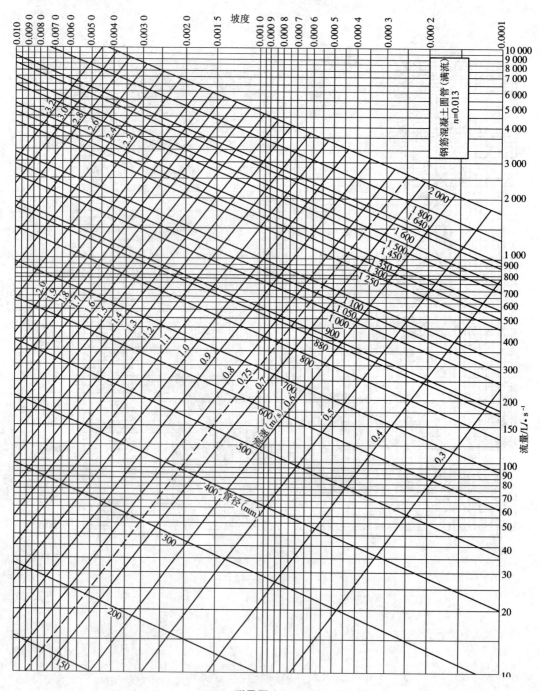

附录图 4−13

附录五　各种电压等级输电线路的送电能力

附表5-1　各种电压线路的输送容量和输送距离

额定电压/kV	输送功率/kW	输送距离/km
10	200 ~ 2 000	6 ~ 20
35	2 000 ~ 10 000	20 ~ 50
60	3 500 ~ 30 000	30 ~ 100
110	10 000 ~ 50 000	50 ~ 150
220	100 000 ~ 500 000	200 ~ 300

附表5-2　各种电压线路的经济输送容量　　　　　　　　　　　　　　　MVA

导线型号	电压等级/kV					
	年最大负荷利用时间/h			年最大负荷利用时间/h		
	<3 000	3 000 ~ 5 000	>5 000	<3 000	3 000 ~ 5 000	>5 000
	10			35		
LGJ – 35	1.053	0.733	0.576	3.68	2.57	2.01
LGJ – 50	1.38	0.962	0.753	4.83	3,36	2.63
LGJ – 70	1.94	1.358	1.06	6.78	4.73	3.71
LGJ – 95	2.71	1.88	1.483	9.5	6.63	5.18
LGJ – 120	3.29	2.29	1.792	11.5	8.02	6.27
LGJ – 150	4.22	2.945	2.31	14.77	10.3	8.07
LGJ – 185	5.18	3.6	2.82	18.1	12.6	9.87
LGJ – 240	6.83	4.74	3.71	23.9	16.6	12.95
	110			220		
LGJ – 95	29.9	20.9	16.3			
LGJ – 120	36.2	25.3	19.7			
LGJ – 150	46.5	32.4	25.4			
LGJ – 185	56.8	39.6	31.1			
LGJ – 240	75.2	52.2	40.7			
LGJ – 300	91.4	63.6	49.8	182.5	127.5	99.7
LGJ – 400	123.2	86	67.2	246	172	134.5
LGJQ – 500				303	212	165
LGJQ – 600				364	254	198
LGJa – 700				449	312	244

附表 5 - 3　各种线路的允许持续负荷　　MVA

导线型号	持续电流/A	电压/kV			
		35	60	110	220
LGJ – 25	135				
LGJ – 35	170	10. 3			
LGJ – 50	220	13. 3	22. 8		
LGJ – 70	275	16. 6	28. 5	52. 4	
LGJ – 95	335	20. 3	34. 7	63. 8	
LGJ – 120	380	23. 0	39. 4	72. 4	
LGJ – 150	445	27. 0	46. 2	84. 8	
LGJ – 185	515	32. 4	53. 4	102	
LGJ – 240	610	37. 0	63. 3	116	
LGJQ – 300	710		73. 6	135	270
LGJQ – 400	845			161	320
LGJQ – 500	966				367
LGJQ – 600	1 090				414
LGJa – 700	1 250				476

附录六 燃气水力计算图

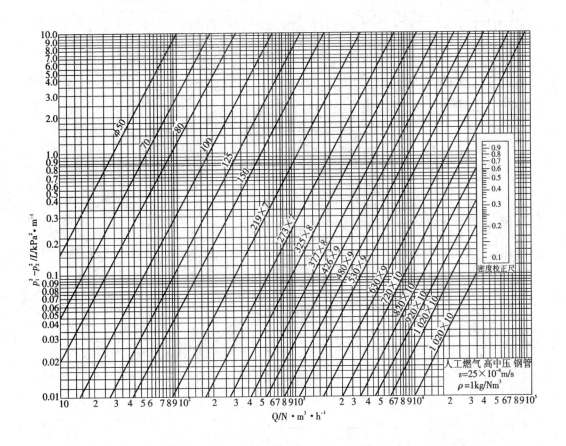

附录图 6-1

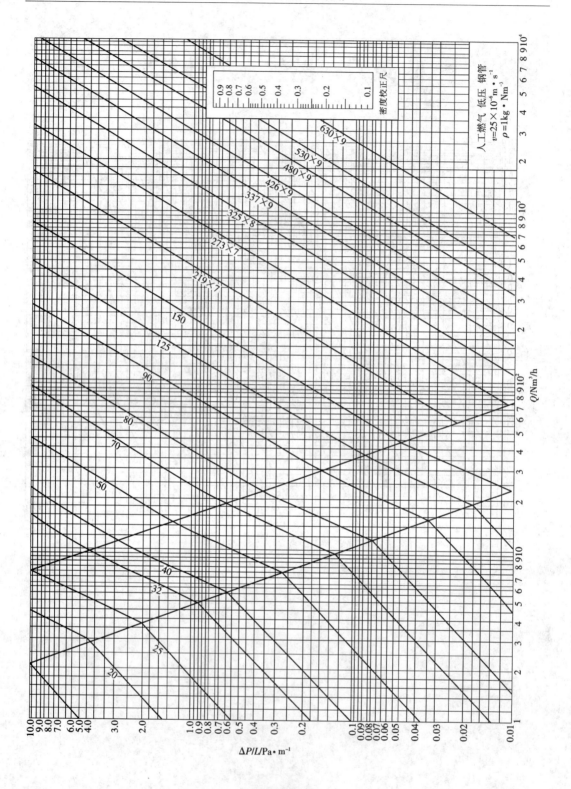

附录图 6－2

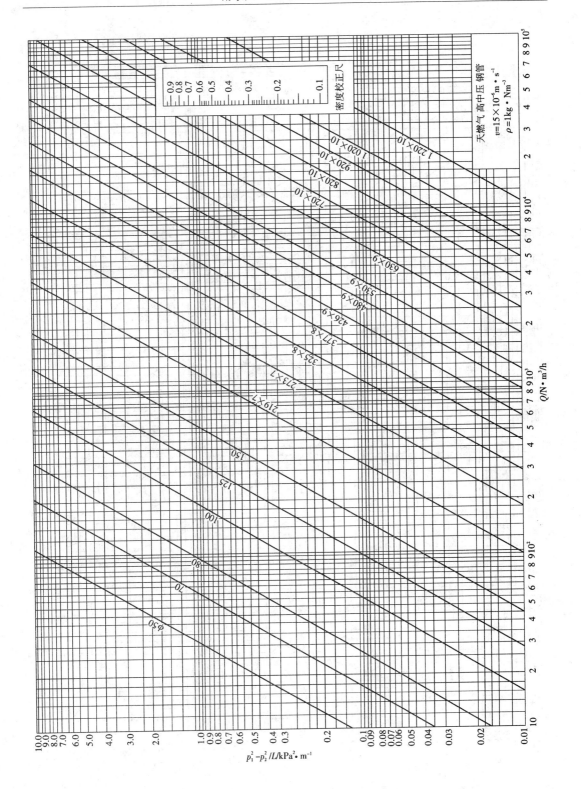

附录图 6-3

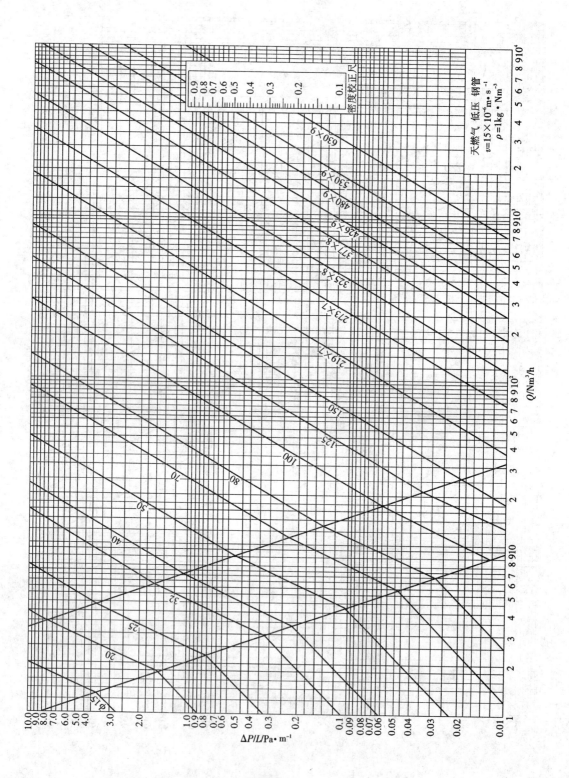

附录图 6－4

参考文献

[1]王炳坤.城市规划中的工程规划(修订版)[M].天津:天津大学出版社,2003.

[2]熊家晴.给水排水工程规划[M].北京:中国建筑工业出版社,2009.

[3]严世煦,刘遂庆.给水排水管网系统[M].北京:中国建筑工业出版社,2002.

[4]严世煦,范瑾初.给水工程[M].4版.北京:中国建筑工业出版社,1999.

[5]孙慧修.排水工程(上)[M].北京:中国建筑工业出版社,1999.

[6]张自杰.排水工程(下)[M].北京:中国建筑工业出版社,2000.

[7]李广贺.水资源利用与保护[M].北京:中国建筑工业出版社,2002.

[8]符国绣.城市电力网[M].广州:广东科技出版社,2004.

[9]蓝毓俊.现代城市电网规划设计与建设改造[M].北京:中国电力出版社,2004.

[10]陆耀庆.实用供热空调设计手册[M].2版.北京:中国建筑工业出版社,2008.

[11]李善化,康慧.实用集中供热手册[M].北京:中国电力出版社,2007.

[12]段常贵.燃气输配[M].北京:中国建筑工业出版社,2002.

[13]张浩然.城市燃气输配工程设计、施工技术工艺与验收规范实用手册[M].北京:北京科技大学电
    子出版社,2005.

[14]段常贵.燃气输配[M].3版.北京:中国建筑工业出版社,2001.

[15]严铭卿,宓亢琪,黎光华.天然气输配技术[M].北京:中国建筑工业出版社,2006.

[16]严铭卿.燃气工程设计手册[M].北京:中国建筑工业出版社,2009.

[17]戴慎志.城市工程系统规划[M].2版.北京:中国建筑工业出版社,2008.

[18]刘兴昌.市政工程规划[M].北京:中国建筑工业出版社,2006.

[19]王　茹.土木工程防灾减灾学[M].北京:中国建筑工业出版社,2008.

[20]翟宝辉,周　江,袁利平,等.城市综合防灾[M].北京:中国发展出版社,2007.

[21]杨延军,李建民,吴　涛.人民防空工程概论[M].北京:中国计划出版社,2006.

[22]金　磊,张少泉,吴正华,等.灾后重建论[M].北京:中国建筑工业出版社,2008.

[23]陈宝胜.城市与建筑防灾[M].上海:同济大学出版社,2001.

[24]李德强.综合管沟设计与施工[M].北京:中国建筑工业出版社,2008.

[25]许拯民,张文胜,李　锐,等.城市防洪及雨洪利用工程技术研究[M].武汉:长江出版社,2008.

[26]马东辉,郭小东,王志涛.城市抗震防灾规划标准[M].北京:中国建筑工业出版社,2007.

[27]本书编委会.城乡建设防灾与减灾知识读本[M].北京:中国建筑工业出版社,2008.

[28]中国城市规划设计研究院,沈阳市城市规划设计研究院.城市规划资料集第十一分册工程规划
    [M].北京:中国建筑工业出版社,2005.

[29]夏南凯,田宝江,王耀武.控制性详细规划[M].上海:同济大学出版社,2008.

[30]全国城市规划执业制度管理委员会.城市规划相关知识[M].北京:中国计划出版社,2002.

[31]梅锦山.中国防洪规划与建设[J].中国水利,2010,20:17－25.

[32]薛艳杰.城市人为灾害及防治对策[J].减灾与发展,2000(2):35－39.

[33]姜瑞华,郭跃.我国巨灾的基本特征及管理制度设计的探讨[J].沈阳师范大学学报(自然科学
    版),2009,27(1):124－127.

[34]华建敏.加强区域减灾合作[J].中国减灾,2005(10):8－9.

[35]金　磊.安全奥运论:城市灾害防御与综合危机管理.北京:清华大学出版社.2003.

[36]曹世臻,李祥平.城市综合防灾规划探析——以略阳县城综合防灾规划为例[J].现代城市研究,
    2009(5):20－24.

[37]杨国栋,蒋建国,谢瑞强,等.生活垃圾收运系统规划研究[J].环境卫生工程,2009,17(1):29－
    32.

[38]夏苏湘,安淼.以技术创新为导向,构建生态环保的环卫设施——中国2010年上海世博会园区环境卫生规划研究[J].规划师,2006,22(7):60-62.

[39]王修川,董扬,赵红.用循环经济理念治理城市生活垃圾环境污染[J].环境与可持续发展,2009,4:35-37.

[40]褚巍.农村中生活垃圾管理与处理处置研究[D].合肥:合肥工业大学,2007.